三峡库区滑坡复活机理及稳定性评价方法

王世梅　陈　勇　田东方　谈云志　著

科学出版社

北　京

内 容 简 介

水库蓄水诱发三峡库区大量滑坡变形，对库区人民生命财产及航运安全产生巨大威胁。水库滑坡不同于其他滑坡，库水位变动及降雨对滑坡的作用过程是关键。本书基于非饱和土力学原理，以降雨-库水位变动耦合作用下滑坡演化力学过程为主线，采用野外调查、室内外试验、物理模拟、数值模拟及理论分析等综合手段，针对降雨及水库蓄水诱发滑坡复活机理及稳定性预测评价方法展开了系统研究。提出了基于库水诱发机理的水库滑坡分类体系，构建了降雨及库水位耦合作用下滑坡渗流和变形演化过程的数值模拟方法，构建了三峡库区重涉水滑坡空间预测评价系统。

本书可供从事地质工程、水利水电工程、交通工程及环境工程等方面的科技人员、生产人员及相关高校师生阅读参考。

图书在版编目(CIP)数据

三峡库区滑坡复活机理及稳定性评价方法/王世梅等著. —北京：科学出版社，2017.

ISBN 978-7-03-052086-9

Ⅰ.①三… Ⅱ.①王… Ⅲ.①三峡水利工程-滑坡-稳定性-综合评价 Ⅳ.①P642.22 ②TV632

中国版本图书馆 CIP 数据核字(2017)第 050281 号

责任编辑：孙寓明 杨光华/责任校对：董艳辉

责任印制：彭 超/封面设计：苏 波

科学出版社 出版

北京东黄城根北街 16 号

邮政编码：100717

http://www.sciencep.com

武汉中科兴业印务有限公司印刷

科学出版社发行 各地新华书店经销

*

开本：787×1092 1/16

2017 年 9 月第 一 版 印张：20 1/2 彩插：4

2017 年 9 月第一次印刷 字数：528 000

定价：142.00 元

(如有印装质量问题，我社负责调换)

前　言

三峡工程是目前全球最大的水利水电工程，复杂的地质环境、大量的滑坡分布以及大幅度的周期性水位变动，使三峡库区水库蓄水诱发滑坡灾害问题成为国内外关注的焦点。据水库蓄水前的查证数据，长江两岸分布的滑坡总数多达5000余处，其中巨型和大型滑坡300余处，涉水滑坡2000余处。这些滑坡经过长期的历史演变和应力调整，很多已经进入了“休眠”状态，但随着三峡水库的蓄水和调度运行，坝前水位在145～175 m波动，库水位周期性变动为新滑坡的产生和古滑坡的复活提供了新的动力，特别是水库的防洪调度运行期正好也是三峡库区的暴雨发生期，在库水和暴雨的共同作用下，有些“休眠”的滑坡很有可能被“唤醒”，从而引发重大灾难。自2003年135 m开始蓄水之后，三峡库区地质灾害频繁发生，其中千将坪滑坡造成了大量人员伤亡和重大财产损失。据不完全统计，自三峡水库蓄水至2013年期间，已经发生明显变形的滑坡多达500余处。由此可见，水库蓄水诱发滑坡灾害问题已经成为直接影响三峡工程安全运营和库区人民生命财产安全的重大社会问题。为此，国家先后分三期投入100多亿巨资开展了三峡库区滑坡灾害研究和治理工作。

自2000年以来，课题组紧密围绕三峡库区滑坡灾害防治的重大需求，针对水库蓄水诱发滑坡机理及预测评价这一关键科学问题，在国土资源部三峡地质灾害防治工作指挥部、国家自然科学基金委员会、国家重点基础研究计划（973计划）项目等30余项课题资助下，历时15年，专注于考虑降雨及库水位变动这一特定条件，以降雨-库水周期性作用下滑坡演化力学过程为主线，采用野外调查、室内试验、物理模拟、数值模拟及理论分析等综合手段，对水库蓄水诱发滑坡复活机理、滑坡复活判据及空间预测评价开展了系统研究，在仪器设备、室内试验、理论及数值方法等方面取得了一系列成果。主要有：①自主研发了考虑降雨及库水共同作用的滑坡物理模型试验平台、考虑应力状态的土水特征曲线试验装置、开展非饱和渗透特性的试验装置及考虑库水循环作用的室内力学试验装置；②在系列非饱和土力学试验基础上，构建了考虑应力状态、应力路径的土水特征曲线数学模型、非饱和土渗透性函数及非饱和土本构模型；③建立了考虑降雨及库水共同作用的多场耦合物理力学模型及其数值模拟方法，解决了地表水、壤中水、地下水“三水”转换及多相流耦合传输问题；④分析了库水及降雨作用于滑坡的力学机制，揭示了库水位变动及降雨过程诱发滑坡复活的机理，提出了基于复活机理的滑坡分类方法；⑤对三峡库区重大涉水滑坡进行了稳定性评价和复活判据研究，建立了滑坡空间预测模型、复活判据及滑坡动态空间预测评价系统。

本书是在对上述研究成果进行系统整理、提炼、加工后撰写而成的。参与研究的课题组成员有刘德富教授、郑宏教授、王世梅教授、肖诗荣教授、张业明研究员、易武教授、谈云志教授、张振华教授、童富果教授、陈勇博士、田东方博士、黄海峰博士、胡志宇博士以及学生郑俊、秦洪斌、邹良超、赵代鹏、赵文静、廖瑞祥、李小伟、万佳、徐飞飞、郭飞、王力、占清华、曾刚等。

本书共分10章。第1章介绍三峡工程概况、库区滑坡概况及水库蓄水对库岸滑坡的影响，概述当前基于非饱和土理论的滑坡稳定性评价方法；第 2 章介绍三峡库区气象、水文、地质地貌等基本条件，总结库岸滑坡发育分布规律及影响因素，统计分析滑坡岩土体参数特征；第 3 章分析归纳三峡库区几种典型滑坡地质模型、变形特征及其影响因素，采用数值分析方法分析计算降雨及库水位变动对典型滑坡的影响规律并揭示其作用机理；提出基于库水及降雨诱发机理的滑坡分类方法；第 4 章针对典型降雨型滑坡、浮托减重型滑坡和动水压力型复活机理，构建考虑降雨和库水条件的滑坡物理模型试验系统，通过物理模型试验进一步揭示和验证降雨型和水库型滑坡的滑坡复活机理；第 5 章介绍土水特征曲线的基本概念，阐述土水特征曲线的试验仪器、试验方法，重点介绍在固结压力作用下、干湿循环条件下土水特征曲线的试验方法及土水特征曲线函数表达式的构建与模型优化；第 6 章介绍非饱和渗流基本控制方程及其相关概念，重点阐述非饱和渗透性函数的确定方法；第 7 章介绍非饱和土力学强度和变形的相关理论，重点阐述非饱和土强度的试验方法及成果、基于非饱和土变形试验构建的非饱和土弹塑性本构模型，以及库水周期循环作用下滑坡土体变形特征；第 8 章介绍非饱和渗流及坡面径流的相关理论，重点阐述构建坡面径流与坡体渗流整体求解模型的相关内容，对地表不同排水沟布置方案的排水效果进行数值模拟；第 9 章基于非饱和土弹塑性本构模型建立非饱和土滑坡稳定性分析数值模拟方法，分析不同渗流条件下滑坡体的应力场和位移场分布规律，对降雨和库水位变动条件下的滑坡稳定性演变过程进行数值模拟；第 10 章介绍单体滑坡稳定性评价及复活工况预测的基本方法，对库区 319 个重大涉水滑坡进行稳定性计算和复活工况预测，借助 ArcGIS、谷歌地球等平台和技术建立三峡库区重大涉水滑坡空间数据库系统，实现滑坡空间信息的查询定位、统计分析、三维展示及不同工况条件下 1∶5万滑坡空间预测评价图编制。

其中第 1 章、第 2 章、第 3 章由王世梅和张国栋撰写，第 4 章由王世梅和谈云志共同撰写，第 5 章由王世梅和陈勇共同撰写，第 6 章由王世梅撰写，第 7 章、第 9 章由陈勇撰写，第 8 章由田东方撰写，第 10 章由王世梅和黄海峰共同撰写。全书由王世梅统稿。

在课题研究过程中，刘德富教授作为课题主要负责人从课题立项、研究思路、研究方法及成果提炼全过程、全方位给予了精心指导，才使得课题能够顺利完成并取得高质量研究成果，在本书完成之际，全体作者在此表达深深的敬意和衷心的感谢！

课题研究工作在项目资助、资料收集、技术服务等方面始终得到了三峡库区地质灾害防治工作指挥部黄学斌教授、徐开祥教授、程温鸣教授、杨建英高工、霍志涛高工等的大力支持和热情帮助，在此表达诚挚的感谢！

本书的出版得到了湖北长江三峡滑坡野外科学观测研究站及湖北省地质灾害防治研究中心的经费资助，在此表示衷心的感谢！

作　者
2016 年 12 月

目　　录

第1章 绪 言

1.1 三峡工程与库岸滑坡

1.1.1 三峡工程概况

1. 长江流域水能资源状况*

长江三峡水利枢纽工程是当今世界规模最大的水利枢纽工程，具有防洪、发电、航运、旅游、抗旱补水、保护生态、净化环境、开发移民、南水北调等巨大综合效益。长江发源于青藏高原唐古拉山脉主峰格拉丹冬雪山的西南侧，向东流经青海、四川、西藏、云南、重庆、湖北、湖南、江西、安徽、江苏、上海11个省（自治区、直辖市），全长6 300余千米，是中国第一大河，流域面积达180万km^2，约占中国大陆面积的1/5。湖北宜昌以上为上游，长约4 500 km；宜昌至江西鄱阳湖湖口为中游，长约950 km；湖口至长江入海口为下游，长约850 km。长江水系庞大，水量丰沛，多年平均年径流量约9 560亿m^3。其中三峡坝址处年径流量约4 510亿m^3，约占流域总径流量的50%。长江流域水能资源丰富，全流域理论蕴藏年发电量2.433 6亿kW·h，技术可开发年发电量1.187 9亿kW·h，经济可开发年发电量1.049 8亿kW·h，分别占全国水力资源总量的40%、48%和59.9%。长江流域的水力资源主要集中于上游高山峡谷地区，其中三峡河段水量丰富，落差集中，适合修建大型的水利枢纽。长江流域内河航运发达，干流中下游通航条件优越，素有"黄金水道"之称。然而，在葛洲坝水利枢纽和三峡水利枢纽兴建以前，宜昌以上长江干流航道的通航等级不高，部分河段不能全天候通航，影响长江上游地区经济的快速发展。长江流域自然资源丰富，经济基础雄厚，长江中下游平原地区频繁发生大规模洪水灾害，一直是长江流域的心腹之患。因此，治理和开发长江，采取可靠的措施和对策避免毁灭性的洪水灾害发生，保障流域经济的持续发展和社会繁荣，一直是新中国成立后政府高度重视、关注和研究的问题。

2. 长江三峡水利枢纽规划设计方案[1]

为全面综合治理与开发长江，中国政府相关部门展开了大规模的勘测、规划、科研和论证工作。通过全面规划和反复论证，认为长江三峡水利枢纽是综合治理与开发长江的关键性工程。1992年4月3日，第七届全国人民代表大会第五次会议审议并通过了《关于兴建长江三峡工程的决议》。从此，三峡工程由论证阶段走向实施阶段。1994年12月14日，三峡工程正式开工。

---

* 长江流域水能资源分布及特点解析[R/OL]. 中国行业研究网. http://www.chinairn.com.[2013-01-27].

根据长江三峡水利枢纽规划设计方案[1]，三峡水利枢纽主要由大坝、水电站和通航建筑物三部分组成。大坝坝顶高程 185 m，最大坝高 181 m，大坝轴线全长 2 309.47 m。三峡水电站的最终总装机容量为 2 250 万 kW，多年平均发电量为 882 亿 kW · h，是世界上规模最大的水电站。三峡水库正常蓄水位高程 175 m，汛期防洪限制水位高程 145 m，总库容 393 亿 m^3，其中防洪库容 221.5 亿 m^3。相应于三峡水库正常蓄水位，三峡水库末端位于重庆市江津区牛角滩，全长 663 km，水库总面积达 1 084 km^2，其中水库淹没的陆地面积达 632 km^2。

三峡枢纽工程建设采用“一级开发，一次建成，分期蓄水，连续移民”方案。即从三峡枢纽坝址到重庆之间的长江干流水力资源以三峡工程一级枢纽开发，不分为若干梯级枢纽开发；三峡水利枢纽按最终运行规模一次建成，不采用分期建设方案。根据统一规划，水库蓄水位分期进行，围堰挡水发电期 135 m 为一期，初期运行期 156 m 为二期，最终正常蓄水位 175 m 为三期，移民按照工程建设和水库蓄水进程连续进行。三峡枢纽工程分三个阶段进行施工，自 1993 年开始的准备工程算起，总工期 17 年。第一阶段（1993～1997 年）为施工准备期及一期工程，以实现大江截流为目标；第二阶段（1998～2003 年）为二期工程，以实现水库初期蓄水 135 m，首批机组投产发电和双线五级船闸通航为目标；第三阶段（2004～2009 年）为三期工程，以实现左右岸电站 26 台机组全部发电和枢纽主体工程完建为目标。

3. 三峡水利枢纽工程综合效益[2]

根据长江流域综合利用规划，兴建三峡工程的主要任务是调蓄长江上游洪水，防止长江中下游地区，特别是荆江两岸发生毁灭性洪水灾害；开发长江三峡河段水能资源，向华中、华东及其他地区提供强大的电力；改善长江干流上游宜昌至重庆河段以及中下游河段的通航条件。因此，三峡工程是具有防洪、发电、航运等综合效益的多目标开发工程。2003 年 6 月，三峡水库蓄水至 135 m，三峡枢纽进入围堰挡水期；2006 年 10 月，三峡水库蓄水至 156 m，枢纽进入初期运行期；2010 年 10 月，三峡水库试验性蓄水至 175 m，枢纽进入正常运行阶段。随着水库蓄水位的抬高，三峡水库调节库容逐步增加，三峡工程综合效益得以充分体现。除初步设计中的防洪、发电、航运三大主要效益外，抗旱、补水也已经成为三峡工程的主要效益，同时三峡工程对生态的改善作用也日趋显现。

三峡工程初步设计正常运行期的防洪能力为：遇 100 年一遇及以下洪水，按控制沙市水位 44.5 m 进行补偿调节，相应控制补偿枝城泄量为 56 700 m^3/s，使荆江地区防洪标准在不分洪条件下达到 100 年一遇；遇 100 年一遇以上至 1 000 年一遇洪水，按相应控制补偿枝城最大流量不超过 80 000 m^3/s 进行补偿调节，配合采取分洪措施控制沙市水位 45.0 m，保证荆江河段行洪安全，避免南北两岸干堤溃决发生毁灭性灾害；兼顾城陵矶附近地区的防洪要求，减少该地区的分蓄洪量。三峡工程的兴建，显著增强了长江中下游的防洪能力，荆江河段的防洪标准由十年一遇提高到百年一遇。2003～2010 年，三峡枢纽累计拦蓄洪水 324.38 亿 m^3。

三峡水电站最大输电半径为 1 000 km，机组所发电能主要送往华东、华中和广东等地区（图 1.1.1）。三峡电站的建成促进了全国电力联网的形成，对取得地区之间的错峰效益、水电站群之间的电力补偿调节效益和水电火电容量交换效益，保证电力的可靠性和稳定性发挥了积极的作用（图 1.1.2）。

长江重庆至宜昌河段全长 660 km，落差约 120 m，水流湍急，碍航险滩多，航道条件差，通

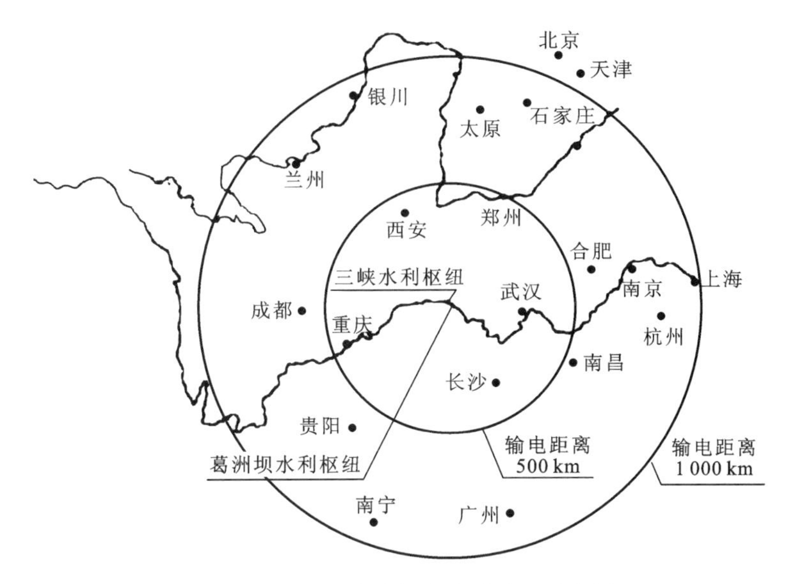

图 1.1.1 三峡水电站发电受益区示意图

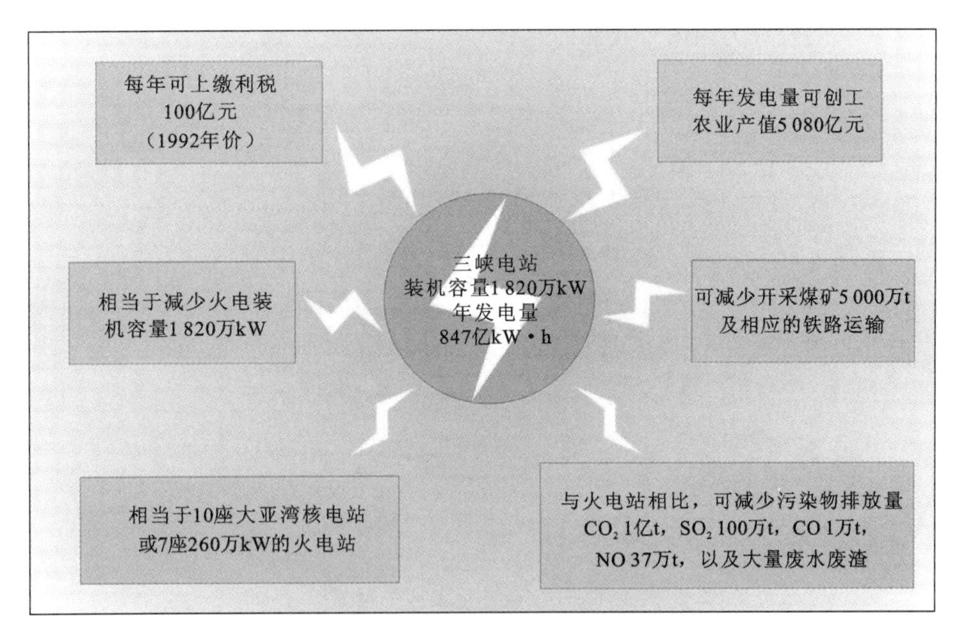

图 1.1.2 三峡水电站主要效益

航能力低。兴建三峡工程，渠化了重庆以下川江航道，淹没了险滩，改善了水流条件，航运条件得到了根本改善，航道通过能力大幅提高，运输成本明显降低，还可增加中游的枯水流量，具有十分显著的航运效益，促进了沿江经济的快速发展。

长江天然来水具有季节性特征，时空分布不均，枯水期与丰水期十分明显。每年 11 月至次年 4 月是枯水期，长江中游浅区船舶吃水最低控制在 2.7 m；其他时间为丰水期，能满足船舶按定额吨位受载。此外，随着经济发展，长江中下游地区的生产生活用水也日益增加。按照设计，三峡工程的一项重要功能是调节长江水量季节分布，通过蓄丰补枯，优化和调整长江水资源的时空分布，保障长江中下游地区的生产和生活用水需求。

1.1.2 库岸滑坡概况

三峡工程在充分发挥防洪、抗旱、发电、航运、补水等综合效益的同时，也对三峡库区岸坡地质灾害产生较大影响。世界各国百年来的建坝实践表明，大型水库蓄水初期，是库岸边坡的不稳定期和再造期，是地质灾害的集中发生期[3]。三峡库区属地质灾害多发地区，在三峡工程开工以前的 20 世纪 50～80 年代，国家相关部门对三峡水库库岸稳定性进行了全面调查和勘察，据水库蓄水前的查证数据，三峡水库两岸分布的滑坡总数多达 5 000 余处，涉水滑坡 2 000 余处，体积大于 100 万 m^3 的重大涉水滑坡有 300 余处(图 1.1.3)。这些滑坡经过长期的历史演变和应力调整，很多已经进入了“休眠”状态，暂时是稳定的。三峡工程水库蓄水分期进行，2003 年蓄水至 135 m 水位，2006 年蓄水至 156 m 水位，2010 年蓄水至 175 m 水位。随着三峡水库的蓄水和调度运行，坝前水位在 145～175 m 周期性变动，库岸水环境发生巨大改变，为新滑坡的产生和古滑坡的复活提供了新的动力，特别是水库的防洪调度运行期正好也是三峡库区的暴雨发生期，在库水和暴雨的共同作用下，有些“休眠”的滑坡很有可能被唤醒，从而发生巨大灾难。复杂的地质环境、大量的滑坡分布以及大幅度的周期性水位变动，使三峡库区水库蓄水诱发滑坡灾害问题成为国内外关注的焦点。

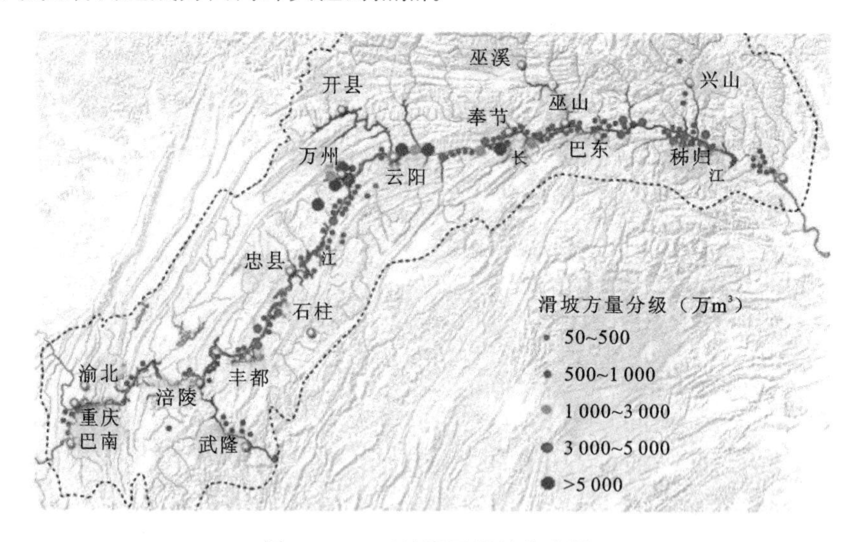

图 1.1.3　三峡库区滑坡分布图

自 2003 年 135 m 开始蓄水以来，历经 135 m、156 m、175 m 等蓄水阶段，在库水位周期性变动与降雨联合作用下，三峡库区滑坡地质灾害频繁发生。据不完全统计，自三峡水库蓄水以来，已经发生明显变形的滑坡多达 500 余处，累计变形达 100 mm 以上的滑坡有 48 处，变形达到 1 000 mm 以上的滑坡达 10 余处。水库蓄水后先后发生失稳破坏的滑坡有：秭归县千将坪滑坡(图 1.1.4)、杉树槽滑坡(图 1.1.5)；巫山县龚家坊滑坡(图 1.1.6)、川主村滑坡、红岩子滑坡(图 1.1.7)；奉节县黄莲树滑坡和曾家棚滑坡、万州区塘角 1 号滑坡等。其中千将坪滑坡造成了 24 人死亡和重大财产损失[4]。由此可见，水库蓄水诱发滑坡灾害问题已经成为直接影响三峡工程安全运营和库区人民生命财产安全的重大问题。为此，国家已投入 100 多亿元巨资开展了三峡库区滑坡灾害研究和治理工作。

图 1.1.4 三峡库区秭归县千将坪滑坡

2003年6月20日三峡水库开始蓄水，7月13日发生千将坪滑坡，致24人死亡，民房及厂房被毁，阻断长江支流青干河，形成堰塞湖

图 1.1.5 三峡库区秭归县杉树槽滑坡

2014年9日2日秭归县沙镇溪镇大岭电站发生杉树槽岩质滑坡，造成大岭电站被埋、G348国道长约200 m滑入锣鼓洞河水位下

图 1.1.6 三峡库区巫山县龚家坊滑坡(人民网)

2008年11月23日，长江北岸龚家坊发生大面积滑塌，2009年5月18日，该处再次发生滑移型崩塌事故，两次滑塌都严重威胁长江航道的运行安全

图 1.1.7　三峡库区巫山县红岩子滑坡
2015 年 6 月 24 日巫山宁江红岩子滑坡事件已导致 2 人死亡，4 人受伤，
滑坡产生涌浪已累计造成停靠在江对岸 1 艘海巡艇沉没，9 艘小渔船和
7 艘自用船翻沉，17 艘船只事前已接到主管部门通知，均无作业人员

1.2　降雨及水库蓄水对滑坡的影响

国内外大量研究表明，降雨或库水位变化是诱发滑坡的主要外在因素。据国家科学技术委员会全国重大自然灾害综合研究组 1993 年的统计资料，滑坡发生频次最多的月份与暴雨频次最多的月份相一致，具有以 7 月为对称轴的正态分布规律，因此，滑坡发生与暴雨频次具有良好的一致性。1982 年的川东大暴雨期间，仅云阳县境内就发生了鸡扒子和天宝等十余处大中型滑坡；1975 年 8 月上旬，湖北省秭归县降雨 300 mm，诱发的具有严重危害的滑坡高达 876 处；1998 年重庆市区范围内连续遭受了 9 次大暴雨和特大暴雨的袭击，引发大小地质灾害达 27 896 处，其中滑坡占 80%以上，据不完全统计，其直接经济损失达 9.7 亿元，间接损失不计其数[5]。《中国典型滑坡》[6]一书中列举了 90 多个滑坡实例，其中有 95%以上的滑坡都与降雨有着密切关系。国外因降雨诱发的滑坡灾害也十分严重，如在日本 1981 年和 1982 年统计的 198 处滑坡灾害中，与降雨有关的滑坡就达 195 处，占总数的 98%[5]。据资料记载，国内外与水库蓄水有关的重大滑坡事件时有发生。如三峡水库在 2003 年 6 月 1 日开始蓄水，7 月 13 日凌晨，距大坝 40 余 km 的湖北省秭归县千将坪便发生 2 400 余万 m^3 的特大山体滑坡，造成 14 人死亡，10 人失踪，1 200 多人无家可归，直接经济损失达数千万元[4]；1959 年意大利建成的高达 262 m 的瓦依昂拱坝，当水库水位达到 700 m 高程时，大坝上游近坝左岸于 1963 年 10 月 9 日夜突然发生了体积约 2.4 亿 m^3 的超巨型滑坡，快速下滑体激发的涌浪过坝时超出坝顶 100 m，强劲的过坝水流一举冲毁了坝下游数千米之内的 5 座市镇，死亡近 3 000 人，酿成了震惊世界的惨痛事件[7]。四川的宝珠寺水库，坝高 132 m，库容 25.5 亿 m^3，1998 年蓄水至正常水位，1999 年出现超 1 万 m^3 滑坡 11 处，其中营盘乡滑坡体积为 2 000 万 m^3，老滑坡复活 7 处，新生滑坡 4 处[8]；湖南的凤滩、柘溪、东江、白渔潭等大型水库，均在蓄水后出现较多的滑坡[9]。

上述事实充分说明，水是影响滑坡最活跃、最积极的因素，正因为如此，降雨和水库蓄水如何对滑坡产生影响一直成为滑坡机理研究和预测的重要课题，并受到国际滑坡学界的高度重视。然而,降雨和库水位升降对滑坡的影响机理十分复杂。在库水位变动及降雨入渗情况下,滑坡体内的地下水渗流场不断发生变化,从而使得滑坡土体经常在饱和与非饱和状态之间转化。因此,水的渗流以及土体的强度和变形不仅涉及土的饱和状态,也涉及土的非饱和状态。鉴于水库滑坡经常在饱和状态与非饱和状态变化,因此采用非饱和土力学的理论和方法开展水库滑坡的变形破坏机理和稳定性评价方法研究,是当前研究的热点问题。

1.3 非饱和土理论在滑坡稳定性分析中的应用

1.3.1 非饱和土边坡稳定性分析方法

Lumb[10]和Morgenstern[11]最早将非饱和土的相关理论运用于降雨入渗和库水位变化对边坡稳定性影响的研究中。非饱和土力学理论的发展,为如何准确研究水分入渗对边坡稳定性的影响提供了新的理论基础及相应的分析方法。

Fredlund等[12]强调了负孔隙水压力对边坡稳定性的影响,并重新研究了非饱和土边坡稳定分析中的稳定系数计算公式,以便把正的和负的孔隙水压力都包括进去。Alonso等[13]对土坡进行了二维非饱和渗流和极限平衡法的联合分析。Ng等[14]针对一种典型非饱和土斜坡,将暂态孔隙水压力分布用于斜坡的极限平衡分析,探讨了降雨特征、水文地质条件及坡面防渗处理等因素对边坡安全因素的影响。Cho等[15]和Zhang等[16]采用Fredlund强度公式考虑吸力对强度的贡献,并根据改进的极限分析法确定稳定系数。Cai等[17]和Griffiths等[18]将Bishop非饱和土有效应力参数χ引入到有限元计算公式中,采用强度折减法计算稳定系数随降雨的变化关系。Fourie等[19]研究表明入渗引起失稳的边坡的破坏面应与坡体表面接近平行,介绍了另一种能考虑吸力贡献的浅层边坡稳定性计算公式,用于计算火电厂的干灰堆的稳定性。Gavin等[20]结合上述计算公式与Fredlund强度理论,研究吸力分布对边坡稳定性的影响。

周蓝玉最早于1983年报道了降雨对非饱和土边坡稳定性影响的分析方法[21],主要考虑了土体的c、φ值随饱和度增大而减小,导致边坡失稳。Fredlund等[22]结合引申摩尔库仑强度公式,在文献中刊登了考虑吸力贡献的条分法计算公式。陈守义、陈善雄等、姚海林、李兆平、黄润秋等[23-27]分别从不同的角度,应用考虑吸力影响的极限平衡方法,分析非饱和土边坡的稳定性。

随着有限元的发展和应用,很多学者开始着手应用有限元模拟方法研究非饱和土边坡的变形和破坏过程进行雨水入渗下非饱和土边坡渗流场和应力场耦合的数值模拟,得到非饱和土边坡变形与应力的若干重要规律[28-34]。

目前,在边坡稳定性分析领域,二维分析方法仍是最主要的手段。但是自然界发生的绝大多数滑坡的三维效应十分明显。三维边坡稳定分析可以更加真实地反映边坡的实际形态,特别是当滑面已经确定时,使用三维分析可以准确地考虑滑体内由于滑面的空间变异特征对边坡稳定系数的影响。鉴于此,三维稳定性分析方法开始受到人们的关注,并开展了三维刚体极限平衡方法及三维有限元方法的研究及应用[35-41]。近年来,才开始出现对非饱和土边坡的三维稳定性分析方法的探索和研究[42,43]。

综上所述，在非饱和土边坡稳定分析方法方面，无论是刚体极限平衡方法还是有限元数值模拟，无论是渗流分析还是稳定性分析，非饱和土力学的基本理论都得到了一定应用，但还存在诸多有待深入探索的问题。在非饱和土本构关系方面，尽管边坡稳定性分析已经考虑了土体材料的非饱和特性，但大多都是基于非饱和土的非线性弹性或者理想弹塑性的本构关系，如延伸的 Mohr-Coulomb 或 Drucker-Prager 准则等，都没有准确考虑非饱和土体的屈服准则和硬化规律，以及吸力对土体变形的影响；在非饱和土边坡稳定分析方法方面，基于有限元法模拟非饱和土边坡的变形和破坏过程的成果较少，目前对引起边坡失稳的主要影响因素的认识还不够。对于三维非饱和土边坡的研究，无论是极限平衡方法还是有限元法，都是基于二维分析模型上的延伸，没有考虑边坡的实际形态和空间结构。而对于非饱和土边坡，由于入渗和径流本身与坡面三维形态有着非常直接的关系，且水分入渗后，孔隙水压力在边坡宽度方向的分布也并非一致的。因此，这种“准三维”分析方法确定的应力场和渗流场分布规律与实际相差很大。

1.3.2 非饱和土边坡稳定性影响因素

影响非饱和土边坡稳定的因素包括外在因素和内在因素两个方面。外在因素主要指水分的迁移以及外荷载的变化，内在因素主要指土体自身的性质，如边坡组构、渗透特性、强度与变形特性等。而内因和外因之间既相互影响，又相互作用。

大量研究表明，降雨或库水位变化是诱发滑坡的主要外在因素。降雨因素包括降雨量、降雨强度、降雨历时以及降雨类型等。有关降雨对滑坡稳定性的影响研究，主要有两条途径：一是用统计方法寻求降雨与滑坡的相关性规律，进而获得滑坡失稳的降雨阈值[44-47]；二是用定量分析方法探求雨水入渗引发滑坡变形失稳的演化过程，进而获得滑坡稳定系数或塑像区范围，对边坡稳定性进行评价预测[13-27]。库水位变化主要包括库水位上升、下降以及升降速率等因素，对库水影响滑坡的研究成果较多[48-51]，认为在地下水作用下边坡岩土物理力学性质恶化、地下水的浮托力以及坡体渗流渗透力是影响边坡稳定性降低的根本原因，采用数值方法模拟非饱和土边坡暂态渗流场的变化及变形演化发展过程，揭示了水位升、降及升降速率等对边坡稳定性的影响规律。

由于非饱和土自身的性质复杂，影响非饱和土边坡稳定性的内在因素是当前研究的难点，近几年有的学者对此进行了有益地探索。吴宏伟等[52]通过数值模拟方法研究了土体渗透系数、坡面防渗及阻水层埋藏条件等内在因素对坡体稳定性的影响，Gasmo 等[53]研究了土体渗透系数与降雨强度之间不同大小关系时入渗率的变化规律，分析土体强度变化对边坡稳定的影响，Tsaparas 等[54]研究了前期降雨量、降雨分布、初始地下水位线、饱和渗透系数等因素对孔隙水压力分布和边坡安全系数的影响。Chen 等[55]在前人研究的基础上，补充分析了滑带土的材料参数、浅层暂态饱和区、初始地下水位线及其坡度等因素对非饱和土边坡稳定性的影响规律。

然而，非饱和土边坡稳定系数的影响因素是复杂的，除上述影响因素外，滑坡自身构造如潜在滑动面的形态、坡度、抗滑段与阻滑段的分布、库水淹没滑坡的位置及范围等有关都值得进一步探讨。

1.3.3 非饱和土力学相关理论研究

1. 基质吸力与土水特征曲线

是否存在基质吸力是区别非饱和土与饱和土的根本所在。基质吸力影响着非饱和土的力学性质,非饱和土力学的发展是围绕吸力这一基本概念展开的。20 世纪 60 年代以 Bishop 为代表提出了非饱和土有效应力原理,把吸力作为有效应力的一部分。后来,Fredlund 提出净应力和吸力双变量理论,把吸力看做一个独立变量,确定了吸力是控制非饱和土的强度、变形和渗流过程的一个关键因素,并且提出了建立在双变量理论基础上的本构模型和非饱和土固结理论。但是,由于基质吸力量测困难,学者们转而寻求替代吸力的方法,即可用含水率替代基质吸力。基质吸力是土体含水量的函数,随土体含水量或饱和度的变化而变化。

土体含水量或饱和度与基质吸力的关系曲线被称为土水特征曲线。它与非饱和土的结构、土颗粒的矿物、孔隙尺寸分布以及土壤中水分变化的历史等因素有关,反映了非饱和土对水分的吸持作用,是非饱和土研究中最为重要的关系曲线,它不但涉及了非饱和土的基本理论和力学特性,联系了非饱和土的渗透性、强度和变形,还用于解释非饱和土中水分的运移规律。根据土水特征曲线可以确定非饱和土的强度、体应变和渗透系数等重要参数。因此,研究水对非饱和土力学行为的影响,本质上就是研究非饱和土力学行为与基质吸力以及土水特征曲线的相互关系。

目前,土水特征曲线只能用试验方法确定,不能根据土的基本性质由理论推导得出。土水特征曲线试验的关键环节是测量基质吸力。总结国内外基质吸力的量测技术大致有:①直接测量法,如压力板仪、张力计等;②间接测量法,如热传导吸力探头、热偶湿度计、石膏(或玻璃纤维)电阻计、滤纸法等。虽然以上方法都取得了比较理想的结果,但自然界中的土千差万别,特别是实际工程中的土体赋存环境十分复杂,应力路径、温度条件及干湿循环条件各不相同。

另外,用于描述土水特征曲线的数学模型也是土水特征曲线研究的重点内容。但大部分模型都是根据经验、土体的结构特征和曲线的形状而提出来的。依据土水特征曲线数学模型的数学表达式形式可划分为四种类型:①幂函数形式的数学模型[56];②以对数函数的幂函数形式表达的数学模型[57];③土水特征曲线的分形模型[58];④对数函数形式的数学模型[59]。上述土水特征曲线公式的参数比较多,并且物理意义不是很明确,或者难以通过试验进行确定。

因此,在非饱和土边坡的渗流及稳定性分析中,有两个问题必须解决:一是针对不同环境下的土水特征曲线试验;二是构建便于工程应用的土水特征曲线函数,不仅模拟精度高,而且参数个数适中、物理意义明确。

2. 非饱和土渗透性函数

渗透系数是非饱和土渗流中的一项重要特征参数,是表征水分透过土体的能力。它不是一个常数,而是非饱和土含水量或饱和度或基质吸力的函数,因此被称为非饱和土的渗透性函数。

由于测试技术及试验设备尚不完善,理论研究也欠成熟[60],因此目前如何确定非饱和土渗透性函数还十分困难。尽管如此,为了揭示非饱和土的渗透特性,探索非饱和孔隙介质中水的运动规律,国内外众多学者对此进行了不懈的努力,特别是随着现代计算机技术和传感器技术的发展与普及，使非饱和土的渗透性试验设备及渗透测量技术得到了很大的发展[60-76]。但是，大部分仪器由于使用张力计测量负孔隙水压力，导致只能测量基质吸力在 95 kPa 以下的渗透系数；大部分仪器都是稳态试验方法，相对于非稳态试验方法其耗时过长，并且需要高进气值陶瓷板以及稳定的控制气压、水压和测量流量的装置，设备昂贵。非稳态试验方法能有效地缩短试验时间，也可以使用含水量传感器代替张力计从而获得高基质吸力下的渗透系数，但是试验过程中流量边界难以控制，一般土试样较小，会产生一定的尺寸效应。瞬态剖面法计算渗透系数是一种通过计算流量的近似方法，存在精度难于控制的问题。

由于非饱和土渗透性函数的直接试验方法存在试验装置成本较高、试验过程烦琐和费时且只能测定较低基质吸力下的渗透系数等问题，于是有的学者开始寻求根据土的孔隙大小和分布等特征，建立了从理论上预测非饱和土渗透系数的方法，并提出了一些非饱和土渗透系数的经验公式[77-84]，同时，很多人试图尝试基于土的饱和渗透系数和土—水特征曲线，建立预测非饱和土渗透性的经验函数。非饱和土渗透性函数预测模型主要有三种形式：经验公式、宏观模型、统计模型。但是这些预测模型不是对每一种土都适用，且模型中参数的物理意义也不明确。

开展非饱和土渗透性函数的研究，是受非饱和土力学理论自身发展和实际工程需求的双重驱动。综上所述，在非饱和渗透性函数的确定方面，直接试验方法存在试验装置成本较高、试验过程繁琐和费时、只能测定较低基质吸力下的渗透系数等问题，而经验预测模型存在适用范围等问题。因此，如何得到一种便捷、精确获得非饱和土渗透性函数的方法，毫无疑问是具有极大理论价值与工程实践意义的研究课题。

3. 非饱和土抗剪强度理论

太沙基在 1936 年针对饱和土提出了有效应力原理[85]，一是认为饱和土体内某点受到的总应力，可以分为两部分，即由骨架通过颗粒之间的接触面来传递的有效应力和由充满孔隙的液体来传递的孔隙水压力组成，表示为 $\sigma=\sigma'+u_w$；二是认为土的变形与强度的变化都只取决于有效应力的变化，只有在孔隙水压力发生改变引起有效应力变化时，土体的体积和强度才能发生变化。随着人们对孔隙水压的认识，地下水位线以上土体的负孔隙水压逐渐被关注，土力学研究者们也开始考虑非饱和土的强度问题。

鉴于太沙基的有效应力公式在描述饱和土性状方面取得的巨大成功，人们开始致力于建立非饱和土的有效应力公式。其中，Bishop 有效应力公式最早系统解释非饱和土性状的若干概念[86]。与饱和土的有效应力公式所不同的是，Bishop 的有效应力公式中分别考虑了孔隙气体和孔隙水对强度的影响，并通过参数 χ 来表示

$$\sigma'=(\sigma-u_a)+\chi(u_a-u_w) \tag{1-3-1}$$

式中：σ'，σ，u_a 和 u_w 分别为非饱和土的有效应力、总应力、孔隙气压力和孔隙水压力；χ 为非饱和土的有效应力参数，$0\leqslant\chi\leqslant1$。

长期以来，Bishop 公式中的参数 χ 成了学者们研究的焦点。Bishop[87]、沈珠江[88]、Blight[89] 等分别对参数 χ 的计算提出了不同的方法。进一步的研究发现，χ 值除受含水量变化的影响外，还与土类、干湿循环以及荷载和吸力的变化路径有关，且受到很多初始条件和外界因素的干扰。甚至不同方法确定的 χ 值，也会打破其 0～1 的取值范围。由于单变量存在的

上述问题，Fredlund 和 Morgenstern 1977 年提出了建立在多相连续介质力学基础上的非饱和土的强度理论，建议用两个独立的应力状态变量建立有效应力表达式。在此基础上，Fredlund 建立了基于双应力状态变量的非饱和土的抗剪强度表达式为

$$\tau=c'+(\sigma-u_a)\tan\phi'+(u_a-u_w)\tan\phi^b \tag{1-3-2}$$

式中：c'，ϕ' 为饱和土的有效应力强度参数；ϕ^b 为基质吸力(u_a-u_w)的参数，均假设为常数。

当土接近饱和时，孔隙气压接近孔隙水压，吸力趋于零，式(1-3-2)退化为饱和土的情形[90]。

由于双应力状态变量摆脱了单变量有效应力参数的困扰，能够更好地解释非饱和土的应力变形等特性，国内外很多专家学者都做过不少研究，它几乎成了当代非饱和土力学研究中的主流。在边坡工程中应用 Fredlund 的非饱和土的抗剪强度公式时，需要通过非饱和土抗剪强度试验获得相应强度参数 c'，ϕ'，ϕ^b。

4. 非饱和土的本构模型

非饱和土的本构模型是开展非饱和土边坡应力应变及稳定性分析的关键。随着非饱和土力学的快速发展和广泛应用，建立描述非饱和土各种行为特征的本构方程，成为非饱和土研究的重点之一。非饱和土的本构关系也经历了从弹性发展到弹塑性模型的过程。国内外许多学者提出了各种非饱和土的非线性弹性模型及弹塑性模型[91-98]。

在众多非饱和土本构模型中，Barcelona 模型比较完善地描述了非饱和土的基本力学性状，是近年来最为流行和应用最广的非饱和土弹塑性模型。在该模型的理论基础上，众多学者对其进行了论述、应用、探讨和修正[85-130]。

在非饱和土边坡稳定性分析中，需要考虑土体材料的非饱和特性，通过试验获得非饱和土本构模型及其参数，为非饱和土边坡数值模拟提供支撑。

1.3.4 有待进一步研究的问题

(1) 尽管非饱和土力学已经建立了自己的理论体系，但有很多理论问题研究不很成熟，试验仪器和方法不够完善，试验资料缺乏，基础理论研究还较薄弱。在试验方面具体表现在吸力控制和量测技术十分困难，在理论研究方面表现在基质吸力的力学机理非常复杂，从而使得非饱和土力学理论仍存在较多未解决的难题。因此，必须加强试验研究，深化对非饱和土力学特性的认识，建立更加合理的非饱和土土水特征曲线、渗透性函数、抗剪强度及本构模型，构建适合于工程应用的基于非饱和土力学理论的数值分析方法。

(2) 水库滑坡不同于一般滑坡，其稳定性受降雨及库水位周期性变动这一特定条件影响，需重点研究滑坡水分运移规律和土水耦合作用效应，构建能够考虑降雨及库水共同作用的滑坡稳定性评价方法，开展水库蓄水诱发滑坡机理研究及滑坡稳定性分析评价。

本书针对降雨—库水位变动这一特定条件，以三峡库区重大涉水滑坡为研究对象，紧紧围绕水分运移及水土耦合作用等关键科学问题，采用野外调查、现场监测、室内试验、物理模型试验、数值模拟及理论分析相结合的综合手段，对降雨及库水位变动共同作用下滑坡渗流和变形演化数值仿真模拟方法、滑坡水土耦合力学特性试验方法、滑坡物理模型仿真模拟方法及三峡库区重大涉水滑坡稳定性评价等开展系统研究和探索，为库水及降雨条件下滑坡稳定性分析建立了更加科学的理论与评价方法，也为滑坡的有效防治提供了可靠的理论支撑。

参考文献

[1] 钮新强，王小毛，陈鸿丽. 三峡工程枢纽布置设计[J]. 水力发电学报，2009，28(6)：13-18.

[2] 王儒述. 三峡水利枢纽开发规划简述[J]. 湖北水力发电，1991，9(2)：18-22.

[3] 肖诗荣，刘德富，张国栋. 特大顺层岩质水库滑坡研究[M]. 北京：中国水利水电出版社，2015.

[4] 廖秋林，李晓，李守定，等. 三峡库区千将坪滑坡的发生、地质地貌特征、成因及滑坡判据研究[J]. 岩石力学与工程学报，2005，24(17)：3146-3153.

[5] 黄玲娟，林孝松. 滑坡与降雨研究[J]. 湘潭师范学院学报(自然科学版)，2002，24(4)：55-62.

[6] 孙广忠. 中国典型滑坡[M]. 北京：科学出版社，1998.

[7] 钟立勋. 意大利瓦依昂水库滑坡事件的启示[J]. 中国地质灾害与防治学报，1994，5(2)，77-84.

[8] 刘宏，邓荣贵，张倬元. 四川宝珠寺水库库岸滑坡特征及成因分析[J]. 中国地质灾害与防治学报，2001，12(4)，48-52.

[9] 刘宝军，张金宏. 我国的水库工程建设与防洪[J]. 人民长江，1999，30(增刊)：1-10.

[10] Lumb P. Effect of rainstorm on slope stability. Sym. On Hong Kong soils[R]. Hong Kong，1962：73-87.

[11] Morgenstern N R. Stability charts for earth slopes during rapid drawdown[J]. Geotechnique，1963，13：121-131

[12] Fredlund D G，Anderson M G，Richards. Slope stability analysis incorporating the effect of soil suction [M]//Slope Stability. New York：Wiley，1987：113-144.

[13] Alonso E，Gens A，Lioret A，et al. Effect of rain infiltration on the stability of slopes[J]. Unsaturated Soils，1995(1)：241-249.

[14]Ng C W W，Shi Q. A numerical investigation of the stability of unsaturated soil slope subject to transient seepage[J]. Computer and Geotechnics，1998. 22(1)：1-28.

[15] Cho S E，Lee S R. Instability of unsaturated soil slopes due to infiltration[J]. Computers and Geotechnics，2001，28：185-208.

[16] Zhang L L，Zhang L M，Tang W H. Rainfall-induced slope failure considering variability of soil properties [J]. Geotechnique，2005，55(2)：183-188.

[17] Cai F，Ugai K. Numerical analysis of rainfall effects on slope stability[J]. International Journal of Geomechanics，2004(6)：69-78.

[18] Griffiths D V，Lu N. Unsaturated slope stability analysis with steady infiltration or evaporation using elastoplastic finite elements [J]. International Journal for Numerical and Analytical Methods in Geomechanics，2005(29)：249-267.

[19] Fourie A B，Rowe D，Blight G E. The effect of infiltration on the stability of the slopes of a dry ash dump [J]. Geotechnique，1999，49(1)：1-13.

[20] Gavin K，Xue J F. A simple method to analyze infiltration into unsaturated soil slopes[J]. Computers and Geotechnics，2008，35：223-230.

[21] 周蓝玉. 降雨对边坡稳定性影响的分析方法[J]. 西安公路学院学报，1983(2)：58-62.

[22] Fredlund D G，杨宁. 非饱和土的力学性能与工程应用[J]. 岩土工程学报，1991，13(5)：24-35.

[23] 陈守义. 考虑入渗和蒸发影响的土坡稳定性分析方法[J]. 岩土力学，1997，18(2)：8-12.

[24] 陈善雄，陈守义. 考虑降雨的非饱和土坡稳定性分析方法[J]. 岩土力学，2001，22(4)：447-450.

[25] 姚海林，郑少河，陈守义. 考虑裂隙及雨水入渗影响的膨胀土边坡稳定性分析[J]. 岩土工程学报，2001，9(5)：606-609.

[26] 李兆平，张弥. 考虑降雨入渗影响的非饱和土坡瞬态安全系数研究[J]. 土木工程学报，2001，34(5)：57-61.

[27] 黄润秋，戚国庆. 非饱和渗流基质吸力对边坡稳定性的影响[J]. 工程地质学报，2002，10(4)：343-348.

[28] Zhan T L T, Zhang W J, et al. Influence of reservoir level change on slope stability of a silty soil bank. Conference of unsaturated soils[J]. ASCE, 2006: 463-472.

[29] 朱文彬，刘宝琛. 降雨条件下土体滑坡的有限元数值分析[J]. 岩石力学与工程学报，2002，21(4)：509-512.

[30] 张延军，王恩志，王思敬. 降雨渗流作用下滑坡变形数值分析[J]. 辽宁工程技术大学学报，2006，25(6)：858-860.

[31] 贾苍琴，黄茂松，王贵和. 非饱和非稳定渗流作用下土坡稳定分析的强度折减有限元方法[J]. 岩石力学与工程学报，2007，26(6)：1290-1296.

[32] 李荣建，于玉贞，邓丽军，等. 非饱和土边坡稳定分析方法探讨[J]. 岩土力学. 2007，28(10)：2060-2064.

[33] 戴福初，陈守义，李焯芬. 从土的应力应变特性探讨滑坡发生机理[J]. 岩土工程学报，2000，22(1)：127-130.

[34] 徐晗，朱以文，蔡元奇，等. 降雨入渗条件下非饱和土边坡稳定分析[J]. 岩土力学，2005，26(12)：1957-1962.

[35] 孙平. 基于非相关联流动法则的三维边坡稳定极限分析[D]. 北京：中国水利水电科学研究院，2005.

[36] Chang M. A 3D slope stability analysis method assuming parallel lines of intersection and differential straining of block contacts[J]. Canadian Geotechnical Journal, 2002(39): 799-811.

[37] Belyakov A A. Three-dimensional behavior of an earth dam at a wide site [J]. Hydrotechnical Construction, 1989, 22(2): 718-725.

[38] 黄正荣，梁精华. 有限元强度折减法在边坡三维稳定分析中的应用[J]. 工业建筑，2006，36(6)：59-64.

[39] 韦立德，高长胜，杨春和. 考虑渗流和膨胀变形的强度折减三维有限元法[J]. 长江科学院院报，2006，23(1)：57-60.

[40] 刘耀儒，杨强，薛利军，等. 基于三维非线性有限元的边坡稳定分析方法[J]. 岩土力学，2007，28(9)：1894-1898.

[41] Griffiths D V, Marquez R M. Three-dimensional slope stability analysis by elasto plastic finite elements [J]. Geotechnique, 2007, 57(6): 537-546.

[42] 韦立德，陈从新，杨春和. 渗流引起强度降低的二维强度折减有限元程序[J]. 辽宁工程技术大学学报，2007，26(2)：207-209.

[43] 李荣建，于玉贞，李广信. 抗滑桩加固非饱和土边坡三维稳定性分析[J]. 岩土力学，2008，29(4)：968-974.

[44] Brand E W, Premchitt J, Philipson H B. Relationship between Rainfall and Landslides in Hong Kong [C]//Proceedings of 4th International Symposium on Landslides. Toronto, 1984: 377-384.

[45] Kim S K, Hong W P, Kim Y M. Prediction of Rainfall-Triggered Landslides in Korea[C]//Landslides. Rotterdam: A A Balkema, 1991: 989-994.

[46] 林孝松. 滑坡与降雨研究[J]. 地质灾害与环境保护，2001，12(3)：1-7.

[47] 高华喜，殷坤龙. 降雨与滑坡灾害相关分析及预警预报阈值之探讨[J]. 岩土力学，2007，28(5)：1055-1060.

[48] Duncan J M, Wright S G, Wong K S. Slope Stability during Rapid Drawdown[C]//Proceeding of the H. Bolton seed memorial symposium, 1990, 2: 253-272.

[49] 郑颖人，时卫民，孔位学. 库水位下降时渗透及地下水浸润线的计算[J]. 岩石力学与工程学报，2005，23(18)：3203-3210.

[50] 廖红建，盛谦，高石夯，等. 库水位下降对滑坡体稳定性的影响[J]. 岩石力学与工程学报，2005，24(19)：3454-3458.

[51] 刘才华，陈从新，冯夏庭，等. 地下水对库岸边坡稳定性的影响[J]. 岩土力学，2005，26(3)：419-422.

[52] 吴宏伟，陈守义，庞宇威. 雨水入渗对非饱和土坡稳定性影响的参数研究[J]. 岩土力学，1999，20(1)：1-14.

[53] Gasmo J M, Rahardjo H, Leong E C. Infiltration effects on stability of a residual soil slope[J]. Computer

and Geotechnics,2000,26:145-165.

[54] Tsaparas T, Rahardjo H, Toll D G, et al. Controlling parameters for rainfall-induced landslides[J]. Computers and Geotechnics,2002,29:1-27.

[55] Chen Y,Liu D F,Wang S M. Some Supplements of the Controlling Factors for Stability of Unsaturated Soil Slope[C]. The internationnal conference on Geologicsl engineering,Wuhan,2007.

[56] 刘晓敏,赵慧丽,王连俊.非饱和粉质黏土的土水特性试验研究[J].地下空间,2001,21(5):375-378.

[57] Fredlund D G,Xing A. Equations for the soil - water characteristic curve[J] . Can. Geotech. J,1994,31 : 521-532.

[58] 徐永福,董平.非饱和土的水分特征曲线的分形模型[J].岩土力学,2002,23(4):400-405.

[59] 蒋刚,林鲁生,刘祖德,等.考虑非饱和土强度的边坡稳定分析方法及应用[J].岩石力学与工程学报,2001,20(A01):1070-1074.

[60] 陈正汉.非饱和土与特殊土测试技术新进展[C]//第二届全国非饱和土学术研讨会论文集.杭州,2005:77-136.

[61] Klute A. Laboratory measurement of hydraulic conductivity of unsaturated soil[J]//Black C A,Evans D D,et al. Methods of soil analysis,part 1. American Society of Agronomy,Madison,1965,9:253-261.

[62] Klute A. The determination of the hydraulic conductivity and diffusivity of unsaturated soils[J]. Soil Science Journal,1972,113:264-276.

[63] Hamilton J M,Daniel D E,Olson R E. Measurement of hydraulic conductivity of partially saturated soils [S]//Zimmie T F,Riggs C O. Permeability and Groundwater Contaminant Transport,New York:ASTM Special Technical Publication,1981:182-196.

[64] Daniel D E. Permeability test for unsaturated soil[J]. Geotechnical Testing Journal ASTM,1983,47(4): 81-86.

[65] Fleureau J M, Taibi S. Water-air Permeabilities of Unsaturated Soils[C]//Proceedings of the 1st International Conference on Unsaturated Soils,1995,2:479-484.

[66] Barden L,Pavlakis G. Air and water permeability of compacted unsaturated cohesive soils[J]. Soil Sci., 1971,22:302-318.

[67] Huang S Y,Barbour S L,Fredlund D G. Measurement of the coefficient of permeability for a deformable unsaturated soil using a trail permeameter[J]. Can. Geotech. J.,1998,35:426-432.

[68] Gan J K M,Fredlund D G. A new Laboratory Method for the Measurement of Unsaturated Coefficients of Permeability of Soils[C]//Unsaturated soil for Asia. 2000:381-386.

[69] Samingan A S,Leong E C,Rahardjo H. A flexible wall permeameter for measurements of water and air coefficients of permeability of residual soils[J]. Canadian Geotechnical Journal,2003,40:559-574.

[70] 王文焰,张建丰.在一个水平土柱上同时测定非饱和土壤水各运动参数的试验研究[J].水利学报,1990,7:26-30.

[71] 刘奉银.非饱和土力学基本试验设备的研制与新有效应力原理的探讨[D].西安:西安理工大学,1999.

[72] 高用宝,刘奉银,李宁.确定非饱和渗透特性的一种新方法[J].岩土力学与工程学报,2005,24(18):3258-3261.

[73] 高永宝.微机控制非饱和土水—气运动联测仪的研制及浸水试验研究[D].西安:西安理工大学,2006.

[74] 邵龙潭,梁爱民,王助贫,等.非饱和土稳态渗流试验装置的研制与应用[J].岩土工程学报,2005,11:103-105.

[75] 孙健.非饱和土土水特征曲线及导水系数测量方法研究[D].大连:大连理工大学,2001.

[76] 梁爱民,刘潇.非饱和土渗透系数的试验研究[J].井冈山大学学报(自然科学版),2012,33(2):76-79,87.

[77] Yuster S T. Theoretical considerations of multiphase flow in idealized capillary systems[J]. Proc. World Pet. Congr. ,3rd,1951(11):437-445.

[78]Irmay S. On the hydraulic conductivity of unsaturated soils[J]. Trans. Am. Geophys. Union,1954(35):

463-467.

[79] Davidson J M,Stone L R,Nielsen D R,et al. Field measurement and use of soil-water properties[J]. Water Resources Res.,1969(5):1312-1321.

[80] Campbell G S. A simple method for determining unsaturated conductivity from moisture retention data [J]. Soil Science,1974(117):311-314.

[81] Gardner W R. Calculation of capillary conductivity from pressure plate outflow data[J]. Soil Sci. S oc. Am. Proc.,1956(20):317-320.

[82] Christensen H R. Permeability-capillary potential curves for three prairie soils[J]. Journal Paper No. J-1167 of Proj. 504 of Iowa Agricultural Experiment Station. 1943:381-390.

[83] Philip J R. Linearized unsteady multi dimensional infiltration[J]. Water Resources Res, 1986(22): 1717-1727.

[84] Mualem Y. Hydraulic conductivity of unsaturated soils: prediction and formulas[J]. No. 9. Part I. Edited by Klute, A. American Society of Agronomy. Madison. Wis. 1986(21):799-823.

[85] 太沙基. 理论土力学[M]. 徐志英译. 北京:地质出版社,1960.

[86] Bishop A W. The principle of effective stress[J]. Teknisk ukeblad,1959(106):859-863.

[87] Bishop A W, Blight G E. Some aspects of effective stress in saturated and partly saturated soils[J]. Geotechnique,1963,13(3):177-197.

[88] 沈珠江. 土体强度与变形理论中的有效应力原理[R]. 水利水运专题述评第五辑,南京水利科学研究院,1963.

[89] Blight G E. Effective stress Evaluation for Unsaturated soils[J]. Journal of the soil Mechanics and Foundations Division proceedings of the America society of civil Engineers March,1967,SM2:125-148.

[90] Fredlund D G,Rahardjo H. 非饱和土力学[M]. 陈仲颐,张在明译. 北京:中国建筑工业出版社,1997.

[91] Fredlund D G. Appropriate concepts and technology for unsaturated soils[J]. Canadian Geotech. J.,1979, 16(1):121-139.

[92] 陈正汉,周海清. 非饱和土的非线性模型及其应用[J]. 岩土工程学报,1999,21(5):603-608.

[93] Karube D,Kato S. Yield function of Unsaturated soil[J]. 12th ICSMFE,1989,1:615-618.

[94] Toll D G. A Framework for Unsaturated Soil Behavior[J]. Geotechnique,1990,40(1):31-44.

[95] Alonso E E,Gens A,Josa A. A Constitutive model for partially saturated soil[J]. Geotechnique,1990, 40(3):405-430.

[96] Wheeler S J, Sivakumer V. An elastoplastic critical state framework for unsaturated soil [J]. Geotechnique,1995,45(1):35-53.

[97] 范秋雁. 非饱和土剑桥模型的基本框架[J]. 岩土力学,1996,17(3):8-14.

[98] Blatz J A,Graham J. Elasticplastic modeling of unsaturated soil using results from a new triaxial test with controlled suction[J]. Geotechnique,2003,53(1):113-122.

[99] Khalili N, Khabbaz M H. A unique Relationship for χ for the determination of the shear strength of unsaturated soil[J]. Geotechnique,1998,48(5):681-687.

[100] Khalili N, Geiser F, Blight G E. Effective stress in unsaturated soils: review with new evidence[J]. International Journal of Geomechanics,2004(6):115-126.

[101] 沈珠江. 广义吸力和非饱和土的统一变形理论[J]. 岩土工程学报,1996,18(2):1-10.

[102]Lu N,Willian J L. Suction stress characteristic curve for unsaturated soil[J]. Journal of Geotechnical and Geoenvironmental Enginerring,2006(6):131-141.

[103] 陈正汉,王永胜,谢定义. 非饱和土的有效应力探讨[J]. 岩土工程学报,1994,16(3):62-69.

[104] 邢义川,谢定义,李振. 非饱和土的有效应力参数研究[J]. 水利学报,2000,12:77-81.

[105] 汤连生,王思敬. 湿吸力及非饱和土的有效应力原理探讨[J]. 岩土工程学报,2000,22(1):83-88.

[106] 蒋彭年. 土的本构关系[M]. 北京:科学出版社,1982.
[107] 黄文熙. 土的工程性质[M]. 北京:中国水利水电出版社,1988.
[108] 钱家欢,殷宗泽. 土工原理与计算[M]. 北京:中国水利水电出版社,1996.
[109] 雷华阳. 土的本构模型研究[J]. 世界地质. 2000,19(3):271-276.
[110] Cui Y J,Delage P. Yielding and plastic behavior of an unsaturated compacted silt[J]. Geotechnique,1996,46(2):291-311.
[111] Thomas H R,He Y. Modelling the behavior of unsaturated soil using an elastoplastic constitutive model[J]. Geotechnique,1998,48(5):589-603.
[112] Vaunat J,Cante J C,Ledesma A,et al. A stress point algorithm for an elastoplastic model in unsaturated soils[J]. International Journal of Plasticity,2000,16:121-141.
[113] Wheeler S J,Gallipoli D,Karstunen M. Comments on use of the Barcelona Basic Model for unsaturated soils[J]. Int. J. Numer. Anal. Meth. Geomech. ,2002,26:1561-1571.
[114] Macari E J, Hoyos L R, Pedro Arduinoc. Constitutive modeling of unsaturated soil behavior under axisymmetric stress states using a stress/suction controlled cubical test cell[J]. International Journal of Plasticity,2003,19:1481-1515.
[115] Futai M M,Almeida M S S. An experimental investigation of the mechanical behavior of an unsaturated gneiss residual soil[J]. Geotechnique,2005,55(3):201-213.
[116] 杨代泉. 非饱和土弹塑性应力应变特性模拟[J]. 岩土工程学报,1995,17(6):46-52.
[117] 李锡夔,范益群. 非饱和土变形及渗流过程的有限元分析[J]. 岩土工程学报,1998,20(4):20-24.
[118] Li X, Thomas H R, Fan Y. Finite element method and constitutive modelling and computation for unsaturated soils[J]. Computer methods in applied mechanics and engineering,1999(16):135-159.
[119] 杨庚宇. 非饱和土弹塑性模型及其有限元法[J]. 中国矿业大学学报,1998,27(3):221-224.
[120] 陈正汉. 重塑非饱和黄土的变形、强度、屈服和水量变化特性[J]. 岩土工程学报,1999,21(1):82-90.
[121] 黄海,陈正汉,李刚. 非饱和土在 p-s 平面上屈服轨迹及土水特征曲线的探讨[J]. 岩土力学,2000,21(4):316-321.
[122] 武文华,李锡夔. 工程土障黏土水力-力学参数识别及工程校核[J]. 大连理工大学学报,2002,42(3):187-192.
[123] 殷宗泽,周建,赵仲辉,等. 非饱和土本构关系及变形计算[J]. 岩土工程学报,2006,28(2):137-146.
[124] 周建. 非饱和土 Barcelona 模型修正及存在问题探讨[J]. 浙江大学学报(工学版),2006,40(7):1244-1252.
[125] 李焯芬,汪敏. 港渝两地滑坡灾害的对比研究[J]. 岩石力学与工程学报,2000,19(4):493-497.
[126] 钟立勋. 意大利瓦依昂水库滑坡事件的启示[J]. 中国地质灾害与防治学报,1994,5(2):77-84.
[127] 刘宏,邓荣贵,张倬元. 四川宝珠寺水库库岸滑坡特征及成因分析[J]. 中国地质灾害与防治学报,2001,12(4):48-52.
[128] 李庆普. 黄龙滩水电站的水库滑坡[J]. 水力发电,1989(1):35-39.
[129] 刘宝军,张金宏. 我国的水库工程建设与防洪[J]. 人民长江,1999:30(增刊):1-10.
[130] Committee on Reservoir Slope Stability. Reservoir Landslides:Investigation and Management[R]. Paris:International Commission on Large Dams (ICOLD),2002.

第2章　三峡库区地质环境及滑坡分布特征

2.1　三峡库区地理地质背景

2.1.1　气象水文

三峡库区干流长达662.9 km的范围内，属亚热带湿润性季风气候区。总的特点是四季分明，湿度大，降雨充沛，夏季炎热多雨，且多以暴雨形式出现，冬春多雾。由于受长江深切河谷的影响，区内各气象要素存在着明显差异性，形成川东鄂西立体气候。在长江河谷地带，多年平均气温16.7～18.7 ℃，极端最高气温43.5 ℃(丰都1972年8月26日)，极端最低气温−8.9 ℃。据巫山气象资料，巫山县海拔每增高100 m，年均温递减0.66 ℃。

库区多年平均降雨量996.7～1 309.9 mm。年内降雨量分配不均，11月、12月至次年1月、2月降雨量少，占年降雨量的25%～30%，3～9月占全年总降雨量的60%～70%，年最大降雨量1 752.6 mm(云阳)，年最小降雨量623.4 mm(秭归)，见表2.1.1及图2.1.1[1]。最大与最小相差1 129.2 mm。年均降雨量在长江河谷，由重庆至秭归(下游)有减小的趋势，特别是进入三峡深谷以后，年均降雨量在1 100 mm以下，降雨量由长江河谷向两岸谷坡逐渐增大。据巫山气象站资料，海拔每增高100 m，年均降雨量增加55 mm，如巴东县黄土坡站(长江河谷)的年均降雨量为1 080 mm，南部绿葱坡站最高达2 640 mm，北部的堆子站为1 351 mm。

表2.1.1　三峡库区降雨量统计

站名	期限/年	1月	2月	3月	4月	5月	6月	7月	8月	9月	10月	11月	12月	多年平均降雨量/mm	最大平均降雨量/mm	最小平均降雨量/mm
重庆	1961～1970	22.8	21.9	39.2	91.4	171.7	150.4	172.1	141.5	199.7	113.3	55.2	25.1	1 204.3	1 378.3(1968年)	783.2(1961年)
长寿	1971～1980	19.1	15.6	45.1	135.7	185.1	196.7	99.90	132.2	151.7	102.7	48.5	25.5	1 157.8	1 312.9(1972年)	967.6(1976年)
涪陵	1971～1980	13.1	16.2	49.1	143.6	180.8	193.6	111.5	96.6	145.0	117.6	50.9	22.6	1 140.2	1 363.4(1973年)	955.7(1976年)
丰都	1971～1980	11.9	16.9	58.7	131.2	169.9	177.7	106.9	92.4	139.1	100	50.8	19.1	1 074.6	150.5(1980年)	883.4(1976年)

续表

站名	期限/年	1月	2月	3月	4月	5月	6月	7月	8月	9月	10月	11月	12月	多年平均降雨量/mm	最大平均降雨量/mm	最小平均降雨量/mm
忠县	1960～1980	16.7	23.3	61.1	112.0	170.6	174.6	151.0	114.3	164.9	99.4	59.9	24.2	1 172.1	1 471.1 (1975年)	913.4 (1978年)
万县	1972～1980	11.7	15.5	58.3	118.2	185.9	238.5	186.8	129.7	201.0	98.7	44.4	21.2	1 309.9	1 647.4 (1979年)	840.0 (1976年)
云阳	1957～1979	9.9	14.8	50.3	107.5	171.6	158.5	171.0	142.4	168.2	91.0	41.6	18.0	1 149.3	1 752.6	—
奉节	1953～1979	13.2	19.9	56.1	110.2	172.6	145.4	147.1	112.5	148.5	87.7	43.8	20.3	1 077.3	1 407.6 (1979年)	721.6 (1953年)
巫山	1960～1979	7.7	19.3	55.8	89.0	161.2	133.0	153.8	123.9	153.0	87.4	48.8	26.3	1 049.3	1 355.6 (1979年)	761.5 (1962年)
巴东	1937～1966	14.9	26.4	53.8	89.9	148.9	159.1	178.3	145.9	126.0	76.3	42.6	18.2	1 080.0	1 954.0 (1937年)	694.8 (1966年)
秭归	1936～1963	15.1	25.8	50.2	91.7	134.8	148.3	167.3	131.2	101.1	71.8	39.9	19.8	996.7	1 428.6 (1963年)	623.4 (1936年)

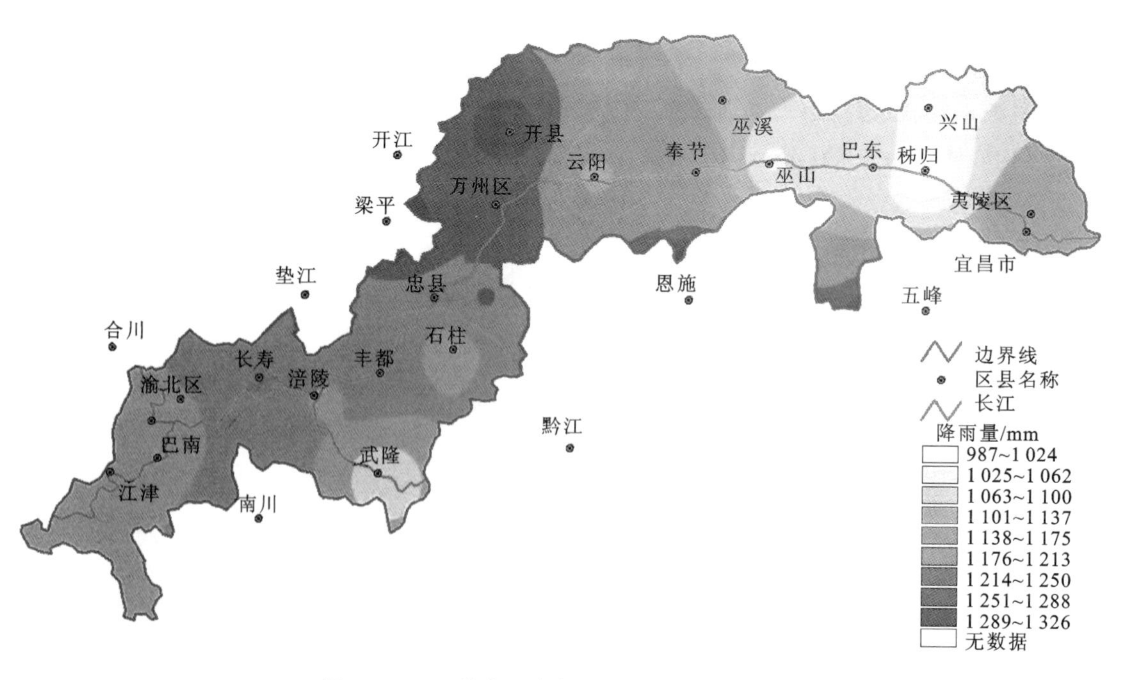

图 2.1.1　三峡库区多年平均降雨量统计分布

库区异常的暴雨、久雨大气形式比较突出。据气象局资料，巫山县在 1951～1981 年的 31 年内，共出现暴雨(日雨量大于 50 mm)95 次，平均每年 3.06 次，其中出现在 5～9 月的暴雨占暴雨总数的 94%，全年一日最大降雨量达 141 mm。1986 年 7 月 14 日凌晨 2 时至 16 日 14 时，秭归县陕西营一带，60 h 内降雨 173 mm，其中 13 h 内的暴雨量达 133.6 mm，由于降雨时间长，雨量集中，致使马家坝古滑坡全面复活。1982 年 7 月中下旬，奉节县所属各区普降暴雨，每小时降雨量达 58.5 mm，24 h 暴雨量达 252.7 mm，这次特大暴雨过程，全县出现滑坡崩塌达 11 582 处。

2.1.2　地形地貌

长江三峡库区地处四川盆地与长江中下游平原的结合部，跨越鄂中山区峡谷及川东岭谷地带，北临大巴山、南依川鄂高原。位于长江上游的宜昌市三斗坪至重庆江津区之间，涉及湖北省巴东、秭归、兴山等 4 个区县和重庆市涪陵、万州、忠县等 22 个区县(含重庆主城 7 个区)共 26 个行政区县。干流回水总长 662.9 km。

库区长江干流河谷受地质构造、岩性等因素控制，形成各种不同类型的河谷地貌景观，以重庆市奉节县白帝城为界，东、西两段截然不同，即三峡隆起中低山地和四川盆地低山丘陵[2]。

1. 三峡隆起中低山地

奉节白帝城以东至宜昌库段为大巴山、巫山、荆山等山脉的交接部位，长江河谷东西向镶嵌其中，形成以中山峡谷为主的地貌景观；山地高程多在 1 000～2 000 m，最大高程 2 117 m，相对高差 500～1 500 m。在新构造运动的影响下，山体上部有多期夷平面发育；河谷地区有断续分布的残留阶地。由于构造、岩性的差异，地貌的成因、形态特征具有不同类型。

莲沱—庙河库段，为黄陵背斜核部，两岸山体主要由花岗岩、闪长岩类岩石组成。河谷切割密度大，但长度和深度小。长江河谷宽达 300～500 m。山体高程一般 300～800 m，相对高差 100～300 m，构成剥蚀侵蚀低山丘陵地形。

香溪—牛口库段，为秭归断陷盆地，山体由砂岩、泥岩组成，形成侵蚀剥蚀中低山。香溪河由北向南在香溪汇入长江。山体海拔 1 000～2 100 m，相对高差 800～1 000 m。长江谷宽达 400～800 m。

西陵峡西段、巫峡、瞿塘峡库段，是库区东段地貌类型的主体，碳酸岩广为分布，属构造侵蚀(溶蚀)中山。两侧山体雄伟挺拔，高程一般为 1 500～2 100 m，相对高差多在 1 000 m 以上。段内支流较多，狭长幽深，比较著名的如大宁河。长江谷宽多在 100～200 m，形成国内外闻名的“三峡”峡谷。

2. 四川盆地低山丘陵

白帝城至江津库段位于四川盆地东部边缘川东褶皱带内。库段地貌严格受构造控制，形成与构造格架一致的“窄岭宽谷”侵蚀剥蚀低山丘陵地形。山脊多有碳酸岩出露，其余广布砂岩、泥岩。段内东部高程一般为 1 000～1 500 m，西部 500～1 000 m，向四川盆地中部倾斜明显。河谷比较开阔，多有 5～6 级阶地断续分布。由于山体走向与长江河谷的关系差异，形成了两种形态不同的地貌景观。长江三峡地区地貌分区如图 2.1.2[3]。

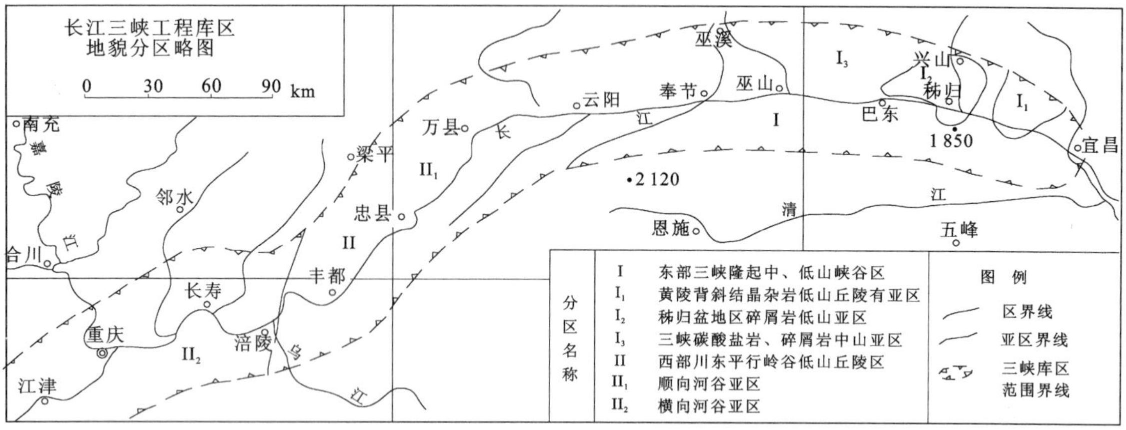

图 2.1.2　长江三峡地区地貌分区[3]

白帝城—丰都库段，长江沿近东西走向的故陵向斜和西南走向的忠县向斜发育。河流北岸和北西岸分布铁凤山（海拔 1 000～1 373 m）、挖断山（海拔 1 000～1 128 m），南岸和南东岸分布方斗山（海拔 1 100～1 714 m）。地势由两侧山脊明显向河谷倾斜，由中低山向低山丘陵过渡。各支流多切穿两侧山体（或发源于山地）近垂直汇入长江，较大支流有梅溪河、长滩河、磨刀溪、小江等。长江谷地宽缓，河床宽达 500～1 000 m，是川江中最为宽缓的江段。

丰都—江津库段，从东至西沿北东方向分布挖断山、黄草山（海拔 600～1 035 m）、明月山（海拔 550～1 034 m）、铜锣山（海拔 500～843 m）、中梁山（海拔 500～764 m）等山脉，长江顺北东东向发育，斜切上述山体。库段地貌总体呈现为顺北东方向延伸的侵蚀溶蚀中低山于剥蚀丘陵相间展布的特点。大型支流嘉陵江和乌江分别在重庆和涪陵汇入长江。长江河谷形态受地貌形态控制明显，横切山脉为峡谷，丘陵为宽谷，总体具藕节状形态特征。

2.1.3　地层岩性

三峡库区出露地层较齐全，除缺失下泥盆统、上石炭统、白垩系的一部分和新近系外，自前震旦系至第四系均有出露。三斗坪至庙河段出露前震旦系结晶岩；庙河至香溪为震旦系-三叠系-侏罗系地层；牛口至观武镇中三叠统、下三叠统大面积出露；观武镇以西至库尾近400 km的库区，侏罗系地层广泛分布，主要为层状碎屑岩类。与崩塌滑坡有关的软弱夹层是高阶地灰白黏土层（Q_p），侏罗系砂泥岩互层中的泥岩层（J_1-J_2）；三叠系须家河组的页岩夹煤层（T_3）；巴东组（T_2b）泥灰岩，砂岩夹泥岩；二叠系（P）炭质页岩夹煤层；志留系（S）页岩等。第四系堆积物零星分布于河流阶地、剥夷面及斜坡地带。分布比较集中、体积较大的第四系堆积体主要为滑坡体或崩塌体[3-5]。三峡地区地层岩性特征见表 2.1.2。

表 2.1.2　三峡库区区域地层一览表

地层单位				岩层厚度/m	岩体工程地质特征		
系	统	组(群)	地层代号		建造类型	岩组类型	岩性简述
第四系			Q	0～100	松散土类	黏性类土、砂砾类土、含碎块石土	河流冲积砂砾石、砂、亚黏土；斜坡残积、重力堆积含碎石土、亚黏土、黏土
白垩系	上白垩统	罗镜滩组	K_2l	273～801	碎屑岩建造	以坚硬至较坚硬块-层状砂、砾岩为主的工程地质岩组	
	下白垩统	石门组、五龙组	K_1	2 076			厚层状砂砾岩夹石英砂岩、砂岩、粉砂岩
侏罗系	上侏罗统	蓬莱镇组	J_3p	620～1 600		软硬相间层状砂岩、黏土岩互层工程地质岩组	长石砂岩、石英砂岩与泥岩不等厚互层，下部夹断续煤线
		遂宁组	J_3s	370～678			泥岩、泥质粉砂岩与砂岩、钙质粉砂岩互层
	中侏罗统	上沙溪庙组	J_2s	1 152～1 600			泥岩、砂质泥岩与厚层状长石砂岩互层
		下沙溪庙组	J_2xs	350～944			泥岩、粉砂质泥岩与长石砂岩不等厚互层
	下侏罗统	新田沟组	J_2x	240～350			页岩、泥岩与石英砂岩、泥质粉砂岩互层
		自流井群	$J_{1-2}zl$	165～189			泥岩、页岩夹粉砂岩、泥灰岩、生物碎屑灰岩，含菱铁矿
		珍珠冲组	J_1z	250～361			泥岩、页岩夹石英砂岩、粉砂岩，底见煤层，含菱铁矿
三叠系	上三叠统	须家河组/沙镇溪组	T_3	87～458		以坚硬至较坚硬块-层状砂、砾岩为主的工程地质岩组	石英砂岩、长石砂岩、粉砂岩及黏土层、薄煤层
	中三叠统	雷口坡组/巴东组	T_2	378～1 310	碳酸盐岩建造	涪陵以西：雷口坡组，软硬相间块-层状碳酸盐岩、碎屑岩互层工程地质岩组；涪陵以东：巴东组，软硬相间层状碎屑岩夹碳酸盐岩工程地质岩组	黏土岩、水云母黏土岩夹灰岩、泥灰岩、白云质灰岩
	下三叠统	嘉陵江组	T_1j	152～248		以坚硬-层状碳酸盐岩为主的工程地质岩组	薄-厚层状灰岩、白云岩夹角砾状灰岩
		飞仙关组/大冶组	T_1f/T_1d	50～756			薄层、中厚层状灰岩、泥质灰岩与页岩、炭质页岩互层或夹层
二叠系	上二叠统	长兴组/大隆组龙潭组/吴家坪组	P_2	47～281		软硬相间块-层状碳酸盐岩、碎屑岩互层工程地质岩组	中厚层含燧石结核灰岩、灰岩和炭质页岩、铝土质页岩、砂岩，含煤层或煤线与黄铁矿
	下二叠统	茅口组、栖霞组、马鞍组	P_1	248～455			厚-巨厚层灰岩、燧石结核灰岩夹页岩、砂岩和煤层，含铝土矿层和赤铁矿
石炭系	中石炭统	黄龙组(群)	C_2h	＜38.4			中厚层白云岩、灰岩及角砾状灰岩
	下石炭统	岩关组	C_1y	21～24			页岩、粉砂岩和生物碎屑灰岩
泥盆系	上泥盆统	写经寺组、黄家蹬组	D_3	50～120			生物碎屑灰岩、泥质灰岩、石英砂岩及页岩、粉砂岩，含赤铁矿
	中泥盆统	云台关组	D_2	8～50			厚层石英砂岩，含砾砂岩及砾岩

续表

地层单位				岩层厚度/m	岩体工程地质特征		
系	统	组(群)	地层代号		建造类型	岩组类型	岩性简述
志留系	中下志留统	纱帽组、罗惹坪组、龙马溪组	S_{1+2}	1 268～1 406	碎屑岩建造	以软弱层状黏土岩为主的工程地质岩组	页岩、粉砂质页岩、炭质页岩为主，含细砂岩、粉砂岩、泥质砂岩和生物灰岩
奥陶系	上奥陶统	五峰组、临湘组	O_3	10.1	碳酸盐建造	软硬相间块-层状碳酸盐岩、碎屑岩互层工程地质岩组	炭质页岩、硅质页岩和硅质灰岩、瘤状灰岩
	中奥陶统	宝塔组、庙坡组	O_2	21.17			裂纹灰岩、瘤状泥质灰岩和页岩
	下奥陶统	牯牛潭组、大湾组、红花园组、分乡组、南津关组	O_1	173			中厚层灰岩、白云质灰岩、生物灰岩夹页岩
寒武系	上寒武统	三游洞群	ϵ_3	561		以坚硬块-层状碳酸盐岩为主的工程地质岩组	白云岩、白云质灰岩、灰岩夹角砾状灰岩、页岩
	中寒武统	覃家庙群	ϵ_2	131～204		软硬相间块-层状碳酸盐岩、碎屑岩互层工程地质岩组	硅质-白云质灰岩、白云岩和砂岩，页岩互层
	下寒武统	石龙洞组、天河板组、石碑组、水井沱组、岩家河组	ϵ_1	373～561		软硬相间层状碎屑岩夹碳酸盐岩工程地质岩组	薄-厚层灰岩、白云岩与粉砂岩、炭质页岩互层或夹层，含磷矿层
震旦系	上震旦统	灯影组、陡山沱组	Z_2	248～626		以坚硬块-层状碳酸盐岩为主的工程地质岩组	厚层白云质灰岩、白云岩、炭质页岩，含磷矿层
	下震旦统	南沱组、莲沱组	Z_1	106～153	碎屑岩建造	软硬相间层状砂岩、黏土岩互层工程地质岩组	冰渍砾岩、泥岩、中厚层砂岩、砂质页岩、砾岩
前震旦系		崆岭群	$\mathrm{P_t}kn$	＞5 418	变质岩建造	坚硬至较坚硬块-片状混合岩、片麻岩、片岩工程地质岩组	黑云角闪奥长、斜长混合岩、片麻岩、云母片岩、石英片岩、石墨片岩、大理岩
		侵入岩			岩浆岩建造	坚硬块状侵入岩工程地质岩组	闪云斜长花岗岩、闪长岩及花岗岩

根据岩性、岩相和岩体结构特征，区内地层可分为4种建造类型。

(1) 岩浆岩、变质岩建造类型：块状结晶岩类、坚硬至较坚硬块片状片麻岩、混合岩、片岩，包括前震旦系块状岩浆岩及混合化的中、深变质岩，仅分布在庙河—三斗坪段。

(2) 层状碎屑岩建造类型：包括层状砂岩为主岩类、砂岩与黏土岩互层岩类、砂岩与砾岩互层岩类和软弱层状黏土岩类等4个，主要为上三叠统、中三叠统及侏罗系红层，为区内主要易滑岩类，主要分布于香溪至老秭归县城，奉节至重庆库尾。

(3) 层状碳酸盐岩建造类型：包括强岩溶化坚硬厚层状碳酸盐岩、中强岩溶化软硬相间层状碳酸岩盐夹碎屑岩、中等岩溶化软硬相间层状碳酸岩盐夹碎屑岩、弱岩溶化软硬相间层状碳酸岩盐夹碎屑岩等4个上震旦统、寒武系、下奥陶统、石炭系、二叠系和下三叠统。主要集中分布于庙河—奉节的干支流及乌江段。

(4) 新生代松散松软岩(土)类型：为第四系松散松软堆积，多斜坡地带的残坡积、崩滑堆积和城镇区人工堆积，为区内易滑岩(土)类。

区内对滑坡稳定性产生影响的主要岩性有页岩、泥岩、砂质泥岩和泥岩夹煤层等。易形成地质灾害的地层为侏罗系、中三叠统巴东组、志留系至二叠系地层。

区内主要不良工程地质岩组有：

(1) 较坚硬薄至中厚层状页岩砂岩岩组。砂岩、砂质页岩岩石强度较高，透水性差；页岩强度低，受构造挤压作用的页岩易成泥状，形成泥化夹层，为软弱岩层构成。

(2) 坚硬较坚硬中至厚层状砂岩泥质粉砂岩与泥岩互层岩组。岩性以中至厚层砂岩、泥质粉砂岩为主，夹泥岩或互层，砂岩裂隙发育，砂质含量下部向上部逐渐减少，而泥岩相反，泥岩易风化，岩质较软，为软硬相间结构。

(3) 较坚硬中至厚层砂岩泥质粉砂岩夹页岩煤层，为下伏具软弱基座结构。

(4) 软质薄至中厚层泥岩、泥质粉砂岩岩组：泥岩、页岩岩质较软，易风化，为软弱岩组。

(5) 坚硬较坚硬中至厚层状强至中等岩溶化碳酸盐岩碎屑岩岩组泥质灰岩、白云质灰岩与碎屑岩互层，下部多为页岩与煤层，构成具软弱基座的层状结构。

2.1.4　岸坡结构类型

三峡水库干流库段全长 690 km，31 条较大支流库段总长 807.8 km。按组成岸坡的岩体工程地质类型，将岸坡划分为松散软土岸坡、层状碎屑岩岸坡、层状碳酸盐岩岸坡和块状结晶岩岸坡等四大类型，见表 2.1.3。

表 2.1.3　岸坡结构类型及分布

<table>
<tr><th colspan="2">岸坡类型</th><th>岸坡单侧长度/km</th><th>占库岸总长的比例/%</th><th>分布情况</th></tr>
<tr><td colspan="2">松散软土岸坡</td><td>140.5</td><td>4.69</td><td>零星分布，城镇居民点和良田集中地</td></tr>
<tr><td colspan="2">层状碎屑岩岸坡</td><td>32.0</td><td>1.06</td><td>近坝库段(三斗坪—庙河)</td></tr>
<tr><td colspan="2">层状碳酸盐岩岸坡</td><td>454.5</td><td>15.19</td><td>庙河—奉节的干支流及乌江段</td></tr>
<tr><td rowspan="4">层状碎屑岩岸坡</td><td>平缓层状</td><td rowspan="4">2 368.6</td><td rowspan="4">79.06</td><td rowspan="4">秭归盆地(香溪至老秭归县城)，奉节至重庆库尾</td></tr>
<tr><td>顺层状</td></tr>
<tr><td>反向层状</td></tr>
<tr><td>横(斜)向层状</td></tr>
</table>

按照岩层产状，其中碎屑岩层状岸坡又分为如下 4 个亚类。

(1) 平缓层状岸坡：相对集中分布在万州、石宝寨—忠县一带，由侏罗系砂岩、泥岩组成，其稳定状况取决于泥岩的性状及其与砂岩接触面的抗滑性能和变形特征，总体稳定性较好。

(2) 顺向层状岸坡：这类岸坡最典型者位于奉节—云阳兴隆滩之间，滑坡最发育，其稳定状况主要取决于软弱(层)面产状。砂岩、泥岩接触面是最容易发生滑动的面。

(3) 反向层状岸坡：这类岸坡分布无明显的地域特性，基本以奉节安坪镇为界，以下岸段的此类岸坡主要由三叠系巴东组砂岩、泥岩夹碳酸盐岩组成，以上岸段的此类岸坡由侏罗系砂岩、泥岩组成。岸坡稳定性一般较好。

(4) 横(斜)向层状岸坡：这类岸坡分布无明显的地域特性，岸坡稳定性总体较好。

2.1.5　地质构造

库区跨越川鄂中低山峡谷及川东岭谷低山丘陵区，北屏大巴山脉，南依川鄂高原。据区域资料，强烈的晋宁运动使库区及其外围的前震旦系普遍发生褶皱和变质，并伴以大规模的岩浆活动，从而奠定了川东鄂西地质构造发展的基础。印支运动结束了川东鄂西的海洋环境，并继续沿中生代沉降带接受巨厚的陆相红色沉积。燕山运动是区内一次规模较大的造山运动，它使震旦系以来的沉积盖层发生强烈褶皱和断裂，同时又改造和干扰、破坏了前震旦系古老的地质构造形态，并结束了四川盆地和秭归盆地的沉积历史。燕山运动以后，区内表现为大面积间歇性差异抬升，地壳日趋稳定[4,5]。三峡库区构造纲要如图 2.1.3 所示。

区域地质构造分布包括川东褶皱带、川黔湘鄂隆起皱褶带、宽缓褶皱构造带和大巴山弧形褶皱带。

（1）川东褶皱带，展布于库区七曜山背斜以西，由一系列底平翼陡宽度大的屉状向斜和紧凑狭长的高背斜相间排列，组成隔挡式构造。构造总体方向在重庆一带约东 15°北，涪陵、丰都一带北 15°～40°东，至忠县襄渡场以东，由北北东逐渐转变成近东西向，消失于七曜山背斜北西翼巴东组地层内。

（2）川鄂湘黔隆起褶皱带，展布于七曜山背斜以东至湖北巴东县。构造线总体方向为北北东，于黄陵背斜南部，秭归向斜的西部转为近东西向。其形迹以斜列褶皱为主，北端逐渐收敛，过秭归盆地后，褶皱微弱。

（3）宽缓褶皱构造带包括秭归向斜构造带和黄陵背斜构造带。秭归向斜构造，构造形迹微弱，构造轴向北 10°～20°东，由于新构造的干扰，轴线发生“S”变形。黄陵背斜构造，轴向北东 17°，全长 120 km，东西宽 85 km，南北两端倾没角小于 15°。据现今长江河谷两岸发育有 10 级阶地和近期水准测量资料，黄陵背斜一直处于间歇性抬升，其上升速率为 2～4 mm/a。

（4）大巴山弧形褶皱带，位于库区东段北部，褶皱轴线为近东西向或北西向，弧顶向南突出，轴面多向北和北东倾斜，南翼岩层倾角可达 30°～45°。

奉节瞿塘峡背斜以东至巫山巴东一带为上述四大构造体系交会复合的部位，历史上就是滑坡、崩塌作用强烈的地带。

区内断裂不甚发育。库首有九畹溪断裂、仙女山断裂和新华断裂。巴东—奉节段有齐岳山断裂、恩施断裂、郁江断裂、黔江断裂。奉节以西断裂不发育。区内规模较大的仙女山断裂和新华断裂距库区较远，横穿干流库区的主要断裂仅有九畹溪、牛口、横石溪、杨家棚和黄草山断裂等，另外，建始断裂北延出现的坪阳坝断裂、碚石断裂与龙船河、冷水溪等支流岸段相交。这些断裂规模都不大，均未造成大范围的岩体破坏。

2.1.6　库区地下水

三峡库区区域水文地质条件严格受长江自身的地质环境发育所控制。三峡库区以基岩山地为主，地层岩性多样、构造复杂，降雨充沛，地形切割强烈，水系发育。这些特点决定了其水文地质特征，地下水赋存介质主要位于背斜轴部、背斜倾覆端、断裂带、几组构造裂隙或断裂交接复合的部位，夷平面或阶地之间的折坡陡坎地带，第四系松散堆积层与基岩交界接触带。同时，区域水文地质条件还受到了三峡库区水位变化的控制，区域地下水的补给主要为大气降雨和库水，三峡水库水位为地下水最低侵蚀基准面[1,6]。

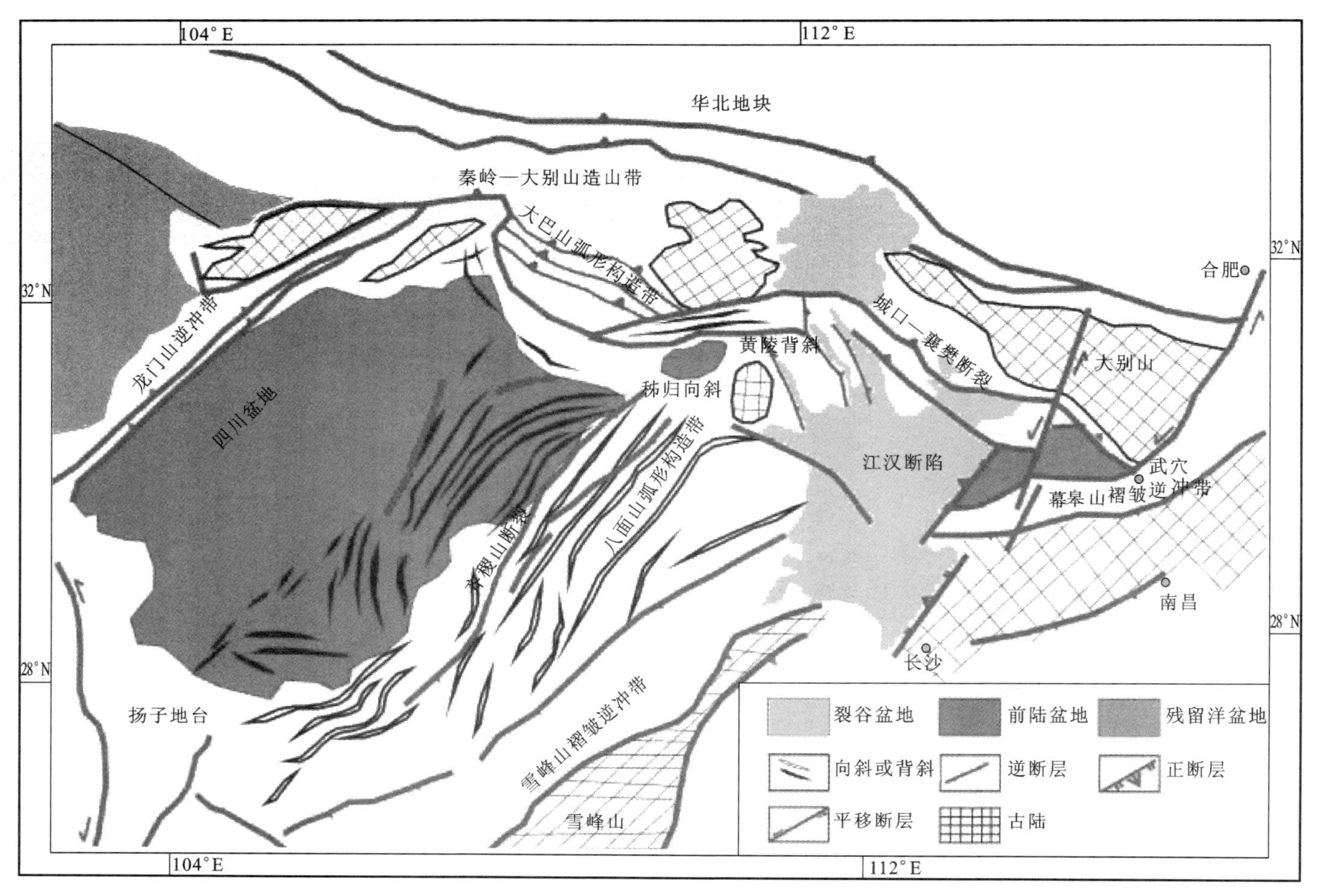

图 2.1.3　三峡库区构造纲要图

1. 地下水赋存条件类型

根据地下水赋存条件，库区地下水可分为四种类型：松散岩类孔隙水、碎屑岩类裂隙和孔隙水、碳酸盐岩类岩溶裂隙水、结晶岩类风化带裂隙孔隙水。

（1）松散岩类孔隙水：分布于Ⅰ级阶地底部砂卵石层中和崩滑堆积与坡积物中。富水性微弱，泉流量多小于0.5 L/s，动态不稳定。崩滑堆积层因分布在斜坡上，补给条件差，排泄条件好，地下水位埋藏较深，但在雨季则大幅度上升，常导致崩滑体变形。

（2）碎屑岩类裂隙和孔隙水：主要赋存于秭归盆地和川东盆地的三叠系上统与侏罗系碎屑岩中。其中三叠系上统碎屑岩裂隙水常具承压性，单井涌水量多大于100 m^3/d，局部大于1 000 m^3/d。侏罗系碎屑岩富水性差，泉流量多小于0.1 L/s，单井涌水量一般小于100 m^3/d。

（3）碳酸盐岩类岩溶裂隙水：主要分布于三峡库区各时代的碳酸盐岩中。富水性强弱不均，岩溶水水量较大，暗河流量达10～100 L/s。碳酸盐岩与碎屑岩互层裂隙水和岩溶水量较小，暗河或泉流量多小于10 L/s。

（4）结晶岩类风化带裂隙孔隙水：分布于坝区震旦系结晶岩风化带中，富水性微弱。

库区地下水以潜水和其上包气带水最为普遍，承压水多分布在向斜核部和斜坡地带层间含水层中，地下水主要接受降雨补给，向江、河排泄。在江、河两岸地下水和地表水有季节性互补关系。

2. 含水介质类型

按含水介质不同，地下水可划分为以下5种类型。

1）河谷阶地潜水

河谷阶地潜水分布于长江及其支流两岸的Ⅰ～Ⅴ级阶地，直接受大气降水补给，径流于河谷阶地砂卵石层之中，排泄在长江。其水位、水量极不稳定，一般雨季水位上涨，水量增大；旱季水位下降，水量明显减少。对于涉库水滑坡，地下水除受降雨的补给影响外，还受到库水周期性的涨落作用，水位上升，水库水补给地下水，地下水位抬升；水库水位下降时，地下水向坡脚排泄，水位下降。这种周期性地下水位的涨落，对库岸滑坡、崩塌的发育产生了巨大的影响。据调查统计，滑坡的剪出口绝大多数在河谷潜水排泄区附近。

2）崩坡积层潜水

崩坡积层潜水分布于沿江III级阶地以上（包括III级阶地），直至剥夷面的折坡地带。这些部位重力崩塌作用强烈，其下又以阶地面或侵蚀平台为堆积场所，故堆积物较厚，一般可达10～20 m。在鄂西山地这类堆积物可达70～80 m。在坡崩积层与基岩面接触的部位往往是地下潜水云集的地方。这类地下水运动于块石和风化黏土之间，多以孔隙储水为主。在漫长的地质历史时期中，天然流路早已形成，以泉的方式排泄于长江或其支流两岸，对坡体失稳不存在重大影响。但是，坡体因重力失稳，产生变形挤压或拉裂时，含水层遭受破坏，地下水流路受阻，水压会突然上升，从而将产生巨大的超孔隙水压力，使滑坡的发展进程加快。如1985年的新滩滑坡，临滑前因挤压变形，在姜家坡坡脚一带出现地下水喷射，水头高达“三丈”（约10 m）多。又如1986年的马家坝滑坡，在临滑前曾有泥浆挤出。

3）坡积残积潜水

坡积残积潜水主要介于川东高阶地的台阶后缘及斜坡低洼处，含水岩性为风化黏土、黏土砾石。如重庆松林坡黏土砾石层、涪陵师专、万县沙河子中学等,其中以灰白色黏土含水层最具有滑坡成因意义。这类含水层的持水能力强,透水能力差,水位、水量随季节变化。每当雨季,大量降雨渗入,使灰白色黏土层强度指标迅速下降,构成坡体的软弱结构面,最易引起坡体失稳而导致滑坡的产生。如涪陵师专因游泳池施工,开挖后灰白色黏土暴露地面而引起滑坡。

4)基岩裂隙潜水

(1)风化带网状裂隙潜水。

主要分布于长江两岸斜坡地段。含水层由三叠系、侏罗系砂泥岩组成。地貌上呈丘陵台地。因受历次构造变动作用轻微,砂岩泥岩产生一定深度的风化裂隙带,风化带深度10～30 m,有利于地下水的富集。这类地下水受季节性变化影响特别大,多以泉水方式出露在台地边缘的砂岩、泥岩接触地带上。往往在这些风化带网状裂隙含水层上有部分第四系坡残积、坡崩积层覆盖,容易产生基岩风化带连同上覆堆积层一起滑动的滑坡(如鲤鱼沱滑坡)。

(2)构造裂隙水。

主要分布于川东鄂西,背斜向斜的两翼,地貌上呈现单面山、方山、低山丘陵。含水层为砂泥岩互层,一般近背斜轴部构造裂隙发育,易于大气降水补给。沿砂岩泥岩交界面上以泥岩作隔水底板,向下运动,排泄于坡体两侧或坡体前缘深切割的溪河沟谷之中。其水位、流量多不稳定。这类含水层受构造控制,在近背斜或单面山中上部,裂隙发育,是含水层接受大气降水补给的良好通道,加之川东鄂西降雨具有随海拔的增高而增大的特点,所以一般在坡体中上部易崩塌,易产生山后向前的推移式基岩顺层滑坡。

5)岩溶潜水

库区奉节以下至庙河以上,碳酸盐类地层分布广泛,构造上属于大巴山弧、川东褶皱带与鄂西隆起带交接复合部位,因此这些地带构造复杂,裂隙发育,岩溶地貌普遍,主要有岩溶洼地、溶洞、落水洞、溶隙、天坑、地缝等(图2.1.4),为地下水赋存提供了有利空间。由于岩性的不同,岩溶水的大小及运动特征各异。就水量而言,灰岩＞白云质灰岩＞泥灰岩。这些岩溶水经漫长地质年代的溶蚀,起着分割完整基岩的作用。特别是在峡谷岸坡重力卸荷作用下,加速了岩溶化过程,从而促进了岩溶崩塌、陷落的发展。如新滩后山的黄岩、九盘山溶蚀崩塌,野猫面溶蚀重力崩塌,奉节天坑、地缝等。

图2.1.4　三峡库区奉节天坑和地缝

2.1.7 新构造活动特征及地震

1. 新构造活动特征

三峡地区主要经历了3次较大的构造运动,即晋宁运动、燕山运动和喜马拉雅运动。燕山运动主要表现为盖层褶皱和断裂,形成大巴山弧形褶皱带、川东弧形褶皱带和八面山弧形褶皱带,长江三峡正好处于3组褶皱带汇聚向下倾伏的地区。喜马拉雅运动除了使沉积盖层发生轻度变形外,全区以间歇性的掀斜式整体抬升为主要特征,西部抬升幅度大于东部抬升幅度。

新构造运动以来,三峡库区地壳表现为大面积的间歇性隆起,具有总体掀斜式特征,以巫山为中心向东、西两侧隆起幅度逐渐降低,隆起中心奉节—巫山一带的最大上升幅度为2 000 m;新构造运动的间歇性特征形成了库区山地上广泛分布的5级夷平面、高陡的河谷岸坡以及长江河谷内的5级阶地。

通过对重庆至宜都间的长江河谷阶地调查,各地Ⅰ～Ⅵ级阶地的相对高度都比较接近,见表2.1.4,阶地纵剖面线没有明显的起伏,说明中更新世以来的几十万年中,长江三峡地区以缓慢抬升为主,期间有过几次短暂的相对稳定时期[2]。

表2.1.4 奉节—宜都长江各地河流阶地高度比较[2]

阶地级序	奉节	巫山	秭归屈原镇	茅坪—三斗坪	宜昌	宜都
Ⅵ					约120 (约170)	
Ⅴ		约157 (约253)			约102 (约152)	49～54 (95～100)
Ⅳ	92～97 (195～200)	94～99 (190～195)	91～101 (156～166)		70～75 (120～125)	35～37 (81～83)
Ⅲ	62～67 (165～170)	67.5 (约163)	约70 (约135)		30～40 (80～90)	24～29 (70～75)
Ⅱ	32～37 (135～140)	约34.5 (约130)	35～40 (100～105)	约35 (约95)	约25 (约75)	14～29 (60～55)
Ⅰ			19～21 (80～82)	15～20 (75～80)	7～10 (57～60)	约7 (约53)

注:括号内数字为绝对高程,括号外为相对高差(单位:m)

长江三峡河段的阶地主要分布在宽谷河段和长江支流河口部位,多数分布在弧形弯曲河段的凸岸,个别在凹岸,例如丰都县镇江镇的第二、三级阶地就出现在长江的凹岸。在重庆附近有6级阶地,往下直到三斗坪一带,最多只有4级阶地,一般只有2、3级阶地。第四级阶地主要分布在秭归屈原镇、巫山、云阳和重庆一带。第二、三级阶地均为基座阶地,主要分布在云阳以上宽谷段弯道的凸岸以及支流河口的两侧。重庆巴县到万州以及湖北巴东官渡口附近向下到三斗坪,除了其间的峡谷河段外,沿长江干流两岸,第一级阶地分布较普遍一些。

2. 地震

据国家地震局地震资料记录,区内地震水平不高、强度小、频度低,地壳稳定性相对较好,属弱震环境，历史上库区少有破坏性地震记载。近代地震的频度和强度有所增加，1979年5月22日库首秭归县龙会观发生了5.1级地震(震中距长江8 km)，库尾段重庆地震达5.3级(震中距长江15 km)，库中万州1983年12月5日新田地震，震级3.8级。根据库区地震史和地震地质条件，在库区不能排除历史上同等地震的重演和更大地震的发生。为了安全稳妥起见，在崩滑体和库岸稳定性评价时奉节以上按VI度、奉节以下按VII度考虑。

早在1958年，我国就持续不断地对三峡地区的地震活动情况进行了全面监测，为三峡工程坝址的选择提供了完备的数据与资料。长达几十年的科学论证和监测资料表明，三峡蓄水可能诱发的极限地震为5.5～6级，破坏性不会很大，而且可能发生这种极限地震的断裂带分别位于仙女山和九畹溪附近，对三峡工程和周边地区的影响较小。

三峡大坝自2003年6月开始蓄水，截至2015年，三峡水库完成了水位从175 m～145 m～175 m的5次完整调度。据相关机构地震监测数据，水库蓄水后库区地震开始增多，尤其自2007年之后库区地震明显增多，主要分布于在坝区至巴东段。尽管蓄水以后地震发生的频率大大增加，但基本上都是3～4级以下的小震，并且绝大部分是发生在岩溶与矿洞分布地区，属震级小于3级的浅层微震。

仙女山断裂是分布于库首秭归县境内的一条活动性发震构造，距离三峡大坝10余km，总体北北西向延伸，全长约80余km，北端抵达长江，九畹溪断裂是其分支构造。仙女山断裂活动性明显，西盘年平均下降0.076 mm，右行水平扭动量为0.116 mm。受其构造应力场的控制，地震沿断裂带分布、活动相对频繁。据不完全统计，自1959年至三峡水库蓄水前，仙女山断裂南端宜都潘家湾发生4.9级地震，北段周坪发生3.3级地震，秭归回龙观发生5.1级地震。三峡水库蓄水后地震频度显著增加，自2003年水库蓄水至2015年期间，仅仙女山活动断裂区域总共发生过2.0级以上有感地震近80次，3.0级以上地震近20次，4.1～5.1级以上地震4次，震源深度均小于10 km。表2.1.5列出了2008～2013年期间发生的主要地震，图2.1.5展示了仙女山断裂与震中位置分布关系，图2.1.6反映了地震与水库蓄水及库水位变动的相关性。地震发生及分布总体表现以下特点：一是地震的发生部位主要集中在仙女山断裂的北端，具有构造性水库地震特点；二是在涨水、高水位及降水过程中，地震次数比低水时明显增多，其中4次较大的地震都是发生在高水位运行及由高水位向低水位降水初期。调查研究还表明，仙女山断裂的活动及地震作用对其附近滑坡控制性作用明显，主要表现为新生代以来两次剧烈的断裂活动使岸坡发生大规模的崩塌作用，大量滑坡堆积体中都清楚地展示了这两次崩塌事件的记录，图2.1.7为链子崖附近斜坡堆积体剖面照片，清楚反映了因新生代以来多次剧烈断裂活动使岸坡发生了多序次大规模崩塌堆积作用。

表2.1.5　三峡库区秭归县境内2008～2013年发生的地震

地震发生时间	地震发生地点	地震震级
2008年4月5～6日	沙镇溪镇、泄滩乡	2
2008年8月27日5时55分	归州镇	3.2
2008年9月27日5时55分	郭家坝镇	3.2
2008年11月5日1时50分	沙镇溪镇	2
2008年11月6日19时33分	屈原镇	2.2
2008年11月22日16时1分	屈原镇	4.1

续表

地震发生时间	地震发生地点	地震震级
2008年11月24日0时38分19秒	屈原镇	1.8
2008年11月30日2时43分21秒	屈原镇	2.4
2008年12月26日10时55分	郭家坝镇与屈原镇交界处	2.1
2009年1月18日2时43分	屈原镇	2.1
2009年1月31日10时40分	郭家坝镇	2.1
2009年2月8日18时43分	屈原镇	1.8
2009年7月3日18时19分	泄滩乡	2
2009年7月3日19时20分	泄滩乡	2.3
2009年7月7日15时4分	泄滩乡	2.5
2009年8月11日20时42分	泄滩乡	2.4
2009年9月16日15时9分	郭家坝镇	1.8
2009年9月30日16时20分	泄滩乡	2
2009年11月13日15时	屈原镇	1.8
2009年12月18日14时41分	屈原镇	1.9
2010年3月19日22时51分	屈原镇	2
2010年6月22日14时53分	沙镇溪镇	1.9
2010年10月17日17时46分	水田坝乡	2
2011年9月4日8时40分	秭归县交界地区	2
2011年10月2日4时53分	北纬30.9°,东经110.8°	2
2011年11月11日9时31分	郭家坝镇	2.2
2011年12月22日8时13分54秒	屈原镇	2.1
2012年7月30日6时56分	郭家坝镇	2.3
2012年10月11日22时22分	泄滩乡	2.6
2012年10月31日3时42分	屈原镇	3.2
2012年10月31日5时53分	屈原镇	2.6
2012年11月1日2时49分	屈原镇	2.3
2012年11月1日2时53分	屈原镇	2.5
2012年11月1日3时14分	屈原镇	2.4
2012年11月1日16时36分	屈原镇	2.8
2012年11月2日21时24分	郭家坝镇	2.2
2012年11月3日20时24分	郭家坝镇	2.1
2013年1月1日22时9分	郭家坝镇	2.2
2013年1月2日3时21分	郭家坝镇	2.1
2013年1月17日12时31分	郭家坝镇	2
2013年12月16日13时4分	秭归县与恩施州巴东县交界	5.1

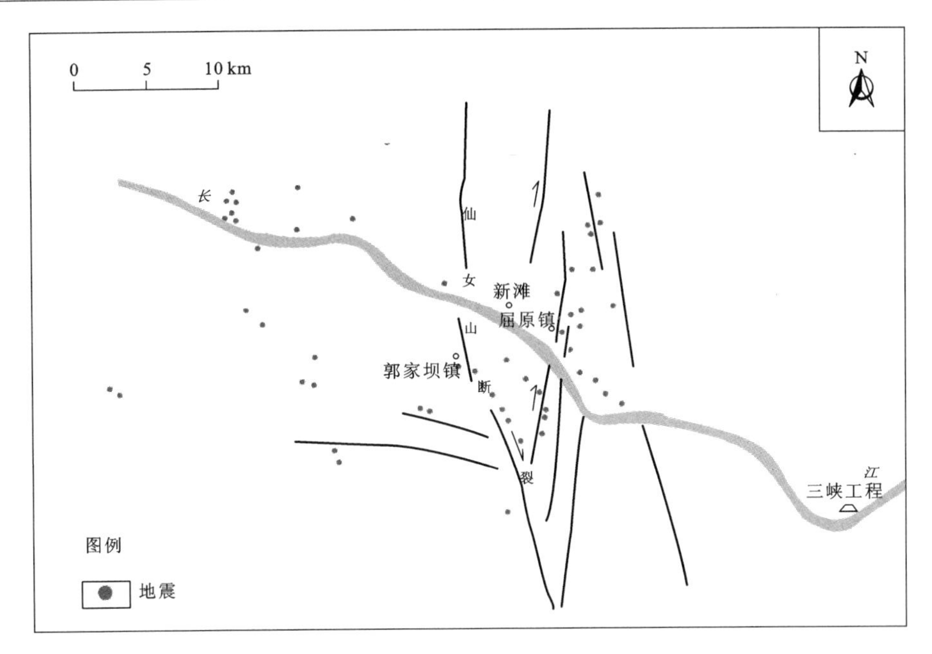

图 2.1.5　三峡库区秭归县境内仙女山断裂与地震分布

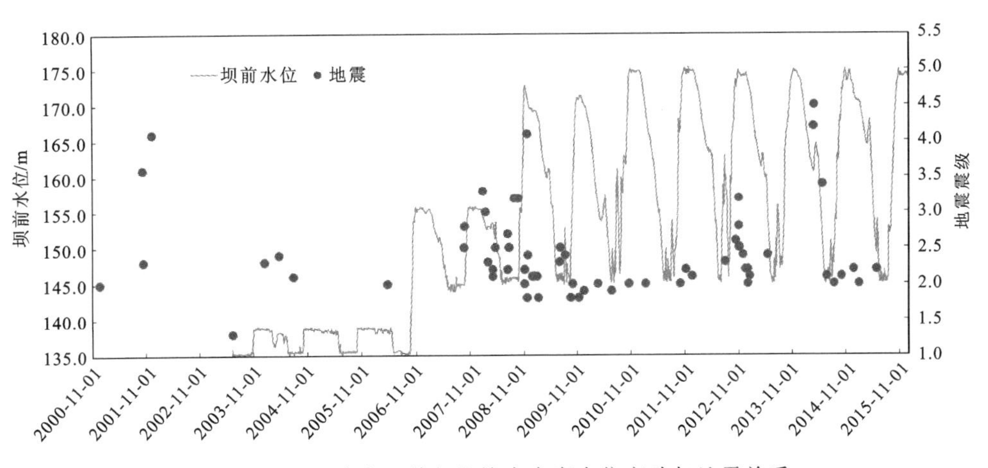

图 2.1.6　三峡库区秭归县境内水库水位变动与地震关系

2.2　三峡库区滑坡发育分布特征

2.2.1　滑坡发育类型统计

滑坡是三峡库区发育最多的地质灾害类型。滑坡规模大小不等、物质组成各不相同、滑坡形成的动力因素也各有差异。

1. 滑坡规模

滑坡按照发育规模可分为巨型、大型、中型和小型滑坡四类。据不完全统计，在三峡库区 3 884 处滑坡中，体积大于 1 000 万 m^3 的巨型滑坡 51 个，占滑坡总数 1.31%，体积在 1 000 万～

图 2.1.7　三峡库区秭归县上孝仁库岸斜坡剖面照片

100 万 m^3 的大型滑坡点 274 处，占滑坡总数的 11.15%；体积在 100 万～10 万 m^3 的中型滑坡点 1 341 处，占滑坡总数的 30.38%；体积小于 10 万 m^3 的小型滑坡 2 218 个，占总数的 57.11%，如图 2.2.1 所示。从县(区)分布数量看，三峡库区滑坡数量超过 200 处的县(区)依次为秭归县、巴东县、万州区、武隆县、云阳县和丰都县；秭归县登录在册的滑坡数量高达 514 处，巨型、大型滑坡点也位居库区 19 个县(区)前列，其中巨型滑坡 18 处、大型滑坡 107 处，占秭归县滑坡总数的 24.31%。巨型、大型滑坡较发育的还有夷陵区、巴东县、巫山县、奉节县、云阳县、忠县和丰都县。

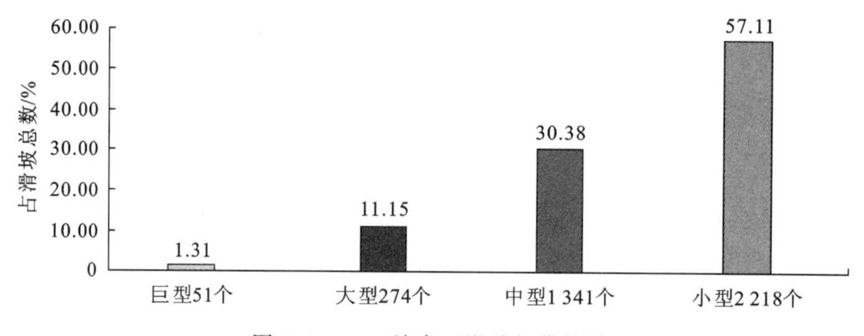

图 2.2.1　三峡库区滑坡规模统计

2. 滑坡物质组成

根据物质成分，三峡库区土质滑坡(包括堆积层及黏黄土滑坡)共 1 985 处，占滑坡总数的 51.15%；岩质滑坡 625 处，占滑坡总数的 16.10%；岩土混合滑坡 1 271 处，占滑坡总数的 32.75%，如图 2.2.2 所示。

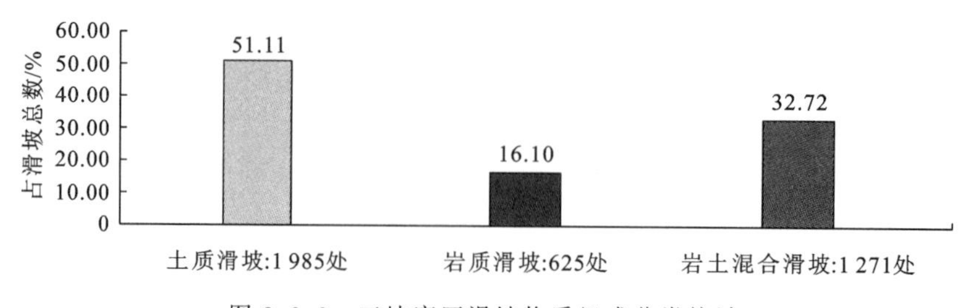

图 2.2.2　三峡库区滑坡物质组成分类统计

3. 滑坡成因

三峡库区滑坡成因分为自然因素和人为因素，自然因素包括大气降雨、地震、地表水侵蚀、崩坡积加载等，人为因素包括库区蓄水、城镇建设、交通道路建设以及采矿、农田灌溉等。三峡库区大气降雨诱发的滑坡占滑坡总数的 71.58%，而地震诱发的滑坡仅有 12 处，所占比例为 0.31%，因人类工程活动诱发的滑坡约占滑坡总数的 2.61%，其余 25.5%的滑坡为不明成因，如图 2.2.3 所示。

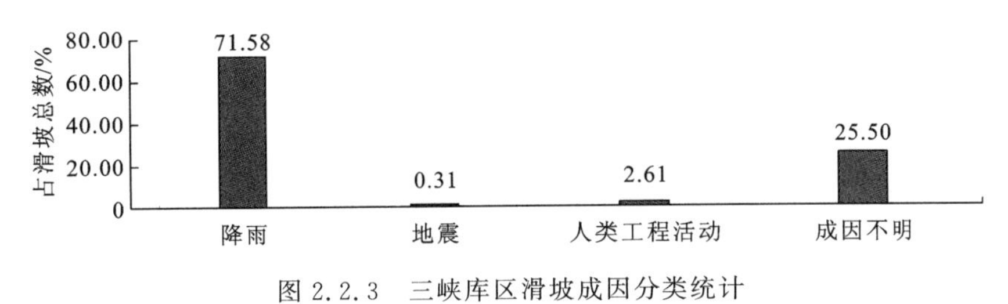

图 2.2.3　三峡库区滑坡成因分类统计

2.2.2　滑坡发育影响因素

1. 滑坡与构造的关系

地质构造对库区滑坡分布密度、规模和滑动方向有很大影响。在不同构造体系交接复合地段、褶皱轴部及其转折部位、向斜翘起端以及新构造活动相对强烈区往往是发生大型滑坡的主要构造部位。从总体来看，在万县—奉节河谷段，大型滑坡基本上发育在向斜河谷的顺向坡；在奉节—巫山河谷段，大型滑坡则主要出现在几种构造体系复合部位，顺向坡和切向坡都有滑坡发生。向斜河谷(如故陵向斜)是斜坡变形严重、容易发生大型滑坡的部位，尤其在顺向坡和向斜翘起端地段。例如，位于奉节县境内的故陵向斜东部翘起段，该处河谷长度不过 10 km，分布大小滑坡 8 个。又如巴东官渡口向斜南翼发育的黄土坡滑坡、赵树岭滑坡、童家坪滑坡等。弧形褶皱构造的弧形部位挤压作用强烈，横向节理裂隙发育，是岩体破碎程度较高的地段。如位于川东弧形褶皱带顶端的万县一带岩层十分破碎，区域性的节理裂隙发育，在长约 16 km 的河谷地段发育有大型滑坡 5 处。奉节—巫山江段由于既是川东弧与八面弧交接的复合地段，又是齐岳山基底断裂通过的部位，因此也是大型滑坡体的发育地段。

三峡库区地壳在新构造期呈周期性阶段性隆升，河谷相应地呈周期性下切。因此，相关的斜坡地质作用也相应具有周期性和阶段性活动表现，从而使滑坡也呈现出周期性和阶段性活动。在新构造运动相对强烈的地段，大型滑坡比较发育并集中分布。巫山—奉节一带为新构造运动的隆起中心，这一带滑坡数量多、规模大，且较为集中。黄陵地块周缘地区为构造上升区和下降区的过渡地带，存在较大的差异运动，成为新构造活动相对强烈地段。在新滩地段的岸坡挟持于仙女山和九湾溪活动断裂带之间，在历史上曾发生过多次滑坡灾害[7]，例如 1030 年发生新滩滑坡，堵江 22 年；1524 年新滩再次发生滑坡，堵江 82 年；1985 年新滩古滑坡复活，其体积达 3 000 万 m^3。统计分析表明，以向斜为构造背景的滑坡占 50%，以背斜为构造背景的滑坡占 25%，与断层相关的滑坡占 4%，如图 2.2.4 所示。

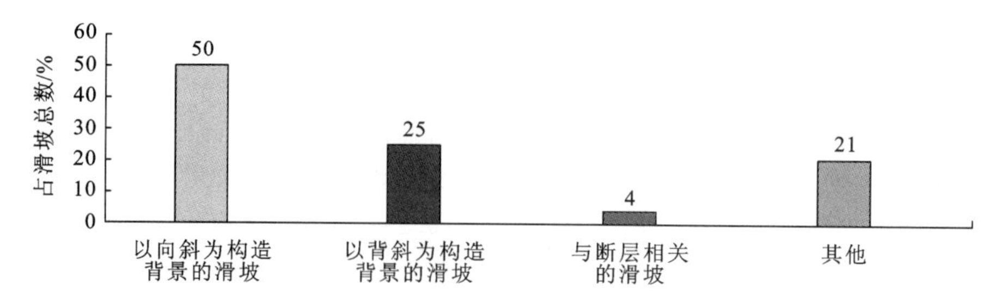

图 2.2.4　三峡库区滑坡与构造相关性统计

2. 滑坡与岩组的关系

黄陵背斜的轴部及西翼的前震旦系变质岩、震旦系砂岩灰岩、寒武-奥陶系灰岩页岩组成的坡岸稳定好，除在寒武系天河板组灰岩、白云岩构成的顺层坡发生一处崩塌（野猫面崩塌体）外，未见其他大规模坡岸变形。

统计表明，侏罗系中统沙溪庙组（J_2s、J_2xs）占滑坡总数的 36%，岩性主要为泥岩、泥质粉砂岩与长石石英砂岩及钙质粉砂岩互层；三叠系中统巴东组第二、三段（T_2b^2、T_2b^3）占滑坡总数的 26%，岩性主要为黏土岩砂岩互层及泥灰岩；侏罗系上统（J_3s、J_3p）占滑坡总数的 16%，岩性主要为砂岩泥岩互层含煤线；另外侏罗系、三叠系中其他地层中的砂泥岩互层中的泥岩夹层、二叠系碳质页岩及煤层、志留系的页岩等软弱夹层中叶发育有 23%的滑坡，如图 2.2.5 所示。体积大于 100 万 m^3 的大型涉水滑坡在各类易滑地层中的分布统计如图 2.2.6 所示。

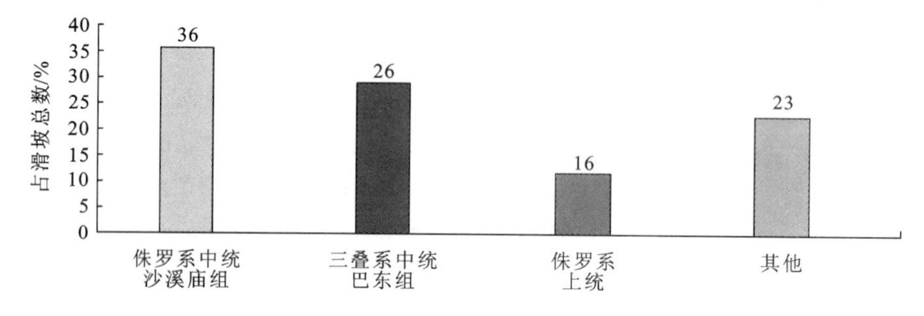

图 2.2.5　三峡库区滑坡与地层岩性相关性统计

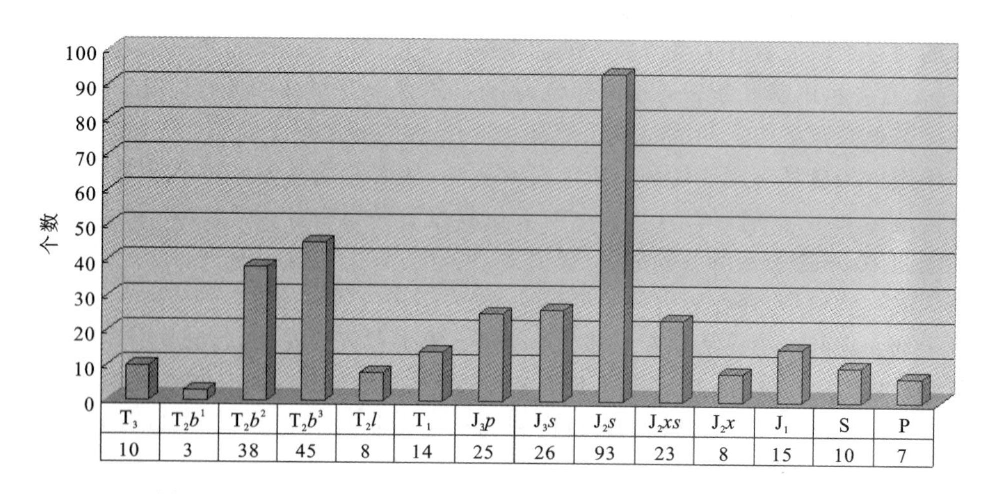

T_3	T_2b^1	T_2b^2	T_2b^3	T_2l	T_1	J_3p	J_3s	J_2s	J_2xs	J_2x	J_1	S	P
10	3	38	45	8	14	25	26	93	23	8	15	10	7

图 2.2.6　三峡库区体积大于 100 万 m^3 的涉水滑坡分布地层统计

在顺层岸坡中软弱夹层是滑坡形成的控制滑面，由软弱夹层控制的顺层岸坡往往形成规模较大的滑坡。根据巴东新城区勘察资料，库岸顺层斜坡 T_2b^3 岩体内发育有13层贯通的软弱带，软弱带表现为富含泥质、结构破碎的泥质软弱夹层、构造碎裂岩、溶蚀改造带和软岩软弱带。因此，库岸就发育有十多个千万立方米以上的大型滑坡，如黄土坡滑坡、赵树岭滑坡等。

3. 滑坡与降雨的关系

降雨是滑坡失稳的主要诱发因素。“中国地质灾害数据库”记录了1949～1995年期间发生在我国的滑坡灾害，其中68.5%的滑坡是由降雨引起的。其他诱发因素(如库水位升降、地震、洪水、人工切坡、采矿等)导致滑坡的总数仅占同一期间发生在我国滑坡灾害的31.5%。《中国典型滑坡》一书中列举了90多个滑坡实例，其中有95%以上的滑坡都与降雨有着密切关系[8]。

在三峡水库未蓄水以前，地下水补给来源主要是降雨。三峡库区是多暴雨的地区，秭归—巴东、云阳—万州等库段处于降雨和暴雨中心，滑坡也最为发育。历史上曾经发生过著名的“35·7”大暴雨和“82·7”暴雨，其中“82·7”暴雨由三次强暴雨过程组成，使库区发生大量滑坡。降雨诱发滑坡存在暴雨诱发、久雨诱发两种，其中玉皇观、草街子、安乐寺、太白崖、鸡扒子是暴雨诱发滑坡。黄腊石的石榴树包、陈家吊崖、桃园、猫须子、新滩、龙王庙等是久雨诱发滑坡。以重点地段降雨与滑坡的关系为样本，郭希哲等研究总结出：连续降雨大于或等于3 d，雨量270～300 mm，可诱发小型基岩滑坡；连续降雨大于或等于2 d，雨量280～300 mm，可使大型以下老滑坡残体复活；连续降雨大于或等于6 d，雨量480～510 mm，可诱发大中型基岩滑坡。西部地区诱发砂岩、泥岩滑坡的临界暴雨强度为200 mm/d。

三峡水库蓄水后，库区涉水滑坡的变形与破坏仍与降雨和暴雨有极大的关系，几乎所有涉水滑坡的变形都伴随有不同程度的降雨，部分典型水库诱发滑坡如秭归县千将坪滑坡和云阳县凉水井滑坡在滑坡变形破坏前均伴随有久雨；而部分涉水滑坡的变形破坏可以判断明显是由暴雨主导诱发的，如奉节县曾家棚滑坡。

4. 滑坡与水库蓄水关系

自1961年湖南柘溪谭岩光滑坡发生以来，特别是1963年意大利瓦依昂水库发生特大水库滑坡灾难以来，全世界开始关注和重视水库型滑坡，加强了水库型滑坡的野外调查、变形机理和预测预报研究。瓦依昂滑坡发生以来，欧美许多高校和研究机构一直没有停止过对该滑坡地质结构、诱发机理、形成历史等研究[9-18]。国内许多学者也致力于水库蓄水对滑坡的影响研究，水库蓄水对滑坡的诱发作用已得到普遍的认同[19-25]。

自2003年三峡水库蓄水以来，历经库水位135 m、156 m、172 m、175 m等蓄水阶段，蓄水或与降雨联合作用诱发滑坡变形151个，其中两个滑坡整体破坏下滑，其一为2003年7月13日发生在秭归县沙镇溪青干河的千将坪滑坡，其二为2012年6月2日发生在奉节县大溪河的曾家棚滑坡。

三峡库区通过二、三期地质灾害专业监测工作共监测大型水库滑坡199个，其中发生变形乃至破坏的大型水库滑坡共73个，详细情况统计见表2.2.1。

表 2.2.1　三峡库区专业监测滑坡变形情况一览表

区县	专业监测个数	变形个数	重点滑坡个数
秭归县	32	32	17
兴山县	4	3	2
巴东县	25	17	11
巫山县	20	15	6
奉节县	32	24	13
云阳县	21	19	9
开县	3	5	2
万州区	24	18	5
忠县	9	2	1
巫溪县	0	1	0
石柱县	2	0	0
丰都县	9	9	5
涪陵区	7	5	1
武隆县	6	0	0
重庆主城区	5	1	1
合计	199	151	73

2.2.3　大型涉水滑坡统计

三峡库区大型涉水滑坡是指滑坡体积大于 100 万 m^3 且前缘高程小于 175 m 的滑坡，截至 2012 年 6 月统计资料，三峡库区大型涉水滑坡为 325 个。这部分滑坡规模大，水库蓄水对其产生不利影响，因此是本书重点研究的对象。

据统计，三峡库区大型涉水滑坡主要分布于秭归县、巴东县、巫山县、奉节县、云阳县及万州区，约占库区大型滑坡数量的 85%，各县区具体数量见表 2.2.2。

表 2.2.2　三峡库区 325 个大型涉水滑坡分布统计

区县名称	滑坡个数	所占比例/%	区县名称	滑坡个数	所占比例/%
秭归	57	17.5	开县	3	0.9
兴山	5	1.5	万州	44	13.5
巴东	16	4.9	忠县	10	3.1
巫山	55	16.9	石柱	3	0.9
巫溪	1	0.3	丰都	6	1.8
奉节	55	16.9	武隆	5	1.5
云阳	49	15.8	涪陵	11	3.4
重庆主城区	5	1.5			

三峡库区大型涉水滑坡体积规模在 100 万～500 万 m^3 的占 61.23%、500 万～1 000 万 m^3

的占23.07%、1 000万～2 000万m^3的占8.31%、2 000万～5 000万m^3的占4.62%、大于5 000万m^3的占2.77%，可见滑坡规模以100万～1 000万m^3的大型滑坡为主，占大型涉水滑坡总数的84.30%，统计结果见表2.2.3。

表2.2.3　三峡库区大型涉水滑坡规模统计

规模/万m^3	数量/个	占百分比/%
100～500	199	61.23
500～1 000	75	23.07
1 000～2 000	27	8.31
2 000～5 000	15	4.62
>5 000	9	2.77
总计	325	100

参考文献

[1] 易武，孟召平，易庆林. 三峡库区滑坡预测理论与方法[M]. 北京：科学出版社，2011.

[2] 杨达源. 长江地貌过程[M]. 北京：地质出版社，2006.

[3] 欧正东，何儒品，谢烈平. 长江三峡工程库区环境工程地质[M]. 成都：成都科技大学出版社，1992.

[4] 田陵君，王兰生，刘世凯. 长江三峡工程库岸稳定性[M]. 北京：中国科学技术出版社，1992.

[5] 长江水利委员会. 三峡工程地质研究[M]. 武汉：湖北科学技术出版社，1997.

[6] 杜榕恒，刘新民，袁建模，等. 长江三峡工程库区滑坡与泥石流研究[M]. 成都：四川科学技术出版社，1990.

[7] 骆培云. 新滩滑坡浅析[J]. 水文地质工程地质. 1984，(4)：27-29.

[8] 孙广忠，姚宝魁. 中国滑坡地质灾害及其研究[C]. 中国典型滑坡. 北京：科学出版社，1988.

[9] Tika T E, Hutchinson J N. Ring shear tests on soil from the Vaiont Landslide slip surface[J]. Geotechnique, 1999, 49(1): 59-74.

[10] Michiue M, Hinokidani O. Simulation of Wavesgenerated by Landslides in Vaiont Dam[C]//Proceedings, Congress of the International Association of Hydraulic Research, IAHR, vD, Energy and Water: Sustainable Development, 1997: 263-268.

[11] Sornette D, Helmstetter A, Andersen J V, et al. Towards landslide predictions: two case studies[J]. Statistical Mechanics and Its Applications, 2004, 338(3-4): 605-632.

[12] Sitar, Nicholas, MacLaughlin, et al. Influence of kinematics on landslide mobility and failuremode[J]. Journal of Geotechnical and Geoenvironmental Engineering, 2005, 131(6): 716-728.

[13] Habib P. Le glissement catastrophique de Vaiont a la lumiere du seminaire de purdue university, 5 Aout 1985[J]. Travaux, 1986, 607: 62-63.

[14] Hendron A J Jr, Patton F D. Vaiont slide, ageotechnical analysis based on new geologic observations of the failure surface[J]. Technical Report US Army Engineer Waterways Experiment Station, 1985(6): 324.

[15] Hendron A J Jr, Patton F D. Geotechnical analysis of the behavior of the Vaiont Slide[J]. Civil Engineering Practice, 1986, 1(2): 65-130.

[16] Ghirotti M, Edoardo Semenza. The importance of geological and geomorphological factors in the identification of theancient Vaiont Landslide[J]. Landslides from Massive Rock Slope Failure, 2006: 395-406.

[17] Semenza E, Ghirotti M. History of the 1963 Vaiont slide: the importance of geological factors[J]. Bulletin of Engineering Geology and the Environment, 2000, 59(2): 87-97.

[18] Stephen G Evans, Gabriele Scarascia Mugnozza, Alexander Strom. On the initiation of largerock slides: perspectives from a new analysis of the vaiont movement record[J]. Landslides from Massive Rock Slope Failure, 2006, 49: 77-84.

[19] 丁秀丽,付敬,张奇华.三峡水库水位涨落条件下奉节南桥头滑坡稳定性分析[J].岩石力学与工程学报,2004,23(17):2913-2919.

[20] 刘才华,陈从新,冯夏庭.库水位上升诱发边坡失稳机理研究[J].岩土力学,2005,26(5):769-773.

[21] 张钧峰.水位涨落引起分层边坡滑坡的机理分析[J].岩土力学,2005,26(S2):1-5.

[22] 唐辉明,章广成.库水位下降条件下斜坡稳定性研究[J].岩土力学,2005,26(S2):11-15.

[23] 郭志华,周创兵,盛谦.库水位变化对边坡稳定性的影响[J].岩土力学,2005,26(S2):29-32.

[24] 朱冬林,任光明,聂德新,等.库水位变化下对水库滑坡稳定性影响的预测[J].水文地质工程地质,2002(3):6-9.

[25] 李晓,张年学,廖秋林,等.库水位涨落与降雨联合作用下滑坡地下水动力场分析[J].岩石力学与工程学报,2004,23(21):3714-3720.

第3章 三峡库区滑坡复活机理及滑坡分类

3.1 三峡库区典型滑坡地质条件及变形特征

据三峡库区地质灾害防治工作指挥部统计，三峡水库自2003年开始蓄水至2012年期间，因水库蓄水及降雨诱发变形的滑坡有151起，其中最大累积位移超过100 mm的滑坡达48个，累积最大位移超过1 000 mm的大型滑坡达14个，大多数滑坡变形随时间持续不断增加，且随库水位变动呈现规律性的变化。表3.1.1列出了累积变形量超过1 000 mm及局部或整体失稳的滑坡。

表3.1.1 三峡库区蓄水后累积变形量大于1 000 mm及局部或整体失稳的滑坡一览表

编号	滑坡名称	区县	滑坡组构类型	诱发因素	累积最大变形/mm	现状稳定性
1	树坪滑坡	秭归	逆向坡，堆积体	库水下降	2 339	不稳定
2	白水河滑坡	秭归	顺向坡，堆积体	库水下降＋降雨	2 913	浅层堆积层滑体不稳定，深部岩质滑坡体稳定
3	八字门滑坡	秭归	逆向坡，堆积体	库水下降＋降雨	1 515	不稳定
4	老蛇窝滑坡	秭归	顺向坡，碎裂岩和堆积体	库水下降＋降雨	1 443	不稳定
5	谭家河滑坡	秭归	顺向坡，岩质和堆积体	库水上升	1 308	欠稳定
6	木鱼包滑坡	秭归	顺向坡，岩质和堆积体	库水上升	1 036	欠稳定
7	卧沙溪滑坡	秭归	顺向坡，碎裂岩和堆积体	库水下降＋降雨	17 811	次级滑坡失稳
8	三门洞滑坡	秭归	逆向坡，堆积体	库水下降＋暴雨	2 042	不稳定
9	焦家湾滑坡	巴东	顺向坡，堆积体	库水下降	80～1 008	基本稳定
10	吴家院子滑坡	巴东	逆向坡，堆积体	暴雨	1 268	基本稳定
11	淌里滑坡	巫山	反倾崩塌堆积型	库水下降	600～2 300	基本稳定
12	黄莲树滑坡	奉节	顺层岩质滑坡	库水下降＋暴雨	8 580	次级滑坡失稳
13	曾家棚滑坡	奉节	逆向坡，崩坡堆积体	暴雨		整体失稳
14	长屋滑坡	奉节	顺层岩质滑坡	库水上升＋暴雨	2 464	整体基本稳定，局部不稳定
15	竹林湾滑坡	奉节	顺层崩塌堆积碎石土	库水下降＋暴雨	3 159	整体基本稳定，局部不稳定
16	生基包滑坡	奉节	顺向坡，崩坡堆积体	库水下降＋暴雨	2 003	基本稳定-欠稳定
17	黄泥巴磴砍	云阳	平缓顺层边坡，切层堆积体	库水上升＋暴雨	2 500～3 000	欠稳定
18	花园养鸡场滑坡	万州	横向斜坡，松散堆积物	库水上升	200～300，局部	欠稳定
19	塘角村滑坡1号	万州	缓逆向坡，崩滑坡积	库水下降		次级滑坡失稳

注：资料来自三峡库区地质灾害防治工作指挥部

本节选取代表性重大涉水滑坡，对其地质条件、变形特征及其诱发因素进行分析，主要分析滑坡变形特征及其与库水位变动及降雨的相关性。

3.1.1　秭归县树坪滑坡

树坪滑坡位于三峡库区湖北省秭归县沙镇溪镇树坪村一组，长江南岸，距三峡工程大坝坝址约 47 km[1,2,3]。

1. 滑坡基本特征

树坪滑坡属古崩滑堆积体，滑体总体形态呈圈椅状，后缘高程 380～400 m，前缘直抵长江，剪出口高程 60 m。滑体纵长约 800 m，东西宽约 700 m，面积约 55 万 m^2，厚 30～70 m，总体积约 2 750 万 m^3。根据滑坡变形特征将滑坡分为主滑区和牵引区，滑坡东侧主滑区南北纵长约 720 m，东西宽约 450 m，均厚约 50 m，总体积约 1 575 万 m^3。滑坡全貌照片如图 3.1.1 所示(见附图 1)。

图 3.1.1　树坪滑坡全貌

滑体物质主要为崩坡积碎块石土，呈紫红色夹杂灰褐色或黄褐色，土石分布不均，土石比在不同部位的差别也较大，滑体上部以碎块石为主，下部以粉质黏土为主。根据钻孔资料，滑体厚度不均匀，平均厚度约 50 m，滑体上部厚度为 30～34 m，下部厚度为 65～71 m。滑坡东侧滑带为堆积层与基岩接触带，厚 0.6～1.0 m，西侧发育两层滑带，浅层滑带位于坡积层中，厚 1.0～1.2 m，深层滑带为堆积层与基岩接触带，滑带厚 1.1～1.7 m，滑带成分为粉质黏土，内含角砾。滑床为三叠系中统巴东组(T_2b)地层，由紫红色、灰绿色中厚层状粉砂岩夹泥岩，以及灰、浅灰色中厚层状泥灰岩组成。岩层软硬互层，岩体结构较破碎，遇水易软化、崩解，差异风化较为突出。岩层产状倾向 135°～205°，倾角 10°～35°，逆坡向。滑坡主剖面形态如图 3.1.2 所示。

滑坡区地下水类型有两类：①松散堆积物中的孔隙水，具有弱-中等透水性，通常弱富水；②基岩裂隙水，具弱透水、弱富水。地下水补给来源为大气降雨和三峡水库蓄水，地下水排泄以泉水或地下水的形式最终排泄入长江。

2. 滑坡变形特征及诱发因素

1）滑坡变形特征

(1) 历史变形及宏观变形特征。

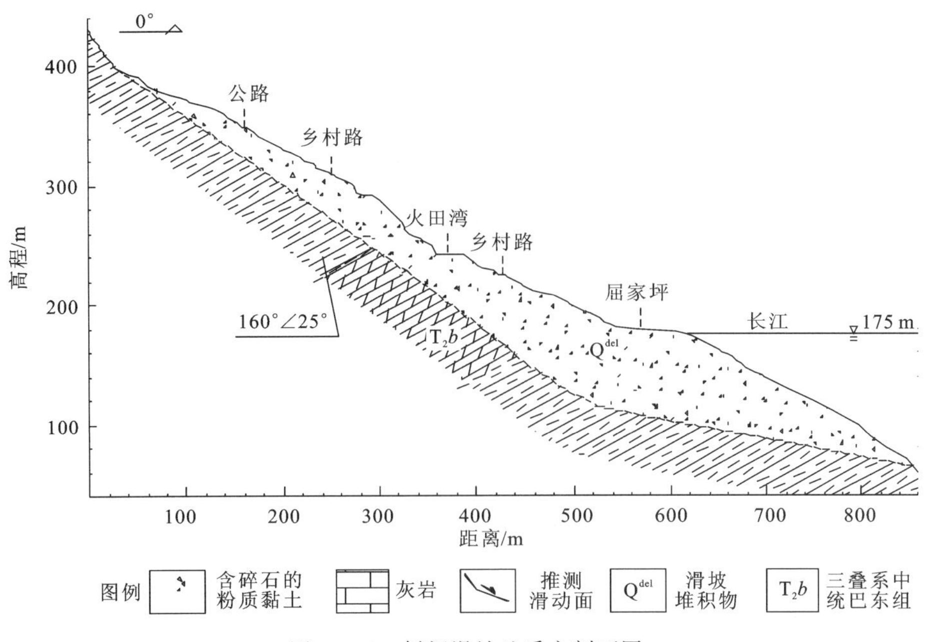

图 3.1.2　树坪滑坡地质主剖面图

树坪滑坡形成年代久远，属老滑坡。1996 年滑体以局部变形为主，在前缘形成走向 100°的弧形裂缝，造成 15 栋房屋变形，使 60 多人被迫搬迁。自 2003 年 6 月三峡水库开始蓄水以来，2003 年 10 月至 2004 年 1 月、2008 年 6～9 月和 2009 年 5～6 月树坪滑坡分别出现了较为显著的变形，且每年 5～8 月滑体变形都会出现扩大趋势。变形主要在滑坡主滑区内，西侧中后部变形较小。滑坡主滑区变形主要为滑体前缘地面局部塌岸，如东侧滑体前缘东侧湿地坍滑形成塌岸，东侧边界裂缝贯通，后缘公路下陷、剪裂，西侧边界呈羽状展布，直至坡脚进入长江。后续变形主要为滑坡周界裂缝在原有裂缝基础上进一步张裂扩宽，裂缝宽度和下沉量均增大。东侧边界进一步贯通，边界裂缝呈压剪性质，后边界呈拉张性质，西侧边界裂缝呈剪张性质，边界裂缝基本成雁列式展布，大部分呈连通趋势。

(2) GPS 监测滑坡地表变形特征。

树坪滑坡体共布设 6 个 GPS 变形监测点，变形监测点呈两纵三横布置，基本能监控整个滑坡体的位移变形。2004 年 2 月，由于滑体变形加剧，在滑体前缘及中部临时增设 5 个 GPS 变形监测点投入应急监测，并纳入正常监测范围。2007 年 8 月在树坪滑坡体上新建一个 GPS 监测点 SP-6。截至 2012 年 6 月能正常监测的 GPS 测点有 ZG85、ZG86、ZG87、ZG88、ZG89、ZG90、SP-2 和 SP-6，共 8 个。另外分别在 ZG85、ZG86、ZG88、ZG89 点附近布置有 4 个应急倾斜监测钻孔、1 个水文监测钻孔、1 个推力监测钻孔。监测点分布如图 3.1.3 所示。

自 2003 年 6 月实施专业监测以来至 2012 年 6 月 15 日，树坪滑坡呈现阶跃式变形特征，变形部位主要集中在滑坡东侧、中部和滑坡西侧下部，主滑区各 GPS 监测点位移具有同步性，每年 4～7月出现加速变形，累计位移曲线在此期间呈现出陡坎。累计位移总计达到 1 451.2 ～ 4 093.3 mm，方向 354°～24°，指向长江。西侧中后部滑体(牵引区)变形较小。各监测点累计位移见表 3.1.2。

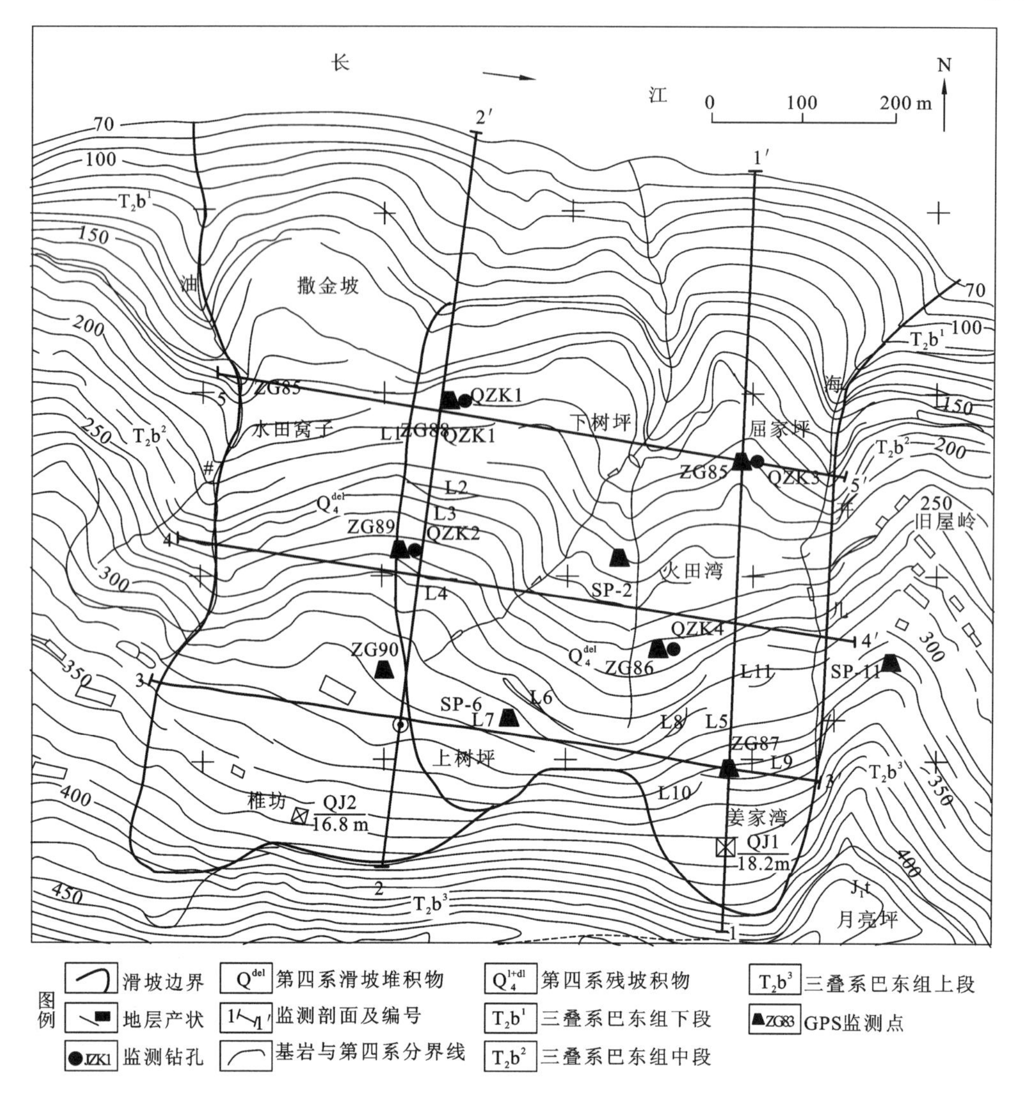

图 3.1.3 树坪滑坡监测平面布置图

表 3.1.2 树坪滑坡 GPS 监测累积位移(至 2012 年 6 月 15 日)

GPS点	累积变形				
	垂直位移/mm	水平位移/mm	水平位移方向角/(°)	起始时间/年-月	测点性质/位置
ZG85	−1 547.0	3 280.1	14	2003-06	主滑区变形点/东侧下部
ZG86	−1 569.0	4 046.5	5	2003-06	主滑区变形点/东侧中部
ZG87	−1 139.0	1 451.2	354	2003-06	主滑区变形点/东侧上部
SP-6	−1 754.0	2 815.0	24	2007-08	主滑区变形点/上部
SP-2	−1 513.0	4 093.3	17	2004-02	主滑区变形点/中部
ZG88	−1 535.0	4 089.3	12	2003-06	主滑区变形点/西侧下部
ZG89	−345.0	639.4	19	2003-06	牵引区变形点/西侧中部
ZG90	−195.0	264.9	33	2003-06	牵引区变形点/西侧上部

2）滑坡变形诱发因素分析

图3.1.4绘制了滑坡位移—库水变动—降雨随时间变化曲线，图中反映树坪滑坡主滑区地表位移监测显示变形特征是：库水上升至156 m之前，滑坡变形与库水位升降或降雨关系并不明显；2006年下半年三峡水库水位升至156 m，自此开始，每年4～7月滑坡出现加速变形，变形曲线呈现阶梯(跃)型，尤其在2009年4～7月、2011年4～7月、2012年4～5月变形速率明显剧增。分析认为，变形曲线在每年4～7月变形速率增大与库水快速退水有关，在三峡水库多次退水过程中，2009年部分时间段退水速率超过了0.5 m/d，导致了滑坡出现明显加剧变形，位移曲线出现了较大陡坎；2010年退水时间段内，水位下降速率多在0.5 m/d内，滑坡变形较2009年同期明显减小，位移曲线上只出现了小阶跃，而2011年、2012年又出现了部分时间段内退水速率超过了0.5 m/d，形成与2009年同样的急剧变形特征。虽然每年汛期都有强降雨过程，但在水库蓄水至156 m之前滑坡都没有显著阶跃式变形特征，说明滑坡变形与降雨相关性不明显。

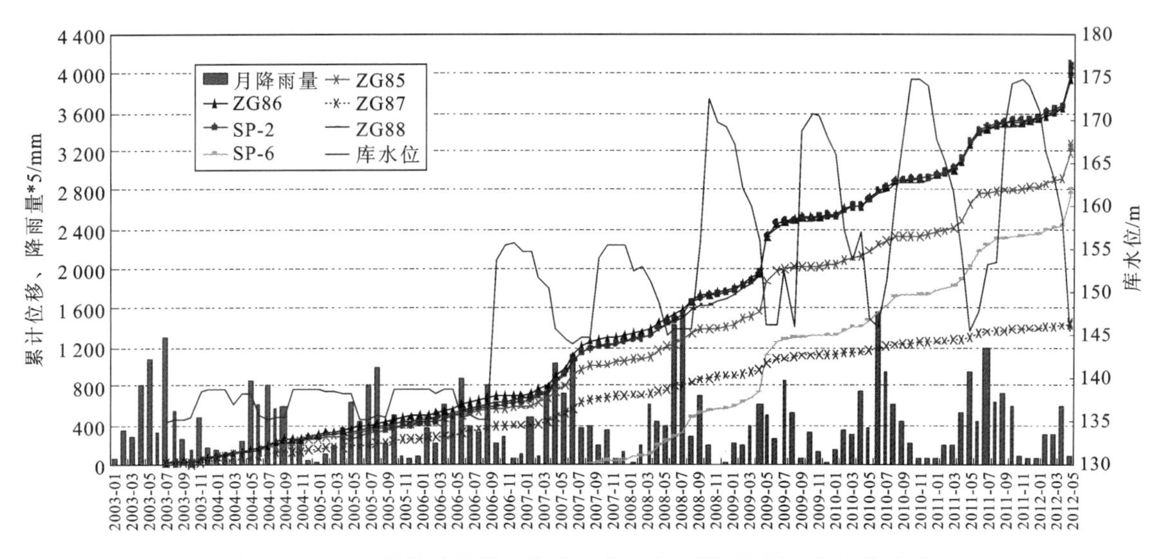

图3.1.4 树坪滑坡监测点位移—库水位—降雨量随时间变化曲线

根据GPS监测数据及宏观地质调查，并结合三峡水库水位和降雨资料综合分析发现，树坪主滑区滑坡变形与水库水位大幅度持续下降直接相关，库水位快速下降是其变形的主要诱发因素，降雨为次要诱发因素。

3.1.2 秭归县木鱼包滑坡

木鱼包滑坡位于长江右岸，距三峡大坝坝址56 km，地属湖北省秭归县沙镇溪镇范家坪村二组[4,5]。

1. 滑坡基本特征

木鱼包滑坡是一个巨型顺层岩质古滑坡，平面似“漏斗”形。滑坡前缘高程135 m，后缘高程520 m，后缘滑壁平直光滑，长约数百米。滑坡体均宽1 200 m，纵长1 500 m，面积180万 m^2，平均厚度 50 m,体积约 9 000 万 m^3。主滑方向直抵长江,滑坡全貌照片如图 3.1.5 所示(见附图 2)。

图 3.1.5　木鱼包滑坡全貌(镜头方向 190°)

滑体主要由两部分组成,表层为松散堆积层,由冲洪积亚黏土及含泥砾石层、残坡积亚黏土及崩坡积块石组成;下层为扰动破坏的层状石英砂岩岩体,为滑坡主体,由侏罗系下统香溪组中段石英砂岩、含砾石英砂岩组成,总体上中、后部较完整,前缘相对破碎,西部较完整,东侧相对破碎,厚度变化不大,按岩体结构分为层状块裂岩体和层状碎裂岩体。滑体中、后部为顺层滑动,滑带由软弱的粉砂质泥岩构成,滑体前部切层滑动,滑带为黑色粉质黏土夹少量块石。滑面形态前缘切层部分为弧形,后缘顺层部分基本为直线状。滑床主要由侏罗系中、下统地层组成,顺层滑动部分滑床由香溪组炭质粉砂岩为主,切层部分由石英砂岩、含砾石英砂岩构成。剖面上滑床上部与岩层面一致,呈直线,倾角 21°～25°,下部滑床顶面变缓。滑床岩层倾角为 27°,倾向 25°。滑坡剖面形态如图 3.1.6 所示。

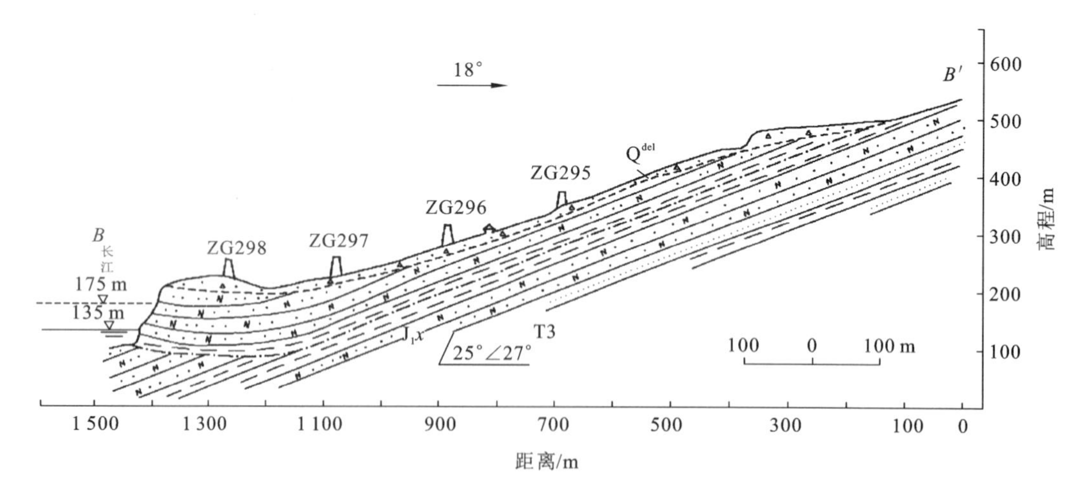

图 3.1.6　木鱼包滑坡主剖面图

地下水类型主要有松散堆积层中的孔隙水和基岩裂隙水两大类,局部也有少量上层滞水存在。孔隙水含水介质为滑体表层崩坡堆积物及滑带角砾黏性土,其中松散堆积物结构较疏松,渗透系数在 3.0×10^{-4}～6.0×10^{-3} cm/s,滑带土为角砾黏性土,由于滑动挤压作用,一般呈密实状态,渗透系数约 1.0×10^{-6} cm/s。基岩裂隙水主要赋存于滑体下部层状块裂岩体、碎裂岩体及滑床基岩中,滑体块裂岩体和碎裂岩体因裂隙发育而具有集中渗流的特点,渗透系

数在 $1.0\times10^{-2}\sim1.0\times10^{-3}$ cm/s；滑床为侏罗系香溪组炭质粉砂岩，切层部分由层状石英砂岩、含砾石英砂岩构成，具弱透水性，渗透系数约 6.0×10^{-7} cm/s。

2. 滑坡变形特征及诱发因素

1) 滑坡变形特征

(1) 历史变形及宏观变形特征。

根据现场调查及访问，在2007年5月以前，地表未发现明显变形迹象，直到2007年6月，除在滑坡中前部出现小规模坍塌，其他部位未发现明显变形；2007年7月，在滑坡东西两侧边界的公路边坡处出现坍塌，东侧边界路基开裂下沉，中前部坡面局部坍塌；2007年8月，滑坡前缘左侧老公路路基开裂下沉，裂缝长约80 m、宽20 cm，下座10 cm；2009年6月滑坡前缘裂缝继续开裂；2010年7月，滑坡西侧公路边坡在强降雨作用下产生坍塌，规模100 m^3，滑坡中部东侧边界路面损毁。

(2) GPS地表监测变形。

木鱼包滑坡为三峡库区三期专业监测点，在滑坡体上共布设12个GPS监测点，监测桩号为ZG291～ZG302，构成3纵4横的监测剖面，各监测点位置如图3.1.7所示。

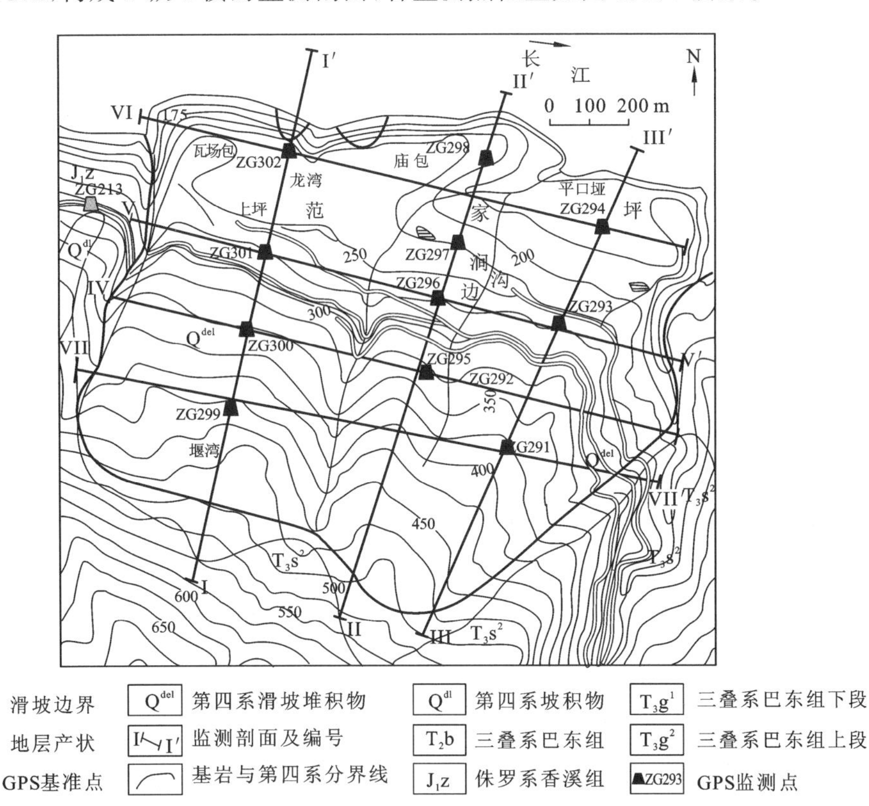

图3.1.7 木鱼包滑坡监测点平面位置图

自监测以来，截至2011年12月，各GPS监测点年度变形情况及累积位移列于表3.1.3，监测点累积位移、降雨量、库水位随时间变化曲线如图3.1.8所示。

表 3.1.3 木鱼包滑坡 GPS 监测点变形情况

点名	2006-09～2011-12		2007 年		2008 年		2009 年		2010 年	
	累积变形 /mm	位移方向 /(°)	移量 /mm	速率 /mm/月	移量 /mm	速率 /mm/月	移量 /mm	速率 /mm/月	移量 /mm	速率 /mm/月
ZG291	1 218.4	46	337.4	28.1	211.6	17.6	286.5	23.9	190.0	15.8
ZG292	857.9	24	229.7	19.1	152.8	12.7	191.2	15.9	143.1	11.9
ZG293	849.5	22	226.9	18.9	152.3	12.7	193.5	16.1	135.9	11.3
ZG294	885.7	21	234.3	19.5	163.2	13.6	208.1	17.3	138.5	11.5
ZG295	806.3	24	226.0	18.8	148.0	12.3	167.7	14.0	128.3	10.7
ZG296	806.3	23	219.2	18.3	147.1	12.3	178.2	14.8	125.9	10.5
ZG297	828.5	21	214.3	17.9	147.3	12.3	190.0	15.8	132.6	11.0
ZG298	820.1	21	222.4	18.5	149.9	12.5	188.5	15.7	128.7	10.7
ZG299	789.5	10	232.4	19.4	146.0	12.2	178.1	14.8	140.4	11.7
ZG300	706.2	24	188.6	15.7	131.1	10.9	153.2	12.8	120.9	10.1
ZG301	697.0	20	193.1	16.1	130.9	10.9	153.4	12.8	113.8	9.5
ZG302	889.8	11	245.4	20.4	176.3	14.7	187.3	15.6	146.0	12.2

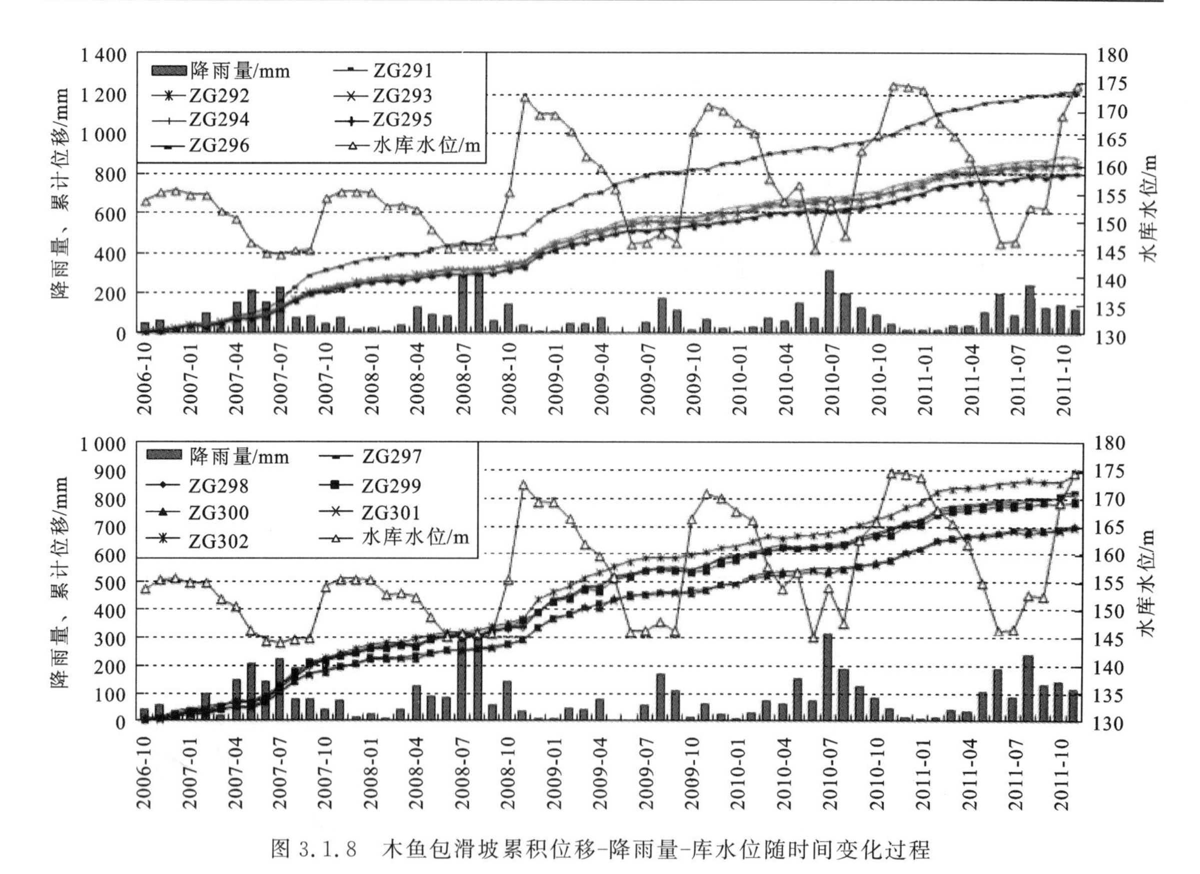

图 3.1.8 木鱼包滑坡累积位移-降雨量-库水位随时间变化过程

监测成果显示，ZG291～ZG302等12个GPS监测点位移均呈现持续增长现象，除ZG291变形方向为45°外，其他监测点变形方向均为11°～24°，总体指向长江，各监测点变形具有同步性，显示出整体滑移特征。根据各年度变形分析，滑坡变形速率呈逐年递减趋势，显示滑坡在经历较大变形后有趋于稳定的态势。

2）滑坡变形诱发因素

木鱼包滑坡为顺层岩质滑坡，滑坡前缘平缓，中后部较陡，滑体主要由两部分组成，表层为松散堆积层，下层为滑坡主体，由扰动破坏的层状-块裂状香溪组中段石英砂岩组成，为中等-强透水岩层。在暴雨及库水位抬升情况下，水易进入滑体表层堆积体并沿裂隙进入滑体深部岩体或滑带，表层土体遇水先产生变形开裂，随后深部岩体遇水软化，力学强度降低，导致滑坡稳定性降低，可能沿滑动面产生滑移变形。

由图3.1.8可以看出，在2007年5～8月期间滑坡累计变形曲线出现剧增，变形速率增大，变形量出现较大增加。据降雨资料知，在2007年4～6月该地区出现持续降雨达722.29 mm，是所有监测时间内降雨时间持续时间最长、强度最大的一次降雨。降雨沿孔隙和裂隙渗入滑体深部，软化了滑带土和部分滑体土，导致滑体在2007年5～8月的整体加速变形，且变形与降雨之间有一定的滞后。因此，分析认为持续强降雨是诱发此次滑坡变形的主要因素。从图3.1.8中还可看出，每年10月到次年3月各监测点累积位移-时间曲线呈小幅度上扬趋势，各监测点位移速率会增大；而每年4～9月，各监测点累积位移-时间曲线相对趋于平缓，各监测点位移速率减小。据三峡水库调度知，自2008年9月三峡水库开始了175 m试验性蓄水，之后每年9月至次年3月为库水位上升和高水位运行期，其变形速率增加的时间段与库水位上涨以及水库高水位运行时间段正好相吻合。木鱼包滑坡的变形受岩质滑坡基本特征所控制，库水位上涨导致滑坡前缘浸没于水中，阻滑段受浮力作用阻滑力减小，加之高水位浸泡致滑体以及滑带力学性质变差，导致滑坡稳定性降低、变形增加。因此，库水位上涨以及高水位运行是滑坡持续变形的主要诱发因素。

据地质宏观调查、GPS监测数据、库水位及降雨资料综合分析认为，木鱼包滑坡变形与水库水位上升及高水位运行密切相关，持续强降雨可加剧滑坡的变形，库水位上升及高水位运行是导致滑坡复活的主要诱发因素，降雨为次要诱发因素。

3.1.3　奉节县生基包滑坡

生基包滑坡位于三峡库区奉节县安坪乡新铺村长江右岸，由下二台滑坡（主滑坡）、上二台滑坡和大坪滑坡三个滑坡组成[7]。

1. 滑坡基本特征

生基包为顺层—微切层特大型滑坡群，滑坡平面形状似“撮箕”形，上窄下宽，滑坡前缘直抵长江，剖面形状呈凹凸状，前缘高程81～85 m，后缘高程810 m，滑坡纵向长度约2 493 m，横向平均宽度约1 160 m，平均厚度25 m，总面积2.45 km^2，总体积达3 998万m^3。滑坡滑动过程中受滑床基底岩性等多方面因素控制，自下而上形成三个互有联系而又相对独立的滑坡体，即下二台滑坡、上二台滑坡和大坪滑坡。滑坡群主滑方向348°。

下二台滑坡为滑坡群的主体，占生基包滑坡群面积的80%，分布于滑坡群中前部，呈“圈椅”

状，前缘剪出口直抵长江河谷，前缘高程 81～85 m，后缘高程 410～480 m，纵向长度 1 517 m，滑体最大厚度 39.9 m，平均厚度 25 m，滑坡体积 3 476 万 m^3。滑距 140～300 m。滑坡表面形成多级鼓丘和平台，在台地之间又有多个次级台地分布。

上二台滑坡位于大坪滑坡与下二台滑坡之间，平面上呈“撮箕”状，滑动方向 348°。后缘为大坪滑坡的前缘，高程 644～651 m，前缘高程为 410～480 m，滑坡纵长 560 m，滑体最大厚度 25 m，平均厚度 15 m，滑坡体积约 454 万 m^3。滑距约为 190 m。

大坪滑坡位于滑坡群后缘，平面上呈长条状，滑距约 150 m，滑坡后缘高程 810 m，前缘剪出口高程 644～651 m，滑坡平均宽度约 368.5 m，平面上纵向长度为 310 m，滑体平均厚度约 6 m，体积约 68 万 m^3。滑坡全貌照片如图 3.1.9 所示(见附图 3)。

图 3.1.9　生基包滑坡全貌(镜头方向 185°)

主滑坡滑体结构由地表至滑面可分为三层，从上至下分别为粉质黏土夹碎块石、碎块石土层、碎裂岩体。其中粉质黏土夹碎块石由浅黄褐色粉质黏土夹块石、碎石组成，结构疏松，主要分布于滑体上部，尤以滑坡台地表层分布较普遍，一般厚 3～15 m，最厚达 20.2 m；碎块石土层为碎块石夹少量的粉质黏土，厚 1.4～22.6 m，在空间上分布不均匀，碎块石结构疏松，有架空现象，大块石可见斜层理发育；碎裂岩体成分与母岩相同，由砂岩、粉砂质泥岩和炭质泥岩组成，主要分布在滑体下部，具层状构造，碎裂结构，岩体破碎，裂隙密集，钻孔岩芯呈碎块状，裂隙中有黏土充填，该层厚度从滑体后缘至前缘逐渐增大，最厚达 21 m。大坪滑坡滑面倾角与滑床岩层产状基本一致，滑带物质为粉质黏土夹碎石、角砾；上二台滑坡滑带产状与滑床基岩产状相近，下二台滑坡是生基包滑坡群的主体，由于在形成过程中由前向后形成牵引，滑面为折线型。滑带物质以炭质泥岩为主，局部为粉质黏土夹碎石、角砾，滑带岩性软弱。根据钻孔揭露，滑带在每一台地的后部斜坡部位表现为坡度较陡，滑面坡度达到 15°～20°，在台地部位，滑面坡度较缓，此时滑面坡度为 6°～10°。滑床基岩为三叠系上统须家河组(T_3xj)和侏罗系下统珍珠冲组(J_1z)。滑坡主剖面如图 3.1.10 所示。

滑坡区地下水类型可分为第四系松散层孔隙水、碎裂岩体孔隙—裂隙水和基岩裂隙水。第四系松散层孔隙水分布于上二台、下二台及其以下的滑坡堆积台地和江边冲洪积堆积边滩地区，在滑坡堆积体内，由于介质的不均匀性，地下水变化较大，地下水位埋深在 9～29 m。在同一台地上，无统一水位，泉点一般在地形转折地段排泄或形成散状渗流，在坡脚及江边低洼处形成湿地，流量随季节变化明显。主要补给源为大气降水和灌水、堰塘水，形成短距离的径流。

碎裂岩体孔隙-裂隙水以老滑坡形成的残存碎裂岩体为含水介质，主要分布于滑坡中前部

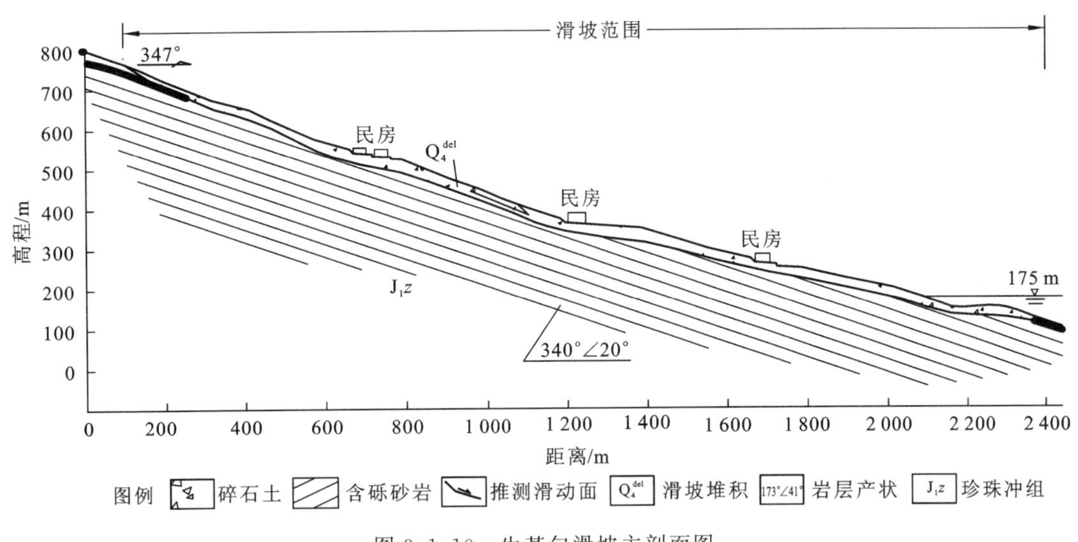

图 3.1.10　生基包滑坡主剖面图

堆积物底部，该类含水介质主要为三叠系（T_3xj）及侏罗系（J_1z）砂岩、泥质粉砂岩在滑坡形成过程中经受滑移错动后所形成的碎裂岩体，该岩体层间裂隙极为发育，局部出现架空现象，底部滑床顶面形成相对隔水的界面。具备一定的地下水贮存与运移空间。含水层厚一般10～15 m，地下水主要接受侧向径流补给和上部孔隙水入渗及降水补给。多在滑坡区前缘长江岸边及沟谷侧缘地带以泉的形式向下部径流排泄。

基岩裂隙水主要赋存于三叠系须家河组和侏罗系珍珠冲组砂岩及泥质粉砂岩的风化裂隙中，主要来源于后部基岩裸露区的降水补给和碎裂岩体裂隙下部相对隔水层"窗口"入渗补给，形成浅部顺基岩层面径流。由于碳质泥页岩的隔水作用，地下水一般仅在浅部运移，运移方向和水力坡度均受构造和地形条件的控制，表现为从坡顶向坡底径流，一般在沟底形成少量的排泄点，泉流量一般小于 0.05 L/s，流量随季节变化明显。

2. 滑坡变形特征及诱发因素

1）滑坡变形特征

（1）历史变形及宏观变形特征。

生基包老滑坡群近期变形特征表现在滑坡台地前缘溜滑以及后缘及冲沟边缘的蠕滑，具有规模小、受地形控制明显的特征，一般发生在表部松散土体内。无明显的滑移面及剪出带，主要表现形式为部分民房变形、地面出现不连续的裂缝及地面倾斜等。变形主要分布于上二台、下二台及柿子坪、凼丘一带。

上二台变形区分布于上二台台地后缘，表现形式以地面开裂，前缘溜滑为主。地面裂缝在台地后缘中部有 4 条，彼此不连续，且不在一条线上，裂宽 3 cm 左右，可见长 1.5～3 m，裂缝前侧一般影响区域 10～15 m，在裂缝前缘的民房有明显变形迹象；前缘溜滑主要分布于台地前缘的陡坎及冲沟两侧。

下二台变形特征与上二台变形特征类似，主要变形方式为前缘溜滑及后缘开裂，并导致部分民房变形破坏，地面发生倾斜，地裂缝为东西向展布，与台面走向一致。

柿子坪—凼丘变形分布于台地前缘，影响面积约 20 万 m^2。变形表现形式仍以地面开裂为主，裂缝呈直线形和弧线形，展布方向与所处的坡面走向一致，除裂缝外，民房变形开裂也较多，开裂方向与地裂缝一致。伴随有地面变形，变形特征受微地貌控制明显。一般位于沟谷源头或台地后缘的斜坡地带，以蠕滑变形为主，年变形速率为10～20 cm，变形区地面多出现倾斜。

(2) GPS 地表监测变形。

生基包滑坡为三峡库区三期专业监测点，滑坡体上共布置 GPS 监测点 16 个，倾斜孔 8 个、推力孔 8 个、水文孔 8 个，监测点主要布设在下二台范围，监测点布置如图 3.1.11 所示，各监测点位移—时间曲线如图 3.1.12 所示。

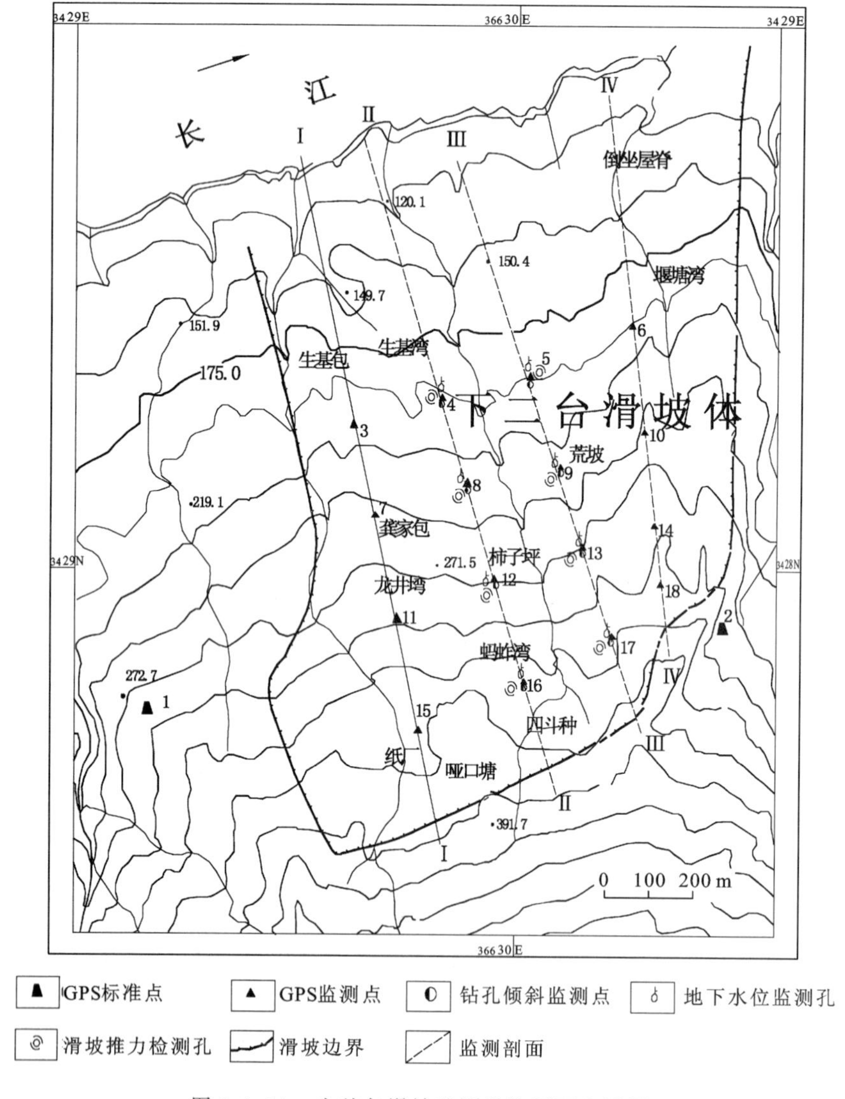

图 3.1.11　生基包滑坡监测设施平面布置图

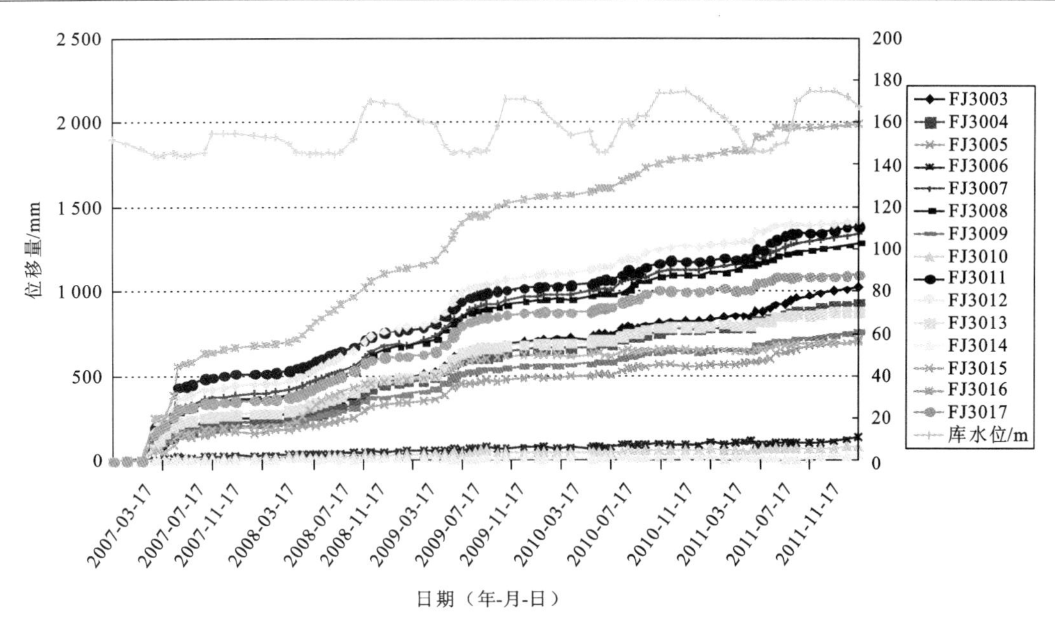

图 3.1.12　各监测点水平方向位移—时间曲线

从图 3.1.12 看出，自 2007 年开始监测以来，除了位于滑坡侧缘的 FJ3006，FJ3010 和 FJ3014 三个监测点变形较小外，其他 12 个监测点均具有呈台阶状持续增大的变形，变形总量最大值达到 2 000 mm，尤其 FJ3007、FJ3008、FJ3011、FJ3012、FJ3016 变形更加显著。每年 5～8 月各监测点变形速率都会增大，从 9 月开始至次年 4 月变形速率变缓。2007 年、2008 年、2009 年连续 3 年 5～8 月变形较显著，2010 年和 2011 年比前三年同期变形速率有所减小，总体呈现逐年递减的趋势。

2）滑坡变形诱发因素

生基包为顺层-微切层特大型滑坡群，自下而上形成三个互有联系而又相对独立的三个滑坡体。滑坡群上部滑面倾角与滑床岩层产状基本一致，下部滑面在滑坡形成过程中由于由前向后牵引，滑面为折线型。滑体总体面积大、厚度薄、结构疏松。从滑坡 GPS 监测成果知，滑坡地表变形呈现出台阶状现象，在每年 5～8 月各监测点变形速率都会增大，从 9 月开始至次年 4 月变形速率变缓，而每年 5～8 月正好是汛期，尤其 2007 年、2008 年、2009 年连续 3 年 5～8月变形较显著，2010 年和 2011 年比前三年同期变形速率有所减小。该滑坡地区无详细降雨分布图资料，但据查阅资料知，2007 年、2008 年和 2009 年汛期均发生了特大暴雨，滑坡变形急剧增大与暴雨时段相一致，从图 3.1.12 中库水位与滑坡监测变形曲线看，滑坡变形与库水位相关性不明显。由此分析认为，生基包滑坡变形的主要诱发因素为强降雨，库水位变动影响较小。

3.1.4　秭归白家包滑坡

白家包位于三峡库区秭归县归州镇向家店村香溪河右岸，距香溪河口 2.5 km，距离三峡大坝 31 km[4,5,6]。

1. 滑坡基本特征

白家包滑坡为大型土质古滑坡，平面形态呈短舌状，分为深层和浅层两个滑体，深层滑体前缘直抵香溪河，剪出口高程 125～135 m，后缘以基岩为界，高程 265 m，滑体均宽 400 m，纵长约 550 m，平均厚度 45 m，滑坡面积 22 万 m^2，体积 990 万 m^3。浅层滑体平均厚度 30 m，滑体体积 660 万 m^3。滑坡全貌照片如图 3.1.13 所示(见附图 4)。

图 3.1.13　白家包滑坡全貌(镜头方向 240°)

滑体物质主要为灰黄色、褐黄色粉质黏土夹块碎石及碎块石土，粉质黏土和碎块石土多呈不规则状交替出现。滑带土主要为灰黄色夹杂紫红色可塑-软塑粉质黏土夹碎石角砾。滑床物质主要为侏罗系下统长石石英砂岩及泥岩，基岩产状 260°∠30°，属逆向坡。滑坡主剖面如图 3.1.14 所示。

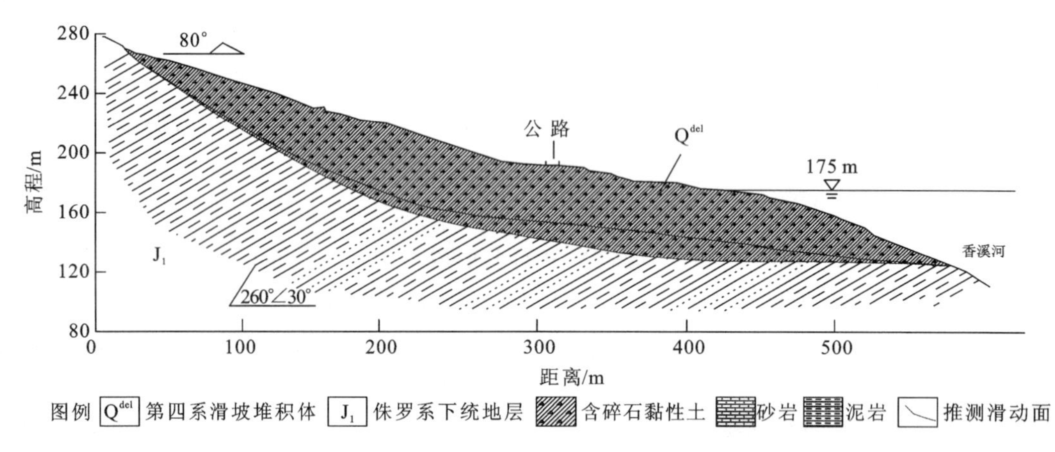

图 3.1.14　白家包滑坡主剖面图

滑坡区地下水主要为滑坡堆积体中的孔隙水、滑床中的基岩裂隙水。滑坡堆积体结构较松散，透水性较好，有利于地表水的入渗、运移和排泄。滑带土弱-微弱透水性，渗透系数为 $1.5\times10^{-6}\sim7.2\times10^{-7}$ cm/s。滑床岩体主要为侏罗系下统长石石英砂岩及泥岩，具弱透水性，其渗透系数为 $k=1.0\times10^{-4}\sim1.0\times10^{-6}$ cm/s。滑坡区地下水主要由大气降水和库水补给，直接向低处长江排泄，具有就地补给、就地排泄的特点。

2. 滑坡变形特征及诱发因素

1) 滑坡变形特征

(1) 历史变形及宏观变形特征。

白家包滑坡在 2007 年 5 月以前，地表没有出现明显的变形迹象；2007 年 6 月开始在滑坡右侧公路一带路面出现拉裂缝，7 月在滑坡后缘出现弧形拉裂缝，左右两侧均出现拉裂缝，且裂缝相连形成总长约 160 m 的弧形拉裂缝，在滑坡体中部公路上也出现拉裂缝，公路路面损毁严重。2008 年 7 月，从滑坡中部穿过的公路及滑坡两侧边界处又出现裂缝，路面受损，滑坡前部北侧边界公路路面也出现拉裂变形，断续延伸至滑坡后缘与南侧裂缝相连，滑坡后缘弧形裂缝拉张下座变形。2010 年 6 月滑坡两侧边界部分秭兴公路路面损毁较严重，已在路面上形成下座坎。2011 年 6 月，滑坡左侧中部边界变形明显，裂缝沿滑坡左侧边界线展布延伸。2011 年 8 月，裂缝沿滑坡左侧边界线展布向上延伸至滑坡后缘，向下延伸至秭兴公路以下，长约 200 m。从地表宏观变形迹象分析，滑坡后缘出现拉裂缝，两侧边界原有裂缝亦产生拉张变形，滑坡周缘裂缝基本连通，具整体性变形特征，且有加速趋势。

(2) GPS 地表监测变形。

白家包滑坡为三峡库区三期地质灾害专业监测点，在滑坡体上布设 1 纵 1 横的监测剖面，共布设 4 个 GPS 监测点（ZG323、ZG324、ZG325、ZG326），其中 ZG323 位于滑坡中部偏北公路内侧，ZG324 与 ZG325 位于滑坡体中部，ZG326 位于滑坡中部偏南公路内侧，各监测点位布置如图 3.1.15 所示。

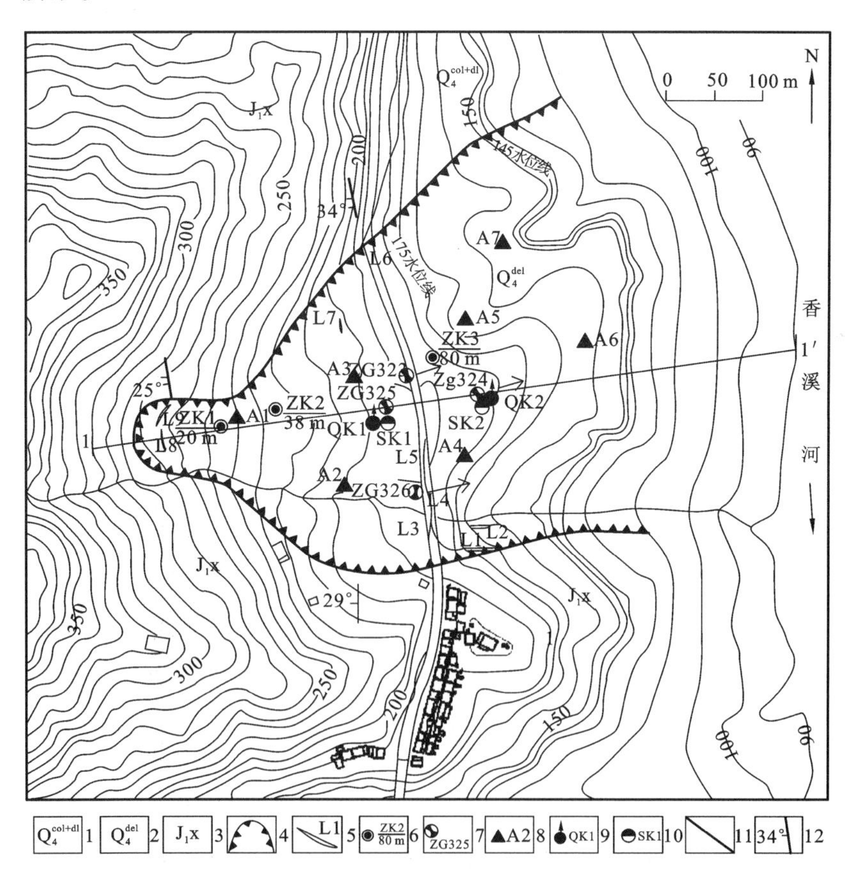

图 3.1.15　白家包滑坡专业监测网点分布图

1—崩坡积物；2—滑坡堆积物；3—香溪组砂泥岩；4—滑坡边界；5—地表裂缝及编号；6—钻孔；7—GPS 监测点；8—全站仪监测点；9—深部测斜钻孔；10—地下水位监测孔；11—覆盖层与基岩的分界线；12—岩层产状

自有监测记录以来，截至2011年11月18日，各GPS监测点累积位移成果见表3.1.4，累积位移、库水位、降雨随时间变化过程曲线如图3.1.16所示。

表 3.1.4 白家包滑坡 GPS 监测累积位移成果表

监测标桩点号	ZG323	ZG324	ZG325	ZG326
位移监测值/mm	480.9	545.0	528.2	671.0
位移方位角/(°)	72	72	76	81

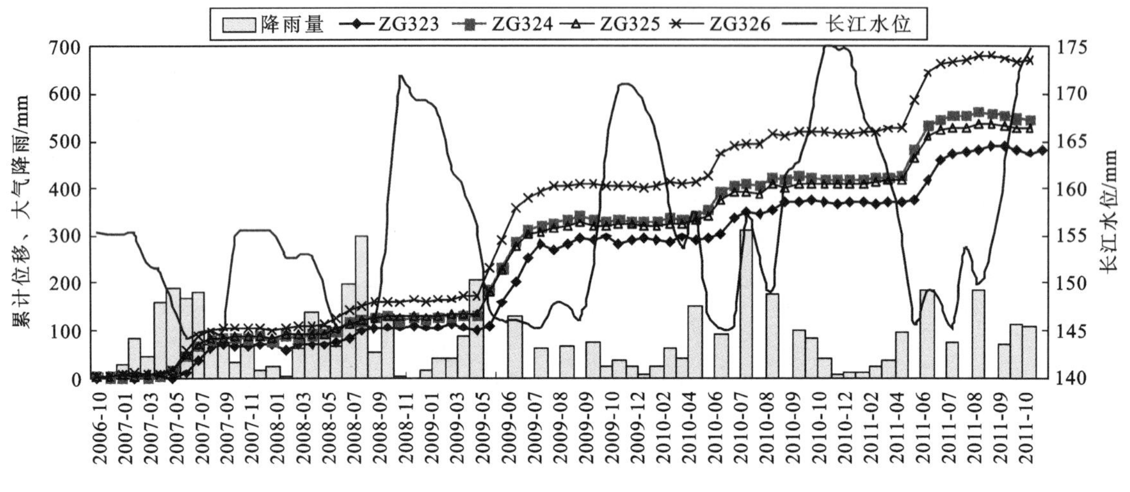

图 3.1.16 白家包滑坡累积位移—降雨量—库水位随时间变化曲线

从图3.1.16可以看出，4个监测点位移具有同步性，且自2006年11月至2011年11月，滑坡地表位移表现出阶跃式变形特征，分别在每年5～9月变形速率加剧，9月至次年4月变形速率趋缓。除ZG326点位于滑坡右侧变形较大外，其余3个测点位移速率大致相等，显示变形具同步性，说明滑坡具整体变形特征。

2）滑坡变形诱发因素

三峡水库水位下降过程在每年4月底至6月初发生，三峡地区多雨季节是每年6～9月，大气降雨和库水位下降两个影响因素往往同时出现。从图3.1.16中看出，在2007年4～7月三峡库区连续普降大到暴雨，滑坡变形曲线明显出现较大陡坎，而在2008年4～7月期间降雨量少于2007年同期，对应滑坡变形曲线陡坎减小，同期库水位下降速率没有明显差别，由此说明强降雨对滑坡变形影响较大；2009年和2011年5～7月滑坡变形速率和变形量显著大于2010年同期，恰巧与2009年和2011年库水下降速率显著大于2010年同期下降速率相耦合，由此说明库水位下降速率对滑坡变形影响显著。

白家包滑坡滑体自后缘向前缘物质结构由较松散至较密实，渗透性表现为中后部较中前部好。中后部较强渗透性有利于雨水的入渗进入滑体深部岩土体，软化其力学性质，并抬高地下水位。中前部较弱渗透性则不利于地下水的排除，容易在滑坡体内形成向外渗流的动水压力。滑坡特殊的滑体结构及物质组成对于降雨及库水作用都十分不利，强降雨和库水位快速下降都是导致白家包滑坡变形的诱发因素。

3.1.5 云阳黄泥巴磴坎滑坡

黄泥巴蹬坎滑坡位于三峡库区云阳县莲花乡长江左岸斜坡上，属于重庆市云阳县莲花乡建强村2、3组[8]。

1. 滑坡基本特征

黄泥巴蹬坎滑坡为大型土质滑坡，在平面上近似三角形，剖面上有起伏，有3～4个小台坎。前缘高程135 m，后缘高程255 m，纵长约450 m，前缘宽约650 m，面积29万 m^2，平均厚约25 m，体积约725万 m^3。滑坡体上有居民11户，并有大量农田。滑坡全貌照片如图3.1.17所示（见附图5）。

图3.1.17　黄泥巴磴坎滑坡全貌（镜头方向80°）

滑坡发育地层为侏罗系中统沙溪庙组紫红色泥岩及泥质粉砂岩互层，岩层产状为155°∠22°，岩层倾向坡内。滑体物质为坡残积、崩坡积碎石土及紫红色泥岩及泥质粉砂岩碎块石，滑面为堆积体与基岩接触面。滑坡区地下水类型主要为第四系孔隙水及强风化层基岩裂隙水，由大气降雨进行补给。降雨下渗后主要沿滑带面上层渗流，向前缘江边及两侧冲沟就近排泄至长江。滑坡主剖面如图3.1.18所示。

2. 滑坡变形特征及诱发因素

1）滑坡变形特征

（1）历史变形及宏观变形特征。

据现场调查及访问，2007年4～7月该地区普遍连续降雨，6月10日该滑坡中后部出现横向地面错动，因变形YY028号钻孔倾斜仪无法下入。月降雨量较大和连续降雨时间延长，均会导致滑坡地面出现裂缝、土流、地面错动、深部位移等异常，每逢雨季皆发生类似情况。

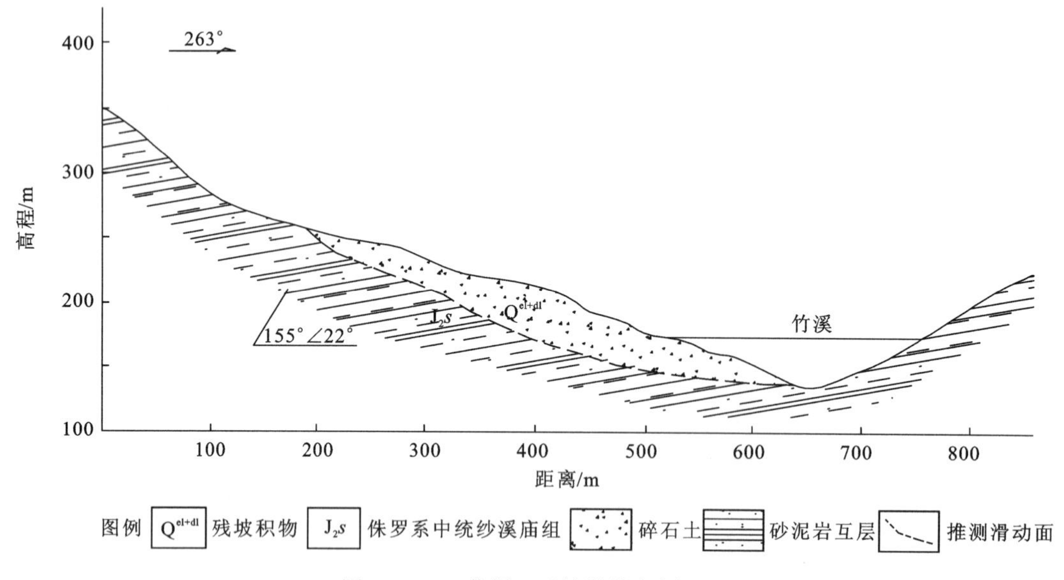

图 3.1.18　黄泥巴磴坎滑坡主剖面图

(2) GPS 地表监测变形特征。

黄泥巴蹬坎滑坡属于三峡库区二期专业监测点，滑体上布设有 9 个 GPS 地表变形监测点和 2 个深部位移测斜孔，滑坡监测设施平面布置如图 3.1.19 所示。监测点位移曲线如图 3.1.20所示，深部位移监测未见明显变形。

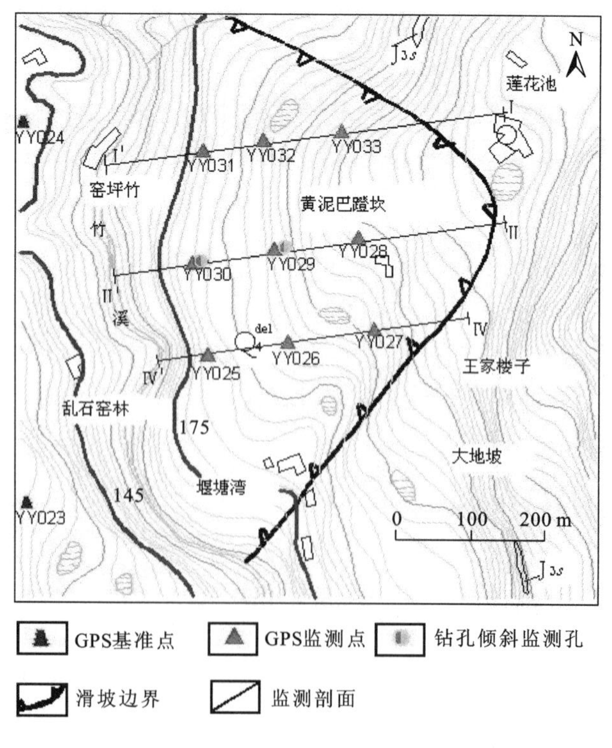

图 3.1.19　黄泥巴蹬坎滑坡监测设施平面布置图

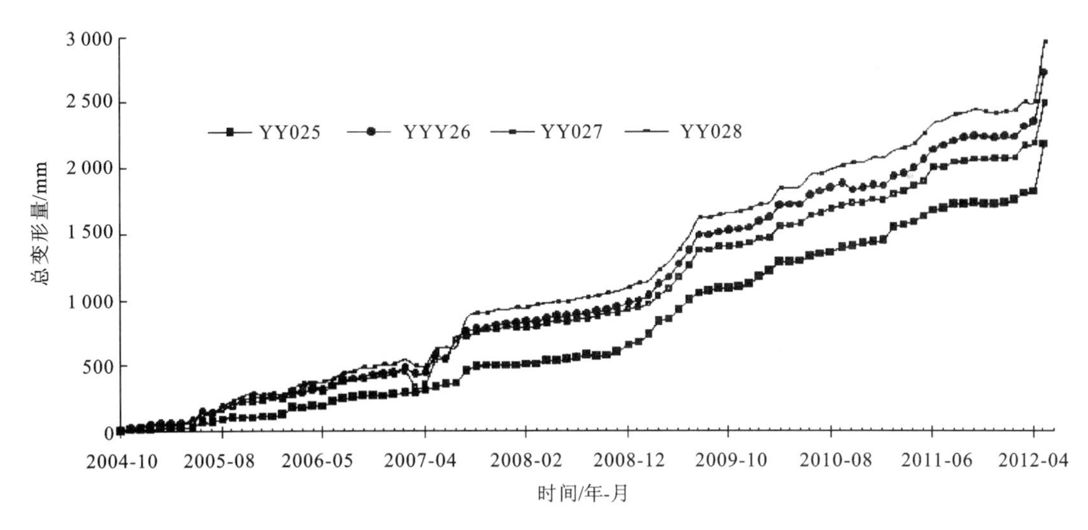

图 3.1.20　各监测点变形曲线

从 GPS 监测曲线来看，各监测点变形均在持续增大，并在几个时间段内出现变形速率陡增现象。在 2007 年 4 月之前各监测点监测位移均不大，变形曲线平缓；但在 2007 年 4～8 月大部分监测点均出现变形速率及变形量急剧增大现象；在 2008 年 11 月、2009 年 11 月、2010 年 11 月均出现变形速率增大现象；另外部分监测点在 2012 年 4 月出现变形速率剧增现象；但总体趋势变形速率有减缓趋势。

2）滑坡变形诱发因素

据滑坡地表宏观变形特征知，滑坡地面出现裂缝、土流、地面错动、深部位移等异常均由月降雨量较大和连续降雨时间较长引起，每逢雨季皆如此。GPS 监测成果也显示，监测变形在 2007 年 4～8 月均出现变形速率及变形量均急剧增大现象，正好与该期间连续长时间强降雨相关；在 2012 年 4 月出现变形速率剧增现象，也是因为该区在 2～4 月初长时间干旱，地表普遍干裂，而在 4 月 10 日开始连续长时间普降小到中雨。另外，监测位移在 2008 年 11 月、2009 年 11 月、2010 年 11 月均出现变形速率增大现象，分析认为是因为库水高水位浸泡，使得滑坡土体容重减小，抗滑力减小，且力学参数降低，导致滑坡稳定性降低，但由于每次库水上升最大高度不变，滑坡在经历多次变形和应力调整后变形逐渐趋于缓和，滑坡变形有减缓趋势。

宏观变形和监测数据均显示黄泥巴蹬坎滑坡变形与暴雨及库水高水位浸泡密切相关。因此，强降雨及库水位高水位浸泡是该滑坡复活的主要诱发因素。

3.2　库水位变动及降雨对滑坡变形影响规律

3.2.1　水与滑坡岩土体相互作用效应

1. 软化作用

当库水及降雨渗入滑坡体内时，水与滑坡岩土体通过物理化学作用使其软化，物理力学性质发生劣化，强度降低，从而导致滑坡稳定性降低。这种由于水分入渗使得滑坡岩土体含水量增加导致强度降低的软化作用，在滑坡稳定性分析计算中只需按照软化系数将岩土体力学参数进行调整就可以得到体现。这里不予赘述。

2. 非饱和土基质吸力的改变

滑坡体在大多数情况下都处于非饱和状态，处于非饱和状态的土体都有基质吸力存在，基质吸力对滑坡土体抗剪强度有增强作用[9]。在非饱和土体中基质吸力随含水率的增加而减小，基质吸力与含水率之间呈负相关关系，这种关系称为土水特征曲线。当库水及雨水渗入滑坡体中时，含水量的增加会导致土体中基质吸力减小甚至消失，使得滑坡土体抗剪强度降低，从而对滑坡稳定性产生不利影响[10]。这种非饱和土基质吸力的作用效应在非饱和土抗剪强度表达式中得到体现，如式(3-2-1)。有关非饱和土力学强度理论在第 7.1 节有阐述。

$$\tau_f=\sigma\cdot\cos\alpha\cdot\tan\varphi+c+s\cdot\tan\varphi_b \tag{3-2-1}$$

式中：s 为基质吸力；φ_b 为与基质吸力相关的内摩擦角。

基质吸力 s 对滑带抗剪强度贡献较大，若含水量增加则相应地基质吸力减小，从而抗剪强度降低。

3. 冲刷、侵蚀作用

无论是库水还是降雨都会对库岸滑坡坡面产生冲刷、侵蚀作用。其中，降雨主要是坡面径流对坡面产生冲刷和侵蚀；库水波动及库水升降作用会对库水位线附近及水升变幅降范围内的坡面产生冲刷和侵蚀。滑坡体物质越松散，坡面形态越陡峭，则冲刷侵蚀作用越强烈。冲刷和侵蚀作用主要作用于坡体表面，且作用过程较弱，短期内对滑坡整体稳定性影响甚小。

4. 静水压力作用

静水压力对滑体具有浮托作用，当库水位抬升及降雨使得滑体中地下水位升高时，滑体内浮托作用增加，致使滑体有效重力减小。若地下水浮托力作用在滑坡抗滑段，会使滑体抗滑力降低，导致滑坡稳定性降低；反之，若浮托力作用在滑坡下滑段，会使滑体下滑力降低，反而使滑坡稳定性提高。对某一滑坡而言，地下水位升高可能淹没滑坡抗滑段，也可能淹没滑坡阻滑段，那么水位抬升使滑坡稳定性增大还是降低，取决于增加的浮托力作用于抗滑段还是下滑段，这与滑坡滑面几何形态(特别是滑面倾角的大小)及库水淹没滑坡的位置有关，如图 3.2.1 所示。

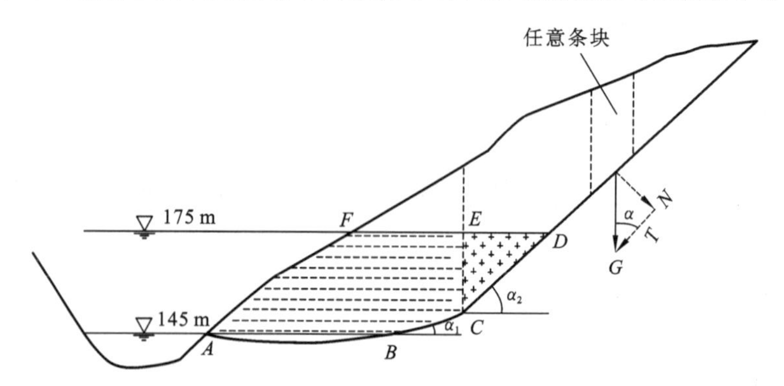

图 3.2.1　库水淹没滑坡产生浮托减重效应示意图

图中 *ABCEF* 部分为抗滑体被淹没范围，*CDE* 为促滑体被淹没范围

5. 动水压力作用

动水压力就是水在滑坡土体中流动时对滑体物质产生的拖拽力，其作用力大小可用渗透力($j=\gamma i$)来衡量，与水力梯度成正比，与滑坡体内外水头差直接相关，渗透力的方向与渗流方向一致。库水位升、降及降雨作用都会在滑体内产生动水压力作用，进而对滑坡稳定性产生影响。当库水位上升时，库水会向滑体内灌入，如果库水位上升速率大于滑体渗透系数，库水不能及时渗入滑体内，滑体内地下水位不能与库水位同时上升，则出现库水位高于滑体内地下水位，在滑体内、外出现水头差而产生指向坡内的渗流作用，此时渗透力方向指向坡体内部，动水压力对滑坡稳定有利；当库水位下降时，滑坡体内地下水会向坡外渗流，若库水位下降速率大于滑体渗透系数，因滑体内地下水来不及及时排除，滑体内水位会高于库水位，在滑体内、外产生水头差从而产生指向坡外的渗流作用，此时渗透力方向指向坡外，对滑坡稳定不利；降雨时随着雨水不断地渗入滑体，不仅会因含水量增加而减小基质吸力、降低土体抗剪强度，还在滑体内产生向下和向外的渗透力，对滑坡稳定不利。

3.2.2　库水位升降对滑坡稳定性影响规律

库水位升、降在滑坡体内产生浮托力、动水压力以及由此对滑坡稳定性产生的影响，不仅与滑面形态、库水位和滑面相对位置有关，还与滑体渗透系数密切相关。为了揭示三峡库区库水位升、降对滑坡稳定性的影响规律，首先把库水位变动范围与滑坡促滑段及抗滑段的位置关系分为两种情形：①库水位升降范围位于滑坡抗滑段，如图 3.2.2；②库水升降范围位于滑坡下滑段，如图 3.2.3。然后设定不同的渗透系数 k 与库水位下降速率 v 之比值 k/v，针对①②两种情形，采用岩土工程数值模拟软件 Gestudio 的 seep 模块和 slope 模块分别对滑坡渗流场及滑坡稳定系数变化规律进行计算和分析。

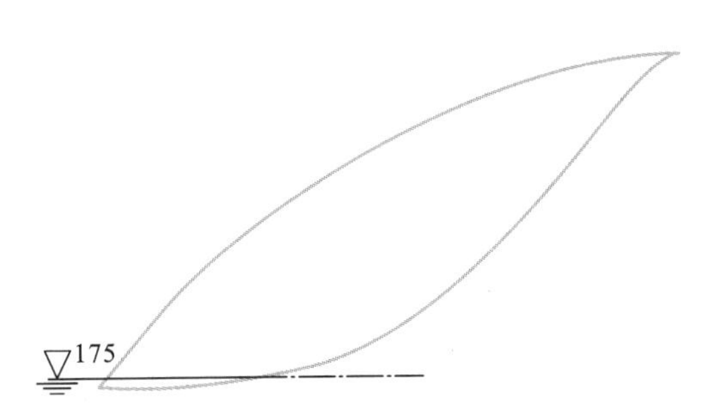

图 3.2.2　库水位升降范围仅涉及滑坡抗滑段

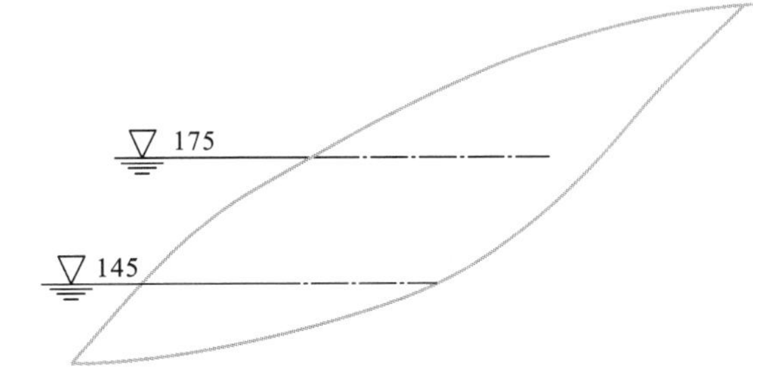

图 3.2.3　库水升降位置位于滑坡促滑段

库水位升、降速率 v 取 1.0 m/d，滑体渗透系数 k 与库水上升速率 v 的比值 k/v 分别取 0.005，0.05，0.5，10，100 五种工况，根据三峡水库实际调度方案将库水位变动过程进行概化，概化后库水位从 145 m 经 30 d 上升至 175 m，在 175 m 库水位稳定 150 d，然后从 175 m 经30 d 下降至 145 m，然后在 145 m 库水位稳定 90 d。按照上述工况分别对库水位与滑坡之间的①②两种位置关系进行稳定性计算和分析。

1. 库水位变动范围位于滑坡抗滑段

计算概化模型如图 3.2.4 所示，滑坡稳定性计算结果如图 3.2.5 所示，具体分析如下。

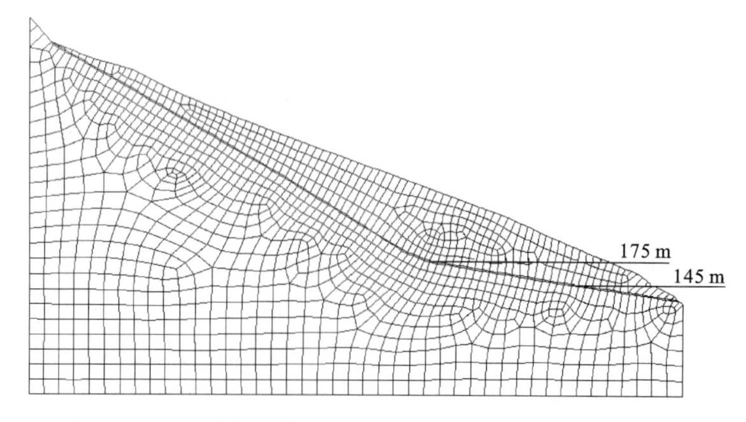

图 3.2.4 数值计算模型(库水位变动范围位于滑坡抗滑段)

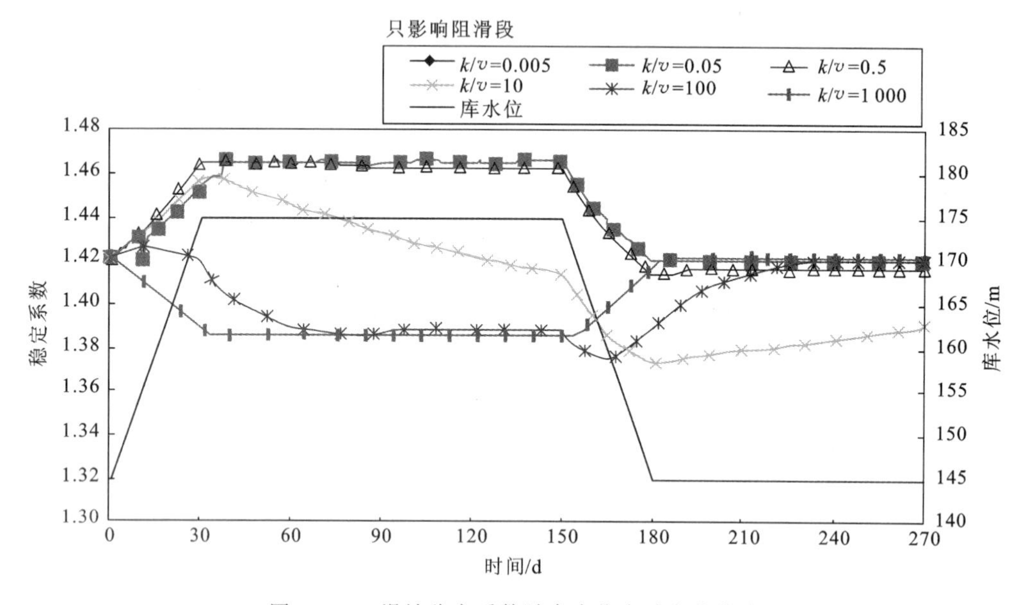

图 3.2.5 滑坡稳定系数随库水位变动变化曲线

(1) 对于 k/v 为 0.005,0.05,0.5 三种工况,滑体渗透系数小于库水位升降速率,库水位在经历从 145 m 上升至 175 m 再下降至 145 m 的整个过程中,滑坡稳定系数变化与库水位变化具有较好的对应关系,具体表现为库水位上升时滑坡稳定系数随之升高,库水位保持不变时滑坡稳定系数几乎不变,库水位下降时滑坡稳定系数也随之下降,库水位在低水位不变时,滑坡稳定系数也保持不变。因为 k/v 为 0.005,0.05,0.5 几种工况下,库水升降速率 v 远大于滑体渗透系数 k,库水难以渗入滑体内部,库水上升时仅在滑体表面产生指向坡体内部的表面水压力,库水位下降时该表面水压力随即消失。因此,滑坡稳定系数随库水位的升高而升高、随库水位的下降而降低。

由此可见,对于库水位变动范围位于滑坡抗滑段,且库水升降速率远大于滑体渗透系数的滑坡,库水升降对滑坡稳定性几乎没有影响。

(2) 对于 k/v 为 1 000 的工况,库水位在经历从 145 m 上升至 175 m 再下降至 145 m 的整个过程中,滑坡稳定系数表现为与库水位变化相反的变化规律,即库水位上升时滑坡稳定系数降低，库水位保持不变时，滑坡稳定性几乎不变，库水位下降时滑坡稳定系数反而升高。因为 k/v 为 1 000 的工况下，滑体渗透系数 k 远大于库水升降速率 v，滑体内地下水位几乎与库水位同步升降，库水上升时在滑体抗滑段产生的浮托减重效应也增加，使滑坡稳定性降低；反之，浮托减重效应减小，稳定性提高。因此，滑坡稳定系数随库水位的升高而降低、随库水位的下降而升高。

由此可见，对于库水位变动范围位于滑坡抗滑段，且滑体渗透系数 k 远大于库水升降速率 v 的滑坡，库水对滑坡稳定性的影响主要表现为浮托减重效应，滑坡稳定性随库水位上升而降低，175 m 高水位时滑坡稳定系数最低，然后随库水位的下降滑坡稳定系数又逐渐回升。

(3) 对于 k/v 为 10 和 100 的工况，库水位在经历从 145 m 上升至 175 m 再下降至 145 m 的整个过程中，库水位上升时滑坡稳定系数也升高，库水位保持不变时，滑坡稳定系数有所降低，库水位下降时滑坡稳定系数显著降低，库水位在低水位保持不变时，滑坡稳定性又有所回升。因为 k/v 为 10 和 100 的工况，滑体渗透系数 k 与库水升降速率 v 接近，当库水位上升时库水不能很快进入滑体内部，滑体内部地下水位低于库水位，形成指向滑体内部的渗透力，有利于滑坡稳定；当库水位保持 175 m 水位不变时，库水将继续缓慢渗入滑体内部并抬高滑坡内部地下水位，库水与滑体内部地下水之间的水位差逐渐减小，指向坡内的渗透力也减小，并出现一定的浮托减重效应，滑坡稳定系数随之也逐渐减小；当库水位从 175 m 下降到 145 m 时，滑体内部地下水向外渗出存在滞后性，使得坡内地下水与库水之间存在水头差，在滑体内部形成向坡外的渗透力，从而降低滑坡稳定性；库水保持 145 m 水位不变时，坡体内地下水继续缓慢向外渗出，使得坡内地下水与库水之间的水头差减小，滑坡稳定性又有所升高。

由此可见，对于库水仅淹没滑坡抗滑段，且滑体渗透性中等的滑坡，库水对滑坡稳定性的影响主要为动水压力效应，库水位上升时对滑坡稳定有利，库水位下降时滑坡稳定性降低，库水下降到 145 m 时刻滑坡稳定性最低。

2. 库水升降范围位于滑坡促滑段

概化计算模型如图 3.2.6 所示，计算结果如图 3.2.7 所示，分析如下。

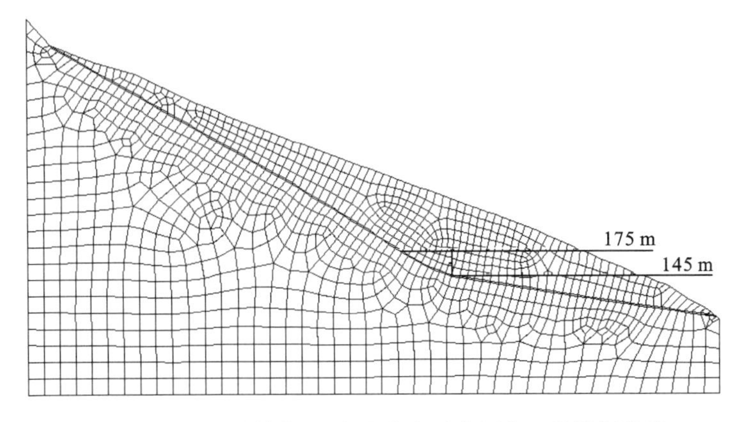

图 3.2.6　滑坡计算模型(库水位变动范围位于滑坡促滑段)

(1) 对于 k/v 为 0.005，0.05，0.5 三种工况，库水位在经历从 145 m 上升至 175 m 再下降

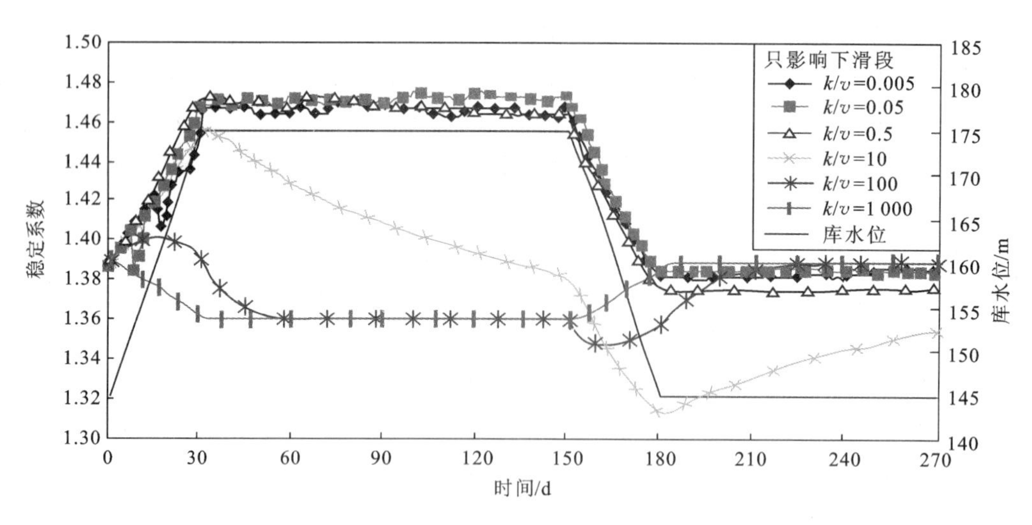

图 3.2.7 滑坡稳定性随库水位变动变化曲线

至 145 m 的整个过程中，滑坡稳定系数表现为跟库水位升降一致的变化规律，同 1. 所述。

由此可见，对于库水位升降速率远大于滑体渗透系数的滑坡，无论库水淹没滑坡促滑段还是抗滑段，库水位升降对滑坡稳定性几乎没有影响。

(2) 对于 k/v 为 1 000 的工况，库水位在经历从 145 m 上升至 175 m 再下降至 145 m 的整个过程中，库水位上升至 175 m 时滑坡稳定系数有所降低，175 m 持平过程中滑坡稳定系数没有变化，库水位下降至 145 m 时滑坡稳定性又升至初始状态，库水在 145 m 持平过程中滑坡稳定性不再变化。因为 k/v 为 1 000 的工况下，滑体渗透系数远大于库水位升降速率，库水位升降时，滑体内部地下水位几乎与库水位同步升降。库水位上升时在抗滑段及促滑段滑体都产生浮托减重效应，从图 3.2.7 中看出，抗滑段范围比促滑段范围更大，故总体上使滑坡稳定系数有所降低；库水下降时浮托减重效应消失，故滑坡稳定系数又升到初始状态。因此，滑坡稳定系数随库水位的升高而升高、随库水位的下降而降低，当库水位保持不变时，滑坡稳定系数也不变。

由此可见，对于库水仅淹没促滑段且滑体为强渗透性的滑坡，当库水淹没抗滑体的范围大于促滑体范围时，库水的浮托减重效应对滑坡稳定性不利，库水在高水位时滑坡稳定系数最低。

(3) 对于 k/v 为 10 的工况下，库水位在经历从 145 m 上升至 175 m 再下降至 145 m 的整个过程中，滑坡稳定系数表现为库水上升时滑坡稳定系数升高，库水在 175 m 持平时，滑坡稳定系数有所降低，库水下降时滑坡稳定系数急剧降低，库水位在 145 m 持平时，滑坡稳定系数又有所回升。因为 k/v 为 10 的工况下，滑体渗透系数与库水位升降速率较接近，在库水位上升时，库水不能很快进入滑体内部，滑体内部地下水位低于库水位，在滑体内部形成指向滑体内部的渗透力，有利于滑坡稳定；库水位保持 175 m 水位不变的过程中，库水将继续缓慢渗入滑体内部并抬高滑坡内部地下水位，库水与内部地下水之间的水位差逐渐减小，指向坡内的渗透力也减小，故滑坡稳定系数逐渐降低；库水位从 175 m 下降到 145 m 时，滑体内部地下水向外渗出存在滞后性，使得坡内地下水与库水之间存在水头差，在滑体内部形成指向坡外的渗透力，从而降低滑坡稳定系数；库水保持 145 m 水位不变的过程中，坡体内地下水继续缓慢向外渗出,使得坡内地下水与库水之间的水头差减小,滑坡稳定系数又有所升高。

由此可见,对于库水仅淹没促滑段且滑体渗透性中等的滑坡,库水对滑坡稳定性的影响表现为动水压力效应为主,在库水下降时滑坡稳定性降低,库水下降到145 m时刻滑坡稳定性达到最低。

综上所述,库水位变动对滑坡稳定性产生显著影响,但滑体渗透系数在库水位变动对滑坡稳定性影响中起到关键作用,具体表现在:

(1)当滑体渗透性很微弱时,库水几乎不能渗入滑体内部,库水上升仅在滑坡表面产生表面水压力,库水下降时滑坡表面水压力便消失,因此,库水变动对滑坡稳定性几乎没有影响。

(2)当滑体渗透性中等时,库水变动对滑坡稳定性影响主要表现为动水压力效应。库水上升产生向坡体内部的渗透力和表面水压力,对滑坡稳定有利,库水下降产生向坡外的渗透力,对滑坡稳定不利。滑坡稳定系数随库水下降而减小,在库水位降到145 m时刻时稳定系数达到最低。

(3)当滑体渗透性很强时,库水位升降主要表现为浮托减重效应,对滑坡稳定性的影响与滑坡滑面形态及库水淹没位置有关。对于库水淹没滑坡抗滑段的情况,库水位上升增大抗滑段的浮托力,从而减小抗滑力,使得滑坡稳定性降低。因此,随着库水位上升滑坡稳定系数降低,库水高水位运行时滑坡稳定系数最低。对于库水淹没滑坡促滑段的情况,库水位上升增大促滑段的浮托力,从而减小下滑力,使得滑坡稳定性增大。因此,随着库水位上升滑坡稳定系数会有所增大。

3.2.3 降雨对滑坡稳定性的影响

降雨对滑坡稳定性的影响与降雨强度、降雨历时及滑体渗透性大小都有关系。为了揭示降雨强度、降雨历时及滑体渗透性大小与滑坡稳定性之间的关系,特地设定多种工况,采用岩土工程数值模拟软件Gestudio的seep模块和slope模块对滑坡渗流场及稳定性变化规律进行计算和分析。概化典型滑坡做计算模型,见图3.2.8,滑体渗透系数取0.05 m/d(弱渗透性)和5 m/d(强渗透性)两种,降雨强度q取10 mm/d、50 mm/d、200 mm/d、600 mm/d四种,降雨强度q与滑体渗透系数k之比值q/k分别为:①对于$k=0.05$ m/d,q/k分别取0.2,1,4,12;②对于$k=5$ m/d,q/k分别取0.002、0.01、0.04、0.12。每一种降雨强度又设定1 d,3 d,5 d,15 d,30 d六种历时,详细计算工况见表3.2.1。计算结果如图3.2.9~图3.2.18所示。

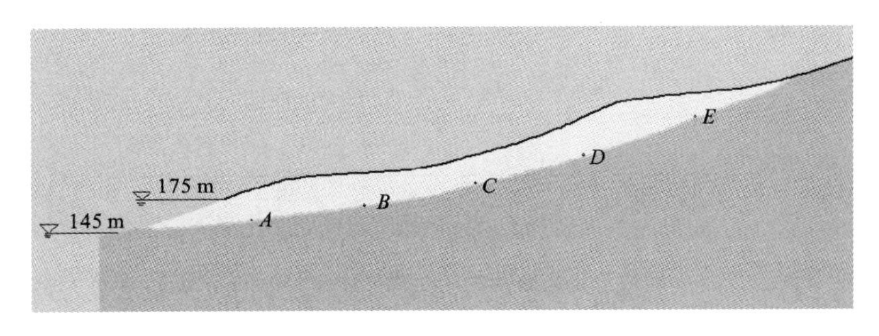

图3.2.8 典型滑坡降雨影响计算模型

表 3.2.1 数值模拟采用的渗透系数、降雨强度及降雨历时

渗透系数 k /m·d^{-1}	降雨强度 q/(mm·d^{-1})			
	10	50	200	600
	降雨强度 q 与渗透系数 k 之比 q/k			
0.05	0.2	1	4	12
5	0.002	0.01	0.04	0.12

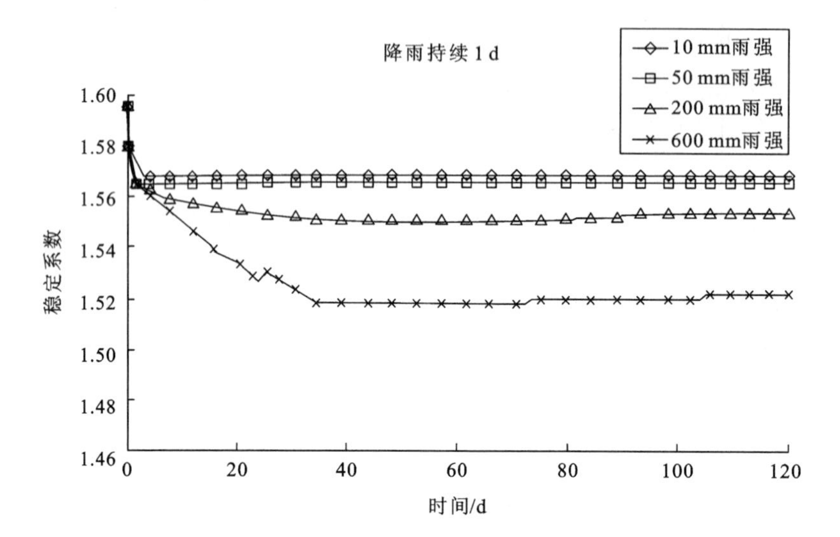

图 3.2.9 滑坡稳定系数随时间变化曲线(k=0.05 m/d,t=1 d)

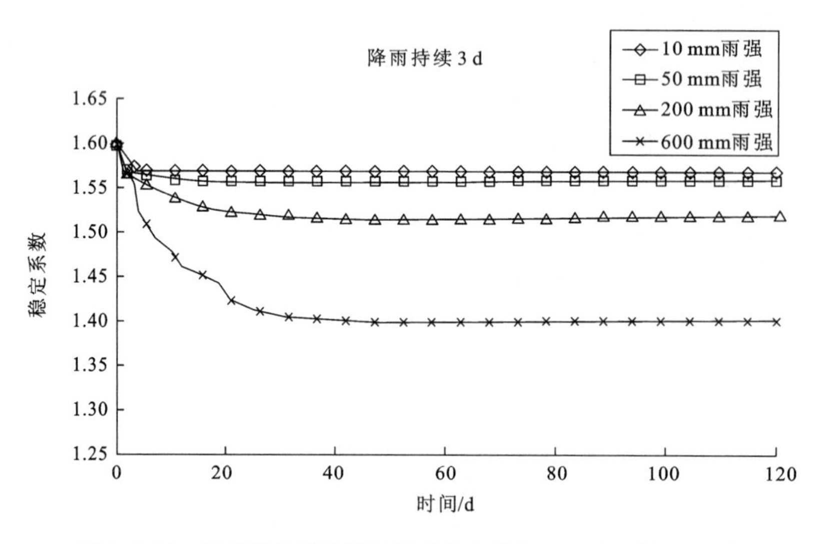

图 3.2.10 滑坡稳定系数随时间变化曲线(k=0.05 m/d,t=3 d)

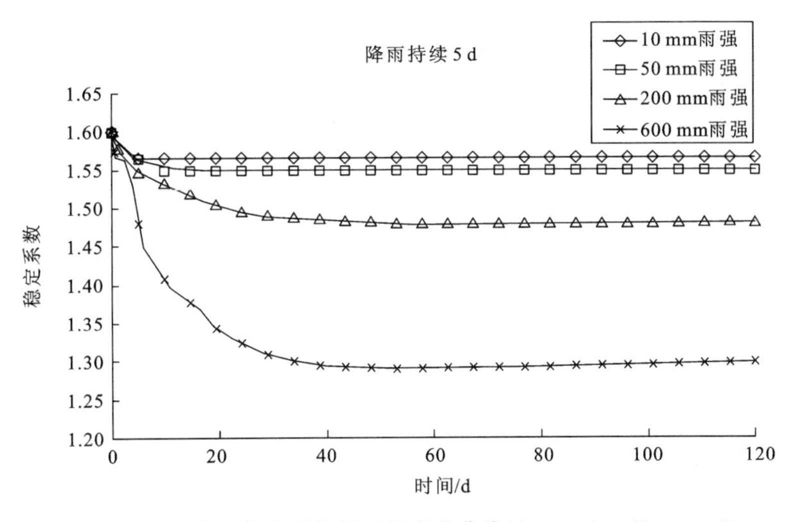

图 3.2.11　滑坡稳定系数随时间变化曲线(k=0.05 m/d,t=5 d)

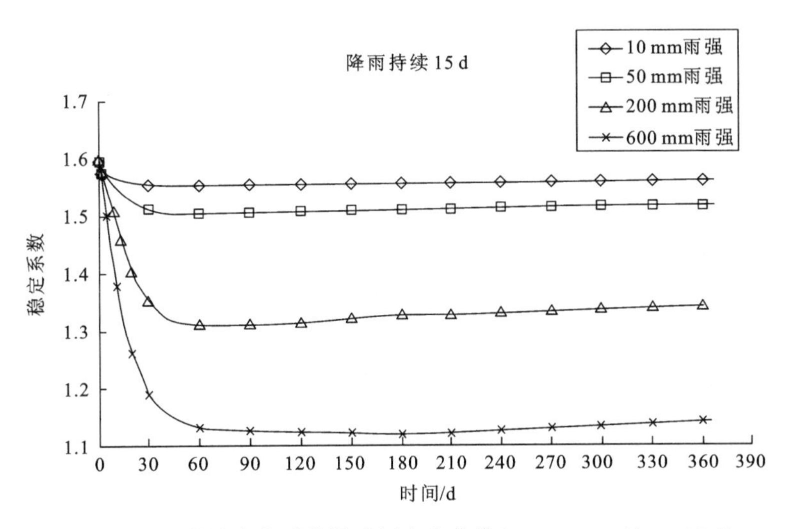

图 3.2.12　滑坡稳定系数随时间变化曲线(k=0.05 m/d,t=15 d)

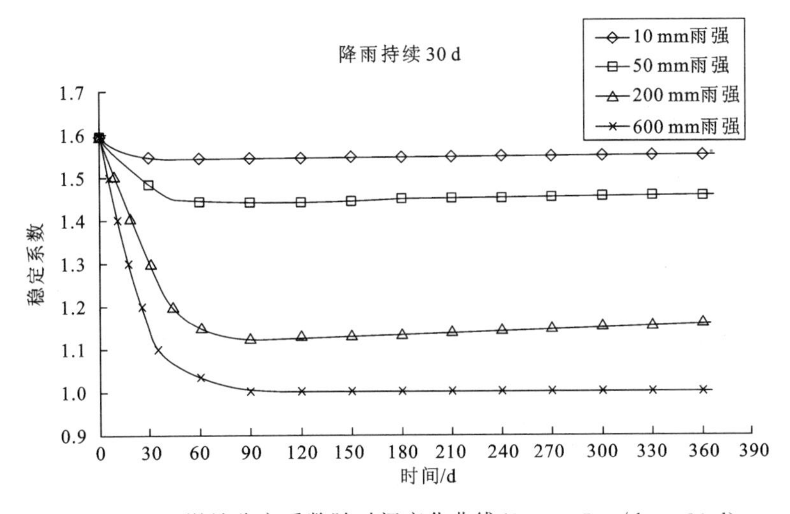

图 3.2.13　滑坡稳定系数随时间变化曲线(k=0.05 m/d,t=30 d)

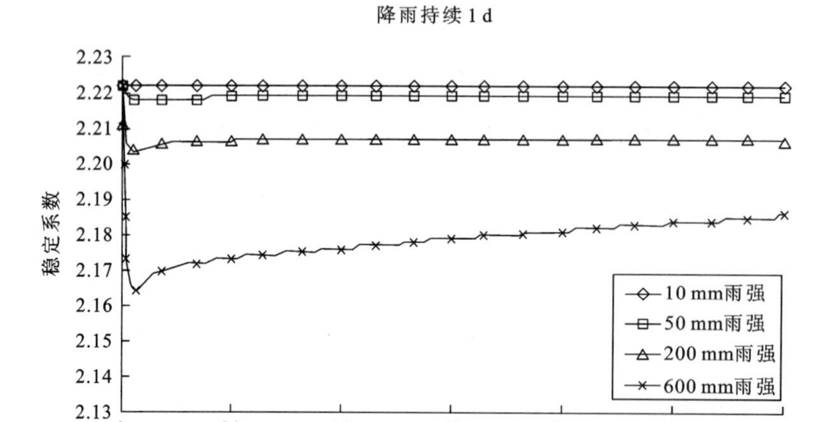

图 3.2.14　滑坡稳定系数随时间变化曲线(k=5 m/d,t=1 d)

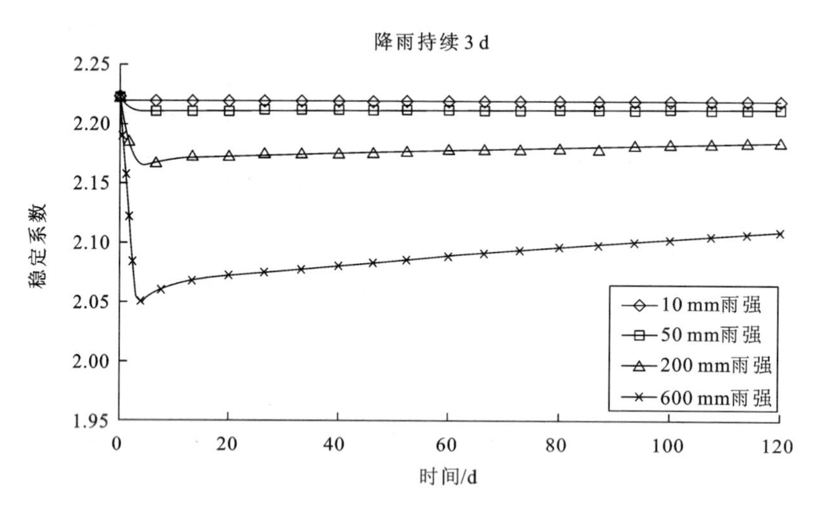

图 3.2.15　滑坡稳定系数随时间变化曲线(k=5 m/d,t=3 d)

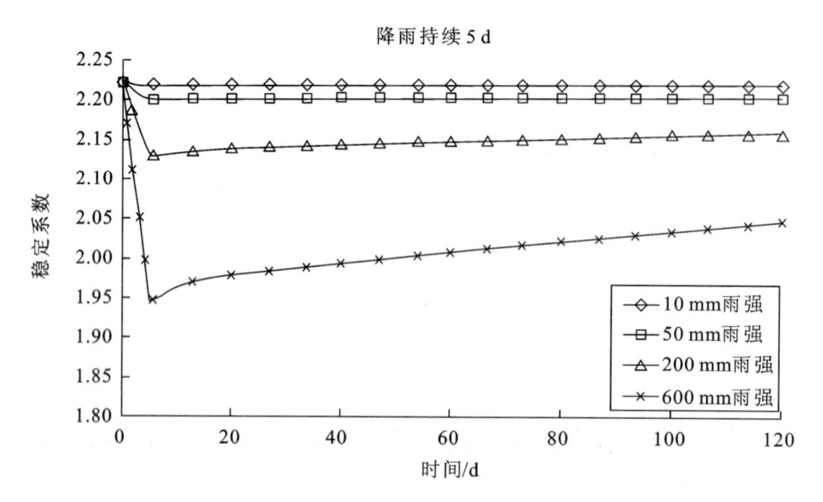

图 3.2.16　滑坡稳定系数随时间变化曲线(k=5 m/d,t=5 d)

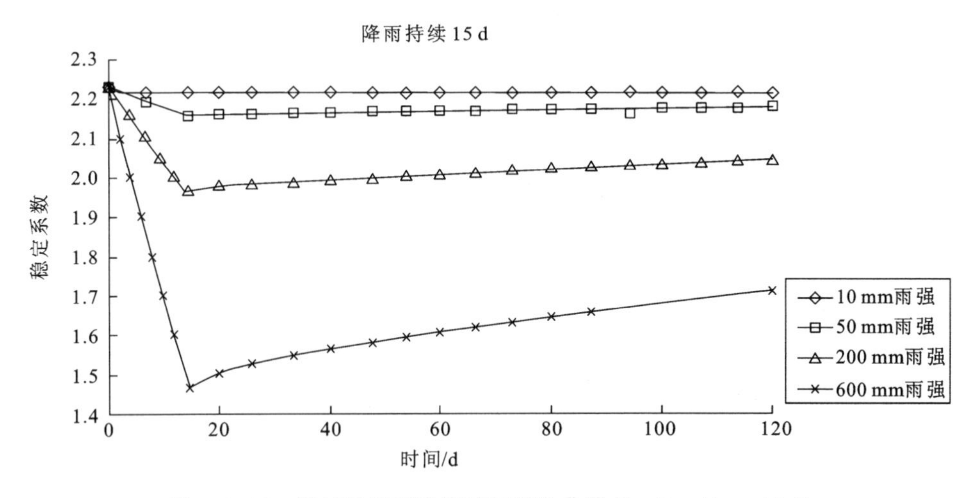

图 3.2.17　滑坡稳定系数随时间变化曲线(k=5 m/d,t=15 d)

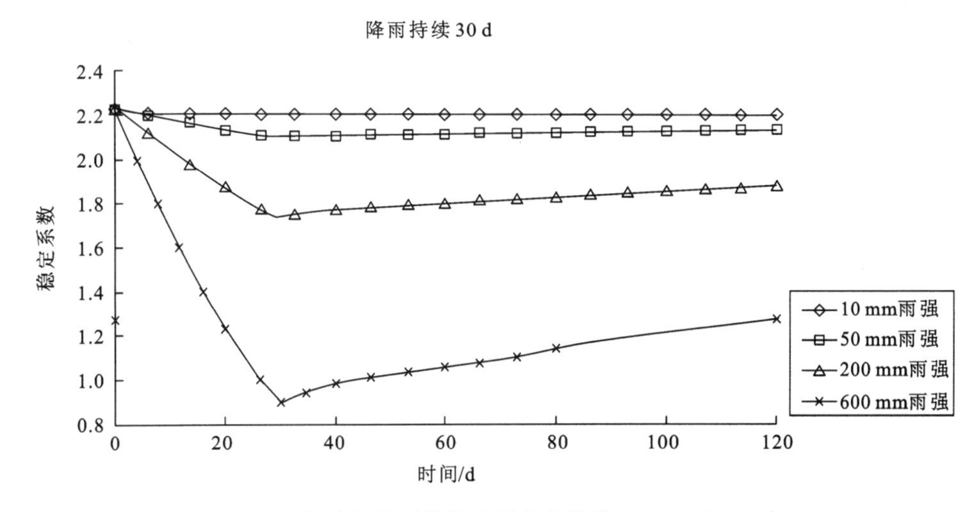

图 3.2.18　滑坡稳定系数随时间变化曲线(k=5 m/d,t=30 d)

首先分析k=0.05 m/d,t=1 d,3 d,5 d,15 d,30 d的情况,滑体渗透性弱,降雨强度大于等于渗透系数。从图3.2.9～图3.2.13各曲线可知,在各种降雨强度下,滑坡稳定系数均随降雨过程而降低,降雨强度q越大、降雨历时t越长,滑坡稳定系数降低越多;反之,q越小、t越短,滑坡稳定系数降低越小。降雨结束后滑坡稳定系数仍会继续降低一段时间,然后滑坡稳定系数才会缓慢回升,滑坡稳定系数的变化与降雨过程具有一定的滞后性。因为滑体渗透性弱,雨水在滑体内渗流较慢,降雨虽然停止,但是已经渗入到滑体中的水分会继续往下渗入,甚至导致地下水位升高,故滑坡稳定性会持续降低。

再分析k=5 m/d,t=1 d,3 d,5 d,15 d,30 d的情况,滑体渗透性强,降雨强度小于滑体渗透系数。从图3.2.14～图3.2.18各曲线可知,在各种降雨强度下,滑坡稳定系数均随降雨过程而降低,降雨强度q越大、降雨历时t越长,滑坡稳定系数降低越多;反之,q越小、t越短,滑坡稳定系数降低越小。但无论降雨强度q多大,降雨结束时滑坡稳定性都降到最低,降雨结束后稳定系数随即开始回升,滑坡稳定性变化相较于降雨过程滞后效应不明显。因为滑体渗透性强，渗透系数远大于降雨强度，雨水在滑体内下渗很快，雨水能很快渗入滑体底部，并抬高地下水位，降雨强度越大、历时越长，地下水位抬升越高，则滑坡稳定系数越小；降雨结束时滑坡体中的地下水位达到最大值，滑坡稳定系数也降到最低；降雨结束后滑坡体中的雨水很快排出体外，滑坡稳定性随之回升。

综上所述，降雨强度 q 及降雨历时 t 对滑坡稳定性影响较大，q 和 t 越大对滑坡稳定系数影响也越大；反之，q 和 t 越小对滑坡稳定系数影响也越小；在降雨条件相同情况下，滑体渗透系数对滑坡稳定性起到重要作用，对于渗透性较弱的滑体，降雨对滑坡稳定性影响具有滞后性，对于渗透性较强的滑体，降雨对滑坡稳定性影响具有同步性。

3.3　基于库水及降雨诱发机理的滑坡分类

3.3.1　基本思想

滑坡分类一直是国内外滑坡学家研究的热点问题之一。但就目前而言，大多数分类都是依据滑坡的单一属性，如按滑坡体积大小可分为巨型、大型、中型和小型滑坡；按滑体厚度可分为深层、中层和浅层滑坡；按照物质组成可分成岩质与土质滑坡；根据变形动力成因，将滑坡分成天然动力与人为动力两大类，天然动力又分为地震型、降雨型、河流侵蚀型、崩坡积加载型等；人为动力又分为爆破型、水库蓄水型、水工渗漏型、开挖型、堆土型等。这些分类简单明了，并容易操作。还有学者更倾向于从变形机制、运动特点和力学成因的角度对滑坡进行划分，如王兰生、张倬元主要针对层状或含层状岩体组成的斜坡变形机制提出了 5 种基本组合模式：蠕滑-拉裂、滑移-压致拉裂、弯曲-拉裂、塑流-拉裂、滑移）弯曲[12-13]；孙玉科等[14]将边坡变形破坏模式概括为 5 类：倾倒变形破坏（金川模式）、水平剪切变形（葛洲坝模式）、顺层高速滑动（塘岩光模式）、追踪平推滑移（白灰厂模式）、张裂顺层追踪破坏（盐池河模式）；晏同珍等[15]概括了滑坡的 9 种滑动机理类型，即流变倾覆滑坡、应力释放平移滑坡、震动崩落或液化滑坡、潜蚀陷落滑坡、地化悬浮-下陷滑坡、高势能飞越滑坡、孔隙水压浮动滑坡、切蚀-加载滑坡、巨型高速远程滑坡，这是一种多因素的混合分类。这些滑坡分类方案分别从不同角度丰富了对滑坡组成、结构及成因机制的认识，但以上各种分类方案都没有考虑库水及降雨等诱发因素对滑坡的影响。

由前面 3.1、3.2 节内容知，库水变动和降雨作用是诱发水库滑坡变形与失稳的主要因素。为此，本书提出基于库水及降雨诱发机理构建滑坡分类，分类方案将综合考虑滑坡内在属性和主要诱发因素，既要反映滑坡自身的基本特征及属性，也要考虑库水及降雨等因素对滑坡的影响机理。

3.3.2　分类方案

水库滑坡变形破坏的内在控制因素是滑坡体所处的特定地质结构和滑坡特殊的组构特征，如岸坡结构、滑坡成因、物质组成、滑动面形态及滑坡地表形态特征等。全面把握和揭示滑坡的结构、组成和产出特征，是本次滑坡分类的基础。

库水位升降和降雨作用是水库滑坡复活的外在诱发因素。前面 3.1 节分析了三峡库区典型滑坡的地质条件、滑坡体特征、变形特征、诱发因素及其相互关系，3.2 节分析了不同库水位升降速率及不同降雨过程对滑坡的影响规律。下面在3.1节及3.2节基础上，归纳几种典型滑坡地质模型、变形特征及其诱发因素，在此基础上提出基于复活机理的滑坡分类方案。

1. 典型滑坡一：秭归县树坪滑坡

树坪滑坡地质模型属于典型逆向坡堆积型滑坡，滑带形态前缘平缓、中后部较陡，滑体物质为松散堆积体，滑体渗透性小-中等。库水变动范围主要影响滑坡促滑段，据3.1.1节及3.2节分析，对树坪滑坡而言，库水位下降是其变形的主要诱发因素，库水位下降会产生指向坡外的动水压力，导致滑坡稳定性降低。因此，库水位下降是其最不利工况。

此类滑坡可划分为动水压力型滑坡。

2. 典型滑坡二：秭归县木鱼包滑坡

木鱼包滑坡地质模型属于典型的顺层岩质滑坡，滑面形态呈上陡下缓的靠椅状，滑体上部为松散堆积体，中下部为碎块状基岩，滑体渗透性不均匀，存在岩裂隙集中渗透通道。库水位升降范围主要影响滑坡抗滑段，据3.1.2节及3.2节分析，对木鱼包滑坡而言，库水位上升及高水位浸泡是其变形的主要诱发因素。库水位变动主要产生浮托减重效应，库水位上升导致浮托作用增加，滑坡稳定性降低。因此，高水位运行是其最不利工况。

此类滑坡可划分为浮托减重型滑坡。

3. 典型滑坡三：奉节县生基包滑坡

生基包滑坡地质模型为顺层-微切层特大型滑坡，属于滑体面积大、厚度相对较薄的滑坡类型。滑坡结构具有不均匀分层特征，滑体结构疏松，滑体渗透性具不均匀性，渗透性中等-强。库水位升降高度主要影响滑坡前缘，与整个滑坡长度相比，库水影响范围十分有限。据3.1.3节及3.2节分析，对于生基包滑坡面，降雨是其变形的主要诱发因素，久雨暴雨是其最不利工况。

此类滑坡可划分为降雨型滑坡。

4. 典型滑坡四：云阳县黄泥巴蹬坎滑坡

黄泥巴蹬坎滑坡地质模型属于逆向坡堆积型滑坡，滑带形态前缘平缓、中后部较陡，滑体物质为松散堆积体，滑体渗透性中等。土库水变动范围主要影响滑坡抗滑段。据3.1.4节及3.2节分析，对于黄泥巴蹬坎滑坡，暴雨及库水高水位浸泡是其主要诱发因素，库水位变动以浮托减重效应为主，库水位上升及降雨都是其不利工况。

此类滑坡可划分为浮托减重+降雨型滑坡。

5. 典型滑坡五：秭归白家包滑坡

白家包滑坡地质模型属于典型逆向坡堆积型滑坡，滑面形态前呈前缓后陡的弧形，滑体物质为松散堆积体，滑体渗透性小-中等，滑坡后缘出现多级裂缝，使雨水容易渗入滑体。库水变动范围主要影响滑坡促滑段，据3.1.5节及3.2节分析，降雨及库水位下降是导致白家包滑坡变形的重要诱发因素，库水位变动主要产生动水压力效应，库水位下降及降雨都是其不利工况。

此类滑坡可划分为动水压力＋降雨型滑坡。

综上分析，对于水库滑坡，库水位变动和降雨作用是诱发滑坡复活的两个关键因素。针对不同结构、不同物质组成和水的不同作用方式，导致滑坡复活的主控因素也不一样，根据诱发滑坡的主控因素不同，可将水库滑坡划分为动水压力型、浮托减重型、降雨型、动水压力＋降雨型以及浮托减重＋降雨型等五种类型（表 3.3.1），相应地，不同类型的滑坡具有不同的地质结构。这种滑坡分类方案不仅清楚地反映了滑坡复活的主控因素，也直观地反映了滑坡的地质特征，包括滑体渗透性以及滑带几何形态与库水位之间的空间关系。

表 3.3.1 基于库水及降雨诱发机理的滑坡分类

滑坡类型	地质模型	变形主要诱发因素
动水压力型	滑体物质为松散堆积体，滑体渗透性小-中等，滑面形态圆弧形、直线形或上陡下缓，库水位升降范围主要影响滑坡促滑段	库水位下降是主要诱因
浮托减重型	顺层岩质滑坡或松散堆积型滑坡，滑带前缓后陡，滑体渗透性强，库水位升降影响到滑坡抗滑段	库水位上升是主要诱因
降雨型	滑坡面积大、厚度薄，滑体渗透性强，库水仅淹没滑坡前缘较小范围	降雨是主要诱因
动水压力＋降雨型	滑体物质为松散堆积体，滑面形态圆弧形、直线形或上陡下缓，库水位升降范围主要影响滑坡促滑段。滑体渗透性中等-强，或滑体表面裂缝发育，雨水易渗入滑坡	库水位下降及降雨都是诱发因素
浮托减重＋降雨型	顺层岩质滑坡或松散堆积型滑坡，滑带前缓后陡，滑体渗透性中等-强，滑坡面积大、厚度薄，库水位升降仅影响到滑坡前缘抗滑段	库水位上升及降雨都是诱发因素

3.4 三峡库区重大涉水滑坡地质模型及类型确定

对三峡库区 325 个体积大于 100 万 m^3 的重大涉水滑坡的地质资料、监测资料、野外调（勘）查资料进行整理和分析，按照 3.3 节的分类方案确定了各滑坡的地质模型及滑坡类型，滑坡类型统计结果如图 3.4.1 所示，将选出的部分重点滑坡详细信息列于表 3.4.1。

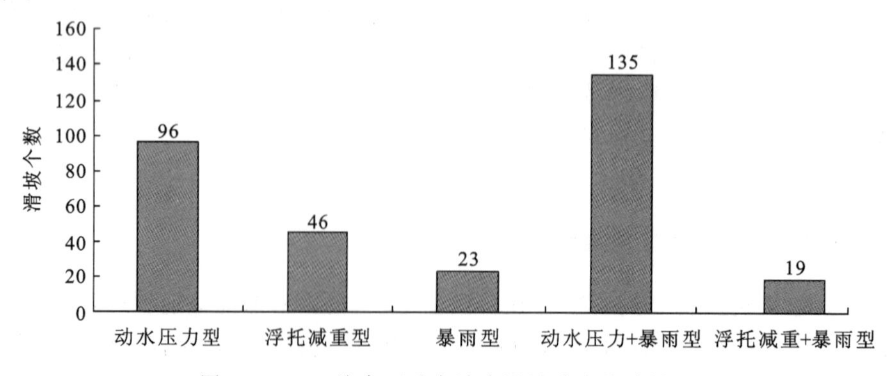

图 3.4.1 三峡库区重大涉水滑坡分类统计结果

表 3.4.1 三峡库区部分重点滑坡地质模型及其类型确定

区县	编号	滑坡名称	滑坡组构	滑体结构及渗透性	滑面形态	库水升降影响范围	滑坡综合分类
秭归	1	八字门滑坡	逆向坡，堆积型	粉质黏土夹碎块石、碎块石土、碎石角砾，弱-中等透水	上陡下缓弧形	促滑段	动水压力型
	2	白家包滑坡	逆向坡，堆积型	粉质黏土夹块碎石及碎块石土，弱-中等透水	上陡下缓弧形	抗滑段及促滑段	动水压力型
	3	树坪滑坡	逆向坡，堆积型	散体结构，弱-中等透水	上陡下缓折线形	促滑段	动水压力型
	4	木鱼包滑坡	顺向坡，岩质	中后部及深部块裂结构，强透水，中前部浅层为含碎石黏性土，中等透水	上陡下缓折线形	抗滑段及促滑段	浮托减重型
	5	谭家河滑坡	顺向坡，堆积型	碎块石土，强透水	上陡下缓折线形	抗滑段	浮托减重型
	6	卡子湾滑坡	顺向坡，堆积型	松散堆积碎石土，弱-中等透水	上陡下缓折线形	抗滑段	动水压力型＋降雨
	7	泄滩老镇滑坡	逆向坡，土质	块石、碎石土堆积层，弱-中透水	上陡下缓弧线形	抗滑段	动水压力型
	8	新滩滑坡	顺向坡，土质	块石、碎石夹碎石土和黄色黏土，弱-中透水	两级阶梯形	抗滑段	动水压力型
奉节	1	百换坪滑坡	顺向坡，堆积型	散体夹碎裂结构，主要为滑坡堆积物碎块石土，弱-中等透水	上陡下缓弧形	促滑段	动水压力型
	2	大面滑坡	逆向坡，土质	散体夹碎裂结构，主要为残坡积层粉质黏土夹碎块石，弱-中等透水	直线形	促滑段	动水压力型＋降雨
	3	陈家沟滑坡	近水平顺向，堆积型	碎裂-散体结构，主要为堆积层碎块石土，强透水	上陡下缓弧形	抗滑段	浮托减重型
	4	花莲树滑坡	顺向坡，堆积型	散体夹碎裂结构，主要为粉质黏土夹碎块石，弱-中等透水	折线形	促滑段	动水压力型
	5	黄莲树滑坡	顺向坡，堆积型	散体夹碎裂结构，主要为滑坡堆积物，弱-中等透水	直线形	促滑段	动水压力型
	6	生基包滑坡	顺向坡，堆积型	散体夹碎裂结构，主要为粉质黏土夹块石、碎石，弱-中等透水	阶梯形	促滑段	动水压力型＋降雨
	7	卧龙岗 1# 滑坡	顺向坡，堆积型	散体夹碎裂结构，主要为含碎石的黏土，弱-中等透水	直线形	促滑段	动水压力型＋降雨
	8	曾家棚滑坡	逆向坡，土质	散体夹碎裂结构，主要为残坡积层粉质黏土夹碎块石，弱-中等透水	折线形	促滑段	动水压力型＋降雨

续表

区县	编号	滑坡名称	滑坡组构	滑体结构及渗透性	滑面形态	库水升降影响范围	滑坡综合分类
巫山	1	竹林湾西崩滑体	顺向坡，堆积型	散体夹碎裂结构，主要为残坡积层粉质黏土夹碎块石，弱-中等透水	上陡下缓弧形	促滑段	动水压力型＋降雨
	2	唤香坪崩滑体	顺向坡，岩质	碎裂-散体结构，碎裂岩，中强透水	上陡下缓弧线形	抗滑段及促滑段	浮托减重型
	3	鸡脑壳包崩滑体	逆向坡，堆积型	碎裂-散体结构，碎(块)石成分为灰岩，土的成分为粉质黏土、砂土、碎石及耕植土，强透水	上陡下缓弧线形	抗滑段	浮托减重型
	4	老鼠错崩滑体	顺向坡，堆积型	碎裂-散体结构，碎(块)石成分为紫红色至黑色的灰岩，土的成分为黏土、砂土、碎石及耕植土，弱-中透水	上陡下缓弧线形	抗滑段	动水压力＋降雨
	5	泡桐湾滑坡	顺向坡，堆积型	碎裂-散体结构，碎(块)石成分为泥灰岩、泥岩等，土的成分为黏土、砂土及耕植土，弱-中透水	上陡下缓弧线形	抗滑段及促滑段	动水压力型
	6	二道河滑坡	顺向坡，堆积型	碎裂-散体结构，碎(块)石成分为青灰色泥质灰岩为主，土的成分为黏土、砂土及耕植土，弱-中透水	上陡下缓弧线形	抗滑段及促滑段	动水压力型
	7	淌里滑坡	逆向坡，堆积型	碎裂-散体结构，上部以粉土、黏土为主，下部为粉土、黏土夹碎石和块石，为红褐色，呈硬塑-坚硬态，易软化。碎(块)石成分为泥灰岩、泥岩等，弱-中透水	直线形	促滑段	动水压力＋降雨
	8	水竹园滑坡	逆向坡，堆积型	碎裂-散体结构，松散土，夹泥岩或灰岩分化碎石块，中-强透水	直线形	抗滑段	浮托减重型
万州	1	瀼渡场北滑坡	逆向坡，土质	散体结构，粉质黏土夹块碎石及碎块石土，中等透水	上陡下缓折线形	促滑段	动水压力型＋降雨
	2	石鼓寺滑坡	顺向坡，土质	散体结构，碎石及粉质黏土组成，碎块石主要成分为砂岩充填物为粉质黏土，中等透水	上陡下缓弧形	阻滑段	浮托减重型＋降雨
	3	四方碑滑坡	顺向坡，土质	散体结构，粉质黏土夹碎石，弱-中透水	上陡下缓弧形	抗滑段及促滑段	动水压力型
	4	塘角村滑坡1号	逆向坡，土质	散体结构，粉质黏土含碎块石，弱-中透水	具几级平台阶级形	阻滑段	降雨
	5	塘角村滑坡2号	逆向坡，土质	散体结构，粉质黏土含碎块石，弱-中透水	上陡下缓弧形	阻滑段	降雨
	6	花园养鸡场滑坡	逆向坡，土质	散体结构，粉质黏土夹碎块石土，弱-中透水性	上陡下缓折线形	抗滑段	浮托减重型＋降雨
	7	麻柳林滑坡	逆向坡，土质	散体结构，粉质黏土夹砂岩碎块石，弱-中等透水	上陡下缓弧形	促滑段	动水压力型＋降雨
	8	八角树滑坡	顺向坡，土质	散体结构，粉质黏土夹砂岩碎、块石，弱-中透水	上陡下缓折线形	促滑段	动水压力型＋降雨

续表

区县	编号	滑坡名称	滑坡组构	滑体结构及渗透性	滑面形态	库水升降影响范围	滑坡综合分类
云阳	1	白龙村滑坡	逆向坡,堆积型	散体夹碎裂结构,主要为崩坡积黏性土夹碎块石,中等透水	上缓下陡折线形	滑坡前缘	降雨
	2	川主庙滑坡	顺向坡,土质	散体夹碎裂结构,主要为坡积黏性土夹碎块石和强风化泥岩,弱-中等透水	阶梯形	抗滑段及促滑段	动水压力型+降雨
	3	东城滑坡	顺向坡,堆积型	破碎-散体结构,主要为崩坡积碎石土夹碎块石,强透水	折线形	抗滑段及促滑段	浮托减重型+降雨
	4	黄泥巴蹬坎滑坡	逆向坡,堆积型	破碎-散体结构,主要为坡残积、崩坡积碎石土,中等-强透水	上陡下缓弧形	抗滑段及促滑段	浮托减重型+降雨
	5	凉水井滑坡	顺向坡,堆积型	破碎-散体结构,上部以含角砾粉质黏土、碎块石土为主,下部以砂岩、泥岩块石为主,强透水	上陡下缓弧形	抗滑段及促滑段	浮托减重型+降雨
	6	裂口山滑坡	顺向坡,堆积型	散体-碎裂-块裂结构,中上部为顺层块裂状泥岩及泥质粉砂岩,中下部为土层、碎块石土组成,中等-强透水	阶梯形	促滑段	降雨
	7	石佛寺滑坡	逆向坡,土质	散体结构,主要为坡积黏性土层,弱-中等透水	直线形	促滑段	动水压力型+降雨
	8	西城滑坡	顺向坡,堆积型	破碎-散体结构,主要为崩坡积黏性土夹碎块石,中等-强透水	上陡下缓折线形	抗滑段	浮托减重型+降雨
	9	鱼塘滑坡	顺向坡,堆积型	破碎-散体结构,主要为崩坡积碎石土,强透水	上陡下缓弧形	抗滑段及促滑段	浮托减重型+降雨
	10	旧县坪滑坡	顺向坡,堆积型	破碎-散体结构,主要为崩坡积碎石土,中等-强透水	中上部陡下部缓	促滑段	降雨
巴东	1	大坪滑坡	逆向坡,堆积体	碎石粉质黏土堆积物,后部有大量孤块石,中-强透水	上陡下折线形	抗滑段	浮托减重型+降雨
	2	雷家坪滑坡	顺向坡,堆积型	表层松散碎石土堆积体,其下为块石夹土,中-强透水	近直线形	抗滑段及促滑段	浮托减重型+降雨
	3	李家湾滑坡	顺向坡,土质	碎块石夹粉质黏土组成,弱-中等透水	三级平台阶梯形	抗滑段及促滑段	动水压力型+降雨
	4	朱家店滑坡	顺向坡,土质	碎块石土,结构不均一,弱-中等透水	上陡下缓弧形	促滑段	动水压力型+降雨
	5	焦家湾滑坡	顺向坡,土质	碎块石土,中等透水	上陡下缓弧形	促滑段	动水压力型
	6	旧县坪滑坡	顺向坡,土质	碎石土,弱-中等透水	近直线形	抗滑段	动水压力型+降雨
	7	新峡沟滑坡	顺向坡,堆积型	碎石夹粉质黏土,其结构松散,中等透水	近直线形	促滑段	动水压力型+降雨
	8	赵树岭滑坡	顺向坡,堆积型	碎块石土,中等透水	上陡下缓弧形	抗滑段	动水压力型+降雨
兴山	1	柑桔园滑坡	逆向坡,土质	崩坡积、残积物及河流冲积组成的碎石土,弱-中透水	上陡下缓弧形	抗滑段	动水压力型+降雨
	2	水文站滑坡	逆向坡,土质	砂岩碎石块和黏土组成,弱透水	上陡下缓弧形	抗滑段	动水压力型+降雨
	3	孙家庄滑坡	顺向坡,堆积型	残坡积和崩坡积物组成的碎石土,土体结构松散,后缘大量块石,弱透水	上陡下缓折线形	抗滑段	降雨
	4	陈家岭滑坡	顺向坡,土质	碎块石土组成,表部广泛堆积崩落灰岩块石,弱-中透水	两级平台阶梯型	抗滑段	动水压力型+降雨

参 考 文 献

[1] 三峡大学. 三峡库区秭归县树坪滑坡专业监测新增应急监测钻孔施工工程地质勘察报告[R]. 2010.

[2] 卢书强,易庆林,易武,等. 三峡库区树坪滑坡变形失稳机制分析[J]. 岩土力学,2014,35(4):1123-1130.

[3] 三峡大学. 秭归地质灾害监测站. 三峡库区二期地灾防治秭归县专业监测预警工程——2012 年 5 月专业监测预警月报[R]. 2012(11).

[4] 三峡大学. 三峡库区水库型滑坡监测预警总结报告[R]. 2011.

[5] 三峡大学,秭归地质灾害监测站. 三峡库区三期地灾防治秭归县专业监测预警工程——2012 年 5 月专业监测预警月报[R]. 2012(11).

[6] 卢书强,张国栋,易庆林,等. 三峡库区白家包阶跃型滑坡动态变形特征与机理[J]. 南水北调与水利科技,2016,14(3):144-148.

[7] 奉节地质灾害监测站. 三峡库区二期地灾防治奉节县专业监测预警工程——2012 年 5 月专业监测预警月报[R]. 2012(11).

[8] 中国地质科学院探矿工艺研究所,云阳地质灾害监测站. 三峡库区二期地灾防治云阳县专业监测预警工程——2012 年 5 月专业监测预警月报[R]. 2012(11).

[9] Fredlund D G,杨宁. 非饱和土的力学性能与工程应用[J]. 岩土工程学报,1991,13(5):24-35.

[10] 李荣建,于玉贞,邓丽军,等. 非饱和土边坡稳定分析方法探讨[J]. 岩土力学,2007,28(10):2060-2064.

[11] 刘广润,晏鄂川,练操. 论滑坡分类[J]. 工程地质学报,2002,10(4):339-342.

[12] 张倬元,王士天,王兰生. 工程地质分析原理[M]. 北京:地质出版社,1994.

[13] 王兰生,张卓元. 斜坡岩体变形的基本地质力学模式[M]//水文地质工程地质论丛. 北京:地质出版社,1986.

[14] 孙玉科. 我国岩质边坡变形破坏的主要地质模型[J]. 岩石力学与工程学报,1983,1(2):67-76.

[15] 晏同珍,杨顺安,方云. 滑坡学[M]. 北京:中国地质大学出版社,2000.

第4章　降雨及库水诱发滑坡机理的物理模型试验验证

根据第3章提出的基于降雨及库水诱发机理的滑坡分类，将浮托减重型滑坡、动水压力型和降雨型滑坡作为物理模型试验对象，针对降雨及库水位变动对滑坡不同作用机理，开展滑坡物理模拟试验，进一步揭示降雨及库水升降作用对滑坡渗流场及稳定性的影响规律。

针对边坡或滑坡的物理模型试验技术已有不少学者展开了研究[1-15]，但仍然存在较多难解的问题：一是对于土或碎石土滑坡的试验，一般只是寻求部分满足物理模型与原型之间的几何相似和力学相似，而不能精确反映原型的整体特征，虽然岩质滑坡模型试验相似材料配制技术已经成熟，但是土质滑坡相似材料同时满足容重、黏聚力、内摩擦角、弹性模量和渗透系数等存在较大困难；二是对于软土弹塑性模型以及考虑水介质作用的渗透模型，由于各点的应力水平仍然比原型低得多，土体的许多应力应变关系特别是非线性关系在模型中不能得到真实体现；三是对于二维滑坡模型试验，在两侧边不可避免地产生相似材料与侧边的摩擦问题，这种摩擦系数大小成为模型试验的主要控制条件；四是一般物理模型尺寸较大，试验所需人工、资金及材料投入较大，且试验周期较长，不适合进行规律性探索。

为此，本课题组自主研发了能够模拟降雨和库水作用的小型滑坡模型试验系统，解决了模型侧限和绕渗的关键技术难题；针对降雨及库水位变动不同工况，利用小型物理模型试验获得浮托减重型和动水压力型滑坡体内孔隙水压力、有效应力变化规律，对第3章阐述的降雨及库水位变动诱发滑坡复活的机理进行了实验验证。

4.1　物理模型试验系统

4.1.1　模型试验架

1. 模型试验架结构

滑坡模型试验架长2.15 m、宽0.54 m、高1.735 m。其实物图如图4.1.1所示，主要由外部框架、内部箱体、供水排水管道、起降系统和移动系统五大部分组成。

(1) 外部框架由五面不锈钢架通过M10螺栓连接，不锈钢架形状如图4.1.2所示，采用2.5 mm厚的方形钢管焊接，方形钢管的截面尺寸为50 mm×25 mm×2 mm，在应力集中的部位采用3 mm厚的方形钢管，以保证框架满足强度要求。

(2) 内部箱体由前后左右四面钢化玻璃板及底面不锈钢板通过橡胶条软连接，采用压条及螺栓将橡胶条压紧，以防止水从玻璃板与橡胶条接缝处渗出。

(3) 供水排水管道由滑坡后缘补水管道、进水管道、泄水管道及溢流管道组成，如图4.1.3所示，图中左侧管道为后缘补水管道，模拟滑坡坡体地下水。右侧分别为泄水管道、进水管道及溢流管道，管道设计的数量分别为3根，通过打开管道的数量来调节进出水量，模拟水库水位升降，它们构成了滑坡模型试验库水模拟系统。

(4) 起降系统：四个千斤顶安装于模型架底部，它构成了滑坡模型试验架起降系统。

(5) 移动系统：四个橡胶滑轮安装于模型架底部，有效增强了滑坡模型试验架可移动性。

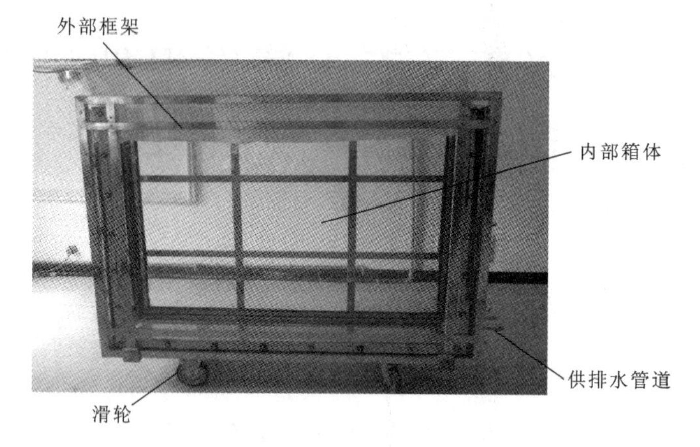

图 4.1.1　模型架实物图

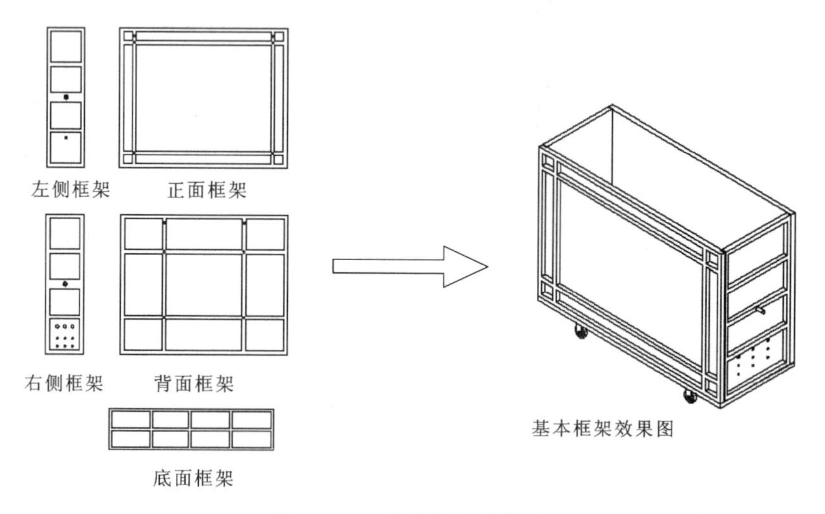

图 4.1.2　外部框架结构图

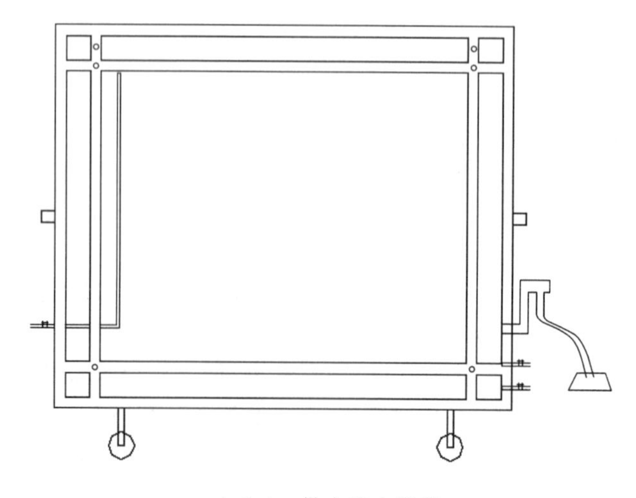

4.1.3　供水泄水管道

2. 模型试验架的特点

(1) 宽度可调节。为了减少玻璃板对滑坡土体的侧向约束作用,将玻璃板之间进行柔性连接而不是简单固定,基本框架上的调节螺栓顶住正面及背面玻璃板,在压实土样的时候,拧紧螺栓,在试验过程中,当侧向压力过大时,通过松动玻璃板与钢架之间的螺丝来调节模型架箱体的宽度,以减少侧向压力,如图4.1.4所示。

(2) 模拟库水位变动。模型架右侧具有三排管道,这些管道构成了模型架库水位变动模拟系统,如图4.1.5所示。水通过进水孔流进模型架箱体内,再由下方的排水管道排出,通过流量计控制水流流速,从而实现水库水位升降的模拟,当水库的水位达到指定高度时,多余的水从溢流孔流出。根据试验需求,通过控制开孔数量及调节阀来实现对流量的精确调节。

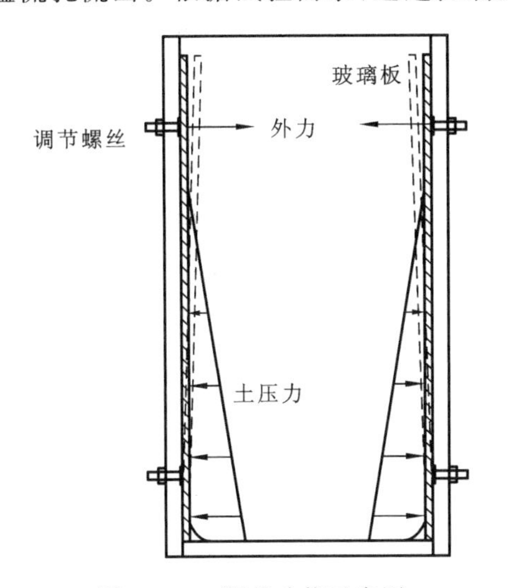

图4.1.4 调节功能示意图

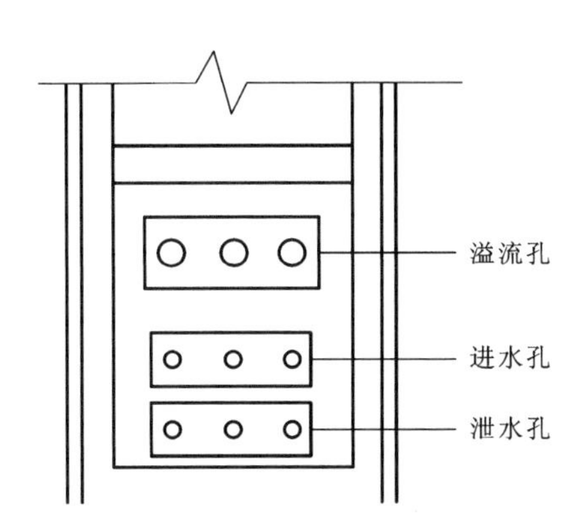

图4.1.5 库水模拟功能示意图

(3) 架体可旋转。为了应用控制干密度的方法压实土样,需将模型架水平倒放,但由于试验室场地限制,无法采用吊车进行起降吊装,因此在模型架两侧设计有突出的转动轴,试验时将模型架转动轴套在吊装架上的轴套之中进行旋转。架体可旋转功能解决了在有限的试验场地里将模型架整体放倒及直立的要求,为采用更为有效的压实方法提供了可行性。

(4) 可拆装。试验架外部框架由五块平面不锈钢架通过螺栓连接而成,内部箱体由四面钢化玻璃板及底面不锈钢板通过橡胶条软连接,这样不仅方便模型试验架外部框架的拆卸与组装,也为采用控制干密度的方法压实土样提供了可能。当制作滑坡模型时,将模型架水平放置,正面不锈钢架及正面玻璃板拆除,按上述压实方法制作模型,在模型制作好之后,再将正面不锈钢架及正面玻璃板盖上,便完成了模型的制作。

(5) 可移动。为了提高模型架操作上的灵活性,最终达到提高试验效率,将模型架底部安装四只橡胶轮胎,以增加架体的可移动性,带有轮胎的模型架能方便地移动到指定的位置。

3. 关键技术设计

(1) 模型架防水。为计算滑坡体的入渗量和坡面径流量,并保证前后玻璃挡板活动可调,需要做好玻璃挡板之间的密封拼接,防止水从非专门出口溢出。采用橡胶带、压条和固定螺丝来实现上述要求,钢化玻璃板接触缝隙或钢化玻璃与不锈钢板接触缝隙之间采用橡胶条连接,橡胶条通过钢条与螺丝固定在玻璃板或者不锈钢板上，如图 4.1.6 所示。

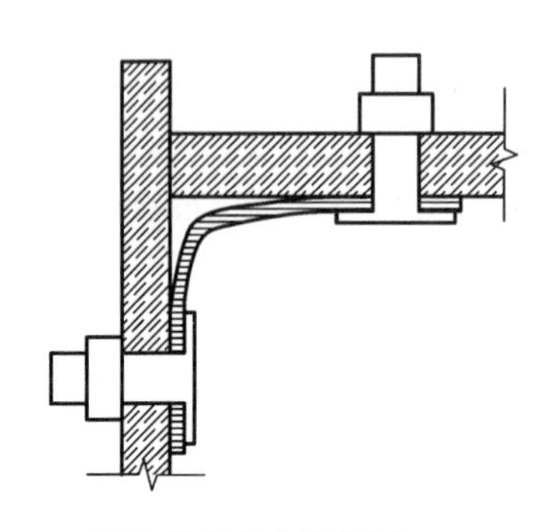

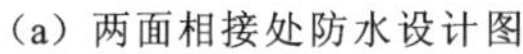

(a) 两面相接处防水设计图

(b) 两面相接处防水实物图

图 4.1.6　两面防水图

(2) 水管截面尺寸：根据三峡水库运行情况，在汛期时水库水位的变化速率最快、流量最大，水位从 162 m 下降至 145 m 所用时间大约为 8 d。采用相似理论及量纲分析法推算出时间的相似比 $C_t=\sqrt{n}$，其中 n 为原型与模型的几何相似比。假设模型中模拟水库的体积为 V，水管的横截面积为 S

$$t_p/t_m=C_t \tag{4-1-1}$$

$$Q=V/t_m \tag{4-1-2}$$

$$S=Q/V \tag{4-1-3}$$

联合上式计算可得 S 为 893 mm^2，预设置 6 条外径 21 mm、内径 15 mm 的管道对水池进行供水和泄水。

4.1.2　数据采集系统

1. 采集系统原理

传感器将监测对象的参数转换为电信号，通过采集卡放大和转换器转换后经由 RS-232 串口线传输给计算机，采集系统软件读取传感器的信号并保存到硬盘中，该信号为原始的电压信号，最后通过传感器标定系数进行模数放大即得到试验参数的真实值。采集系统原理示意如图 4.1.7 所示。

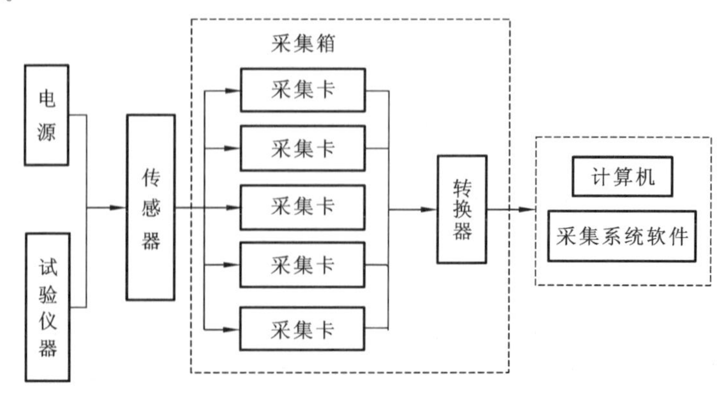

图 4.1.7　采集系统原理示意图

2. 采集系统硬件

采集系统硬件包括计算机、数据采集箱、供电电源和信号输送设备等部分，数据采集箱由数据采集卡、信号转换器、航空插座等设备构成。在本系统中，主要应用 ADAM4117 采集卡和 ADAM-4520 信号转换器。ADAM4117 配置 8 路不同且可独立配置的差分通道，具有宽温运行和高抗噪性等优点，拥有易于监测状态的 LED 指示灯，支持+/—15 V 输入范围，还支持在线升级。ADAM－4520 隔离转换器可以将 RS－232 信号转换为隔离 RS－422 或 RS－485 信号，不需要对 PC 硬件或软件做任何修改，ADAM－4520 能够使用标准的 PC 硬件构建一个工业级、长距离的通信系统。压力传感器与含水量传感器的供电电压不同，需要对它们分别供电，在系统中采用双路可调线性稳压电源，能够同时输出两路不同的电压，一台电源即可满足试验要求。

系统通过数据采集箱将各种设备集合到一个箱体内构成一个整体，便于线路连接和系统维修。采集箱前、后盖均设计成活动门，方便其内部设备的安装与检修，在采集箱左侧外部装有 40 个航空插座，传感器即插即用，每个航空插座对应一个编号，保证试验数据与所测量的参数一一对应，插座内部接头与信号线和电源线相连，简化了线路连接。5 个采集卡并联然后与转换器串联固定在标准导轨上，然后通过螺丝固定在采集箱后门上，通过串口线将信号转换器与计算机相连，将信号传送给计算机。为了供电的方便，每两排航空插座(与同一采集卡相连的端口)的电源线集合为同一供电线，分别与线性稳压电源相连，通过改变供电线与电源输出端口的连接方式以及调节不同供电端口的供电电压，就能够通过不同的采集卡采集不同类型传感器的信号。采集箱结构如图 4.1.8 所示。

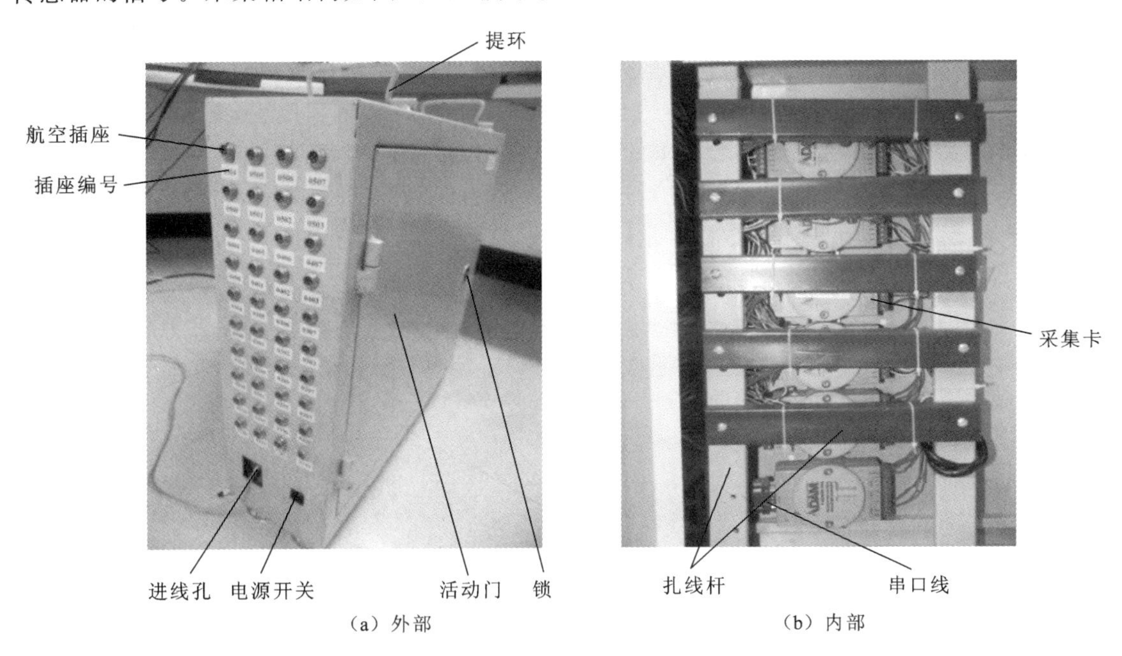

(a) 外部　　(b) 内部

图 4.1.8　采集箱结构图

3. 采集系统软件

以 LabVIEW 8.6 为开发平台，并结合数据采集驱动程序 NI－DAQmx 8.9，应用虚拟仪器软件结构库即 VISA 库，开发滑坡模型试验数据采集系统软件。数据采集系统软件主要由数据启动界面和数据采集界面两部分构成。启动界面是系统启动时用于显示与系统相关信息的界面。该界面的运行采用循环结构来控制，显示信息通过索引数组来实现。在循环结构中添加一个递增运算，每进行一次循环，递增运算加一，进而索引数组的不同元素，即所需要显示的信息。通过该界面用户能够动态观察系统名称、主要功能、开发单位、开发时间及系统加载进度等信息。采集系统软件启动界面如图 4.1.9 所示。

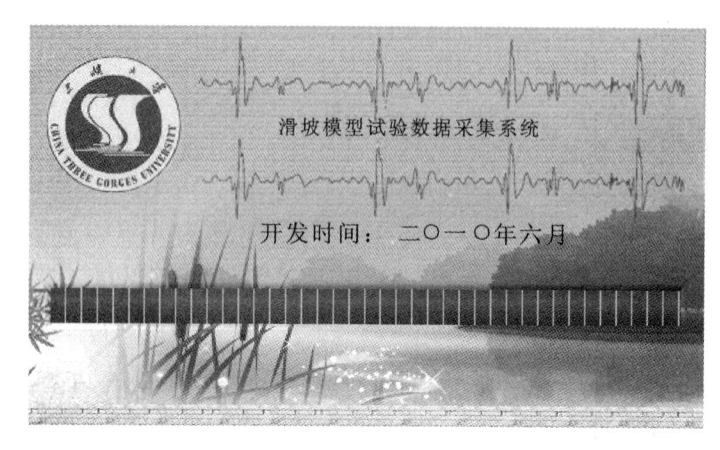

图 4.1.9　系统启动界面

数据采集界面是系统工作时的操作及数据显示界面，该界面主要分为采集控制区、采集设置区、时间显示区、数据及曲线显示区和界面切换按钮等五大区(图 4.1.10、图 4.1.11)。采集控制区用于选择采集端口、输入所应用的采集卡编号，控制系统所采集的硬件和端口；采集设置区用于文件保存地址、采集频率和传感器清零等采集信息的输入和控制，正确地对该区域进行设置是系统得以工作并满足试验要求的保证；数据及曲线显示区用于显示所采集的数据及数据随时间变化曲线，实时分析试验进行过程中出现的问题并及时采取补救措施，保证试验顺利地进行；界面切换按钮用于在数据显示区和曲线显示区之间进行切换。

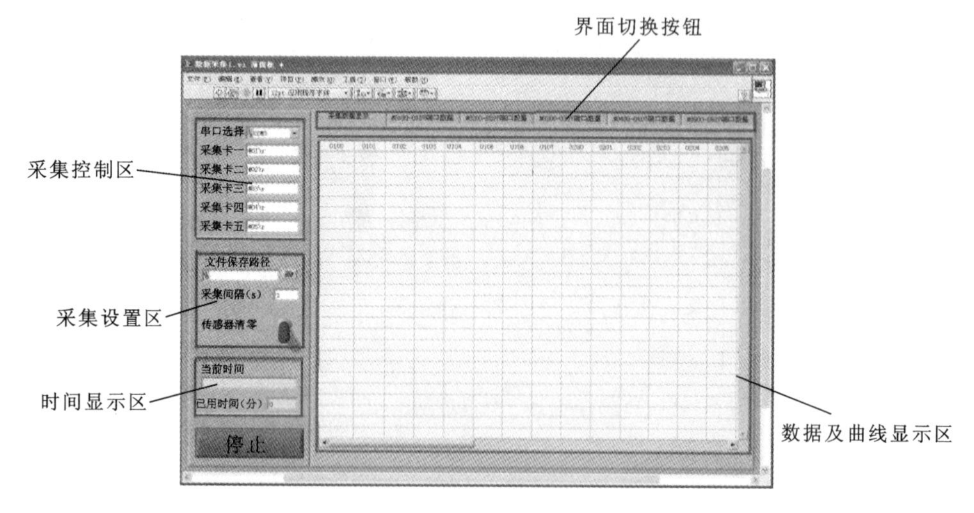

图 4.1.10　数据采集界面(a)

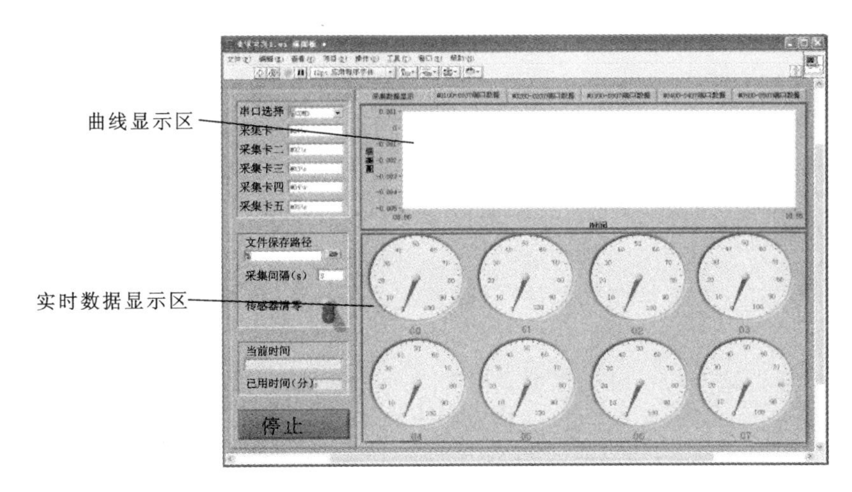

图 4.1.11　数据采集界面(b)

由于传感器出厂校准不准确及外界环境因素的干扰，传感器的初始值一般不为零。因此，在数据采集之前需要对传感器清零，消除初始值对测量结果的影响。传感器清零采用的方法是：在埋入传感器之前，通过一个数据采集模块，将传感器的初始值采集并保存到系统文件中；在数据采集过程中，采用打开文件模块索引采集模块所采集的数据，即传感器初始值，然后用采集的每一组数据减去相应的索引值即为试验真实值。

数据的完整性将会直接影响到试验数据的处理。本系统数据保存采用的是动态保存的方式，即系统每采集一次数据，数据保存文件实时更新一次，将所采集的数据保存到文件中，保证试验过程中数据的完整性。

4. 采集系统操作

采集系统用于读取传感器的信号，其操作步骤和方法如下。

(1) 对传感器进行编号，使其编号与采集箱航空插座的编号保持一致，然后将传感器与航空插座对应相连。

(2) 根据传感器的连接情况将其供电线与供电电源输出端口相连，打开电源开关，将电流控制按钮顺时针调节至最大，分别调节供电电源的电压调节装置，将电压设定为相应传感器的输入电压值。

(3) 双击采集系统快捷图标，打开采集系统启动界面，该界面运行结束后将自动关闭并同时打开数据采集界面，单击采集设置区的文件保存按钮，选择数据保存地址，根据试验要求在采集设置区设置采集频率，单击采集设置区的传感器清零按钮，当数据显示区的数据全都显示为零时单击采集系统界面的停止按钮，并关闭清零按钮。

(4) 将传感器装入试验指定位置，并记录各个位置所埋传感器的编号，然后开启采集系统，系统开始采集试验数据，当需要查看各个传感器数值随时间变化过程时，单击采集系统界面的界面切换按钮，将界面切换至图像显示界面，通过数据随时间变化曲线显示区查看数值变化曲线，还可以通过传感器数值显示表查看各个传感器的实时数值，实时数据也可以通过数据显示去查看。

(5) 试验结束后，单击采集系统界面的停止按钮，停止采集，单击界面切换按钮，依次打开曲线显示界面，将光标移动至数据随时间变化曲线显示区，单击右键选择导出简化图像，将图片保存到硬盘中，关闭采集系统。

4.1.3 人工降雨模拟系统

1. 系统组成

人工降雨模拟系统主要由降雨系统、雨强量测系统和雨强控制系统三部分组成。

(1) 降雨系统。

降雨系统包括水箱、供水管路、水泵及喷头等。根据降雨面积、降雨高度、管道的走势、水箱和喷头之间的落差以及降雨的雨强的最大要求选配水泵。降雨装置采用喷头喷洒的方式，喷头主要分成3个类型，主要有大雨雨滴喷头、中雨雨滴喷头、小雨雨滴喷头。整个系统中几种喷头可以相互叠加，使每个喷头喷出的水珠相互补充，既可模拟大雨雨强又可模拟小雨雨强，并使得降雨均匀度得到了一定的保证。

(2) 雨强量测系统。

雨量筒是翻斗式的，也就是说，如果使用1 mm的雨量桶，在降雨1 h翻转一次，那么这个雨强就是1 mm/h；如果是0.5 h翻转一次，那么雨强就是2 mm/h，以此类推。软件是采用计算两次翻斗之间的时间进行数据的计算，并通过RS－485实现微机自动采集。

(3) 雨强控制系统。

采用手动控制系统，手动选择雨滴种类和喷头的路数，手动调节电位器来调节电子流量调节阀，从而间接控制雨强的大小。可以预设雨强、实际雨强、倒计时、开度、压力等。该降雨系统技术指标为：①雨强连续变化范围为10～200 mm/h；②降雨面积为100～2 000 m^2；③降雨均匀度>0.85；④雨滴大小调控范围为0.5～6 mm；⑤降雨调节精度为7 mm/h；⑥降雨高度为3～20 m；⑦雨强变化调节时间≤60 s；⑧雨量计分辨力为0.1 mm。

4.1.4 非接触式位移测量系统

非接触式位移测量由深圳爱派克公司提供，该系统包括计算机和高分辨率图像采集系统，图像采集系统选用了多通道图像采集卡，具有8位灰度等级量化的功能，配合高分辨率逐行扫描摄像机，使图像达到高于1 000×1 000的分辨率。采用亚像素技术位移测量精度优于0.01像素，即在对100 mm×100 mm的范围进行分析时，位移测量精度可达1 μm。软件采用了先进低通滤波技术，获得物面变形的应变场，具有优于100 με的测量精度。该位移量测系统技术指标为：图像分辨率为392×1 040像素，图像记录速率优于5帧/s，测量灵敏度优于0.05像素，测量速度优于1 s。

4.1.5 物理量量测系统

1. TDR含水量传感器

时域反射技术(time domain reflectometry简称TDR)最初主要用于电缆查错，其理论模型早在1939年就已建立。加拿大科学家Topp et al(1980)首次用于土壤含水量的监测，他利用电磁波在土壤中的传播速度与介电常数之间的关系推求含水量。

TDR 工作原理如图 4.1.12 所示，TDR 脉冲源发射出一个电压的阶梯状高频脉冲信号，沿着土壤中的探针(长度为 L)传播，部分能量在探针末端反射，形成 TDR 反射信号，可通过计量传播时间 t，求得电磁波的传播速度 C，从而求得介质的介电常数 ε_r。

试验系统采用的 MP－406 型 TDR 由美国土壤仪器公司(Soil Moisture Corporation)生产，由 1 个内含电子器件的防水室和与之一端相连的成形的 4 个不锈钢探针组成，如图 4.1.13 所示。

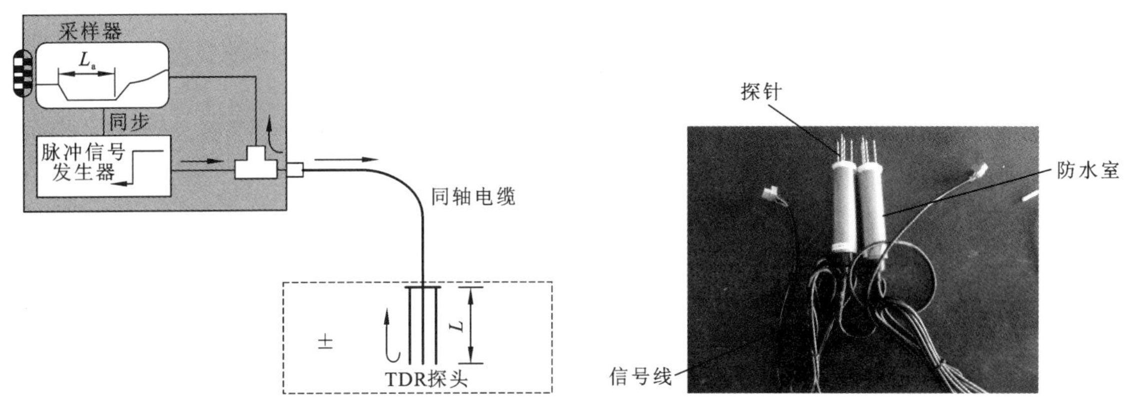

图 4.1.12　TDR 工作原理　　图 4.1.13　MP－406 型 TDR

2. 土压力传感器

土压力传感器的力敏元件利用硅压阻效应，通过微机械加工工艺制作而成，被封装在不锈钢外壳与膜片内，并通过灌充硅油实现压力传导，如图 4.1.14 所示。当敏感元件感受到压力作用时，将会输出一个与压力成正比变化的电压信号。

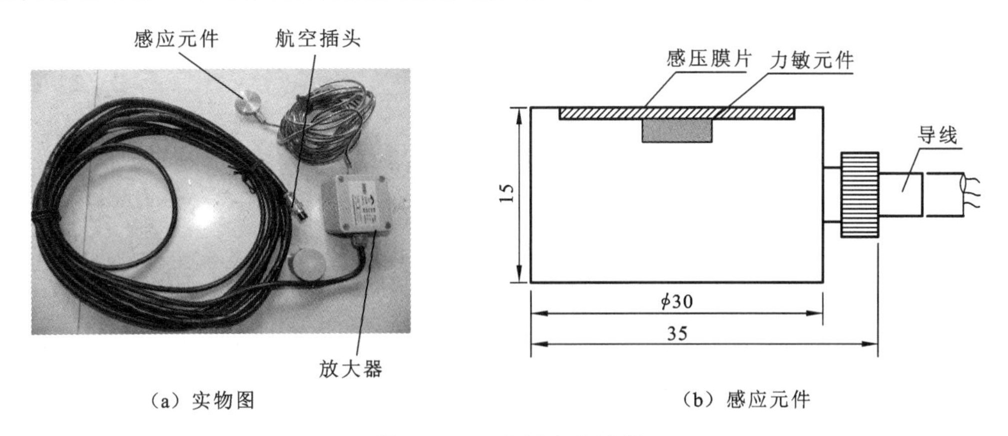

(a) 实物图　　(b) 感应元件

图 4.1.14　土压力传感器

3. 孔隙水压力传感器

孔隙水压力传感器原理同土压力传感器，实物照片如图 4.1.15 所示。适用于非饱和以及饱和土体中渗透水压测量，通常与动态土应力传感器配套使用。具有优异的静态特性以及长期的稳定性，较常规渗透水压力传感器具有更高的灵敏度。

4. 张力传感器

张力计(tensiometer)也称为负压计或 pF 计，是目前测定土壤基质势最为普遍的仪器，如图 4.1.16 所示。张力计内部压力依靠水传递，水在小于 1 个大气压下会汽化，使压力再无法继续降低。所以，该仪器从理论上讲，最大量程为 0～1 个大气压(0～10^5 Pa)的吸力。事实上，由于要保证仪器灵敏度，陶瓷杯的微孔要大，使用时土壤温度和气温在 0 ℃以上，仪器内部的水不可避免溶解有空气，表头到陶瓷杯中心线处有一定距离，这会影响到仪器测量量程。所以，张力计一般仅能测定 0～0.85 大气压以下的吸力。

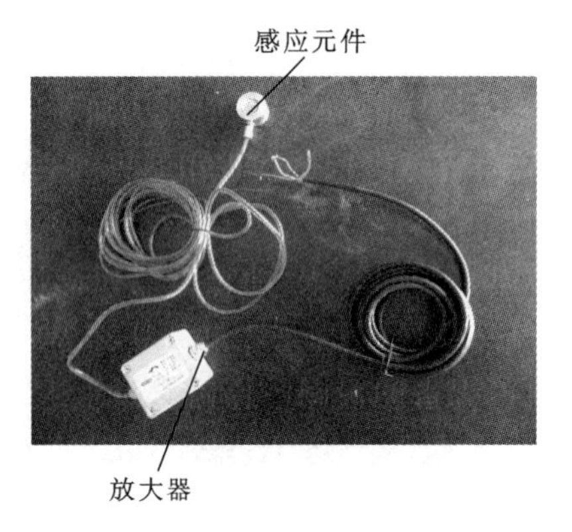

图 4.1.15　孔隙水压力传感器实物照片

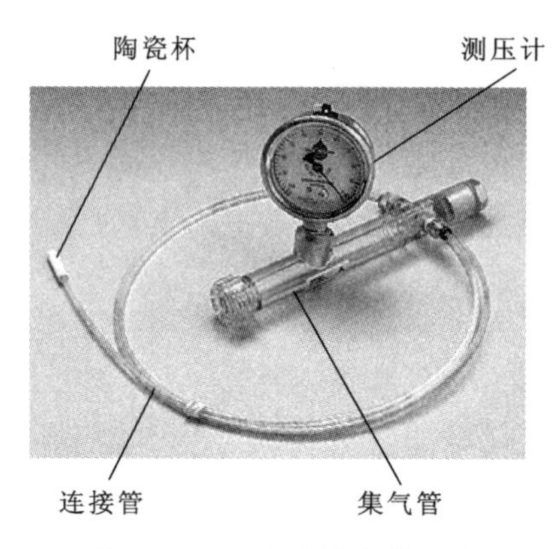

图 4.1.16　张力计实物照片

4.2　相似材料试验

为了寻找满足滑坡模型试验相似原则的材料及配合比的规律，开展了以下两套相似材料试验。

4.2.1　第一套相似材料试验

1. 试验材料

第一套试验所用的材料是高强度玻璃微珠和滑石粉的混合物，如图 4.2.1 所示。高强度玻璃微珠是主要的配重材料，比重 2.5，抗压强度 205.8 MPa，黏聚力 0 kPa，内摩擦角 28.3°，粒径 0.05～2.0 mm，颗粒级配良好，耐酸不耐碱，性质稳定。滑石粉是配重兼黏结材料，由滑石经精选净化、粉碎、干燥制成，是一种白色、微细、无砂性的粉末，比重 2.7，黏聚力 28.23 kPa，内摩擦角 29.3°，天然含水率 0.2%。滑石粉在水、稀盐酸或稀氢氧化钠溶液中均不溶解，性质稳定。

2. 试验方案

在考虑充分满足相似材料渗透系数与黏聚力的情况下，试验中玻璃微珠与滑石粉配合比设计了 4 个水平共 4 组试验，具体配合比方案见表 4.2.1。

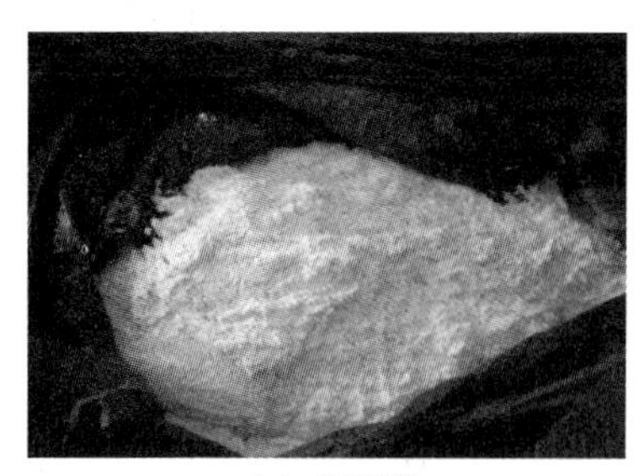

(a) 滑石粉

(b) 玻璃微珠

图 4.2.1　试验材料

表 4.2.1　配合比试验方案及结果

试验编号	玻璃微珠/%	滑石粉/%	容重 γ /(kN·m^{-3})	黏聚力 c /kPa	内摩擦角 φ/(°)	变形模量 E /MPa	渗透系数 k /(cm·s^{-1})
1	90	10	22.52	0.07	23.6	11.38	4.45E−04
2	80	20	24.04	1.03	22.6	10.68	1.20E−04
3	70	30	25.06	4.13	23.8	8.86	1.40E−05
4	60	40	25.96	6.54	26.3	8.92	8.06E−06

3. 试验结果

试验测得4种配合比材料的容重、黏聚力、内摩擦角、变形模量和渗透系数如图4.2.2所示。其中,容重、黏聚力随玻璃微珠含量的增加和滑石粉含量的减少而明显降低;变形模量、渗透系数随玻璃微珠含量的增大和滑石粉含量的减少呈现上升趋势;而内摩擦角的变化有两个特征区间:①在60%～80%区间,内摩擦角急剧降低;②在80%～90%区间,内摩擦角逐渐增大。在实际滑坡模型相似材料试验中,可以通过此变化规律进行进一步的配合比设计,以得到满足各物性指标都基本相似的相似材料。

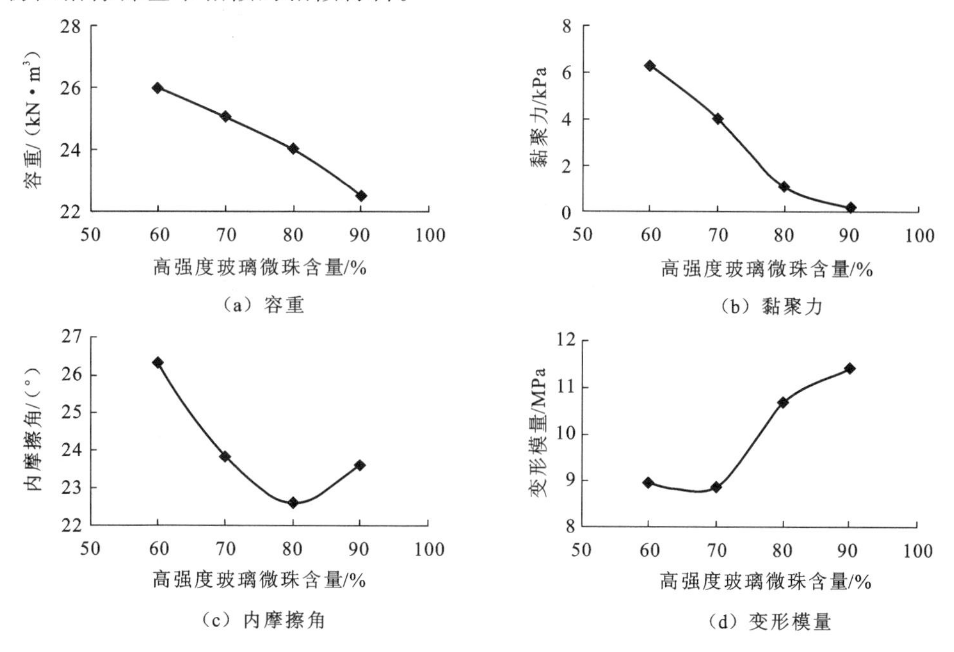

图 4.2.2　材料参数随配合比不同的变化特征

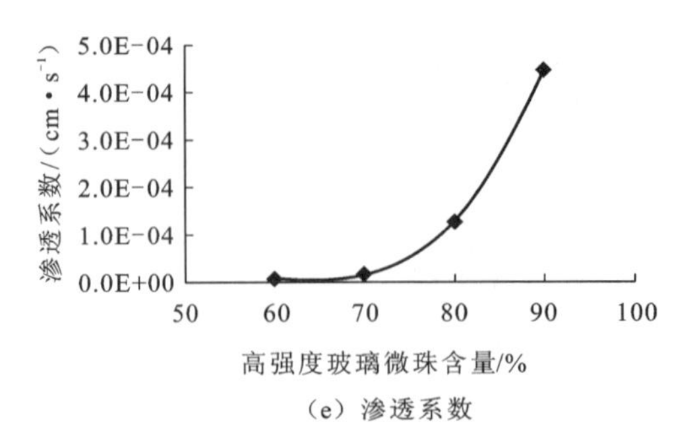

(e) 渗透系数

图 4.2.2　材料参数随配合比不同的变化特征(续)

4.2.2　第二套相似材料试验

1. 试验材料与方案

第一套方案试验中，容重、内摩擦角和渗透系数已基本达到一般土质滑坡模型试验相似材料的要求，但黏聚力和变形模量两个指标还是偏大。考虑从增大材料容重和掺入变形模量较小的材料两个方面对相似材料进行改进。据此用铅珠(图 4.2.3(a))代替玻璃微珠，掺入橡胶粉(图 4.2.3(b))，并从经济角度考虑以河砂(图 4.2.3(c))做填充材料，滑石粉做保水和黏结材料配制新的相似材料。

(a) 铅珠

(b) 橡胶粉

(c) 河砂

图 4.2.3　试验材料

运用正交设计方法确定材料配合比试验方案组合，这样既可以保证试验点在试验范围内充分均匀分散、减少试验次数，又能得到反映试验体系主要特征的试验结果，可减少大量工作。铅珠、河砂比直接关系材料的容重大小，橡胶粉和滑石粉含量是调节变形模量、黏聚力的重要因素，综合考虑后制定了如下三因素四水平正交试验方案，见表4.2.2。

表4.2.2　正交试验设计方案

试验编号	河砂:铅珠	橡胶粉含量/%	滑石粉/%	容重 $\gamma/(\mathrm{kN\cdot m^{-3}})$	黏聚力 c/kPa	内摩擦角 $\varphi/(°)$	变形模量 E/MPa	渗透系数 $k/(\mathrm{cm\cdot s^{-1}})$
1	90:10	5	10	17.6	4.38	33.9	9.674	5.27E-04
2	90:10	8	15	17.3	6.21	31.8	6.352	3.21E-04
3	90:10	12	20	17.3	6.32	32.5	5.667	1.74E-04
4	90:10	15	25	17.0	8.21	34.7	3.862	1.19E-04
5	80:20	5	15	19.9	3.18	28.8	7.581	1.51E-04
6	80:20	8	10	18.2	2.52	36.4	5.170	8.28E-04
7	80:20	12	25	19.0	5.84	29.7	4.597	1.46E-04
8	80:20	15	20	17.9	4.32	31.6	3.392	4.12E-04
9	70:30	5	20	22.4	3.48	33.6	5.741	2.29E-04
10	70:30	8	25	21.6	3.52	30.9	4.976	2.44E-04
11	70:30	12	10	18.5	2.35	30.2	3.223	1.12E-03
12	70:30	15	15	18.1	2.84	30.1	2.664	8.61E-04
13	60:40	5	25	25.8	0.52	32.6	5.442	4.92E-05
14	60:40	8	20	24.2	0.34	35.3	4.982	9.05E-05
15	60:40	12	15	22.6	0.24	30.4	3.539	3.14E-03
16	60:40	15	10	21.0	0.18	33.6	2.768	7.03E-04

2. 配合比试验结果

试验测得各不同配合比材料的容重、黏聚力、内摩擦角、变形模量和渗透系数变化规律如图4.2.4所示，图中含铅量4个水平分别为10%，20%，30%和40%，橡胶粉含量的4个水平分别为5%，8%，12%和15%，滑石粉含量的4个水平分别为10%，15%，20%和25%。运用极差分析法和方差分析法对正交设计方案进行分析处理，得到各相似材料成分对各相似指标影响的显著性排序，见表4.2.3。实际滑坡模型相似材料试验中根据各相似指标随各相似材料成分含量的变化规律以及各成分对各相似指标影响的显著性进行相似材料的配合比设计，即通过优先改变相似材料中最敏感成分的含量、次之改变较敏感材料的含量是可以达到同时满足相似材料各指标值的。

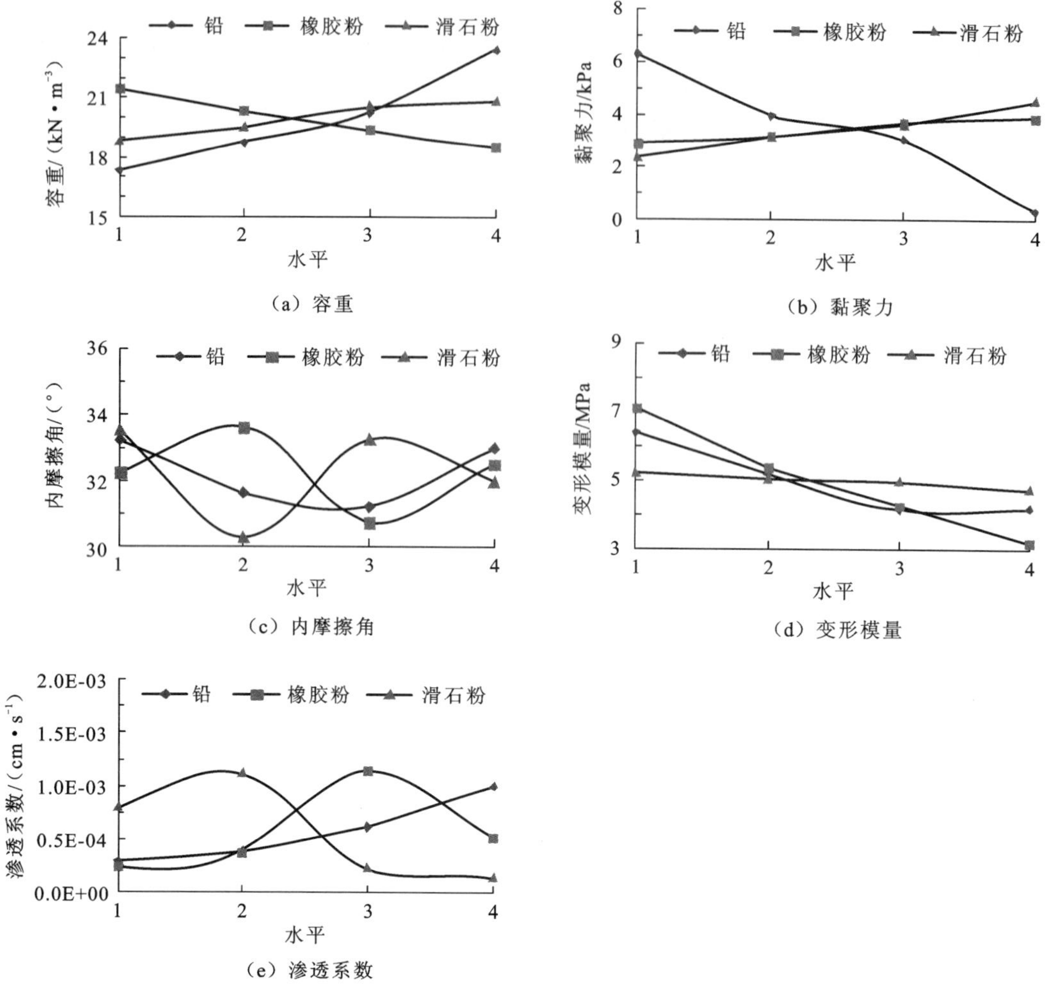

(a) 容重　(b) 黏聚力　(c) 内摩擦角　(d) 变形模量　(e) 渗透系数

图 4.2.4　参数随各材料配合比变化规律

表 4.2.3　正交设计试验结果分析

试验项目		数据范围	显著性(影响由大到小)	变化规律
容重	$\gamma/(\mathrm{kN\cdot m^{-3}})$	17.00～25.80	铅砂比、橡胶粉、滑石粉	随铅砂比增大而增大； 随橡胶粉含量增大而减小； 随滑石粉含量增大而增大
渗透系数	$k/(\mathrm{cm\cdot s^{-1}})$	4.92E-05～3.14E-03	滑石粉、橡胶粉、铅砂比	随滑石粉含量增大而减小； 随橡胶粉含量增大而增大； 随铅砂比增大而增大
变形模量	E/MPa	2.664～9.674	橡胶粉、铅砂比、滑石粉	随橡胶粉含量增大而减小； 随铅砂比增大而减小； 随滑石粉含量增大而减小

续表

试验项目		数据范围	显著性(影响由大到小)	变化规律
强度参数	黏聚力 c/kPa	0.18～8.21	铅砂比、滑石粉、橡胶粉	随滑石粉含量增大而增大； 随铅砂比增大而减小； 随橡胶粉含量增大而增大
	内摩擦角 φ/(°)	28.8～36.4	滑石粉、橡胶粉、铅砂比	随滑石粉含量而波动； 随橡胶粉含量而波动； 随铅砂比增大而减小

4.3　降雨对滑坡渗流场影响的模型试验

4.3.1　模型试验材料

应用相似理论，开展相似比为 1∶200 的滑坡模型试验。通过第 4.2 节相似材料试验研究，确定在此滑坡模型试验中滑体采用河沙、铅珠、滑石粉与橡胶粉拌和进行模拟，滑带加入玻璃微珠进行模拟。在制作滑坡模型中，滑体各材料用量铅珠为 46.1 kg、河砂为 107.7 kg、橡胶粉为 12.3 kg、滑石粉为 38.5 kg，滑坡模型滑体模拟参数见表 4.3.1。

表 4.3.1　模型试验材料参数

河砂∶铅珠	橡胶粉/%	滑石粉/%	容重 γ /(kN · m^{-3})	黏聚力 c /kPa	内摩擦角 φ /(°)	变形模量 E /MPa	渗透系数 k /(cm · s^{-1})
70∶30	8	25	21.59	7.54	30.9	4.976	2.44E-04

4.3.2　模型试验过程

1. 传感器埋设

孔隙水压力传感器共埋设 8 个，分 6 个剖面埋设，各剖面间距约 20 cm，同一剖面上下传感器埋设位置间距为 5 cm，其具体位置如图 4.3.1 所示；土压力传感器共埋设 6 个，分 4 个剖面埋设，各剖面间距约 20 cm，同一剖面处上下传感器埋设位置间距为 5 cm，其具体位置如图 4.3.2所示。为了保证土压力传感器及孔隙水压力传感器能如实灵敏地反映其量测的压力值，在埋设过程中使传感器的感压膜片朝上，信号线应水平埋至侧壁，然后顺侧壁导出，以免雨水顺导线流入，对传感器量测结果产生干扰。张力计共埋设 6 个，依滑坡体均匀埋设，其具体位置如图 4.3.3 所示，埋设时采用小勺将土取出，将探头伸入到预定深度处，再回填取出的土，逐层捣实，以保证探头与土体接触良好。

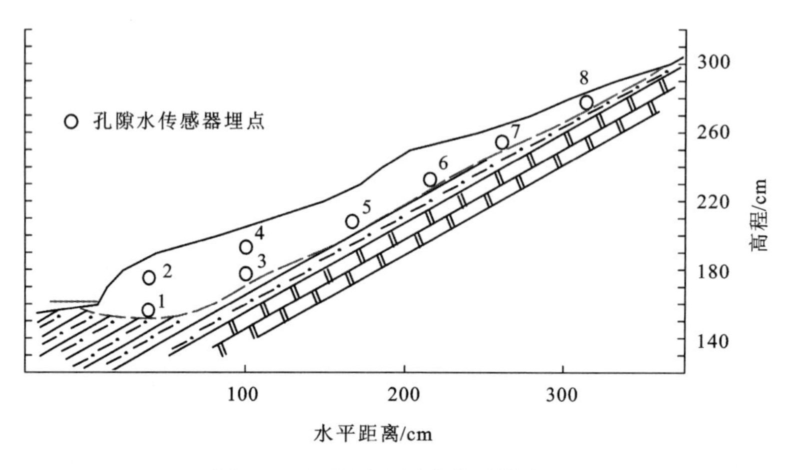

图 4.3.1　孔隙水压力传感器布置

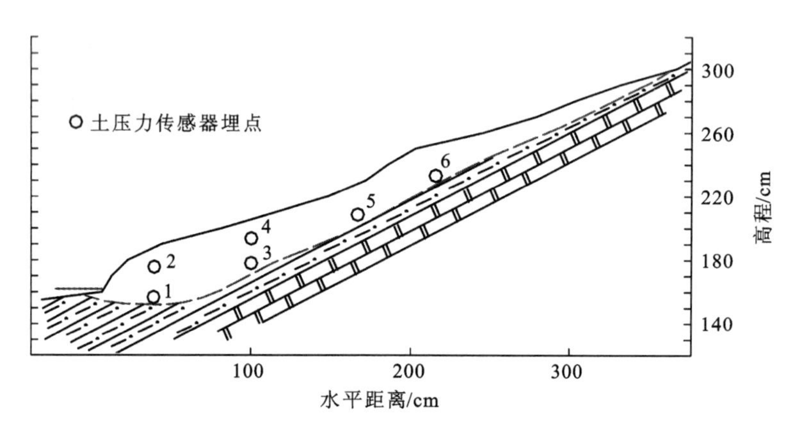

图 4.3.2　土压力传感器布置

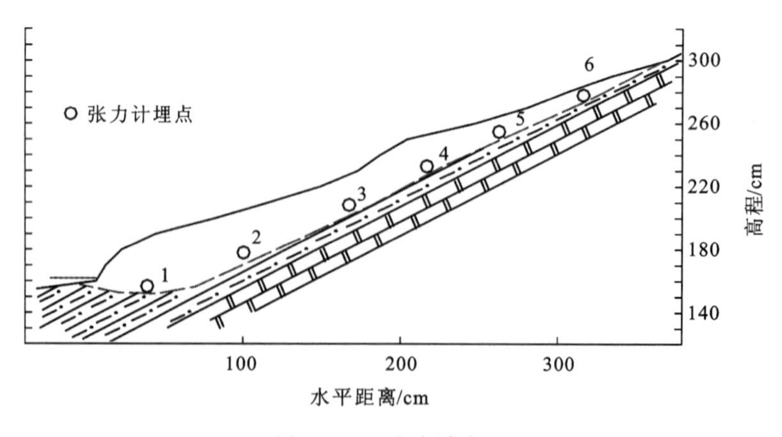

图 4.3.3　张力计布置

2. 试验工况

降雨强度 R 是影响降雨入渗规律的主要影响因素。因此，在试验过程中，设计同一含水量的条件下，采用不同降雨强度，分析滑坡土体非饱和渗流规律。

试验工况为：①滑坡土体初始含水量为 5%，降雨强度为 20 mm/h，降雨历时 140 min；②滑坡土体初始含水量为 5%，降雨强度分别为 40 mm/h，60 mm/h，80 mm/h，降雨历时 60 min。

4.3.3　试验结果

由于各种原因，试验过程中张力计及土压力传感器没有得到有效读数，这里仅给出各测点孔隙水压力测值变化情况。

(1) 滑坡土体初始含水量为 5%，降雨强度 20 mm/h，降雨历时 140 min，如图 4.3.4 所示，试验结束后滑坡体内各测点孔隙水压力测值变化过程如图 4.3.5 所示。

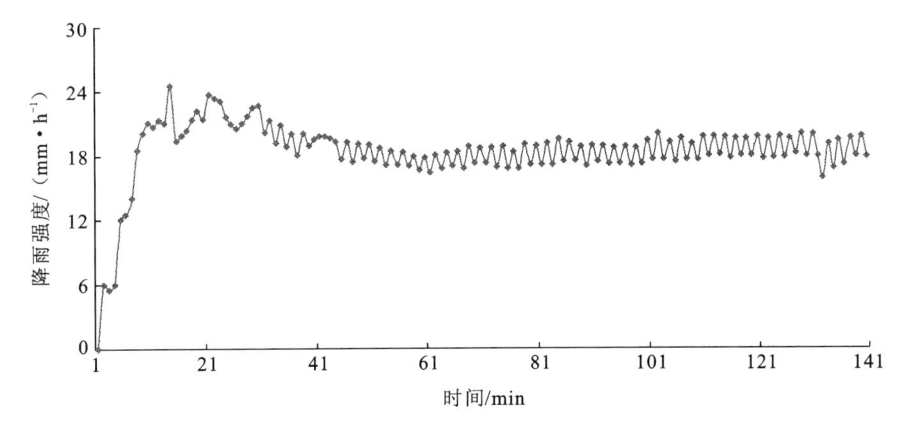

图 4.3.4　降雨强度曲线

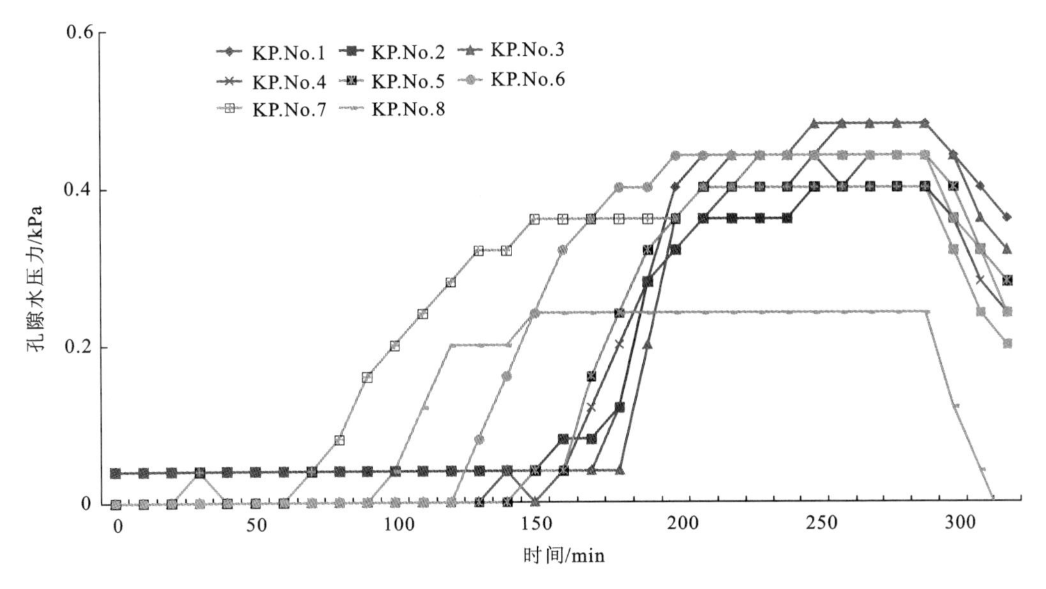

图 4.3.5　孔隙水压力变化曲线

(2) 滑坡初始条件一定,不同降雨强度(分别为 40 mm/h,60 mm/h,80 mm/h),降雨历时 60 min,滑坡体内孔隙水压力量测结果如图 4.3.6 所示。

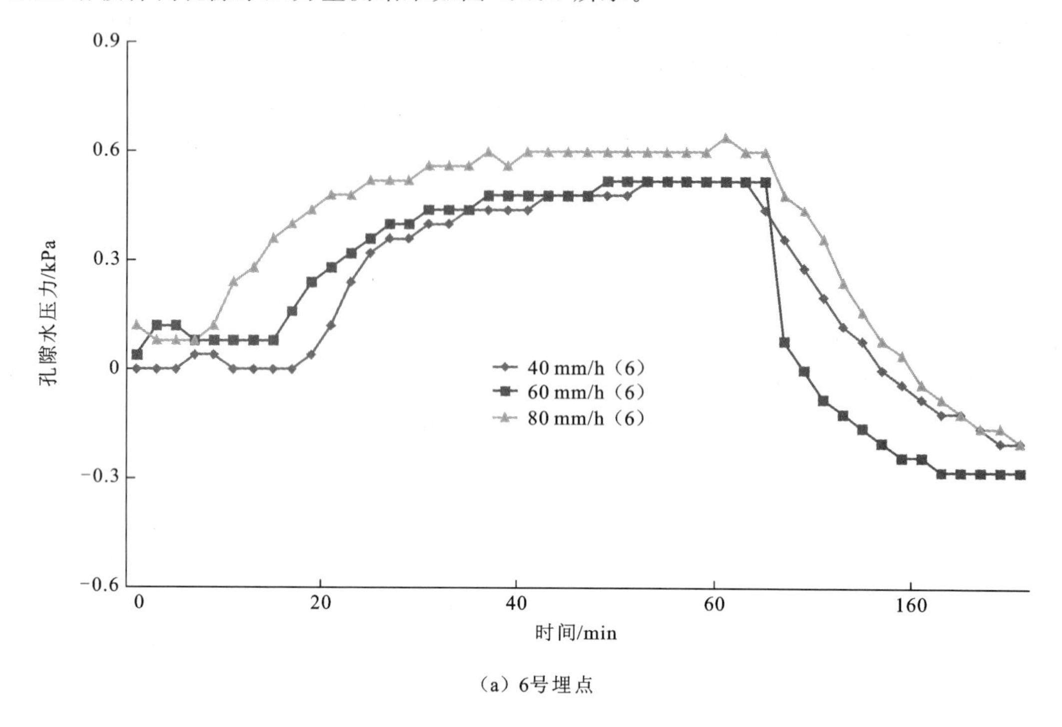

(a) 6号埋点

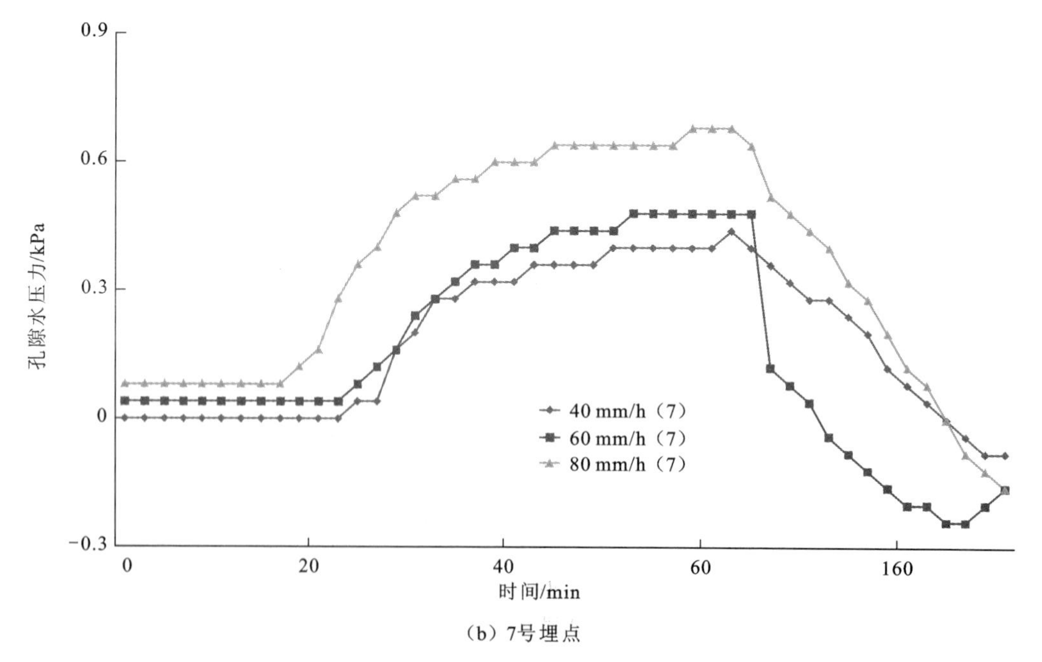

(b) 7号埋点

图 4.3.6　不同降雨强度下各测点处孔隙水压力变化曲线

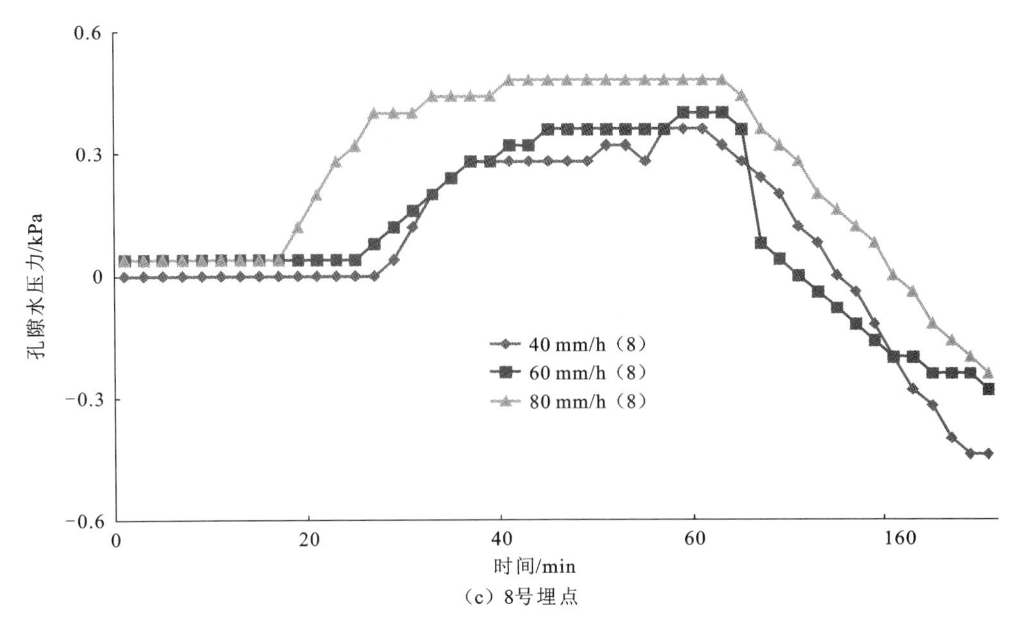

(c) 8号埋点

图 4.3.6　不同降雨强度下各测点处孔隙水压力变化曲线(续)

4.3.4　分析与讨论

1. 不同测点孔隙水压力变化特征

降雨之前滑体内各传感器孔隙水压力测值为零。从图 4.3.5 中可以看出，从降雨开始到降雨结束，随时间延续各测点处孔隙水压力测值也随之发生变化，均出现增大-稳定-减小的变化趋势。即降雨开始一段时间后，滑坡体内各点孔隙水压力开始增加，当增加到一定值后，增速逐渐变缓并趋于稳定，然后随着降雨停止和时间的推移，孔隙水压力开始减小并逐渐消失。

但不同位置的测点孔隙水压力开始增大和开始减小的时间是不一样的，孔隙水压力测值大小也不相同。首先是 7# 测点开始出现孔隙水压力，然后依次是 8#，6#，5#，4#，2#，1#，3# 测点传感器开始出现孔隙水压力，并依次逐渐达到最大值。分析原因认为，7#，8# 测点位于滑坡后部，埋藏浅，雨水入渗相对较快达到滑带使孔隙水压力升高；7# 比 8# 测点孔隙水压力先增大，是因为 8# 位于滑坡后缘，表面坡度陡，部分雨水沿地表向 7# 径流，故 7# 比 8# 孔隙水压力增大更快；1#，3# 测点埋藏最深，雨水到达滑带所需时间较长，故孔隙水压力增大所需时间相应增大。滑体中孔隙水压力稳定期间，8# 点孔隙水压力最小且消散最快，其次是 2#，7#，4# 测点，而 1#，3# 测点孔隙水压力最大且消散最慢。分析原因认为，8# 测点位于滑坡后缘，埋藏浅、滑带坡度陡，地下水易向下部及前部渗流，故地下水位低，孔隙水压力小且易于消散；1#，3# 测点位于滑坡前缘下部，埋藏深，上部和后部地下水均向这里汇聚，故地下水位深，孔隙水压力大且不易消散。因此，可以认为，埋设越浅、越靠近坡体后缘的测点对降雨越敏感，孔隙水压力越容易随着降雨开始出现增大、随着降雨结束出现减小；埋设越深、越靠近坡体前缘的测点对降雨敏感性越差，孔隙水压力随着降雨开始和降雨结束出现增、减变化越慢。当降雨持续足够时间使得坡体内各测点孔隙水压力均达到最大值并保持稳定时，埋设越深、越靠近前缘的测点孔隙水压力测值越大；反之，孔隙水压力测值越低。

2. 孔隙水压力与降雨之间具有滞后性

从图 4.3.5 中看出，降雨开始 60 min 后滑体中才在 7# 测点开始出现孔隙水压力，埋藏最深的 1#，3# 测点到 180 min 才开始出现孔隙水压力，此时降雨已经结束 40 min；到 210 min 各点孔隙水压力才达到最大值，此时降雨已经结束 70 min；到 300 min 各点孔隙水压力才开始消散，此时降雨已经结束 160 min。分析原因认为，试验土体渗透性较弱，对于非饱和土体渗透性更弱，雨水在坡体内渗流速度很慢，降雨时雨水需经历较长时间才逐渐到达滑带，地下水位才开始逐渐抬升，孔隙水压力才逐渐升高，然后达到最高值并稳定一段时间；随着降雨的停止和时间的推移，滑体内地下水逐渐渗出坡外，由于没有进一步雨水补充，故滑体内地下水位逐渐降低，孔隙水压力逐渐消散；滑坡后缘及浅部的测点孔隙水压力减小得快，前部和深部的测点减小得慢。

3. 不同降雨强度对孔隙水压力的影响

从图 4.3.6 中看出，降雨强度不同时孔隙水压力增大速率及稳定值也不同，降雨强度越大，孔隙水压力增大越快，其稳定时的孔隙水压力测值越大。降雨强度为 80 mm/h 时的各孔隙水压力传感器响应较 40 mm/h 与 60 mm/h 的快，且其稳定时的孔隙水压力值最大。分析原因认为，降雨强度越大，其入渗率及入渗量也越大，在相同时间内进入坡体的水量也越多。故降雨强度越大，坡体内孔隙水压力增大越快，稳定时孔隙水压力测值也越大，相应地孔隙水压力消失越慢。

4. 滑坡稳定性分析

综上所述，降雨入渗不仅降低滑体强度参数，还使得坡体内地下水位升高，孔隙水压力增大，有效应力降低，从而对滑坡稳定十分不利。降雨强度越大，孔隙水压力增大越快，对滑坡稳定越不利。但是孔隙水压力的变化与降雨之间具有一定滞后性，因此降雨对滑坡的影响往往在降雨后一段时间发生。

4.4 浮托减重型滑坡模型试验

4.4.1 模型制作

按照第 3 章的滑坡分类，浮托减重型滑坡前缘平缓后部陡峭，前部具有明显的阻滑段，滑体渗透性好，库水位变动主要涉水滑坡阻滑段，库水升降过程中水能快速渗入或排出，库水对此类滑坡的影响主要表现为浮托减重作用。库水对滑坡阻滑段的浮托减重作用会降低阻滑段的阻滑力，影响滑坡整体稳定性。因此，对浮托减重型滑坡进行物理模拟，应根据滑坡的形态特征进行模型制作。

1. 物理模型尺寸

滑坡物理模型制作成如图 4.4.1 所示形状及尺寸。试验中库水位在 0.2～0.6 m 调节，在此调节范围内库水主要淹没滑坡模型前缘红色阻滑段部分。

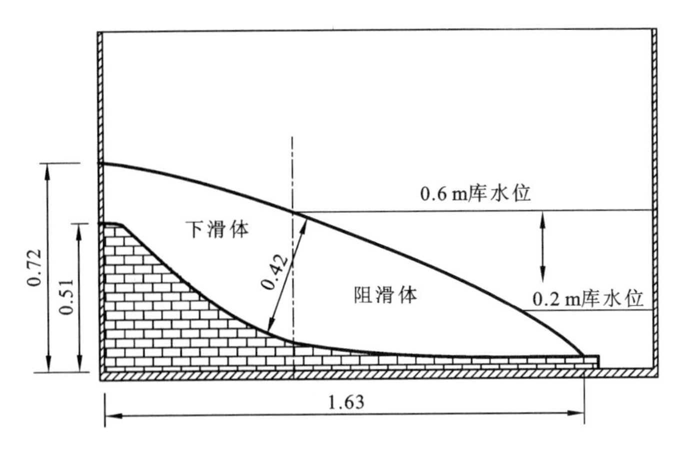

图 4.4.1　滑坡物理模型(单位:m)

2. 模型材料及成型

模型由滑床及滑体两部分构成,滑床采用砖及河沙做成,在滑床表面铺设土工薄膜作为不透水层。滑体部分采用河沙与黏性土按一定比例拌和而成。为了控制模型的渗透性,将河沙与黏性土按不同比例配合进行变水头渗透试验,结果见表 4.4.1。

表 4.4.1　试验材料配合方案

配合方案	黏性土:河沙	初始含水量/%	密度/($g\cdot cm^{-3}$)	渗透系数/($m\cdot s^{-1}$)
1	9:1	13.0	1.75	2.81×10^{-7}
2	8:2	13.0	1.75	5.06×10^{-7}
3	7:3	13.0	1.75	8.47×10^{-7}
4	6:4	13.0	1.75	1.01×10^{-6}
5	5:5	13.0	1.75	3.62×10^{-6}

浮托减重型滑坡渗透性大,选取方案 5 对河沙与黏性土进行试验材料配合。边坡模型采用夯实成型方法,按照设计密度 1.75 g/cm^3,将模型划分为若干等厚薄层条形区域,用木锤击实而成。模型边坡制作完成后取部分土体进行室内试验,测得物理特性参数见表 4.4.2。制作成型的实物图,如图 4.4.2 所示。

表 4.4.2　滑体材料物理特性

名称	初始含水量/%	密度/($g\cdot cm^{-3}$)	渗透系数/($m\cdot s^{-1}$)
滑体	12.9	1.68	4.95×10^{-6}

3. 测点布置

为了全面反映库水位升降作用下滑坡模型内各剖面渗流场及应力场的变化特征,在模型不同位置设计 4 个观测剖面及 1 条监测轴线,共计 16 个土压力传感器及 16 个孔隙水压力传感器。各测点布置及传感器埋设如图 4.4.3 所示。

图 4.4.2　浮托减重型滑坡物理模型实物照片

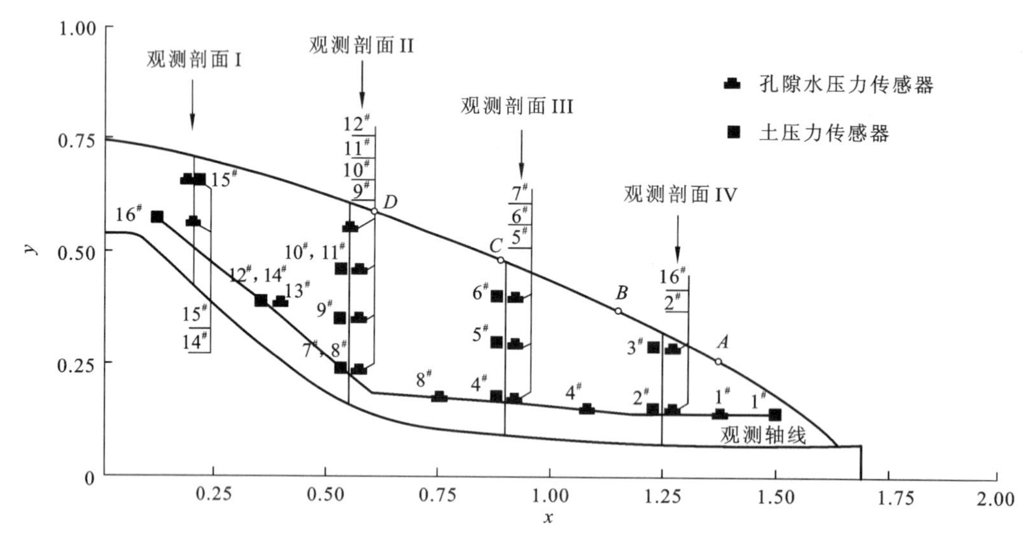

图 4.4.3　物理模型测点布置图

其中，在观测剖面 I 不同高度处埋设 15，16 号土压力传感器和 14，15 号孔隙水压力传感器，在观测剖面 II 不同高度处埋设 7～11 号土压力传感器和 9～12 号孔隙水压力传感器，在观测剖面 III 不同高度处埋设 4～6 号土压力传感器和 5～7 号孔隙水压力传感器，在观测剖面 IV 不同高度处埋设 2，3 号土压力传感器和 2，16 号孔隙水压力传感器；1，2，4，7，8，12，16 号土压力传感器埋设于滑坡底部，构成一条土压力监测轴线，1，2，4，5，8，9，13，14 号孔隙水压力传感器埋设于滑坡底部构成一条孔隙水压力监测轴线。

各测点布置具体坐标位置见表 4.4.3、表 4.4.4。

表 4.4.3　观测剖面传感器埋设位置坐标表

测点名称		传感器编号	x/m	y/m	z/m
观测剖面 I	1	孔水 14#	0.20	0.56	0.24
	2	孔水 15#	0.20	0.65	0.24
		土压 15#	0.20	0.65	0.24

续表

测点名称		传感器编号	x/m	y/m	z/m
观测剖面 II	1	孔水 9#	0.55	0.25	0.24
		土压 7#	0.55	0.25	0.16
		土压 8#	0.55	0.25	0.32
	2	孔水 10#	0.55	0.34	0.24
		土压 9#	0.55	0.34	0.24
	3	孔水 11#	0.55	0.45	0.24
		土压 10#	0.55	0.45	0.16
		土压 11#	0.55	0.45	0.32
	4	孔水 12#	0.55	0.55	0.24
观测剖面 III	1	孔水 5#	0.90	0.19	0.24
		土压 4#	0.90	0.19	0.24
	2	孔水 6#	0.90	0.29	0.24
		土压 5#	0.90	0.29	0.24
	3	孔水 7#	0.90	0.39	0.24
		土压 6#	0.90	0.39	0.24
观测剖面 IV	1	孔水 2#	1.25	0.14	0.24
		土压 2#	1.25	0.14	0.24
	2	孔水 16#	1.25	0.28	0.24
		土压 3#	1.25	0.28	0.24

表 4.4.4　观测轴线传感器埋设位置坐标表

测点名称		传感器编号	x/m	y/m	z/m
观测轴线	1	土压 1#	1.5	0.14	0.24
	2	孔水 1#	1.38	0.14	0.24
	3	孔水 2#	1.25	0.14	0.24
		土压 2#	1.25	0.14	0.24
	4	孔水 4#	1.08	0.14	0.24
	5	孔水 5#	0.9	0.19	0.24
		土压 4#	0.9	0.19	0.24
	6	孔水 8#	0.55	0.17	0.24
	7	孔水 9#	0.55	0.25	0.24
		土压 7#	0.55	0.25	0.16
		土压 8#	0.55	0.25	0.32
	8	孔水 13#	0.37	0.38	0.24
		土压 12#	0.37	0.38	0.16
		土压 14#	0.37	0.38	0.32
	9	土压 16#	0.15	0.57	0.24

4.4.2　试验方案

根据库水位与浮托减重型滑坡阻滑段及下滑段间的位置关系，滑坡阻滑段在 0.6 m 水位以下，库水位在 0.2～0.6 m 水位调节范围内主要淹没滑坡阻滑段，确定如下模拟库水位调节工况，如图 4.4.4 所示。

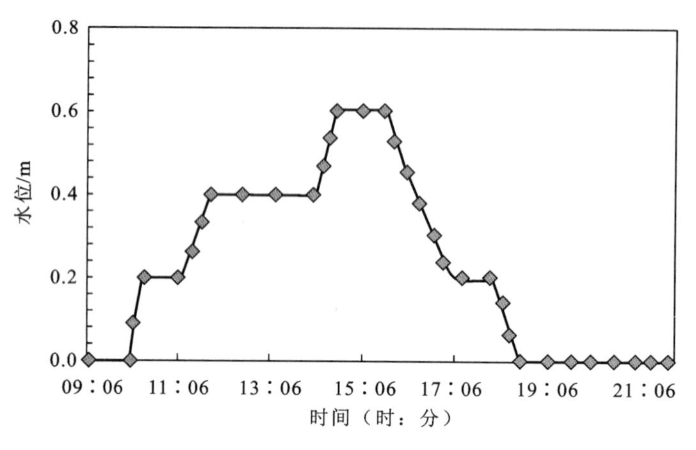

图 4.4.4　库水位调节过程

4.4.3　试验结果

试验获得了观测剖面 I～IV 及观测轴线各测点土压力变化过程线（图 4.4.5）及孔隙水压力变化过程线（图 4.4.6）。下面分析坡体内土压力、孔隙水压力及有效应力变化规律。

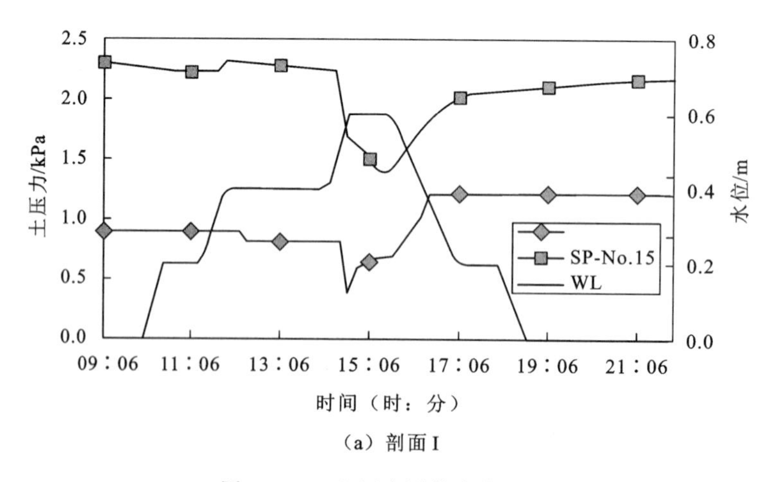

（a）剖面 I

图 4.4.5　土压力测值变化过程

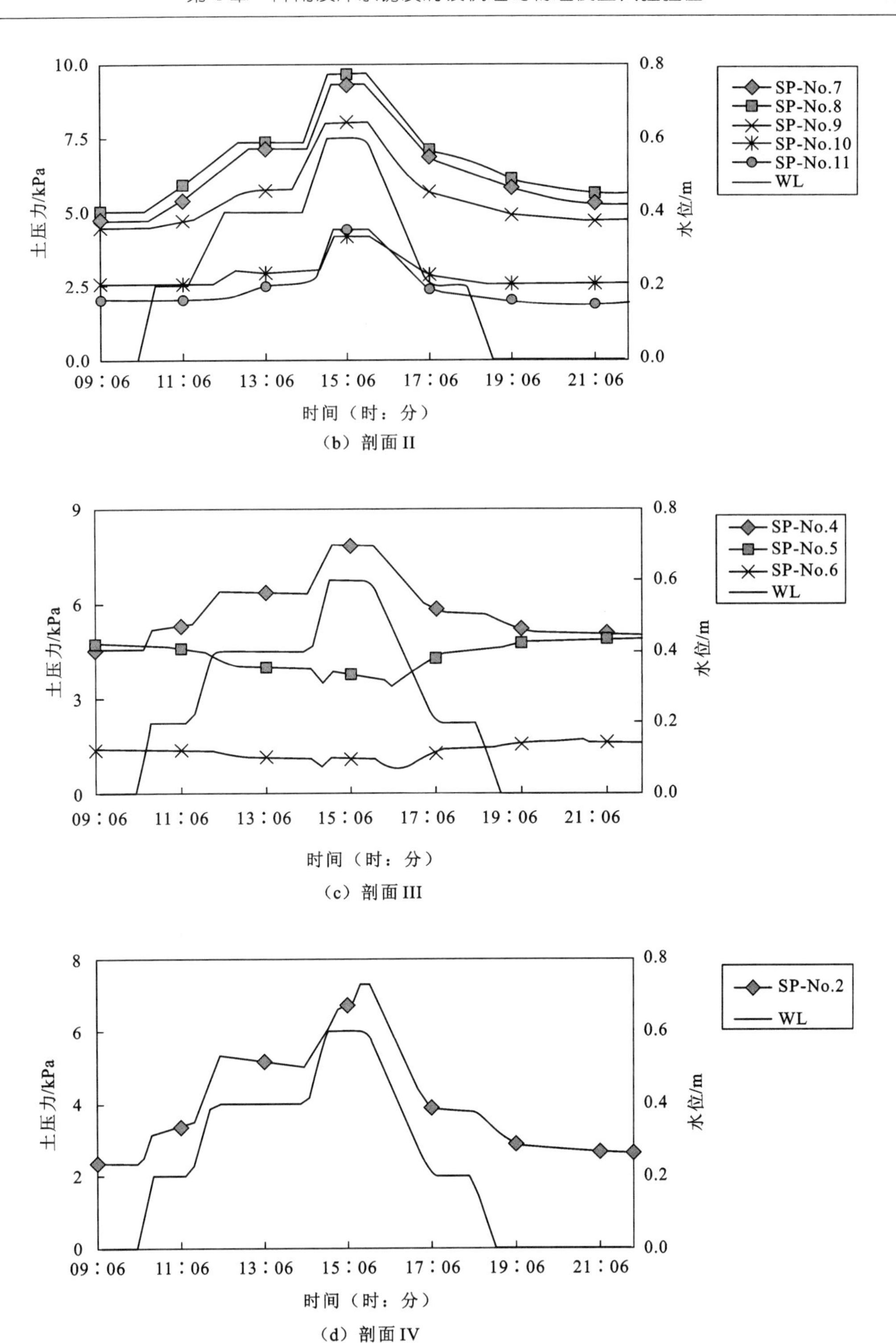

(b) 剖面 II

(c) 剖面 III

(d) 剖面 IV

图 4.4.5 土压力测值变化过程(续)

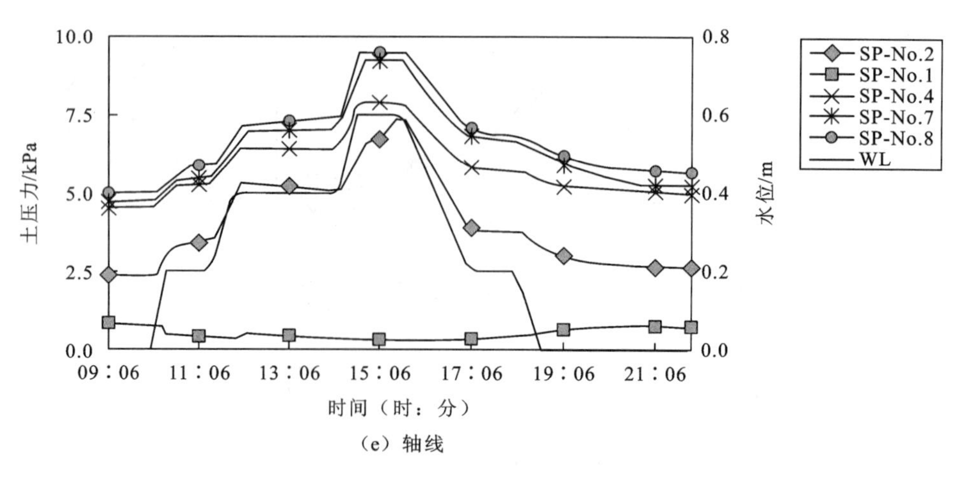

（e）轴线

图 4.4.5　土压力测值变化过程(续)

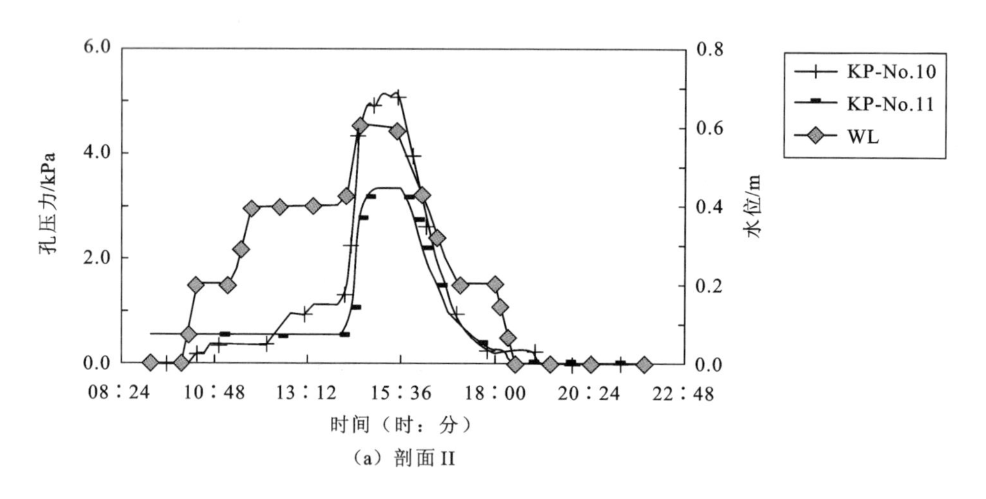

（a）剖面 II

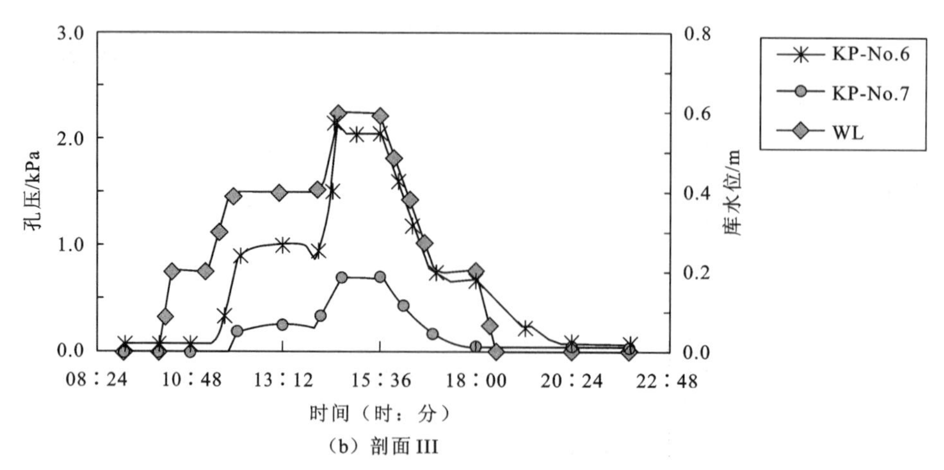

（b）剖面 III

图 4.4.6　孔隙水压力测值变化过程

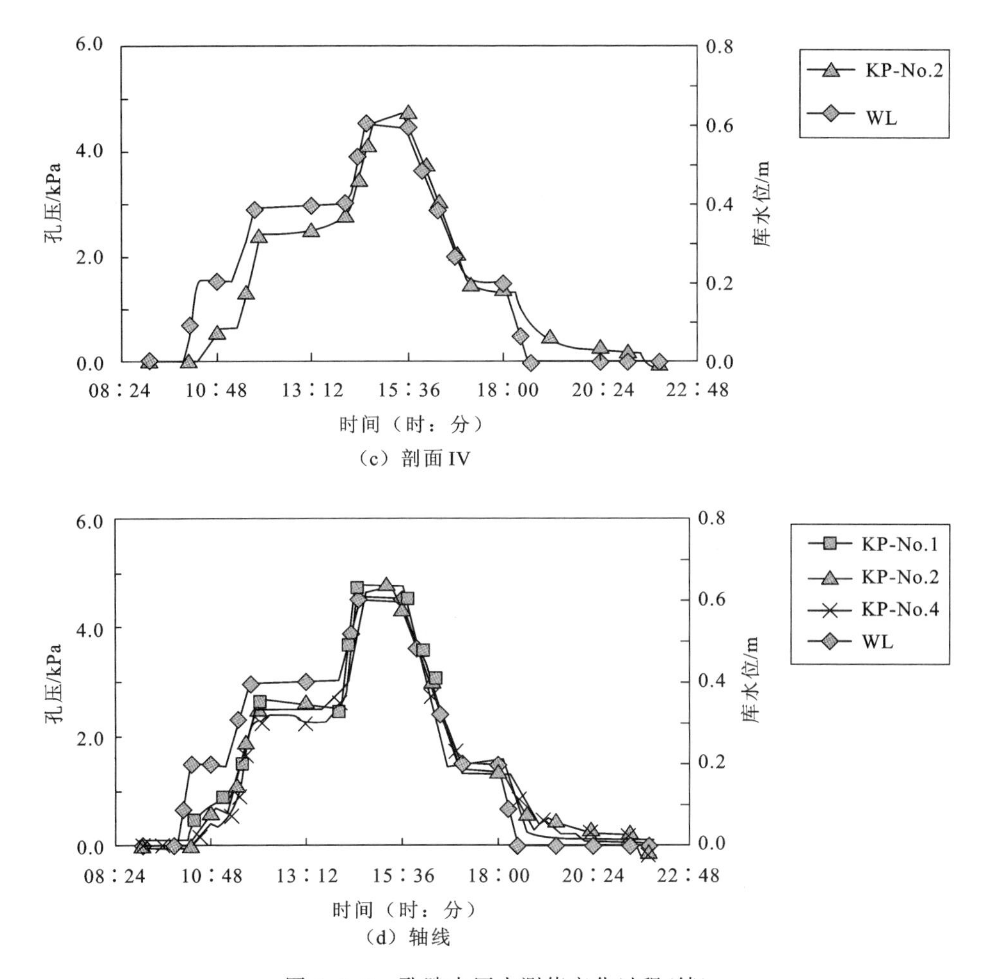

图 4.4.6　孔隙水压力测值变化过程(续)

从图 4.4.6 中看出，各测点孔隙水压力与土压力测值均随着库水位上升而增大、随着库水位下降而减小，当库水位达到最高位置不变时，各测点孔隙水压力和土压力测值也达到最大值并保持不变。因为土压力传感器测值为测点处上覆土压力与水压力之和，即土水总压力，当库水位上升时，库水从坡体表面渗入到滑体内部，坡体内地下水位升高引起土压力传感器上覆水柱高度增加，导致传感器测值增大；同理，当库水位下降时，坡体内地下水位下降引起土压力传感器上覆水柱高度降低，导致传感器测值减小。孔隙水压力传感器测值是测点处上覆水压力。因此，其变化规律与土压力传感器数据变化规律一致。

4.4.4　分析与讨论

1. 滑体阻滑段有效应力变化分析

对试验数据进行处理，将同测点处的土水总压力测值减去孔隙水压力测值，即可获得测点处有效应力随库水位变化过程曲线。下面对受到库水浸没的 II，III 及 IV 剖面的有效应力变化情况进行分析，如图 4.4.7 所示。

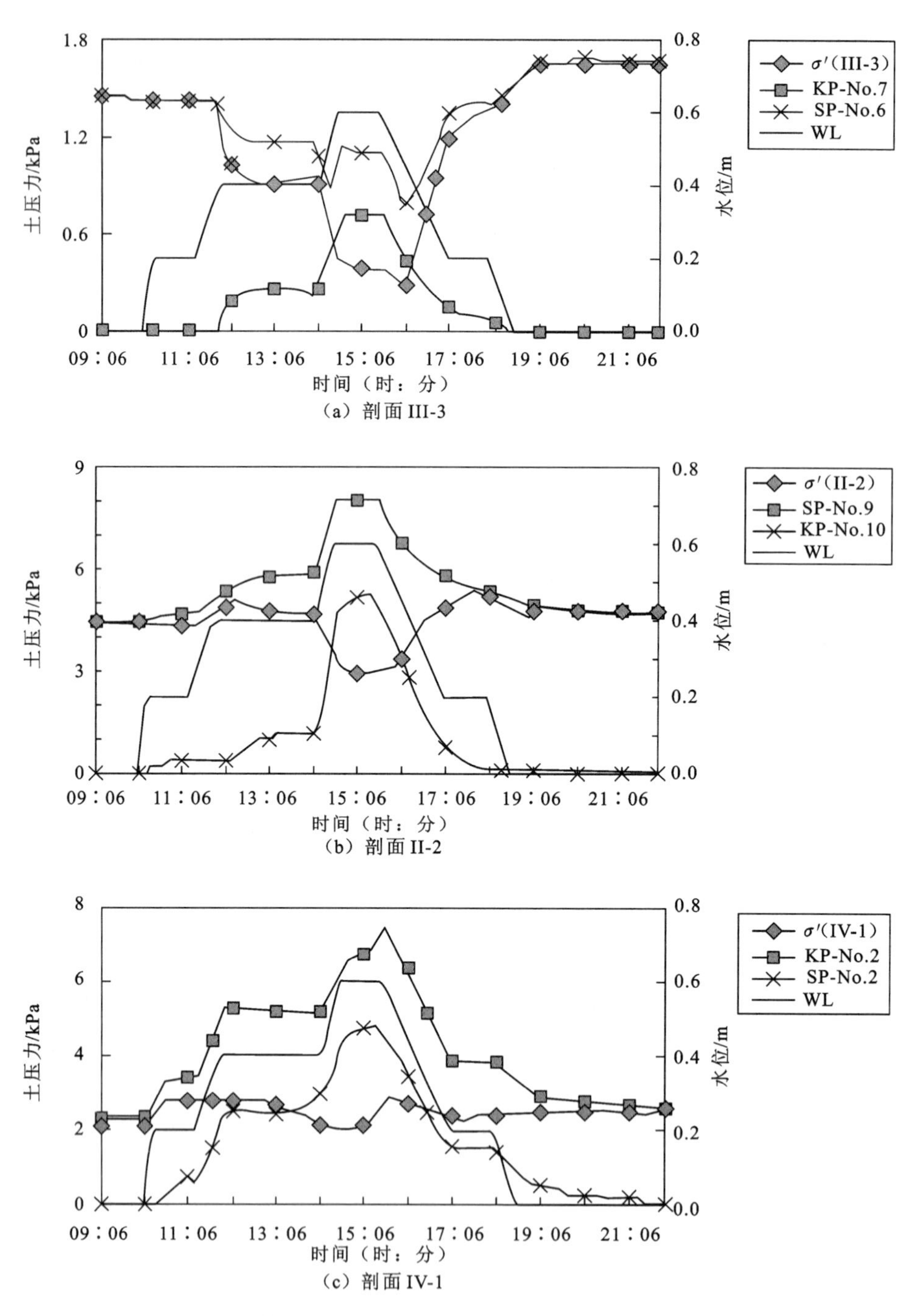

(a) 剖面III-3

(b) 剖面II-2

(c) 剖面IV-1

图 4.4.7　土压力及有效应力变化过程线

从图 4.4.7 中看出，在库水位上升、保持高水位不变、下降的全过程中，各测点有效应力相应地呈现减小、最小值保持不变、增大的变化规律。在库水位上升时，库水渗入坡体使得坡体内地下水位抬升，滑坡土体有效应力降低；在库水位下降时，地下水渗出使得坡体内地下水位降低，滑坡土体有效应力增加。

2. 库水位升降对滑坡稳定性影响

根据各测点有效应力变化规律可知，在库水位上升过程中，滑坡前缘阻滑段有效应力随库水位升高而逐渐降低，稳定时达到最小值；在水位下降时，滑坡前缘阻滑段的有效应力随之增大，稳定时达到最大值。据浮托减重作用力学分析，滑坡阻滑带的阻滑力与有效应力成正相关。因此，对浮托减重型滑坡，库水位上升降低了滑坡阻滑段的阻滑力，不利于滑坡稳定；库水下降增加了阻滑段的阻滑作用，有利于滑坡稳定。

4.5　动水压力型滑坡模型试验

4.5.1　模型制作

按照第3章的滑坡分类，动水压力型滑坡一般为第四系堆积型，滑体渗透性弱，库水升降过程中水入渗或排出的速率较慢，库水对此类滑坡的作用以动水压力为主。库水升降在滑体内产生的动水压力作用会对影响滑坡整体稳定性。因此，对动水压力型滑坡进行物理模拟，应根据该类滑坡地质模型特点制作物理模型。

1. 物理模型尺寸

将滑坡物理模型制作成如图4.5.1所示形状。试验中库水位在0.3～0.6 m调节，库水始终淹没滑坡模型前缘红色阻滑段部分，库水在滑坡后缘下滑段范围内进行调节。

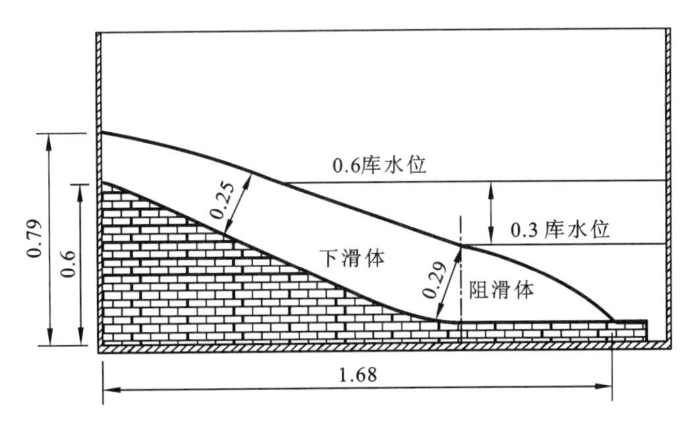

图4.5.1　滑坡物理模型尺寸图(单位:m)

2. 模型材料及成型

动水压力型滑坡渗透性弱，因而选取表4.4.1中的方案1对河沙与黏性土进行配合。边坡模型采用夯实成型方法，按照设计密度1.75 g/cm³，将模型划分为若干等厚薄层条形区域，用木锤击实而成。模型边坡制作完成后取部分土体进行室内试验，测得物理特性参数见表4.5.1，制作成型的实物图如图4.5.2所示。

表 4.5.1 滑体材料物理特性表

名称	初始含水量/%	密度/(g·cm^{-3})	渗透系数/(m·s^{-1})
滑体	12.7	1.72	7.85×10^{-7}

图 4.5.2 滑坡物理模型实物图

3. 测点布置

在滑坡模型中不同位置设计 4 个观测剖面，共计 10 个土压力传感器、10 个孔隙水压力传感器。各测点布置及传感器埋设如图 4.5.3 所示，埋设位置坐标见表 4.5.2。

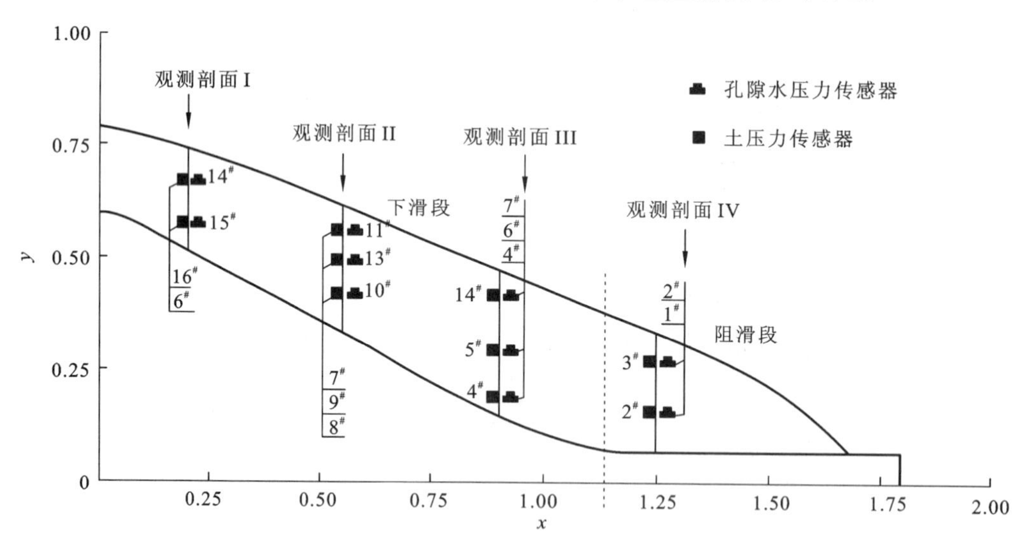

图 4.5.3 测点布置图（单位：m）

其中，在观测剖面 I 不同高度处埋设 6，16 号土压力传感器和 14，15 号孔隙水压力传感器，观测剖面 II 不同高度处埋设 7～9 号土压力传感器和 10，11，13 号孔隙水压力传感器，观测剖面 III 不同高度处埋设 4，5，14 号土压力传感器和 4，6，7 号孔隙水压力传感器，观测剖面 IV 不同高度处埋设 2，3 号土压力传感器和 1，2 号孔隙水压力传感器。

表 4.5.2　观测剖面传感器埋设位置坐标表

测点名称		传感器编号	x/m	y/m	z/m
观测剖面 I	1	土压 16#	0.20	0.570	0.16
		孔水 15#	0.20	0.570	0.32
	2	土压 6#	0.20	0.664	0.16
		孔水 14#	0.20	0.664	0.32
观测剖面 II	1	土压 8#	0.55	0.410	0.16
		孔水 10#	0.55	0.410	0.32
	2	土压 9#	0.55	0.485	0.16
		孔水 13#	0.55	0.485	0.32
	3	土压 7#	0.55	0.555	0.16
		孔水 11#	0.55	0.555	0.32
观测剖面 III	1	土压 4#	0.90	0.182	0.16
		孔水 4#	0.90	0.182	0.32
	2	土压 5#	0.90	0.290	0.16
		孔水 6#	0.90	0.290	0.32
	3	土压 14#	0.90	0.414	0.16
		孔水 7#	0.90	0.414	0.32
观测剖面 IV	1	土压 2#	1.25	0.150	0.16
		孔水 1#	1.25	0.150	0.32
	2	土压 3#	1.25	0.240	0.16
		孔水 2#	1.25	0.240	0.32

4.5.2　试验方案

针对动水压力型滑坡的特点，库水位变动范围设置在滑坡阻滑段以上，库水位在 0.3～0.6 m 范围内变动，具体库水位调节工况如图 4.5.4 所示。库水位调节速率及时间见表 4.5.3。

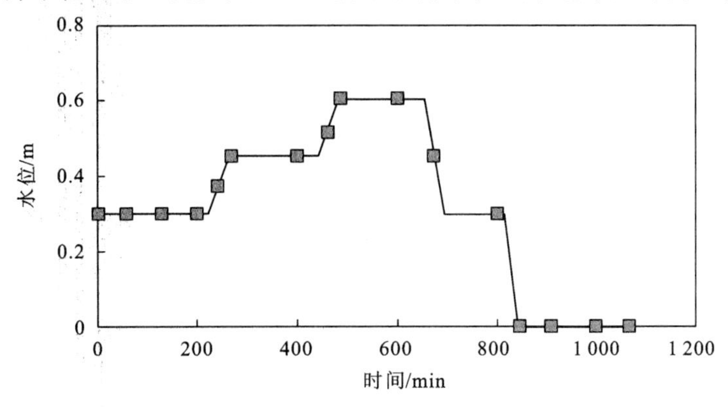

图 4.5.4　库水位调节过程

表 4.5.3 库水调节参数

水位变动/m	历时时间/min	历时时间累积/min	库水调节速率/(mm·s⁻¹)
0.3	252	252	
0.3～0.45	56	308	0.045
0.45	196	504	
0.45～0.6	56	560	0.045
0.6	196	756	
0.6～0.3	56	812	0.089
0.3	140	952	

为了对比分析不同库水位升降速率对动水压力型滑坡的影响，在试验中分别用 18 min，30 min，54 min，156 min 将库水位从 0.3 m 升至 0.6 m，即以 0.278 mm/s，0.167 mm/s，0.093 mm/s，0.033 mm/s 四种不同速率进行库水位上升调节；分别用 21 min，26 min，38 min，68 min 将库水位从 0.6 m 降至 0.3 m，即以 0.238 mm/s，0.196 mm/s，0.133 mm/s，0.073 mm/s四种不同速率进行库水位下降调节。

4.5.3 试验结果

根据上述库水位调节工况，获得了模型观测剖面 I～IV 各测点土压力测值变化过程线(图 4.5.5)及孔隙水压力测值变化过程线(图 4.5.6)。

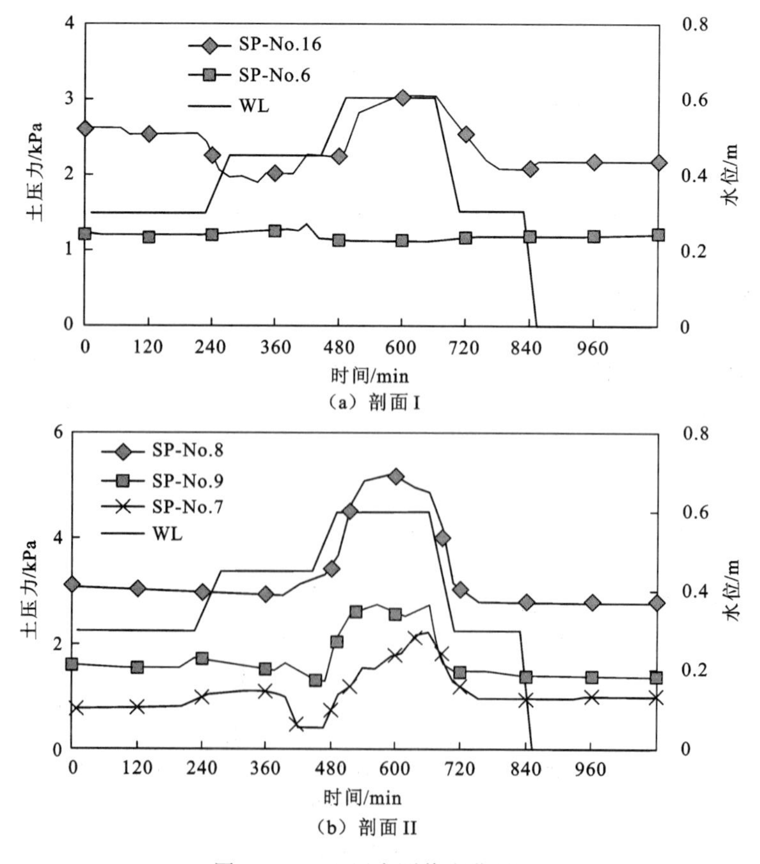

图 4.5.5 土压力测值变化过程

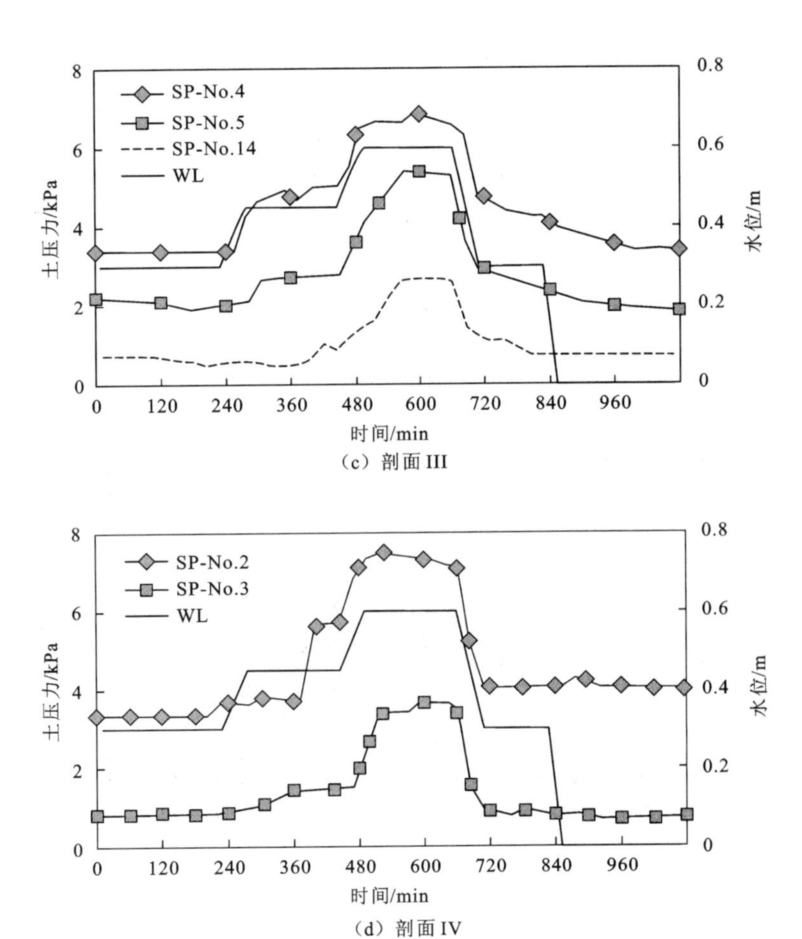

(c) 剖面 III

(d) 剖面 IV

图 4.5.5　土压力测值变化过程(续)

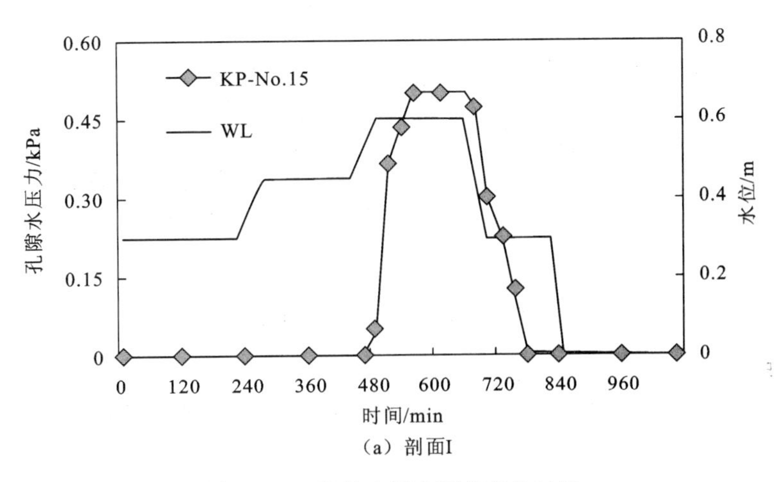

(a) 剖面I

图 4.5.6　孔隙水压力测值变化过程

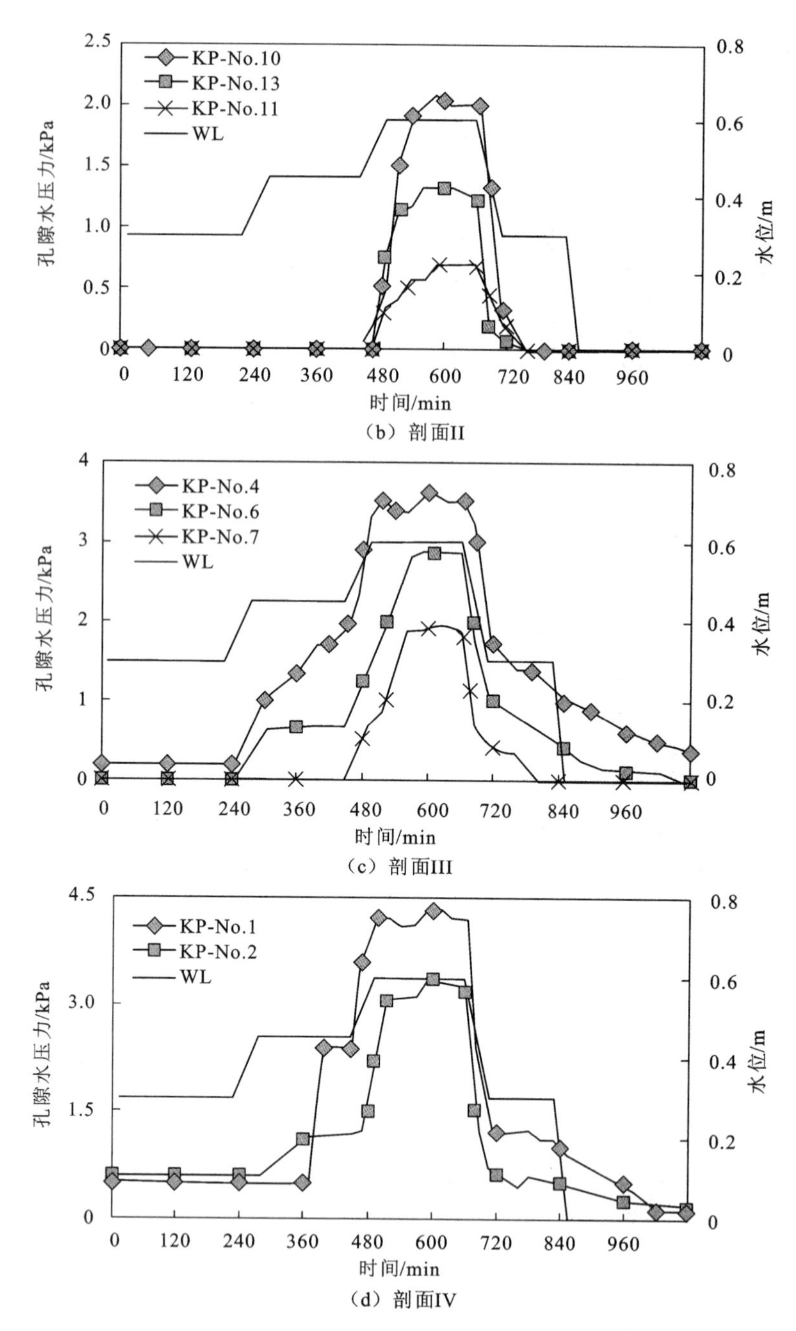

(b) 剖面II

(c) 剖面III

(d) 剖面IV

图 4.5.6　孔隙水压力测值变化过程(续)

由图 4.5.5 及图 4.5.6 可得出如下规律。

(1) 随着库水位的上升,各测点土压力与孔隙水压力传感器测值随之增大;反之,则随之减小。

(2) 在库水位上升过程中,靠近滑坡底部及靠近坡表的测点传感器先响应,埋设于滑坡体中部测点后响应;在库水位下降过程中,各测点传感器测值几乎同时响应。

(3) 各测点土压力及孔隙水压力测值的增加值小于库水位上升高度,存在一定滞后性。

(4) 埋设于上部的传感器测值较下部传感器测值小。

分析上述规律的原因为:库水位升降会导致滑体内水位升降,埋设于滑体中的土压力及孔隙水压力传感器随之升降,两者趋势一致;在库水上升过程中,库水入渗是由外及里、由下到上的入渗过程,库水渗入到测点位置,导致测点处上覆水柱高度增加,导致孔隙水压力及土压力增大,因此埋设于下部及靠近坡表的测值先响应,埋设于滑体深部的传感器后响应;由于库水入渗到测点位置有一定渗流路径,因此传感器测值变化存在一定滞后性,且各埋点渗流路径不一,其滞后时间长短也不一样;当库水稳定在最高水位 0.6 m 时,各测点上覆水柱同样均达到最大值,其测值也达到最大值,当库水位从最高水位下降,各测点上覆水柱几乎同时减小,故各测点测值几乎同时响应;埋设于上部的传感器上覆水柱小于下部传感器,因而上部传感器测值小于下部传感器测值。

4.5.4　分析与讨论

1. 孔隙水压力滞后性

根据图 4.5.6,将各测点处实测孔隙水压力增加值 P_2 与库水位相对于该点在 y 方向的增值 P_1 进行对照,设 $\Delta P = P_1 - P_2$,ΔP 值表示测点位置孔隙水压力滞后于库水位上升的水头压力,ΔP 值越大,表示测点孔隙水压力滞后越明显。表 4.5.4 为库水由 0.3 m 上升至 0.6 m 时各剖面在库水位上升至最高水位时水头压力大小及差值,表 4.5.5 为库水由 0.6 m 下降至 0.3 m 时各剖面在库水位下降至最低水位时水头压力大小及差值。由表中数据可知,库水位上升时滑体内孔隙水压力增加明显滞后于库水位上升,库水位下降时滑体内孔隙水压力减小明显滞后于库水位下降,并表现出靠近边坡坡面测点滞后性较小、深埋滑体内部测点滞后性大的特点。因为库水入渗到测点位置有一定渗流路径,因此传感器测值变化存在一定滞后性,且各埋点渗流路径不一,其滞后时间长短也不一样。

表 4.5.4　各测点孔隙水压力滞后特征　(单位:kPa)

孔隙水压力	剖面 III-1	剖面 III-3	剖面 III-5	剖面 II-1	剖面 II-3	剖面 II-5
P_1	3.00	3.00	1.86	1.90	1.15	0.45
P_2	2.26	2.21	1.54	0.15	0.17	0.06
$\Delta P = P_1 - P_2$	0.74	0.79	0.32	1.75	1.08	0.39

表 4.5.5　各测点孔隙水压力滞后特征　(单位:kPa)

孔隙水压力	剖面 III-1	剖面 III-3	剖面 III-5	剖面 II-1	剖面 II-3	剖面 II-5
P_1	3.00	3.00	1.86	1.90	1.15	0.45
P_2	2.11	2.08	1.51	0.67	0.74	0.40
$\Delta P = P_1 - P_2$	0.89	0.92	0.35	1.23	0.41	0.05

2. 不同库水下降速率孔隙水压力滞后性

将剖面 II-1,II-3 测点按上述库水下降过程孔隙水压力滞后性分析方法进行分析,结果见表 4.5.6。

表 4.5.6　不同库水下降速率下孔隙水压力滞后特征　(单位:kPa)

观测点	孔隙水压力	库水下降速率/(mm·s^{-1})			
		0.238	0.196	0.133	0.073
剖面 II-1	P_1	1.9	1.9	1.9	1.9
	P_2	0.641	0.739	0.917	1.014
	$\Delta P = P_1 - P_2$	1.259	1.161	0.983	0.886
剖面 II-3	P_1	1.15	1.15	1.15	1.15
	P_2	0.498	0.362	0.212	0.113
	$\Delta P = P_1 - P_2$	0.652	0.788	1.037	0.938

由表 4.5.6 可知,库水位下降速率越快,孔隙水压力滞后越明显,滑坡体内外水压差越大;反之,则滑体内外水压力差较小。因为库水位下降速率越快,下降过程所用时间越短,滑体内孔隙水消散量就越少,孔隙水压力下降幅度因此越小,坡体内外孔隙水压力差就越大。

3. 滑坡稳定性分析

由于最低库水位始终淹没滑坡阻滑段,在升降过程中滑坡阻滑段有效应力变化不明显。因此,对于动水压力型滑坡,库水位变动以动水压力作用为主。因模型试验中坡体材料渗透性差,在库水位上升过程中,库水渗入坡体速度缓慢,土体内水压力增值滞后于库水位上升高度,导致坡体外库水位高于坡体内地下水位,在水头差作用下产生指向坡体内的渗透作用力,对滑坡稳定有利;在库水位下降过程中,由于库水从坡体中渗出速度缓慢,土体内水压力下降值滞后于库水位下降高度,导致坡体内水压力高于坡体外库水位,在水头差作用下产生指向坡体外的渗透力,对滑坡稳定不利。由此可得出以下结论:①在库水位上升阶段,库水对滑坡的动水压力作用增加了滑坡的稳定性;②在库水位下降阶段,库水对滑坡的动水压力作用减小了滑坡的稳定性;③库水位下降速率越快,滑坡体内外水压差越大,造成坡内指向坡外的动水压力因此越大,对动水压力型滑坡稳定越不利。

参考文献

[1] 龚召熊,陈进. 岩石力学模型试验及其在三峡工程中的应用与发展[M]. 北京:中国水利水电出版社,1996.

[2] 张林,马衍泉,胡成秋. 高边坡稳定的三维地质力学模型试验研究[J]. 水电站设计,1994,10(3):39-44.

[3] 沈泰. 地质力学模型试验技术的进展[J]. 长江科学院院报,2001,18(5):32-36.

[4] 任伟中,白世伟,葛修润. 厚覆盖层条件下地下采矿引起的地表变形陷落特征模型试验研究[J]. 岩石力学与工程学报,2004,23(10):1715-1719.

[5] 程圣国,罗先启,方坤河. 土质滑坡相似材料试验设计理论及评价方法研究[J]. 水力发电,2002,(4):21-22.

[6] 李天斌. 拱坝坝肩稳定性的地质力学模拟研究[J]. 岩石力学与工程学报,2004,23(6):1670-1676.

[7] 胡修文,唐辉明,刘佑荣. 三峡库区赵树岭滑坡稳定性物理模拟试验研究[J]. 岩石力学与工程学报,2005,24(12):2089-2095.

[8] 罗先启,刘德富,吴剑,等. 雨水及库水作用下滑坡模型试验研究[J]. 岩石力学与工程学报,2005,24(14):2476-2483.

[9] 罗先启，葛修润，程圣国. 滑坡模型试验理论及其应用[M]. 北京：中国水利水电出版社，2008.

[10] 林鸿州，于玉贞，李广信，等. 降雨特性对土质边坡失稳的影响[J]. 岩石力学与工程学报，2009，28(1)：198-204.

[11] 贾官伟，詹良通，陈云敏. 水位骤降对边坡稳定性影响的模型试验研究[J]. 岩石力学与工程学报. 2009，28(9)：1798-1803.

[12] 文高原，姚鹏运，曾宪明，等. 降雨前后夯实填土边坡破坏模式试验研究[J]. 岩石力学与工程学报，2005，24(5)：747-754.

[13] 张元才，黄润秋，傅荣华，等. 溜砂坡大规模失稳动力学机制试验研究[J]. 岩石力学与工程学报，2010，29(1)：65-72.

[14] Lourenco S D N, Sassa K, Fukuoka H. Failure process and hydrologic response of a two layer physical model: implications for rainfall-induced landslides[J]. Geomorphology, 2006, 73: 115-130.

[15] Zhao D P, Wang S M, Tan Y Z, et al. The design of movable landslide physical model testing frame[J]. Advanced Materials Research, 2011, 201 /203: 1433-1438.

第5章　土水特征曲线及其数学模型

土水特征曲线SWCC(soil-water characteristic curve)是描述非饱和土中基质吸力与体积含水量或饱和度等之间关系的重要曲线。它与非饱和土的结构、土颗粒的成分、孔隙尺寸分布及土壤中水分变化的历史等因素有关,反映了非饱和土对水分的吸持作用,是非饱和土研究中最为重要的关系曲线。土水特征曲线不仅关系到非饱和土的强度、应变、渗透系数k_w,而且关系到土壤水分运动方程等[1]。土水特征曲线在非饱和土力学应用中发挥着重要作用,Barbour等将土水特征曲线比作饱和土力学中的$e-\lg p$压缩曲线[2]。随着非饱和土力学在工程实践中广泛应用,土水特征曲线的研究意义越显重大。

土水特征曲线的研究起源于土壤学和土壤物理学,当时主要侧重于研究天然状态下表层土壤吸力的变化、土壤的持水特性及水分运动特征等。因此,传统的土水特征曲线仅仅反映了含水量与吸力的关系,相应的土水特征曲线试验方法及曲线都没有考虑应力状态的影响。而在实际工程中,非饱和土力学常用于研究深层土的吸力变化对土的工程性质的影响,实际工程中的土体都处于一定的应力状态。因此,传统的土水特征曲线试验方法及曲线函数不能完全反映工程实际中处于一定应力状态的土体非饱和特性。

本章利用Temper压力板仪、四联式非饱和土直剪仪及多功能土水特征曲线试验仪分别进行了在常规条件下、固结应力作用下及干湿循环作用下的土水特征曲线试验,对土水特征曲线数学模型及其参数进行了探讨,并对模型函数进行了优化。

5.1　基本理论

5.1.1　非饱和土中的吸力

岩土工程中常有涉及非饱和土方面的问题。以往在工程中通常用饱和土的方法处理非饱和土的问题,这是极其粗糙的,甚至可能造成巨大的浪费。吸力的有无是区分非饱和土与饱和土的界限,所以研究非饱和土的工程特性应先从非饱和土的吸力特性和基本原理着手[1]。

1. 吸力理论

吸力是非饱和土力学研究中的基本力学参量,它直接影响非饱和土的整个理论框架。

通常认为,土中吸力反映土中水的自由能状态。土中水的自由能可用土中水的部分蒸气压量测。土中吸力(或土中水的自由能)与孔隙水的部分蒸气压之间的热动力学关系可用下式表示为

$$\psi=-\frac{RT}{v_{w0}\omega_v}\ln\left(\frac{\bar{u}_v}{\bar{\bar{u}}_{v0}}\right) \tag{5-1-1}$$

式中:ψ为土的吸力或总吸力,kPa;R为通用气体常数,取831 432 J/(mol · K);T为绝对温

度，$T=(273.16+t)$(K)，t 为温度，℃；v_{w0} 为水的比体积或水的密度的倒数($1/\rho_w$，m^3/kg)；ρ_w 为水的密度(998 kg/m^3，$t=20$ ℃)；ω_v 为水蒸气的克分子量(18.016 kg/kmol)；$\bar{u}_v$ 为孔隙水的部分蒸气压，kPa；$\bar{u}_{v0}$ 为在同一温度下，纯水平面上方的饱和蒸气压，kPa。

式(5-1-1)表明，吸力的定量是以纯水(不含盐类或杂质的水)平面上方的蒸气压作为基准。$\bar{u}_v/\bar{u}_{v0}$ 项称为相对湿度 RH(%)。如果选择20 ℃作为温度基准，式(5-1-1)中的常数项为 135 022 kPa。这样式(5-1-1)可改写为

$$\psi=-135\ 022\ln\left(\frac{\bar{u}_v}{\bar{u}_{v0}}\right) \tag{5-1-2}$$

根据式(5-1-2)，可以给出总吸力(kPa)与相对蒸气压的关系。图 5.1.1 所示的是相对湿度与总吸力关系曲线。当相对湿度 RH(即 $\bar{u}_v/\bar{u}_{v0}$)等于 100%时，土中吸力 ψ 等于零。如果相对湿度小于 100%，即表示土中有吸力存在。从图 5.1.1 可看出，吸力可达到很大数值，例如，温度为20 ℃时，如果相对湿度为 94.24%，则土的吸力为 8 000 kPa。对岩土工程关系较大的是相当于相对湿度值较高的吸力范围。

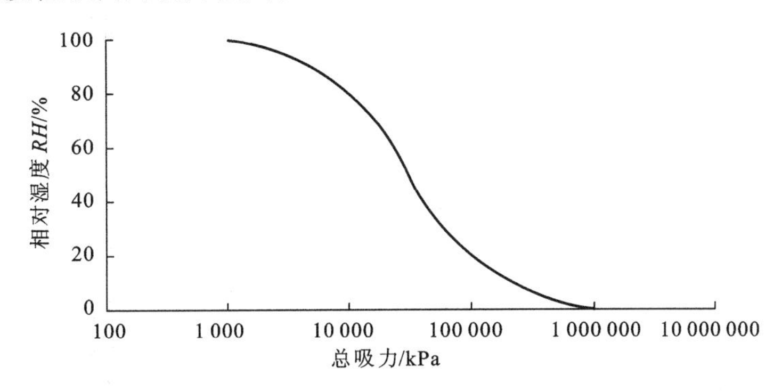

图 5.1.1　相对湿度与总吸力关系曲线

2. 土中吸力的组成

根据相对湿度确定的土中吸力通常称为“总吸力”，它有两个组成部分，即基质吸力和渗透吸力。总吸力、基质吸力和渗透吸力定义如下。

(1) 基质吸力。基质吸力是土中水自由能的毛细部分，通过量测与土中水处于平衡的部分蒸气压(相对于与溶液处于平衡的部分蒸气压)而确定的等值吸力。

(2) 渗透吸力。渗透吸力为土中水自由能的溶质部分，它是通过量测与溶液(具有与土中水相同成分)处于平衡的部分蒸气压(相对于与自由纯水处于平衡的部分蒸气压)而确定的等值吸力。

(3) 总吸力。总吸力为土中水的自由能，它是通过量测与土中水处于平衡的部分蒸气压(相对于与自由纯水处于平衡的部分蒸气压)而确定的等值吸力。

上述定义清楚表明，总吸力相当于土中水的自由能，而基质吸力和渗透吸力是自由能的组成部分，可用公式表示如下：

$$\psi=(u_a-u_w)+\pi \tag{5-1-3}$$

式中：u_a-u_w 为基质吸力；u_a 为孔隙气压力；u_w 为孔隙水压力；π 为渗透吸力。

图 5.1.2 说明总吸力及其组成部分与土中水的自由能之间的关系。基质吸力通常同水的

表面张力引起的毛细现象联系在一起。表面张力是由收缩膜分子之间的作用力而引起的。毛细现象通常可用毛细管中的水面上升来解释图 5.1.2。

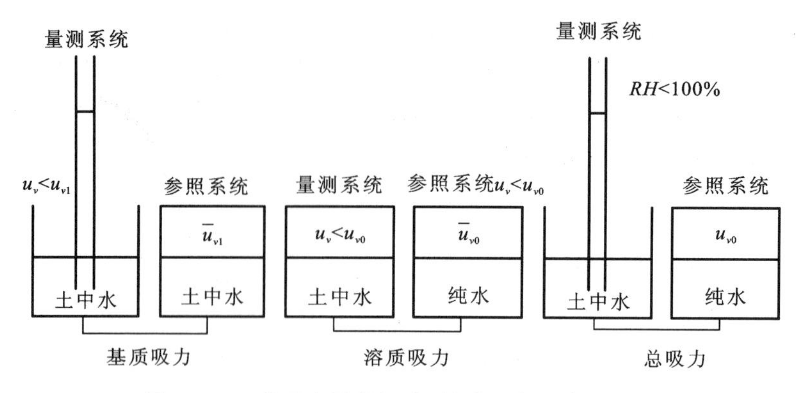

图 5.1.2　总吸力及其组成：基质吸力和渗透吸力

在土中，细小孔隙就像毛细管那样促使土中水上升到地下水位以上。相对于孔隙气压力（通常为现场大气压力 $u_a=0$），毛细水具有负压力。低饱和度时，负孔隙水压力可达很高负值，约 −7 000 kPa。在这种情况下，土粒之间的吸附力在维持很高的负孔隙水压力方面起着重要的作用。

考虑毛细管中充满土中水的情况，毛细管中的水面是弯曲的，称为弯液面。同一土中水如放在一较大的容积中，则水面是平的。土中水弯曲表面上的部分蒸气压$\bar{u}_v$，小于同一土中水在表面上的部分蒸气压$\bar{u}_{v1}$，图 5.1.2 中$\bar{u}_v<\bar{u}_{v1}$。换言之，由于毛细现象造成弯液面，土中的相对湿度将下降。蒸气压或相对湿度随弯曲面半径的减小而减小。同时，弯液面的半径与水面处的空气压力与水压力之间的差（u_a-u_w 称为基质吸力）成反比。也就是说，总吸力的一个组成部分是基质吸力，它使相对湿度下降。

土中的孔隙水通常含有溶解的盐分。溶剂平面上方的蒸气压$\bar{u}_{v1}$小于纯水平面上方的蒸气压$\bar{u}_{v0}$。即相对湿度随土中孔隙水的含盐量增多而减小。由于土中孔隙水含有溶解盐而造成相对湿度下降，称为渗透吸力。

3. 毛细作用

毛细作用与总吸力中的基质吸力部分有关。水的上升高度和水面的曲率半径同土的含水量与基质吸力关系（亦即土水特征曲线）有直接联系。这种联系对于曲线的干燥和浸湿段是不同的，而这种不同可以用毛细作用模型解释。

1）毛细上升高度

如图 5.1.3 所示，考虑在大气中将一小玻璃管插入水中的情况。由于收缩膜上的表面张力作用及水要浸湿玻璃管表面的倾向（吸湿特性）使水沿毛细管上升。这种毛细现象可以用作用于弯液面周边的表面张力 T_s 进行分析。表面张力 T_s 的作用方向与垂直面成 α 角。α 角称接触角，其大小取决于收缩膜分子与毛细管材料之间的黏着力。

考虑图 5.1.3 所示管中毛细水的垂直分力平衡。高度为 h_c 的水柱重量为

$$G=\pi r^2 h_c \rho_w g$$

由表面张力的垂直分量为

$$T'=2\pi r T_s \cos\alpha$$

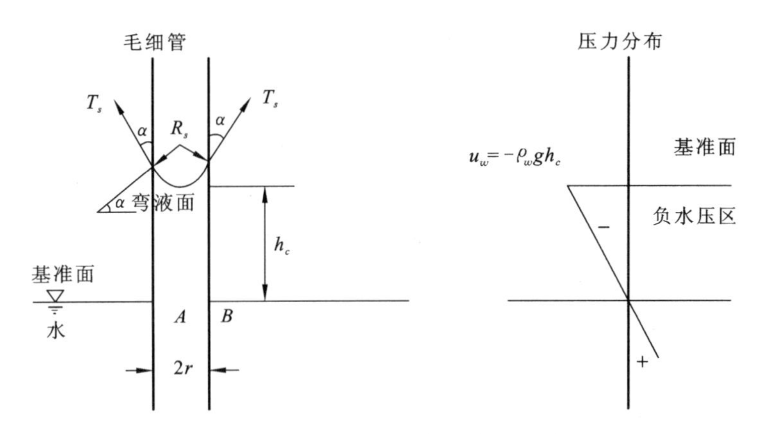

图 5.1.3　毛细作用现象及其物理模型

上述二者平衡得

$$2\pi r T_s \cos\alpha = \pi r^2 h_c \rho_w g \tag{5-1-4}$$

式中：r 为毛细管的半径；T_s 为水的表面张力；α 为接触角；h_c 为毛细上升高度；g 为重力加速度。

可由式(5-1-4)导出水在毛细管中的最大上升高度 h_c 为

$$h_c = \frac{2T_s}{\rho_w g R_s} \tag{5-1-5}$$

式中：R_s 为弯液面的曲率半径($r/\cos\alpha$)。

纯水的收缩膜与干净玻璃管壁之间的接触角为零。此时，弯曲面的半径 R_s 等于毛细管的半径 r。因此，纯水在玻璃管中的毛细上升高度为

$$h_c = \frac{2T_s}{\rho_w g r} \tag{5-1-6}$$

管的半径相当于土中空隙的半径。式(5-1-5)表明，土中孔隙的半径愈小，毛细上升高度将愈大。假设接触角 α 为零，利用式(5-1-6)可以绘出毛细上升高度与孔隙半径的关系，如图 5-1-4所示。

2) 毛细压力

图 5.1.3 所示毛细作用系统中的 A、B、C 点均处于静水平衡。在点 A 与点 B，水压等于大气压力(点 A、B 两点水压力均为零)，取点 A 和点 B 处的水面作为基准面(亦即，高程为零)，则点 A 与点 B 处的水头(高程水头加压力水头)等于零。点 C 位于基准面以上 h_c 高度处(高程水头等于 h_c)，点 C、点 B 与点 A 的静力平衡要求这三个点的水头相等。也就是说，点 C 的水头也应该等于零。因此，点 C 的压力水头等于点 C 高程水头的负值，点 C 的水压力可按下式计算

$$u_w = -\rho_w g h_c \tag{5-1-7}$$

毛细管中点 A 以上的水压力为负值，如图 5.1.3 所示。也就是说，毛细管中的水是处于张拉状态。另一方面，在静水压力作用下，点 A(水面)以下的水压为正值。在点 C 处，空气压力等于大气压($u_a=0$)，水压为负值($u_w=-\rho_w g h_c$)，因此点 C 处的吸力 u_a-u_w 可用下式表示为

$$u_a - u_w = -\rho_w g h_c \tag{5-1-8}$$

将式(5-1-8)代入毛细管上升高度公式，即可根据表面张力计算得出基质吸力表达式

$$u_a - u_w = \frac{2T_s}{R_s} \tag{5-1-9}$$

假设接触角 α 为零，那么可以取曲率半径等于孔隙半径 r。

从图 5.1.4 可以看出，土的孔隙半径愈小，基质吸力愈大。上述表明，毛细管中的表面张力具有支撑 h_c 水柱的能力。收缩膜上的表面张力在毛细管壁上造成反作用力，如图 5.1.5。反作用力的垂直分力在管壁上产生压应力。换言之，水柱区重量通过收缩膜传递到管上。对土来说，在毛细区里，收缩膜使土的结构内的压应力增加。因此，非饱和土中的基质吸力会使土的抗剪强度增加。

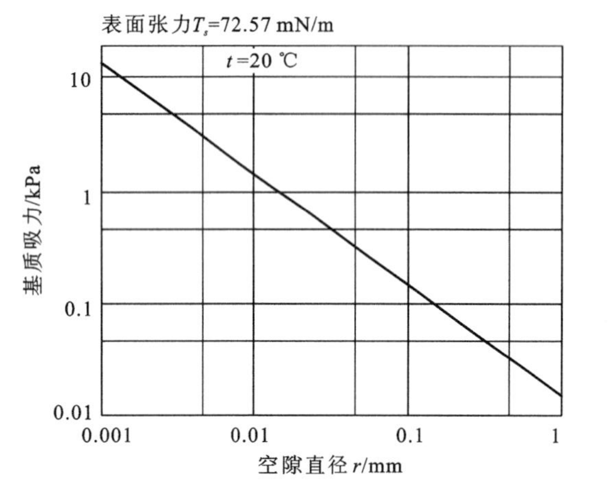

图 5.1.4　孔隙直径、基质吸力与毛细上升高度之间的关系

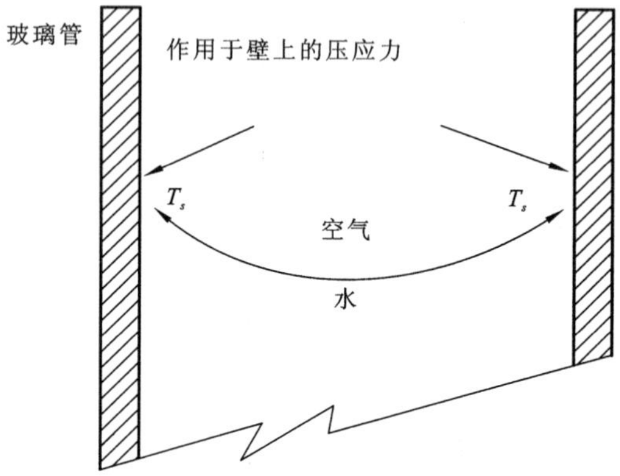

图 5.1.5　作用在毛细管上的力

3) 毛细上升高度及半径效应

毛细上升高度及曲率半径对毛细作用的影响如图 5.1.6。在半径为 r 的洁净毛细管中，纯水的最大毛细上升高度应为 h_c，如图 5.1.6(a)所示。然而，水在毛细管中的上升可能受管的长度限制如图 5.1.6(b)所示。

毛细上升高度减小将导致曲率半径 R_s 的增加，如式(5-1-5)所示。对于管径恒定的情况，R_s 增加会使接触角 α 增加；因为 $R_s = r/\cos\alpha$。管径对毛细上升作用是一个重要的因素。如图 5.1.6(c)与(d)所示。在这两种情况下，管子的一段具有扩径 r_1，它比管径 r 大。在毛细上升高度 h_c 的中部有扩径，将使水在扩径段的底面停止上升，如图 5.1.6(c)所示。换言之，非均匀的毛细管径可能使毛细上升作用无法充分发展。另一方面，如果将毛细管的扩径部分浸于水下，使其充满水，然后再提出水面，那么毛细上升作用可以得到充分发展，如图 5.1.6(d)所示。土中的毛细上升作用也会受孔隙大小分布的影响，如图 5.1.6(e)所示。土中的水面能够通过土中小于或等于半径 r 的连续孔隙上升到毛细高度 h_c。如果土柱的高度延长，也有可能出现大于 h_c 的毛细上升高度。这出现在孔隙半径小于 r 的情况。但在土柱的中间部分有大孔隙时，水面就不能继续上升，如图 5.1.6(e)所示。

上述毛细管模型也适用于解释天然情况的土。土中孔隙大小的不均匀分布会导致土水特征曲线出现滞后现象。在浸湿和干燥过程中，对应于同一基质吸力的含水量值是不同的，如图 5.1.6(c)、(d)中的举例所示。此外，浸湿过程中向前推进界面的接触角与干燥过程中倒退

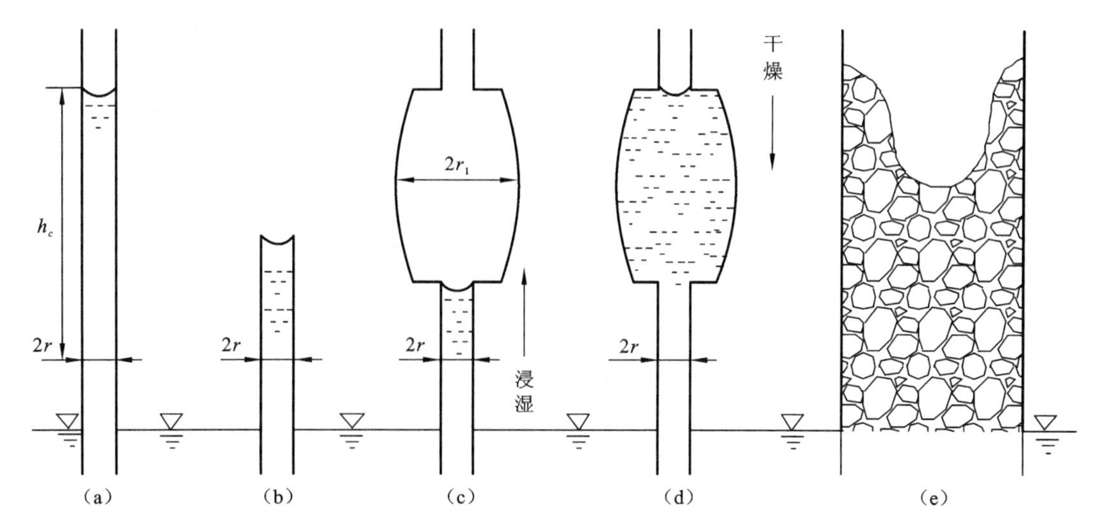

图 5.1.6　高度及半径对毛细作用的影响

的分界面的接触角是不一样的。上述这些因素以及土中可能存在封闭气泡是造成土水特征曲线有滞后现象的主要原因。

对于一般的黏性土和砂性土来说，基质吸力通常占主要部分，且易随外界因素变化而变化。渗透吸力较小，且随含水量变化也较小，只有对于土中含水量和含盐量均较高的高塑性黏土，渗透吸力才显得较为重要。所以，从与工程问题的关系上来说，只要重点研究基质吸力即可，在涉及非饱和土的大多数岩土工程问题中，可用基质吸力变化代替总吸力变化；反之，也可用总吸力变化代替基质吸力变化[5]。

5.1.2　土水特征曲线

1. 土水特征曲线

非饱和土骨架形成的孔隙中分布着水和以气泡形式存在的空气，因此孔隙压力包括孔隙水压力 u_w 和孔隙气压力 u_a。相对于大气压，孔隙气压通常为零，而孔隙水压为负压力，水气交界面存在压力差 $s=u_a-u_w=-u_w$，称为毛细压力或基质吸力，它表示基质对水分的吸持作用，反映土中水的自由能状态。它与土的饱和度即水气的存在状态有着直接而密切的联系。

土壤水吸力是土壤含水量的函数，定义土水特征曲线(SWCC)为土的体积含水量或饱和度与吸力之间的关系。该曲线反映了土壤中水的能量与数量之间的关系。

土水特征曲线对于研究非饱和土的物理力学特性至关重要，根据土水特征曲线可以确定非饱和土的强度、体应变和渗透系数，甚至可以确定地下水位以上的水分分布规律。因此，土水特征曲线不仅对土壤水分运动规律有重要影响，而且在联系非饱和土的强度及变形等特性指标方面均处于中心地位。

图 5.1.7 表示一种土典型干湿循环的完整土水特征曲线。对于脱湿曲线，基质吸力从零到 1 500 kPa 段可以从土样排水试验，用压力板试验得到。土水特征曲线表现出滞后现象，即当土样达到相当大的吸力后，重新吸水所得的吸湿水分特征曲线，在吸湿终结时，土壤吸力为零，但此时的土壤含水量却小于开始试验时原始饱和含水量。因此，非饱和土中水的运动是一

个非常复杂的问题。在给定的吸力情况下，根据其排水状态还是吸水状态，土壤中空隙的体积含水量有所不同。

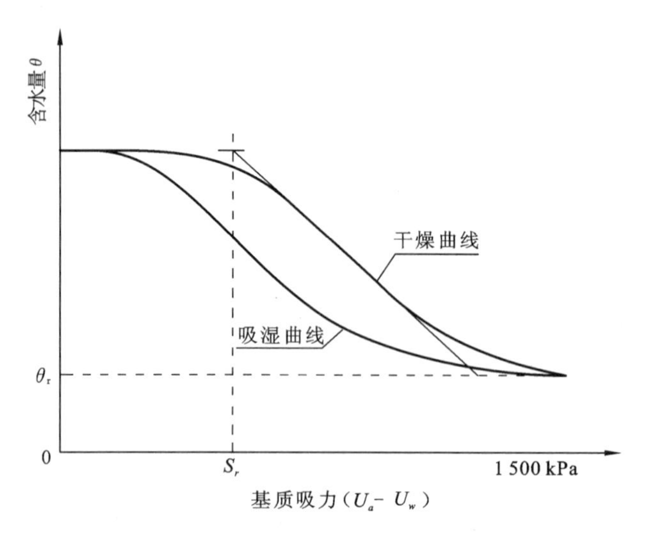

图 5.1.7　典型的土水特征曲线

土水特征曲线的特征值是进气值和残余饱和度或残余含水量，将整条曲线分为三段。在饱和土壤中施加吸力，当吸力较小时，土壤中尚无水排出，土壤含水量维持饱和值；当吸力增加至超过某一临界值时，土壤最大孔隙中的水分开始向外排出，该临界负压值称为进气值 S_r，即土壤水由饱和转为非饱和时的负压值。残余饱和度 θ_r 是一种饱和度水平，基质吸力增大而不能引起孔隙液相进一步排出时的饱和度，即反映土中含有的“不可动”水的数量。

描述土水特征曲线的形式大致可以分为两种类型：一是 S 型曲线，另一个是非 S 型曲线。非 S 型曲线用初等函数来描述，有幂函数形式、指数函数形式、对数函数形式和双曲正切函数形式等。本书先利用指数衰减函数描述，然后利用半对数函数进行优化。

2. 研究方法

目前，土水特征曲线只能用试验方法确定，还不能根据土的基本性质由理论推导得出。土水特征曲线试验的关键环节是测量吸力和体积含水量。总结国内外吸力的量测技术大致有：①直接测量法，如压力板仪、张力计等；②间接测量法，如热传导吸力探头、热偶湿度计、石膏电阻计、滤纸法等。随着测试设备技术的提高和材料性能不断优化，上述试验方法在工程中得到了广泛的应用。为了工程实际需要，后来又发展了控制温度及基质吸力路径的仪器和方法。

另外，用于描述土水特征曲线的数学模型也是土水特征曲线研究的重点内容。但大部分模型都是根据经验、土体的结构特征和曲线的形状而提出来的。依据土水特征曲线数学模型的数学表达式形式可划分为四种类型：①以对数函数的幂函数形式表达的数学模型[4,5]；②幂函数形式的数学模型[6-8]；③土水特征曲线的分形模型[9]；④Taylor 级数模型[10]。戚国庆等利用 Taylor 级数对以上数学模型进行展开推导出了土水特征曲线通用表达式，经用数据拟合具有很高的精确度[8]。上述土水特征曲线公式的参数比较多，并且物理意义不是很明确，或者虽然参数物理意义明确但是难以通过试验进行确定。泰勒级数法虽然可以通过增加阶数来提高精确度，但其参数随着阶数增多而增加且物理意义无法确定。

本章节采用控制基质吸力的方法开展不同条件下土水特征曲线试验，选用指数衰减函数进行描述，并利用 Sigmoidal 半对数函数进行优化[11]，构建参数个数适中、物理意义明确且精度比较高的土水特征曲线公式。

5.2　常规条件下土水特征曲线试验

本节详细介绍不考虑压力及干湿循环影响的土水特征曲线试验仪器、试验方法、试验成果以及土水特征曲线函数表达式的构建。

5.2.1　试验仪器

试验仪器为压力膜仪，由美国土壤水分仪器公司（Soil moisture Equipment Corporation）生产，型号为 LAB523。压力膜仪由空气压力室及置于其中的高进气值陶瓷板组成。高进气值陶瓷板经过饱和，并与板下面分隔室内的水保持接触。分隔室与大气连通，保持孔隙水压力为零。其装配如图 5.2.1 和图 5.2.2 所示。其基本原理是通过空压机提供气源，通过压力表和阀门调控，对装有饱和土样的容器施加一系列不同的基质吸力，迫使土样水分渗出并达到平衡；然后利用称重法测量试样的含水量，并换算为体积含水量。

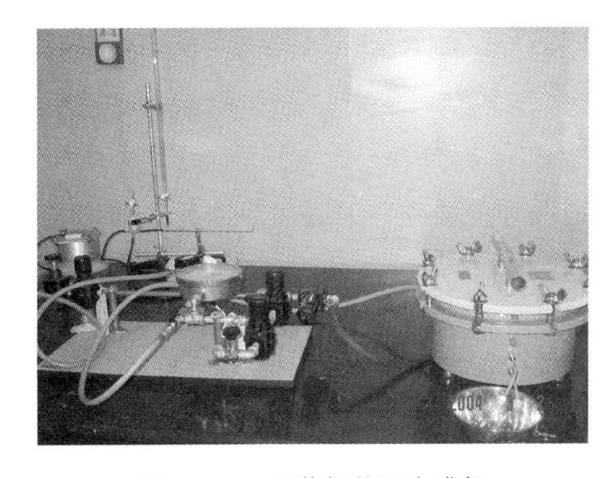

图 5.2.1　组装好的压力膜仪

图 5.2.2　拆卸后的零部件

5.2.2　试验土样

试验土样取自清江水布垭水利枢纽坝区古树包滑坡滑带土，剔除直径 2 mm 的粗颗粒后制作重塑样，测得其基本物理性质见表 5.2.1。

表 5.2.1　试样颗粒组成及物性指标

联合颗粒分析	小于某直径的颗粒百分含量（粒径＞0.075 mm）筛析法								（＜0.075 mm）密度计法		
	粒径/mm	20	10	5	2	1	0.5	0.25	0.075	0.046	0.021	0.008 8
	百分含量/%	98.58	97.69	95.44	89.26	85.75	81.52	77.74	71.13	69.21	65.34	59.95
原状土特征	呈黄绿色，粉砂质泥岩夹少量碎石，滑带土体定向度和密实度很高，有明显的滑动擦痕。					重塑土物性指标	液限	塑限	塑性指数		比重
							30.4	13.4	13.8%		2.76

注：筛分 2 mm 以下颗粒混合制样，制样含水率 23.8%，密度 2.03 g/cm³，初始饱和度 97.8%

5.2.3 试验方法

试验方法及操作步骤如下：

(1) 试验开始前将土样和高进气值陶土板进行饱和。

(2) 将土样置于 Tempe 压力膜仪内的高进气值陶土板上使它们充分接触，高进气值陶土板下设有一排水管供土样排水之用。

(3) 将顶盖安装好并上紧螺丝，设定气压力等于所需的基质吸力值，基于轴平移原理，土的基质吸力就等于施加的气压力。

(4) 施加气压力，土样通过高进气值陶土板排水直至平衡。达到平衡的时间取决于试件的厚度和渗透性，以及高进气值陶土板的渗透性。

(5) 在达到平衡后，称量试样的重量，以便测定其含水量的变化。(本次试验中的含水量是指重力含水量 w，它与体积含水量 θ 换算关系为 $w=\theta\rho_w/\rho_d$，其中：ρ_d 为土的干密度，ρ_w 为水的密度。)

(6) 施加下一级更高的基质吸力，重复步骤(3)和步骤(4)。在施加最高一级基质吸力达到稳定后取出土样，烘干称重，测定对应于最高基质吸力下的含水量。利用该含水量和前面各级基质吸力作用下稳定后测定的重量变化，反算相应于各级基质吸力稳定条件下对应的体积含水量，然后绘制基质吸力与体积含水量关系曲线，即土水特征曲线。

基质吸力的量测从 0～800 kPa，分 8 个吸力水平进行：20 kPa，40 kPa，80 kPa，150 kPa，300 kPa，500 kPa，800 kPa。用连续称重法计算含水量为

$$\omega_i=\left[\frac{m_i}{m_n}(1+\omega_n)-1\right]\times 100\% \tag{5-2-1}$$

式中：ω_i，m_i 分别为某一吸力下试样的含水量(g/kg)与质量(g)；ω_n，m_n 分别为最终吸力下试样的含水量(g/kg)与质量(g)。

5.2.4 试验结果与分析

1. 试验结果

按照上述试验方法测定的数据整理结果见表 5.2.2。

表 5.2.2 土样基质吸力与对应含水量

基质吸力/kPa	1	2	3	4	5	6	7	8
0	21.155 4	20.878 5	20.874 6	21.007 9	20.664 8	20.913 2	21.133 2	20.583 9
20	19.323 1	19.282 3	19.389 8	19.499 9	18.980 3	19.420 2	19.471 8	19.118 2
40	18.055 9	17.910 9	17.688 8	18.181 7	17.339 2	18.116 6	18.499 4	17.545 1
80	16.683 4	16.930 4	16.622 8	16.912 2	16.147 4	16.854 7	17.297 3	16.487 2
150	15.450 8	15.349 8	14.634 5	15.369 3	14.632 9	14.911 4	15.764 7	14.690 6
300	13.144 8	13.068 7	12.523 4	12.874 0	12.124 4	12.135 6	13.365 7	12.255 8
500	11.834 5	11.678 3	11.893 5	11.510 5	11.508 6	11.904 5	11.892 2	11.807 1
800	11.530 2	10.943 4	11.218 6	10.944 5	10.377 5	11.138 0	11.278 1	11.324 2

从图 5.2.3 可以看出，各试样体积含水量—基质吸力变化曲线是一致的，含水量随着基质

吸力的增大而减小，但变化幅度随基质吸力的变化而不同。基质吸力小于 300 kPa 时，土水特征曲线很陡，含水量随基质吸力增大而急剧衰减；在基质吸力大于 300 kPa 后曲线开始平缓，且基质吸力越大曲线越接近平缓，最终趋近于一定值，该定值接近于残余含水量。出现该现象的原因与土中水的存在状态有关，土中存在强结合水和弱结合水。在基质吸力作用下处于黏性土外层的弱结合水容易排出，而处于黏性土内层强结合水由于分子间作用力很大，在基质吸力作用下很难排出。所以，在整个基质吸力增大作用过程中，开始随着基质吸力增大弱结合水排出速度快，土样含水量急剧减小；随着弱结合水排完，强结合水排出速度减慢，含水量变化曲线变缓，直到最终含水量不再变化，趋近稳定。

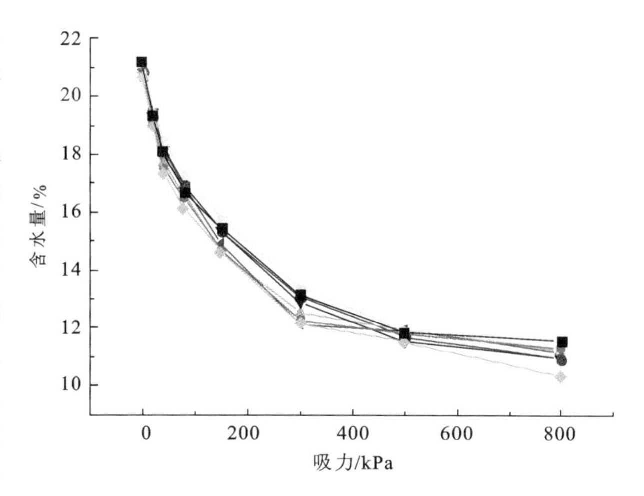

图 5.2.3　无固结压力条件下八组试验数据绘制的土水特征曲线

2. 土水特征曲线函数描述

根据试验曲线特征，利用指数衰减函数关系式(5-2-2)拟合体积含水量和基质吸力之间的函数关系

$$w=B_0+B_1\mathrm{e}^{-u/t} \tag{5-2-2}$$

式中：w，u 分别为体积含水量和基质吸力；B_0，B_1，t 为随土样不同而变化的拟合参数。

通过 Microsoft Origin 软件利用表 5.2.2 的数据对式(5-2-2)进行拟合，以求其拟合参数。拟合结果见表 5.2.3，函数拟合相关系数达到 99.59%～99.9%，说明指数衰减函数式(5-2-2)能很好地拟合表 5.2.2 中的数据。将参数平均值代入式(5-2-2)，得到该土样土水特征曲线方程式(5-2-3)，并绘出相应的土水特征曲线如图 5.2.4 所示。

$$w=11.212+9.296\mathrm{e}^{-u/159.51} \tag{5-2-3}$$

表 5.2.3　公式拟合参数

编号	指数衰减函数			
	B_0	B_1	t	R^2
1	11.598	9.018	154.535	0.989 2
2	11.014	9.341	183.328	0.991 1
3	11.462	9.141	135.251	0.993 9
4	10.950	9.654	176.939	0.994 6
5	10.773	9.414	150.933	0.987 7
6	11.258	9.457	146.277	0.994 9
7	11.222	9.428	192.000	0.994 1
8	11.419	8.912	136.820	0.994 2
平均值	11.212	9.296	159.510	0.992 5

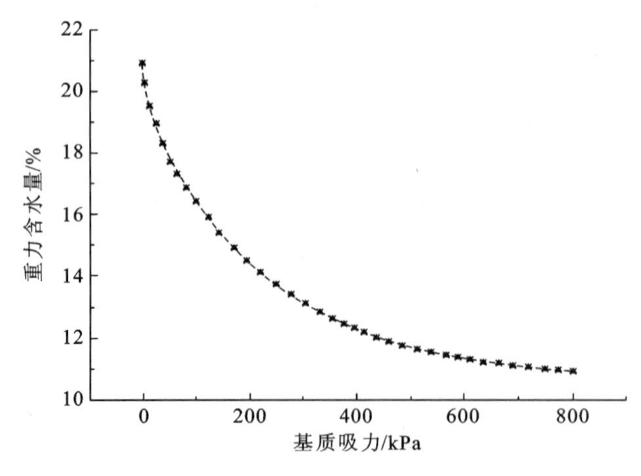

图 5.2.4　拟合后的土水特征曲线

5.2.5　参数的物理意义

1. 参数 B_0

对于土水特征曲线函数式(5-2-2)，当$\lim\limits_{u\to\infty}\theta=B_0$，即当基质吸力趋近于足够大时，含水量不再变化，趋近于一个固定值 B_0，定义为残余含水量。

2. 参数 B_1

对式(5-2-2)进行变换得

$$B_1=\frac{\theta-B_0}{e^{-u/t}} \tag{5-2-4}$$

当 $u=0$ 时，$\theta=\theta_s$，为饱和含水量；则 $B_1=\theta_s-B_0$，是指在整个吸力变化过程中试样体积含水量的变化范围，定义为可变含水量。

3. 参数 t

对式(5-2-4)进行变换得

$$\theta-B_0=B_1e^{-u/t}$$

上式两边取对数整理得

$$\ln(\theta-B_0)=\ln B_1-\frac{u}{t} \tag{5-2-5}$$

$$\ln\frac{\theta-B_0}{B_1}=-\frac{u}{t} \tag{5-2-6}$$

根据式(5-2-6)可知，含水量与基质吸力之间呈对数衰减关系，t 表示以 u 为横坐标，$\ln\frac{\theta-B_0}{B_1}$为纵坐标的直线的斜率的倒数。因此，$t$ 是反映含水量随基质吸力变化的度量指标，定义为增长模量。t 越大表示单位基质吸力的增加而引起含水量变化越大，t 越小表示单位基质吸力增加引起的含水量变化越小。

5.3　固结压力作用下土水特征曲线试验

5.3.1　试验概述

传统的土水特征曲线研究仅仅考虑了含水量与基质吸力的关系，没有考虑应力作用的影响。而实际上土的持水性能与基质吸力、净平应力均相关[1,12]。但在这方面的研究还比较欠缺。本节利用可控制和测定基质吸力的四联式非饱和土直剪仪，对某滑坡滑带土的重塑样进行了一系列持水性能试验，测定了在各种不同固结压力下基质吸力与含水率的关系，获得在固结压力作用下的土水特征曲线，并建立了不同固结压力作用下土水特征曲线函数模型[13]。

5.3.2　试验设备与试验方法

1. 试验设备

试验设备为国产 4FDJ 四联式非饱和土直剪仪[14]，在常规四联式直剪仪基础上增加了一套气压控制和量测系统改进而成，如图 5.3.1 所示。针对非饱和土试验的特殊要求，在密封剪力盒中安装一块高进气值陶土板。由于在一定压力范围内陶土板具有“透水而不透气”的功能，从而保证排水过程中能维持固定的基质吸力。

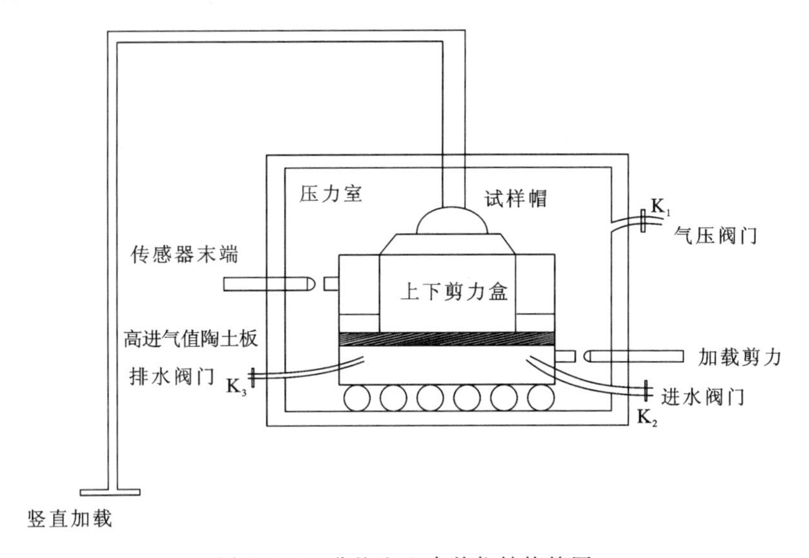

图 5.3.1　非饱和土直剪仪结构简图

2. 试验方法

四联式非饱和土直剪仪能够对 4 个试样同时开展 4 个不同固结压力的剪切试验，因此具有高效快速的优点，也避免了因制样差异造成试验数据误差。

试验方案按 100 kPa，200 kPa，300 kPa，400 kPa 的固结压力分级施加于 4 个试样上，基质吸力每次按 0 kPa,50 kPa,100 kPa,150 kPa,250 kPa,300 kPa 的预定值分次同时施加在 4 个试样上,每个试样在固结压力和基质吸力共同作用下进行固结直至稳定。试样固结变形稳定标准是每 2 h 变形量不超过0.01 mm,同时满足 2 h 内试样无水排出。固结完成后取其土样用烘干法测得相同基质吸力不同固结压力下土样的含水率。

试验步骤如下:

(1) 试验前需对试样及剪切盒内陶土板进行充分饱和。对陶土板进行饱和时打开进水阀门 K_2,关闭排水阀门 K_3(图 5.3.1);

(2) 将饱和试样装入剪切盒,关闭进水阀门 K_2,打开气压阀门 K_1 和排水阀门 K_3;

(3) 对 4 个试样分别施加固结压力 100 kPa,200 kPa,300 kPa,400 kPa;

(4) 对 4 个试样分别施加气压力,气压力分为 0 kPa,50 kPa,100 kPa,150 kPa,250 kPa,300 kPa 荷载级别;

(5)在每一级荷载作用下固结完成后,取出试样测量其含水量。

需要注意的是,试验过程中要保持排水管路畅通,因为非饱和土试验周期相对比较长,试验中会有少量气体透过陶土板进入排水管路以及试样排出的水有少量气体挥发,使排水管路中滞留一些气体形成气泡,从而影响固结效果。需定期(建议 1 次/8 h)对陶土板底部管路进行冲水排气。试验过程中进行冲水排气时需要打开进水阀门 K_2。

5.3.3 试验试样

试验试样与 5.2 节的试样相同,试样采用直径 50 mm,高 20 mm 的配套环刀装样。

5.3.4 试验结果与分析

1. 试验结果

试验结果见表 5.3.1 及图 5.3.2 所示。结果表明,固结压力对土水特征曲线有显著影响,在相同含水量条件下基质吸力随着固结压力的增加而减小。

表 5.3.1 不同固结压力和不同基质吸力下土样含水率　(单位:%)

固结压力/kPa	基质吸力/kPa					
	S=0	S=50	S=100	S=150	S=250	S=300
100	21.23	17.94	16.88	15.99	14.69	14.42
200	18.77	16.79	15.96	15.37	14.49	14.37
300	18.45	15.84	15.21	14.89	14.15	13.86
400	17.59	15.31	14.74	14.15	14.13	13.85

根据前 5.2.4 节土水特征曲线函数式(5-2-3),利用表 5.3.1 中的试验数据,通过 Microsoft Origin 软件分别进行公式拟合以求得函数参数,拟合结果见表 5.3.2。分析表中数据可知,利用指数衰减函数拟合该试验结果相关系数均高达 97.81%以上,拟合效果非常好。将拟合参数分别代入式(5-2-2)得到土样在四个不同固结压力的土水特征曲线方程(5-3-1),绘

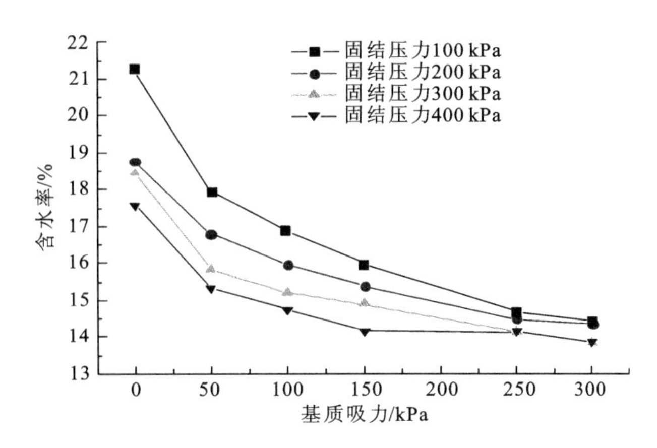

图 5.3.2　不同固结压力下的土水特征曲线

制相应的 4 条土水特征曲线如图 5.3.3 所示，从上至下依次对应固结压力100 kPa，200 kPa，300 kPa，400 kPa。

$$
\begin{cases}
w=14.198+6.894e^{-u/99.001} \\
w=14.127+4.58e^{-u/105.216} \\
w=14.021+4.333e^{-u/71.353} \\
w=13.971+3.596e^{-u/55.429}
\end{cases}
\tag{5-3-1}
$$

表 5.3.2　不同固结压力下的土水特征曲线拟合参数

固结压力/kPa	指数衰减函数参数			
	B_0	B_1	t	R^2
100	14.198	6.894	99.001	0.990 0
200	14.127	4.580	101.216	0.995 1
300	14.021	4.333	71.353	0.978 1
400	13.971	3.596	55.429	0.991 4

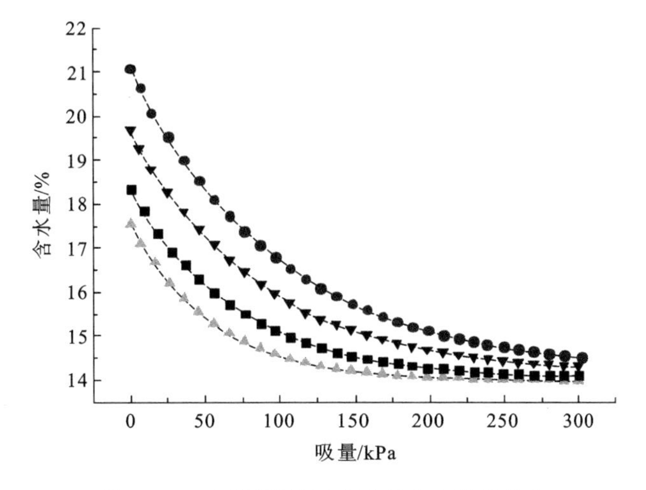

图 5.3.3　不同固结压力下的土水特征曲线

2. 固结压力对土水特征曲线的影响分析

从图 5.3.2 中可知，在基质吸力相同条件下含水量随着固结压力的增加而减小。在各种不同固结压力作用下试样含水量随基质吸力的增大而不断减小，但随着基质吸力增大，含水率减小的幅度却逐渐变小，并最终趋于稳定。由此说明，固结压力对土水特征曲线有影响，但这种影响随着基质吸力的增大而减弱。

5.3.5　函数拟合参数与固结压力的关系

1. 参数影响分析

第 5.2.5 节讨论了土水特征曲线函数各参数的物理意义，下面分析固结压力对各参数的影响。

B_0 表示残余含水量。在基质吸力和固结压力共同作用下土孔隙变小，迫使孔隙水中的自由水和结合水排出，由于黏土颗粒在水介质中表现出带电的特性，在其周围形成电场，因此随着含水量的减小，土颗粒周围的电荷作用越强烈，结合水就越不容易被排除。因此，会存在一个极限孔隙半径，当固结压力和基质吸力再增加时，含水量却不再减少，此时对应的含水量是残余含水量。从表 5.4.2 可以看出，残余含水量 B_0 在不同固结压力作用下趋向同一个值而保持不变，因此可以认为固结压力对残余含水量 B_0 影响较小。固结压力虽然对残余含水量的大小影响不明显，却缩短了达到残余含水量的作用时间。

B_1 表示在基质吸力从零增大到无限大时对应的含水量的变化范围。随着固结压力的增大 B_1 在减小。反映了变化范围受固结压力和初始含水量的影响。

t 从本质上刻画了单位基质吸力增大引起含水量减少的程度。t 与固结压力呈递减关系。t 越大表示单位基质吸力引起的含水量减少幅度小，反之亦然。在土水特征曲线上表现了曲线的平缓程度。随着固结压力的增大 t 值减小，单位基质吸力引起的含水量变化幅度也减小。

2. 拟合参数与固结压力 P 关系的建立

(1) 参数 B_0 与固结压力的关系。

从表 5.3.2 看出，在不同固结压力作用下参数 B_0 基本不变，因此可以认为残余含水量 B_0 与固结压力相关性小。

(2) 参数 B_1 与固结压力 P 的关系式。

将表 5.3.2 中参数 B_1 与固结压力 P 的关系进行线性函数拟合，可建立如式(5-3-2)的线性关系式，拟合直线如图 5.3.4 所示

$$B_1 = -0.01125P + 7.94157 \tag{5-3-2}$$

(3) 参数 t 与固结压力 P 的关系式

将表 5.3.2 中参数 t 与固结压力 P 的关系进行线性函数拟合，可建立如式(5-3-3)所示的线性关系式，拟合直线如图 5.3.5 所示

$$t = -0.14424P + 113.725 \tag{5-3-3}$$

3. 考虑固结压力的土水特征曲线函数表达式

将式(5-3-2)、式(5-3-3)代入式(5-3-1)可得到含有固结压力变量的土水特征曲线函数

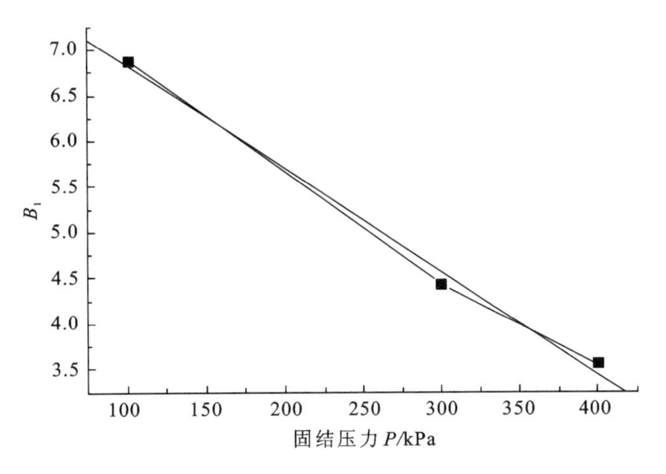

图 5.3.4　B_1 与固结压力 P 拟合直线图

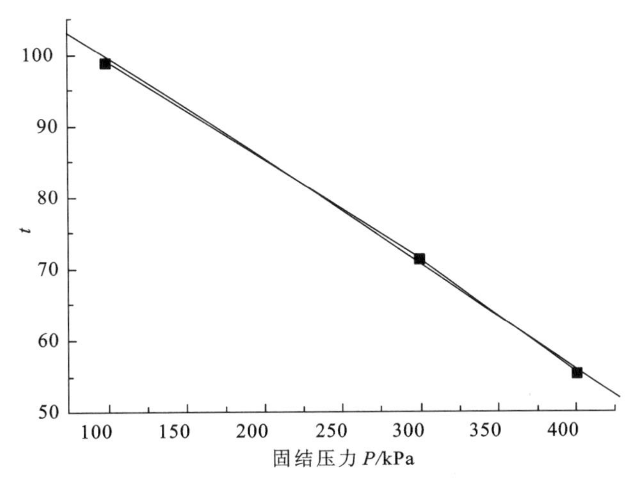

图 5.4.5　t 与固结压力 P 拟合直线图

表达式为

$$w=14.079\,25+(-0.011\,25P+7.941\,57)\mathrm{e}^{-u/(-0.144\,24P+113.725)} \tag{5-3-4}$$

当压力 P 为零时，式(5-3-4)退化为不考虑固结压力的土水特征曲线函数式(5-3-5)

$$w=14.079\,25+7.941\,57\mathrm{e}^{-u/113.725} \tag{5-3-5}$$

5.4　干湿循环条件下土水特征曲线试验

研究表明，土体的持水性能与温度、土体的孔隙分布、增(减)湿的路径等有关，在干湿循环影响下，土水特征曲线存在明显的滞回圈，随着干湿循环的次数增加，土体的力学性质发生不可逆转的变化。本节结合自主研发的多功能土水特征曲线试验仪，开展固结压力作用下黏性土的干湿循环试验研究。

5.4.1　试验仪器

该仪器的主体由试样室及底座、加压装置、基质吸力控制系统及排水量测设备等部分组成。仪器概貌和主体如图 5.4.1 和图 5.4.2 所示。

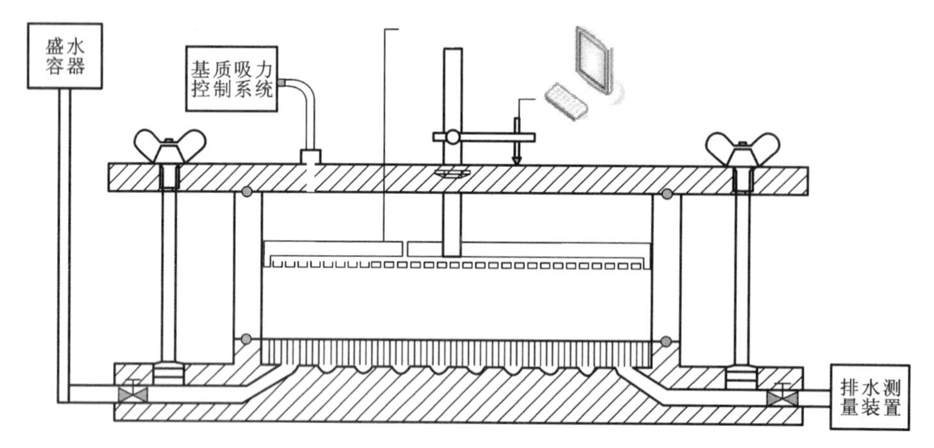

图 5.4.1　试验仪器概貌图

试样制备采用控制干密度的方法，该试验采用一套专门的加压制样工具，制样模具由底座、固定环、特制环刀、顶盖四部分组成，如图 5.4.3 所示。制样时，将环刀放入底座上的卡槽上，用固定环固定好，底座上垫一张滤纸，按照试样所需的干密度计算并称量好所需土样倒入制样模具内稍微振实整平，然后再在土样上放一张滤纸，盖上顶盖，放在如图 5.4.4 所示的千斤顶下压密实，即可得到所需干密度的环刀试样。本仪器所用的环刀规格为 ϕ105 mm×20 mm。

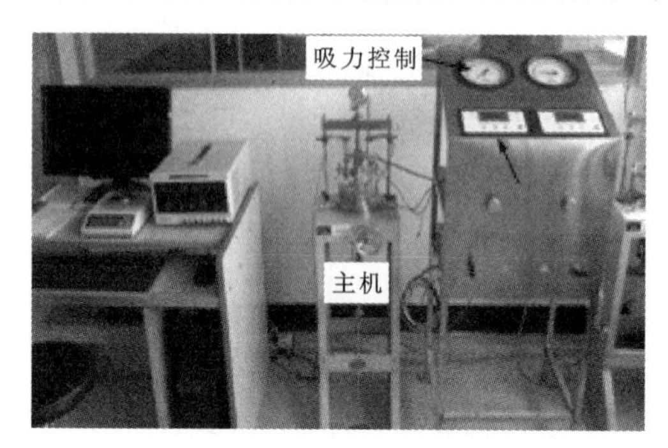

图 5.4.2　试验仪器图

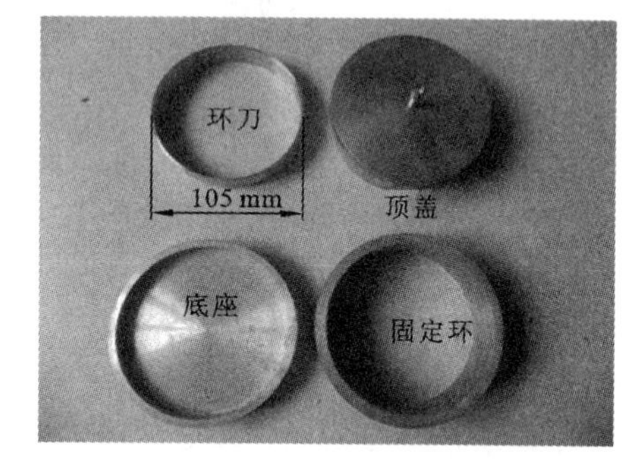

图 5.4.3　制样模具

图 5.4.4　压样装置

试验装置示意图如图 5.4.5 所示。试验室底座有一两端与外界相通的螺旋槽，两端均接有通气管，一端用于排水，一端用于进水。将试样室装置好(图 5.4.6)，向试样室倒入适量的蒸馏水浸没陶土板，将试样室顶盖盖上并拧紧螺丝，关闭进水阀门，打开排水阀门，向试样室加 100 kPa 的气压，可以饱和陶土板。陶土板饱和后，装好试样，打开进水阀门，关闭排水阀门，通过连接在试样室的三通管道可以连接真空泵对试样进行抽真空饱和。

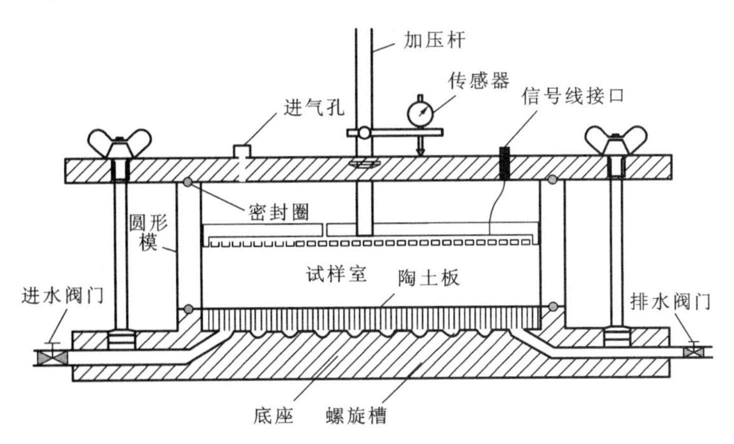

图 5.4.5 试验装置示意图

轴向荷载通过加压杠杆装置，添加砝码进行加载。考虑到陶土板所能承受的荷载能力，试验仪器所能加载的最大轴向荷载为 400 kPa。排水装置采用积水瓶收集并测量排水。试验通过连续称重法量测试样含水率的变化。拆除试样后，根据试样的剩余含水量推算各级吸力下的含水量对应关系。

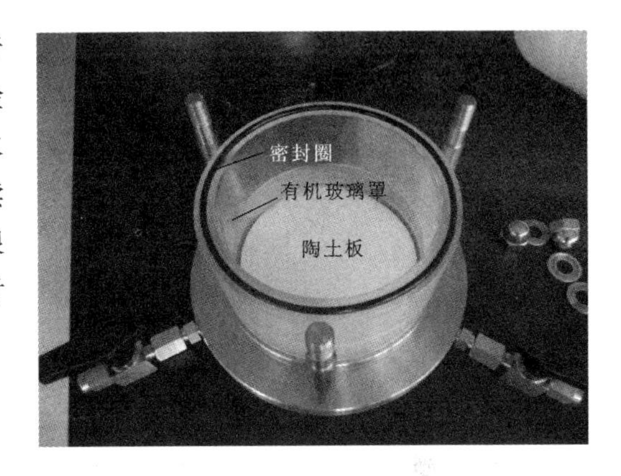

图 5.4.6 试样室照片

5.4.2 试验方案及试验结果

考虑到干湿循环试验周期漫长，仪器精度有限，本试验开展的干湿循环次数为两次，采用两种不同的固结压力进行试验。试样控制干密度为 1.6 g/cm^3，试样的固结压力分别为50 kPa，100 kPa，固结完成后，采用轴平移技术对试样分级施加气压力，进行基质吸力的多循环加载。

试样在抽真空饱和完毕后，先通过砝码施加固结压力进行固结，待固结完成后再进入基质吸力的加载，实时测定试样的排水量。完成多循环的基质吸力加载后，拆除试样，将试样烘干，称量干土质量，计算出剩余含水量，通过反算求出各级基质吸力下对应的含水量。试验数据整理见表 5.4.1、表 5.4.2，绘制曲线如图 5.4.7～图 5.4.9 所示。

表 5.4.1 固结压力 50 kPa 下基质吸力与土样对应含水量

基质吸力/kPa	累计排水质量/g	每步排水质量/g	试样含水质量/g	重力含水量/%
0	0.046	+0.046	71.317	25.811
25	25.165	+25.119	46.198	16.720
50	27.153	+1.988	44.210	16.001
100	31.096	+3.943	40.267	14.574
200	34.382	+3.286	36.981	13.384

续表

基质吸力/kPa	累计排水质量/g	每步排水质量/g	试样含水质量/g	重力含水量/%
300	36.896	+2.514	34.467	12.474
400	40.075	+3.179	31.288	11.324
300	39.836	−0.239	31.527	11.410
200	39.461	−0.375	31.902	11.546
100	37.549	−1.912	33.814	12.238
50	35.532	−2.017	35.831	12.968
25	31.961	−3.571	39.402	14.261
0	30.918	−1.043	40.445	14.638
25	32.690	+1.772	38.673	13.997
50	34.120	+1.450	37.243	13.479
100	35.407	+1.287	35.956	13.013
200	37.148	+1.741	34.215	12.383
300	38.697	+1.549	32.666	11.823
400	40.732	+2.035	30.631	11.086
300	40.524	−0.208	30.839	11.161
200	40.359	−0.165	31.004	11.221
100	39.169	−1.190	32.194	11.652
50	32.858	−6.311	38.505	13.936
25	31.155	−1.703	40.208	14.552
0	30.813	−0.342	40.550	14.676

试样拆除后，试样干土质量为276.3 g，剩余含水质量为40.55 g，剩余含水量为14.676%。

表5.4.2　固结压力100 kPa下基质吸力与土样对应含水量

基质吸力/kPa	累计排水质量/g	每步排水质量/g	试样含水质量/g	重力含水量/%
0	0.101	+0.101	71.302	26.007
25	17.773	+17.672	53.630	19.562
50	20.510	+2.737	50.893	18.563
100	24.703	+4.193	46.700	17.034
200	28.205	+3.502	43.198	15.756
300	33.777	+5.572	37.626	13.724
400	39.274	+5.497	32.129	11.719
300	39.162	−0.112	32.241	11.760
200	39.067	−0.095	32.336	11.795
100	37.925	−1.142	33.478	12.211
50	36.683	−1.242	34.720	12.664
25	35.186	−1.497	36.217	13.210

续表

基质吸力/kPa	累计排水质量/g	每步排水质量/g	试样含水质量/g	重力含水量/%
0	31.880	−3.306	39.523	14.416
25	32.598	+0.718	38.805	14.154
50	34.186	+1.588	37.217	13.575
100	25.328	+1.142	36.075	13.158
200	37.003	+1.675	34.400	12.547
300	38.232	+1.229	33.171	12.099
400	43.425	+5.193	27.978	10.205
300	43.301	−0.124	28.102	10.250
200	43.218	−0.083	28.185	10.280
100	42.247	−0.971	29.156	10.635
50	40.975	−1.272	30.428	11.099
25	39.176	−1.799	32.227	11.755
0	34.763	−4.413	36.640	13.364

试样拆除后，试样干土质量为 274.16 g，残余含水质量为 36.640 g，残余含水量为 13.364%。

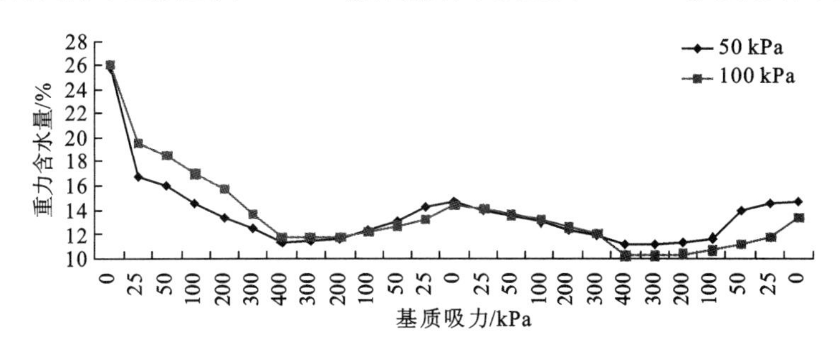

图 5.4.7　固结压力下脱湿过程基质吸力—含水量关系

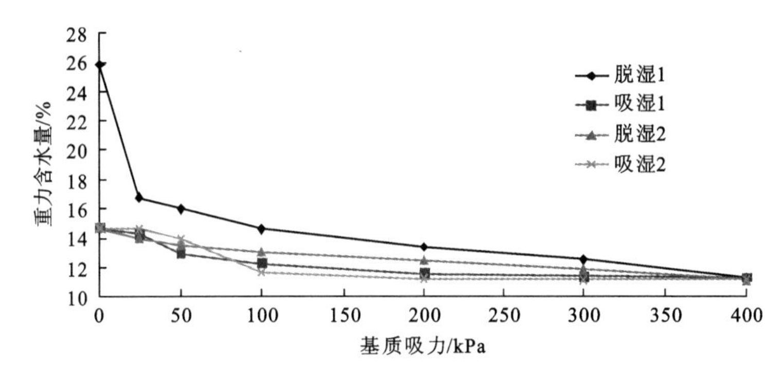

图 5.4.8　50 kPa 固结压力下干湿循环过程基质吸力—含水量关系

图 5.4.8 和图 5.4.9 的试验结果表明，在干湿循环过程中土水特征曲线存在明显的回滞环，随着循环次数的增加，相同基质吸力作用下土样的含水量逐渐减小，且初次循环的减小幅

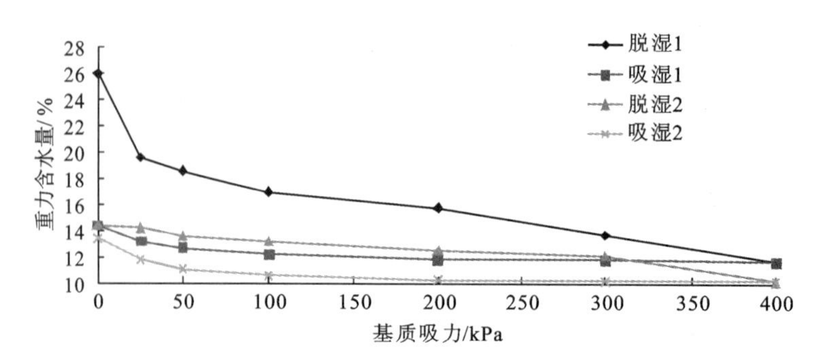

图 5.4.9　100 kPa 固结压力下干湿循环过程基质吸力—含水量关系

度明显大于第二次循环，固结压力越大试样最终的含水率越小。主要原因是在固结压力作用下，随着基质吸力的增大，试样中的孔隙逐渐被压缩减小，产生了不可逆转的塑性变形，当基质吸力减小时，孔隙不能恢复到原来的状态，因而持水性能变弱。试样在初次脱湿过程中，固结压缩作用最显著，因此其持水性能减弱的最明显。随着干湿循环次数的增加，试样的固结压缩作用逐渐减小，因此持水性能也逐渐稳定，变化幅度趋于稳定。可以预测，当循环次数达到一定次数以后，后续循环所测得的土水特征曲线基本相同。

滑坡内部的土体，长期在重力和周围固结压力的作用下，其固结作用已经基本完成，且经历过多次的干湿循环过程，其持水性能变化明显较初次干湿循环时明显减弱。因此，若要反映滑坡内部土体的真实状态和持水性能，不能采用初次干湿循环所得的土水特征曲线，而应采用经过多次干湿循环后趋于稳定的土水特征曲线。另外，也可以考虑根据土体固结程度的不同，对土体进行深度分层来考虑其持水性能。

5.4.3　干湿循环影响规律

结合试验成果，可采用数学模型进一步分析干湿循环过程对土体孔隙分布及持水特性的影响规律。采用常见的理论模型有 Van Genuchten 模型[13]。对该土样的土水特征曲线进行数学描述，表达式为

$$\theta(\psi)=(\theta_s-\theta_r)\left[\frac{1}{1+(\alpha\psi)^n}\right]^m+\theta_r \tag{5-4-1}$$

式中：$\theta(\psi)$ 为体积含水量；θ_s 为饱和体积含水量；θ_r 为残余体积含水量；ψ 为基质吸力；α,m,n 为待拟合的参数，$m=1-1/n$，参数 α 直接与进气值有关，参数 n 控制着土水特征曲线的斜率。

选择干密度为 1.6 g/cm^3 的试样在 50 kPa 固结压力干湿循环 2 次的数据，采用该模型对土水特征曲线试验成果进行拟合分析，拟合参数见表 5.4.3。

表 5.4.3　50 kPa 固结压力下干湿循环的—水特征曲线拟合参数

固结压力	50 kPa			
加载路径	脱湿 1	吸湿 1	脱湿 2	吸湿 2
α	0.037	0.025	0.022	0.016
进气值 $1/\alpha$	27.027	40.000	45.455	62.500
n	1.863	2.589	2.014	4.655
相关系数 R	0.991	0.997	0.992	0.999

由表5.4.3知，在50 kPa固结压力的作用下，脱湿曲线的进气值比吸湿曲线的进气值大；但随着干湿循环次数的增加，脱湿曲线的进气值均增大。究其主要原因是土样在固结压力下，随着基质吸力的增大，试样中的孔隙逐渐被压缩，孔隙比减小，造成其孔隙赋存结构发生变化。在吸湿阶段，由于固结压力的限制，使得土样产生了不可逆转的塑性变形，当基质吸力减小时，孔隙并不能恢复到原来的状态，因此进气值不断增大。因受试验数量的限制，未讨论固结压力对干湿循环下土水特征曲线的影响规律。

5.5 土水特征曲线数学模型优化

国外大部分用于描述土水特征曲线的函数都是根据经验和曲线的形状而建立起来的。国外描述土水特征曲线的函数都比较复杂，未知参数比较多，而且参数多由经验得到，应用起来比较困难。国内有关方面的研究也没有更好的解决方法。本节通过观察土水特征曲线试验结果，在前述指数衰减函基础上，利用sigmoidal半对数公式对其进行优化。

5.5.1 国内外模型简述

1. 对数函数数学模型

1994年，Fredlund等通过对土体孔径分布曲线研究，用统计分析理论推导出适用于全吸力范围的任何土类的土水特征曲线表达式[4]

$$\theta=c(h)\left[\frac{\theta_s}{\left[\ln\left[e+\left(\frac{h}{a}\right)^b\right]\right]^c}\right] \tag{5-5-1}$$

式中：$c(h)=1-\dfrac{\ln(1+h/h_r)}{\ln(1+10^6/h_r)}$，为修正系数；$\theta$为体积含水量；$\theta_s$为饱和体积含水量；$h$为基质吸力；$a$为进气值函数的土性参数；$b$为当超过土的进气值时土中水流出率函数的土性参数；$c$为残留含水量函数的土性参数；$\theta_r$为残余含水量；$h_r$为$\theta_r$所对应的基质吸力。

Williams等提出的函数[5]

$$\ln\theta_e=A+B\ln h \tag{5-5-2}$$

式中：A，B为适当参数；θ_e为有效体积含水量。

2. 幂函数数学模型

1980年，Van Genuchten等通过对土水特征曲线的研究，得出非饱和土体含水量与基质吸力之间的幂函数形式的关系式[6]

$$\theta=\theta_r+\frac{\theta_s-\theta_r}{\left[1+\left(\frac{h}{a}\right)^b\right]\left(1-\frac{2}{b}\right)} \tag{5-5-3}$$

式中：θ_r，θ，θ_s，a，b，h含义同上。

Gardner提出的幂函数形式为[7]

$$\theta=\theta_r+\frac{\theta_s-\theta_r}{1+\left(\frac{h}{a}\right)^b} \tag{5-5-4}$$

式中：$\theta_r,\theta,\theta_s,a,b,h,c$ 含义同上。

Brooks and Corey

$$\theta=\theta_r+(\theta_s-\theta_r)\left(\frac{a_a}{h}\right)b_b \tag{5-5-5}$$

式中：a_a 为气泡压力；b_b 为空隙尺寸参数。

此类公式参数多，有些难以通过试验确定只能通过经验取值，这对工程应用带来不便。

3. 分形模型

徐永福等提出土水特征曲线的分形模型基于土体质量分布具有分形特征，以及孔隙数目与孔径之间的具有分形关系的认识[7]。依据分形孔隙数目与孔径之间关系和 Young-Laplace 方程得到分形模型的通用表达式为

$$f(h)=\frac{\theta-\theta_r}{\theta_s-\theta_r}=\left(\frac{h}{h_b}\right)^{D_v-3} \tag{5-5-6}$$

式中：体积含水量 $\theta\in(\theta_r,\theta_s]$；$h\in[h_b,h_r)$；$D_v$ 为土的分维数。

该公式从微观的角度利用分形理论研究土水特征曲线，是研究方法上的一种新的探索，但需要进一步在试验仪器和试验方法上得到发展，离推广应用还很远。

4. 泰勒级数法

戚国庆在总结上述所有土水特征曲线的基础上，分析它们的共性，提出用泰勒级数在 h_b 处进行展开。得到了具有普遍实用的土水特征曲线方程[10]：

$$\frac{\theta-\theta_r}{\theta_s-\theta_r}=f(h_b)+f'(h_b)(h-h_b)+\frac{f''(h_b)}{2!}(h-h_b)^2+\cdots+\frac{f^{(n)}(h_b)}{n!}(h-h_b)^n+R^{(n+1)}(\xi) \tag{5-5-7}$$

式中：$(\theta-\theta_r)/(\theta_s-\theta_r)$ 为土体的有效饱和度；$R^{(n+1)}(\xi)$ 为拉格朗日余项。

基质吸力 h 的幂函数多项式形式的数学模型是非饱和土土水特征曲线的通用数学模型表达式。欲提高精度，只需增加多项式的项数即可，但是参数多且物理意义不明确。

5.5.2 优化模型——Sigmoidal 半对数函数

1. Sigmoidal 函数的数学意义

Sigmoidal 数学函数表达式为

$$f(x)=\frac{A_1-A_2}{1+(x/x_0)^p}+A_2 \tag{5-5-8}$$

该函数共有 4 个参数 A_1,A_2,x_0 和 p，现通过数学推导确定 4 个参数的意义及其函数特征。

由式(5-5-8)得到：

$$\lim_{x\to 0}f(x)=A_1,\quad \lim_{x\to\infty}f(x)=A_2$$

当 $x=x_0$ 时，

$$f(x)=(A_1+A_2)/2$$

故 $f(x)=A_1,f(x)=A_2$ 为上、下两条水平渐近线，x_0 为函数中心点。

再对式(5-5-8)中的 $f(x)$ 求一阶导数 $f'(x)$ 和二阶导数 $f''(x)$ 得

$$f'(x)=\frac{-(A_1-A_2)p(x/x_0)^{p-1}(1/x_0)}{[1+(x/x_0)^p]^2} \tag{5-5-9}$$

$$f''(x)=\frac{\dfrac{p(A_1-A_2)}{(x_0)^2}\left(\dfrac{x}{x_0}\right)^{p-2}\left[(p+1)\left(\dfrac{x}{x_0}\right)^p+(1-p)\right]}{\left[1+\left(\dfrac{x}{x_0}\right)^p\right]^3} \tag{5-5-10}$$

由式(5.5.10)得到

当 $p\geqslant1, x\geqslant x_0$ 时，　　$f''(x)>0$

当 $p\geqslant1, x<x_0$ 时，　　$f''(x)<0$

当 $0<p<1$ 时，　　$f''(x)>0$

由上可知，当 $p\geqslant1$ 时，Sigmoidal 函数具有一个拐点两个驻点，存在上下两条水平渐近线，且函数图像随着指数 p 的不同而不同；但当 $0<p<1$ 时曲线始终呈凹状。函数特征大致如图 5.5.1所示。

O 点 $(x_0, (A_1+A_2)/2)$ 代表曲线的中心，中心点的切线方程为

$$f(x)=\frac{(A_1-A_2)p}{4x_0}(x-x_0)+\frac{A_1+A_2}{2} \tag{5-5-11}$$

若只改变 p 而保持其他参数不变，利用 MATLAB 模拟得出一簇曲线，如图 5.5.2 所示，从图中看出，指数 p 越大函数越陡，当 p 大于 1 时在 X_0 前的曲线呈凸状形而在 X_0 以后的曲线呈凹状，当 $0<p<1$ 时曲线一直呈下凹状。

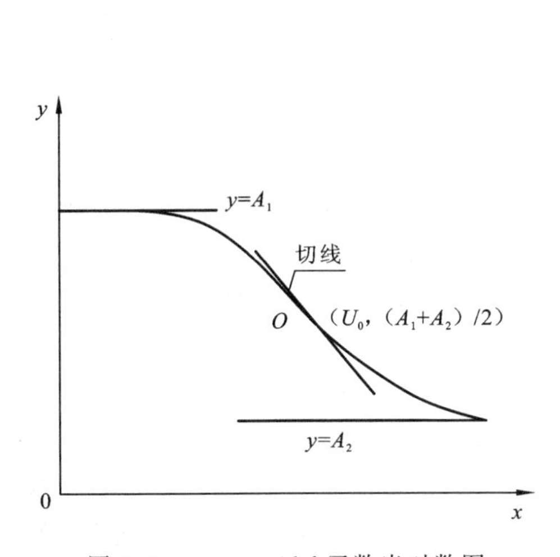

图 5.5.1　sigmoidal 函数半对数图

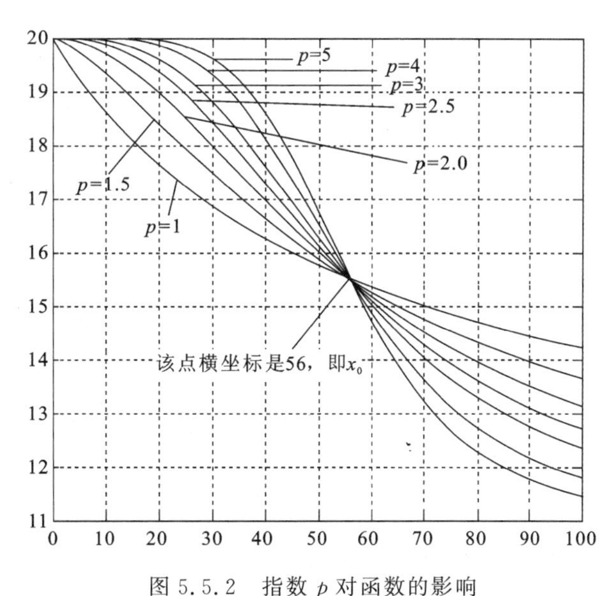

图 5.5.2　指数 p 对函数的影响

2. 土水特征曲线与 Sigmoidal 半对数函数的内在联系

将第 5.2.4 及第 5.3.3 节土水特征曲线试验数据绘制成半对数曲线，发现其形状与 Sigmoidal 函数($p\geqslant1$ 时)非常一致，如果用 Sigmoidal 半对数函数来表达土水特征曲线，该函数的 4 个参数可以很好地反映土水特征曲线的特征值。

（1）用 Sigmoidal 半对数函数来表达土水特征曲线。

Sigmoidal 半对数函数表达土水特征曲线表达式如下

$$\theta=f(u)=\frac{A_1-A_2}{1+(u/u_0)^p}+A_2 \tag{5-5-12}$$

式中：θ 为含水量；u 为基质吸力的对数；A_1，A_2，u_0 和 p 为 4 个函数参数。

（2）各参数物理意义的数学推导。

当 $u\to 0$ 时，$\lim\limits_{u\to 0}f(u)=(A_1-A_2)+A_2=A_1$

当 $u\to\infty$ 时，$\lim\limits_{u\to\infty}f(u)=A_2$

当 $u=u_0$ 时，$f(u)=(A_1+A_2)/2$

所以，A_1 为 $u=0$ 时土样的含水量，为饱和含水量；A_2 为吸力趋向无穷大时土样的含水量，为残余含水量；u_0 为含水量，等于 $(A_1+A_2)/2$ 时对应的基质吸力值，称之为特征基质吸力。对同一试样的土水特征曲线残余含水量和进气值对应的含水量，无论是吸湿还是干燥过程都为常数。唯一变化的是特征吸力 u_0，此量同时也刻画了滞回圈的大小，是描述滞回现象的定量参数。

p 为反映曲线形状的参数，由图 5.5.2 知，p 越大函数曲线越陡；对于土水特征曲线函数式(5-5-12)，为了保持曲线有一个拐两个驻点，即有两个极限值 A_1 和 A_2，必须有 $p\geqslant 1$。

（3）进气值 u_b 的确定[4]。

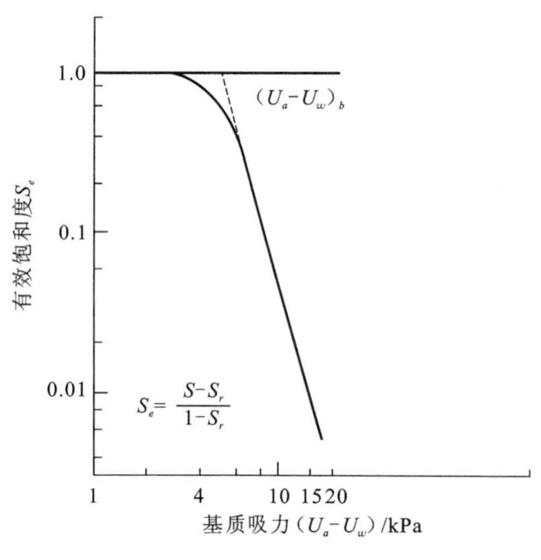

图 5.5.3 进气值作图法示意图

土的进气值 u_b 是空气进入土孔隙时必须达到的基质吸力值，它是土中最大孔隙尺寸的一种度量，是土水特征曲线的主要特征值之一。在基质吸力达到进气值之前，吸力增大但是土体不排水，表示基质吸力没有克服土水界面的张力。因此进气值的大小从另外一个角度反映了水土接触面处的张力大小。

图 5.5.3 为有效饱和度与基质吸力对数的关系曲线，图中斜直线与饱和坐标(即 $S_e=1.0$)的交点定义为土的进气值 u_b。

非饱和土有效饱和度 S_e 定义如下

$$S_e=\frac{\theta-\theta_r}{\theta_s-\theta_r} \tag{5-5-13}$$

式中：θ_r 为残余含水量；θ_s 为饱和含水量。分别对应于式(5-5-12)中的 A_2 和 A_1。

可见，只要确定了土水特征曲线 Sigmoidal 半对数函数的参数 A_2 和 A_1，就可以确定进气值 u_b。

3. Sigmoidal 半对数函数对土水特征曲线试验数据的拟合

利用式(5-5-12)对有固结压力作用的土水特征曲线试验数据表 5.3.1 进行拟合(基质吸力取对数坐标)，得到了在不同固结应力作用下式(5-5-12)中的 4 个参数，见表 5.5.1。将参数代入式(5-5-12)得到 4 个不同固结压力作用下的土水特征曲线函数式(5-5-14)，函数对应的土水特征曲线如图 5.5.4 所示。

表 5.5.1　公式拟合参数

参数	压力/kPa			
	100	200	300	400
A_1/%	20.968 57	19.570 83	18.236 30	17.431 09
A_2/%	13.110 78	13.407 56	13.618 17	13.742 77
u_0/kPa	86.379 41	73.248 12	56.996 43	43.016 41
p	1.255 98	1.305 74	1.385 16	1.480 91
u_b/kPa	13.2	7.2	6.1	3.1
R^2	0.992	0.999	0.998	0.994

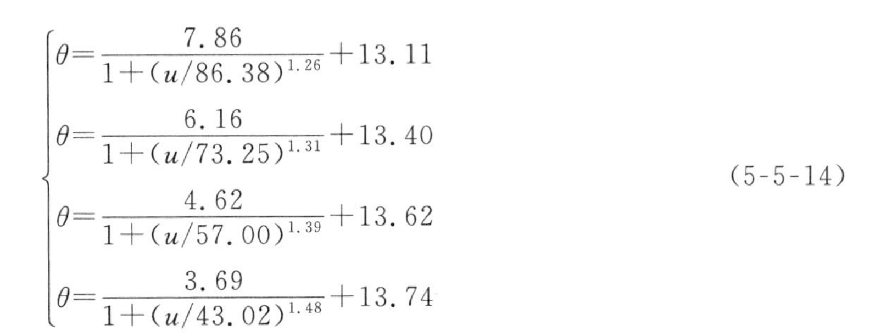

$$\begin{cases} \theta=\dfrac{7.86}{1+(u/86.38)^{1.26}}+13.11 \\ \theta=\dfrac{6.16}{1+(u/73.25)^{1.31}}+13.40 \\ \theta=\dfrac{4.62}{1+(u/57.00)^{1.39}}+13.62 \\ \theta=\dfrac{3.69}{1+(u/43.02)^{1.48}}+13.74 \end{cases} \tag{5-5-14}$$

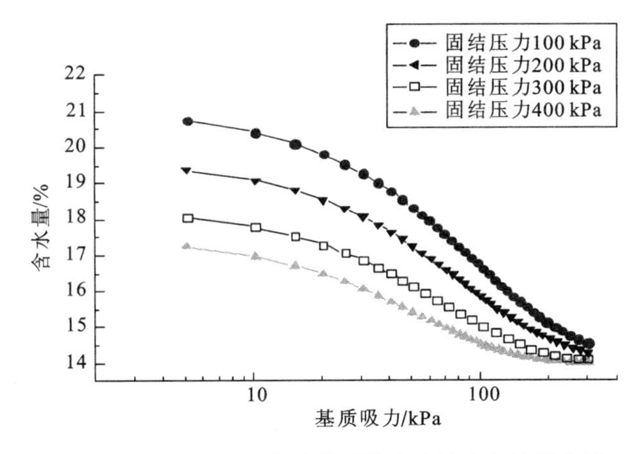

图 5.5.4　Sigmoidal 半对数函数表达的土水特征曲线

4. 拟合参数与固结压力的关系

表 5.5.1 中数据表明，残余含水量 A_2 为一常数，与固结压力无关；初始含水量 A_1、特征基质吸力 u_0 和进气值 u_b 随固结压力的增大而递减；指数 p 随固结压力的增大而递增。将表 5.5.1中特征基质吸力 p 与固结压力 u_0 的对应关系点绘于坐标图图 5.5.5，发现在该试验的基质吸力范围内二者成线性关系，故利用直线拟合二者关系，得拟合函数

$$u_0=-0.146P+101.5 \tag{5-5-15}$$

将表 5.5.1 中固结压力 p 与饱和含水量 A_1 的对应关系点绘于坐标图 5.5.6，发现在该试

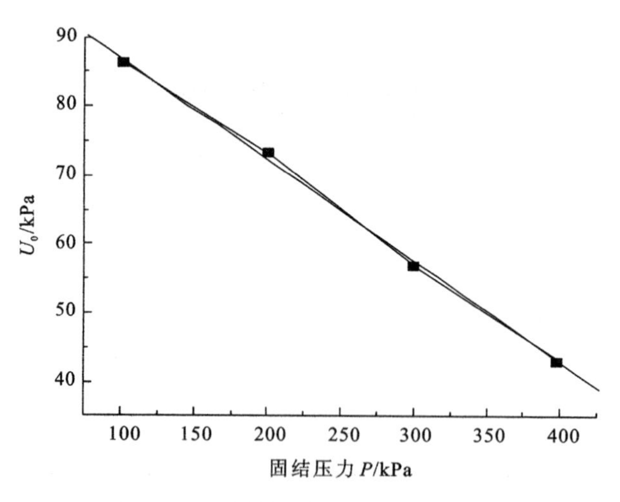

图 5.5.5　固结压力 p 与 U_0 关系图

验的基质吸力范围内二者大致符合二次多项式函数的递减部分，故用二次多项式进行拟合，得到拟合函数

$$A_1=1.48\times10^{-5}P^2-0.0194P+22.78 \tag{5-5-16}$$

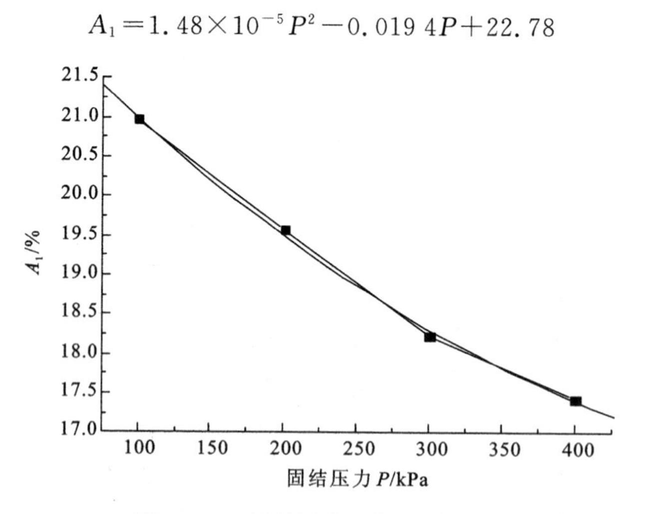

图 5.5.6　固结压力 p 与 A_1 关系图

将表 5.5.1 中固结压力与指数 p 的对应关系点绘于坐标图图 5.5.7，发现在该试验的基质吸力范围内二者成递增函数，采用二次函数进行拟合得出表达式

$$p=1.15\times10^{-6}P^2+1.79\times10^{-4}P+1.23 \tag{5-5-17}$$

将表 5.5.1 中固结压力 P 与基质吸力进气值 u_b 的对应关系点绘于坐标图图 5.5.8，发现二者成线性关系，利用直线拟合二者关系表达式如式(5-5-18)。可见，基质吸力进气值 u_b 随着应力的增大而减小。

$$u_b=-0.023P+15.6 \tag{5-5-18}$$

把式(5-5-15)、式(5-5-16)、式(5-5-17)同时代入式(5-5-12)得

$$\theta=\frac{1.48\times10^{-5}P^2-0.0194P+9.3}{1+[u/(-0.146P+101.5)]^{(1.15\times10^{-6}P^2+1.79\times10^{-4}P+1.23)}}+13.5 \tag{5-5-19}$$

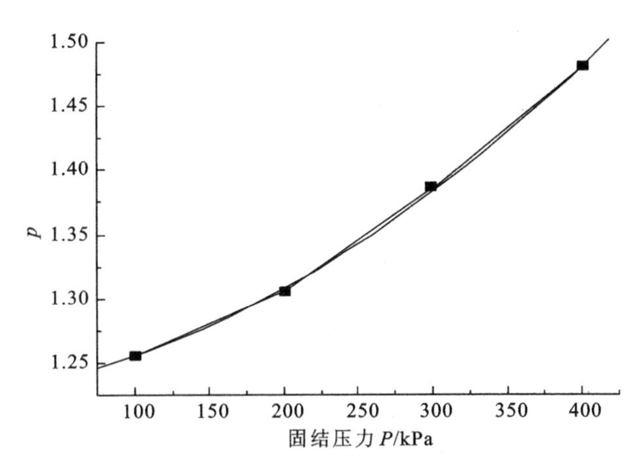

图 5-5-7　固结压力 P 与 p 关系图

当 $p=0$ 时，式(5-5-19)退化到式(5-5-20)无固结压力作用的情形

$$\theta=\frac{9.3}{1+\left(\frac{u}{101.5}\right)^{1.23}}+13.5 \tag{5-5-20}$$

5. 指数函数与 Sigmoidal 半对数函数的比较

从函数形式上，指数函数直接用自然数表示，形式简单；Sigmoidal 为半对数函数，基质吸力要用自然对数表示，形式稍微复杂一些。从拟合精度上，两种函数对土水特征曲线试验数据的拟合相关系数都高达 97.0%以上。从函数参数上，两种函数参数之间具有一定的相关性。指数衰减函数含有 3 个参数，各参数物理意义为：B_0 为土样残余含水量，是仅与土性有关的常数，与基质吸力和固结压力无关；B_1 为可变含水量，表示在基质吸力从零增大到无限大的过程中含水量的可变范围；t 为增长模量，是反映含水量随基质吸力变化快慢的度量指标。Sigmoidal 半对数函数含有 4 个参数，各参数的物理意义为：A_1 为饱和含水量；A_2 为残余含水量；u_0 称为特征基质吸力，指含水量等于 $(A_1+A_2)/2$ 时相对应的基质吸力；p 为土水特征曲线形状系数，表示曲线的陡缓程度，是反映含水量随基质吸力变化快慢的度量指标。分析发现，指数衰减函数的 3 个参数可以由 Sigmoidal 半对数函数的参数来代替，且 Sigmoidal 半对数函数的参数及其物理意义更加合理和适用。前者残余含水量 B_0 等于后者残余含水量 A_2；前者可变含水量 B_1 等于后者初始含水量 A_1 减去残余含水量 A_2，即 $B_1=A_1-A_2$；前者增长模量可用后者曲线形状系数 P 替代，两个参数均为反映含水量随基质吸力变化快慢的指标。指数函数不能确定进气值 u_b，而 Sigmoidal 半对数函数能够确定。综合对比分析认为，土水特征曲线 Sigmoidal 半对数函数更具有优势。

参考文献

[1] 弗雷德隆德 D G，拉哈尔佐 H. 非饱和土土力学[M]. 陈仲颐，张在明，陈愈炯译. 北京：中国建筑工业出版社，1997：82-84.

[2] Barbour S L. Nineteenth canadian geotechnical colloquium: the soil-water characteristic curve: a historical perspective[J]. Can. Geotech. j，1998，35：873-894.

[3] 徐捷，王钊，李未显. 非饱和土的吸力量测技术[J]. 岩石力学与工程学报，2000，19(s1)：905-909.

[4] Fredlund D G, Xing A. Equations for the soil-water characteristic curve[J]. Canadian Geotechnical Journal, 1994, 31(4): 521-532.

[5] Williams P J. The Surface of the Earth, an Introduction to Geotechnical Science[M]. New York: Longman Inc., 1982.

[6] Genuchten M T V. A closed-form equation for predicting the hydraulic conductivity of unsaturated soils. [J]. Soil Science Society of America Journal, 1980, 44(44): 892-898.

[7] Gardner W R. Some steady-state solutions of the unsaturated moisture flow equation with application to evaporation from a water table[J]. Soil Science, 1958, 85(4): 228-232.

[8] Brooks R H, Corey A T. Hydraulic Properties of Porous Media[M]// On the political economy of social democracy: McGill-Queen's University Press, 1964: 352-366.

[9] 徐永福，董平. 非饱和土的水分特征曲线的分形模型[J]. 岩土力学，2002，23(4)：400-405.

[10] 戚国庆，黄润秋. 土水特征曲线的通用数学模型研究[J]. 工程地质学报，2004，12(2)：182-186.

[11] 王世梅. 基于非饱和土理论的滑坡稳定性分析方法及工程应用[D]. 武汉：武汉大学，2006.

[12] 黄海，陈正汉，李刚. 非饱和土在 p-s 平面上屈服轨迹及土—水特征曲线的探讨[J]. 岩土力学，2000，21(4)：316-321.

[13] 王世梅，刘德富，谈云志，等. 某滑坡土体土—水特征曲线试验研究[J]. 岩土力学，2008，29(10)：2651-2654.

[14] 谈云志，王世梅. 提高非饱和直剪实验准确度的初步探讨[J]. 常州工学院学报，2005，18(1)：60-62.

[15] Genuchten M T V. A closed-form equation for predicting the hydraulic conductivity of unsaturated soils [J]. Soil Science Society of America Journal, 1980, 44(44): 892-898.

[16] 叶卫平. Origin 7.0 科技绘图及数据分析[M]. 北京：机械工业出版社，2004.

第6章 非饱和土的渗透性函数

渗透系数是表征水分透过土体能力的土性参数，是土体渗流分析中的一项重要参数。饱和土的渗透系数是一个常数，但非饱和土的渗透系数不是常数，而是体积含水量或基质吸力的函数，故被称为非饱和土的渗透性函数。如何确定非饱和土渗透性函数成为非饱和土研究领域的一个热点和难点问题。

开展非饱和土渗透性函数研究，是受非饱和土力学理论自身发展和实际工程需求的双重驱动。在国内外众多学者不懈的努力下，非饱和土渗透性试验设备及测量技术有了很大发展[1-27]。然而非饱和土渗透性函数直接试验方法存在试验装置成本较高、试验过程烦琐、试验周期长、只能测定较低基质吸力下的渗透系数等问题。于是，很多学者希望通过简单有效的间接方法来获取非饱和土的渗透性函数，如通过土壤参数来预测非饱和土的渗透性函数、通过统计方法建立非饱和土渗透性函数的经验公式等，对此前人也做了大量的研究[26-42]。但非饱和土渗透性函数预测模型不是对每一种土都适用，许多模型中参数较多且难于确定，物理意义也不明确。

本章介绍了作者在非饱和土渗透性函数方面的部分研究成果，主要包括三方面内容：一是针对V-G模型参数难于确定的问题，提出了一种基于非饱和土渗透试验及渗流数值反演确定V-G模型参数的方法；二是提出了一种基于理论公式及渗流试验联合确定非饱和土渗透性函数的新方法；三是针对工程土体均承受一定固结压力的实际情况，构建了考虑固结压力影响的非饱和土渗透性函数。

6.1 渗透系数

非饱和土的渗透系数可以用固有渗透系数 K 表达

$$K_w=\frac{\rho_w gK}{\mu_w} \tag{6-1-1}$$

式中：μ_w 为水的绝对黏度(动力黏度)；K 为土的固有渗透性。

此式表示出流体密度 ρ_w 及流体黏度 μ_w 对渗透系数 K_w 的影响。土的固有渗透性 K 表示孔隙介质的特性，与渗透流体的特性无关[2]。

渗透系数 K_w 是任何两种或三种可能的函数

$$K_w=K_w(S,e) \tag{6-1-2}$$

或

$$K_w=K_w(e,w) \tag{6-1-3}$$

或

$$K_w=K_w(w,S) \tag{6-1-4}$$

式中：S 为饱和度；e 为孔隙比；w 为体积含水量。

由于在土水特征曲线中体积含水量和基质吸力之间存在着滞后现象，所以渗透系数和基质吸力之间也存在着滞后现象，如图 6.1.1。但渗透系数和体积含水量及饱和度之间存在着一一对应关系，不存在滞后现象，如图 6.1.2。渗透系数取决于流体的性质和孔隙介质的性质，不同类型的流体或不同类型的土渗透系数不同。

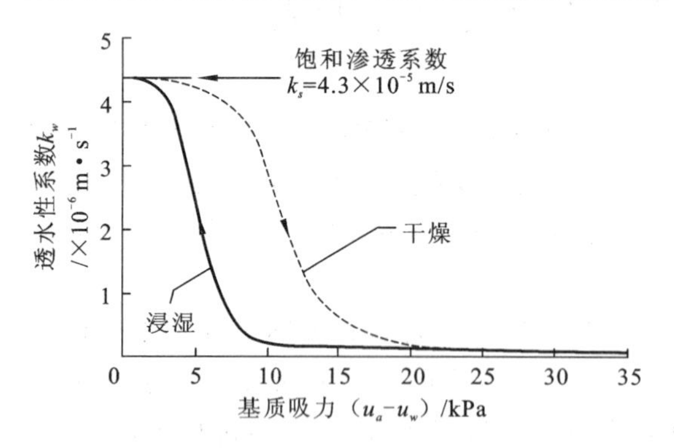

图 6.1.1　渗透系数和基质吸力关系曲线

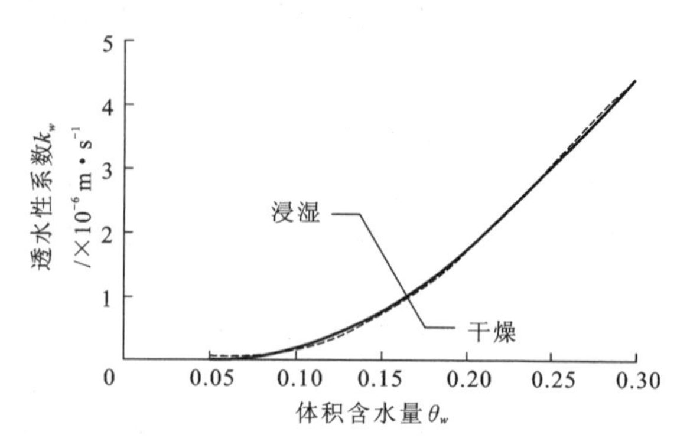

图 6.1.2　渗透系数和体积含水量关系曲线

6.2　非饱和土渗流基本理论

饱和土是指土中只存在固相和液相的两相体，即土颗粒骨架和水。而非饱和土是指土体中的孔隙没有完全被水所充满，在土体孔隙中还有气，以及水和气分界面的第四相收缩膜。多孔介质通常是由固、液、气三相组成，气相主要存在于非饱和带之中，液相主要是以吸着水、薄膜水、毛细水以及重力水等形式而存在。自然界中一切物体发生运动的普遍规律是物体由能量高的地方向能量低的地方运动，最终达到能量平衡状态。同样地，土壤中的水总是从水势高的地方向水势低的地方流动。非饱和土中的水具有动能和势能，由于水在非饱和土中的运动极其缓慢，动能可以忽略不计，势能成为能量的主要表现形式，总势能被称为土水势[43]。

6.2.1　土水势

土水势(Soil Water Potential)是一种衡量土体中水的能量的指标，是在土壤和水的平衡系统中，单位数量的水在恒温条件下移动到参照状况的纯自由水体所能做的功。参照状况一般使用标准状态，国际土壤协会选定“温度与土水系统的水温相同，压力为 1 atm 的纯洁自由水面”作为基准面。在饱和土中，土水势大于参照状态的水势；在非饱和土中，土壤水受毛细作用和吸附力的限制，土水势低于参照状态的水势。从热力学的观点出发，土水势可以用如下 5 个分势的和来表达

$$\varphi=\varphi_g+\varphi_p+\varphi_m+\varphi_s+\varphi_r \tag{6-2-1}$$

式中：φ 为土水势；φ_g 为重力势；φ_p 为压力势；φ_m 为基质势；φ_s 为溶质势；φ_r 为温度势。

土水势中各分势的定义如下：

(1) 重力势 φ_g。

重力势是指由地球重力场对水的引力作用而引起的，其大小与土体介质无关，取决于土壤中的水对于所选取的基准面的相对高度和位置。重力势的单位为水头，表达式如式(6-2-2)。

$$\varphi_g = \pm z \tag{6-2-2}$$

式中：z 为位置水头，z 坐标在基准面以上时取正值，在基准面以下时取负值。

（2）压力势 φ_p。

压力势是由于静水压力场中压力差的存在而引起的。在饱和土中孔隙是被水所充满，所以只有在饱和土中的水才有压力势，其压力势能的大小可以用该点的压力水头大小来描述，如式(6-2-3)。

$$\varphi_p = h \tag{6-2-3}$$

式中：h 为压力水头，即在地下水面以下的深度。对于非饱和土，由于气体在孔隙中是相互连通的，各点压力与大气压相等，所以各个点的附加压强为零，故非饱和土中压力势为零。

（3）基质势 φ_m。

基质势又称为毛管势，是指土中水在土壤基质（固体颗粒）的吸附作用下，相对于自由水的自由能降低的势值，称为基质势，是由水和土颗粒之间的毛管力和吸附力所引起的。基质势将水分拘束在固体颗粒周围，其吸附作用大于重力，因此一般情况下水将从饱和土带向非饱和土带渗透。水分在基质吸力的作用下导致水体自由能降低，跟处于同样高度、外压、温度和浓度的不受基质吸力作用的自由水（基势值为零）相比，基质势在符号上为负值。饱和土中的基质势为零，只有在非饱和土中才存在着基质势，且它的值永远为负值。

（4）溶质势 φ_s。

溶质势的产生是由于可溶性物质（如盐类）溶解于土壤溶液中，降低了土壤溶液的势能所致，因为土壤水溶液中的溶质对水分子有一定吸引力，土壤水分从某一点移动到参考状态时必须克服溶质对水分的吸持作用而对土壤水做功。因此，溶质势为一个负值。溶质势也常称为渗透压势，当土水系统中存在有半透膜（只容许水通过而禁止盐类等溶质通过的材料）时，水将经过半透膜运移到溶液当中去，因为溶液与纯水之间有势能差，此势能差即为溶质势。而在一般情况下，土壤中并不存在半透膜，溶质势的作用对于整个系统中水的流动影响十分微小，因此一般可以忽略溶质势的影响。

（5）温度势 φ_r。

温度势是由于温度场中不同的温差所造成的。土壤中某点水分的温度势由该点的温度与用热力学确定的标准参照状态下的温度之差确定。

上述 5 个分势在实际问题中并非同等重要，在工程中溶质势与温度势很少考虑，所以总的土水势可以认为由压力势、重力势以及基质势三部分而组成。

对于饱和土壤水而言，总水势或总水头由压力势和重力势组成，即

$$\varphi = h + z \tag{6-2-4}$$

对于非饱和土壤水而言，总水势由重力势和基质势组成，即

$$\varphi = h + z \tag{6-2-5}$$

6.2.2　达西定律

达西定律是由法国工程师 H · 达西提出，达西定律中假设土中水某一方向的流速与水在该方向的水力梯度是成正比的[44]，即

$$v_w = -k_w \frac{\mathrm{d}h_w}{\mathrm{d}y} \tag{6-2-6}$$

式中：v_w 为水的流速；k_w 为水相的渗透系数；dh_w/dy 为 y 方向的水力梯度。

k_w 是指水的流速与水力梯度间的比例系数，也称为渗透系数。任意特定饱和土的渗透系数都是接近于一个常数。式(6-2-6)中的负号表示水是沿着总水头降低的方向而流动。

很多学者通过研究，把达西定律从饱和土渗流扩展到非饱和土中，所不同的是在非饱和土中渗透系数不是常数，而是与体积含水量或基质吸力相关的函数。

6.2.3 土壤水分运动基本方程

土壤水分运动基本方程也叫 Richards Equation，是由 Richards 于 1931 年在达西定律(Darcy's Law)基础上研究流体在多孔介质中的毛细管传导作用时推求出来的[44]。

土壤水分运动基本方程的三维形式如下：

$$\frac{\partial}{\partial x}\left[K(\theta)\frac{\partial H}{\partial x}\right]+\frac{\partial}{\partial y}\left[K(\theta)\frac{\partial H}{\partial y}\right]+\frac{\partial}{\partial z}\left[K(\theta)\frac{\partial H}{\partial z}\right]=\frac{\partial\theta}{\partial t} \tag{6-2-7}$$

式中：θ 为体积含水量；t 为时间；$K(\theta)$ 为对应于 θ 的渗透系数；H 为总土水势。

总土水势为重力势 z 和基质势 h 之和，即 $H=h+z$，由式(6-2-7)可得

在 x 和 y 方向上

$$\frac{\partial H}{\partial x}=\frac{\partial h}{\partial x}=0,\quad \frac{\partial H}{\partial y}=\frac{\partial h}{\partial y}=0$$

在 z 方向上有

$$\frac{\partial H}{\partial z}=\frac{\partial(h+z)}{\partial z}=\frac{\partial h}{\partial z}+1$$

于是式(6-2-7)变为如下形式：

$$\frac{\partial\theta}{\partial t}=\frac{\partial}{\partial x}\left[K(\theta)\frac{\partial h}{\partial x}\right]+\frac{\partial}{\partial y}\left[K(\theta)\frac{\partial h}{\partial y}\right]+\frac{\partial}{\partial z}\left[K(\theta)\frac{\partial h}{\partial z}\right]+\frac{\partial K(\theta)}{\partial z} \tag{6-2-8}$$

为叙述方便，将土壤水分运动基本方程的一维垂直入渗形式重列如下：

$$\frac{\partial\theta}{\partial t}=\frac{\partial}{\partial z}\left[K(\theta)\cdot\frac{\partial h}{\partial z}\right]-\frac{\partial K(\theta)}{\partial z} \tag{6-2-9}$$

式中：θ 为体积含水量；t 表示时间；$K(\theta)$ 为对应于 θ 的渗透系数，随含水量而变化；h 为基质势。

6.3 一种确定 V-G 模型参数的数值模拟反演法

本节提出了一种基于非饱和土渗透试验及渗流数值反演确定 V-G 模型参数的方法。基本做法是：首先，自主研制非饱和土渗透试验仪器，开展渗透试验测得渗流过程中试样体积含水量随时间变化的一系列测值；然后，针对渗透试验土样，假设 n 组 V-G 模型参数，利用非饱和土渗流分析软件对渗流试验过程进行数值模拟，得到渗流过程中试样体积含水量随时间变化的一系列计算值，每一组参数都可的得到一组计算值，将 n 组计算值分别与试验值进行比较分析，利用最小二乘法求出与实测值最为接近的那组参数，即为试样所求的 V-G 模型参数。

6.3.1 一维垂直入渗非饱和土渗透试验仪

自主研发的非饱和土渗透试验仪由供水系统、压力控制系统、试样容器、底座及数据采集

系统等几部分组成，如图 6.3.1 和图 6.3.2。

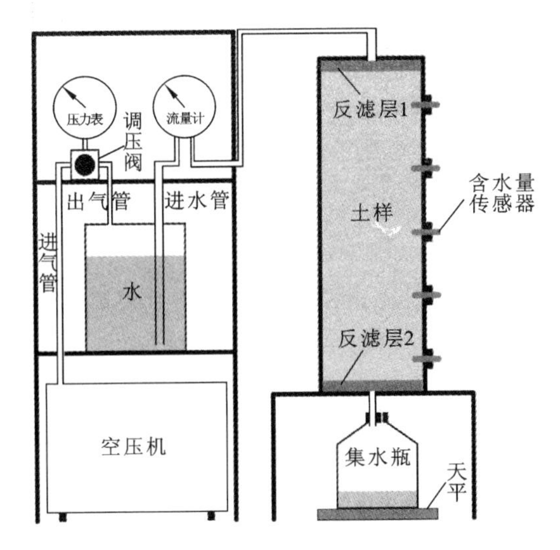

图 6.3.1 非饱和渗透试验仪结构示意图

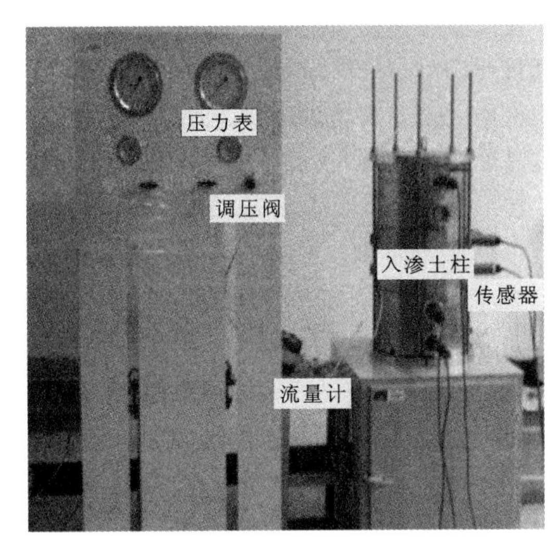

图 6.3.2 非饱和渗透试验仪照片

供水系统用于给试样提供稳定的水头，由高压不锈钢圆桶、气压管和出水管组成，气压管和出水管与不锈钢圆桶相连。在不锈钢圆桶内装有充足的蒸馏水，气压管用于给不锈钢圆桶内提供稳定的压力，在稳定压力作用下，桶内蒸馏水便通过出水管提供稳定水头的水流给试样。

压力控制系统由空压机、精密压力表、调压阀组成。空压机用于提供气源，调压阀和压力表用于控制试验所需的压力。空压机提供的气源通过调压阀和压力表后与供水系统相连。

试样容器由圆柱状不锈钢圆筒、上过滤板、下过滤板和顶盖组成。过滤板的作用是保证水分均匀入渗。圆柱状不锈钢圆筒由 5 层组成，每层尺寸相同，内径 300 mm、高 200 mm，便于制样和装样，也可根据需要做不同高度的试验。在每层圆筒的两个等分角度都预设用于安装传感器(张力计、水分传感器)的预留孔，其上端和下端有螺纹，用于层与层之间的连接以及层与底座和顶盖的连接，在层与层中间及层与底座之间采用 O 形橡胶圈进行密封，以防水渗漏。

底座由试验架和水收集系统组成。

采集系统就是传感器把监测对象的参数转换为电信号，然后通过采集卡放大以及转换器转换后经由 RS-232 串口线传输给计算机，采集系统软件读取到传感器的信号并保存到硬盘中，该信号为原始的电压信号，最后通过传感器标定系数进行模数放大即可得到试验参数的真实值。

6.3.2 一维垂直非饱和土渗透试验

1. 试验方法及步骤

(1) 准备工作。

连接各接气管和水管，进行仪器气密性检验。对每个含水量传感器进行率定。在不锈钢高压盛水容器中装入足够的水(使试验土样达到饱和所需水量的 1.3 倍以上)。

(2) 制样及试样安装。

将试验用土样捶细，过 2 mm 筛，采用分层制样。在制样前用传感器堵头将传感器预留孔拧紧堵死，制样时严格控制土样的含水量和干密度，可确定每层土柱所需土的质量，每个土柱分 4 次或大于 4 次均匀压实。如果分 4 次压实，即每次称取 1/4 所需土的质量，将它压到入渗土柱高度的 1/4 处。

在下过滤板上垫上滤纸，将圆柱状不锈钢试样筒放在底座上，拧好底座与支架的螺丝，在凹槽中放置 O 形圈。制样有两种方法：第一种方法是在地上制样，制好后再把试样筒搬到底座上去，多层依次叠加。这种制样方法的缺点是土柱较重，搬起来比较费劲，而且试样筒很难放置到最佳位置。第二种方法是把试样筒先安放到底座上，在底座上直接制样。底层样制好后，依次放置其上层试样筒分层均匀制样。这种制样方法的缺点是下层土柱会受上层土柱制样的影响，即下层土柱密实度会高于上层土柱。土柱按层叠加安放好后，在顶层土柱上放上滤纸，加上过滤板，盖上顶盖，然后用带螺纹的螺杆把土柱盖与底座固定，再用螺栓将底层土柱与底座固定。

(3) 埋置传感器。

在试样筒传感器预留孔处取下堵头，把含水量传感器直接从预留孔中间插入试样(若要埋设张力计，还需在预留孔处挖出放置传感器的孔)，在传感器前端套上 O 形密封圈。埋置传感器时应保证传感器与土样间接触良好，然后把与传感器预留孔配套的螺丝拧紧。

(4) 开始试验。

打开空压机，关闭连接在不锈钢水桶和压力表之间的进气阀，待供气管中压力稳定后再打开给气阀门，给高压盛水容器供气。打开水箱的出水阀门和土柱盖上端的进水阀门，开始入渗试验。试验开始后可在计算机采集系统中调整采集频率，读取土柱入渗过程中含水量传感器的试验数据。

(5) 停止试验。

观察采集系统采集到的数据，当不同高度各含水量传感器的读数接近一致且一段时间(大概 60 min 以上)保持不变时，表明入渗土柱已经基本上达到饱和，即可停止试验。

2. 试验及结果

试验所用土样为高塑限粉质黏土，物性指标见表 6.3.1。

表 6.3.1　土样常规物性指标

比重	密度/($g \cdot cm^{-3}$)	液限	塑限	塑性指数	饱和渗透系数/($cm \cdot s^{-1}$)	饱和体积含水量
2.723	1.96	39.6	19.1	20.5	2.36E-04	0.480 9

土样干密度控制为 1.5 g/cm^3，分 4 层均匀压实，制样方法采用第二种方法，在 50 mm，250 mm，350 mm，450 mm，550 mm 处共埋置了 5 个含水量传感器，编号分别为 501，506，502，503，504，装样照片如图 6.3.3、图 6.3.4。试样安装好并打开气压管和排水管，对试样施加稳定压力水头 0.3 MPa 进行渗透试验，同时打开数据采集系统采集试验数据。试验过程中采集了 5 个体积含水量传感器的数据，如图 6.3.5。

图 6.3.3　制备好的第一层试样

图 6.3.4　安装好的 3 层试样

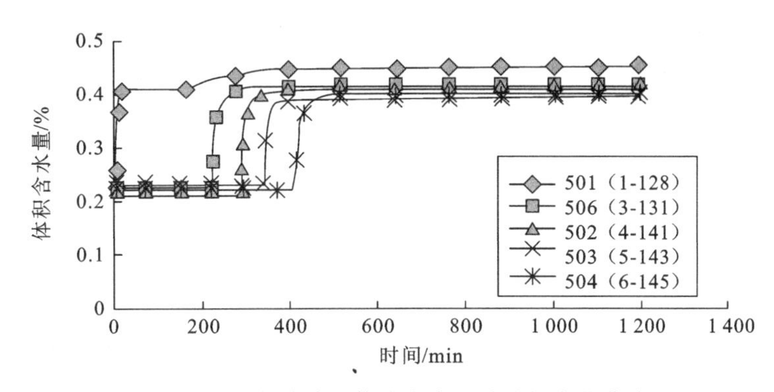

图 6.3.5　各传感器体积含水量随时间变化曲线

从图 6.3.5 中可以看出，试验初始时刻各含水量传感器读数基本相等，均等于土样初始体积含水量。随着水分入渗，最上面的 501 号传感器最先出现数据增大，然后往下传感器依次出现读数增加，各有一定滞后。各传感器均达到饱和含水量后，土体渗流达到稳定。

但从图中也看出，渗流试验稳定时土柱上部体积含水量传感器读数略大于下部传感器读数，分析认为可能有两个原因：一是制样过程是从下往上依次压实的，从而导致下部土柱密实度大于上部；二是在水分入渗时渗透力及土体自重导致下层土柱被不断压密。体积含水量是土中水的体积与土的总体积的比值，从上往下土体孔隙在逐渐减小，所以体积含水量在不断减小。

注意：501 号传感器在体积含水量为 0.4 附近出现直线后又继续增加，是由于调压阀气压控制不稳造成的。

6.3.3　V-G 参数反演

1. 基本思路

V-G 模型是非饱和土渗流分析中应用最为广泛的渗透性函数，该函数含有两个参数 α 和 n，但是这两个参数如何取值让所有学者及工程技术人员十分棘手，通常根据经验取值往往会造成较大误差。本节利用 Geo-studio 软件的 seep 模块对上述试验过程进行数值模拟，并基于上述试验数据对 V-G 模型参数进行反演。具体做法是：首先，用经验类比方法初步确定 V-G

模型参数 α 和 n 的取值范围，在参数取值范围内进行 n 等分，可构成 $n\times n$ 组模型参数；然后，选取每组参数分别进行渗流过程数值模拟，得到体积含水率随时间变化的计算值；最后，运用最小二乘法求解试验值与各组计算值误差平方和的最小值，即模型参数在取值区间内的局部最优解，该最优解所对应的模型参数就是试验土样的模型参数。

2. V-G 模型

V-G 模型是 Van Genuchten 对土水特征曲线进行深入研究，在大量试验数据拟合基础上提出的[28]。V-G 模型中非饱和土体积含水量与基质吸力之间是幂函数关系式，模型中有 3 个参数，表达式为

$$\frac{\theta-\theta_r}{\theta_s-\theta_r}=F(\psi)=\left[\frac{1}{1+(\alpha\psi)^n}\right]^m \tag{6-3-1}$$

式中：θ_s 为饱和含水率；θ_r 为残余含水率；α,m,n 为拟合参数。

体积含水量的取值区间是：$\theta\in[\theta_r,\theta_s]$，基质吸力的取值区间是 $\psi\in[0,\psi_r]$。非饱和土相对渗透系数与体积含水量之间的关系式如式(6-3-2,)，进而可得到渗透性系数与基质吸力之间的关系式如式(6-3-3)。

$$k_r(\theta)=\Theta^{0.5}[1-(1-\Theta^{1/m})^m]^2 \tag{6-3-2}$$

$$k_r(\psi)=\frac{\{1-(\alpha\psi)^{n-1}[1+(\alpha\psi)^n]^{-m}\}^2}{[1+(\alpha\psi)^n]^{m/2}} \tag{6-3-3}$$

式中：Θ 为有效饱和度，即 $\Theta=S_e=\dfrac{\theta-\theta_r}{\theta_s-\theta_r}$；$\psi_r$ 为残余含水量所对应的基质吸力；α 为与进气值有关的参数，α 值越大进气值越小；n 为与基质吸力大于进气值处曲线斜率有关的参数，n 值越大则曲线斜率越大，其物理意义是 n 值越大，非饱和土体饱和度减小相同值时基质吸力增加幅度越小；m 是影响土水特征曲线残余含水量的值，$m=1-\dfrac{1}{n}$。表 6.3.2[45] 和表 6.3.3[46] 列出了一些常见土的 V-G 模型参数及饱和体积含水量、残余体积含水量及饱和渗透系数的值，可供反演取值时做参考。

表 6.3.2 11 种常见土的持水和渗透参数均值[43]

土体类型	θ_r	θ_s	α		n	k_s	
			1/cm	1/kPa		cm/d	m/s
砂	0.020	0.417	0.138	1.407 158	1.592	504.0	5.833 33E-05
壤土砂	0.035	0.401	0.115	1.172 632	1.474	146.6	1.696 76E-05
砂壤土	0.041	0.412	0.068	0.693 382	1.322	62.16	7.194 44E-06
壤土	0.027	0.434	0.090	0.917 712	1.220	16.32	1.888 89E-06
粉砂壤土	0.015	0.486	0.048	0.489 446	1.211	31.68	3.666 67E-06
砂质黏壤土	0.068	0.330	0.036	0.367 085	1.250	10.32	1.194 44E-06
黏壤土	0.075	0.390	0.039	0.397 675	1.194	5.52	6.388 89E-07
粉砂黏壤土	0.040	0.432	0.031	0.316 101	1.151	3.60	4.166 67E-07
砂质黏土	0.109	0.321	0.034	0.346 691	1.168	2.88	3.333 33E-07
粉质黏土	0.056	0.423	0.029	0.295 707	1.127	2.16	0.000 000 25
黏土	0.090	0.385	0.027	0.275 314	1.131	1.44	1.666 67E-07

表 6.3.3　12 种常见土的持水及渗透参数均值[44]

土体类型	θ_r	θ_s	α		n	k_s	
			1/cm	1/kPa		cm/d	m/s
砂	0.045	0.43	0.145	1.478 535 74	2.68	712.8	8.25E-05
壤土砂	0.057	0.41	0.124	1.264 402 977	2.28	350.2	4.053 24E-05
砂壤土	0.065	0.41	0.075	0.764 759 865	1.89	106.1	1.228 01E-05
壤土	0.078	0.43	0.036	0.367 084 735	1.56	24.96	2.888 89E-06
淤泥	0.034	0.46	0.016	0.163 148 771	1.37	6.00	6.944 44E-07
粉砂壤土	0.067	0.45	0.020	0.203 935 964	1.41	10.80	1.25E-6
砂质黏壤土	0.100	0.39	0.059	0.601 611 094	1.48	31.44	3.638 89E-06
黏壤土	0.095	0.41	0.019	0.193 739 166	1.31	6.24	7.222 22E-07
粉砂黏壤土	0.089	0.43	0.010	0.101 967 982	1.23	1.68	1.944 44E-07
砂质黏土	0.100	0.38	0.027	0.275 313 552	1.23	2.88	3.333 33E-07
粉质黏土	0.070	0.36	0.005	0.050 983 991	1.09	0.48	5.555 56E-08
黏土	0.068	0.38	0.008	0.081 574 386	1.09	4.80	5.555 56E-07

3. SEEP 软件介绍

SEEP 是加拿大岩土工程公司生产的 Geo-studio 软件中的渗流分析模块，分为前处理、求解器和后处理三个部分。前处理主要是进行建模、参数设置、边界条件及工况设置等工作；求解器是商业软件的核心，它决定了计算结果的收敛速度和精度，SEEP 的求解器主要是求解 Richards 渗流控制微分方程；后处理是用云图、等值线或者表格等形式对计算结果进行表述。

4. V-G 模型参数反演

V-G 模型中有 6 个参数，即 α，n，m，k_s，θ_s 和 θ_r。其中 θ_s 和 k_s 可以由土的基本试验测得，θ_r 对结果影响不大，可假定它为定值，$m=1-1/n$。因此，模型中只有两个参数 α、n 需要通过反演确定。

假定两个未知参数 α，n 的取值区间，利用 SEEP/W 软件对渗流试验进行数值模拟，可得到试样中渗流场随时间的变化，包括土样任意点体积含水量随时间的变化值。然后，按照计算值与试验值误差平方和最小的原则，来寻求模型参数区间内的局部最优解，该最优解即为试样的 V-G 模型参数。

(1) 最优目标函数表达式。

目标函数定义为任意点任意时刻试样体积含水量计算值与试验值误差平方和，数学表达式为

$$F(\alpha,n,\theta_r,\theta_s,k_s)=\left[\sum_{i=t_1}^{t_n}\sum_{j=1}^{m}m_{i,j}\ (\omega_{i,j}-\omega_{i,j}^{*})^{p}\right]^{1/p} \tag{6-3-4}$$

其中，范数值 $p=2$，即最常用的最小二乘法；t_1 和 t_n 为第一个和第 n 个试验数据的采集时间；m

为试验点的数量；$m_{i,j}$ 为 i 时间和 j 点的加权值；$\omega_{i,j}$ 为 i 时刻 j 点处体积含水量的计算值；$\omega_{i,j}^{*}$ 为 i 时刻 j 点处体积试含水量的实测值。目标函数式(6-3-4)的最优解就是该函数的最小值，即

$$\min[F(\alpha,n,\theta_r,\theta_s,k_s)] \tag{6-3-5}$$

满足式(6-3-5)的参数组合 $\alpha,n,\theta_s,\theta_r,k_s$ 就是所求参数。

(2) 参数反演。

试验用土为粉质黏土，参照表 6.3.2 和表 6.3.3 给出的参数取值，假设 α 的取值区间为 $[0.01\ \text{kPa}^{-1},0.51\ \text{kPa}^{-1}]$，$n$ 的取值区间为[0.6，1.6]，搜索取值区间都等分 10 份，则可构成 10×10 共 100 组 V-G 模型反演参数的组合。对 100 组参数组合分别利用 SEEP 软件依次对渗流试验过程进行数值模拟，分别求出每一组参数对应的体积含水量在各时刻和各位置点的值。全部参数组合计算完成后，由式(6-3-5)可得最优解的一组参数组合。

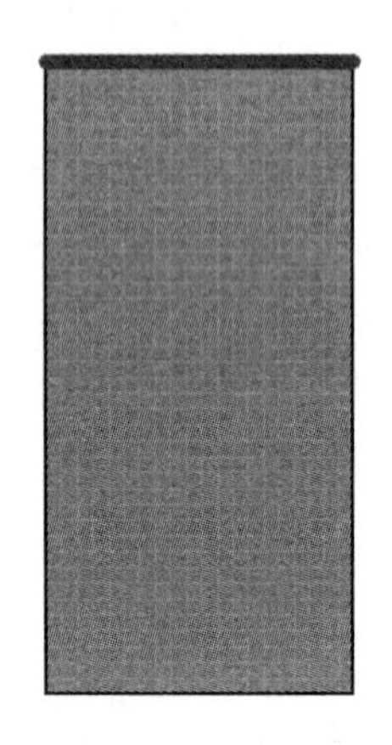

图 6.3.6　计算模型

数值模拟计算模型为 300 mm×600 mm(长×高)的矩形，与试样中心竖切面尺寸一致。用四边形网格进行剖分，共计 861 个节点，800 个单元，计算网格见图 6.3.6。计算模型初始条件为初始含水量，顶部为 0.3 MPa 水头边界，侧面为不透水边界，底部为零水头边界。常规试验测得$\theta_r=0.06$，$\theta_s=0.4809$，$k_s=2.36\times10^{-4}$ cm/s。

限于篇幅，没有列出每组参数的数值模拟计算结果，仅给出最终参数反演结果 $\alpha=0.26$，$n=1.2$。对应的土水特征曲线如图 6.3.7 所示，渗透性函数如图 6.3.8 所示。

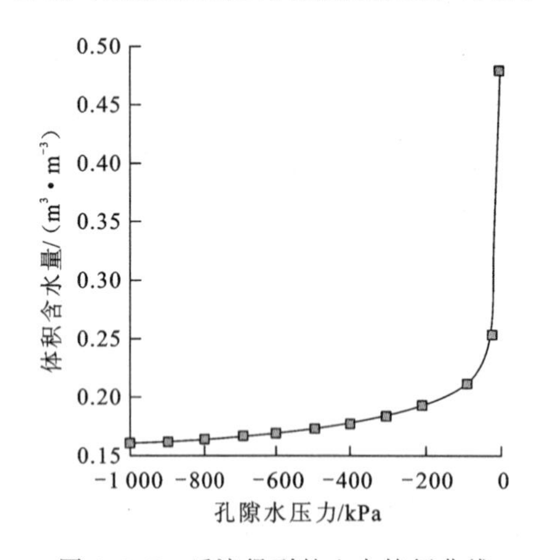

图 6.3.7　反演得到的土水特征曲线

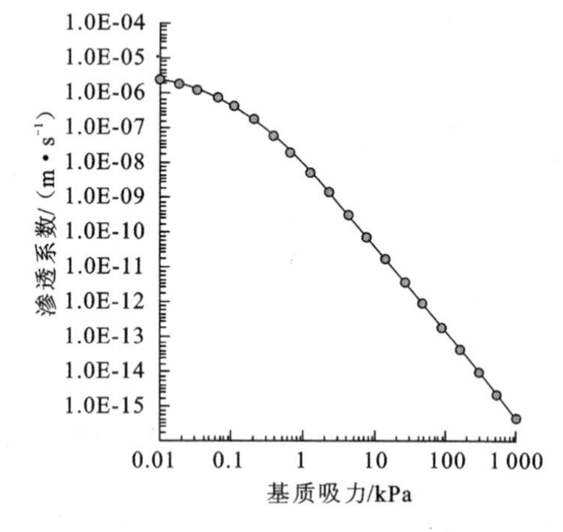

图 6.3.8　反演得到的渗透性函数

(3) 反演参数验证。

用相同试样重新做了一组渗流试验，试样高度为两层土柱，土样干密度仍为 1.5 g/cm^3，压力水头控制为 0.5 MPa；利用 SEEP 软件及反演所得参数对该试验过程进行数值模拟；然后将试验结果与数值模拟结果进行对比，以验证反演所得参数的适用性。

对试样高度 50 mm，150 mm，250 mm，350 mm 处的 4 个点进行对比，如图 6.3.9～图 6.3.12所示。

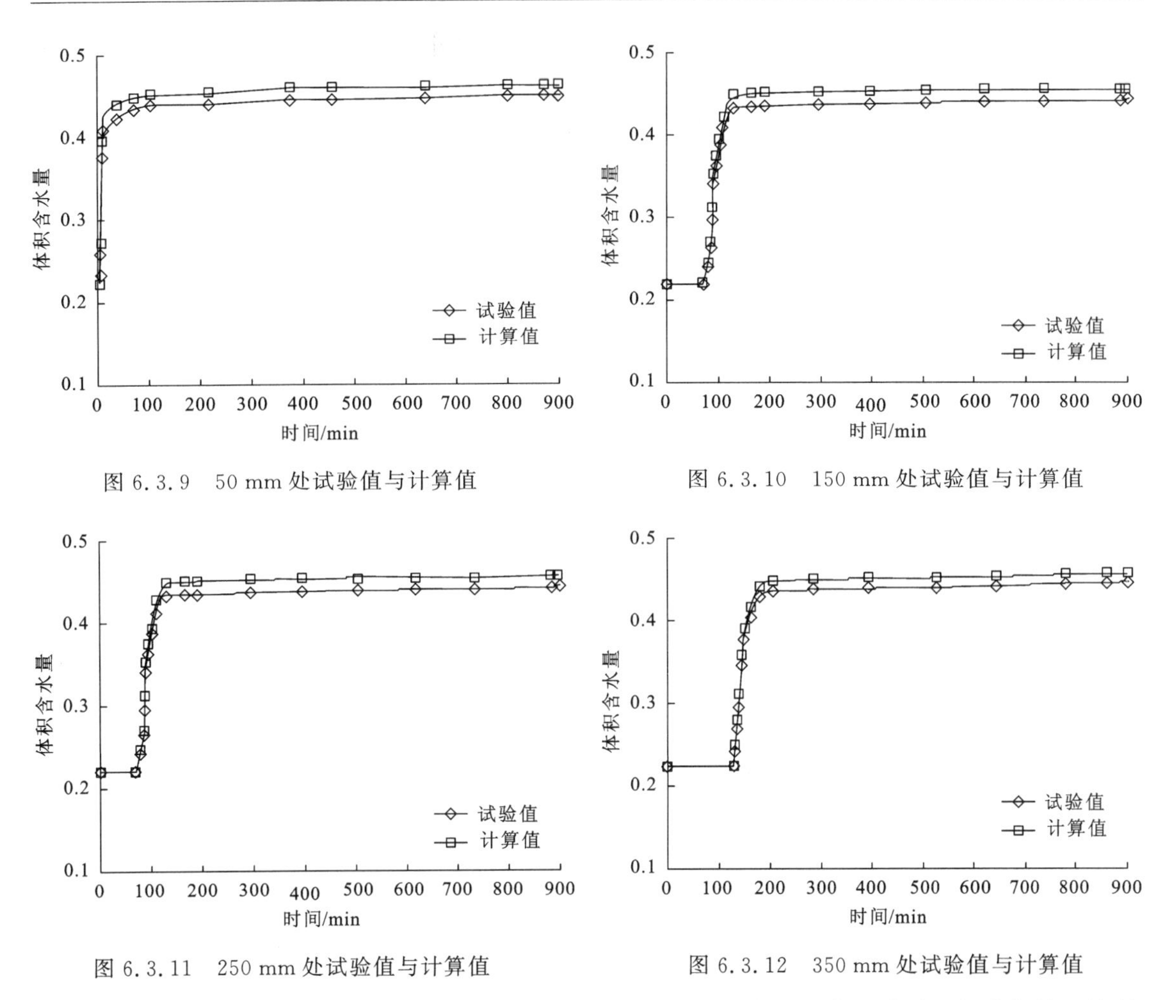

图 6.3.9　50 mm 处试验值与计算值

图 6.3.10　150 mm 处试验值与计算值

图 6.3.11　250 mm 处试验值与计算值

图 6.3.12　350 mm 处试验值与计算值

从图 6.3.11 与图 6.3.12 中看出，数值模拟结果与试验结果基本上吻合，表明参数反演结果比较可信。计算得到的饱和含水量略大于试验测得饱和含水量，因为计算值是理想状态，而实际上土样很难达到真正饱和。因此，实测值低于计算值也是符合实际情况的。

6.4　确定非饱和土渗透性函数的一种新方法

本节提出了一种确定非饱和土渗透性函数的新方法。基本思路是对 Richards 偏微分方程分别采用向前差分和向后差分进行离散化，通过数值求解方法获得非饱和土渗透性函数的数学表达式，然后利用自制的非饱和土渗透仪开展一维垂直非饱和渗透试验，基于试验成果及上述数学表达式确定非饱和土渗透性函数。

6.4.1　非饱和土渗透系数表达式的推导

若令$\frac{\partial h}{\partial z}=\frac{\partial h}{\partial \theta}\cdot\frac{\partial \theta}{\partial z}$，则式(6-2-9)可以变化为如下形式

$$\frac{\partial \theta}{\partial t}=\frac{\partial}{\partial z}\left[K(\theta)\cdot\frac{\partial h}{\partial \theta}\cdot\frac{\partial \theta}{\partial z}\right]-\frac{\partial K(\theta)}{\partial z} \tag{6-4-1}$$

式(6-4-1)是一个复杂的二阶偏微分方程，通过解析法求其解析解十分困难，一般只能通过数值方法求其数值解，数值解法大都采用有限差分法或者有限元法，但一般都是以基质势 h 或含水量 θ 为求解目标值，而把渗透系数 $K(\theta)$ 作为已知参量代入方程进行求解，而不是把非饱和渗透系数 $K(\theta)$ 作为目标进行求解。目前，以含水量、时间和空间位置为因变量通过反解求非饱和渗透性函数 $K(\theta)$ 的研究还没有见到。本节另辟蹊径，采用反算方法通过式(6-4-1)直接解求 $K(\theta)$ 表达式。

式(6-4-1)变换为

$$\frac{\partial\theta}{\partial t}=\frac{\partial}{\partial z}\left[K(\theta)\cdot\frac{\partial h}{\partial\theta}\cdot\frac{\partial\theta}{\partial z}\right]-\frac{\partial K(\theta)}{\partial z}=\frac{\partial K\cdot\left(\frac{\partial h}{\partial\theta}\cdot\frac{\partial\theta}{\partial z}-1\right)}{\partial z} \tag{6-4-2}$$

设 $h'(\theta)=\frac{\partial h}{\partial\theta}$，$f=K\cdot\frac{\partial h}{\partial\theta}\cdot\frac{\partial\theta}{\partial z}-1=K\cdot\left(h'(\theta)\cdot\frac{\partial\theta}{\partial z}-1\right)$，则上式可写为

$$\frac{\partial\theta}{\partial t}=\frac{\partial f}{\partial z} \tag{6-4-3}$$

设 i 代表空间位置，j 代表时间节点，时间间隔为 Δt，空间间隔为 Δz，对方程(6-4-1)采用两种方式进行离散。

(1) 运用前向欧拉法分别对时间和空间进行离散。

对式(6-4-3)运用前向欧拉法分别对时间和空间进行离散得

$$\text{左边}\ \frac{\partial\theta}{\partial t}=\frac{\theta_i^{j+1}-\theta_i^j}{\Delta t},\quad \text{右边}\ \frac{\partial f}{\partial z}=\frac{f_{i+1}^j-f_i^j}{\Delta z}$$

$$f_{i+1}^j=K_{i+1}^j\left[h'(\theta_{i+1}^j)\cdot\left(\frac{\partial\theta}{\partial z}\right)_{i+1}^j-1\right]=K_{i+1}^j\left[h'(\theta_{i+1}^j)\cdot\frac{\theta_{i+1}^j-\theta_i^j}{\Delta z}-1\right]$$

$$f_i^j=K_i^j\left[h'(\theta_i^j)\cdot\left(\frac{\partial\theta}{\partial z}\right)_i^j-1\right]=K_i^j\left[h'(\theta_i^j)\cdot\frac{\theta_i^j-\theta_{i-1}^j}{\Delta z}-1\right]$$

将上述两式代入式(6-4-3)得到最终离散形式如下

$$\frac{\theta_i^{j+1}-\theta_i^j}{\Delta t}=\frac{1}{\Delta z}\left\{K_{i+1}^j\left[h'(\theta_{i+1}^j)\cdot\frac{\theta_{i+1}^j-\theta_i^j}{\Delta z}-1\right]-K_i^j\left[h'(\theta_i^j)\cdot\frac{\theta_i^j-\theta_{i-1}^j}{\Delta z}-1\right]\right\} \tag{6-4-4}$$

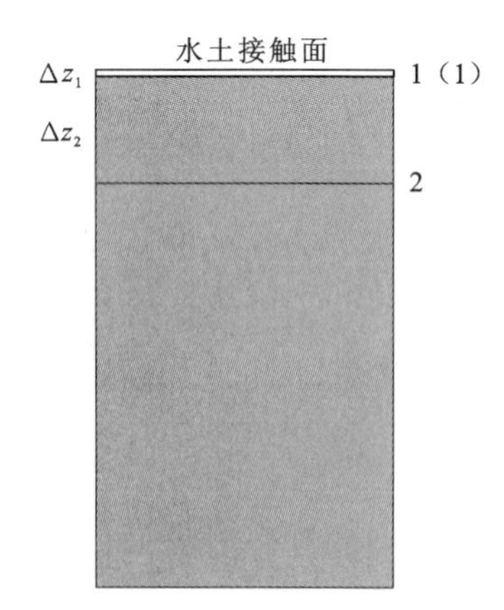

图 6.4.1 简化的一维入渗离散模型示意图

建立简化一维入渗离散模型如图 6.4.1 所示，其中白色部分表示土样顶部充水层，即透水石部分，灰色部分代表土样。在土柱竖直方向设立 0,1,2 三个位置点，其中 0 点和 1 点为土水界面附近非常接近的两点，认为该两点的含水量始终等于饱和含水量，不随时间变化。

当 $i=1$ 时，方程(6-4-4)表述为

$$\frac{\theta_1^{j+1}-\theta_1^j}{\Delta t}=\frac{1}{\Delta z_2}\left\{K_2^j\left[h'(\theta_2^j)\cdot\frac{\theta_2^j-\theta_1^j}{\Delta z_2}-1\right]-K_1^j\left[h'(\theta_1^j)\cdot\frac{\theta_1^j-\theta_0^j}{\Delta z_1}-1\right]\right\} \tag{6-4-5}$$

其中 θ_1^j 和 θ_0^j 不随时间而变，为饱和含水量 θ_s，K_1^j 为饱和渗透系数 K_s，则上式变为

$$\frac{\theta_s-\theta_s}{\Delta t}=\frac{1}{\Delta z_2}\left\{K_2^j\left[h'(\theta_2^j)\cdot\frac{\theta_2^j-\theta_s}{\Delta z_2}-1\right]-K_1^j\left[h'(\theta_s)\cdot\frac{\theta_s-\theta_s}{\Delta z_1}-1\right]\right\}$$

$$0=\frac{1}{\Delta z_2}\left\{K_2^j\left[h'(\theta_2^j)\cdot\frac{\theta_2^j-\theta_s}{\Delta z_2}-1\right]+K_s\right\}$$

由此得到

$$K_2^j=\frac{K_s}{1-h'(\theta_2^j)\cdot\dfrac{\theta_2^j-\theta_s}{\Delta z_2}} \tag{6-4-6}$$

式(6-4-6)即为图6.4.1中一维非饱和垂直入渗模型试验在测点2任意 j 时刻的渗透系数表达式。该渗透系数表达式含有两个因变量：测点距离 Δz 及其对应的体积含水量 θ。因此，在已知土水征曲线条件下，只需在一维非饱和垂直入渗试验中在 Δz 处测得任意时刻的土样体积含水量 θ，就可以算出对应的一系列渗透系数，并由此获得非饱和渗透性函数曲线。

(2) 运用前向欧拉法对时间进行离散、运用后向欧拉法对空间进行离散。

针对式(6-4-3)，运用前向欧拉法对时间进行离散，运用后向欧拉法对空间进行离散，得

$$左边\ \frac{\partial\theta}{\partial t}=\frac{\theta_i^{j+1}-\theta_i^j}{\Delta t}\qquad 右边\ \frac{\partial f}{\partial z}=\frac{f_i^j-f_{i-1}^j}{\Delta z}$$

$$f_i^j=K_i^j\left[h'(\theta_i^j)\cdot\left(\frac{\partial\theta}{\partial z}\right)_i^j-1\right]=K_i^j\left[h'(\theta_i^j)\cdot\frac{\theta_i^j-\theta_{i-1}^j}{\Delta z}-1\right]$$

$$f_{i-1}^j=K_{i-1}^j\left[h'(\theta_{i-1}^j)\cdot\left(\frac{\partial\theta}{\partial z}\right)_{i-1}^j-1\right]=K_{i-1}^j\left[h'(\theta_{i-1}^j)\cdot\frac{\theta_{i-1}^j-\theta_{i-2}^j}{\Delta z}-1\right]$$

将上述两式代入式(6-4-3)得到最终离散形式

$$\frac{\theta_i^{j+1}-\theta_i^j}{\Delta t}=\frac{1}{\Delta z}\left\{K_i^j\left[h'(\theta_i^j)\cdot\frac{\theta_i^j-\theta_{i-1}^j}{\Delta z}-1\right]-K_{i-1}^j\left[h'(\theta_{i-1}^j)\cdot\frac{\theta_{i-1}^j-\theta_{i-2}^j}{\Delta z}-1\right]\right\} \tag{6-4-7}$$

对于图6.4.1所示的简化离散模型，当 $i=2$ 时，上述方程表述如下

$$\frac{\theta_2^{j+1}-\theta_2^j}{\Delta t}=\frac{1}{\Delta z_2}\left\{K_2^j\left[h'(\theta_2^j)\cdot\frac{\theta_2^j-\theta_1^j}{\Delta z_2}-1\right]-K_1^j\left[h'(\theta_1^j)\cdot\frac{\theta_1^j-\theta_0^j}{\Delta z_1}-1\right]\right\} \tag{6-4-8}$$

其中 θ_1^j 和 θ_0^j 不随时间而变，为饱和含水量 θ_s，$K_1^j=$ 饱和渗透系数 K_s，则式(6-4-8)变为

$$\frac{\theta_2^{j+1}-\theta_2^j}{\Delta t}=\frac{1}{\Delta z_2}\left\{K_2^j\left[h'(\theta_2^j)\cdot\frac{\theta_2^j-\theta_s}{\Delta z_2}-1\right]-K_1^j\left[h'(\theta_s)\cdot\frac{\theta_s-\theta_s}{\Delta z_1}-1\right]\right\} \tag{6-4-8a}$$

对上式进一步简化得

$$\frac{\theta_2^{j+1}-\theta_2^j}{\Delta t}=\frac{1}{\Delta z_2}\left\{K_2^j\left[h'(\theta_2^j)\cdot\frac{\theta_2^j-\theta_s}{\Delta z_2}-1\right]+K_s\right\} \tag{6-4-8b}$$

由式(6-4-8b)得

$$K_2^j=\frac{\dfrac{\theta_2^{j+1}-\theta_2^j}{\Delta t}\cdot\Delta z_2-K_s}{h'(\theta_2^j)\cdot\dfrac{\theta_2^j-\theta_s}{\Delta z_2}-1} \tag{6-4-9}$$

式(6-4-9)即为图6.4.1模型中测点2在任意 j 时刻的渗透系数表达式。该表达式含有3个因变量：时间 Δt、测点距离 Δz 及体积含水量 θ。在已知土水特征曲线条件下，通过一维非饱和入渗试验测得上述3个变量，就可以计算出对应的系列渗透系数，并由此获得非饱和渗透性

函数曲线。

式(6-4-6)和式(6-4-9)是针对图6.4.1所示简化模型采用两种不同离散方法得到的两种非饱和渗透系数表达式。分别用式(6-4-10)和式(6-4-11)代替式(6-4-6)和式(6-4-9),使得表达式更简化通用

$$K_t=\frac{K_s}{1-h'(\theta_t)\cdot\dfrac{\theta_t-\theta_s}{\Delta z}} \tag{6-4-10}$$

$$K_t=\frac{\dfrac{\theta_{t+1}-\theta_t}{\Delta t}\cdot\Delta z-K_s}{h'(\theta_t)\cdot\dfrac{\theta_t-\theta_s}{\Delta z}-1} \tag{6-4-11}$$

式中:θ_t 为渗流试验 t 时刻测得的体积含水量;K_t 为渗流试验 t 时刻体积含水量 θ_t 对应的渗透系数;K_s 为土样的饱和渗透系数;$h'(\theta)$ 为基质势对于体积含水量求导,$h'(\theta)=\partial h/\partial\theta$,由土水特征曲线得到;$\Delta z$ 为体积含水量传感器测点距水土接触面的距离;Δt 为体积含水量 θ_t 读数时距离开始记录数据的时间间隔;θ_s 为土样饱和体积含水量。

为此,可研发固定水头一维非饱和渗透仪,在试样适当位置 Δz 处安放张力计和体积含水量传感器,通过非饱和入渗试验实时采集张力和体积含水量,进而获得土水特征曲线和体积含水量随时间的变化曲线;在土样整体达到饱和以后,通过称取集水装置的水量随时间的变化,可以确定土样的饱和渗透系数。将试验测得的土水特征曲线、体积含水量随时间的变化值及其他土性参数代入式(6-4-10)和式(6-4-11),可计算得到随体积含水量变化的一系列非饱和渗透系数,通过函数拟合可确定非饱和渗透性函数。但对于 Δz 取多大合适还需要更深入的探讨。

6.4.2 非饱和土渗透系数表达式适用性探讨

设定一维非饱和土入渗模型,土柱高10 cm,上边界条件为10 cm水柱,下边界条件为自由排水面,如图6.4.2所示。已知土样渗透系数、土水特征曲线及非饱和渗透性函数,利用一维非饱和渗流数值分析软件HYDRUS-1D对该入渗模型进行数值模拟,计算模型中指定观察点体积含水量随时间的变化值。然后将计算结果代入式(6-4-10)和式(6-4-11),可得到非饱和渗透系数随体积含水量的变化值。将计算值与已知非饱和土渗透系数进行对比,以分析式(6-4-10)和式(6-4-11)的可靠性和适用性。下面分别针对土性,Δz,Δt 三个因素进行探讨。

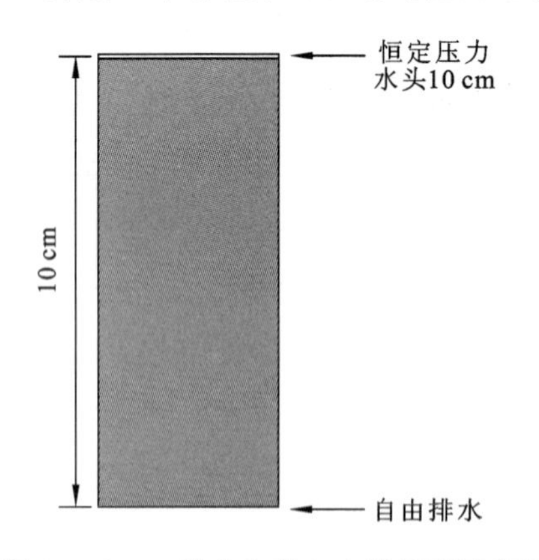

图6.4.2　一维非饱和土入渗模型示意图

1. 土性和 Δz 的影响

对于图6.4.2所示的入渗模型,在距离土柱顶部1 cm、2 cm、5 cm和8 cm处分别设置4个观察点,并依此选择砂土、粉质黏土和黏土进行数值试验。非饱和渗流数值分析软件

HYDRUS-1D 内置了 V-G 模型，并提供了砂土、粉质黏土和黏土的 V-G 模型参数。

基于 V-G 模型得土水特征曲线函数见式(6-4-12)

$$\frac{\theta-\theta_r}{\theta_s-\theta_r}=\left[\frac{1}{1+(\alpha h)^n}\right]^m,\quad m=1-\frac{1}{n},\quad 0<m<1 \tag{6-4-12}$$

式中：α，m，n 为经验拟合系数；θ_r 为残余含水量；θ_s 为饱和含水量；θ 为计算时段土壤体积含水量。

基于 V-G 模型得非饱和土渗透性函数见式(6-4-13)

$$K_r(\Phi)=\Phi^{\frac{1}{2}}\left[1-(1-\Phi^{\frac{1}{m}})^m\right]^2 \tag{6-4-13}$$

式中：$\Phi=\frac{\theta-\theta_r}{\theta_s-\theta_r}$；$K_r(\Phi)$为相对渗透系数；$m$ 为拟合参数，$m=1-\frac{1}{n}$。

下面利用 HYDRUS－1D 软件提供的 V-G 模型及参数，分别针对砂土、粉质黏土和黏土进行数值模拟计算与分析讨论。

(1) 砂土。

砂土的 V-G 模型参数见表 6.4.1。设定初始含水量为 0.049 4，计算时间步长为 0.1 s，空间步长为 0.1 cm，数值模拟计算结果如图 6.4.3 所示。由图中可知，随着时间的增加，不同位置处体积含水量依次发生变化，直至达到饱和状态。从渗流试验开始到试样全部饱和整个过程不到 120 s，1 cm 处在试验开始 2.9 s 后达到饱和状态。目前市面上常用的含水量传感器通常只能间隔 10 s 测量一次，试验中无法快速捕捉到砂土中体积含水量随时间变化的过程和细节，下一节介绍的非饱和渗透仪不适用砂土。这里仅对数值模拟试验进行讨论。

表 6.4.1　砂土的 V-G 模型参数

残余含水量 θ_r	饱和含水量 θ_s	α/cm^{-1}	n	$K_s/(\text{cm}\cdot\text{s}^{-1})$
0.045	0.43	0.145	2.68	0.008 25

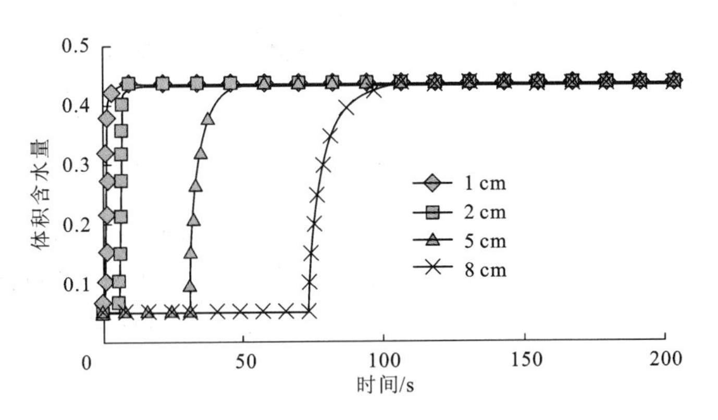

图 6.4.3　各观察点体积含水量随时间变化曲线

数值试验输入的土水特征曲线表达式如下

$$\frac{\theta-0.045}{0.43-0.045}=\left[\frac{1}{1+(0.145h)^{2.68}}\right]^{0.627} \tag{6-4-14}$$

利用 Matlab 对式(6-4-15)进行求导：

$$h'(\theta)=\partial h/\partial\theta$$
$$=-275\times\{77/[200\times(\theta-0.045)]\}^{(25/42)}$$
$$/\{174\times\{[77/(200\times\theta-9)]^{(67/42)}-1\}^{(42/67)}\times(\theta-0.045)^2\}$$

在 Richards 方程中基质势 h 为负数，而在 V-G 模型中，为了使用方便将基质势 h 视为正数，因此

$$h'(\theta_t)=275\times\{77/[200\times(\theta-0.045)]\}^{(25/42)}$$
$$/\{174\times\{[77/(200\times\theta-9)]^{(67/42)}-1\}^{(42/67)}\times(\theta-0.045)^2\} \quad (6\text{-}4\text{-}15)$$

将式(6-4-15)及图 6.4.2 中的试验数据代入到式(6-4-10)和式(6-4-11)，可计算得到相应的非饱和土渗透系数随体积含水量变化曲线，如图 6.4.4 和图 6.4.5 所示。

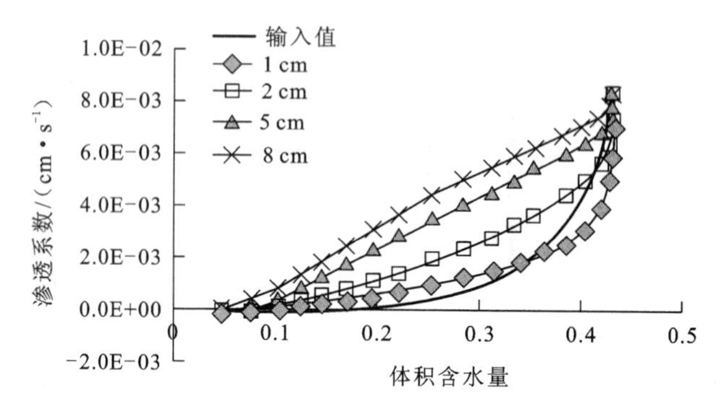

图 6.4.4　式(6-4-11)计算值与输入值对比

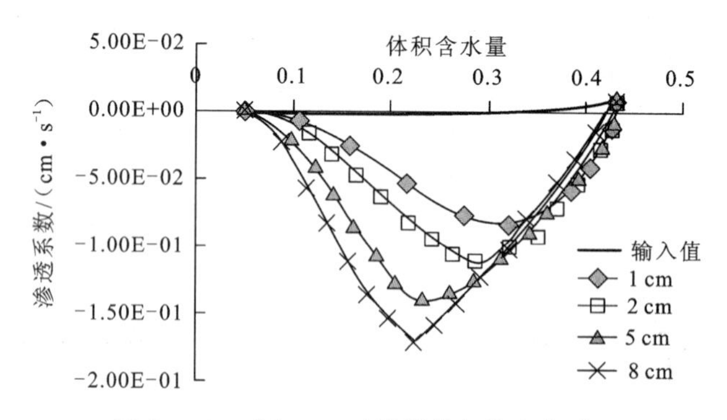

图 6.4.5　式(6-4-12)计算值与输入值对比

从图 6.4.4 中可以看出，Δz 为 1 cm 时计算结果与实际结果较为接近，Δz 为 2 cm，5 cm 和 8 cm 时，计算所得渗透系数与输入值相差很远。从图 6.4.5 中看出，各观察点与输入值完全不一致，甚至出现了负值。分析认为，砂土渗透性太大，在入渗过程中顶部很快就出现饱和区，数值试验所选择的 Δz 过大是造成计算出现负值和错差的根本原因。通过以上分析认为，式(6-4-10)和式(6-4-11)对砂土不适用。

(2) 粉质黏土。

粉质黏土的 V-G 模型参数见表 6.4.2。初始含水量为 0.091，计算时间步长为 0.5 s，空间步长为 0.1 cm，数值模拟计算结果如图 6.4.6 所示。由图中可知，随着时间的增加，不同位置处体积含水量依次发生变化，直至达到饱和状态，从渗流试验开始到试样全部饱和整个过程数值试验大约耗时 3 000 s。

表 6.4.2　粉质黏土的 V-G 模型参数

残余含水量 θ_r	饱和含水量 θ_s	α/cm^{-1}	n	K_s/(cm·s^{-1})
0.078	0.43	0.036	1.56	2.888 9E-004

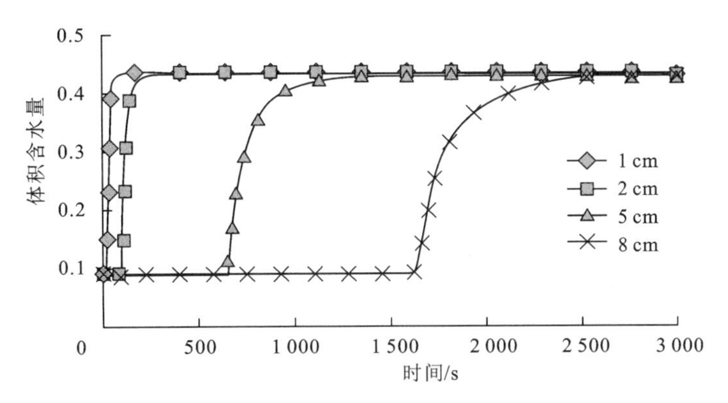

图 6.4.6　各观察点体积含水量随时间变化关系

输入的土壤水分特征曲线关系为

$$\frac{\theta-0.078}{0.43-0.078}=\left[\frac{1}{1+(0.036h)^{1.56}}\right]^{0.359} \tag{6-4-16}$$

$$h'(\theta_t)=2.706\,24[1/(\theta-0.078)]^{3.785\,52}/\{0.054\,561\,7[1/(\theta-0.078)]^{2.785\,52}-1\}^{0.358\,974} \tag{6-4-17}$$

将式(6-4-17)及图 6.4.6 中的试验数据代入到式(6-4-10)和式(6-4-11)，可计算得到相应的非饱和土渗透系数随体积含水量变化曲线，如图 6.4.7 和图 6.4.8 所示。

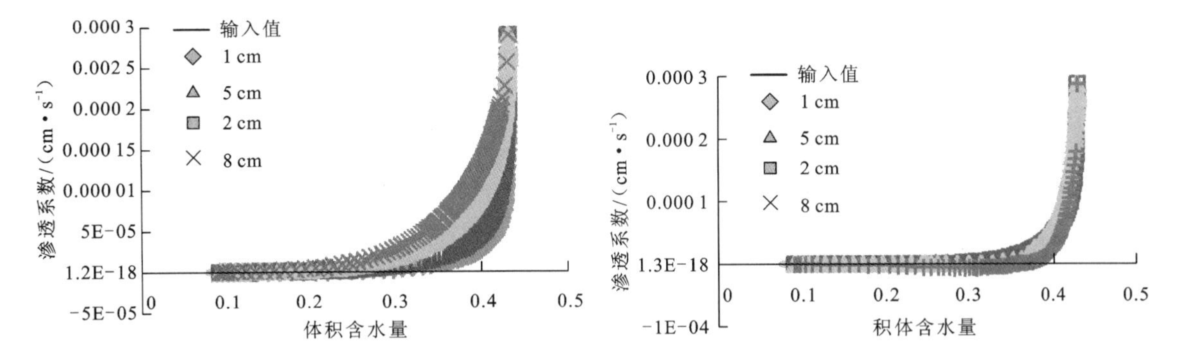

图 6.4.7　式(6-4-10)计算值与输入值对比　　图 6.4.8　式(6-4-11)计算值与输入值对比

从图 6.4.7 中看出，Δz 为 1 cm 时计算结果与实际输入值吻合较好，Δz 为 2 cm、5 cm 和 8 cm时，计算值与实际输入值在曲线趋势上基本一致，但在曲线拐点处相差较大，且 Δz 越大误差越大。从图 6.4.8 中看出，Δz 为 1 cm，2 cm 和 5 cm 时计算值与输入值吻合较好，Δz 为 8 cm时在曲线拐点处出现了一定偏差，且在一定范围出现了负值。分析认为，利用欧拉法所推导的非饱和土渗透系数表达式自身存在截断误差，当 Δz 取值过大时，导致截断误差较大，从而使计算结果出现了不稳定的现象。因此，应使测点位置与水土接触面距离尽量小。

(3) 黏土。

黏土的 V-G 模型参数见表 6.4.3。初始含水量为 0.091，计算时间步长为 5 s，空间步长为 0.1 cm，计算结果如图 6.4.9 所示。由图中可知，随着时间的增加，不同位置处体积含水量依次发生变化，直至达到饱和状态，从渗流试验开始到试样全部饱和整个过程数值试验大约耗时 5 000 s。

表 6.4.3　黏土的 V-G 模型参数

残余含水量 θ_r	饱和含水量 θ_s	α/cm^{-1}	n	K_s /(cm · s^{-1})
0.068	0.38	0.008	1.09	5.555 56E-005

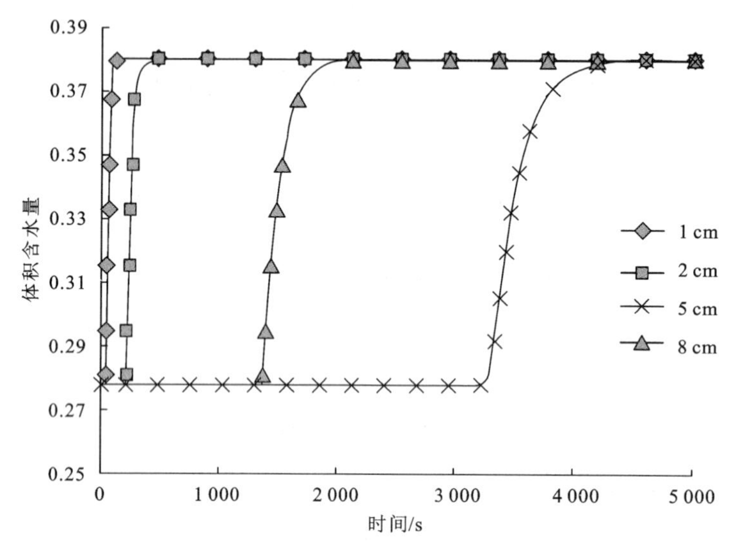

图 6.4.9　各观察点体积含水量随时间变化曲线

输入的土壤水分特征曲线表达式为

$$\frac{\theta-0.068}{0.38-0.068}=\left[\frac{1}{1+(0.008h)^{1.09}}\right]^{0.0826} \tag{6-4-18}$$

$$h'(\theta_t)=1\,300\times\{39/[125\times(\theta-17/250)]\}^{(100/9)})$$
$$/\{3\times\{[39/(125\times\theta-17/2)]^{(109/9)}-1\}^{(9/109)}\times(\theta-17/250)^2\} \tag{6-4-19}$$

将式(6-4-19)及图 6.4.9 中的试验数据代入到式(6-4-10)和式(6-4-11)中,可计算得到相应的非饱和土渗透系数随体积含水量变化曲线,如图 6.4.10 和图 6.4.11 所示。

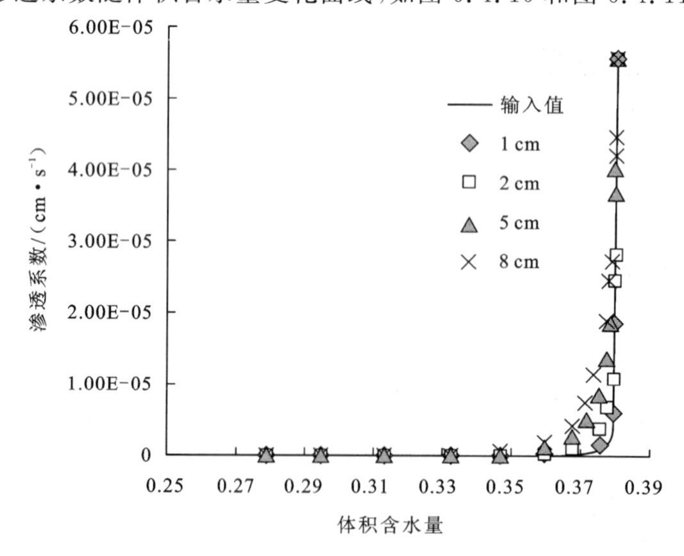

图 6.4.10　式(6-4-10)计算值与输入值对比

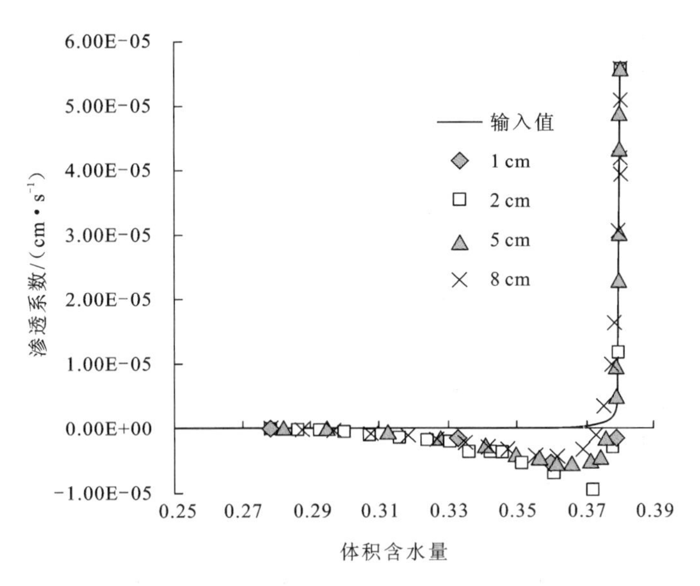

图 6.4.11　式(6.4.10)计算值与输入值对比

从图 6.4.10 中看出，Δz 为 1 cm 时计算结果与实际输入值吻合很好，Δz 为 2 cm，5 cm 和 8 cm时，计算值与实际输入值在曲线趋势上基本一致，但在曲线拐点处相差较大，且 Δz 越大误差越大。从图 6.4.11 中看出，在较低含水量和较高含水量情况下计算值与实际输入值吻合很好，但在曲线中前部分计算值与输入值相差很大，且出现了负值。

由上可知，对于式(6-4-10)取 Δz 为 1 cm 最合适；对于式(6-4-11)，只能计算较低含水量和较高含水量下此黏土的非饱和渗透性函数，但高含水量和低含水量的界限如何确定还值得进一步探索。

2. 时间步长 Δt 的影响

因式(6-4-10)不含时间步长 Δt，故下面仅讨论时间步长 Δt 对式(6-4-11)的影响。数值试验仍然针对图 6.4.2 的入渗模型展开，数值模拟时选择压力水头为 2.5 cm、Δz 为 5 cm，计算步长为 5 s，材料参数、土水特征曲线及非饱和渗透性函数均同上述黏土。计算所得体积含水量随时间变化的曲线如图 6.4.12 所示。

将式(6-4-19)及图 6.4.12 中的计算结果代入到式(6-4-11)中，分别选用时间间隔为 30 s，60 s 和 300 s 进行计算，可得到相应的非饱和土渗透系数随体积含水量变化曲线，如图 6.4.13 所示。

从图 6.4.13 中看出，采用不同 Δt 代入式(6-4-11)计算结果基本一致，因此，时间步长 Δt 对式(6-4-11)基本无影响。

综上所述，非饱和土渗透系数表达式(6-4-10)和式(6-4-11)不适用于砂土，用于粉质黏土和黏土则需要选择合适的测点距离 Δz。

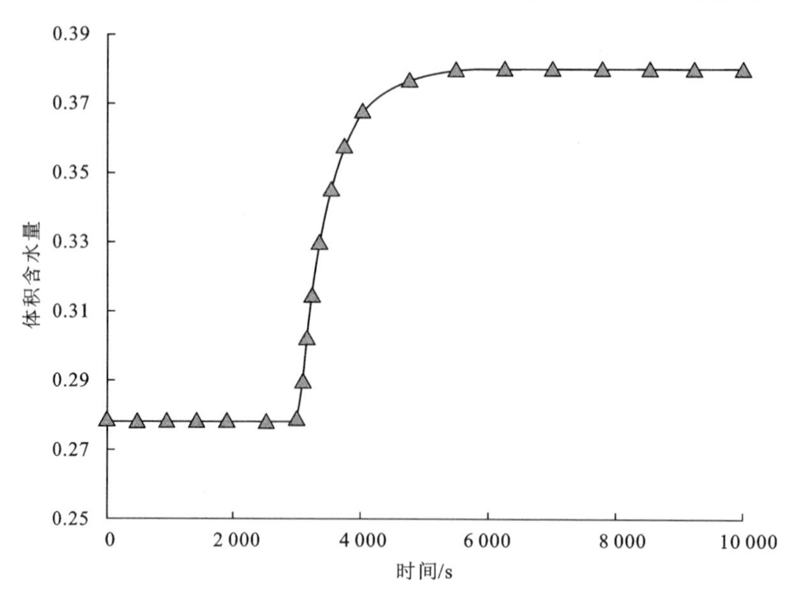

图 6.4.12　$\Delta z=5\ \text{cm}$ 处体积含水量随时间变化曲线

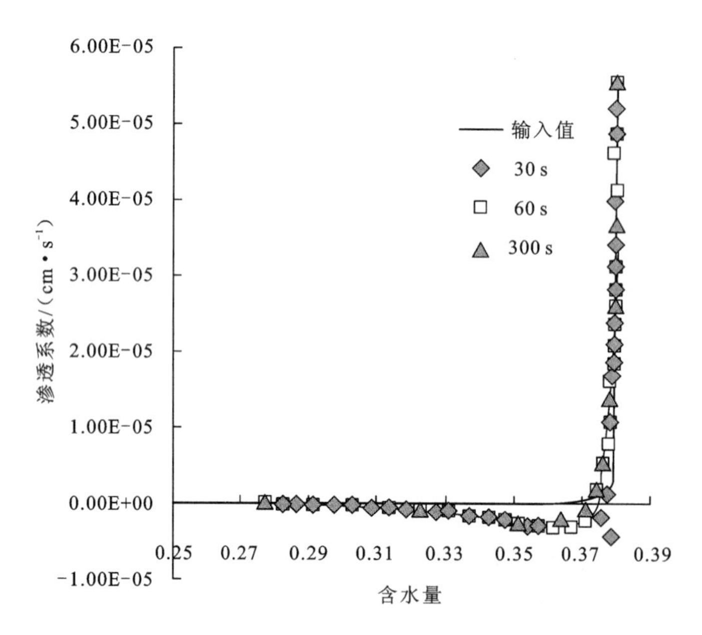

图 6.4.13　采用不同 Δt 计算所得结果对比

6.5　考虑固结压力影响的非饱和土渗透性函数

通常，非饱和土渗透性函数都没有考虑固结压力，这与工程实际不符，因为实际工程中土体均处于一定的固结压力状态。为此，在第 5.3 节提出的考虑固结应力的土水特征曲线函数基础上，本节基于 Brooks & Corey 幂函数推导了考虑固结压力影响的非饱和土渗透性函数表达式[47]。

(1) Brooks&Corey 非饱和土渗透性函数经验公式[33]

$$\begin{cases} K_w = k_s & u_a - u_w < (u_a - u_w)_b \\ K_w = k_s \left[\dfrac{(u_a - u_w)_b}{u_a - u_w} \right] \eta & u_a - u_w > (u_a - u_w)_b \end{cases} \tag{6-5-1}$$

式中：k_s为饱和土的渗透系数；η为与孔隙尺寸有关的系数；$(u_a - u_w)_b$为进气值。该函数既考虑了进气值效应，又考虑了孔隙尺寸对渗透性函数的影响，因此在岩土界得到广泛应用。

(2) 考虑固结压力影响的非饱和土渗透性函数推导。

为叙述方便，将前面第5.3节的土水特征曲线指数函数表达式(5-3-5)、Sigmoidal半对数函数表达式(5-5-19)及其进气值表达式(5-5-18)重列如下

指数函数表达式为

$$w = 14.07925 + (-0.01125P + 7.94157)e^{-u/(-0.14424P + 113.725)} \tag{6-5-2}$$

Sigmoidal半对数函数表达式为

$$\theta = \frac{1.48 \times 10^{-5} P^2 - 0.0194P + 9.3}{1 + [u/(-0.146P + 101.5)]^{(1.15 \times 10^{-6} P^2 + 1.79 \times 10^{-4} P + 1.23)}} + 13.5 \tag{6-5-3}$$

进气值表达式为

$$u_b = -0.023P + 15.6 \tag{6-5-4}$$

式(6-5-2)形式简单但不能确定进气值u_b，式(6-5-3)形式复杂却可以确定进气值u_b。为此，将两种函数表达式结合起来应用，即将式(6-5-2)及式(6-5-4)一起代入非饱和渗透函数式(6-5-1)，得到能够考虑固结压力影响的非饱和渗透性函数式(6-5-5)如下

$$k_w = k_s \left[\frac{(0.144p - 113.7)(15.6 - 0.023p)}{\ln\left(\dfrac{7.94 - 0.0113p}{\omega - 14.1}\right)} \right]^{\eta}, \quad u > u_b \tag{6-5-5}$$

式中：k_s为饱和土的渗透系数；η为经验常数，与孔隙尺寸分布指标λ有如下关系

$$\eta = \frac{2 + 3\lambda}{\lambda} \tag{6-5-6}$$

因此，只要确定了λ，就可求出η。1977年Corey提出了有效饱和度S_e与基质吸力的关系如式(6-5-7)

$$S_e = \left\{ \frac{(u_a - u_w)_b}{u_a - u_w} \right\}^{\lambda}, \quad u_a - u_w > (u_a - u_w)_b \tag{6-5-7}$$

令$(u_a - u_w)_b = u_b$，$u_a - u_w = u$，当$u > u_b$时，式(6-5-7)可表示为

$$S_e = \left\{ \frac{u_b}{u} \right\}^{\lambda}, \quad u > u_b \tag{6-5-8}$$

将式(5-5-13)代入式(6-5-8)得

$$S_e = \frac{\theta - \theta_r}{\theta_s - \theta_r} = \left\{ \frac{u_b}{u} \right\}^{\lambda}, \quad u > u_b \tag{6-5-9}$$

所以λ为$\dfrac{\theta - \theta_r}{\theta_s - \theta_r}$与$\dfrac{u_b}{u}$半对数直线的斜率。

由第5.5.2节表5.5.1知，$\theta_r = A_2$，$\theta_s = A_1$，其中A_2与压力无关，而A_1和u_b随应力而减小。将表5.5.1中数据分别代入式(6-5-9)得

$$\begin{cases}\dfrac{\theta-0.131}{0.296-0.131}=\left\{\dfrac{13.2}{u}\right\}^{\lambda},(u>13.2,P=100\ \text{kPa})\\ \dfrac{\theta-0.134}{0.196-0.134}=\left\{\dfrac{7.2}{u}\right\}^{\lambda},(u>7.2,P=200\ \text{kPa})\\ \dfrac{\theta-0.136}{0.182-0.136}=\left\{\dfrac{6.1}{u}\right\}^{\lambda},(u>6.1,P=300\ \text{kPa})\\ \dfrac{\theta-0.137}{0.174-0.137}=\left\{\dfrac{3.1}{u}\right\}^{\lambda},(u>3.1,P=400\ \text{kPa})\end{cases} \tag{6-5-10}$$

将第 5.3.4 节表 5.3.1 的试验数据分别代入式(6-5-10)，得到不同固结压力下的 λ 值如表 6.5.1 所示。

表 6.5.1 不同固结压力下的孔隙尺寸分布指标 λ

p/kPa	100	200	300	400
λ	0.747 6	0.732 6	1.151 2	1.512

为简化起见，取不同固结压力下 λ 的平均值 1.04，将 $\lambda=1.04$ 代入式(6-5-6)得到 $\eta=4.9$。再将 $\eta=4.9$ 代入式(6-5-5)得到考虑固结压力影响的非饱和渗透性函数表达式如下

$$k_w=k_s\left[\frac{(0.144P-113.7)(15.6-0.023P)}{\ln\left(\dfrac{(7.94-0.011\,3P)}{\omega-14.1}\right)}\right]^{4.9},\quad u>9.9 \tag{6-5-11}$$

相对渗透系数 k_r 如下

$$k_r=\frac{k_w}{k_s}=\left[\frac{(0.144P-113.7)(15.6-0.023P)}{\ln\left(\dfrac{(7.94-0.011\,3P)}{\omega-14.1}\right)}\right]^{4.9} \tag{6-5-12}$$

式(6-5-11)含有体积含水量 θ 和固结压力 P 两个变量。

可见，非饱和土的渗透性函数与土体固结状态有关。因此，在实际工程中选用可考虑固结压力影响的非饱和土渗透性函数进行非饱和渗流分析和计算更符合实际情况。

参考文献

[1] 李永乐，刘翠然，刘海宁，等. 非饱和土的渗透特性试验研究[J]. 岩石力学与工程学报，2004，23(22)：3861-3865.

[2] Fredlund D G，Rahardjo H. 非饱和土土力学[M]. 陈仲颐，张在明，陈愈炯，等译. 北京：中国建筑工业出版社，1997.

[3] 徐永福，兰守奇，孙德安，等. 一种能测量应力状态对非饱和土渗透系数影响的新型试验装置[J]. 岩石力学与工程学报，2005，24(1)：160-164.

[4] Fredlund D G，Rahardjo H，Fredlund M D. Unsaturated Soil Mechanics in Engineering Pratice[M]. New Jersey：John Wiley & Sons，Inc.，2012：354-355.

[5] 陈正汉. 非饱和土与特殊土测试技术新进展[C]//第二届全国非饱和土学术研讨会论文集. 杭州，2005，4：77-136.

[6] Klute A. Laboratory measurement of hydraulic conductivity of unsaturated soil[J]. In C. A. Black，D. D. Evans，et al. Methods of soil analysis，part 1. American Society of Agronomy，Madison，1965，9：253-261.

[7] Klute A. The determination of the hydraulic conductivity and diffusivity of unsaturated soils[J]. Soil Science Journal，1972，113：264-276.

[8] Hamilton J M, Daniel D E, Olson R E. Measurement of hydraulic conductivity of partially saturated soils [S]. In: Zimmie T F, Riggs C O. Permeability and Groundwater Contaminant Transport. New York: ASTM Special Technical Publication, 1981: 182-196.

[9] Daniel D E. Permeability test for unsaturated soil[J]. Geotechnical Testing Journal ASTM, 1983, 47(4): 81-86.

[10] Fleureau J M, Taibi S. Water-air Permeabilities of Unsaturated Soils [C]//Proceedings of the 1st International Conference on Unsaturated Soils, 1995, 2: 479-484.

[11] Barden L, Pavlakis G. Air and water permeability of compacted unsaturated cohesive soils[J]. Soil Sci., 1971, 22: 302-318.

[12] Huang S Y, Barbour S L, Fredlund D G. Measurement of the coefficient of permeability for a deformable unsaturated soil using a trail permeameter[J]. Can. Geotech. J., 1998, 35: 426-432.

[13] Gan J K M, Fredlund D G. A New Laboratory Method for the Measurement of Unsaturated Coefficients of Permeability of Soils[C]//Unsaturated soil for Asia, 2000: 381-386.

[14] Samingan A S, Leong E C, Rahardjo H. A flexible wall permeameter for measurements of water and air coefficients of permeability of residual soils[J]. Canadian Geotechnical Journal, 2003, 40: 559-574.

[15] 王文焰，张建丰. 在一个水平土柱上同时测定非饱和土壤水各运动参数的试验研究[J]. 水利学报，1990，7: 26-30.

[16] 陈正汉. 非饱和土固结的混和物理论[D]. 西安：陕西机械学院，1991.

[17] 陈正汉，谢定义，王永胜. 非饱和土的水气运动规律及其工程性质研究[J]. 岩土工程学报，1993，3: 9-20.

[18] 刘奉银，谢定义，王培贤，等. 非饱和土渗水渗气的机理与参数测试方法的探讨[J]. 西安公路交通大学学报，1996，16(岩土工程专辑).

[19] 刘奉银. 非饱和土力学基本试验设备的研制与新有效应力原理的探讨[D]. 西安：西安理工大学，1999.

[20] Liu Fengyin, Xie Dingyi. Movement Characteristics Measurement of Pore Water-air in Unsaturated Soils [C]//Proceedings of the 2nd International Conference on Unsaturated soils. Beijing, 1998: 395-401.

[21] 赵敏. 非饱和土孔隙流体运动规律的研究[D]. 西安：西安理工大学，1999.

[22] 高永宝，刘奉银，李宁. 确定非饱和渗透特性的一种新方法[J]. 岩土力学与工程学报，2005，24(18): 3258-3261.

[23] Liu F Y, Gao Y B. Experiment Research on Water Permeability of Unsaturated Loess[C]//Proceedings of International Conference on Problematic Soils. Easter Mediterranean University, Famagusta, N. Cyprus, 2005, 3: 167-174.

[24] 高永宝. 微机控制非饱和土水-气运动联测仪的研制及浸水试验研究[D]. 西安：西安理工大学，2006.

[25] 邵龙潭，梁爱民，王助贫，等. 非饱和土稳态渗流试验装置的研制与应用[J]. 岩土工程学报，2005，11: 103-105.

[26] 孙健. 非饱和土土水特征曲线及导水系数测量方法研究[D]. 大连：大连理工大学，2001.

[27] 梁爱民，刘潇. 非饱和土渗透系数的试验研究[J]. 井冈山大学学报：自然科学版，2012，33(2): 76-79，87.

[28] Van Genuchten M Th. A Closed-form Equation for Predicting the Hydraulic Conductivity of Unsaturated Soils[J]. Soils Science Society American Journal, 44(5): 892-898.

[29] Fredlund D G, Anqing Xing, Shangyan Huang. Predicting the permeability function for unsaturated soils using the soil-water characteristic curve[J]. Canadian Geotechnical Journal, 1994, 31(4): 533-546.

[30] Childs E C, Collis-George N. The Permeability of Porous Materials[C]//Proceedings of Royal Society of London, 1950, 201: 392-405.

[31] Marshall T J. A relation between permeability and size distribution of pores[J]. Soil Science, 9: 1-8.

[32] Millington R J, Quirk J P. Permeability of porous media[J]. Nature, 183: 387-388.

[33] Bruce R R. Hydraulic Conductivity Evaluation of the Soil Profile from Soil Water Retention Relations

[C]//Soil Science Society of America Proceedings,1972,36:555-561.

[34] Burdine N T. Relative permeability calculations from pore size distribution data[J]. Trans Am Inst Min Metall Pet Eng,1953,198:71-87.

[35] Brooks R H,Corey A T. Properties of porous media affecting fluid flow[J]. Journal of the Irrigation and Drainage Engineering,1996,92(IR2):61-88.

[36] 邵明安,李开元,钟良平. 根据土壤水分特征曲线推求土壤的导水参数[J]. 水土保持研究,1991,6:26-32.

[37] Mualem Y. A new model for predicting the hydraulic conductivity of unsaturated porous media[J]. Water Resources Research,1976,30:2489-2498.

[38] Toledo P G,Novy R A. Hydraulic conductivity of porous media at low water content[J]. Soil Sciences Society of America Journal,1990,54:673-679.

[39] Rieu M,Sposito G. Fractal Fragmentation,soil porosity,and soil water properties[J]. Soil Science Society of America Journal,1991,55:1231-1238.

[40] Xu Y F,Sun D A. A fractal model for pores and its application to determination of water permeability[J]. Physica A,2002,316(1-4):56-64.

[41] Xu Y F,Dong P. Fractal approach to hydraulic properties in unsaturated porous media[J]. Solutions and Fractals,2004,19:327-337.

[42] 孙大松,刘鹏,夏小和,等. 非饱和土的渗透系数[J]. 水利学报,2004,3:71-75.

[43] 周志芳,王锦国. 地下水动力学[M]. 北京:科学出版社,2013.

[44] Richards L A. Capillary conduction of liquids in porous mediums[J]. Physics,1931,1:318-333.

[45] Rawls W J,Brakensiek D L,Saxton K E. Estimating Soil Water Properties[J]. Transactions,ASAE,25(5):1316-1328.

[46] Calsel R F,Parrish R S. Developing Joint Probability Distributions of Soil Water Retention Characteristics [J]. Water Resource,1988,24:755-769.

[47] 王世梅. 基于非饱和土理论的滑坡稳定性分析方法及工程应用[D]. 武汉:武汉大学,2007.

第 7 章 滑坡岩土体非饱和力学特性试验

7.1 滑坡土体非饱和抗剪强度试验

土的抗剪强度是最重要的力学性质之一，是土体边坡的稳定性分析的基础。人们对饱和土的相关性状研究得比较透彻，Mohr-Coulomb 强度理论可非常准确地确定饱和土的抗剪强度，这早已被试验和工程实践所证实。但对非饱和土的工程性质还缺乏深入的了解，很多工程设计仍沿用饱和土的理论。非饱和土的性质要比饱和土复杂得多，由于土体中水气交界处表面张力的存在，使孔隙中的水与气具有不同的压力，孔隙水压力与孔隙气压力的同时出现使非饱和土中的有效应力不再等于粒间压力。因此，饱和土很多公式不能简单地推广到非饱和土力学中。随着非饱和土力学研究的深入，国内外许多学者通过试验研究非饱和土的抗剪强度，提出了各自的非饱和的抗剪强度理论和公式，并开始应用于工程实践。

本章首先阐述了非饱和土体的强度理论，对目前比较认可的 Fredlund 非饱和土强度公式进行了讨论。在此基础上，重点介绍了通过试验确定 Fredlund 非饱和土强度参数的试验方法和结论。

7.1.1 非饱和土的有效应力原理和强度理论

1. 饱和土体的有效应力原理和抗剪强度公式

Terzaghi 在 1936 年针对饱和土提出了有效应力原理[1]，它包含两个重要的基本点，一是认为饱和土体内某点受到的总应力，可以分为两部分，即由骨架通过颗粒之间的接触面来传递的有效应力和充满孔隙的液体来传递的孔隙水压力组成，即 $\sigma=\sigma'+u_w$；二是认为土的变形与强度的变化都只取决于有效应力的变化，只有在孔隙水压力发生改变引起有效应力变化时，土体的体积和强度才能发生变化。

利用 Mohr-Coulomb 破坏准则和有效应力原理，饱和土的抗剪强度公式表达为

$$\tau_f=c'+(\sigma-u_w)\tan\varphi' \tag{7-1-1}$$

式中：τ_f 为破坏面上的抗剪强度；c' 为有效黏聚力；φ' 为有效内摩擦角；σ 和 $\sigma-u_w$ 分别为破坏面上的总法向应力和有效应力；u_w 为破坏面上的孔隙水压力。

饱和土体 Mohr-Coulomb 强度准则式(7-1-1)代表了破坏时破坏面上的剪应力与有效应力之间的关系，也代表了一系列极限 Mohr 圆的公切线，切线的坡角为有效内摩擦角 φ'，它在纵坐标上的截距为有效黏聚力 c'。

2. 非饱和土体的有效应力原理和抗剪强度公式

(1) 非饱和土的有效应力原理及 Bishop 非饱和土抗剪强度公式。

太沙基的有效应力公式在描述饱和土性状方面取得了巨大的成功，于是人们开始致力于

建立非饱和土的有效应力公式，并取得了喜人的成果。其中，以 Bishop 有效应力公式影响较大，Bishop 等通过试验并分别控制周围压力 σ_3、孔隙气压力 u_a、孔隙水压力 u_w，使 $(\sigma-u_a)$ 和 (u_a-u_w) 这两个变量在每个试验过程中保持不变，得出由土性参数 χ 控制的有效应力公式[2]

$$\sigma'=(\sigma-u_a)-\chi(u_a-u_w)$$

与饱和土的有效应力公式所不同，Bishop 的有效应力公式中分别考虑了孔隙气体和孔隙水对强度的影响。基于与饱和土体抗剪强度类似的想法，Bishop 提出了利用 Mohr-Coulomb 破坏准则和非饱和土体有效应力原理表达的非饱和土抗剪强度公式[2-4]：

$$\tau_f=c'+(\sigma-u_w)\tan\varphi'+\chi(u_a-u_w)\tan\varphi' \tag{7-1-2}$$

式中：τ_f，c'，φ'，σ 和 u_w 含义与式(7-1-1)同；u_a 为孔隙气压力；χ 为与土的饱和度相关的土性参数，称为非饱和土体的有效应力参数，它的物理意义是单位面积上水压力作用面积，其数值决定于土的类别、饱和度、干湿循环以及加载路径，$\chi=0\sim1.0$，饱和土 $\chi=1.0$，干土 $\chi=0$。

然而，大量的理论分析和试验研究表明，所建立的有效应力公式中有关土性的参数 χ 并非单值，与试验的应力状态和应力路径等因素有关，很难通过试验确定，理论上也很难说明在描述应力状态时单独依赖于土的性质是合理的。对各种有效应力进行评价后，许多学者都倾向于采用两个独立的应力状态变量来描述非饱和土的力学性状。

(2) Fredlund 的非饱和土抗剪强度公式。

鉴于 Bishop 建议的非饱和土抗剪强度公式(7-1-2)中土性参数 χ 难以确定，1978 年，Morgenstern 和 Fredlund 提出了他们的非饱和土的强度理论，建议用两个独立的应力状态变量建立有效应力表达式，在此基础上，Fredlund 建立了基于双应力状态变量 $(\sigma-u_a)$ 和 (u_a-u_w) 的非饱和土的抗剪强度表达式，将 Mohr-Coulomb 准则推广到三维空间，表达式为

$$\tau_f=c'+(\sigma-u_a)\tan\varphi'+(u_a-u_w)\tan\varphi^b \tag{7-1-3}$$

式中：τ_f，c'，φ'，σ 和 u_w 含义与式(7-1-1)同；φ^b 为抗剪强度随基质吸力 (u_a-u_w) 而增加的参数。该表达式称为 Fredlund 的非饱和土抗剪强度公式，也称为引申的非饱和土 Mohr-Coulomb 强度准则，是饱和土 Mohr-Coulomb 抗剪强度公式的延伸，两者之间可以平顺地过渡。当土体饱和时，孔隙水压力等于孔隙气压力，基质吸力消失，式(7-1-3)平滑地过渡为式(7-1-2)。

式(7-1-3)中用两个应力状态变量来描述其抗剪强度，描述非饱和土的破坏性状的 Mohr 圆描绘在三维坐标中，如图 7.1.1 所示。图中纵坐标为 τ，两个方向的横坐标为两个状态变量 $(\sigma-u_a)$ 和 (u_a-u_w)。由此，引申的非饱和土 Mohr-Coulomb 强度准则表达的再不是一条破坏包线，而是三维空间中的一个破坏包面。破坏包面由一系列不同吸力下的极限 Mohr 圆的公切线组成。引申的非饱和土 Mohr-Coulomb 破坏包面理论上可能为一平面，也可能是曲面。

(3) 双曲线的非饱和土抗剪强度公式。

实际上大量的试验研究表明，非饱和土的抗剪强度与基质吸力之间成非线性关系，为此，学者们从不同考虑分别给出了非饱和土强度的非线性公式。

Rohm 和 Vilar 认为抗剪强度与基质吸力之间存在双曲线关系。徐永福用广义吸力 $(u_a-u_w)_s$ 代替基质吸力[3]，得到强度与广义吸力之间的双曲线公式

$$\tau_f=c'+(\sigma-u_a)\tan\varphi'+(u_a-u_w)_s\tan\varphi' \tag{7-1-4}$$

式中：$(u_a-u_w)_s=\dfrac{u_a-u_w}{1+d(u_a-u_w)}$；$d$ 为常数。

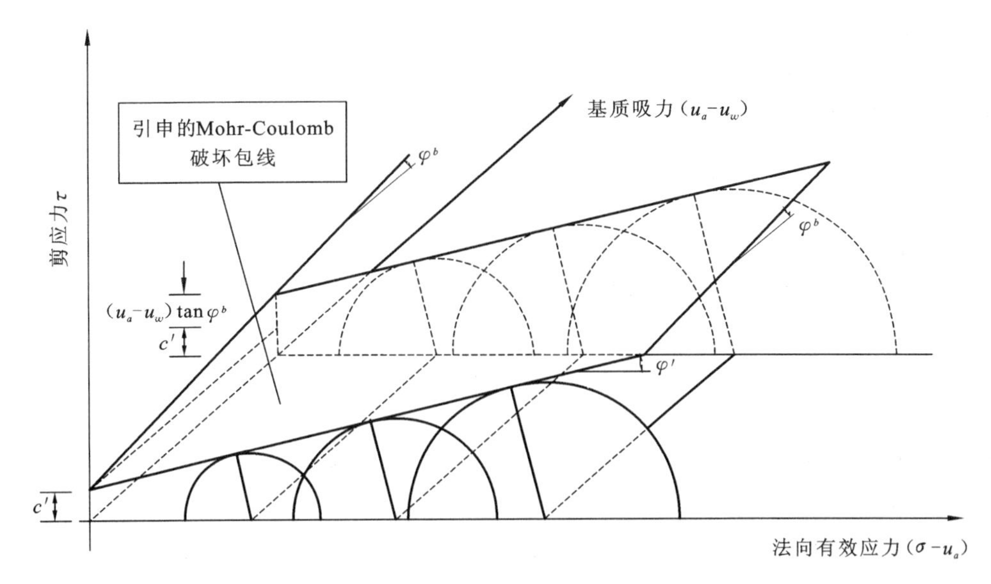

图 7.1.1　非饱和土 Mohr-Coulomb 破坏包线

Fredlund 也意识到吸力作用面积随饱和度的降低而减小的事实，由此给出非饱和土的非线性公式

$$\tau_f = c' + (\sigma - u_a)\tan\varphi' + \tan\varphi' \int (u_a - u_w)_s \frac{S - S_r}{1 - S_r} \mathrm{d}(u_a - u_w) \tag{7-1-5}$$

式中：S_r 为非饱和土体的残余饱和度（风干土的饱和土）；S 为非饱和土体的当前饱和度，其与基质吸力的关系可由 Fredlund 等推导出的适用于全吸力范围任何土的土水特征曲线表达式得出[4]

$$S=\left[1-\frac{\ln\left(1+\dfrac{(u_a-u_w)}{(u_a-u_w)_{S_r}}\right)}{\ln\left(1+\dfrac{10^6}{(u_a-u_w)_{S_r}}\right)}\right]\frac{1}{\left\{\ln\left[e+\left(\dfrac{(u_a-u_w)}{a}\right)^b\right]\right\}^c} \tag{7-1-6}$$

式中：a 为进气值函数的土性参数；b 为当基质吸力超过土的进气值时，土中水出率函数的土性参数；c 为残余含水量函数的土性参数；$(u_a-u_w)_{S_r}$ 为残余饱和度 S_r 所对应的基质吸力。该式参数多、表达式复杂，给实际应用带来诸多不便。

3. Fredlund 非饱和土抗剪强度公式的讨论

目前，在实际工程应用中得到广泛认可的非饱和土强度公式仍是 Fredlund 提出的引申的非饱和土 Mohr-Coulomb 强度公式。但大量试验表明公式(7-1-3)中基质吸力 (u_a-u_w) 的参数 φ^b 随基质吸力的改变而变化。到底如何确定参数 φ^b 成为 Fredlund 非饱和土抗剪强度公式在实际工程中应用的关键问题。一般的做法有两种：

(1) 平面破坏面的抗剪强度公式。

假定引申的非饱和土 Mohr-Coulomb 破坏包面为一平面，如图 7.1.1 所示，其在剪应力轴 τ 上截距为凝聚力 c'，破坏包面与 $(\sigma-u_a)$ 和 (u_a-u_w) 轴之间的坡角分别为 φ' 和 φ^b，c'，φ' 和 φ^b 均为常数。由此得出，非饱和的力学性状受到净法向应力变化和基质吸力变化的影响，且两方面的影响是不同的。

摩擦角 φ' 为抗剪强度随净法向应力增加而成线性增加的参数，由破坏面与净法向应力轴的交角确定。其交线方程为：

$$\tau_f = c + (\sigma - u_a)\tan\varphi' \tag{7-1-7}$$

式中：φ' 为抗剪强度随净法向应力增加的内摩擦角；c 为总黏聚力，包括有效黏聚力和吸力产生的抗剪强度增加部分。

φ^b 为抗剪强度随基质吸力增加而成线性增加的参数，由破坏面与吸力轴的交角确定。其交线方程为

$$c = c' + (\sigma - u_a)\tan\varphi^b \tag{7-1-8}$$

式中：φ^b 为抗剪强度随净法向应力增加的内摩擦角；c 为总黏聚力，由在给定的基质吸力 $(u_a - u_w)$ 和净法向应力为零的情况下破坏包面与剪应力轴的截距确定；c' 为有效黏聚力。

(2) 曲面破坏面的抗剪强度公式。

当非饱和土的抗剪强度与基质吸力之间的关系为非线性时，破坏包面为曲面。此时其有效黏聚力 c' 和有效内摩擦角 φ' 都为常数，而 φ^b 则为基质吸力的函数。图 7.1.2 表示的是典型非线性抗剪强度破坏包线，图中显示：当土体中某点处于饱和状态时，孔隙水压力等于孔隙气压力，基质吸力 $(u_a - u_w) = 0$，此时其抗剪强度与净法向应力的关系为 $\tau_f = c' + (\sigma - u_a)\tan\varphi'$，此状态可用图 7.1.2(b) 中的 A 点表示。当孔隙水压力降低，土体中开始产生基质吸力，但 $(u_a - u_w)$ 大于 0 且小于进气值 $(u_a - u_w)_b$ 时，土体在低基质吸力下仍处于饱和状态，此时，基质吸力与净法向应力对抗剪强度的影响都取决于有效内摩擦角 φ'，$\varphi^b = \varphi'$。若基质吸力继续增加，当基质吸力超过土体的进气值 $(u_a - u_w) > (u_a - u_w)_b$ 时，空气进入土体孔隙中，孔隙水开始排出，土体处于非饱和状态，此时超过进气值以后的基质吸力增加所引起的非饱和土抗剪强度的增加取决于 φ^b，且 $\varphi^b < \varphi'$。[5-6]

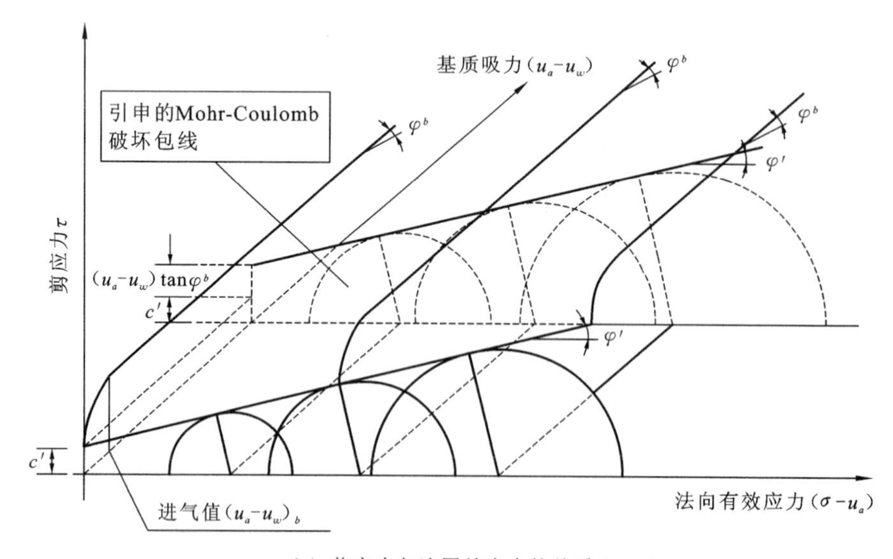

(a) 剪应力与净固结应力的关系 $(\sigma - u_a)$

图 7.1.2 非饱和土的非线性破坏包线及其处理办法示意图

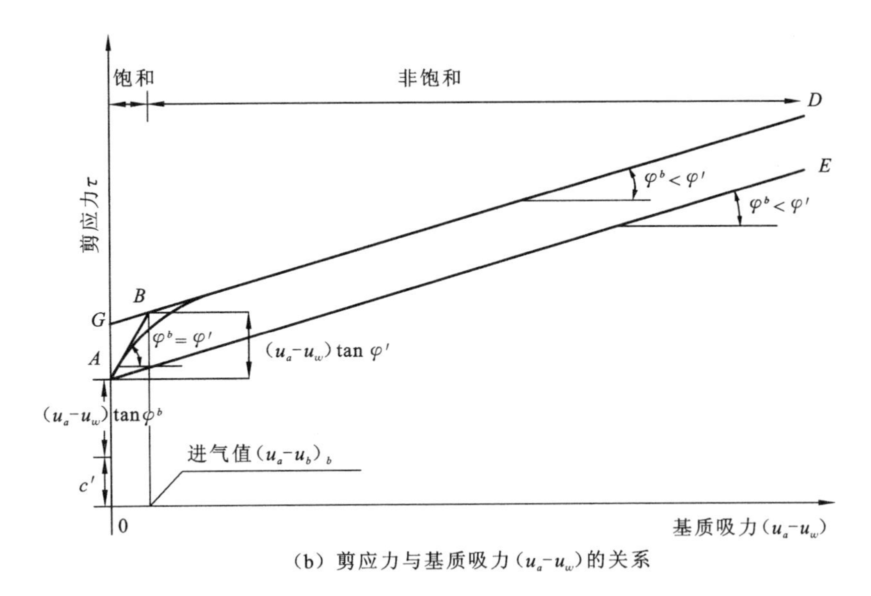

(b) 剪应力与基质吸力(u_a-u_w)的关系

图 7.1.2　非饱和土的非线性破坏包线及其处理办法示意图(续)

(3) 工程中对非线性强度包线的处理方法。

在解决实际工程问题时,可以采用 Fredlund 提出的两种方法来处理强度非线性问题,如图 7.1.2(b)所示。一是将破坏包线分成两个线性部分。图 7.1.2(b)中破坏包线分成 AB 和 BD 两段,当基质吸力小于 B 点所对应的进气值$(u_a-u_w)_b$ 时,破坏包线为 AB 段,坡角为 φ',当基质吸力大于 B 点所对应的进气值$(u_a-u_w)_b$ 时,破坏包线为 BD 段,坡角为 φ^b。二是采用一条线性包线来代替。该线从基质吸力为零处的 A 点开始,其坡角为 φ^b,如图中 AE 线。用 AE 作为破坏包线来计算的抗剪强度偏于保守。

7.1.2　非饱和土的抗剪强度参数量测方法

1. 试验特点与高进气值陶土板

非饱和土的抗剪强度试验比饱和土的抗剪强度试验无论从试验仪器和试验方法上都要复杂很多,其主要原因在于非饱和土体孔隙中既有水又有气,进行非饱和土的抗剪强度试验时,必须能够同时控制和量测土样中的气压力与水压力。

高进气值陶土板是非饱和土抗剪强度试验仪器必不可少的主要部件。在非饱和土量测系统中,通常调压阀控制孔隙气压力,并借助于放置在试件顶面的透水石均匀施加气压力,而利用封闭在仪器底座的饱和高进气值陶土板控制孔隙水压力。高进气值陶土板是一种多孔陶瓷板,犹如将水相和气相隔离开的半透水膜,水可以通过,而自由空气过不去,但只有陶土板的进气值大于试样的基质吸力时,才能成功地将水相和气相隔离开。进气值是指陶土板能够阻隔的最大气压力,超过此气压力,气体便会通过陶土板。陶土板的进气值取决于陶土板的最大孔隙尺寸。孔隙尺寸越小,进气值越大,相应地陶土板的渗透流系数越小。表 7.1.1 列出了 Soil Moisture 仪器公司制造的高进气值陶土板的孔隙尺寸、进气值及渗透系数情况。

表 7.1.1 Soil Moisture 仪器公司制造的高进气值陶土板

类别	大致的孔隙直径/$\times 10^{-3}$	渗透系数 k_d/($m \cdot s^{-1}$)	进气值范围 $(u_a-u_w)_b$ /kPa
1/2 bar(高透水性)	6.0	3.11×10^{-7}	48～62
1 bar	2.1	3.46×10^{-9}	138～207
1 bar(高透水性)	2.5	8.6×10^{-8}	131～193
2 bar	1.2	1.73×10^{-9}	241～310
3 bar	0.8	1.73×10^{-9}	317～483
5 bar	0.5	1.21×10^{-9}	>660
15 bar	0.16	2.59×10^{-11}	>1 520

非饱和土试验中高进气值陶土板进气值的选择主要视试验期间可能出现的最大基质吸力而定。由于陶土板的透水性远远小于透水石的透水性，而且陶土板的进气值越大，透水性越小，从而大大影响了土样的固结时间，使得非饱和土抗剪强度试验周期远远大于饱和土的试验周期。

2. 轴平移技术

进行非饱和土试验时，如果孔隙水压力接近负的一个大气压(零绝对压力)，将会出现困难和错误，因为当量测系统的水压力接近负的一个大气压时，水将开始出现气蚀现象，并使量测系统中充满气体，这时，量测系统中的水在压力作用下被迫进入土中。

在实验室内做非饱和土试验时，为了避免量测低于零绝对压力的孔隙水压力，通常采用轴平移技术。具体方法是，将基准压力(孔隙气压力)平移，使孔隙水压力能以正的空气压力为量测基准。在非饱和土试件上施加不同的外部空气压力，使土内孔隙气压力 u_a 变成等于外加空气压力。其结果，孔隙水压力 u_w 会跟着外加空气压力发生同样变化。这样，虽然孔隙气压力和孔隙水压力二者都平移了，但土中吸力不变。由于孔隙水压力被增加到正值，也就能够在没有气蚀的情况下，对其进行量测。因此，轴平移技术成为非饱和土抗剪强度试验一项基本技术成功地得到应用。

3. 试验方法

按照试验仪器不同，非饱和土的强度试验分为非饱和土三轴试验、非饱和土直剪试验和非饱和土无侧限压缩试验。按照控制气压和排水方案的不同，非饱和土三轴试验又可分为固结排水试验(CD)、常含水量试验(CW)、固结不排水试验(CU)、不固结不排水试验(UU)和无侧限压缩试验(UC)。各种试验方法的排水、排气情况及控制量测项目不同，见表 7.1.2。

表 7.1.2 非饱和土的各种三轴试验

试验方法	外排剪切过程					
	剪切前固结	孔隙气	孔隙水	孔隙气压 u_a	孔隙水压 u_w	土体积变化 V
固结排水(CD)	是	是	是	控制	控制	量测
常含水量(CW)	是	是	否	控制	量测	量测
固结不排水(CU)	是	否	否	量测	量测	—
不固结不排水(UU)	否	否	否	—	—	—
无侧限压缩试验(UC)	否	否	否	—	—	—

7.1.3 非饱和土三轴试验

1. 三轴试验仪器和方法

(1) 试验仪器。

如图7.1.3所示为非饱和土三轴试验仪，是解放军后勤工程学院和江苏省溧阳永昌工程仪器厂联合研制的，它主要由以下几个部分组成：①压力室，为双层有机玻璃圆筒，由压力室上罩和底座两部分组成。压力室底座上装有高进气值陶土板。②压力控制设备，共有两个阀门和压力表，分别控制周围压力和气压力，从而控制试样的净围压和基质吸力。③轴向加荷部件，通过电机控制，匀速向上推动，使试样受到轴向加载，产生剪切。④传感器和数据采集系统，包括围压、孔隙水压、孔隙气压、轴向压力、轴向变形等压力传感器和两个测定水体积变化的差压传感器，数据采集系统连接到计算机上，可实时采集和记录。

图7.1.3 非饱和土三轴试验仪

试验之前，必须先完成高进气值陶土板的饱和。首先将压力罩安装好，在压力室内装满水，不安装试样，向压力室内加约500 kPa的压力，令水通过陶土板排出，历时约1 h。定时将集结在陶土板下面的空气洗掉，然后将排水管的阀门关闭，此时，在陶土板上面以及板中的水所承受的压力等于所施加的围压。在该压力下持续约1 h，这个过程中，板中的空气溶解于水中。再打开阀门将陶土板下面的气泡冲刷掉。重复上面的操作多次后方可使陶土板达到饱和。饱和后的陶土板顶面，直到试件准备放在陶土板上之前，都应有少量积水。

(2) 试验原理和方法。

采用非饱和三轴固结排水试验方法(CD)测定强度参数。CD试验在试样固结和剪切过程中气压阀和水压阀始终打开，在保持一定的净围压和基质吸力下进行剪切至试样破坏。其试验原理基于Fredlund提出的引申的Mohr-Coulomb强度公式

$$\tau_f = c' + (\sigma - u_a)\tan\varphi' + (u_a - u_w)\tan\varphi^b = c + (\sigma - u_a)\tan\varphi' \tag{7-1-9a}$$

$$c = c' + (u_a - u_w)\tan\varphi^b \tag{7-1-9b}$$

由式(7-1-9a)知，抗剪强度τ_f与净围压$\sigma_3 - u_a$成线性关系，其斜率为$\tan\varphi'$，截距为总黏聚力c；再由式(b)知，总黏聚力c与基质吸力$u_a - u_w$成线性关系，其直线斜率为$\tan\varphi^b$，截距为c'。试验的具体方案为：先加一个围压σ_3和气压u_a，保持一定净围压$\sigma_3 - u_a$和基质吸力$u_a - u_w$，使其为一常数，然后加σ_1至破坏，得一个破坏应力圆；然后改变σ_3，使$\sigma_3 - u_a$为另一常数，基质吸力保持原有大小不变，再加σ_1至破坏，得第二个破坏应力圆；在同一基质吸力下通过改变净围压得到3～4个破坏应力圆，做这些破坏应力圆的公切线与抗剪强度-基质吸力平面相交，交线的倾角为φ'，截距为c，如图7.1.4。再改变基质吸力$u_a - u_w$为另一常数，而保持净围压不变，进行剪切至破坏，重复3～4次试验，又得3～4个破坏应力圆，以φ'为倾角做这些

破坏应力圆的公切线与抗剪强度—基质吸力平面相交，得到各条公切线交线的截距分别为 c_1，c_2，c_3，将 c_1，c_2，c_3 连成线，线的倾角为 φ^b，如图 7.1.5 所示。由此得出，要测得一组非饱和土抗剪强度参数，至少应完成 6～9 个非饱和三轴试验。

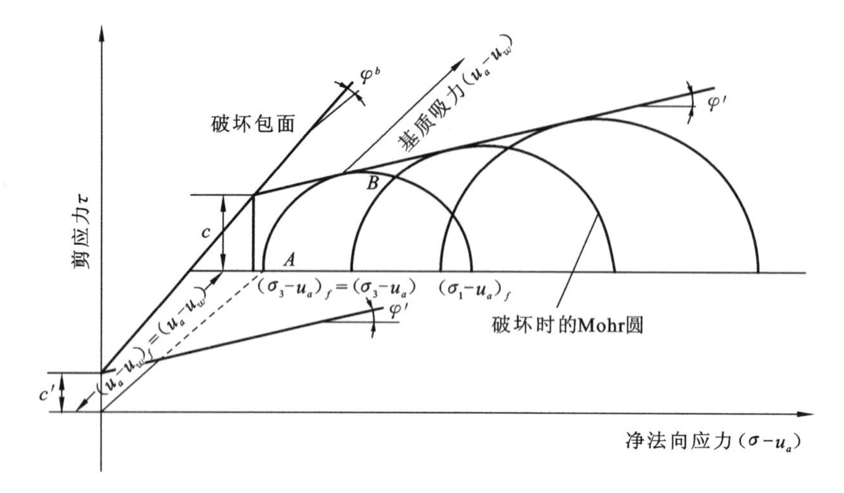

图 7.1.4　在一定基质吸力下抗剪强度与净围压破坏包线示意图

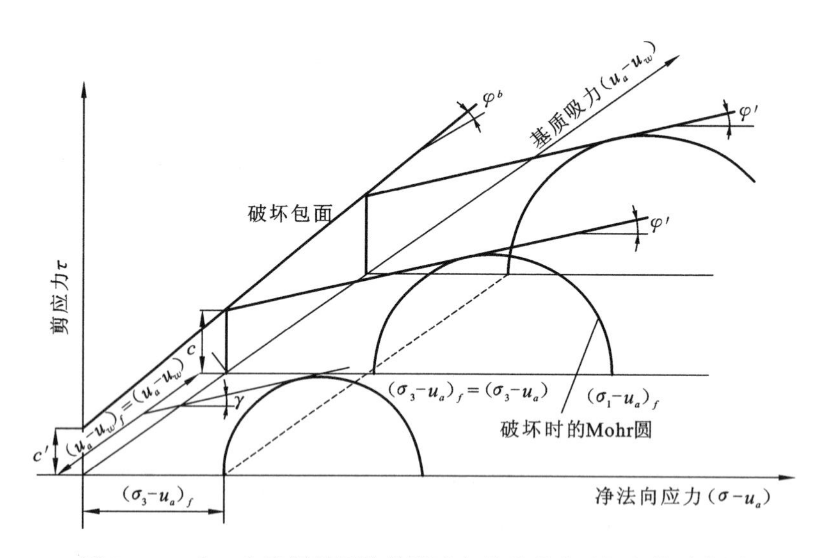

图 7.1.5　在一定净围压下抗剪强度与基质吸力破坏包线示意图

试验时，先将压力室内充满无气水，打开压力室和加压装置之间的阀门，通过压力表的读数调节压力，使试样在最低一级的围压下固结，待排水基本稳定了，再采用轴平移技术，施加孔隙气压力 u_a，并注意保持净围压 σ_3-u_a 不变，以便使试样内的土受到的有效应力不变(如果没有进行反压饱和阶段，一般施加孔隙水压力 $u_w=0$)。

通常情况下，达到所要求的压力需要通过多级加载，每级压力下都应使试样内的水通过陶土板排出基本稳定后，再加下一级，以使试样内的孔隙水压力逐步消散。如果一步到位，可能会导致试样内的孔隙水压力大于上部施加的气压力而造成水倒流，而且也可能导致试样的下部排水快，土骨架过早压实，而试样上部的孔隙水无法通过，从而使试样排水耗时更长。

试验过程中，要实时量测并记录试样内排水及其总体积变化。对于饱和土，试样的排水就等于试样的总体积变化，但对于非饱和土，由于随着排水，有气体进入到试样中，因此排水体积仅为试样总体积的一部分。总体积变化的测量目前使用较多的方法有两种：一是通过量测进入到试样中的气体的总体积，以排水和进气的差值来计算试样的体积变化；二是直接设计一套量测系统，测定当试样体积变化时压力室中水量的变化，用这种方法必须保证压力室在高压力下体积不变，目前一般采用双压力室或者用钢化玻璃材料制作压力室外壁。

试样一旦在要求的压力 σ_3，u_a，u_w 下固结完成后，就可以开始施加轴向应力进行剪切试验。在剪切过程中，净围压 σ_3-u_a 保持不变，而轴向应力不断增加直到破坏。轴向应力是通过整个压力座匀速向上推动的，而推动速度也就相当于试样受到剪切的应变速率。剪切过程中，也应量测和记录试样排水量与总体积变化，而且还应通过传感器测定试件的轴向变形，通过轴向应力传感器测定试样所受的轴向荷载，再考虑由于试样体积变化引起的受力截面积的变化，从而可以换算出主应力差 $\sigma_1-\sigma_3$。当达到选定的破坏准则(通常取最大主应力差)，就可以停止剪切。通常，在固结和剪切过程中，每隔 8～12 h 要对陶土板底座冲刷一次，以除去下面的扩散空气。

2. 试验土样及结果

试验土样取自清江水布垭古树包滑坡滑体土。试验时剔除直径＞2 mm 的粗颗粒后制作重塑样进行试验。原状土样物性指标及饱和直剪强度指标见表 7.1.3。

表 7.1.3　原状土样物性指标及饱和直剪强度指标

湿密度	干密度	含水率	比重	孔隙比	饱和度	快剪强度参数	
$\rho/(\mathrm{g\cdot cm^{-3}})$	$\rho_d/(\mathrm{g\cdot cm^{-3}})$	$\omega/\%$	G_s	e	$S_r/\%$	c/kPa	$\varphi/(°)$
1.97	1.71	15.38	2.76	0.59	71.0	4.9	23.8

本次研究中，所有试验均是在常应变速率下进行剪切的，所以需要选择一个合理的应变速率，该速率必须满足的条件是：保证剪切过程中孔隙水压能及时地消散。影响其消散速度的主要因素是试样的渗透性及陶土板的渗透性，前者决定于土样密实度、孔隙比等，后者决定于陶土板的进气值。试验过程中，可监测孔隙水压力，调整应变速率。本次试验中，陶土板的进气值为 5 bar，应变速率采用 0.032 mm/min。试验时净围压和基质吸力的控制方案分别为：$\sigma_3-u_a=50$ kPa，100 kPa，200 kPa，300 kPa；$u_a-u_w=0$ kPa，50 kPa，100 kPa。

图 7.1.6 为施加偏应力后，试样剪切过程的应力—应变关系曲线，每次剪切就可绘出一条关系曲线，在此仅列出一条作为代表。根据此曲线确定试验的剪切强度。因土样为黏性较大的滑带土，属应变硬化型，其应力—应变关系曲线不出现峰值，一般取应变 15%所对应的剪应力为剪切强度。然后根据各个试样剪切时的应力绘出 Mohr 圆，相同吸力下的 Mohr 圆归为一组，其公切线即为破坏包线，并得出其破坏包线的截距和斜率，分别为 c 和 φ'(图 7.1.7～图 7.1.9分别为吸力取 0 kPa，50 kPa，100 kPa 时的破坏应力 Mohr 圆及其破坏包线)。结果表明，在各级基质吸力下得到的 φ' 接近相等，而总黏聚力 $c(c=c'+(u_a-u_w)\tan\varphi^b)$ 随吸力增加而增大，见表 7.1.4。根据各级吸力下的 c，绘出黏聚力与吸力关系线，如图 7.1.10 所示，其斜率 φ^b 即为抗剪强度随吸力增加而增加的角度，$\varphi^b=17.5°\sim19.3°$。

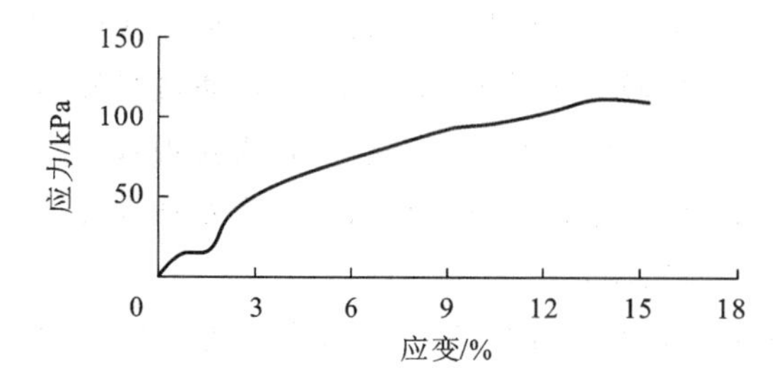

图 7.1.6　净围压 50 kPa 吸力 50 kPa 时的应力—应变关系

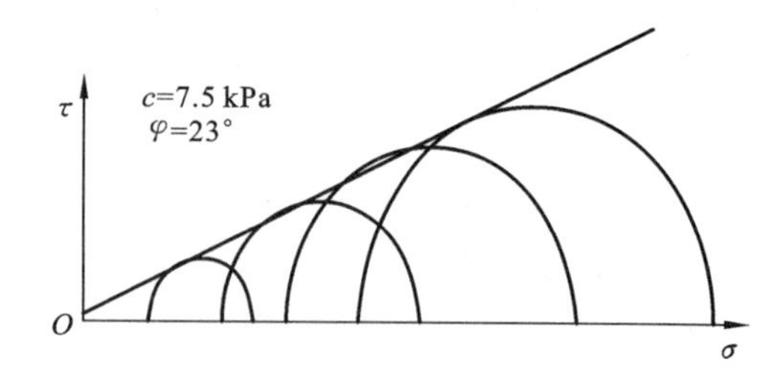

图 7.1.7　吸力为 0 时的 Mohr 圆及破坏包线

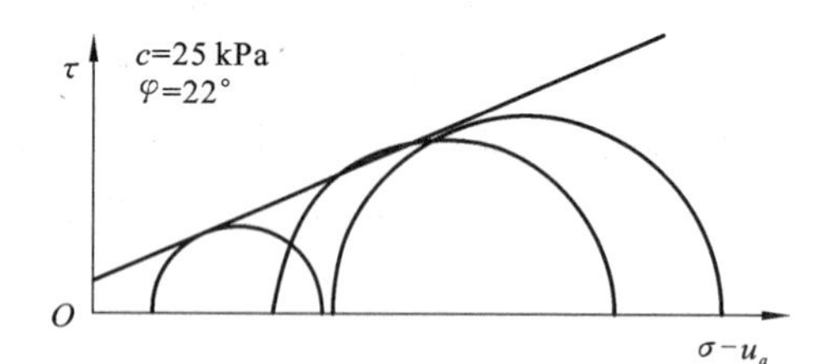

图 7.1.8　吸力为 50 kPa 时的 Mohr 圆及破坏包线

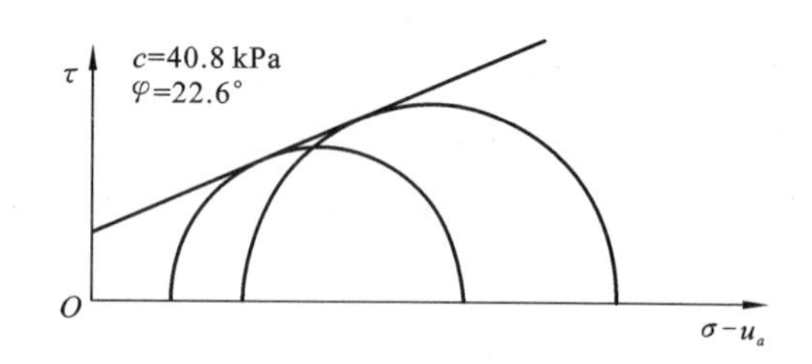

图 7.1.9　吸力为 100 kPa 时的 Mohr 圆及破坏包线

表 7.1.4　各级吸力下试验结果

吸力/kPa	0	50	100
c/kPa	7.5	25.0	40.8
φ/(°)	23	22	22.6

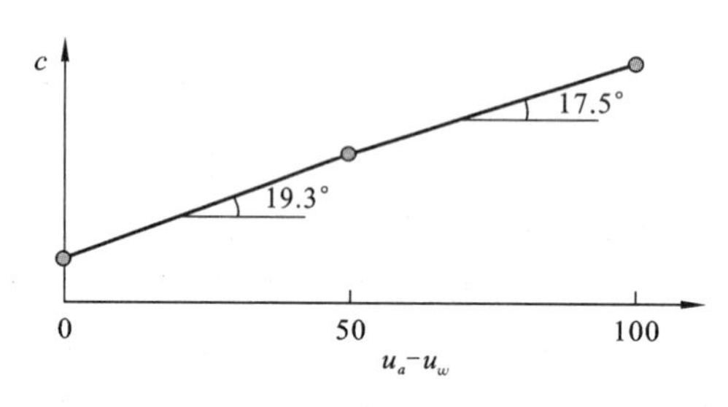

图 7.1.10　黏聚力与吸力关系线

尽管三轴试验是室内量测土抗剪强度最常用的试验之一，然而，通过对饱和土施加吸力得到非饱和土的整个固结过程，排水稳定所需时间太长，特别对于黏性较强的土体，排水更是非常缓慢，而且要得到一组 c'，φ'，φ^b 理论上至少需要完成 6～9 个试样的三轴剪切试验。因此，非饱和土的三轴试验主要用于分析非饱和土体变形及科学研究中，而非饱和土的直接剪切试验在确定非饱和土强度参数方面有着更多的优势，下面简要介绍其试验仪器和方法。

7.1.4　非饱和土直剪试验

对于非饱和土试样，直剪试验具有其独特的优点：试样薄、排水路径短（排水固结时间与排水路径的平方成正比），其稳定时间大大少于非饱和土三轴试验，而且四联式直剪仪一次同时进行 4 个试样，还可以减小仪器造成的误差。因此具有较强的应用推广性。

1. 试验仪器及试验方法

如图 7.1.11 是解放军后勤工程学院和江苏省溧阳永昌工程仪器厂联合研制的 4FDJ-20

型四联非饱和土直剪仪，它主要有以下几部分组成：①封闭容器，剪切盒置于其中，可在容器内施加较大的气压以作用于整个试样上；②轴压部件，由杠杆和砝码组成，穿过容器顶部在试样上施加轴力；③剪切推动部件，由变速箱和推动轴组成，可手动接触，电动推动剪切盒；④传感器和数据采集系统，包括轴压、轴向变形、剪力和剪切变形四个传感器及一套数据采集系统。

图 7.1.11　四联式非饱和土直剪仪

试验原理同三轴试验，基于 Fredlund 提出的引申的 Mohr-Coulomb 强度公式

$$\begin{aligned}\tau_f &= c' + (\sigma - u_a)\tan\varphi' + (u_a - u_w)\tan\varphi^b \\ &= c + (\sigma - u_a)\tan\varphi'\end{aligned}$$

与三轴试验不同的是围压 σ_3 改为固结应力 P。先加一个固结应力 P 和气压 u_a，保持一定净固结应力 P-u_a 和基质吸力$(u_a - u_w)$，使其为一常数，然后加剪应力 τ 至破坏，得一个破坏点 τ_f^1；然后改变固结应力 P，使 P-u_a 为另一常数，基质吸力保持原大小不变，再加剪应力 τ 至破坏，得第二个破坏点 τ_f^2；在同一基质吸力下通过改变净固结应力得到 3～4 个破坏点，连接这些破坏点成一条线与抗剪强度-基质吸力平面相交，交线的倾角为 φ'，截距为 c，如图 7.1.12。再改变基质吸力$(u_a - u_w)$为另一常数，而保持净固结应力不变，进行剪切至破坏，重复 3～4 次试验，又得 3～4 个破坏点，以 φ'为倾角过这些点作直线与抗剪强度—基质吸力平面相交，得到各条交线的截距分别为 c_1，c_2，c_3，将 c_1，c_2，c_3，连成线，则线的倾角为 φ^b，如图 7.1.13 所示。

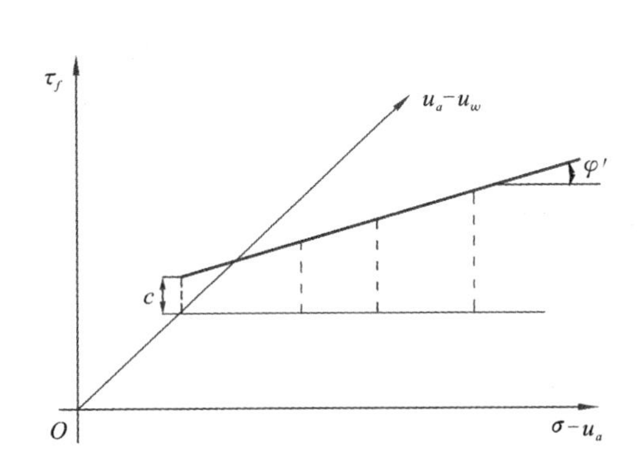

图 7.1.12　在一定基质吸力下抗剪强度与净固结压力破坏包线示意图

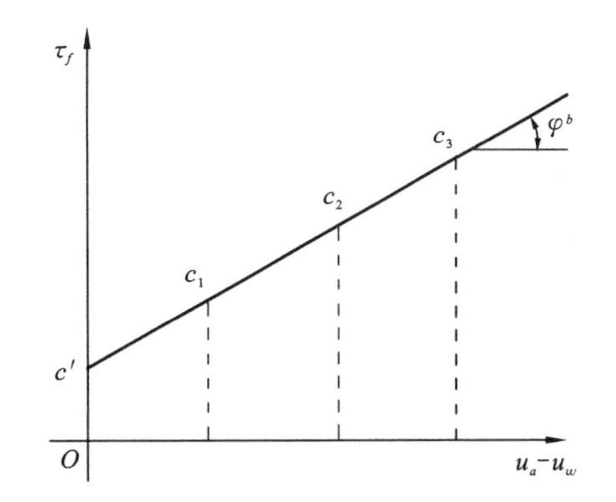

图 7.1.13　在一定净固结压力下抗剪强度与基质吸力破坏包线示意图

由此得出，要完成一组非饱和土抗剪强度参数，至少应进行 6～9 个非饱和直剪试验。如果借助于四联式非饱和土直剪仪，在每级基质吸力下可同时完成 4 个不同的围压的固结，因此只需进行 3 次不同基质吸力的直剪试验。

同三轴试验一样，在进行直剪试验之前，应对陶土板进行饱和，并冲洗掉底座和管路中的封闭气泡。方法与前面的三轴仪的陶土板饱和方法基本相同，均是让无气水在高气压作用下通过陶土板从底座排出。安装试样之前，也应保持板上留有少量积水。试样开始是基本饱和的，基质吸力接近于零。安装试样时，必须保证试样与剪切盒底部的陶土板及侧环接触完好，尽可能将盒下的气体排出。然后分级施加垂直法向应力和空气压力 u_a，使试样排水固结。值得注意的是，通过杠杆和砝码加载施加的垂直法向应力是作为净压力的，而不必再减去 u_a，因为封闭容器内的空气压力已经同时加载在试样盒上。试验期间，必须保证封闭容器内的高压气体不会泄漏；否则，试件周围的空气会使试样的水分连续地蒸发和损失。

试样排水固结完成后，通过电动机推动剪切盒的下部，使它与上盒发生相对移动，从而使试样直接受到剪切。此步骤与常规直剪仪的操作步骤相同。电动马达能够提供一个均匀的水平剪切速度。上盒固定并与传感器相连，以测定试样受到的剪切荷载。在固结和剪切过程中，每隔 8～12 h 要对陶土板底座冲刷一次，以除去下面的扩散空气。同时，测量固结引起的垂直变形和剪切过程的水平位移，剪切完毕的标准是水平剪应力达到了峰值，或者水平剪切位移到达预定的极限值。

2. 直剪试验数据与结果分析

试验土样取自清江水布垭大岩淌滑坡滑体土。试验时剔除直径>2 mm 的粗颗粒后制作重塑样进行试验。原状土样物性指标及饱和直剪强度指标见表 7.1.5。

表 7.1.5　原状土样物性指标

土粒比重	天然状态基本物理性指标					流限	塑限	塑性指数
	含水率	湿密度	干密度	孔隙比	饱和度			
G_s	w/%	ρ/(g·cm^{-3})	ρ_d	e_o	S_r/%	W_{L17}	W_P/%	I_P
2.80	11.7	2.25	2.00	0.400	86	34.5	18.2	16.3

土样由饱和直剪试验得到饱和抗剪强度参数为 $c'=11$ kPa，$\varphi'=29°$。试验时净固结应力和基质吸力控制方案为 $P-u_a=50$ kPa，100 kPa，200 kPa，400 kPa，$u_a-u_w=50$ kPa，100 kPa，150 kPa，200 kPa。图 7.1.14～图 7.1.17 分别是各级基质吸力及不同净围压下的剪应力与剪切变形之间关系曲线。值得注意的是，图7.1.16的曲线中，轴压为 100 kPa 时，在试样接触时，可能造成了剪切，而初始读数清零导致最终破坏剪力读数降低，绘制破坏包面时，剔除了此点。

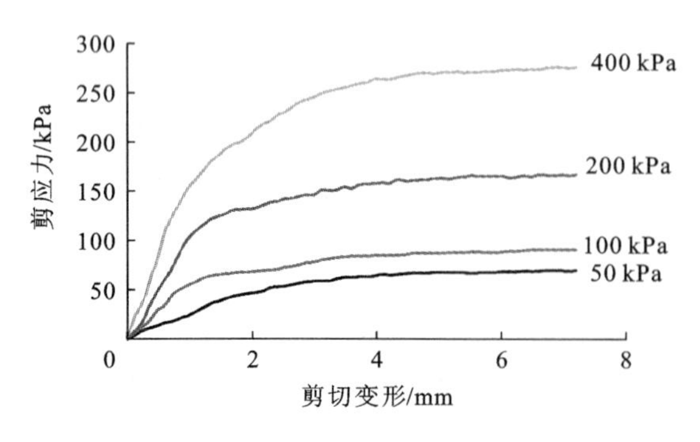

图 7.1.14　吸力为 50 kPa 时剪应力-变形关系

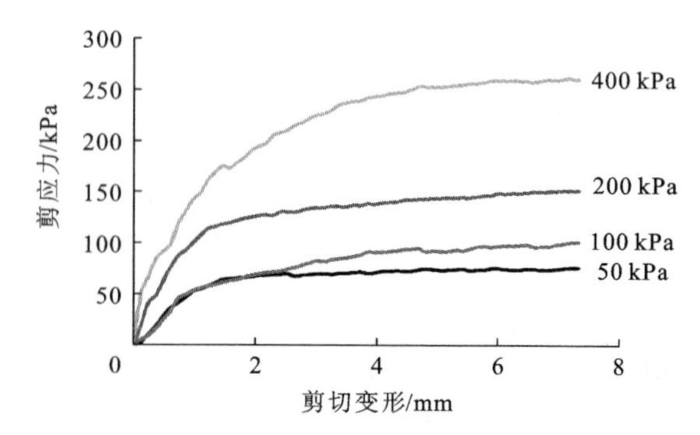

图 7.1.15　吸力为 100 kPa 时剪应力-变形关系

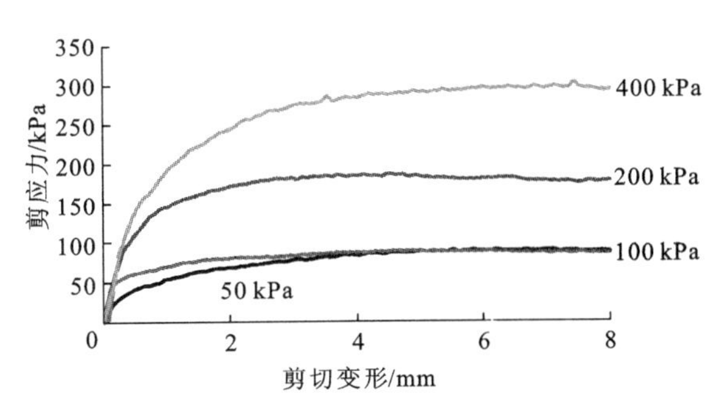

图 7.1.16　吸力为 150 kPa 时剪应力-变形关系

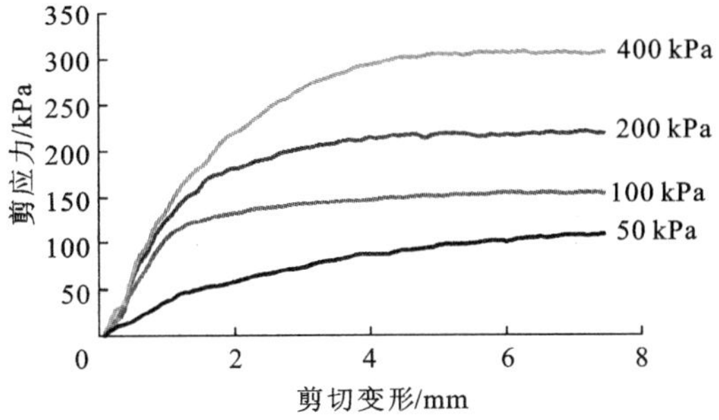

图 7.1.17　吸力为 200 kPa 时剪应力-变形关系

根据直剪试验数据绘制破坏包面，在各级基质吸力下，以破坏时的剪应力 τ_f 为纵坐标，以 $(P-u_a)_f$ 为横坐标，可得破坏包线上的 4 个破坏点，将各个破坏点连接成线，则得各级吸力下的破坏包线，如图 7.1.18～图 7.1.21 所示，图中直线的斜率为 $\tan\varphi'$，截距为总黏聚力 c。由图知，各吸力下破坏包线的斜率 $\tan\varphi'$ 基本相等，$\tan\varphi'=29.9\sim30.2$；而截距 c 依次增大，分别为 37.5 kPa，51.5 kPa，63.4 kPa，76.1 kPa。再将总黏聚力 c 与基质吸力 u_a-u_w 对应点绘制在 c-(u_a-u_w) 平面上，并将 4 个点连接成线，则直线斜率为 $\tan\varphi^b=0.256$，如图 7.1.22 所示。由此得到 $\varphi^b=15°$。

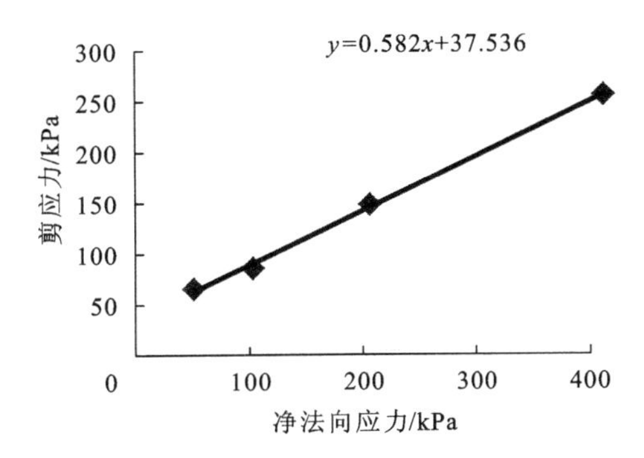

图 7.1.18　吸力 50 kPa 时剪切破坏包线

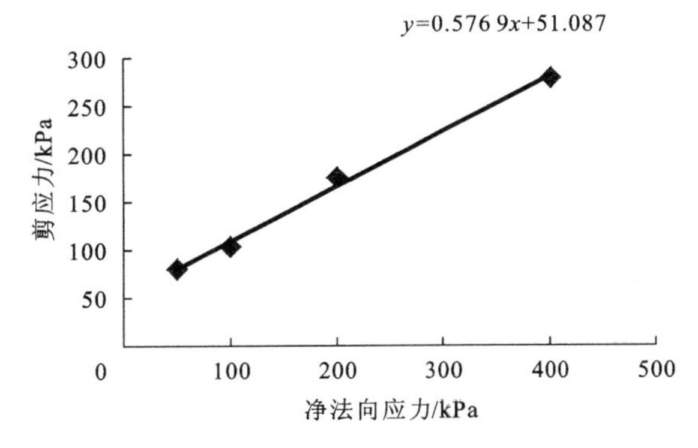

图 7.1.19　吸力 100 kPa 时剪切破坏包线

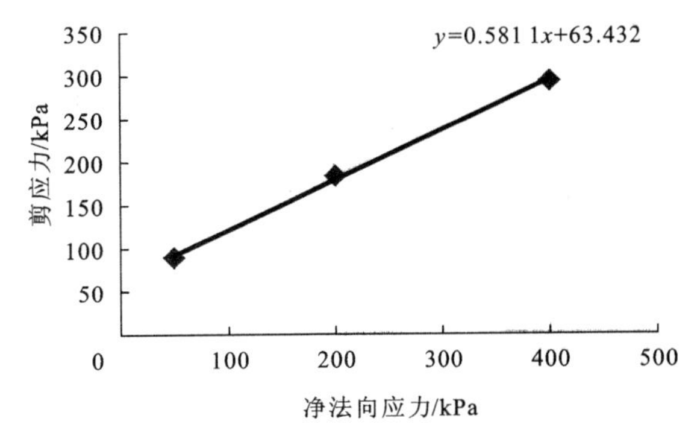

图 7.1.120　吸力 150 kPa 时剪切破坏包线

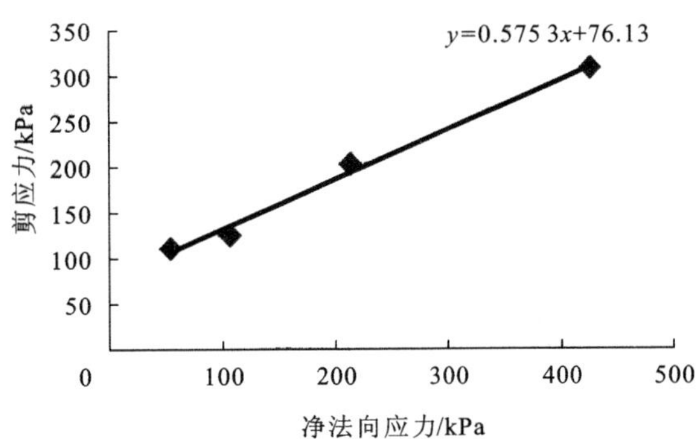

图 7.1.21　吸力 200 kPa 时剪切破坏包线

7.1.5　试验研究总结

(1) 目前发展较为成熟的非饱和土抗剪强度理论是由 Fredlund 提出的引申的非饱和土 Mohr-Coulomb 强度公式,其表达式为

$$\tau_f = c' + (\sigma - u_a)\tan\varphi' + (u_a - u_w)_s \tan\varphi'$$

其 φ^b 随基质吸力而变化,当基质吸力 $u_a - u_w$ 小于土体基质吸力进气值 $(u_a - u_w)_b$ 时,$\varphi^b = \varphi'$;当基质吸力 $u_a - u_w$ 大于土体基质吸力进气值 $(u_a - u_w)_b$ 时,$\varphi^b < \varphi'$。

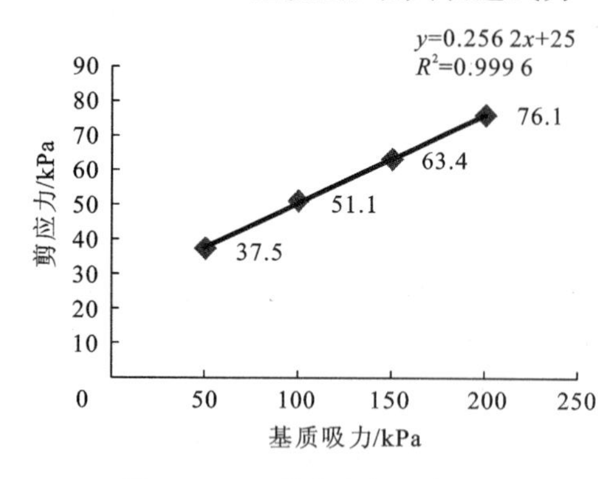

图 7.1.22　剪应力与吸力关系线

(2) 非饱和土抗剪强度的量测方法主要有非饱和三轴试验和非饱和直剪试验。但完成相同的试验参数,三轴试验的试验周期是直剪试验的 100 倍。因为试验周期取决于试样排水时间,试样排水时间除与土样及陶土板透水性有关外,还与试样排水路径的平方成正比,三轴试验的排水路径是直剪试验的 5 倍,而且四联式直剪仪一次可以完成 4 个试验。因此,直剪试验更适合工程中量测非饱和土强度参数。

(3) 非饱和三轴试验可以量测土体的剪切变形和体积变形,能够反映土体的轴应力-轴应变关系和应力-体变关系,不但可用于土体的强度特性研究,而且适于研究土体的固结特性和本构特性。

(4) 本章利用非饱和三轴试验和直剪试验分别对清江水布垭坝区两个滑坡滑体土进行了强度量测,得到的强度指标分别为:古树包滑坡土体非饱和三轴试验得 $c' = 7.5$ kPa,$\varphi' = 22° \sim 23°$,$\varphi^b = 17.5° \sim 19.3°$;大岩淌滑坡土体直剪试验得 $c' = 11$ kPa,$\varphi' = 29°$,$\varphi^b = 15°$。由于施加基质吸力值已经超过土体进气值,故试验数据没有出现 $\varphi^b = \varphi'$ 的情况,所得 φ^b 均小于 φ'。

7.2　非饱和土本构模型参数试验

解决与非饱和土相关的各类工程问题的关键是建立描述土的各种行为特征的本构方程,非饱和土的本构关系包含着很多内容,是当前研究的重点之一。

在岩土工程实践的推动下,土的本构关系研究工作日益广泛和深入,成为岩土工程的重要研究领域之一。土的本构关系是在整理分析试验结果的基础上提出来的[7]。通过众多学者的努力,土的本构模型研究取得了丰硕的成果。早在 1773 年 Coulomb 就提出 Coulomb 屈服准则,用以模拟土的应力应变性质。之后,建立在弹性理论与塑性理论基础上的各种本构模型在岩土工程中获得了普遍的应用。

弹塑性本构模型是土本构模型中发展最完善、应用最广泛的一类模型[8,9]。最具有代表性的弹塑性模型是英国剑桥大学的 Roscoe 和 Burland 等提出的剑桥模型(Cambridge Model),该模型从理论上阐明了土体弹塑性变形特性,标志着土的本构模型研究新阶段的开始。后来,Roscoe 和 Burland 将“帽子”屈服准则、正交流动准则和加工硬化规律系统地运用于剑桥模型,并提出了临界状态线、状态边界面、弹性墙等一系列物理概念,经过他们多次修正,构成了众所周知的修正剑桥模型。

随着非饱和土力学的飞快发展和广泛应用，建立描述非饱和土各种行为特征的本构方程，成为非饱和土研究的重点之一。当人们认识到非饱和土的体变和强度特性受到净应力、吸力两个状态变量控制时，非饱和土的本构关系就围绕这两个变量来建立。

非饱和土的本构关系也经历了从弹性模型发展到弹塑性的过程。Bishop 最早对非饱和土使用 $e\sim(\sigma-u_a)\sim(u_a-u_w)$ 状态面。Fredlund[10] 也于 1979 年给出了各向同性非饱和土弹性本构方程。陈正汉[11] 根据 Duncan-Chang 非线性模型的推广，提出了较完整的非饱和土的非线性模型，确定参数及其变化规律，只需两种非饱和三轴试验，但模型没有卸载—再加载过程。

从物理内涵来讲，弹塑性模型要比非线性模型丰富和成熟很多，国内外很多学者基于饱和土的剑桥模型推广，并根据试验数据和理论分析，提出不同的非饱和土弹塑性模型。Karube 模型[12] 是 Karube 于 1989 年提出的，他认为土体含水量的变化与吸力变化之比同孔隙比成正比，通过试验，得到一套与吸力相关的平行破坏线。Toll[13] 通过试验专门研究非饱和土的临界状态，并提出 Toll 模型，认为影响临界状态的总应力和吸力都与土体的饱和度密切相关，而不同的初始结构使得土体的孔隙比在临界状态下并非唯一存在。Barcelona 模型[14] 是 Alonso 于 1990 年提出的(又称 Alonso 模型)，模型定义了 4 个状态变量，将净应力、偏应力与吸力的作用分开，通过孔隙比的变化，分别研究土体的弹塑性剪应变和体变，以 LC 和 SI 两条屈服曲线来描述塑性区范围，得出土体的临界状态屈服面，并通过大量试验数据验证。Wheeler 和 Sivakumar[15] 提出了第 5 个状态变量，增加了描述含水量变化的内容，发展了新的临界状态面。范秋雁[16] 从单应力变量的有效应力原理出发，将剑桥模型推广到非饱和土，并与 Karube 模型、Toll 模型、Wheeler 模型和 Barcelona 模型做了对比分析。Blatz(2003)[17] 应用控制吸力的三轴试验研究非饱和高塑性黏土的变形性状。

在众多非饱和土本构模型中，Barcelona 模型比较完善地描述了非饱和土的基本力学性状，它是从著名的饱和土的修正剑桥模型基础上发展过来的，是最具有代表性的非饱和土弹塑性模型，近几十年来受到非饱和土界普遍关注和广泛应用。在该模型的理论基础上，众多学者对其进行了论述和修正。Cui[18] 通过固结、常围压剪切以及常偏应力比剪切试验，确定 LC 屈服曲线和塑性流动法则，研究非饱和压实粉土的屈服和塑性变形特性。Thomas[19] 以 Barcelona 模型为基础，提出一种数值方法解决非饱和土的应力与液气流动的耦合问题。Vaunat 等[20] 提出有限元模拟非饱和土弹塑性模型的框架，并以 Barcelona 模型验证算法的正确性。Wheeler 等[21] 根据大量试验资料，探讨了 Barcelona 模型在应用过程中各参数的变化规律，并根据土类和加载方式不同对模型进行了修正。Emir Jose Macari 等[22] 应用显式与隐式相结合的技术，提出适用于 Barcelona 模型的数值计算方法，并与试验数据相印证。Futa 等[23] 通过对两组来自不同深度的试样在控制吸力的条件下开展三轴固结和剪切试验，修正了非饱和土的屈服与变形随净应力、剪应力以及吸力的变化规律。国内学者在 Barcelona 模型的研究和探讨中，也总结了大量的应用经验。杨代泉等[24] 根据不同试验研究非饱和土的应力应变特性。李锡夔等[25,26] 采用该模型分析非饱和土暂态变形及渗流问题，并推导了一个一致性算法。杨庚宇[27] 在 Barcelona 模型的基础上，根据弹塑性模型本构矩阵 $[D]_{ep}$ 的计算公式，考虑非饱和土的硬化定律，扩展了式中的硬化参数，导出非饱和土的弹塑性分析方法。陈正汉、黄海等[28,29] 验证了 Barcelona 模型的 LC 屈服线，还将 SI 屈服线的屈服条件由 $S=S_0$ 修改为 $S=S_y$(S_y 为屈服吸力)，并通过试验探讨了非饱和土在 p-s 平面上的屈服特性，将 LC 屈服线和 SI 屈服线统一成一条屈服线，给数值计算带来方便。武文华等[30]基于试验数据和 Barcelona 模型，针对用以制造工程土障的 FoCa 黏土进行参数测定和分析，并应用于基于非饱和土的多孔介质理论的有限元数值模型上。殷宗泽等[31]在总结非饱和土本构模型及其变形计算时，重点阐述了 Barcelona 模型的原理及各种改进。周建[32]在分析、研究各种修正的基础上，对当前非饱和土 Barcelona 模型中存在的问题进行了探讨。

下面先以饱和土的修正剑桥模型为出发点，对非饱和土 Barcelona 模型开展简介和探讨。

7.2.1 饱和土的修正剑桥模型简介

Cambridge 模型是由英国剑桥大学 Roscoe 教授等于 1958～1963 年间提出的，也简称为 Cam 黏土模型。Cam 模型属于等向硬化的弹塑性模型，是结合大量试验和理论研究得出的，在众多的岩土弹塑性模型中提出的较早，发展的也较完善，故得到广泛的应用。

1. 基本试验曲线

此模型假定屈服只与 p 和 q 两个应力分量有关，只需在 $q-p$ 平面内研究屈服轨迹。可根据简单的三轴等向固结和三轴压缩试验结果，整理出 $v-p$ 和 $p-q$ 关系曲线，推出屈服方程。具体的试验方案是：

(1) 对黏土试样在常规三轴仪上进行等向压缩与膨胀（或回弹）试验，然后换算为等向固结曲线，将结果绘在 $v-\ln p$ 半对数图上，$p=(\sigma_1+2\sigma_3)/3$，为等向固结压力或静水压力，$v=1+e$，为土体的单位体积（也称比容）。等向压缩试验相当于正常固结土的初压曲线，简称 NCL 线，其斜率称为 λ。等向卸载膨胀或再压缩曲线（忽略加卸载过程的滞回环）相当于超固结土的压缩曲线，简称 OCL 线，其斜率称为 κ。

(2) 将正常固结或弱超固结黏土试样在不同的固结压力下进行排水剪切试验，并将其结果绘在 q-p 平面中，$q=\sigma_1-\sigma_3$，为广义剪应力。剪切破坏时的 $p-q$ 形成一条直线：$q=Mp$，M 为斜率，这说明在破坏时，正常固结或弱超固结黏土的 p，q，v 之间存在着唯一对应的关系。如果将 p，q，v 之间的唯一对应关系绘在 $p-q-v$ 组成的三维空间中，它们就形成一条空间曲线，这条曲线就是破坏线或临界状态线 CSL。而剪切破坏时的 $v-\ln p$ 曲线称为 CSL 在 $v-\ln p$ 平面的投影。

2. 修正剑桥模型的屈服方程

除了临界状态线，修正剑桥模型还提出了破坏面和状态边界面的概念。

临界状态线是 Cam 模型的一个重要概念。临界状态线的存在说明剪切破坏时，p，q 与 e 之间存在着唯一对应关系，即破坏时的强度取决于破坏时的平均应力 p 和孔隙比 e，与应力历史和应力路径无关。当材料处于临界状态时，说明材料已经处于塑性流动状态。同时，临界状态线是应变硬化与应变软化材料的分界线。

破坏面是指临界状态线与其在 $p-q$ 平面的投影线所构成的平面，应力状态点一旦落到破坏面上，就意味着该点已产生破坏。

状态边界面，指在 $p-q-v$ 空间中，三轴试验的应力路径沿正常固结曲线随固结压力 p_c 变化而运动的轨迹，形成的空间曲面，又称 SBS 面。它是联系正常固结曲线和临界状态线的一个唯一存在的空间曲面。它将 $p-q-v$ 空间分为两部分：面内的为可能应力状态区，面外为不可能的应力状态区。

而状态边界面以内应力状态又分为弹性区和塑性区，屈服曲线是弹塑性状态的区分边界，它投影在 $v-p$ 平面内即为 OCL 线，投影到 $p-q$ 平面的方程为

$$f(p,q,H)=p^2-p_0p+\left(\frac{q}{M}\right)^2=0 \tag{7-2-1a}$$

式中：p_0 为固结压力，模型认为它等于硬化参数 H。可将上式改写为

$$f(p,q,H)=\left(\frac{p-\dfrac{p_0}{2}}{\dfrac{p_0}{2}}\right)^2+\left(\frac{q}{M\dfrac{p_0}{2}}\right)^2-1=0 \tag{7-2-1b}$$

此时可以看出修正剑桥模型的屈服曲线在 $p-q$ 平面上是一个以$\frac{p_0}{2}$为中心，p 轴上以$\frac{p_0}{2}$为长半轴，q 轴上以 $M\frac{p_0}{2}$为短半轴，通过零点的椭圆，如图 7.2.1 所示。

修正剑桥模型的状态边界面和破坏面可以表示在主应力空间里，如图 7.2.2 所示。由图可知，正常固结或弱超固结黏土的破坏面是一个以原点为顶点，以静水压力为中心的六边形锥面，屈服曲面是一个半椭球面，像一顶"帽子"扣在破坏锥体的开口端，随着土体硬化，椭球形的"帽子"不断扩大。当材料单元的应力位于屈服面以内时，材料处于弹性状态；当应力点位于屈服面上时，材料处于塑性状态；当应力点到达破坏面时，材料处于破坏状态。材料的应力永远不会超越屈服面和破坏面。

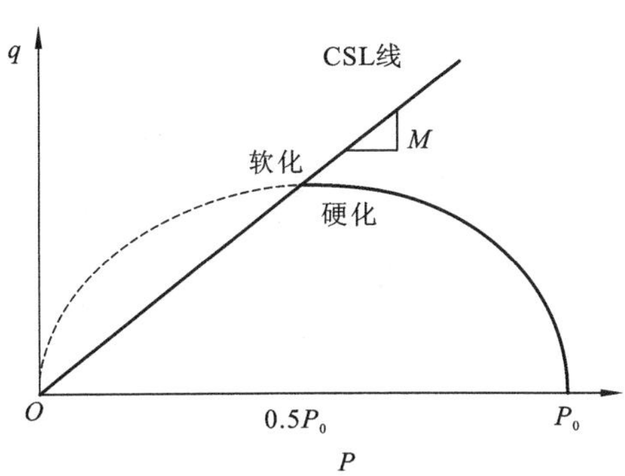

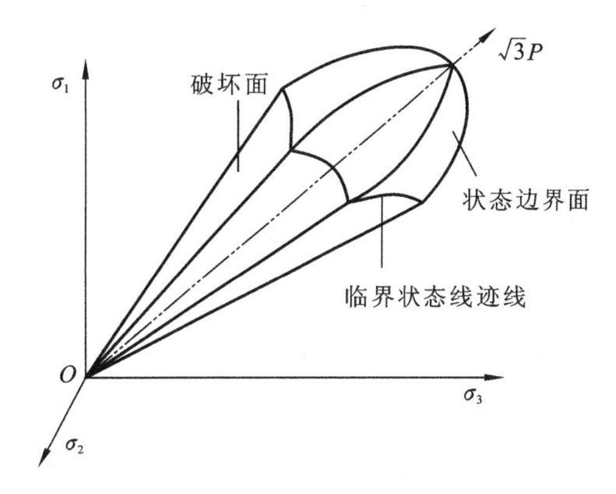

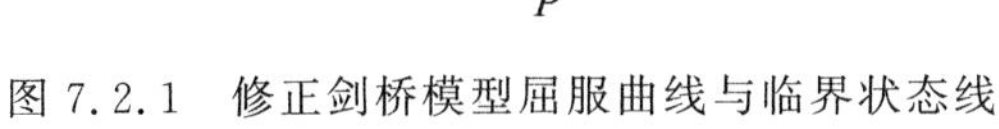
图 7.2.1　修正剑桥模型屈服曲线与临界状态线

图 7.2.2　主应力空间的修正剑桥模型

7.2.2　非饱和土的 Barcelona 模型简介

与修正剑桥模型相同，Barcelona 模型也是根据非饱和土的等压固结试验和三轴剪切试验结果提出的弹塑性本构关系。模型反映了非饱和土体积变形和剪切变形在净平均应力、吸力以及偏应力的加卸载过程中的变化规律。

1. 等压固结试验相关关系

1）应力状态屈服面

等压固结试验主要描述各向同性应力状态下土体的体积变形随应力状态变量变化，其中

p 为净平均应力，$p=\sigma_m-u_a$；s 为基质吸力，$s=u_a-u_w$。在饱和土的等压固结试验的基础上，非饱和土体变的许多特性扩展到二维应力空间(p,s)内研究，如图 7.2.3 所示。

先考虑控制吸力下的各向同性等压试验，土体的比容($v=1+e$)随净平均应力 p 的变化关系可表达为：

$$v=N(s)-\lambda(s)\ln\left(\frac{p}{p^c}\right) \tag{7-2-2}$$

式中：p^c 为初始参考应力；当 $p=p^c$ 时，$v=N(s)$是吸力 s 条件下的初值；$\lambda(s)$是非饱和土相对于净压应力 p 的压缩系数，随基质吸力增加而减小。

而净应力减小和再加载时，v 随 $\ln p$ 的变化关系为

$$dv=-\kappa\frac{dp}{p} \tag{7-2-3}$$

式中：κ 为对应于 p 的回弹模量，Alonso 认为此过程中，κ 取为常数，与饱和土的回弹模量相等。

如图 7.2.3 所示，饱和土的前期固结压力表示为 p_0^*，在此压力以前，土体处于弹性压缩阶段，斜率为 κ；而对应非饱和土的前期固结压力表示为 p_0，只有当 $p>p_0$时，土体才会按斜率 $\lambda(s)$发生压缩，土体才会发生塑性变形。

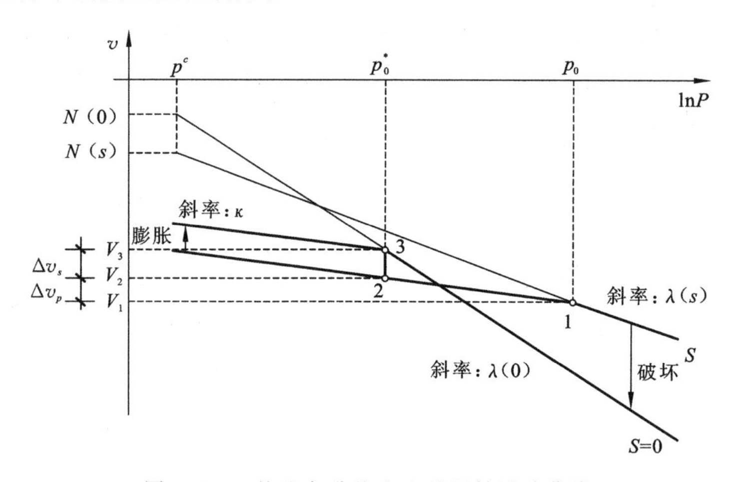

图 7.2.3 饱和与非饱和土的固结试验曲线

由图 7.2.3 和图 7.2.4 可以看出，点 1 到点 2 吸力不变，为净应力的卸载回弹，此时的体积变形为 Δv_p，点 2 到点 3 净应力不变，为吸力减小的湿化膨胀段，体变为 Δv_s。相反的应力路径下，饱和土达到前期固结压力后，如果吸力增大，则点 2 处仍小于非饱和土的前期固结压力。整个过程中，体积变形满足

$$v_1+\Delta v_s+\Delta v_p=v_3 \tag{7-2-4}$$

吸力减小的湿化过程中，体变为 Δv_s，可以通过下式来确定

$$dv=-\kappa_s\frac{ds}{s+p_{at}} \tag{7-2-5}$$

式中：κ_s 为相应于吸力 s 的回弹指数；p_{at} 为大气压力，以保证当吸力接近零时式(7-2-5)不会出现无穷大。根据式(7-2-2)～式(7-2-5)四个方程，联合图 7.2.3 可得

$$N(s)-\lambda(s)\ln\frac{p_0}{p^c}+\kappa\ln\frac{p_0}{p_0^*}+\kappa_s\ln\frac{s+p_{at}}{p_{at}}=N(0)-\lambda(0)\ln\frac{p_0^*}{p^c} \tag{7-2-6}$$

上式建立了应力变量(p,s)与土性参数$(\lambda(s),\kappa,\kappa_s)$的关系。

当给定适当的参考应力 p^c，在常应力下根据式(7-2-6)，可得

$$\Delta v(p^c)\Big|_s^0=N(0)-N(s)=\kappa_s\ln\frac{s+p_{at}}{p_{at}} \tag{7-2-7}$$

将式(7-2-7)代入式(7-2-6)得

$$\frac{p_0}{p^c}=\left(\frac{p_0^*}{p^c}\right)^{\frac{\lambda(0)-\kappa}{\lambda(s)-\kappa}} \tag{7-2-8}$$

此即为非饱和土的 LC(Loading Collapse)屈服曲线，它表现了非饱和土的先期固结应力 p_0 值随吸力 s 增大的过程，也定义土体发生塑性变形的一系列屈服压力。式中：p_0^* 为饱和条件下的先期固结应力，在式(7-2-8)中被看作硬化参数，当 $p_0^*=p^c$ 时，LC 屈服曲线变为一条直线，此时 $p_0=p^c$；λ 为饱和土对应于应力的压缩系数，在前面的剑桥模型中已测得；$\lambda(s)$为非饱和土对应于净应力变化的压缩系数。

通过图 7.2.5 所示一系列的湿化和加载曲线，根据试验结果拟合得到，非饱和状态下 $\lambda(s)$ 随吸力变化的经验公式为

$$\lambda(s)=\lambda(0)[(1-\gamma)\exp(-\beta s)+\gamma] \tag{7-2-9}$$

式中：γ 为一个常数，$\gamma=\dfrac{\lambda(s\to\infty)}{\lambda(0)}$；$\beta$ 是控制 γ 随 s 增长速率的参数。

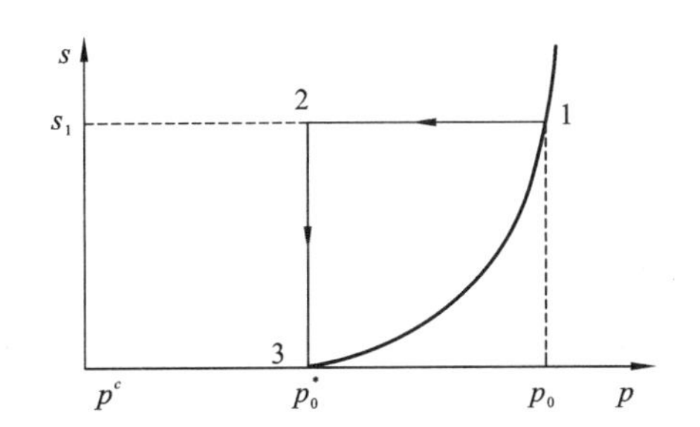

图 7.2.4　$p-s$ 平面内应力路径和屈服曲线

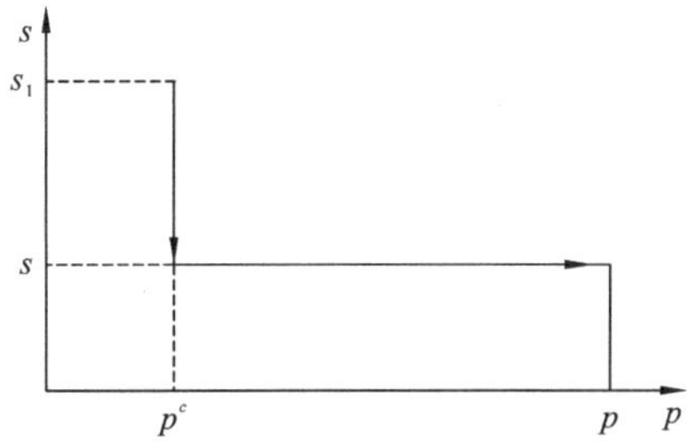

图 7.2.5　$p-s$ 平面内湿化和加载路径

同样吸力增加也不可避免地引起非饱和土产生不可恢复的塑性变形。Alonso 做了初步和简单的假设，认为土体吸力 s 达到前期的最大吸力 s_0 时，吸力引起的塑性变形开始出现，如图 7.2.6 所示。其中，s_0 相当于屈服吸力，屈服函数为

$$s=s_0=\text{常数} \tag{7-2-10}$$

此式即为 SI(Suction Increase)屈服函数。

由图 7.2.7 不难发现，s_0 和 LC 屈服曲线将土体的变形分为两个区域：弹性区和塑性区。处于 LC 曲线上的某点开始没有塑性变形，当吸力减小、压力不变时，该点发生湿化屈服变形，或者当吸力不变、压力增大时，该点发生加载屈服。

假设 v 和 $s+p_{at}$ 在弹性和弹塑性区呈线性关系，那么无论在弹性区还是塑性区，对于初始状态，都有

$$\mathrm{d}v=-\lambda_s\frac{\mathrm{d}s}{s+p_{at}} \tag{7-2-11}$$

式中：λ_s 为相当于吸力 s 的压缩指数，通常假定其为常数。

而它们在吸力 s 的回弹和干湿循环段的关系同式(7-2-5)，为

$$dv = -\kappa_s \frac{ds}{s + p_{at}} \tag{7-2-12}$$

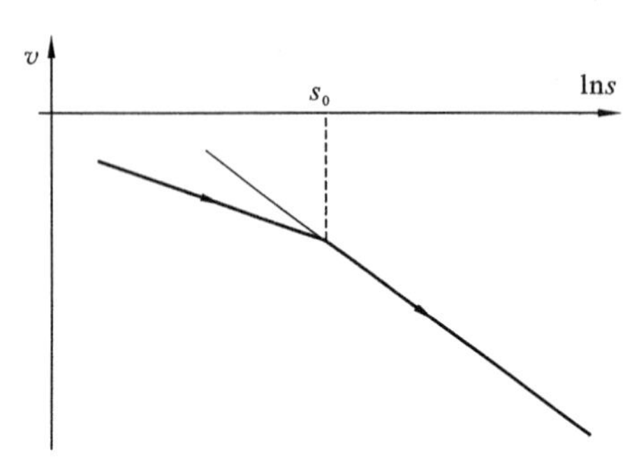

图 7.2.6 吸力与体积变形关系曲线

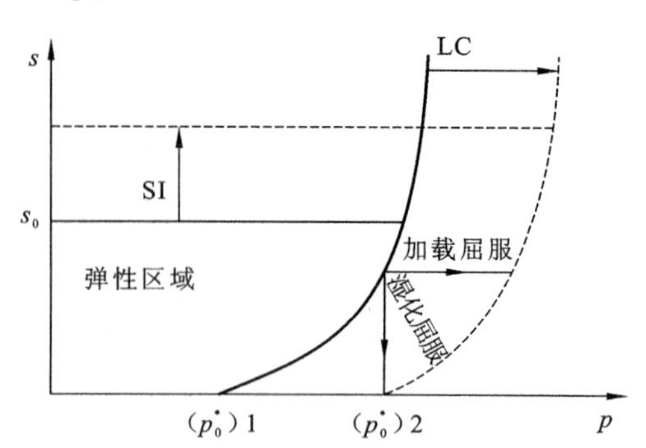

图 7.2.7 p-s 面内的 SI 和 LC 屈服线

2）硬化定律

根据 v 和 p 的关系式(7-2-3)，弹性区内由净应力引起的弹性体积应变表示为

$$d\varepsilon_{vp}^{e} = -\frac{dv}{v} = \frac{\kappa}{v}\frac{dp}{p} \tag{7-2-13}$$

一旦净应力达到屈服应力 p_0，从式(7-2-3)可得，土体总体积应变为

$$d\varepsilon_{vp} = \frac{\lambda(s)}{v}\frac{dp_0}{p_0} \tag{7-2-14}$$

则由净应力 p 引起的塑性体应变为

$$d\varepsilon_{vp}^{p} = \frac{\lambda(s)-\kappa}{v}\frac{dp_0}{p_0} \tag{7-2-15}$$

根据 LC 屈服曲线式(7-2-8)可知，式(7-2-15)可写为

$$d\varepsilon_{vp}^{p} = \frac{\lambda(0)-\kappa}{v}\frac{dp_0^*}{p_0^*} \tag{7-2-16}$$

同样，由吸力引起的弹性体应变为

$$d\varepsilon_{vs}^{e} = \frac{\kappa_s}{v}\frac{ds}{s+p_{at}} \tag{7-2-17}$$

而当吸力达到 s_0 时，土体的总体应变为

$$d\varepsilon_{vs} = \frac{\lambda_s}{v}\frac{ds}{s+p_{at}} \tag{7-2-18}$$

则塑性体应变为

$$d\varepsilon_{vs}^{p} = \frac{\lambda_s-\kappa_s}{v}\frac{ds}{s+p_{at}} \tag{7-2-19}$$

2. 三轴压缩试验相关关系

三轴应力状态下，施加偏应力增量 $q=\sigma_1-\sigma_3$ 对试验开始剪切，此时的体积变形定义为 $\varepsilon_v=\varepsilon_1+2\varepsilon_3$，剪切变形定义为 $\varepsilon_s=\frac{2}{3}(\varepsilon_1-\varepsilon_3)$。

非饱和土的弹塑性本构关系以饱和土的修正剑桥模型为边界条件，即吸力一定时非饱和土的屈服面同饱和土的一样，是椭圆，二者的临界状态线的斜率 M 不变(临界状态线如图 7.2.8所示)，非饱和土的椭圆屈服面的方程为

$$f_1=q^2-M^2(p+p_s)(p_0-p)=0 \tag{7-2-20}$$

式中，p_s 为临界状态线与 p 轴的交点到原点的水平距离，随吸力的增加而增大，将各级吸力下的交点连接为一条在 p-s 平面内的直线，如图 7.2.9 所示，其方程表达式为

$$p_s=ks \quad (k\text{ 为常数}) \tag{7-2-21}$$

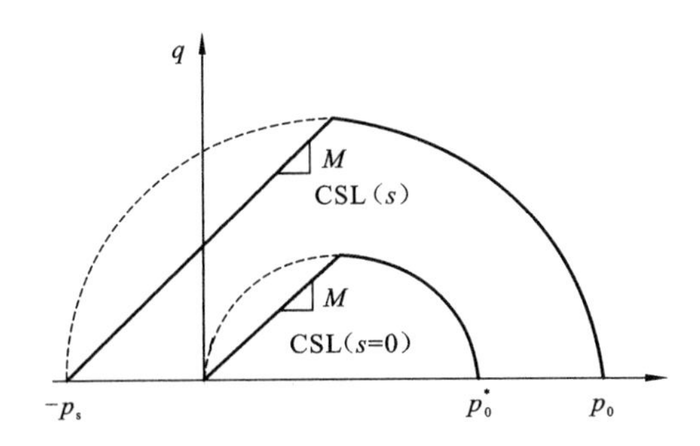

图 7.2.8　空间屈服面在 p-q 面内的投影

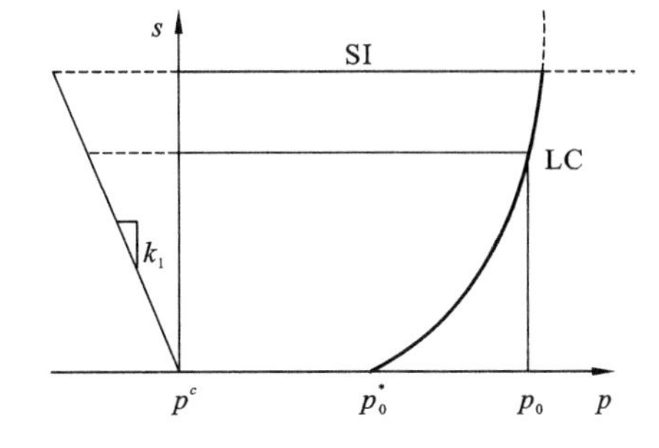

图 7.2.9　空间屈服面在 p-s 面内的投影

结合 SI 屈服函数：$f_2=s-s_0=0$，得到非饱和土的三维空间屈服面，如图 7.2.10 所示。屈服方程反映了吸力对加载变形的影响，吸力增大，加载屈服面扩大。有些应力状态对饱和土可能处在塑性变形区，对非饱和土则处于弹性变形区，变形和应力也必相应的减小。这反映了水分减少使土体变硬的特性。

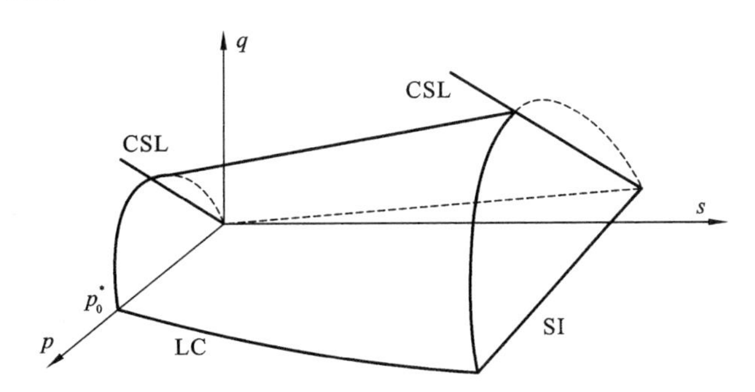

图 7.2.10　Barcelona 模型三维空间屈服面

结合屈服面方程 f_1 及流动法则，净应力引起的塑性应变增量表示为

$$\mathrm{d}\varepsilon_{vp}^p=\mu_1 \tag{7-2-22}$$

$$\mathrm{d}\varepsilon_s^p=\mu_1\frac{2q\bar{\alpha}}{M^2(2p+p_s-p_0)} \tag{7-2-23}$$

式中：μ_1 为塑性体积应变；$\bar{\alpha}$ 为修正参数，可根据 K_0 试验公式推导，表示为：

$$\mu_1=\frac{\dfrac{\partial f_1}{\partial p}\mathrm{d}p+\dfrac{\partial f_1}{\partial q}\mathrm{d}q+\dfrac{\partial f_1}{\partial s}\mathrm{d}s}{\dfrac{\partial f_1}{\partial p_0^*}\dfrac{\partial p_0^*}{\partial \varepsilon_v^p}},\quad \bar{\alpha}=\frac{M(M-9)(M-3)}{9(6-M)}\left\{\frac{1}{\left[1-\dfrac{\kappa}{\lambda(0)}\right]}\right\}$$

对于屈服方程 f_2，认为吸力只导致体积变形，不引起剪切变形。相应塑性体积变形为

$$\mathrm{d}\varepsilon_{vs}^p=\mu_2=\frac{\dfrac{\partial f_2}{\partial s}\mathrm{d}s}{\dfrac{\partial f_2}{\partial s_0}\dfrac{\partial s_0}{\partial \varepsilon_v^p}} \tag{7-2-24}$$

根据式(7-2-13)和式(7-2-17)，弹性体积变形为

$$d\varepsilon_v^e = \frac{\kappa}{v}\frac{dp}{p} + \frac{\kappa_s}{v}\frac{ds}{s+p_{at}} \tag{7-2-25}$$

弹性剪切变形由偏应力增量 q 引起的

$$d\varepsilon_s^e = \frac{2}{3}(d\varepsilon_1^e - d\varepsilon_3^e) = \left(\frac{1}{3G_e}\right)dp \tag{7-2-26}$$

式中：G_e 为剪切模量，可由试验确定。

由此，可得到总体积应变增量和广义剪切应变的增量形式分别表示如下：

$$d\varepsilon_v = d\varepsilon_v^e + d\varepsilon_v^p = \left(\frac{\kappa}{v}\frac{dp}{p} + \frac{\kappa_s}{v}\frac{ds}{s+p_{at}}\right) + (\mu_1 + \mu_2) \tag{7-2-27a}$$

$$d\varepsilon_s = d\varepsilon_s^e + d\varepsilon_s^p = \frac{dq}{3G_e} + \mu_1 \frac{2q\bar{\alpha}}{M^2(2p+p_s-p_0)} \tag{7-2-27b}$$

7.2.3　Barcelona 模型修正及探讨

非饱和土的 Barcelona 模型是基于试验结果提出一系列相关数学关系式，在这些关系式中含有本构模型参数，并由此建立对应的本构关系。主要包括压缩及回弹曲线、LC 屈服曲线、SI 屈服曲线、吸力干湿循环曲线、硬化规律、临界状态线以及空间屈服面等。模型提出后，人们在验证该模型正确性的同时，也发现了许多需改进和完善的地方。

1. *v*-*p* 平面体积变化线

由上述 7.2.2 节图 7.2.3 可知，原模型中的压缩线是一条直线，且斜率 $\lambda(s)$ 随吸力增大而单调减小。即 $\lambda(s)=\lambda(0)[(1-\gamma)\exp(-\beta s)+\gamma]$ 中，γ 始终是小于 1 的。当净应力 p 增大时，土体的体积变形也随之线性增大，这一变化规律与实测并不完全相符。很多试验表明，土体浸水后的体变随压力 p 增大而增大，达到最大值后，在较高的压力下会趋于零。Josa 根据自己 1988 年的试验资料，1992 年对正常压缩曲线进行了修正[33]，如图 7.2.11(a)所示，给出土体浸水后可能发生的最大塌陷体积。Wheeler 等[15]对压实高岭土的试验，Machado[34]对巴西麻粒岩残积土的试验均表明，正常压缩线的斜率 $\lambda(s)$ 随吸力增加而增加，如图 7.2.11(b)所示，此时 $\lambda(s)$ 式中的 γ 是大于 1 的。

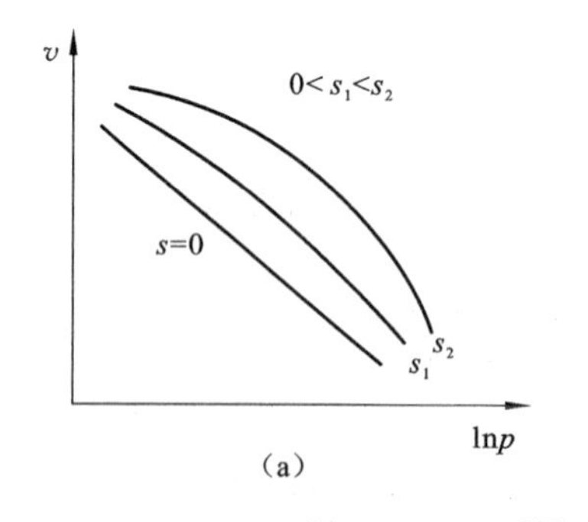

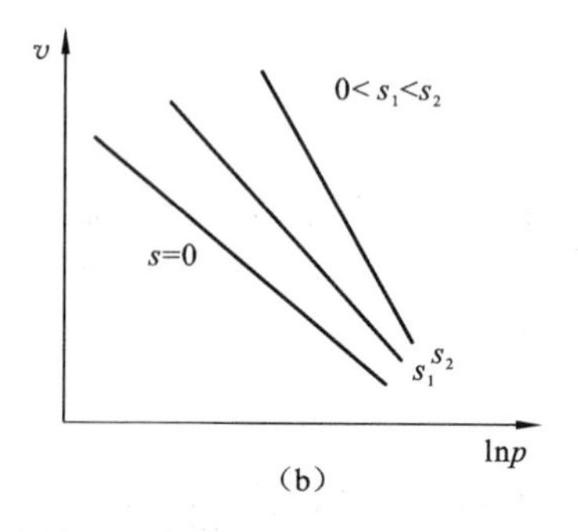

图 7.2.11　不同吸力下压缩线的可能形状

上述各种修正描述了正常压缩线随吸力的变化情况，Pandian 等和 Herkal 等的研究成果认为对于给定的土体，不同吸力下正常压缩线在 $e\sqrt{s_r}$-lg$p$ 坐标系中可以归一化为唯一的一条

直线，此成果有很高的应用价值，但是否对各类非饱和土均适用仍需进一步验证。此外需注意，该结论建立在饱和度和吸力之间存在一一对应关系的前提下，即不适用于滞水情况。

但是，需要注意的是，如果假设 $\lambda(s)$ 随吸力增大而增大，即 $\gamma>1$ 时，根据 LC 屈服线公式(7-2-8)计算的非饱和土屈服应力 p_0，将随吸力的增大而减小，这与试验结果是不相符的。如果要满足试验结果，就必须给定一个较大的参考应力 p^c，且必须大于所有可能条件下最大的 p_0。见表 7.2.1，为 Barcelona 模型及 Wheeler 修正模型的屈服应力随吸力增大的变化规律。由此可见，$\lambda(s)$ 随吸力增大而增大或是减小，都是有可能的，$\lambda(s)$ 的变化规律与土的种类有关。

表 7.2.1　屈服应力随吸力增大的变化规律

模型	γ	s	$\lambda(s)$	$\frac{\lambda(0)-\kappa}{\lambda(s)-\kappa}$	$\frac{p_0^*}{p^c}$	$\left(\frac{p_0^*}{p^c}\right)^{\frac{\lambda(0)-\kappa}{\lambda(s)-\kappa}}$	p_0
Barcelona 模型	<1	↗	↘	↗	>1	↗	↗
Wheeler 修正	>1	↗	↗	↘	<1	↗	↗

Barcelona 模型假定非饱和土的回弹指数 $\kappa(s)=\kappa(0)$，Futai 等[35]将 Barcelona 模型应用于典型干旱地区湿陷性土并进行了修正，认为 $\kappa(s)$ 随吸力增大而减小。

同时，按照 Barcelona 模型或 Wheeler 修正模型，无论 γ 小于 1 或大于 1，要应用 $\lambda(s)=\lambda(0)[(1-\gamma)\exp(-\beta s)+\gamma]$，对 γ 和 β 都应该遵守一定的取值范围，分析如下：

(1) Barcelona 模型假定 $\lambda(s)$ 随吸力增大而单调减小，有 $(1-\gamma)\exp(-\beta s)+r<1$，且 $\gamma<1$，即 $\exp(-\beta s)<1$，且当吸力无穷大时，土样可视作弹性，即 $\lambda(s)\geqslant\kappa$ 始终成立，因此模型中 γ 和 β 的取值范围需满足下式

$$\frac{\kappa}{\lambda(0)}\leqslant\gamma<1 \text{ 且 } \beta>0 \tag{7-2-28}$$

(2) Wheeler 修正模型假定 $\lambda(s)$ 随吸力增大而增大，则 $(1-\gamma)\exp(-\beta s)+r>1$，且 $\gamma>1$，即 $\exp(-\beta s)<1$。则此时需满足：$\gamma>1$ 且 $\beta>0$。

2. p-s 平面屈服曲线

原 Barcelona 模型假定某一参考应力 p^c 下屈服面的形状，然后又假定压缩线斜率随吸力变化。Wheeler 等通过试验确定不同吸力下压缩线的位置和形状，建议 LC 屈服面方程为

$$(\lambda(s)-\kappa)\ln\left(\frac{p_0}{p_{at}}\right)=(\lambda(0)-\kappa)\ln\left(\frac{p_0^*}{p_{at}}\right)+N(s)-N(0)+\kappa_s\ln\left(\frac{s+p_{at}}{p_{at}}\right) \tag{7-2-29}$$

根据上式从试验中确定 $N(s)$ 与 $\lambda(s)$ 比确定 Barcelona 模型的 p^c 容易些。

Balmaceda 认为土体的屈服面应该在刚开始硬化时稍缓一些，达到最大湿陷体积后变陡，与 Barcelona 模型不同的是，在某一竖向应力下，LC 屈服面将为一条竖直线；此外还认为 LC 屈服面与 $\lambda(s)$ 无关，用下式反映屈服面的变化

$$p_0=(p_0^*-p^c)+p^c[(1-m)e^{-\alpha_b s}+m] \tag{7-2-30}$$

其中

$$m=1+\frac{\zeta_y-1}{\zeta_x-p^c}(p_0^*-p^c)e^{\frac{\zeta_x-p_0^*}{\zeta_x-p^c}}$$

式中：α_b^s 为 p_0 达到最大值的速率；ζ_x 对应于最大湿陷体积的 p_0^* 值；ζ_y 是最大的湿陷体积。这

些值可由一系列等压浸水湿化试验得到。由公式(7-2-30)可知，对应于不同的 p_0^*，存在不同的 m，在初始吸力相同的情况下，m 越大，$p-p_0^*$ 也越大，因而湿陷变形就越大；当 $p_0^*=p^c$ 时，$m=1$，湿陷变形为零；且 m 从 1 开始逐渐随 p_0^* 增大而增大，并在 $p_0^*=\zeta_x$ 时出现最大湿陷变形 ζ_y，之后又随 p_0^* 继续增大而减小，最终又趋于 1，湿陷变形为零。

Josa 等在采用 Balmaceda 修正后的 LC 屈服面时，为避免高压力或高吸力下负的孔隙比值，对硬化法则进行了修正，给出了孔隙比和平均净应力双曲线型关系式，而不是原 Barcelona 模型的对数式，如下两式所示：

LC 屈服面硬化法则为

$$\frac{\mathrm{d}p_0^*}{p_0^*}=\frac{\mathrm{d}\varepsilon_v^p}{\lambda(0)-\kappa} \tag{7-2-31}$$

SI 屈服面硬化法则为

$$\frac{\mathrm{d}s_0}{s_0+p_{at}}=\frac{\mathrm{d}\varepsilon_v^p}{\lambda_s-\kappa_s} \tag{7-2-32}$$

Barcelona 模型在(p,s)面上有两条屈服线：一条是 LC 屈服线，另一条是 SI 屈服线。研究中将这两条线作为两个独立的部分处理，会造成二者之间的耦合关系不很明确，同时(p,s)面上屈服线存在一个角点，给数值分析带来一定的困难。

黄海、陈正汉等通过对某机场探井中重塑黄土进行 7 个不同路径的三轴固结试验，建立了“含水量-吸力-净平均应力”之间的关系。7 条路径中净应力 p 和吸力 s 所占比重不同，试验时同时变化净平均应力和吸力，均使土从弹性状态变化到塑性状态，取占比重大的变量 p 或 s 作为横坐标，体积为纵坐标，这样得到的屈服线位于同一个初始屈服面上。可以发现屈服线由原来的 LC 和 SI 组成，但不再是二者简单相加，而是由一条光滑的曲线将两条屈服线连成一个整体，这也证实了 Delage 关于 p-s 平面存在单一屈服面的设想。这个光滑屈服面的数学表达式为

$$p_0=p_0^*+ms+n[\mathrm{e}^{\eta/p_{at}}-1] \tag{7-2-33}$$

式中：η，m 和 n 均为土体参数；p_0^* 为饱和土屈服应力；p_{at} 为大气压力。将上式代入 Barcelona 模型得到改进的空间屈服面。如果把 p_0^* 看成是塑性体积应变的函数，则改进的空间屈服面将随土体的硬化向外发展，从而省去了分析两个屈服面耦合运动的麻烦。但不足的是，单一屈服面难以分别反映净应力与吸力对变形的影响。

Barcelona 模型中 SI 屈服面为 $s=s_0$，s_0是土在历史上受过的最大吸力。黄海等[29]认为此曲线有一定的局限性，因为某些土体的屈服吸力 $s_y>s_0$，这等于扩大了弹性区范围，因此他建议采用 $s=s_y$ 为 SI 屈服面。

3. $p\sim q$ 平面剪切屈服线

Barcelona 模型假设某一吸力下的屈服面，与饱和土的屈服面相同，也是一个椭圆形。屈服面的方程为：$f_1=q^2-M^2(p+p_s)(p_0-p)=0$，该方程可变化成

$$\frac{q^2}{M^2}+[p^2-(p_0-p_s)p-p_0p_s]=0$$

或

$$\frac{q^2}{M^2}+\left[p^2-(p_0-p_s)p+\left(\frac{p_0-p_s}{2}\right)^2-\left(\frac{p_0+p_s}{2}\right)^2\right]=0 \tag{7-2-34a}$$

则模型椭圆形屈服面表示为

$$\left(\frac{q}{M\frac{p_0+p_s}{2}}\right)^2+\left(\frac{p-\frac{p_0-p_s}{2}}{\frac{p_0+p_s}{2}}\right)^2-1=0 \tag{7-2-34b}$$

此时可以看出 Barcelona 模型的屈服面在 p-q 平面上是一个以$\frac{p_0-p_s}{2}$为中心，p 轴上以$\frac{p_0+p_s}{2}$为长半轴，q 轴上以 $M\frac{p_0+p_s}{2}$为短半轴的椭圆。

该椭圆与剑桥模型的椭圆比是相等的，且 Barcelona 模型假设土体的剪切强度随 p 和 s 线性增加，即临界状态线为：$q=M(p+p_s)$。

Maâtouk 等[36]对湿陷性非饱和淤泥质黏土进行了不同吸力下等向和不等向压缩，然后再进行排水剪切试验，屈服面的大小随吸力增加而扩大，但屈服强度增长速率远大于屈服应力。得到屈服面的形状与修正剑桥模型有所不同，是由于土体的各向异性。这种屈服面形状与前期应力历史有关，说明土体不是各向同性硬化，而是运动硬化。

Chiu 等[37]将 Barcelona 模型在 p-q 平面上的剪切屈服面修改为双屈服面，屈服方程以下列两式表达

$$f_s=q-\eta_y\left[p+\frac{\mu(s)}{M(s)}\right]=0 \tag{7-2-35a}$$

$$f_c=p-p_0=0 \tag{7-2-35b}$$

式中：η_y 为应力比的屈服值；$M(s)$与 $\mu(s)$分别为临界物态线在 p、q 平面上的斜率与截距。

用上述修改模型来模拟边坡土单元在降雨条件下的应力路径，即剪应力和平均净应力均不变条件下的浸湿试验，数值模拟的结果显示改良模型比 Barcelona 模型更能反映在浸湿试验中剪应变的突然增加。

在流动法则的选取上，Barcelona 模型采用的是不相关联的流动法则，Wheeler 等运用相关联的流动法则，并考虑土体的强度增加随吸力非线性增加，Cui 等也采用不相关联的流动法则，他们的预测结果都很好。这看似比较矛盾，其原因可能是 Wheeler 研究的高岭土是等向压缩的，而 Cui 等研究对象 Jossigny 淤泥质黏土有应力各向异性历史，因此在进行具体计算时，需根据土体的应力历史选择，这尚需进一步研究。

7.2.4　试验设备及方案

1. 试验仪器的要求

由于非饱和土 Barcelona 模型主要描述了净平均应力、吸力和剪应力的变化对土体体积变形的影响以及剪应力、净平均应力和吸力之间的相互关系，根据模型的要求和假定，所涉及的试验内容至少应包括饱和土的等向固结试验、饱和土的等 p 剪切试验、吸力固定为不同值时净平均应力的加卸载试验、吸力不变时的等 p 剪切试验、净应力不变时吸力的干湿循环试验。

需要确定 Barcelona 模型的全部参数，试验仪器需要具备以下条件：

(1) 模型涉及土体体积变形，因此需要采用具有排水测量装置的试验设备。

(2) 由于模型描述了应力、孔隙气压力和孔隙水压力三个应力状态变量，均需单独控制，

且应力控制包括等压固结和轴向压缩两部分，因此需要至少4个压力控制装置。

(3) 试样的饱和度在不断发生变化，气体和液体在土样中不断流动，因此试样底座必须装有陶土板，使得液体可以自由进出土样而气体不会漏出。

(4) 其他测量装置，包括轴向压力、轴向变形、孔隙水压力、大气压力等测量装置。

在非饱和土本构模型的试验研究中，最难也最重要的是确定非饱和土的体积随应力状态的变化。根据非饱和土体积变形测量装置的不同，目前常用的非饱和土三轴系统可分为三种：应力路径三轴仪、双层压力室三轴仪[38]和双室差压三轴仪[39]。

非饱和土三轴仪在常规饱和土三轴仪的基础上增加了孔隙气压力控制装置和陶土板，仪器结构如图7.2.12(a)所示。由于单层压力室在水压力作用下会发生变形，水体积的变化不能确定试样变化，因此土体体变的确定方法为：先根据土样质量、含水率和饱和度确定初始孔隙比和总体积(孔隙体积V_v与颗粒体积V_s之和)，对于饱和土，孔隙体积的变化等于排出水的体积，对于非饱和土，孔隙体积的变化等于进入试样的气体体积(根据气压控制器体积变化换算得到)减去排出水的体积，且颗粒体积不变，然后根据$e=V_v/V_s$确定孔隙比和比体积。该方法的缺点在于进入试样的气体的体积，需要根据控制器内的体积变化结合不同压力进行换算，且气体在水中的溶解也随压力而发生变化，因此该确定方法容易产生误差。

双层压力室三轴仪是在单层压力室的基础上，设置内外两个压力室，如图7.2.13(b)所示。该方法通过内层压力室内的水量变化来确定试样的体积变形，由于内外压力室均充满水，且压力相等，制约了土样所在的内压力室的自身变形，从而提高测量精度。该方法的精确度比单层压力室有了很大提高，但也存在不足之处：内、外压力室的水体积不同，分别施加压力时，不能保证水压力的同步变化，且由于试样体积变形与内压力室的体积相差多个数量级，内压力室的细微变化均会影响试样体变的测量和确定；另一方面，水会在压力差作用下，可能会沿着加荷杆的孔隙流动，导致内压力室的水体积发生变化。

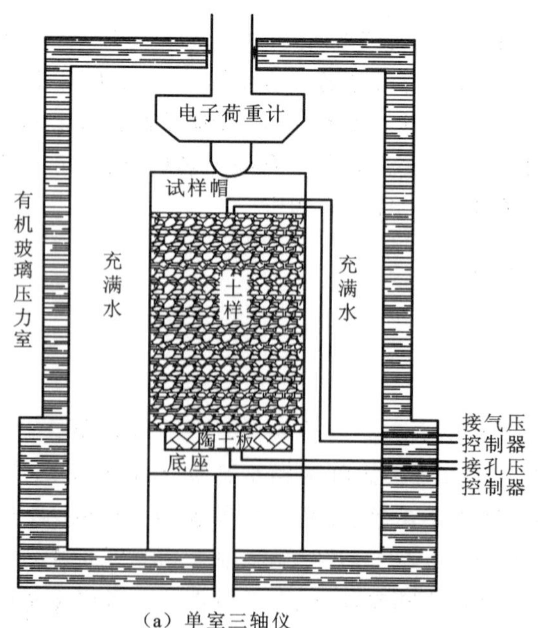

(a) 单室三轴仪

图7.2.12　非饱和土三轴仪

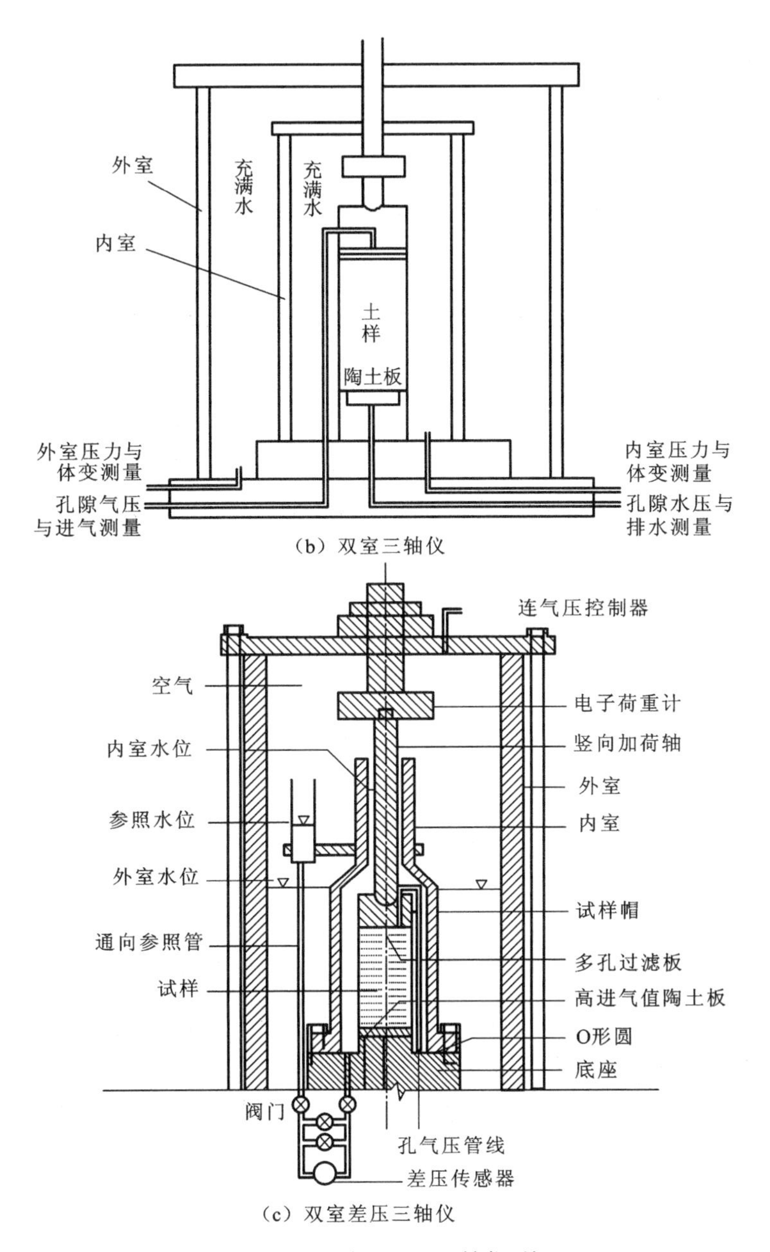

(b) 双室三轴仪

(c) 双室差压三轴仪

图 7.2.12　非饱和土三轴仪(续)

双室差压三轴仪克服了上述双层压力室的不足,如图 7.2.12(c)所示。该方法减小了内层压力室的体积,且将内室上部对外室敞开,在内、外室上部施加同一气压,保证了内外压力室的压力同步施加;在外室固定一个水位参照管并与内室连通,且参照管开口处的横断面面积与内室上部的水表面面积相等。当试样体积发生变化时,内室水位就会发生显著变化,而位于外室的参照水位不会发生变化;通过连接的差压传感器测定内外水位的压力差,就可以准确、连续地测定试样的总体变。同时为了消除水分蒸发的影响,在内外水面上均覆盖一薄层柴油。该系统比其他双室体变测量系统误差小。

如图 7.2.13 所示,试验仪器采用英国 GDS 公司的 HKUST 型应力路径三轴仪,由 3 台液

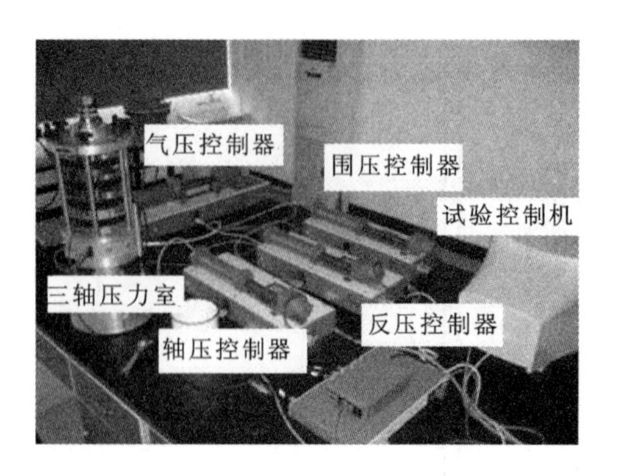

图 7.2.13 GDS应力路径三轴仪实物图

压控制器、1台气压控制器、压力室、数据采集板及控制软件等组成，精度高、易控制，是目前国际上最为先进的土工仪器之一。压力控制器通过电脑控制施加目标围压，控制精度可以达到0.1 kPa。各控制器也可以量测进出的水体积变化，量测精度达到1 mm^3。

2. 试验应力路径的设计

如图7.2.14所示为原模型采用的试验应力路径。按照图(a)的应力路径，完成三个不同吸力下的吸力加卸载和偏应力加卸载试验，可获得p^c，p_0^*，$\lambda(0)$，κ，r和β；按照图(b)的应力路径完成两组净应力加卸载试验，可确定s_0，λ_s和κ_s；按照图(c)的应力路径确定G，M和k。

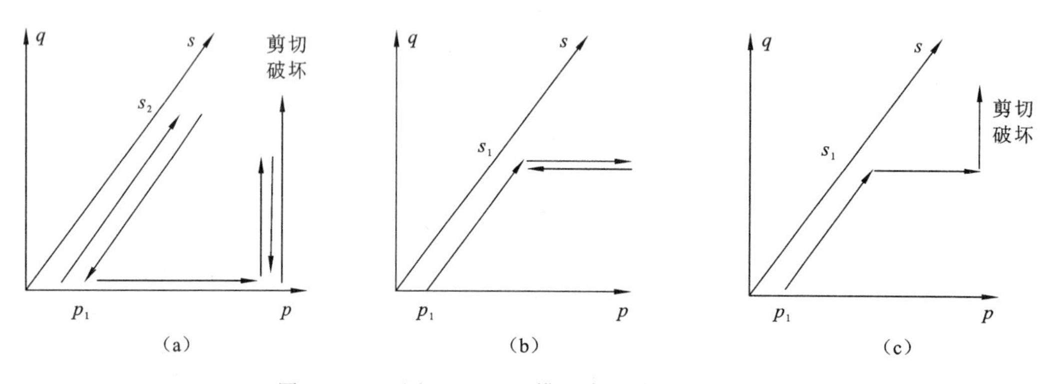

图 7.2.14 原Barcelona模型中设计的试验路径

但根据上述设计的应力路径开展试验，至少需要完成6组以上的非饱和土三轴试验和1组饱和土三轴试验，应力路径没有达到最优的设计。

根据上述试验内容，本研究建议主要通过4个类型的试验，如图7.2.15～图7.2.18所示设计的试验路径，完成对模型参数的确定。

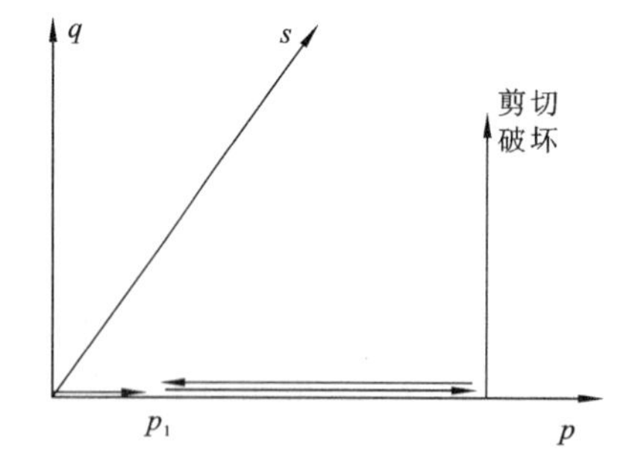

图 7.2.15 饱和土的净应力加卸载及剪切试验

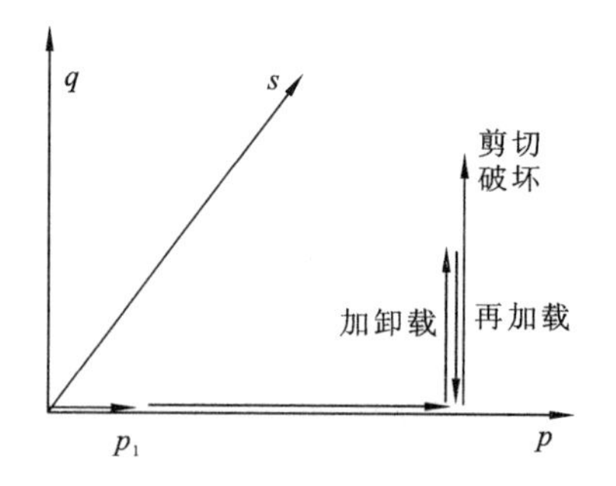

图 7.2.16 饱和土的偏应力加卸载路径

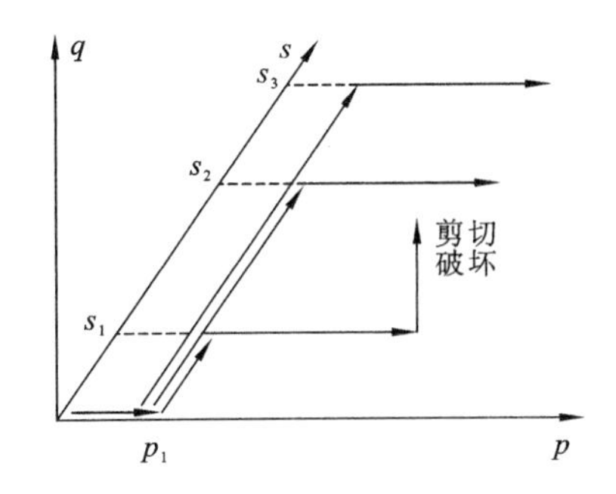

图7.2.17　各级吸力下固结及剪切试验

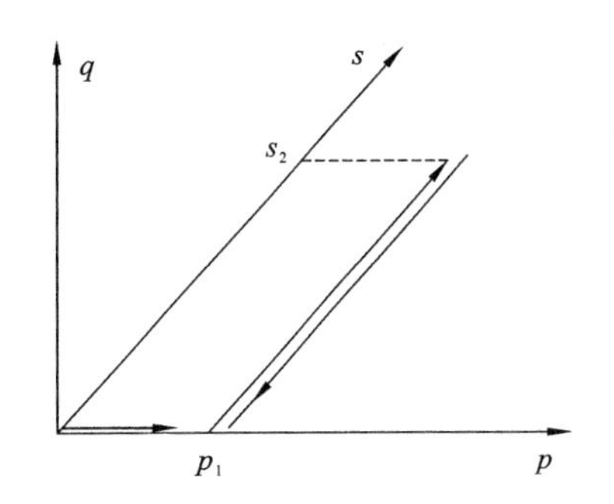

图 7.2.18　吸力的加卸载路径

7.2.5　试验结果及模型参数

1. 试验结果

根据上述试验路径的联合分析，按照以下 4 个试验步骤开展试验。

(1) 按照图 7.2.15 的应力路径，共完成 3 个饱和试样的压缩回弹再压缩试验。在达到初始应力状态后，逐级加压至达到最终围压，各个试样的最终平均应力分别为 200 kPa，300 kPa，400 kPa，根据孔隙比变化，绘出 $v \sim \ln p$ 关系曲线，如图 7.2.19 所示，得到对应的 3 组压缩线斜率 λ 分别为 0.062 2，0.064 7，0.060 3，膨胀线斜率 κ 分别为 0.014 8，0.018 6，0.017 4，取其平均值为饱和土固结曲线的压缩和回弹段斜率参数分别为：$\lambda=0.0624$，$\kappa=0.0169$；然后保持净平均应力 p 不变，分别施加偏应力至试样破坏，得到应力应变关系曲线，如图 7.2.20 所示。

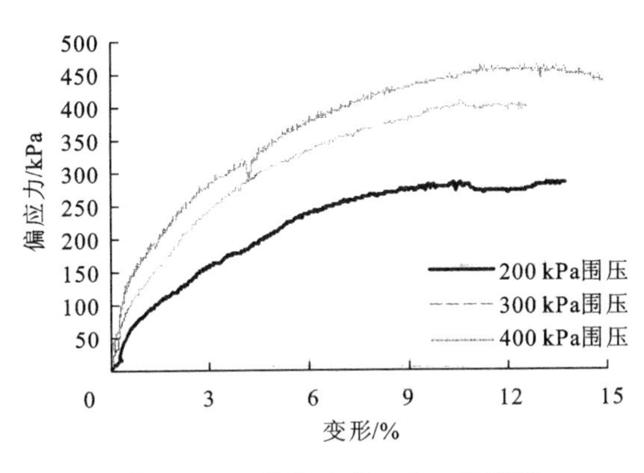

图 7.2.19　饱和土的 v-ln$p$ 曲线图

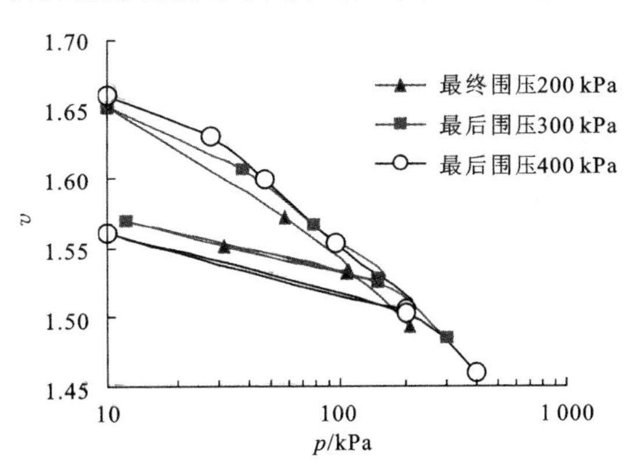

7.2.20　不同平均应力下剪应力应变关系曲线

(2) 按照图 7.2.16 的应力路径，土样饱和后，进行等压固结至稳定，然后保持净平均应力 p 不变，完成偏应力加载、卸载再加载至剪切破坏的试验。剪切过程中，土体的偏应力应变关系曲线，如图 7.2.21 所示。然后根据土体的剪应力 $q=\sigma_1-\sigma_3$ 与剪应变 $\varepsilon_s=\dfrac{2}{3}(\varepsilon_1-\varepsilon_3)$ 的关系，确定土样的剪切模量：$G=31$ MPa。

(3) 按照图 7.2.17 应力路径，3 个试样在饱和并固结至初始状态后，保持净平均应力 p 为 50 kPa 不变，分别逐级施加吸力至排水稳定，3 个试样的最终吸力分别为 50 kPa，100 kPa，200 kPa，以此时的孔隙比为压缩固结的初始状态；然后保持各试样的吸力不变，分别逐步增大净围压，进行等压固结至排水稳定，计算固结过程中非饱和土样的体积变化，确定其孔隙比变化，并绘制固结过程的 v-ln$p$ 关系曲线，如图 7.2.22 所示，分别得出不同吸力下的非饱和土的压缩指数 $\lambda(s)$，即：$\lambda(50)=0.0429$，$\lambda(100)=0.0325$，$\lambda(200)=0.0238$。由于 Barcelona 模型认为非饱和土的回弹指数 $\kappa(s)$ 与饱和土的 κ 差别不大，建议采用相同数值，同时由于非饱和土的吸水湿化试验耗时比排水更长，故没有进行各级吸力下的回弹试验。

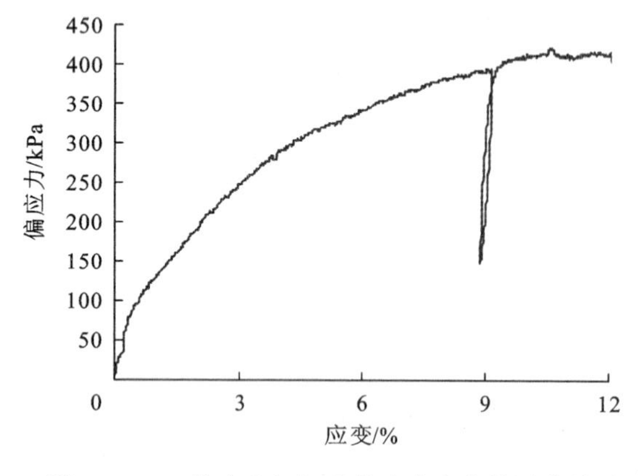

图 7.2.21　偏应力加卸载的应力应变关系曲线

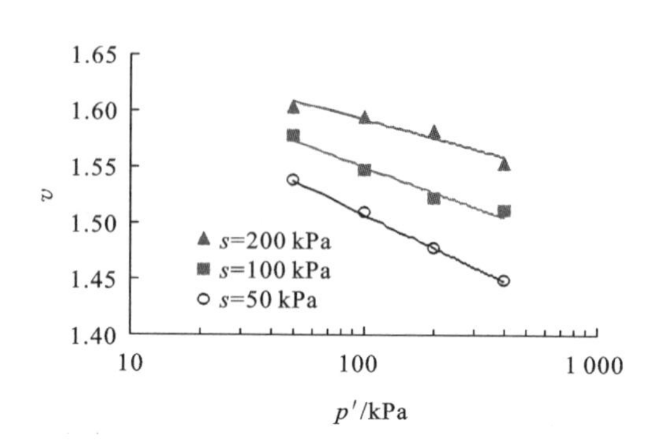

图 7.2.22　各级吸力下的 v-ln$p$ 关系曲线

然后在净平均应力 p 恒为 100 kPa 的条件下，对吸力 50 kPa 的试样施加偏应力剪切至破坏，得到非饱和土的偏应力应变关系曲线，如图 7.2.23 所示。

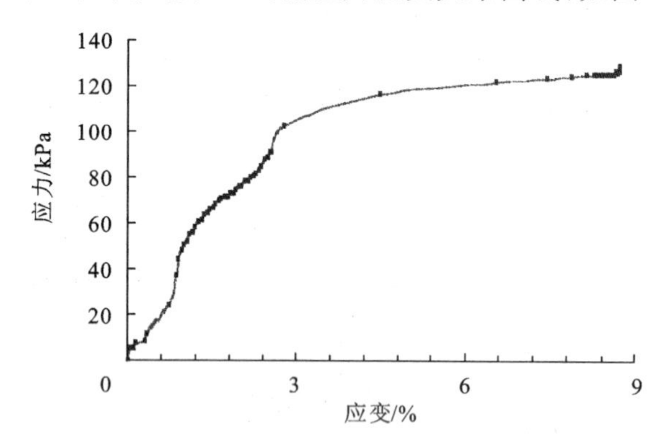

图 7.2.23　$s=50$ kPa，$p=100$ kPa 时剪应力-轴向应变关系曲线

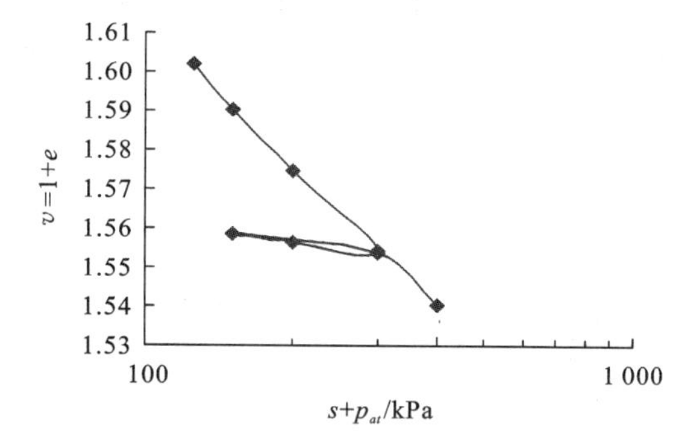

图 7.2.24　$p=50$ kPa 时吸力增减与体变曲线

（4）按照图 7.2.18 应力路径，试样饱和并固结至初始状态后，保持净平均应力 p 为 50 kPa 不变，按 10 kPa，50 kPa，100 kPa，200 kPa，300 kPa，200 kPa，100 kPa，50 kPa 的顺序，逐级完成吸力的脱湿和吸湿过程，且每级排水稳定后计算试样的体积变化，确定其孔隙比。绘制干湿过程的 v-ln$(s+p_{at})$ 关系曲线如图 7.2.24 所示，确定对应于干湿过程的压缩指数和回弹指数，其中 $p_{at}=101$ kPa，表示大气压力。

根据上述试验过程，4 个非饱和土试样和 1 个饱和土试样的三轴试验即可简单地确定非饱和土 Bacelona 模型的 12 个参数。

2. 本构模型参数的确定

根据前述试验结果图，可从图中直接确定的参数包括 λ，κ，G，λ_s，κ_s，其余的 7 个参数可通过以下方法间接求得。

(1) 参考应力 p^c。

在 Barcelona 模型参数中,最难确定的参数就是参考应力 p^c,主要是因为它与土的种类有很大关系。以往的方法大多是根据 v-$\ln p$ 关系曲线的形状由经验去确定。本次研究中,采用了一种比较简单且更加适用的确定方法,推导如下:根据式(7-2-7)可知,当给定适当的参考应力 p^c,有 $\Delta v(p^c)\Big|_s^0=\kappa_s\ln\dfrac{s+p_{at}}{p_{at}}$,此时,不同吸力之间的体积变化 Δv 与 κ_s 有关,因此可将非饱和土的等向固结试验结果绘制到 $v+\kappa_s\ln\left(\dfrac{s+p_{at}}{p_{at}}\right)$-$\ln p$ 的坐标系中,由此确定参考应力 p^c,其中 κ_s 为对应吸力减小时的回弹指数,由图 7.2.24 确定。

如图 7.2.25 所示,将各级吸力下等向压缩线绘制到此坐标系中,并延长至交于一点,此点对应的净应力即为参考应力 p^c。如果土的种类符合 Barcelona 模型,即 $p_0>p^c$ 或 $r<1$,则采用图 7.2.25(a)的方法确定参考应力 p^c,土的种类符合 Wheeler 等修正的模型,即 $p_0<p^c$ 或 $r>1$,则可采用图 7.2.25(b)的方法。

当然,事实上试验得到的压缩线并非一定会相交于一点,此时,需要根据试验获得的多个交点,判断选择一个最适合的参考应力。本次试验研究中,确定的 $\ln p^c=2.143$,则参考应力 $p^c=8.5$ kPa。

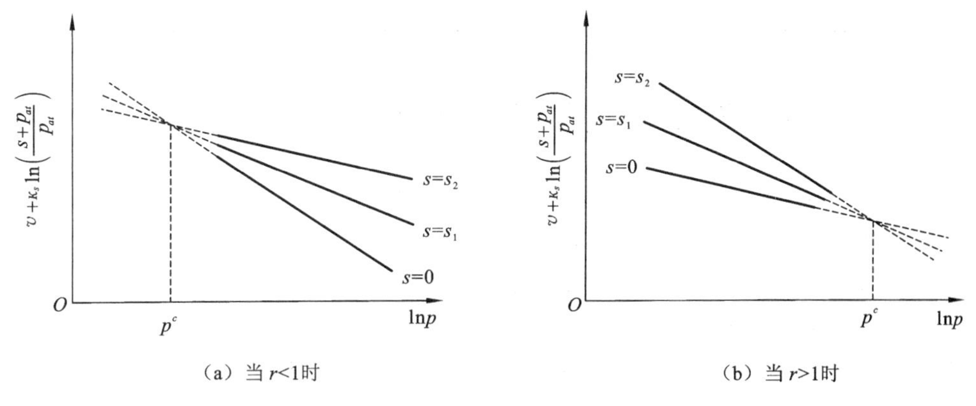

图 7.2.25 确定参考应力 p^c 的方法示意图

(2) 屈服应力与屈服吸力。

在 v-$\ln p$ 坐标轴中,根据初始孔隙比 $e_0=0.695$,作一条水平直线,将饱和土压缩曲线(方程为:$v=-0.0624\ln p+1.8578$)反向延长,两条直线交于一点为 $\ln p_0^*=2.6122$,则饱和土的先期固结应力 $p_0^*=13.6$ kPa。不同吸力下,非饱和的先期固结应力可根据式(7-2-8)求得。

净应力 50 kPa 固结完成时的孔隙比 $e_0=0.626$,同样的方法,将相应于吸力的压缩线(方程为:$v=-0.0506\cdot\ln(s+p_{at})+1.8746$)反向延长,确定交点 $\ln(s_0+p_{at})=4.913$,则屈服吸力 $s_0=35$ kPa。

(3) $\lambda(s)$公式的相关常数。

根据固定吸力的净应力加卸载试验,确定各级吸力下非饱和土的压缩指数 $\lambda(s)$分别为:$\lambda(50)=0.0429$,$\lambda(100)=0.0325$,$\lambda(200)=0.0238$,三组数据分别代入经验公式 $\lambda(s)=\lambda(0)[(1-\gamma)\exp(-\beta s)+\gamma]$中,其中 $\lambda(0)$ 为饱和土的压缩指数,拟合得到:$r=0.327$,

β=0.012 5 kPa^{-1}。

(4) 临界状态线的参数。

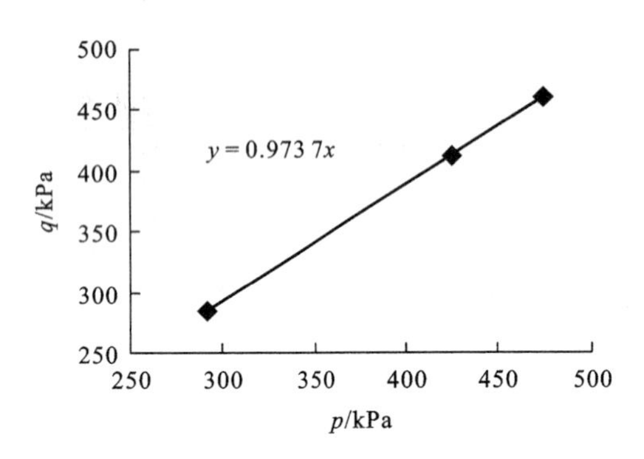

图 7.2.26　饱和土临界状态下的 p-q 关系

图 7.2.19 的三个饱和土等 p 剪切试验的应力-应变关系曲线中，各条曲线的峰值为破坏时的偏应力，将三个试样破坏时的 p、q 值绘于图 7.2.26 中，可确定饱和土的临界状态线斜率 M=0.973 7。

图 7.2.23 为非饱和土的等 p 剪切试验的应力-应变关系曲线，其破坏时的最大偏应力为 q=120 kPa，由于模型假设饱和与非饱和的临界状态线斜率相等，且净应力 p=100 kPa，根据公式 $q=M(p+p_s)$，即可确定非饱和土的临界状态线在 p 轴上的截距 p_s=23，再由 $p_s=ks$ 得到 k=0.46。

至此，通过上述试验研究和结果分析，确定了 Barcelona 本构模型各个参数的具体取值，如表 7.2.2 所示。

表 7.2.2　Barcelona 本构模型试验参数一览表

参数	p_0^*/kPa	p^c/kPa	λ	κ	γ	β/kPa^{-1}	λ_s	κ_s	s_0/kPa	M	G/kPa	k
数值	13.6	8.5	0.062 4	0.016 9	0.327	0.012 5	0.050 6	0.006 9	35.0	0.973 7	3.1×10^4	0.46

7.3　周期荷载作用下土的力学特性试验

大量边坡监测和失稳案例显示，库水位升降改变了边坡土体的物理力学性质和渗流场，诱发库岸边坡变形甚至失稳。然而，事实上，库岸边坡失稳并非全部发生在第一次蓄水或降水时期，而是经过水库多年运行后，在库水周期性作用下，岸坡土体不断变形直至失稳。如美国 Columbia 河上的 Grand Coulee 水库 1941 年建成蓄水后，在 12 年内先后发生滑坡 500 起，其中 51%发生在库水位经过 2 年的周期性涨落以后；已建成的我国最大的三峡水库，水位在 145～175 m 周期性波动，近几年，库区的白家包、淌里、白水河、八字门、卡子湾、卧沙溪等大量滑坡随着库水位波动均发生不同程度的阶梯状变形。其主要原因是：库水位随水库发电防洪等运行而发生周期性涨落，水分的渗入或渗出导致库岸边坡内的地下水渗流场发生周期性变化，也势必造成岸坡土体孔隙压力和有效应力的周期性加卸载，致使土体的应力状态和内力平衡发生改变，岸坡土体在循环荷载作用下的力学性质和变形特性势必变化。

受水库库容影响，库水位只能在高水位与低水位之间周期性变动，故库水对库岸滑坡土体的循环加卸载作用也只能在有限的应力范围内变化，水库完成第一次高水位蓄水和泄洪后，土体即经历了历史最大应力调整，形成了最大的屈服范围，也就是说，岸坡饱和土体在水库蓄水后始终处于超固结状态，且随着库水位的涨落，其受力过程可描述为在前期固结压力范围内有效应力的多次循环加卸载过程，其应力路径可描述为等 q 条件下 p 循环加卸载的特殊应力路径。

室内试验中，首先对试样进行非等向固结以模拟岸坡深部土体的非等向受压状态，再控制其孔隙水压力循环加卸载以模拟库水的周期性涨落和地下水位的循环变动，测定整个过程中土样剪切变形和体积变形的累积发展过程；最后使土样在其孔压不断升高条件下破坏，并与常规三轴剪切结果进行对比，分析土体的破坏规律和临界状态。

7.3.1 试验土样及试验方案

本试验研究土样取自某水电站库区滑坡1号平硐的滑带土，挖取40 cm×40 cm×40 cm原状土样，现场采用蜡纸密封，土质呈紫红色，土样比较密实、坚硬，部分原状土样如图7.3.1所示。结合筛析法与密度计法开展颗粒级配分析，采用液限塑限联合法测定液限和塑限，土样指标参数试验结果见表7.3.1。其中土样粒径在1 mm以下的含量接近92%，小于0.075 mm的细粒含量约为78%，由此推知土样细粒成分较多。根据塑性指数$I_P=16$及细粒含量判定该土样为粉质黏土。

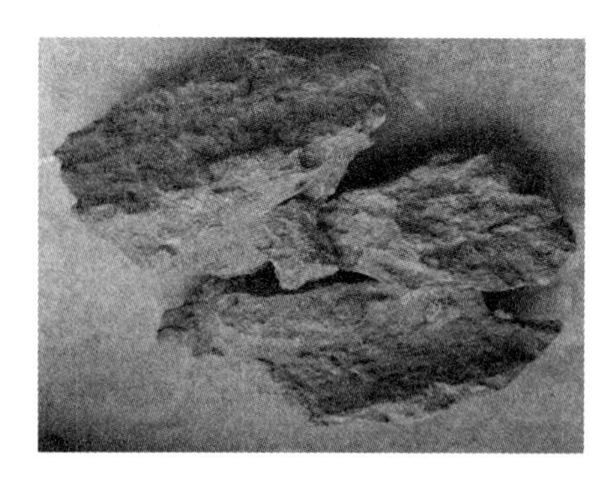

图7.3.1 某库区滑坡滑带土风干试样

表7.3.1 土样的指标参数

颗粒分析小于某直径的颗粒百分含量/%											
粒径≥0.075 mm 用筛分法							粒径<0.075 mm 用密度计法				
10	5	2	1	0.5	0.25	0.075	0.047	0.022	0.009 9	0.005 2	0.000 17
99.23	97.02	96.37	91.99	87.67	86.01	78.60	75.98	64.43	43.81	31.44	5.66
初始干密度：2.1 g/cm^3； 比重：2.725							液限W_L：31.2； 塑限W_P：15.2				

试验设备为英国GDS公司生产的应力路径三轴试验系统，该系统由压力控制器、压力室、数据采集板及控制软件组成，精度高、易控制，是目前国际上最为先进的土工仪器之一。受其压力室和试样尺寸（ϕ50 mm×100 mm）的限制，需筛分取2 mm以下烘干土颗粒。每次称取约360 g土样后加水至接近饱和状态，一次性压制成样，由此基本保证试样完成非等向固结后干密度接近初始干密度。

试验前通过游标卡尺测定试样长度和直径计算试样体积，并测定试样的初始含水率、质量，结合比重计算其密度、初始饱和度、初始孔隙比等，有效试验共有6组，相关初始状态数据如表7.3.2所示。

表7.3.2 试样初始物理状态一览表

试验内容	试样编号	总质量/g	总体积/cm^3	含水率/%	比重	密度/(g·cm^{-3})	孔隙比	饱和度/%
等偏应力下孔压循环加卸载试验	1	430.51	211.68	20.12	2.725	2.034	0.609	90.03
	2	446.39	218.77	19.47	2.725	2.040	0.596	89.02
	3	440.26	215.77	19.36	2.725	2.040	0.594	88.76
常规固结排水三轴剪切试验	4	418.80	200.54	16.76	2.725	2.088	0.524	87.16
	5	415.11	203.91	20.56	2.725	2.036	0.614	91.25
	6	429.17	209.18	19.30	2.725	2.052	0.584	90.06

等偏应力孔隙水压循环加卸载试验过程分为 4 个步骤：

(1) 控制围压和反压(相差 10 kPa)进行试样饱和，然后增大围压使试样等向固结排水至稳定。

(2) 模拟深部土体的应力状态，增大轴向压力使试样处于非等向受压状态至排水稳定，此时有效应力比 q/p' 分别为 0.5，0.57，0.6。

(3) 模拟库水位变动，控制总围压和轴压不变，开展试样孔隙水压循环加卸载过程，数值在 200～300 kPa 循环变化，每步排水稳定后进行下一步。此过程中，偏应力 $q=\sigma_1-\sigma_3$ 始终保持不变，而试样的有效应力 $\sigma'=\sigma-u$ 随着孔压循环加卸载而发生相反的循环变化，q/p' 也随之变化。

(4) 继续缓慢增大孔隙水压力，使有效球应力 p' 持续减小，q/p' 不断增大直至试样破坏。由于试样渐进破坏过程中变形较大，孔隙水压是动态变化的，即分别连接在试样两端的孔压实测传感器与孔压控制器存在数值差异，此时试样的孔压以二者平均值为准。具体加卸载过程如图 7.3.2 所示。

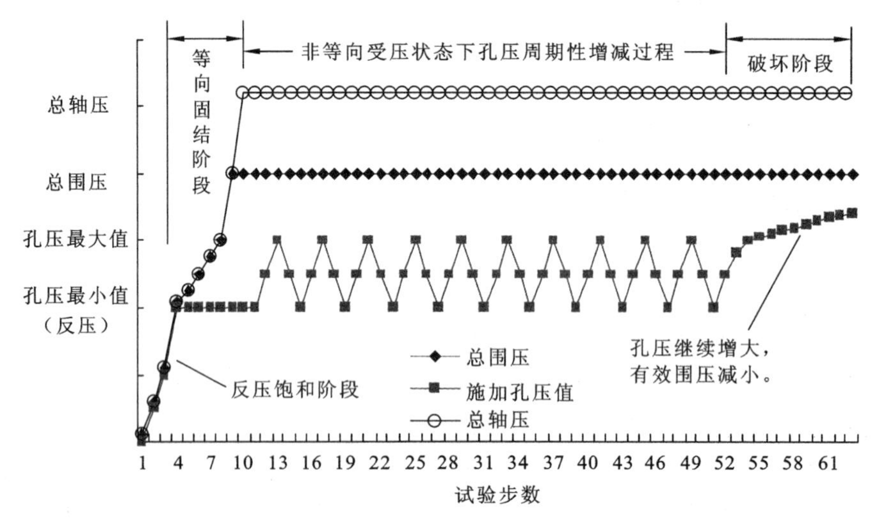

图 7.3.2　非等向受压状态下孔隙水压循环加卸载试验步骤

本次试验共完成 3 组不同非等向受压状态下的孔压循环加卸载试验(编号 1～3)和 3 组常规固结排水三轴剪切试验(编号 4～6)，各组试验的控制压力见表 7.3.3。

表 7.3.3　试验控制参数表　(压力单位：kPa)

试样编号	1	2	3	4	5	6
反压	200	200	200	200	200	200
总围压	400	400	400	300	400	600
总轴压	520	540	550	不同净围压下的固结排水三轴剪切过程，各应力和指标需根据实测值确定		
偏应力	120	140	150			
孔压循环变化范围	200～300	200～300	200～300			
循环次数	10	10	10			
循环过程 q/p' 范围	0.5～0.86	0.5～0.86	0.5～0.86			

7.3.2 试验结果及分析

1. 等偏应力孔压循环加卸载试验

试验中需持续测定试样的排水体积、轴向变形，计算孔隙比在整个试验过程中的变化，并确定体积应变 $\varepsilon_v=(e_0-e)/(1+e_0)$，轴向应变 $\varepsilon_a=\Delta H/H$ 和剪切应变 $\varepsilon_\gamma=\varepsilon_a-\varepsilon_v/3$。将整个试验过程分为两个部分。

第一部分：试样经历反压饱和、等向固结、非等向固结、孔压循环加卸载4个阶段，整个过程历时50 d左右，其体应变和剪应变发展过程如图7.3.3～图7.3.5所示，试验成果表明：

(1) 各试样的体积从等向固结阶段即开始收缩减小，而在非等向固结阶段，体应变和剪应变均明显迅速增大，且承受轴向应力越大，变形也越大，主要是由于影响土体变形的有效球应力和偏应力均随着轴向应力增大而增大。

(2) 在试样经历10次孔压循环加卸载过程中，各试样的体应变和剪应变均随之循环变化。其中，体应变随加卸载过程基本呈现一个循环的弹性变化，且其变化趋势与孔压增减路径是相反的，主要原因是：试样的孔压增大将使其有效球应力降低，体积即随之发生膨胀；反之，有效球应力增大体积即收缩。剪应变随着加卸载过程是一个台阶式发展、整体呈上升趋势的曲线，且剪应变增量在第一次循环过程中为最大，其后出现稳步增长，如图7.3.4所示，其内在原因是：在非等向压缩应力状态下，每一次孔隙水压的加载过程都造成土体的有效球应力减小，从而使土样接近土的临界破坏状态，土体的内部结构发生损伤，剪应变中的弹性部分在有效球应力增大后得以恢复，但每次循环形成的塑性剪应变无法恢复，从而使整个剪切变形持续累积增大。

(3) 循环加卸载过程中，各试样的偏应力始终保持不变，而试样体应变和剪应变循环变化，其诱发原因是孔压循环变化导致有效球应力的加卸载。以试样3为代表，其变形与有效球应力循环变化的关系曲线如图7.3.5所示：体应变随着有效球应力循环加卸载呈现滞回现象，且第一个循环形成的滞回环最大，随后逐渐衰减；而剪应变呈螺旋上升趋势，且在第一个循环的增幅最大，随后逐渐降低。当孔压增大使有效球应力降低时，试样孔隙回水、体积膨胀，同时应力比 q/p' 增大，试样轴向压缩、变形增大，此时剪应变 $\varepsilon_\gamma=\varepsilon_a-\varepsilon_v/3$ 受轴向变形控制而明显增大；当孔压减小使有效球应力增加时，试验排水固结、体积收缩，而应力比 q/p' 减小，试样轴向回弹、变形减小，此时两者效应基本抵消，剪应变稍有减小。

第二部分：完成等偏应力下循环加卸载后，孔压回到初始值200 kPa。以此为起点继续增大孔压，在达到300 kPa后，试样承受的应力比 q/p' 接近1.0，孔压增量改为每10 kPa为一加载步，以便精确捕捉试样破坏过程。整个阶段历时约7 d，试样变形发展规律如图7.3.3～图7.3.7所示。试验成果表明：

(1) 孔压从300 kPa逐步增加后，试样体积逐渐膨胀而剪切变形持续增大；特别是孔压从330 kPa施加到340 kPa后，剪应变增幅急剧加大直至试样破坏，此时试样的体积膨胀速度加快，出现明显剪胀现象，实测孔压达到峰值后骤降，说明试样破坏时的体积增大，对试样底部的孔压传感器有水压反抽的作用。

(2) 在试样迅速破坏阶段,试样内部结构损伤明显,颗粒错动造成孔隙加大,致使孔隙水压的实测值与施加值不再相同。以试样 1 为代表,其孔压施加值、实测值与试样剪应变的关系如图 7.3.7 所示。当孔压施加到 330 kPa 时,由于土中水的运移和压力平衡,分别位于试样两端的施加值和实测值经历约 2 h 达到相等,在孔压保持 330 kPa 的 42 h 中,试样的剪应变增大了 0.85%。当孔压施加到 340 kPa 时,实测值经历约 2 h 后达到峰值 333.5 kPa,随后开始下降至剪切完成时的 320 kPa,在此过程中,试样的剪应变急剧增大至 14%,增幅达到 10.5%,此阶段历时约 26 h。

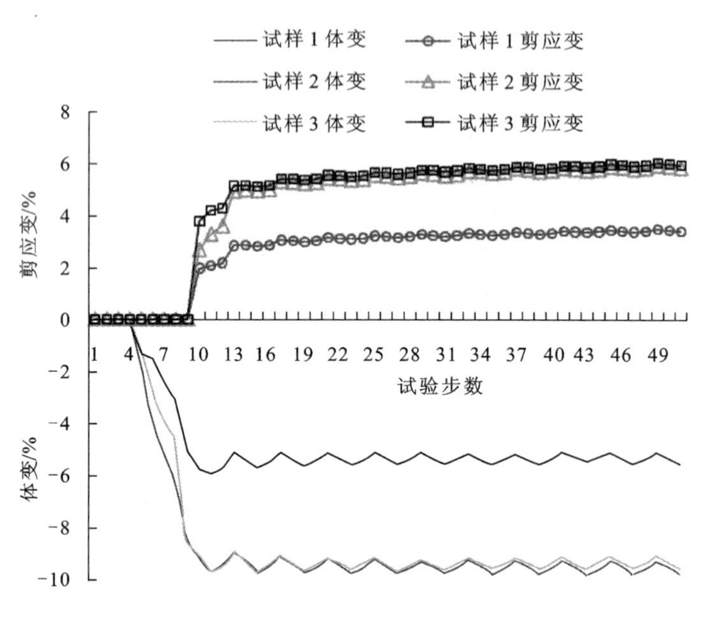

图 7.3.3　试样体应变和剪应变的整体发展规律

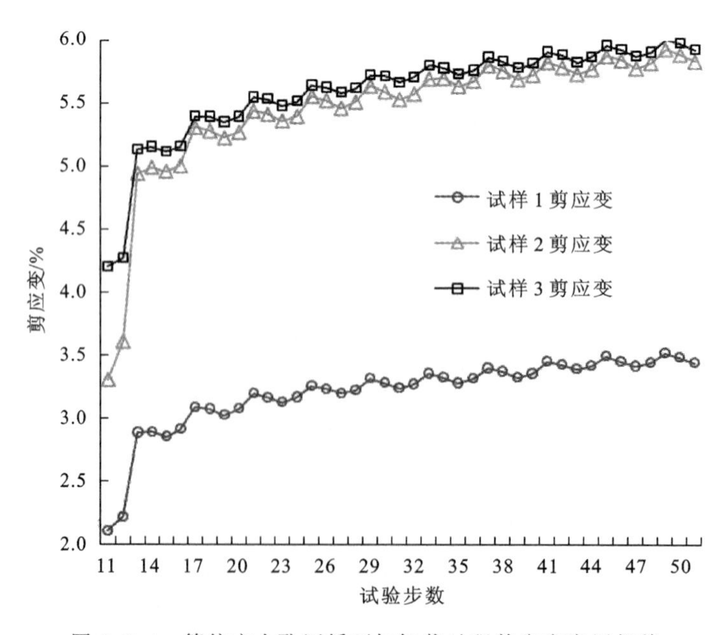

图 7.3.4　等偏应力孔压循环加卸载过程剪应变发展规律

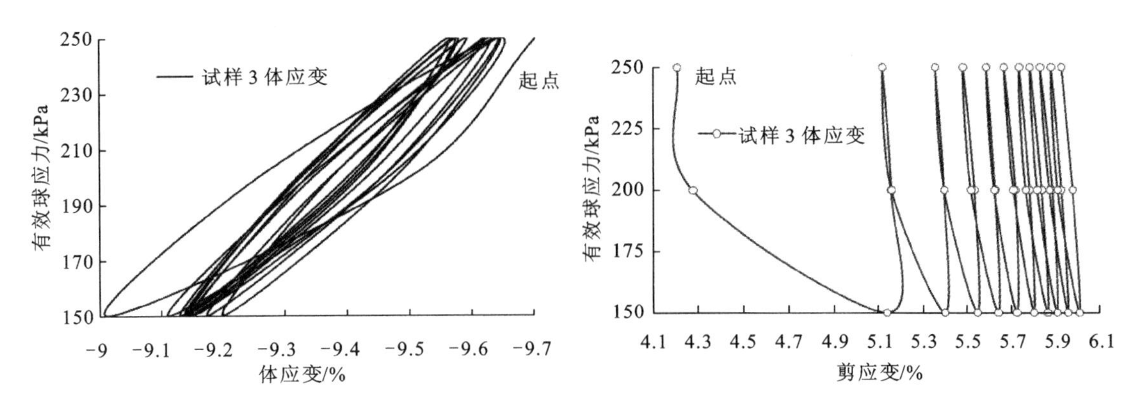

图 7.3.5　试样 3 的体应变和剪应变与有效球应力循环变化的关系曲线

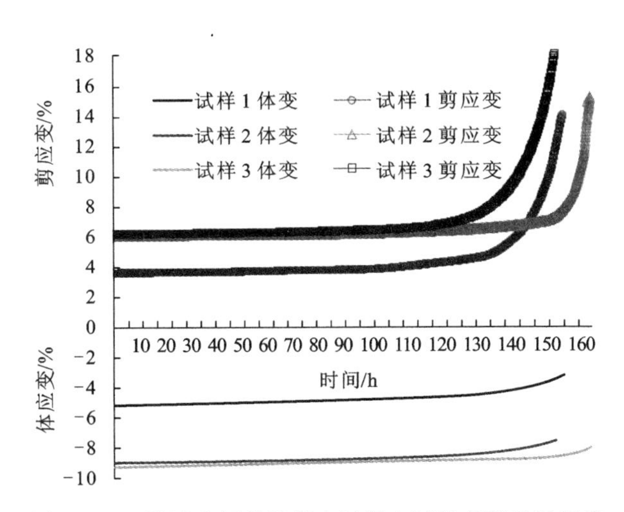

图 7.3.6　孔隙水压继续增大过程中试样变形发展规律

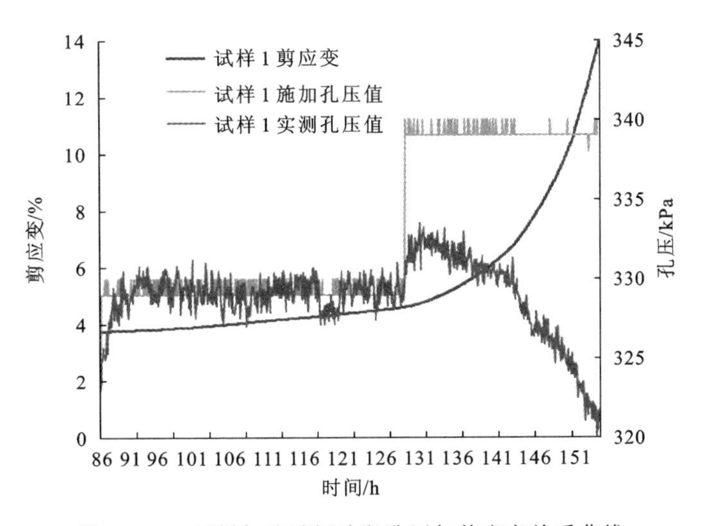

图 7.3.7　试样加速破坏阶段孔压与剪应变关系曲线

2. 常规三轴剪切试验

固结排水剪切试验中,保持轴向变形速率为 0.05 mm/min,以确保孔压消散。根据实测的轴向压力、排水体积和轴向变形,计算试样体积、高度和平均截面面积随受压过程的变化,确定其实时的偏应力、体积应变和剪应变,获得相应关系曲线,如图 7.3.8、图 7.3.9 所示。试验结果表明:

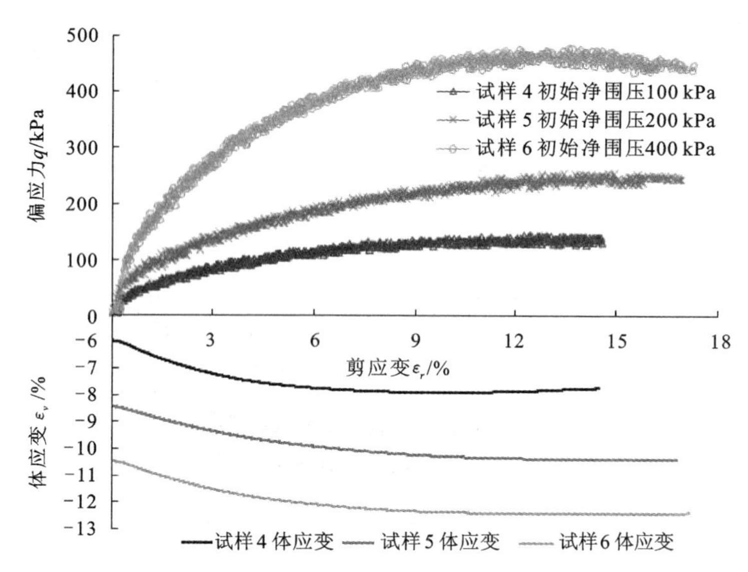

图 7.3.8　三轴固结排水剪切试验的偏应力-应变关系曲线

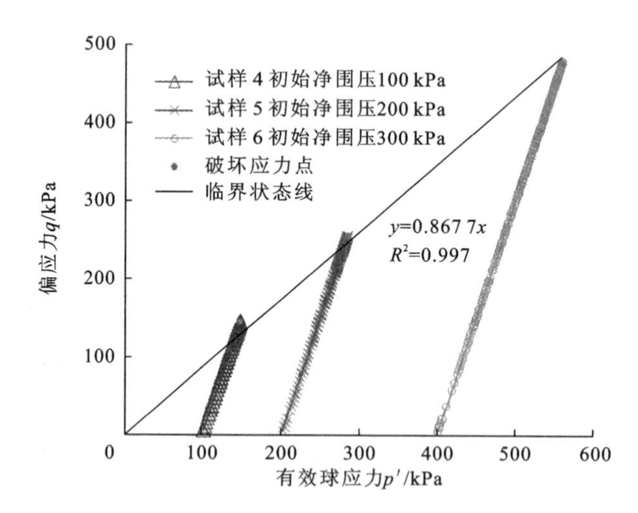

图 7.3.9　固结排水剪切试验的应力路径图及临界状态线

(1) 各试样的偏应力峰值出现在剪应变达到 12%左右时,随后试样变形持续增大,而其承受的偏应力基本保持不变,呈现出应变硬化的特征。各试样的体积随剪切变形增大而不断收缩减小,在试样达到峰值强度并保持不变时,体积变形即随之稳定,其主要原因是试样体积变形主要受有效球应力控制,而轴向应力增大导致有效球应力随之增大。

(2) 根据剪切破坏时的有效围压和有效轴向应力关系,绘制出莫尔圆及破坏包线,得出该粉质黏土的有效强度参数 $c'=11.4\ \text{kPa}$，$\varphi'=20.9°$。

(3) 固结排水剪切过程中，随着轴向应力的增大，试样的偏应力及有效球应力随之增大直至破坏，根据各试样破坏时的最大偏应力和对应的有效球应力，绘制该粉质黏土的应力路径及临界状态线，如图 7.3.9 所示。剪切过程初始有效应力比 $q/p'=0$，随着轴向变形的发展，有效应力以 $\Delta q:\Delta p'=3:1$的比值逐渐增大至临界状态，此时 $q_f/p_f{}'=M=0.8677$，M 为临界状态线斜率。

3. 两种试验破坏过程对比

由前面的描述可知，两种试验中试样经历相同的反压饱和阶段与正常固结阶段，随后经历不同的应力路径，最终均达到破坏状态。将两种破坏过程进行对比分析如下。

(1) 应力路径对比。

如图 7.3.10 所示为孔压循环加卸载试验在 p'-q 平面的应力路径，非等向固结时有效应力以 $\Delta q:\Delta p'=3:1$的比值逐渐增大，此阶段的应力路径与图 7.3.9 所示的固结排水阶段一致；随后的加卸载过程中，保持偏应力不变，增大试样孔压，有效球应力随之减小，各试样的有效应力比 q/p'分别在 0.5～0.86，057～0.95，0.6～1.0 循环，由前述研究可知，加卸载过程并没有造成试样破坏；孔压继续增大后，有效应力比持续增大，应力状态逐渐接近临界状态。对比图 7.3.9和图 7.3.10 可以发现，三轴排水剪切应力路径下试样的破坏是由于偏应力不断增大引起的；而孔压增大应力路径下试样是由于有效球应力减小导致应力比持续增大而出现破坏。

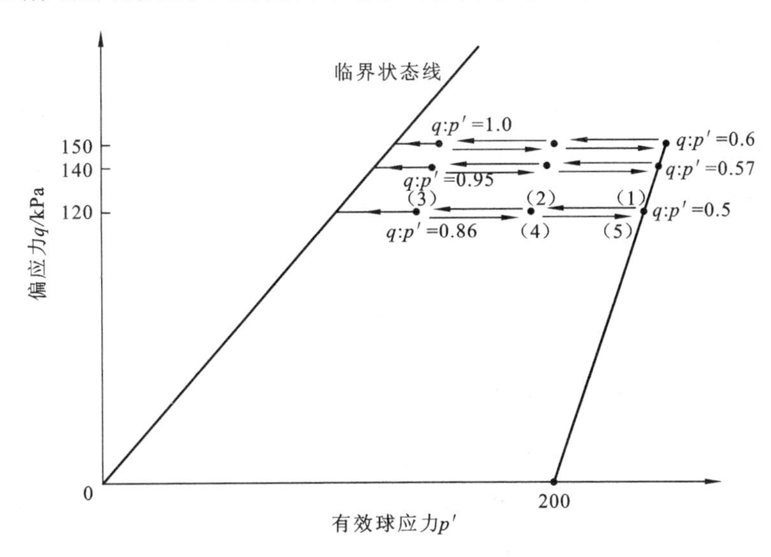

图 7.3.10 孔压循环加卸载试验的应力路径

(2) 有效应力比与剪应变的发展过程对比。

经历循环加卸载后，孔压继续增大阶段的有效应力比与剪应变关系如图 7.3.11 所示，此时，孔压每增大一步，有效应力比和剪切变形亦随之增大；联合图 7.3.6 和图 7.3.7 可知，当达到最大有效应力比后，孔压即出现骤降，造成有效应力比随之下降，试样变形也迅速增大，呈现出一定脆变特性。对比图 7.3.8 和图 7.3.9 可知，三轴排水剪切条件下，随着剪切变形逐步增大，试样的有效应力比以斜直线型逐渐增大直至破坏，并呈现应变硬化特征。两种试验的有效应力比和剪应变的发展过程是截然不同的。

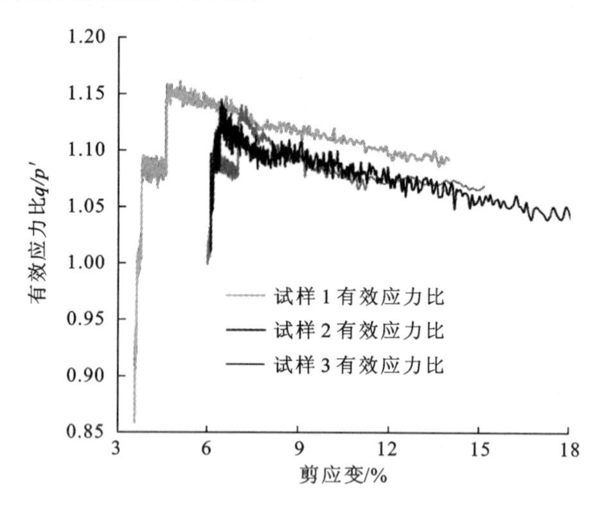

图 7.3.11　孔压持续增大阶段应力比与剪应变关系

(3) 临界状态对比。

对比图 7.3.9 和图 7.3.11 可知，三轴排水剪切试验中试样的临界状态斜率为 0.867 7，达到临界状态后试样变形增大而有效应力比基本保持不变；而孔压增大条件下试样的临界状态斜率(最大有效应力比)为 1.14～1.15，其后随着孔压增大逐渐降至 1.05～1.08。由此可见，孔压增大致使试样破坏的应力路径下试样的强度要远大于常规三轴剪切应力路径下的强度。分析主要的内在原因是，前者试验中的非等向受压使试样的剪切变形达到 3%～4%，随后不再直接迅速加压而是经历了等偏应力下的孔压循环加卸载过程，试样的塑性剪应变在此过程中逐步释放，弹性剪应变得到恢复，因此试样呈现更多的弹性和硬化特征，强度亦明显增大。这种特征与随后的试样破坏过程可相互印证，如试样破坏呈现一定的脆变特性以及在剪应变为 6%～8%时有效应力比即达到最大等破坏特征。

7.3.3　试验结果的模型预测与对比

1. 超固结土统一硬化模型的扩展

姚仰平教授提出的超固结土的统一硬化模型引入当前屈服面和参考屈服面、利用两个屈服面直接的位置关系来描述超固结度的影响和峰值强度的变化。其中，参考屈服面代表土的正常固结状态，与修正剑桥模型一致采用 ε_v^p 为硬化参数，而当前屈服面代表土的超固结状态，对硬化参数进行修正，得到当前屈服方程为：

$$f = \ln\frac{p}{p_{x0}} + \ln\left(1 + \frac{q^2}{M^2 p^2}\right) - \frac{1+e_0}{\lambda-\kappa}\int \frac{M^4}{M_f^4}\frac{M_f^4-\eta^4}{M^4-\eta^4}\mathrm{d}\varepsilon_v^p = 0 \tag{7-3-1}$$

式中：p_{x0} 为屈服面与 p 轴的交点；λ、κ、M 为剑桥模型参数，分别表示等向压缩线斜率、回弹斜率和临界状态应力比；e_0 为初始孔隙比，应力比 $\eta = q/p$；M_f 为超固结土峰值强度应力比，基于修正的抛物线型 Hvorslev 线确定 M_f 为：

$$M_f = \frac{q_f}{p} = 6\left[\sqrt{\frac{\chi}{R}\left(1+\frac{\chi}{R}\right)} - \frac{\chi}{R}\right] \tag{7-3-2}$$

式中：$\chi=\dfrac{M^2}{12(3-M)}$；$R$为超固结参数，$R=\dfrac{p}{p_{x0}}\left(1+\dfrac{q^2}{M^2p^2}\right)\exp\left(-\dfrac{1+e_0}{\lambda-\kappa}\varepsilon_v^p\right)$，与当前应力、塑性体变有关，随加载不断变化。

当土体处于正常固化状态时，$M_f=M$，当前屈服面与参考屈服面重合，方程(7-3-1)可退化为修正剑桥模型的屈服方程。

超固结土统一硬化模型以土的基本特性为基础建立，土性参数与修正剑桥模型完全相同，实用性较强，具有易于被改造和扩展的特点。

经研究发现，对于等q条件下p循环加卸载的特殊应力路径，由于模型的三个参数与循环次数无关，尚不能反映多次循环加卸载条件下土体剪切变形增量逐步减小的规律，有必要对该本构模型进行扩展后加以应用。

考虑到修正剑桥模型在测定λ，κ时，采用的各向等压固结试验中完成了一个卸载再加载循环固结，可认为其是等q条件p循环加卸载应力路径的特例。基础土力学一般假设，土的初次压缩曲线斜率为λ，回弹和再压缩斜率为κ；而大量试验结果表明，回弹和再压缩过程存在回滞环，再压缩线斜率λ_1小于λ、略大于κ。如果认为回滞环和再压缩斜率λ_n随着循环次数逐渐减小而回弹线斜率κ保持不变，且当循环次数n足够多时，$\lambda_n=\kappa$，如图7.3.12所示。建立λ_n与循环次数n的关系如下：

$$\lambda_n=(\lambda-\kappa)(3n+1)^{-\frac{3}{2}}+\kappa \tag{7-3-3}$$

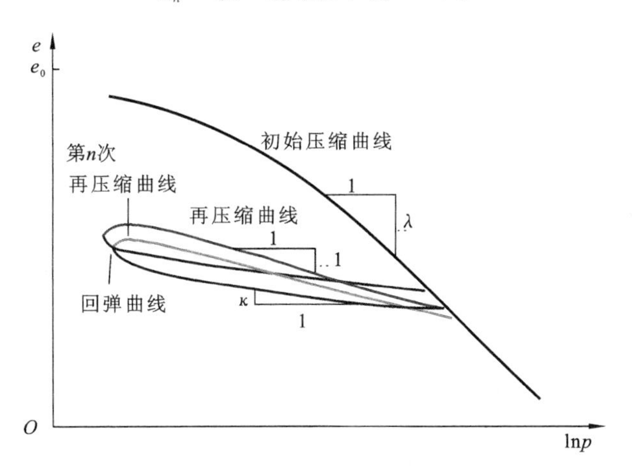

图7.3.12　超固结土的循环加卸载线示意图

可知：当$n=0$时为初次加载，$\lambda_0=\lambda$；当$n=1$时为第一次循环的再加载过程，$\lambda_1=(\lambda-\kappa)/8+\kappa$；当$n\geqslant5$时，$\lambda_n\approx\kappa$。若将$\lambda_n$代入屈服方程中，则可在变形分析中考虑循环次数对变形发展规律的影响。

超固结土统一硬化模型与修正剑桥模型一致，认为有效球应力和偏应力对体积应变和剪应变存在相互影响，即

$$\begin{cases}d\varepsilon_v=d\varepsilon_v^e+d\varepsilon_v^{pp}+d\varepsilon_v^{pq}\\ d\varepsilon_d=d\varepsilon_d^e+d\varepsilon_d^{pp}+d\varepsilon_d^{pq}\end{cases} \tag{7-3-4}$$

式中：$d\varepsilon_v^e$，$d\varepsilon_v^{pp}$，$d\varepsilon_v^{pq}$分别表示弹性体变、由p引起的塑性体变、由q引起的塑性体变的增量；$d\varepsilon_d^e$，$d\varepsilon_d^{pp}$，$d\varepsilon_d^{pq}$分别表示弹性剪应变、由p引起的塑性剪应变、由q引起的塑性剪应变增量。

弹性应力应变关系与修正剑桥模型相同，即

$$\begin{cases} d\varepsilon_v^e = \dfrac{\kappa}{1+e_0}\dfrac{dp}{p} \\ d\varepsilon_d^e = \dfrac{2}{9}\cdot\dfrac{1+\nu}{1-2\nu}\cdot\dfrac{\kappa}{1+e_0}\cdot d\eta \end{cases} \tag{7-3-5}$$

式中：ν 为泊松比。

循环加卸载过程中弹性变形随 dp 和 $d\eta$ 循环变化。结合超固结土统一硬化模型可得塑性变形：

$$\begin{cases} d\varepsilon_v^p = \dfrac{\lambda-\kappa}{1+e_0}\dfrac{M_f^4}{M^4}\left[\dfrac{(M^2-\eta^2)^2}{M_f^4-\eta^4}\dfrac{1}{p}\langle dp\rangle + \dfrac{2\eta(M^2-\eta^2)}{M_f^4-\eta^4}\langle d\eta\rangle\right] \\ d\varepsilon_d^p = \dfrac{\lambda-\kappa}{1+e_0}\dfrac{M_f^4}{M^4}\left[\dfrac{2\eta(M^2-\eta^2)}{M_f^4-\eta^4}\dfrac{1}{p}\langle dp\rangle + \dfrac{4\eta^4}{M_f^4-\eta^4}\langle d\eta\rangle\right] \end{cases} \tag{7-3-6}$$

对于超固结土，存在 $p\leqslant p_{\max}$。传统的加卸载准则认为，在弹性范围内加载时不发生塑性变形。然而，根据图 7.3.12 的超固结土的循环加卸载固结关系图，并结合前人研究认为等 p 条件下的再加载斜率位于弹性卸载和初始加载斜率之间等研究成果，本研究认为在 $p\leqslant p_{\max}$ 或 $\eta\leqslant\eta_{\max}$ 条件下，超固结土的再加载阶段也产生塑性变形，即加卸载准则定义为

$$\langle dp\rangle = \begin{cases} 0 & \text{回弹阶段} \quad dp<0 \text{ 且 } p\leqslant p_{\max} \\ dp & \text{再压缩阶段} \quad dp>0 \text{ 且 } p\leqslant p_{\max} \end{cases} \tag{7-3-7}$$

$$\langle d\eta\rangle = \begin{cases} 0 & \text{回弹阶段} \quad d\eta<0 \text{ 且 } \eta\leqslant\eta_{\max} \\ d\eta & \text{再压缩阶段} \quad d\eta>0 \text{ 且 } \eta\leqslant\eta_{\max} \end{cases} \tag{7-3-8}$$

2. 试验成果预测

结合等 q 条件 p 循环加卸载特殊应力路径试验方案，如图 7.3.1 和表 7.3.2 所示，引用前述对超固结土统一硬化模型的扩展及对加卸载准则的修正，预测土体的变形发展过程。土性参数取为 $\lambda=0.052$，$\kappa=0.019$，$M=1.0$，泊松比 $\nu=0.35$；e_0 可根据初始状态孔隙比结合各试样固结完成时的排水体变情况确定。

等向固结阶段及非等向固结阶段，土体处于正常固结状态，此时 $M_f=M$，λ 取值为初始压缩线斜率。超固结土统一硬化模型的屈服函数公式(7-3-1)与修正剑桥模型一致。

非等向固结稳定后，保持偏应力 q 不变，模拟有效球应力 p 的多次循环加卸载过程以及孔隙水压超过 300 kPa 逐步增大造成的减压破坏过程，预测土体变形发展规律。该过程中试样处于超固结状态，超固结土的峰值强度应力比 M_f 可由式(7-3-2)计算，此时 $M_f\geqslant M$，再压缩斜率 λ_n 由式(7-3-3)确定，随加卸载次数逐渐减小，采用式(7-3-7)和式(7-3-8)的加卸载准则，并根据式(7-3-4)～式(7-3-6)计算变形增量并累加。

以试样 1 为例，采用前述的扩展模型对试样经历的等向固结、非等向固结、孔压循环加卸载过程、等 q 条件减 p 至试样破坏四个阶段进行模拟。

整个过程中试样变形的预测值和试验值如图 7.3.13 所示。由图可知：①正常固结阶段，土样体积随固结压力增大而快速收缩，二者规律一致，但由于模型预测时没有考虑前期固结压力以及反压饱和等因素对土样体变的影响，因此预测体积收缩值比试验测定值要大；②非等向固结阶段施加了偏应力，体积继续收缩但速率减缓，主要由于引起试样体变的有效球应力增量

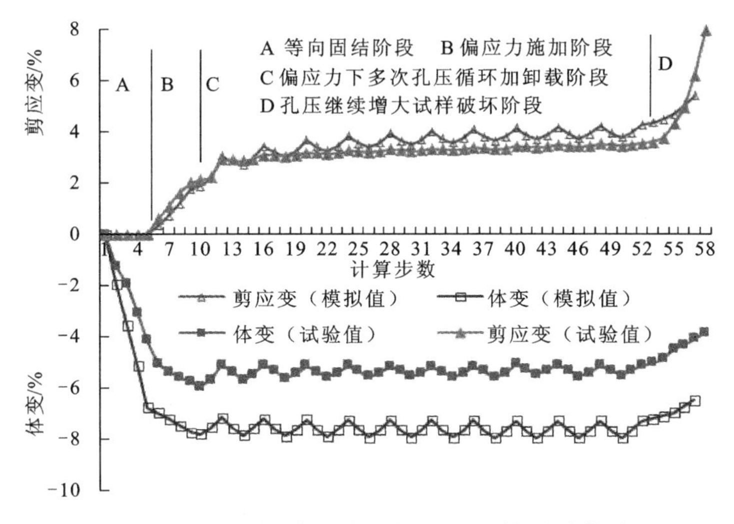

图 7.3.13　试样 1 应变发展全过程预测与试验值对比

$\Delta p=\dfrac{1}{3}\Delta q$；而剪切应变开始快速增大达到 2%以上，预测值与实测值基本相符；③在等 q 条件 p 多次循环加卸载过程中，运用该扩展模型能够预测剪应变阶梯状增大的趋势，且能预测在第一次循环中剪应变增量最大，随后增量逐渐减小；也能模拟体积应变在该阶段呈现周期性弹性变化的现象；④最后孔压持续增大而围压减小导致试样破坏的过程中，试样应力比持续增大，该模型能够预测出试样体积增大、出现明显剪胀的现象，以及剪应变明显继续增大的趋势，与试验规律基本一致。但预测剪应变的最大值和增大速率均比试验值要小，主要原因是该模型不能反映试样最终破坏时的结构损伤和实测孔压骤降现象。

图 7.3.13 的 C，D 阶段，有效球应力随着孔压周期性循环加卸载而反复变化，并随着孔隙水压力的持续增大而不断减小。为进一步分析两个阶段中试样剪应变随有效球应力变化的发展规律，图 7.3.14 列出了模型预测结果。对比图 7.3.14 和图 7.3.5 可知，预测剪应变随有效应力卸载再加载的循环而逐渐增大，且增幅随着循环次数呈级数的减小并趋于稳定，与试验测得剪应变的变化规律基本一致；当孔压持续逐步增大时，有效应力不断减小而应力水平 η 随之增大。当孔隙水压超过 320 kPa 时，即 $M<\eta<M_f$，进入剪胀阶段，此时，预测剪应变值持续增大，且变形速率明显加快。

若取消对本书超固结土统一硬化模型的扩展，即不考虑再压缩斜率 λ_n 随循环次数的变化，且采用传统的加卸载准则，采用当前屈服面方程(7-3-1)进行计算，此时屈服面位置只受超固结土峰值强度应力比 M_f 数值大小的影响。图 7.3.15 为采用原统一硬化模型和本书扩展模型模拟试验全过程的效果对比。

对比两种模型预测结果可知：①在等向固结和非等向固结阶段，土体处于正常固结状态，两种模型预测剪应变和体变都是重合的；②在循环加卸载阶段 C 和围压卸载试样破坏阶段 D，土体处于超固结状态，M_f 随超固结程度变化而变化，原模型仅能模拟出剪应变和体变的周期性弹性变化，而采用扩展模型能够预测剪应变随加卸载次数逐渐增大的趋势，且增幅与再压缩斜率 λ_n 有密切联系；③采用两种模型预测的体变相差不大，差距主要是由于扩展模型考虑了弹性范围内再加载过程中的塑性体变，亦说明超固结土的体变中弹性部分占据较大比例。

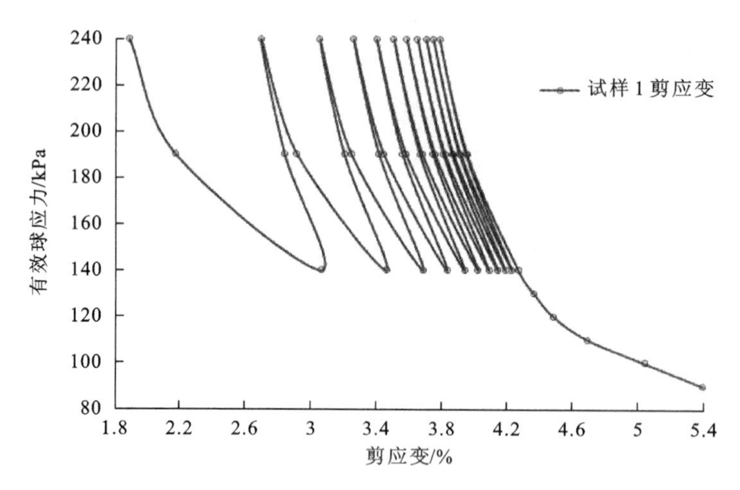

图 7.3.14　试样 1 剪应变与有效球应力变化关系预测

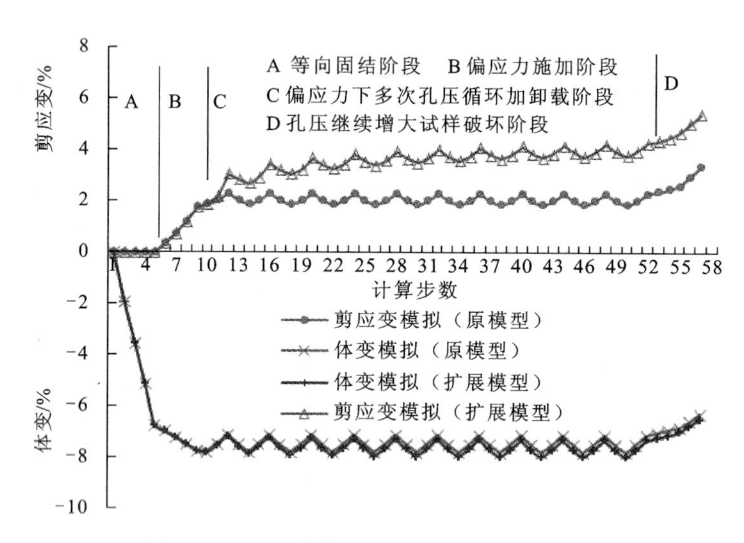

图 7.3.15　两种模型预测试样 1 应变的对比

参考文献

[1] Terzaghi K. Theoretical Soil Mechanics[M]. John Wiley, 1943.

[2] Bishop A W, Alpan I, Blight G E, et al. Factor controlling the shear strength of partly saturated cohesive soils[S]. In: ASCE Research Conference on the Shear Strength of Cohesive Soils. Univ. of Colorado, 1960, 503-532.

[3] 徐永福，刘松玉. 非饱和土强度理论及其工程应用[M]. 南京：东南大学出版社，1999.

[4] 卢肇钧. 黏性土抗剪强度的研究与展望[J]. 土木工程学报，1999，32(4)：3-9.

[5] Gan F K, Fredlund D C, Rahardjio H. Determination of shear strength parameters of unsaturated soil using direct shear test[J]. Canadian Geotechnical Journal, 1988, 25: 500-510.

[6] Daud W. Rassam, David J. Williams. A relationship describing the shear strength of unsaturated soils[J]. Canadian Geotechnical Journal, 1999, 36: 363-368.

[7] 蒋彭年. 土的本构关系[M]. 北京：科学出版社，1982.

[8] 钱家欢,殷宗泽. 土工原理与计算[M]. 北京:中国水利水电出版社,1996.

[9] 雷华阳. 土的本构模型研究[J]. 世界地质,2000,19(3):271-276.

[10] Fredlund D G. Appropriate concepts and technology for unsaturated soils[J]. Canadian Geotech. J. ,1979,16(1).

[11] 陈正汉,周海清. 非饱和土的非线性模型及其应用[J]. 岩土工程学报,1999,21(5):603-608.

[12] Karube D,Kato S. Yield function of Unsaturated soil[J]. 12th ICSMFE,1989(1):615-618.

[13] Toll D G. A Framework for Unsaturated Soil Behavior[J]. Geotechnique,1990,40(1):3144.

[14] Alonso E E,Gens A,Josa A. A Constitutive Model for Partially Saturated soil[J]. Geotechnique,1990,40(3):405-430.

[15] Wheeler S J, Sivakumer V. An elastoplastic critical state framework for unsaturated soil [J]. Geotechnique,1995,45(1):35-53.

[16] 范秋雁. 非饱和土剑桥模型的基本框架[J]. 岩土力学,1996,17(3):8-14.

[17] Blatz J A,Graham J. Elasticplastic modeling of unsaturated soil using results from a new triaxial test with controlled suction[J]. Geotechnique,2003,53(1):113-122.

[18] Cui Y J,Delage P. Yielding and plastic behavior of an unsaturated compacted silt[J]. Geotechnique,1996,46(2):291-311.

[19] Thomas H R,He Y. Modelling the behavior of unsaturated soil using an elastoplastic constitutive model [J]. Geotechnique,1998,48(5):589-603.

[20] Vaunat J,Cante J C,Ledesma A,et al. A stress point algorithm for an elastoplastic model in unsaturated soils[J]. International Journal of Plasticity,2000,16:121-141.

[21] Wheeler S J,Gallipoli D,Karstunen M. Comments on use of the Barcelona Basic Model for unsaturated soils[J]. Int. J. Numer. Anal. Meth. Geomech. ,2002,26:1561-1571.

[22] Emir J M,Laureano R H,Pedro A. Constitutive modeling of unsaturated soil behavior under axisymmetric stress states using a stress/suction controlled cubical test cell[J]. International Journal of Plasticity,2003,19:1481-1515.

[23] Futai M M,Almeida M S S. An experimental investigation of the mechanical behavior of an unsaturated gneiss residual soil[J]. Geotechnique,2005,55(3):201-213.

[24] 杨代泉,等. 非饱和土弹塑性应力应变特性模拟[J]. 岩土工程学报,1995,17(6):46-52.

[25] 李锡夔,等. 非饱和土变形及渗流过程的有限元分析[J]. 岩土工程学报,1998,20(4):20-24.

[26] Xikui L,Thomas H R,Yiqun F. Finite element method and constitutive modelling and computation for unsaturated soils[J]. Computer methods in applied mechanics and engineering,1999(16):135-159.

[27] 杨庚宇. 非饱和土弹塑性模型及其有限元法[J]. 中国矿业大学学报,1998,27(3):221-224.

[28] 陈正汉. 重塑非饱和黄土的变形、强度、屈服和水量变化特性[J]. 岩土工程学报,1999,21(1):82-90.

[29] 黄海,陈正汉,李刚. 非饱和土在 p-s 平面上屈服轨迹及土水特征曲线的探讨[J]. 岩土力学,2000,21(4):316-321.

[30] 武文华,李锡夔. 工程土障黏土水力-力学参数识别及工程校核[J]. 大连理工大学学报,2002,42(3):187-192.

[31] 殷宗泽,周建,赵仲辉,等. 非饱和土本构关系及变形计算[J]. 岩土工程学报,2006,28(2):137-146.

[32] 周建. 非饱和土 Barcelona 模型修正及存在问题探讨[J]. 浙江大学学报(工学版),2006,40(7):1244-1252.

[33] Josa A,Balmaceda A,Gens A,et al. An Elastoplastic Model for Partially Saturated Soils Exhibiting a Maximum of Collapse[C]//Proc 3rd Int Conf Computational Plasticity. Barcelona,1992,1:815-826.

[34] Machado S L. Study of the LC Yield Surface of a Residual Soil of Grannulito[C]//Proceedings of 3rd

International Conference on unsaturated Soils,2002,139-143.

[35] Futai M M,Almeida M S S,Soapxes M M. Evaluation of Collapse by Means of Laboratory Test[C]// Proceedings of the XI Brazilian Conference on Soil Mechanics and Geotechnical Engineering. Brasilia, 1998:1023-1030.

[36] Maâtouk A,Leroueil S,La Rochelle P. Yielding and critical state of a collapsible unsaturated silty soil[J]. Géotechnique,1995,45(3):465-477.

[37] Chiu C F,Ng C W W. A state-dependent elastoplastic model for saturated and unsaturated soils[J]. Geotechnique,2003,53(9):809-829.

[38] 殷建华.新双室三轴仪用于非饱和土体积变的连续测量和三轴压缩试验[J].岩土工程学报,2002,24(5):552-555.

[39] Ng C W W,Zhan L T,Cui Y J. A new simple system for measuring volume changes in unsaturated soils [J]. Canadian Geotechnical Journal,2002,39:757-764.

第8章　坡面径流与坡体渗流整体求解模型及有限元模拟

边坡(滑坡)失稳是一种常见和重大的自然灾害。边坡稳定性受边坡的物质、结构、环境等条件的综合影响,边坡物质条件和结构条件是边坡本身固有的,具有相对稳定性,它们的特性决定着边坡稳定现状;环境条件主要包括降雨、地震、人类活动等方面,是诱发滑坡的最活跃因素[1]。大量统计资料表明,绝大多数滑坡是发生在降雨期间或降雨之后,一个地区的滑坡发育程度有随雨量而增强的规律。如湖北西部地区,大致以长江为界,其北部多年平均降雨量一般为 800～1 000 mm,局部为 1 200 mm;南部多年平均降雨量 1 100～1 400 mm,部分地区达 1 600～1 800 mm,滑坡资料统计结果表明,北部平均滑坡密度为 1 个/km^2,南部为 2 个/km^2;滑坡总体积,北部为 14 400 m^3/km^2,南部为 53 400 m^3/km^2。又如《中国典型滑坡》一书中列举了 90 多个滑坡实例,其中有 95%以上的滑坡都与降雨有着密切关系[2]。国外因降雨诱发的滑坡灾害也十分严重,如在日本 1981 和 1982 年统计的 198 处滑坡灾害中,与降雨有关的滑坡就达 195 处,占总数的 98%[3]。因此,降雨是诱发边坡失稳的重要因素之一。

降雨入渗对岩质边坡的不利因素主要可归纳为两方面:一方面降雨降低了岩体结构面的强度。边坡稳定性的控制因素是岩体结构面的抗剪强度。硬结构面的抗剪强度基本不受水的影响,但软结构面的充填物质遇水软化,结构面的抗剪强度明显降低;另一方面降雨入渗对岩坡内孔隙压力有影响。雨水入渗将改变坡体的渗流场,使坡体内水荷载增大,致使边坡失稳[4]。降雨入渗对土坡的影响主要体现为降雨导致渗流场变化,使得更多的土体转向饱和状态,从而引起作用在土体上水荷载的增大和土体抗剪强度的降低。因为一般来说非饱和土体的抗剪强度与土体的饱和度密切相关,而且随着土体饱和度的增加,土体抗剪强度减小。

由此可见,降雨作为诱发边坡失稳的重要因素之一,是通过改变坡体的渗流场,加大坡体内水荷载和降低结构面或土体强度,进而导致边坡失稳。要研究降雨诱发边坡失稳的机理,就必须弄清降雨条件下边坡渗流场的分布规律。在强降雨,特别是暴雨条件下,由于降到边坡表面的雨水水量较大,不能全部入渗,一部分渗入坡体,一部分沿坡面流动,形成坡面径流。此时坡体的渗流场不仅与坡体内饱和-非饱和渗流有关,而且与坡面径流情况密切相关。因此,构建降雨条件下坡面径流与坡体渗流求解模型及其数值模拟方法,对边坡稳定性分析、失稳机理探讨以及边坡加固等研究具有重要意义。

本章系统介绍了边坡降雨入渗数值模拟研究成果,主要包括非饱和土渗流控制方程及其数值模拟、坡面径流控制方程及其数值模拟,重点论述了坡体渗流与坡面径流整体求解有限元模型及其数值模拟,较好地解决了“三水”(地表水、地下水、土壤水)转换问题。首先介绍非饱和土渗流基本理论及控制方程的有限元格式、坡面径流基本理论及控制方程的有限元格式;然后介绍边坡降雨入渗数值模拟的相关研究,并在 Richards 方程和运动波方程有限元格式的基础上,构建坡面径流和坡体渗流整体求解模型并编制相应的有限元程序;其次基于整体求解模型及其模拟程序,借助正交试验设计,开展了简单边坡降雨入渗数值模拟研究,探讨边坡降雨入渗影响因素及规律;最后,在整体求解模型基础上,引入合适边界条件,实现排水沟排水数值模拟,并探讨了不同条件下排水沟排水效果,给出了排水沟的布置原则。

8.1 非饱和土渗流基本理论

8.1.1 研究进展

解决土体渗流问题的理论主要是渗流力学。1856 年,法国工程师达西(Herri Darcy)通过试验提出了线性渗流理论,为渗流理论的发展奠定了坚实的基础。1889 年,茹可夫斯基首先推导了渗流的微分方程。此后,许多数学家和地下水动力学科学工作者对渗流数学模型及其解析解法进行了广泛和深入的研究,并取得了一系列的研究成果。然而解析解毕竟仅适用于均质渗流介质和简单边界条件,在实用上受很大的限制。1931 年,Richards[5] 将 Darcy 定律推广应用到非饱和渗流,开创了非饱和渗流的研究。水相流所满足的控制方程随之建立起来,即 Richards 方程。基于 Richards 方程的饱和-非饱和渗流随后得到深入研究,并成功地应用到许多实际工程。

在计算机出现以前,对于饱和-非饱和渗流的研究主要是解析法。但解析法对不规则求解域和复杂边界条件问题无法求解,因此难以应用于复杂的实际情况。20 世纪 60 年代,随着电子计算机的出现,数值方法在渗流分析中得到愈来愈广泛的应用。有限差分法是在 1910 年由理查森首先提出的,有限差分法是从微分方程出发,将研究区域经过离散处理后,近似地用差分、差商来代替微分、微商。这样微分方程的定解问题可归纳为求解一个线性方程组,所得的结果为数值解。1968 年,Rubin[6] 应用有限差分法研究了二维饱和-非饱和土中的非稳定流,给出了二维 Richards 方程的数值解。1971 年,Freeze[7] 研究了三维地下水含水层饱和-非饱和非稳定流,并给出了数值解法。同年,Remson[8] 等出版了《地下水文学的数值法》专著,对 20 世纪 70 年代以前的饱和-非饱和渗流有限差分数值模拟做了比较全面的回顾和介绍。

有限单元法的基本思想是在 1943 年由 Crount 提出的,1960 年克劳夫最先采用“有限单元法”这个名称。1965 年津柯维茨和张提出有限单元法适用于所有可按变分形式进行计算的场问题,为该方法在渗流分析中的应用提供了理论基础。1973 年,Neuman[9,10] 最早将有限元方法应用到求解饱和-非饱和渗流问题,采用 Galerkin 法对 Richards 方程进行空间域的离散,用 Crank-Nicolson 有限差分格式对时间域进行离散。不过为了解决边界条件突变时 Crank-Nicolson 格式不能求解的困难,他建议用隐式向后差分格式对时间域进行离散。为了解决求解时可能出现的解振荡问题,他建议在计算域离散中采用集中质量矩阵。他还对非线性迭代时初值的选取做了具体的指导。Neuman 这方面的研究成果后来被人们广泛采用,他的文献因此也成为饱和-非饱和研究方面的经典之作。

Neuman 之后,众多学者进一步对饱和-非饱和渗流做了广泛深入的研究,包括对不同变量的 Richards 方程的数值模拟、土水特征曲线特性、具体工程应用等,积累了相当丰富的经验。例如,1977 年,赤井浩一等[11] 在 Neuman 的基础上研究了考虑土-水特征曲线吸湿与脱湿不同情形影响的饱和-非饱和渗流,并做了砂槽模型试验,同时采用有限元方法模拟了砂槽试验,其数值模拟结果与试验结果基本吻合。1984 年,Lam 等[12] 应用饱和-非饱和渗流分析程序 Trasee 求解了一些坝体渗流的经典课题。1990 年,黄俊[13] 采用 Galerkin 有限元法隐式向后差分法，编制出简单合理和切实可行的计算程序 SUSED，并以唐山陡河土坝为计算对象，对该坝进行了饱和-非饱和渗流数值计算，计算结果规律正常，令人满意。1994 年，Lim[14] 等将饱和土力学理论应用到新加坡残积土的研究，他们认为流量边界条件对残积土力学性质有重要的影响。同时他们进行了现场吸力观测和饱和-非饱和渗流的数值模拟，发现降雨入渗对现场吸力的影响取决于边界条件。1997 年，张家发[15]研究了土坝三维饱和-非饱和非稳定流，并编制了三维饱和-非饱和稳定-非稳定渗流程序，该程序曾应用于三峡船闸高边坡渗流场分析中。同年，陈虹等[16]采用有限单元法对飞来峡水利枢纽工程纵向导流围堰典型剖面进行渗流数值模拟，分析降雨及非稳定渗流对堰体及高喷防渗治理的影响，反映了堤坝中流体的实际物理现象和运动规律。1999 年，朱伟等[17]通过大型降雨渗透试验实测了土堤内浸润线的变化和水分移动，并利用有限元方法对饱和-非饱和渗流进行数值模拟，进而分析了降雨时土堤内饱和-非饱和的渗透机制。同年，吴梦喜等[18]对一般的饱和-非饱和渗流有限元计算方法加以改进。有效地消除了非饱和渗流数值计算中存在的数值弥散现象，同时还提出了一种简便有效的逸出面处理新方法，并给出了饱和-非饱和非稳定渗流计算的实例。2001 年，陈善雄和陈守义[19]用积分有限差分方法模拟了降雨条件下土体中水分的运动情况，并对降雨条件下非饱和土坡稳定性的分析方法做了研究。

上述得到广泛研究的饱和-非饱和渗流基本上都是基于 Richards 控制方程的，它忽略了空气相的流动，仅仅考虑水相在土中的流动。然而严格意义上的非饱和渗流理论应当考虑空气和水的两相流。但是在土坡稳定分析工作中，一般忽略空气流动和体变的影响，采用简化的 Richards 方程进行计算。这种简化模型在分析中是否会引起以及何种情况下会引起重要的偏差，还需进行深入的研究。例如，1979 年，Fredlund[20] 提出了求解非饱和土固结过程中孔隙气压力和孔隙水压力的两个偏微分方程。该方程假定气相是连续的，Darcy 定律和 fick 定律分别适用于水相和气相的流动，并认为水相和气相的渗透系数都是土的基质吸力或某一体积-质量的函数，通常称之为两相流方法。1988 年，Forsyth[21] 对地下水非饱和单相流与两相流模型进行了数值模拟的对比研究，他认为两者存在比较大的差别，两相流的分析方法更接近实际一些。2000 年，邵龙潭[22] 对气体排出和水分入渗运动进行了试验研究，并用数值模拟方法进行对比。他认为在研究水流入渗问题时，对一些导气率较低的土类，考虑气相的压缩和运动的影响是必要的。

Richards 方程作为非饱和土渗流控制方程在边坡工程中有着大量应用并取得了很多成绩，其精度满足工程需要且兼具简洁的优点。因此，本章中边坡土体非饱和渗流过程采用 Richards 方程描述。

8.1.2　非饱和土壤水运动基本方程

1. Darcy 定律及其广义形式

达西定律基本表达式为

$$v=-K_s\frac{\partial h_w}{\partial y} \tag{8-1-1}$$

式中：v 为流速；$\frac{\partial h_w}{\partial y}$ 为沿 y 向的水力梯度；K_s 为饱和渗透系数。

对于三维空间问题，由广义达西定律，流速在 x,y,z 方向的分量分别为

$$\begin{cases}v_x=-k_{xx}\dfrac{\partial\phi}{\partial x}--k_{xy}\dfrac{\partial\phi}{\partial y}-k_{xz}\dfrac{\partial\phi}{\partial z}\\ v_y=-k_{yx}\dfrac{\partial\phi}{\partial x}--k_{yy}\dfrac{\partial\phi}{\partial y}-k_{yz}\dfrac{\partial\phi}{\partial z}\\ v_z=-k_{zx}\dfrac{\partial\phi}{\partial x}--k_{zy}\dfrac{\partial\phi}{\partial y}-k_{zz}\dfrac{\partial\phi}{\partial z}\end{cases}\tag{8-1-2}$$

式中：v_x,v_y,v_z 为 x,y,z 方向上的流速；$k_{xx}\sim k_{zz}$ 为渗透系数张量元素，其中 k_{xx},k_{yy},k_{zz} 也称为主渗透系数；ϕ 为总水势或总水头。

当主渗透系数方向与坐标轴方向一致时，除主渗透系数外，渗透系数张量的其他元素均为0，若简记 k_{xx},k_{yy},k_{zz} 为 k_x,k_y,k_z，则式(8-1-2)可化简为

$$v_x=-k_x\frac{\partial\phi}{\partial x};v_y=-k_y\frac{\partial\phi}{\partial y};v_z=-k_z\frac{\partial\phi}{\partial z}\tag{8-1-3}$$

若不加说明，文中均属主渗透系数方向与坐标轴方向一致的情形。

达西定律也适用于非饱和土中水的流动，但在非饱和土的渗透系数含水量或基质吸力的函数，通常称为渗透性函数。此外，非饱和土中水的运动还与土体持水特性有关，即土水特征曲线(SWCC)。土水特征曲线和渗透性函数相关内容详见第5章和第6章。

2. 非饱和土壤水运动控制方程

质量守恒是物质运动和变化的普遍规律，非饱和土壤水的运动同样也遵循质量守恒定律。将达西(Darcy)定律和质量守恒定律结合起来便可导出描述土壤水分运动的基本方程。假设岩土体为固相骨架不变形的多孔介质，只考虑水在介质中的流动，忽略气体的运动。在介质中水分流动的空间内任取一点(x,y,z)，并以该点为中心取无限小的一个平行六面体。六面体的边长分别为$\Delta x,\Delta y,\Delta z$，且和相应的坐标轴平行，如图8.1.1所示。分析自 t 至 $t+\Delta t$ 时间内单元体的水体质守恒问题。设单元体中心土壤水分运动通量在三个方向上的分量分别为 q_x,q_y,q_z，水的密度为 ρ_w。取平行于坐标平面 yoz 的两个侧面 $ABCD$ 和 $A'B'C'D'$，其面积为 $\Delta y\Delta z$。

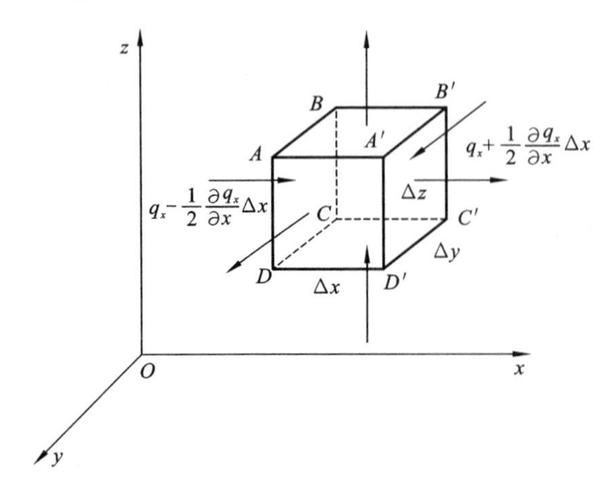

图 8.1.1　直角坐标系中的单元体

自左边界面 $ABCD$ 流入的土壤水分通量为 $q_x-\dfrac{1}{2}\dfrac{\partial q_x}{\partial x}\Delta x$，在 Δt 时间内由此流入单元体的土壤水质量为

$$\rho_w q_x\Delta y\Delta z\Delta t-\frac{1}{2}\frac{\partial(\rho_w q_x)}{\partial x}\Delta x\Delta y\Delta z\Delta t$$

自右边界面 $A'B'C'D'$ 流出的土壤水分通量为 $q_x+\dfrac{1}{2}\dfrac{\partial q_x}{\partial x}\Delta x$，在 Δt 时间内由此界面流出单元体的土壤水质量为

$$\rho_w q_x\Delta y\Delta z\Delta t+\frac{1}{2}\frac{\partial(\rho_w q_x)}{\partial x}\Delta x\Delta y\Delta z\Delta t$$

因此，沿 x 轴方向流入单元体和流出单

元体的水分质量之差为：

$$-\frac{\partial(\rho_w q_x)}{\partial x}\Delta x\Delta y\Delta z\Delta t$$

同理，可以写出沿 y 轴方向和沿 z 轴方向流入单元体与流出单元体的水分质量之差。因此，在 Δt 时间内，流入和流出单元体的水分质量差总计为：

$$-\left[\frac{\partial(\rho_w q_x)}{\partial x}+\frac{\partial(\rho_w q_y)}{\partial y}+\frac{\partial(\rho_w q_z)}{\partial z}\right]\Delta x\Delta y\Delta z\Delta t$$

在单元体内，水分的质量为 $\rho_w\theta\Delta x\Delta y\Delta z$，$\theta$ 为体积含水率。假定土体固相骨架不变形，即 Δx，Δy，Δz 不随时间改变。因此，Δt 时间内单元体内水分质量的变化量为：

$$-\frac{\partial(\rho_w\theta)}{\partial t}\Delta x\Delta y\Delta z\Delta t$$

单元体内水分质量的变化，是由流入单元体和流出单元体的水分质量之差造成的。根据质量守恒原理，两者在数值上是相等的，由此可得出水分运动的连续方程为：

$$\frac{\partial(\rho_w\theta)}{\partial t}=-\left[\frac{\partial(\rho_w q_x)}{\partial x}+\frac{\partial(\rho_w q_y)}{\partial y}+\frac{\partial(\rho_w q_z)}{\partial z}\right] \tag{8-1-4}$$

假定水不可压缩，水的密度 ρ_w 为常数，此时连续方程可写为：

$$\frac{\partial\theta}{\partial t}=-\left[\frac{\partial q_x}{\partial x}+\frac{\partial q_y}{\partial y}+\frac{\partial q_z}{\partial z}\right] \tag{8-1-5}$$

将式(8-1-3)表示的达西定律代入式(8-1-5)。即可得出非饱和土壤水运动控制方程基本形式：

$$\frac{\partial\theta}{\partial t}=\frac{\partial}{\partial x}\left[K_x(\theta)\frac{\partial\phi}{\partial x}\right]+\frac{\partial}{\partial y}\left[K_y(\theta)\frac{\partial\phi}{\partial y}\right]+\frac{\partial}{\partial z}\left[K_z(\theta)\frac{\partial\phi}{\partial z}\right] \tag{8-1-6}$$

式中：θ 为体积含水量；ϕ 为总水势（总水头），$\phi=z+h$，z 为重力势（位置势），h 为基质势；K_x，K_y，K_z 为 x，y，z 方向的渗透系数。

对于饱和土壤来说，土壤孔隙被水充满，此时含水量不再变化，即 $\frac{\partial\theta}{\partial t}=0$，由式(8-1-6)可以得出饱和土壤水流动的控制方程

$$\frac{\partial}{\partial x}\left[K_x(\theta_s)\frac{\partial\phi}{\partial x}\right]+\frac{\partial}{\partial y}\left[K_y(\theta_s)\frac{\partial\phi}{\partial y}\right]+\frac{\partial}{\partial z}\left[K_z(\theta_s)\frac{\partial\phi}{\partial z}\right]=0 \tag{8-1-7}$$

式中：θ_s 为饱和含水率；其他符号意义同前。

运用控制方程基本形式解决实际问题时，在各种各样的情况下并不总是方便的。为了更好地解决实际问题，使问题分析更方便，下面介绍方程的各种变形形式。

(1) 以负压水头 h 为因变量的基本方程。

由于非饱和土的渗透系数 K 可以是基质吸力（负压水头）的函数，因此方程(8-1-6)的左端可以改写为

$$\frac{\partial\theta}{\partial t}=\frac{\partial\theta}{\partial h}\frac{\partial h}{\partial t}$$

由土水特征曲线（含水量和基质吸力的函数）可知，

$$\frac{\partial\theta}{\partial(u_a-u_w)}=\frac{\partial\theta}{\rho_w g\partial h} \tag{8-1-8}$$

式中：ρ_w 为水的密度；g 为重力加速度。

一般地，可令$\frac{\partial\theta}{\partial(u_a-u_w)}=m_2^w$，故有$\frac{\partial\theta}{\partial h}=\rho_w g m_2^w=C$，其中$C$为容水度。

又$\phi=z+h$，故$\frac{\partial\phi}{\partial t}=\frac{\partial(z+h)}{\partial t}=\frac{\partial h}{\partial t}$，因此方程(8-1-6)可写为：

$$C\frac{\partial h}{\partial t}=C\frac{\partial\phi}{\partial t}=\frac{\partial}{\partial x}\left[K_x(h)\frac{\partial\phi}{\partial x}\right]+\frac{\partial}{\partial y}\left[K_y(h)\frac{\partial\phi}{\partial y}\right]+\frac{\partial}{\partial z}\left[K_z(h)\frac{\partial\phi}{\partial z}\right] \tag{8-1-9}$$

(2) 以体积含水量θ为因变量的基本方程。

定义非饱和土壤水的扩散率$D(\theta)$为导水率和比水容量m_2^w的比值，即

$$D(\theta)=\frac{K(\theta)}{m_2^w} \tag{8-1-10}$$

扩散率D与体积含水量θ的函数关系需要通过试验测定，常用的经验公式为

$$D(\theta)=D_0(\theta/\theta_s)^m \tag{8-1-11}$$

$$D(\theta)=D_0\mathrm{e}^{-\beta(\theta_0-\theta)} \tag{8-1-12}$$

运用复合求导法则，方程(8-1-6)可写为

$$\frac{\partial\theta}{\partial t}=\frac{\partial}{\partial x}\left[D(\theta)\frac{\partial\theta}{\partial x}\right]+\frac{\partial}{\partial y}\left[D(\theta)\frac{\partial\theta}{\partial y}\right]+\frac{\partial}{\partial z}\left[D(\theta)\frac{\partial\theta}{\partial z}\right]+\frac{\partial K(\theta)}{\partial z} \tag{8-1-13}$$

设z为垂直方向，对于一维垂直流动，方程简化为

$$\frac{\partial\theta}{\partial t}=\frac{\partial}{\partial z}\left[D(\theta)\frac{\partial\theta}{\partial z}\right]+\frac{\partial K(\theta)}{\partial z} \tag{8-1-14}$$

对于一维水平流动，方程简化为

$$\frac{\partial\theta}{\partial t}=\frac{\partial}{\partial x}\left[D(\theta)\frac{\partial\theta}{\partial x}\right]+\frac{\partial}{\partial y}\left[D(\theta)\frac{\partial\theta}{\partial y}\right] \tag{8-1-15}$$

由于引入了扩散率，该方程又称为扩散性方程。该方程是以含水量为变量，比较符合人们的习惯。但是该方程对于含水率不连续的层状土以及在求解饱和-非饱和流动问题时是不适用的。对于以上土壤水流动的方程，应根据实际应用选用适当的方程，以达到求解的方便。

对上述几种基本方程的表达式，应注意其各自的特点和适用条件。以总水头ϕ或负压水头h为因变量的方程(8-1-9)是主要的。其优点是可用于饱和-非饱和流动问题的求解，也适用于分层土壤的水分运动计算。但方程中用到非饱和渗透函数，因参数值随土壤基质势或含水率的变化范围太大，常造成计算困难并引起误差。以体积含水量θ为因变量的基本方程(8-1-14)或方程(8-1-15)，求解得出的含水率分布及随时间的变化比较符合人们当前的使用习惯。这些方程中的非饱和扩散率$D(\theta)$随含水率变化的范围较导水率要小得多。故此种形式的基本方程常为人们使用。但是对于层状土壤，由于层间界面处含水率是不连续的，以θ为因变量的扩散型方程则不适用。在求解饱和非饱和流动问题时，这种形式的方程也不宜使用。上述土壤水分运动方程，只适用于土壤骨架不变形、土壤水视为不可压缩的流体、不考虑生物或化学作用对水流影响的情况，不能用于解决多相(如水与气)流的问题。

通常边坡的渗流问题，选用以总水头为变量的基本方程比较合适。以非饱和土壤水运动控制方程为基础，再结合具体的初始和边界条件即可描述非饱和土壤水运动过程。非饱和土渗流问题的边界及初始条件为：

(1) 边界条件通常可分为两类：

$$\begin{cases}\phi|_{S_1}=\phi_b(x,y,z,t) & 在 S_1 上\\ k_x\dfrac{\partial\phi}{\partial x}\cos(n,x)+k_y\dfrac{\partial\phi}{\partial y}\cos(n,y)+k_z\dfrac{\partial\phi}{\partial z}\cos(n,z)=q & 在 S_2 上\end{cases} \tag{8-1-16}$$

式中:n 为边界外法线方向。通常,边界 S_1 也称为水头边界,S_2 也称为流量边界。

(2) 初始条件

$$\phi|_{t=0}=\phi_0(x,y,z) \tag{8-1-17}$$

8.2　坡面径流研究进展及基本理论

8.2.1　研究进展

坡面流(Overland flow)是指降水扣除地面截留、填洼与下渗等损失后在坡面上形成的一种水流。有时也包括雨水在坡面上游下渗后,经过表层土壤,以壤中流的形式在坡内流向下游复又流出地面,再度形成坡面流的水流。国内外学者对坡面产流过程做了大量的野外观测和试验研究,相关研究成果较多,由于本章主要借助运动波方程描述坡面径流,因此只对部分相关研究做了介绍。

目前坡面流模拟中最常用的是运动波模型,它实际上是圣维南方程的一种近似。运动波模型最早是由 Lighthill 和 Witham 于 1955 年提出的[23],随后众多国外学者对运动波方程开展研究[24-30]。国内学者也对坡面径流过程开展了大量研究,多从试验或方程求解方面入手,例如,1994 年,王百田等[31]应用坡面流的运动波理论分析了黄土区坡面实施防渗处理、拍光处理和自然坡面的产流过程。1995 年,沈冰等[32]对黄土坡地产流、土壤水分运动进行了试验研究,并借助于 Richards 方程和一定的初始边界条件进行了数值模拟,结果表明,降雨初期,入渗受控于黄土吸力,湿润锋大致平行于坡面,长历时降雨及雨后土壤水分再分布则不能忽视重力的作用。1998 年,张书函[33]应用运动波原理简化圣维南方程组建立了坡面产流模型。2001 年,刘贤赵等[34]利用黄土高原沟壑区典型小流域坡地天然降雨入渗-产流的实测资料分别对考虑滞后效应与不考虑滞后效应的情况进行了模拟研究。

求解运动波返程的主要方法是有限差分法和有限元法,也包括近似解析解。例如,1988 年,沈冰等[35]采用有限元方法对地表降雨漫流进行了数值模拟,并将模拟结果和运动波方程的解析解、试验结果对比,检验结果表明,数值计算和实验结果符合良好,而且与解析解的一致性也很高。1991 年,文康[36]编写的《地表径流过程的数学模拟》,对地表径流的数学模拟进行了详细的描述,并给出了描述坡面流的一维圣・维南方程的解析解,成为后来学者验证其模型正确性的经典例子,因此他的这本专著也因此成为坡面径流数值模拟方面的经典之作。1993 年,杨建英[37]推导出了某一时刻坡面上任一点的运动波方程的理论解析解。1997 年,黄兴法[38,39]根据水力学原理建立了坡面径流模型,采用特征线方法求解,所得的结果与水文学方法得到的结果相近,并将其应用到土壤侵蚀方面,同时对坡面降雨径流和土壤侵蚀进行了数值模拟。1997 年,Austin[40]应用特征线法推导了运动波方程在畦灌时的解析解。2003 年,李占斌等[41]从坡面流运动波理论的基本方程出发,利用运动波特征线法和分级叠加法,推导出了净雨强随时间变化的坡面流运动波方程近似解析解。2016 年,田东方等[42]用特征有限元法对运动波方程进行了数值模拟模拟。总体来讲,采用有限元、有限差分、特征有限元均能对运动波方程进行数值模拟,但要注意时间步长对精度的影响。

8.2.2 坡面径流基本理论

本节主要介绍坡面径流基本理论，坡面径流的控制方程，包括圣维南方程和运动波模型。

1. 圣维南方程

坡面流的经典问题是寻求坡脚在均匀旁侧入流条件下的出流过程，包括坡脚在全坡面均匀入流条件下达到平衡状态时的稳定出流、未达到平衡状态前的水流上涨过程以及入流终止后的水流退水过程(图 8.2.1)。

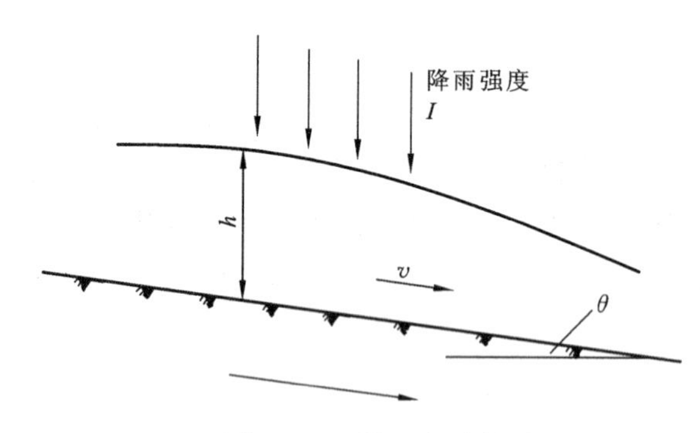

图 8.2.1 坡面流示意图

最早进行坡面浅水层研究的是美国的 Horton。他认为，天然坡面上的坡面流是一种混合状态的水流，即在完全紊流的面上点缀着层流区。稳定状态的坡面流，不论是层流还是紊流，均可写成

$$q=kh^m \tag{8-2-1}$$

式中：q 为单宽流量；h 为水深；m 为反映流态紊动程度的指数，完全紊流时 $m=1.67$，完全层流时 $m=3$，混合流 $m=1.67\sim3$；k 为反映坡面特征、坡度、水流及黏性的综合系数。

在 m 的取值方面，有关学者做了相应研究。例如，霍利[43]认为，坡面薄层水流的流速与水深是呈正比的。1994 年，吴长文[44]在分析赵鸿雁等[45]模拟坡面流的试验槽资料发现，在低流速时($v<50.0$ cm/s，$h=1.0\sim3.0$ mm)，v-h 是呈线性关系。故 m 值应取为 2，即 $q=kh^2$。

Saint Venant 推导出一维坡面流微分方程如下

$$\begin{cases}\dfrac{\partial h}{\partial t}+\dfrac{\partial vh}{\partial x}=q_e \\ \dfrac{\partial v}{\partial t}+v\dfrac{\partial v}{\partial x}+g\dfrac{\partial h}{\partial x}=g(S_o-S_f)-\dfrac{v}{h}q_e\end{cases} \tag{8-2-2}$$

式中：v，h 为坡长 x 处的流速和水深；q_e 为净雨率；g 为重力加速度；S_o，S_f 为坡比和水流摩阻坡比。

二维 Saint Venant 方程如下

$$\begin{cases}\dfrac{\partial h}{\partial t}+\dfrac{\partial q_x}{\partial x}+\dfrac{\partial q_y}{\partial y}=q_e \\ \dfrac{\partial u}{\partial t}+u\dfrac{\partial u}{\partial x}+v\dfrac{\partial u}{\partial y}+g\dfrac{\partial h}{\partial x}=g(S_{ox}-S_{fx}) \\ \dfrac{\partial v}{\partial t}+u\dfrac{\partial v}{\partial x}+v\dfrac{\partial v}{\partial y}+g\dfrac{\partial h}{\partial y}=g(S_{oy}-S_{fy})\end{cases} \tag{8-2-3}$$

式中：h 为水深；q_x，q_y 为 x，y 方向的流量；q_e 为净雨率；u，v 为 x，y 方向的流速；g 为重力加速度；S_{ox}，S_{fx} 为 x 向坡比和水流摩阻坡比；S_{oy}，S_{fy} 为 y 向坡比和水流摩阻坡比。

Saint Venant 方程被目前国内外的研究者广泛采用，但该方程仅适用于缓坡(一般水力学认为坡度小于 3°为缓坡)的条件。Kenlegan、Ven 和 Emmelt 等考虑了降雨动能对坡面流(动

量方程)的影响,但因形式复杂和其他缺陷,没有得到更多的应用。1994 年,吴长文[44]推导出了既适合缓坡,又适合于陡坡,既适合于裸地,又适合于植被坡面的一维坡面流基本方程

$$\begin{cases}\dfrac{\partial h}{\partial t}+\dfrac{\partial vh}{\partial x}=q_e\cos\alpha \\ \dfrac{\partial v}{\partial t}+v\dfrac{\partial v}{\partial x}+g\dfrac{\partial h}{\partial x}=g(S_0-S_f)-\dfrac{v}{h}q_e\cos\alpha-\dfrac{IV_0S_0\cos\alpha}{h} \\ q_e=I(t)-C(t)-f(t)\end{cases} \tag{8-2-4}$$

式中:α,$I(t)$为坡角和降雨雨强;$C(t)$,$f(x,t)$为植被截留强度和土壤入渗率;其他符号含义同前。

植被截留强度 $C(t)$可近似表示为

$$C(t)=(C_m-C_0)\mathrm{Exp}(-kt) \tag{8-2-5}$$

式中:C_m,C_0,k 分别为截留容量、初始持水量和衰减指数。

土壤入渗模型很多,例如 $f(x,t)$可采用 Smith-Parlange[46]模型:

$$f(x,t)=\begin{cases}I(t)-C(t) & 当\ t\leqslant t_p \\ f_c+B(t-t_0) & 当\ t>t_p\end{cases} \tag{8-2-6}$$

式中:f_c,B 为入渗率和常系数;t_0,t_p为临界时间常数和产流时间。

本章第三节还会介绍更多土壤入渗模型。

2. 运动波模型

20 世纪 60 年代以前,坡面流数学模型中一般均使用圣维南方程组,现在仍有人在实际应用中使用完整的圣维南方程求解;然而实际的坡面水流运动因边界条件复杂,用圣维南方程求解相当困难。同时,由于坡面流水深很浅,在实际坡面流动中受微地貌影响很大,完整的圣维南方程并不一定能够很好地描述这种特殊的流动。因此,简化模型逐渐被引入坡面流运动研究,并在实际坡面流描述和运用中取得了更好的效果。

目前坡面流模拟中最常用的是运动波模型,它实际上是圣维南方程的一种近似。运动波模型最早是由 Lighthill 和 Witham 于 1955 年提出的。按照 Lighthill 和 Witham 提出运动波的思想,如果一维流动系统的流动量 q、浓度 k(在一维流动中分别为单宽流量和水深)和空间坐标 x 三者之间存在确定的函数关系,则这种流动系统中的波动传播称为运动波,以区别于一般的动力波如重力波、毛细波等。用连续方程和函数关系 $q=q(k,x)$联合描述这一流动系统的表述方式称为运动波模型。运动波在物理上和通常的动力波有一些差别。运动波的传播并没有受牛顿第二定律的必然支配,对其描述中也没有使用牛顿第二定律的各种形式。运动波的传播在一个空间点上只有一个波速,而通常的动力波都至少有两个波速。从数学上讲,运动波系统只有一族特征线,信息传播只有一个方向,而通常的动力波都至少有两族特征线。从物理实质上说运动波是一种简化近似,用于浅水流动中有将水流状态急流化的效果,此时水流运动的求解只需要提上游边界条件。

由式(8-2-2)可知,用圣维南方程组描述的坡面流连续方程为

$$\frac{\partial h}{\partial t}+\frac{\partial vh}{\partial x}=q_e \tag{8-2-7}$$

坡面流运动方程可改写为

$$S_f = S_0 - \frac{\partial h}{\partial x} - \frac{1}{gh}\frac{\partial q}{\partial t} - \frac{1}{gh}\frac{\partial}{\partial x}\left(\frac{q^2}{h}\right) \tag{8-2-8}$$

式中：S_f 是摩阻坡度；S_0 为坡面坡度；g 是重力加速度；$\frac{\partial h}{\partial x}$ 为附加比降；$\frac{1}{gh}\frac{\partial q}{\partial t}$ 为时间加速度引起的坡降；$\frac{1}{gh}\frac{\partial}{\partial x}\left(\frac{q^2}{h}\right)$ 为位移加速度引起的坡降；$\frac{1}{gh}\frac{\partial q}{\partial t}+\frac{1}{gh}\frac{\partial}{\partial x}\left(\frac{q^2}{h}\right)$ 称为惯性项。

式(8-2-8)在水文学中被称为运动波方程，常通过对其进行一些假设和简化求解。运动波模型将运动波方程做如下简化：

若忽略附加比降与惯性项，则运动波模型所描述的坡面径流方程为

$$\begin{cases} \frac{\partial h}{\partial t} + \frac{\partial vh}{\partial x} = q_e \\ S_f = S_0 \end{cases} \tag{8-2-9}$$

根据 Darcy-weisbach 公式有

$$S_f = S_0 = f\,\frac{q^2}{8gh^2R} \tag{8-2-10}$$

式中：f 为摩阻系数；R 为水力半径，对于坡面流，可令 $R=h$。

设坡面上水力坡度为 S，并将 $q=vh$ 代入式(8-2-10)，有：

$$v^2 = \frac{1}{f}8ghS \tag{8-2-11}$$

由流体力学知识可知，将谢才系数 $C=\sqrt{\frac{8g}{f}}$ 代入式(8-2-11)，有

$$v^2 = C^2hS \tag{8-2-12}$$

而由曼宁公式可知

$$C = \frac{1}{n}R^{\frac{1}{6}} \tag{8-2-13}$$

式中：n 为曼宁糙度系数；R 为水力半径（对于坡面流就是径流水深 h）。

将式(8-2-13)代入式(8-2-12)可得

$$v = \frac{1}{n}h^{\frac{2}{3}}S^{\frac{1}{2}} \tag{8-2-14}$$

或者

$$q = \frac{1}{n}h^{\frac{5}{3}}S^{\frac{1}{2}} \tag{8-2-15}$$

而对于坡角为 θ 的边坡，$S=\sin\theta$，结合式(8-2-7)，可得描述坡面径流的运动波模型

$$\begin{cases} \frac{\partial h}{\partial t} + \frac{\partial vh}{\partial x} = q_e\cos\theta & \text{（连续方程）} \\ q = \frac{1}{n}h^{\frac{5}{3}}\sin\theta^{\frac{1}{2}} & \text{（动量方程）} \end{cases} \tag{8-2-16}$$

式中：v，h 为坡长 x 处的流速和水深；q_e 为净雨率；q 为流量；n 为坡面粗糙系数；θ 为坡角。

总体上讲，由于运动波模型的方程及其数值求解方式比较简单，因此得到了很好的应用，发展了众多的坡面流模型。这些模型的主要区别在于对土壤入渗过程模式的不同考虑和对坡面流阻力的不同描述。随着人们对入渗和坡面流阻力认识的不断深入，以运动波理论为基础的坡面产流动力学模型进一步得到了发展。上述描述坡面流的方程是一维的。但是一方面实

际坡面通常是不平整的，水流流向并非单一方向，此时一维计算就难以满足分析的需要，而必须对其进行特殊的模拟或二维流动模拟。近年来，一些学者专门对此问题进行了研究，建立了能够较好模拟这类流动现象的坡面产流模型。另一方面是自然坡面通常本身在横向也有起伏存在，也将导致水流流向的不单一，需要用二维模型进行模拟。三是由于本章将建立三维坡面径流与坡体渗流整体求解模型，坡面径流的控制方程必须是二维的。因此，本节引入描述二维坡面流的控制方程。

Govindaraju 等建立了简单的坡面流运动的二维扩散波模型。Tayfur 等采用圣维南方程建立二维坡面流模型，由于坡面流水深很小，实际上该模型还是采用了平整表面。Tayfur 等进一步将一维运动波模型推广到二维情况

$$\begin{cases}\dfrac{\partial h}{\partial t}+\dfrac{\partial q_x}{\partial x}+\dfrac{\partial q_y}{\partial y}=q_e & \text{(连续方程)}\\ q_x=\dfrac{1}{n}h^{\frac{5}{3}}\dfrac{S_x^{\frac{1}{2}}}{[1+(S_y/S_x)^2]^{\frac{1}{4}}} & \text{(动量方程)}\\ q_y=\dfrac{1}{n}h^{\frac{5}{3}}\dfrac{S_y^{\frac{1}{2}}}{[1+(S_x/S_y)^2]^{\frac{1}{4}}} & \text{(动量方程)}\end{cases} \tag{8-2-17}$$

式中：q_x，q_y 分别为 x，y 方向的流量；h 为水深；q_e 为垂直净降雨强度，若降雨强度为 q，入渗率为 I，则 $q_e=q-I$；S_x，S_y 分别为 x，y 方向的坡度分量；n 为坡面粗糙系数。

方程组(8-2-17)的定解条件包括初始条件和边界条件。分别为：

(1) 初始条件。

以开始降雨为初始点，坡面上各点无径流出现。假设坡面区域为 Ω，则：

$$\begin{cases}h(x,y,t)|_{t=0}=0.0\\ v(x,y,t)|_{t=0}=0.0\end{cases}\quad (x,y)\in\Omega \tag{8-2-18}$$

(2) 边界条件。

边界条件可分为两类：

$$\begin{cases}\text{在 }\Gamma_1\text{ 上}:h=h_0\\ \text{在 }\Gamma_2\text{ 上}:q_xn_x+q_yn_y=q_0\end{cases} \tag{8-2-19}$$

Γ_1 称为水深边界，Γ_2 称为流量边界。

由式(8-2-17)、式(8-2-18)和式(8-2-19)构成了二维坡面径流的控制方程和定解条件。

8.3　坡面径流与坡体渗流整体求解模型

8.3.1　研究进展

降雨条件下降雨入渗与坡面径流规律的研究引起了岩土工程、减灾防灾、水土保持等领域学者的高度重视，随着人们对降雨入渗过程研究的不断深入，取得了许多有益的研究成果，但由于问题本身的复杂性，目前这一课题仍然是学术界的重点研究内容之一。许多学者对坡面径流及降雨入渗规律进行了大量的研究工作，并建立了相应的求解方法。

1981 年，Aliosman Akan 等[47]提出了多孔介质上浅水运动的数学模型，该模型将地下渗流和地表径流作为一个耦合的过程来考虑，并采用有限差分方法进行了数值分析，分析结果表

明，采用耦合模拟过程是更符合实际的，更能说明降雨诱发滑坡的机理。雷志栋等[48]和张家发[49]分别在1988年和1997年利用有限差分法对降雨条件下坡面径流与入渗进行了耦合数值模拟探究，可应用于一些简单边坡降雨入渗与坡面径流耦合计算。2001年，陈力等[50]采用运动波理论和两次改进后的Green-Ampt入渗模型建立了坡面降雨入渗产流的动力学模型，得到了试验资料的良好验证，并运用该模型分析研究了简单坡面上降雨入渗产流的动力学规律，结果表明，降雨强度增大，坡面单宽流量随之增大；产流开始的时间和产流的初始阶段随雨强的增加而逐渐缩短；土壤的初始含水量越高，坡面上的产流量越大，且产流开始时间和达到平衡的时间也有所提前；随着坡长的增加，出口处的产流量增大；坡度的影响比较复杂，随着坡度的增大，产流量先增大后减小，其间存在一个临界坡度，坡度对产流的作用有助于理解土壤侵蚀现象中侵蚀量的临界坡度问题。同年，陈善雄[51]研究了降雨条件下坡面入渗问题，并将降雨强度直接折减后作为坡面入渗率，但未考虑坡面产流的影响，同时他还采用特征线法研究了降雨条件下坡面径流的数值模拟问题，将入渗率视为时间的函数，但未计空间位置、初始条件等因素的影响。吴宏伟[52]和谭新[53]分别在1999年和2003年通过分析降雨入渗过程，提出了降雨入渗概念模型来近似处理斜坡降雨入渗数值模拟问题，将降雨条件下坡面边界条件分为灌溉型、积水型与降水型，并假定斜坡面上边界条件简化为积水深度为0。2003年和2004年，张培文[54,55]考虑了降雨过程中斜坡坡面边界条件的变化，将降雨-产流-入渗视为一个系统，建立了耦合方程，通过假定入渗率迭代求解坡体入渗流量。类似研究还很多，不一一列举[56,57]。2004年，童富果[58]从降雨入渗与坡面产流过程的控制方程着手，建立了基于有限元方法的二维降雨入渗与坡面径流整体计算模型与求解方法。该方法不需要降雨入渗率参数值，也不需假定降雨入渗模型及产流模型，而且也避免了对入渗流量与坡面径流流量的迭代求解。田东方等持续开展了降雨入渗与坡面径流整体计算模型的研究，分别在2011年建立了三维模型[59]，在2016年对其进行了改进[60]。

总体说来，按各类方法提出的时间先后上述成果可依次分为三大类：第1类为分别建立不同的降雨入渗及产流模型，实现对边坡坡面径流与坡体饱和-非饱和渗流的分别计算；第2类为间接耦合计算模型，通过坡面径流和降雨入渗间流量交换的迭代计算来实现二者间耦合的数值模拟；第3类为将坡面径流与坡体渗流方程联合求解。这些方法各有不足，主要表现在：

第1类方法，由于入渗率等参数受土水特征曲线、初始含水率、饱和渗透系数、坡面径流情况等多因素的影响，故难以做出科学合理的假定。尽管有时可参照一些物理模型试验，确定计算所需参数，但所得参数仅可近似运用于与模型试验相近似的简单边界条件及初始条件，难以推广，故也难以运用于数值分析中。

第2类方法，此方法从理论上讲是完全可行的，但通过数值计算方法难以实现，主要因为：难以确保分别由径流计算和渗流计算所得坡面各点水头完全相等，且迭代计算量很大。难以确保径流和渗流间流量交换完全相等。由于坡面水深相对较小，坡体非饱和渗透系数也小于饱和渗透系数，故而实际存在的流量交换数值很小，而渗透流量计算误差相对较大。

第3类方法，这种方法虽然可以较好解决上述两个问题，但也存在如下不足：对压力水头和坡面水深未加区分。模型中直接将压力水头作为坡面水深参与计算，这在坡面坡度较缓时可以适用，但在坡面坡度较大时将会产生较大的误差。该方法中描述坡面流运动的方程是一维的，渗流方程是二维的，故只能分析平面问题。而一方面实际坡面通常是不平整的，坡面流方向并非单一方向，此时一维计算就难以满足分析的需要，而必须对其进行特殊的模拟或二维流动模拟。另一方面在坡体稳定性分析、水土保持研究中，三维分析可以取得更符合实际情况的结果。因此，有必要对该模型进一步研究。

8.3.2　降雨入渗基本理论

早在 20 世纪初，人们就开始研究降雨入渗问题，许多土壤物理学家和水文学家在这方面做了大量的研究工作。早期对入渗的研究主要集中在一维入渗模型，经过了半个多世纪的发展，一维入渗问题得到了充分和深入的研究。虽然坡面径流与坡体渗流正题求解模型并不需要这部分知识，但是该内容有助于认识土壤水分入渗规律，因此本节简要介绍土壤水分入渗的基本知识。此外，本节介绍的入渗模型也可以用于边坡或土壤降雨入渗过程模拟，例如 8.3.1 节中介绍到的第 1 类方法。

1. 积水入渗

干土在积水条件下的入渗是最简单、最典型的垂直入渗问题，也是最早为人们所研究的内容。Coleman 和 Bodma 最早对这种模型做了研究，将含水量剖面分为 4 个区：饱和区、过渡区、传导区和湿润区。湿润区的前锋称为湿润锋。典型的干土积水模型含水量的分布如图 8.3.1所示。

其中，各个部分的特征如下：

(1) 饱和区：土壤孔隙被水充满或处于饱和状态，该区域通常只有几毫米厚，这与积水时间有关。

(2) 过渡区：该区域含水量随深度增加迅速下降，一般向下几厘米。

(3) 传导区：该区域含水量随深度增加变化很小，通常传导区是一段较厚的高含水量非饱和土体。

(4) 湿润区：该区域含水量随深度增加从传导区较高含水量值急剧下降到接近初始含水量。

(5) 湿润锋：在干土和湿土之间形成一个陡水力梯度的锋面。

对入渗的认识仅停留在了解其典型的含水量分布和分区是不够的，重要的是分析入渗后土壤剖面中含水量分布随时间变化和湿润锋前移规律以及入渗率的变化规律。干土积水后，土壤含水量分布随时间的变化如图 8.3.2 所示。通过对积水模型入渗的观察，对土壤中含水量的变化可以得出如下结论。

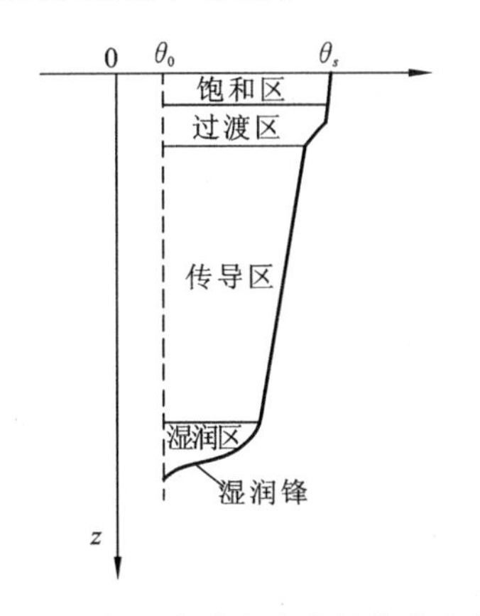

图 8.3.1　积水入渗时含水率的分布和分区

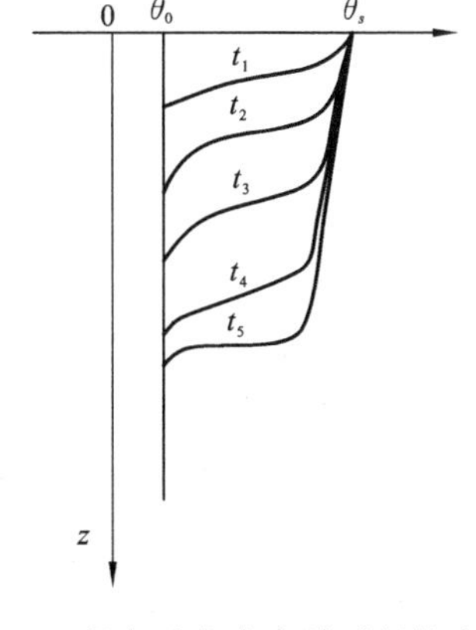

图 8.3.2　积水后含水率随时间的变化示意图

(1) 在水施加于土壤表面后很短时间内，表土的含水量 θ 将很快地由初始值 θ_0 增大到某一最大值 θ_i，由于完全饱和在自然条件下一般是不可能的，故值 θ_i 较饱和含水量 θ_s 略小。

(2) 随着入渗的进行，湿润锋不断前移，含水量的分布由比较陡直逐渐变为相对缓平。

(3) 在地表 $z=0$ 处，含水量梯度$\frac{\partial\theta}{\partial z}$的绝对值逐渐由大变小，当 t 足够大时，$\frac{\partial\theta}{\partial z}\rightarrow 0$，即地表附近含水量不变。

2. 降雨入渗

土壤的入渗率也称土壤的入渗性、入渗能力，即单位时间内通过地表单位面积入渗到土壤中的水量，通常以 $i(t)$表示。它和累计入渗量 $I(t)$的关系如下

$$i(t)=\frac{\mathrm{d}I(t)}{\mathrm{d}t} \tag{8-3-1}$$

还可以用此时地表处的运动通量 $q(0,t)$的大小来表示

$$i(t)=K\left.\frac{\partial H}{\partial N}\right|_{gs} \tag{8-3-2}$$

式中：N 为地表处的法向向量；H 为地表的水头；gs 表示地表表面。

要弄清降雨入渗的全过程，有必要对土壤中水的分类做简单介绍。天然条件下土壤中各点的含水量因所处位置和时间而异。为区分不同含水量土壤水分所具有的不同特性，常把土壤中所含水分按其形态特征区分为若干形态。存在于土壤中的液态水常可区分为以下四种形态：

(1) 吸湿水。

单位体积土壤具有的土壤颗粒表面积很大，因而具有很强的吸附力，能将周围环境中的水汽分子吸附于自身表面。这种束缚在土粒表面的水分称为吸湿水。

(2) 薄膜水。

当吸湿水达到最大量时土粒已无力吸附空气中活动力较强的水汽分子，只能吸持周围环境中处于液态的分子。由于这种吸着力吸持的水分使吸湿水外面的水膜逐渐加厚，形成连续的水膜，故称为薄膜水。

(3) 毛管水。

土壤颗粒间细小的孔隙可视为毛管。毛管中水气界面为一弯月面，弯月面下的液态水因表面张力作用而承受吸持力，该力又称为毛管力。土壤中薄膜水达到最大值后，多余的水分便由毛管力吸持在土壤的细小孔隙中，称为毛管水。

(4) 重力水。

毛管力随毛管直径的增大而减小，当土壤孔隙直径足够大时，毛管作用便十分微弱，习惯上称土壤中这种较大直径的孔隙为非毛管孔隙。若土壤的含水量超过了土壤的臼间含水量，多余的水分不能为毛管力所吸持，在重力作用下将沿非毛管孔隙下渗，这部分土壤水分称为重力水。当土壤中的孔隙全部为水所充满时，土壤的含水量称为饱和含水量或全部蓄水量。

降雨入渗实质上是水分在土壤包气带中的运动，是一个涉及两相流的过程，即水在下渗过程中驱赶并替代空气的过程。降雨入渗是一个非常不恒定的过程，入渗率又与地表介质的含

水量密切相关，这种入渗过程十分复杂。

对于一个降雨入渗过程而言，降雨强度 $R(t)$ 通常可实测得知。如果 $R(t)$ 不超过土壤的入渗能力，将不形成积水或地表径流。土壤含水率变化如图 8.3.3 所示。如果 $R(t)$ 超过土壤的入渗能力，将形成积水或地表径流。

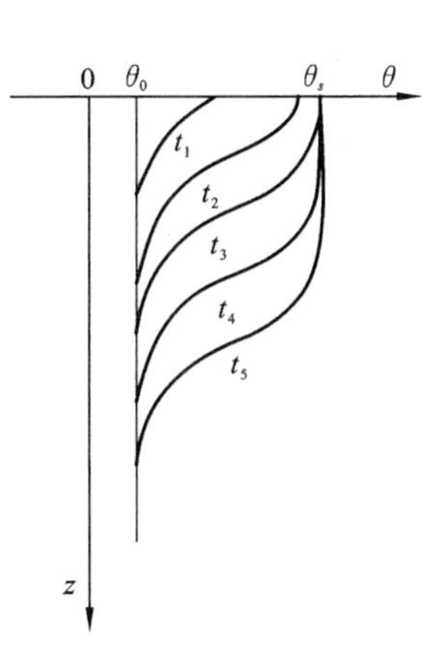

图 8.3.3　降水时（无地表积水）含水率分布示意图

通过对入渗过程的分析，土壤含水量的分布可以得出以下结论：

(1) 降雨开始，地表含水量增大，在地表处形成很大的含水率梯度，由式(8-3-2)可知，此时土壤的入渗性能很大，因此此时含水率曲线比较陡。

(2) 随着降雨时间的持续，地表处的含水量逐渐增大，此时含水量梯度逐渐减小。

3. 降雨入渗简化计算模型

降雨条件下土壤水分运动的分析，关键是分析土壤中含水率随时间的变化以及地表入渗率的变化。因此，大多数土壤物理学家都致力于这方面的研究，提出了许多入渗模型，其中最简单的一维入渗模型，已经在理论和实践应用中积累了丰富的经验。本节介绍一些常见的经验公式和经典模型，如 Green-Ampt 模型等。

1) 经验公式

(1) Kostiakov 公式。

1932 年，Kostiakov [61] 提出如下入渗估算公式

$$i(t)=\alpha t^{-\beta} \tag{8-3-3}$$

其中 $i(t)$ 是 t 时刻的入渗率，$\alpha(\alpha>0)$ 和 $\beta(0<\beta<1)$ 是经验系数，根据土壤及入渗初始条件来确定，由试验或实测资料拟合得出，本身没有物理意义。对式(8-3-3)，从 0 到 t 积分可得累计入渗量 $I(t)$

$$I(t)=\frac{\alpha}{(1-\beta)}t^{(1-\beta)} \tag{8-3-4}$$

对于式(8-3-3)，当 t 趋近于 0 时，i 趋近于无穷大，而当 t 趋近于无穷大时，入渗率 i 趋近于 0，而不是趋近于一个稳定值，这只在水平吸渗的条件下才可能，垂直入渗时显然不符合，所以公式只能适用于 $t<t_{\max}$ 的情形，其中 $t_{\max}=\left(\frac{\alpha}{K_s}\right)^{\frac{1}{\beta}}$，$K_s$ 是饱和渗透系数。Kostiakov 公式在小的时间范围内能够很好地估算入渗率，但在大的时间范围内则不够精确。

(2) Horton 公式。

1940 年，Horton[62] 提出如下估算入渗率和累计入渗率的经验公式

$$i(t)=i_f+(i_0-i_f)\mathrm{e}^{-\gamma t} \tag{8-3-5}$$

$$I(t)=i_f t+\frac{1}{\gamma}(i_0-i_f)(1-\mathrm{e}^{-\gamma t}) \tag{8-3-6}$$

式中：i_0 和 i_f 为假设的初始和最终的入渗率；γ 为经验系数。

Horton 公式能够反映 t 趋近于无穷大时入渗率趋近一个稳定值，但是不能很好地反映入

渗率随时间 t 迅速下降的过程。

(3) Holtan 公式。

1961 年，Holtan[63]提出如下经验公式，表示的是入渗率与表层土壤储水容量之间的关系，公式为

$$i(t)=i_c+\alpha(w-I)^n \tag{8-3-7}$$

式中：i_c，α 和 n 为与土壤及农作物种植条件有关的经验参数；w 为表层厚度为 d 的表层土壤在入渗开始时的容许储水量，即

$$w=(\theta_s-\theta_i)d \tag{8-3-8}$$

以上是对入渗模型经验公式的简单介绍，其他成果可参看相关综述。

2) Green-Ampt 模型

Green-Ampt 模型[64]研究的是初始干燥土壤在薄层积水条件下的入渗问题，其基本假定是含水量的分布呈活塞状，有明显的水平湿润锋，入渗前含水量均匀分布，入渗时含水量在湿润锋处陡降，湿润锋以上区域含水量为常数。

模型参数和含水量剖面如图 8.3.4 所示。其中，i 为入渗率；I 为累计入渗量；K_s 为饱和渗透系数；Z 为湿润锋的位置；h_s 为地表处的总水势；h_f 为湿润锋处的负压力水头；θ_s 为饱和体积含水量；θ_0 为初始体积含水量。

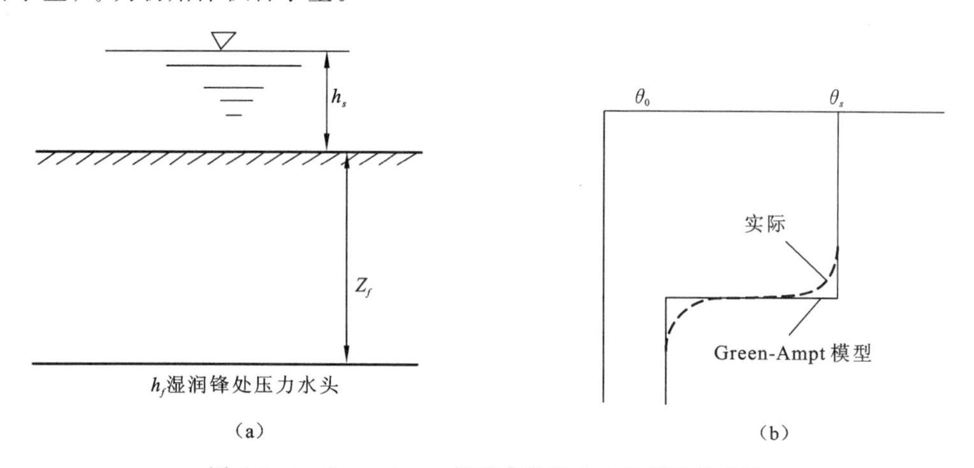

图 8.3.4　Green-Ampt 模型参数及含水量剖面示意图

Green-Ampt 模型公式如下

$$i=K_s\frac{Z_f+h_s-h_f}{Z_f} \tag{8-3-9}$$

$$I=(\theta_s-\theta_0)Z_f \tag{8-3-10}$$

$$t=\frac{\theta_s-\theta_0}{K_s}(Z_f+h_s-h_f)\ln\frac{Z_f+h_s-h_f}{Z_f} \tag{8-3-11}$$

式中：t 为湿润锋面到达 Z_f 处的时间。

当地表积水很浅，或入渗时间 t 很长，湿润深度 Z_f 较大时，式(8-3-9)可近似为

$$i=K_s\left(1+\frac{\theta_s-\theta_f}{I}h_f\right) \tag{8-3-12}$$

Green-Ampt 入渗公式简单，且有一定的物理模型基础，故长期以来被广泛应用到农业生

产和工程实际中去，后来此公式应用到非均质土壤中，也获得了良好的效果，因此该模型对均质和非均质土壤都是适用的。由式(8-3-9)可知，参数 K_s 和 h_f 对入渗的估算影响很大。由于地表含水率值 θ 可为较饱和含水率 θ_s 小的某个值。因而入渗公式中 $(\theta_s-\theta_0)$ 应换为 $(\theta-\theta_0)$，K_s 应换为 K_0，显然 $K_0<K_s$。

Bouwer 建议取 $K_0=K_s$，同时建议 $h_f=0.5h_s$；Mein 和 Larson 提出用土壤吸力的加权平均值作为 h_f，即 $h_f=\int_0^1 s\mathrm{d}K_r$，式中 $K_r=K(s)K_s$；Neuman 建议积分区间取[0.01,1]。[65]

3) Green-Ampt 模型的改进

后继研究者对 Green-Ampt 模型进行了持续研究并进行了改进。其中 1973 年，Mein-Larson[66]提出的改进模型较为经典，也常称为 Mein-Larson 模型，该模型是稳定降雨条件下的降雨入渗模型，拓展了 Green-Ampt 模型的适用范围。设稳定降雨强度为 R，只有当 R 大于土壤的入渗能力时，地表才形成积水，记开始积水时间为 t_p，由 Green-Ampt 模型可知，入渗率 i 是随累计入渗量 I 的增加而减小的。当累计入渗量达到某一值 I 时，$i=R$，开始积水。设此时的累计入渗量为 I_p。假设地表水很浅，由式(8-3-12)可以得出开始积水的 I_p 值

$$i=K_s\left(1+\frac{\theta_s-\theta_f}{I_p}h_f\right) \tag{8-3-13}$$

$$I_p=\frac{(\theta_s-\theta_i)h_f}{R/K_s-1} \tag{8-3-14}$$

$$t_p=I_p/R \tag{8-3-15}$$

在这种情况下，入渗率可以表示为

$$\begin{cases} i=R & t<t_p \\ i=K_s\left(1+\dfrac{\theta_s-\theta_f}{I}h_f\right) & t\geqslant t_p \end{cases} \tag{8-3-16}$$

此外，Shu Tung CHU[67]、Smith 等[68]、郝振纯[69]等均对 Green-Ampt 模型做出了改进，具体可参看相关文献，这里不做介绍。

8.3.3　整体求解模型

设降雨强度为 $R(t)$，对于初始干燥的坡面，一个典型的入渗产流过程可以描述为：开始入渗后的一段时间内，由于降雨强度小于土壤的入渗率(或入渗性能、入渗能力)，所以实际发生的入渗率即为降雨强度 $R(t)$。随着入渗能力的不断下降，降雨强度大于土壤的入渗能力，即 $R(t)>i(t)$，此时实际发生的入渗率即为 $i(t)$，超出入渗率的降雨则形成积水或地表径流。由此降雨入渗过程分为两个阶段：第一阶段，通量阶段，渗流区域的地表边界为第二类边界，即流量边界。第二阶段，积水入渗，渗流区域的地表边界为第一类边界，即水头边界。本节所建模型用于处理第二阶段。

当边坡产流后，坡面流可由径流控制方程及其边界条件确定，入渗水分运动可由坡体非饱和渗流控制方程及边界条件确定。在坡面径流与坡体非饱和渗流的边界条件中，都涉及坡面边界条件；即对坡面流而言，必须给定坡面下渗分布情况，对坡体渗流而言，要给定坡面入渗分布情况。整体求解模型先假定入渗率(或下渗分布)，然后分别建立坡面径流和坡体渗流控制方程的有限元格式，再设法消去入渗率，以达到将求解坡面径流问题的方程组与求解坡体非饱和渗流问题的方程组统一求解，从而避免求解或确定坡面入渗率。

1. Richards 方程和运动波方程的有限元格式

本节先推导 Richards 方程和运动波方程的有限元格式。为方便阅读，Richards 方程及其边界条件重列如下

$$\begin{cases}\dfrac{\partial}{\partial x}\left[k_x(h)\dfrac{\partial \phi}{\partial x}\right]+\dfrac{\partial}{\partial y}\left[k_y(h)\dfrac{\partial \phi}{\partial y}\right]+\dfrac{\partial}{\partial z}\left[k_z(h)\dfrac{\partial \phi}{\partial z}\right]=C(h)\dfrac{\partial \phi}{\partial t}, & \text{在 } \Omega \text{ 内} \\ \phi(x,y,z,0)=\phi_0(x,y,z), & \\ \phi|_{S_1}=\phi_b(x,y,z,t), & \text{在 } S_1 \text{ 上} \\ k_x\dfrac{\partial \phi}{\partial x}\cos(n,x)+k_y\dfrac{\partial \phi}{\partial y}\cos(n,y)+k_z\dfrac{\partial \phi}{\partial z}\cos(n,z)=q, & \text{在 } S_2 \text{ 上}\end{cases}$$

式中：ϕ 为势函数(或称水头函数)；ϕ_0 为初始时刻势函数；$C(h)$为容水度；k_x,k_y,k_z 为当坐标轴方向与渗透主轴方向一致时，x,y,z 方向上的渗透系数，对非饱和土与体积含水率或基质吸力有关，对饱和土为常数；Ω 为渗流区域；S_1,S_2 为其边界，其中 S_1 为水头已知的边界，S_2 为法向流量已知的边界；q 为边界上法向流量；n 为边界的外法线方向。

令势函数 ϕ 的变分为 $\delta\phi$，则三维非饱和渗流方程的 Galerkin 积分形式为

$$\iiint\limits_{\Omega} C\frac{\partial \phi}{\partial t}\delta\phi \mathrm{d}\Omega-\iiint\limits_{\Omega}\frac{\partial}{\partial x}\left(k_x\frac{\partial \phi}{\partial x}\right)\delta\phi \mathrm{d}\Omega-\iiint\limits_{\Omega}\frac{\partial}{\partial y}\left(k_y\frac{\partial \phi}{\partial y}\right)\delta\phi \mathrm{d}\Omega-\iiint\limits_{\Omega}\frac{\partial}{\partial z}\left(k_z\frac{\partial \phi}{\partial z}\right)\delta\phi \mathrm{d}\Omega=0 \quad (8\text{-}3\text{-}17)$$

由格林公式可知

$$\iiint\limits_{\Omega}\frac{\partial}{\partial x}\left(k_x\frac{\partial \phi}{\partial x}\right)\delta\phi \mathrm{d}\Omega=\oint\limits_{S}k_x\frac{\partial \phi}{\partial x}\delta\phi n_x \mathrm{d}S-\iiint\limits_{\Omega}k_x\frac{\partial \phi}{\partial x}\frac{\partial \delta\phi}{\partial x}\mathrm{d}\Omega$$

在边界 S_1 上，ϕ 为给定的值，其变分为 0，故上式可进一步化简为

$$\iiint\limits_{\Omega}\frac{\partial}{\partial x}\left(k_x\frac{\partial \phi}{\partial x}\right)\delta\phi \mathrm{d}\Omega=\oint\limits_{S_2}k_x\frac{\partial \phi}{\partial x}\delta\phi n_x \mathrm{d}S_2-\iiint\limits_{\Omega}k_x\frac{\partial \phi}{\partial x}\frac{\partial \delta\phi}{\partial x}\mathrm{d}\Omega \quad (8\text{-}3\text{-}18)$$

同理有：

$$\iiint\limits_{\Omega}\frac{\partial}{\partial y}\left(k_y\frac{\partial \phi}{\partial y}\right)\delta\phi \mathrm{d}\Omega=\oint\limits_{S_2}k_y\frac{\partial \phi}{\partial y}\delta\phi n_y \mathrm{d}S_2-\iiint\limits_{\Omega}k_y\frac{\partial \phi}{\partial y}\frac{\partial \delta\phi}{\partial y}\mathrm{d}\Omega \quad (8\text{-}3\text{-}19)$$

$$\iiint\limits_{\Omega}\frac{\partial}{\partial z}\left(k_z\frac{\partial \phi}{\partial z}\right)\delta\phi \mathrm{d}\Omega=\oint\limits_{S_2}k_z\frac{\partial \phi}{\partial z}\delta\phi n_z \mathrm{d}S_2-\iiint\limits_{\Omega}k_z\frac{\partial \phi}{\partial z}\frac{\partial \delta\phi}{\partial z}\mathrm{d}\Omega \quad (8\text{-}3\text{-}20)$$

将式(8-3-18)、式(8-3-19)、式(8-3-20) 代入式(8-3-17)，可得三维非饱和非恒定渗流方程的 Galerkin 弱解积分形式

$$\begin{aligned}&\iiint\limits_{\Omega} C\frac{\partial \phi}{\partial t}\delta\phi \mathrm{d}\Omega+\iiint\limits_{\Omega}k_x\frac{\partial \phi}{\partial x}\frac{\partial \delta\phi}{\partial x}\mathrm{d}\Omega+\iiint\limits_{\Omega}k_y\frac{\partial \phi}{\partial y}\frac{\partial \delta\phi}{\partial y}\mathrm{d}\Omega+\iiint\limits_{\Omega}k_z\frac{\partial \phi}{\partial z}\frac{\partial \delta\phi}{\partial z}\mathrm{d}\Omega \\ &=\oint\limits_{S_2}\left(k_x\frac{\partial \phi}{\partial x}n_x+k_y\frac{\partial \phi}{\partial y}n_y+k_z\frac{\partial \phi}{\partial z}n_z\right)\mathrm{d}S_2=\oint\limits_{S_2}q\mathrm{d}S_2\end{aligned} \quad (8\text{-}3\text{-}21)$$

将计算区域离散为多个单元，任一单元的势函数可近似表示为

$$\phi=\sum N_i(x,y,z)\phi_i$$

式中：$N_i(x,y,z)$ 为单元的插值形函数；ϕ_i 为节点势或节点水头。

取其变分 $\delta\phi=\sum N_i(x,y,z)\delta\phi_i$，式(8-3-21) 等价于下面的线性方程组

$$\iiint_e \left(k_x \frac{\partial N_i}{\partial x}\phi_j \frac{\partial N_j}{\partial x} + k_y \frac{\partial N_i}{\partial y}\phi_j \frac{\partial N_j}{\partial y} + k_z \frac{\partial N_i}{\partial z}\phi_j \frac{\partial N_j}{\partial z}\right) \mathrm{d}V^{(e)} + \iiint_e CN_iN_j \frac{\partial \phi_j}{\partial t} - \iint_s N_i q \,\mathrm{d}s = 0 \tag{8-3-22}$$

上式可记为矩阵形式

$$[D]^{(e)}\{\phi_j\} + [S]^{(e)}\left\{\frac{\partial \phi_j}{\partial t}\right\} = \{F\}^{(e)} \tag{8-3-23}$$

式中$[D]^e$的元素可表示为

$$d_{ij} = \iiint_e [B_i]^{\mathrm{T}} [k][B_j] \mathrm{d}\Omega^{(e)} \tag{8-3-24}$$

式中：$[B_i]^{\mathrm{T}} = \left[\frac{\partial N_i}{\partial x}, \frac{\partial N_i}{\partial y}, \frac{\partial N_i}{\partial z}\right]$；$[k] = \begin{bmatrix} k_{xx} & k_{xy} & k_{xz} \\ k_{yx} & k_{yy} & k_{yz} \\ k_{zx} & k_{zy} & k_{zz} \end{bmatrix}$，当坐标轴方向与渗透主轴方向一致时，除$k_{xx}$，$k_{yy}$，$k_{zz}$不为0外，其他均为0。

矩阵$[S]^e$的元素可表示为

$$s_{ij} = \iiint_e CN_iN_j \mathrm{d}\Omega^{(e)} \tag{8-3-25}$$

$\{F\}^{(e)}$为节点流量向量

$$f_i = \iint_S N_i q \,\mathrm{d}s \tag{8-3-26}$$

对式(8-3-23)推广到整个求解域，将各个单元矩阵叠加后可得整个求解域的有限元方程

$$[D]\{\phi\} + [S]\left\{\frac{\partial \phi}{\partial t}\right\} = \{F\} \tag{8-3-27}$$

式中：$\{\phi\}$为节点势列向量；$\left\{\frac{\partial \phi}{\partial t}\right\}$为节点势对时间的导数的列向量。

矩阵$[D]$，$[S]$，向量$\{F\}$分别由相应的单元矩阵叠加而得。

下面推导运动波方程的有限元格式。由于该方程组中的连续方程为对流方程，当对流项占优时，采用标准的 Galerkin 有限元法来求解，所得的数值解会出现振荡现象。但是当对流项很弱时，采用标准的Galerkin有限元法求解，所得的数值解可以满足工程需要。在工程实际中，由于坡面上的径流深度很小，流速很慢，故对流项很弱，因此可以采用标准的 Galerkin 有限元法求解。本节将推导该方程的 Galerkin 有限元格式。二维运动波方程重列如下：

$$\begin{cases} \frac{\partial h}{\partial t} + \frac{\partial q_x}{\partial x} + \frac{\partial q_y}{\partial y} = q_e & \text{（连续方程）} \\ q_x = \frac{1}{n} h^{5/3} \frac{S_x^{1/2}}{[1+(S_y/S_x)^2]^{1/4}} & \text{（动量方程）} \\ q_y = \frac{1}{n} h^{5/3} \frac{S_y^{1/2}}{[1+(S_x/S_y)^2]^{1/4}} & \text{（动量方程）} \end{cases} \tag{8-3-28}$$

方程(8-3-28)中连续方程的 Galerkin 积分形式为

$$\iint_\Omega \left[\frac{\partial h}{\partial t} + \frac{\partial q_x}{\partial x} + \frac{\partial q_y}{\partial y} - q_e\right] \delta h \,\mathrm{d}\Omega = 0$$

展开后为

$$\iint_{\Omega}\frac{\partial h}{\partial t}\delta h\,\mathrm{d}\Omega+\iint_{\Omega}\frac{\partial q_x}{\partial x}\delta h\,\mathrm{d}\Omega+\iint_{\Omega}\frac{\partial q_y}{\partial y}\delta h\,\mathrm{d}\Omega-\iint_{\Omega}q_e\delta h\,\mathrm{d}\Omega=0 \tag{8-3-29}$$

由分部积分可得

$$\iint_{\Omega}\frac{\partial q_x}{\partial x}\delta h\,\mathrm{d}\Omega=\oint_{\Gamma}q_x\delta h n_x\,\mathrm{d}\Gamma-\iint_{\Omega}q_x\frac{\partial\delta h}{\partial x}\mathrm{d}\Omega$$

在边界 Γ_1 上，由于 $h=h_0$ 为给定的常数，$\delta h=0$；故上式化简为

$$\iint_{\Omega}\frac{\partial q_x}{\partial x}\delta h\,\mathrm{d}\Omega=\oint_{\Gamma_2}q_x\delta h n_x\,\mathrm{d}\Gamma_2-\iint_{\Omega}q_x\frac{\partial\delta h}{\partial x}\mathrm{d}\Omega \tag{8-3-30}$$

同理可得

$$\iint_{\Omega}\frac{\partial q_y}{\partial y}\delta h\,\mathrm{d}\Omega=\oint_{\Gamma_2}q_y\delta h n_y\,\mathrm{d}\Gamma_2-\iint_{\Omega}q_y\frac{\partial\delta h}{\partial y}\mathrm{d}\Omega \tag{8-3-31}$$

将式(8-3-31)、式(8-3-30)代入式(8-3-29)，并结合边界条件，可得 Galerkin 弱解积分形式

$$\iint_{\Omega}\frac{\partial h}{\partial t}\delta h\,\mathrm{d}\Omega-\iint_{\Omega}q_x\frac{\partial\delta h}{\partial x}\mathrm{d}\Omega-\iint_{\Omega}q_y\frac{\partial\delta h}{\partial y}\mathrm{d}\Omega-\iint_{\Omega}q_e\delta h\,\mathrm{d}\Omega+\iint_{\Gamma_2}q_0\delta h\,\mathrm{d}\Gamma_2=0 \tag{8-3-32}$$

在单元 e 的 $\Omega^{(e)}$ 区域内，将式(8-3-32)改写如下

$$\iint_{\Omega^e}\frac{\partial h}{\partial t}\delta h\,\mathrm{d}\Omega^e-\iint_{\Omega^e}q_x\frac{\partial\delta h}{\partial x}\mathrm{d}\Omega^e-\iint_{\Omega^e}q_y\frac{\partial\delta h}{\partial y}\mathrm{d}\Omega^e-\iint_{\Omega^e}q_e\delta h\,\mathrm{d}\Omega^e+\iint_{\Gamma_2}q_0\delta h\,\mathrm{d}\Gamma_2=0 \tag{8-3-33}$$

在单元内，任一变量函数 F 可近似表示为

$$F^{(e)}=F_j^{(e)}N_j^{(e)}(x,y) \tag{8-3-34}$$

N_j^e 为插值函数，$j=1,2,\cdots,mode$，记 $mode$ 为单元节点个数。

故 $h^{(e)}=h_i^{(e)}N_i$，$\delta h^{(e)}=h_j^{(e)}N_j$，将式(8-3-33)、式(8-3-34)代入式(8-3-32)，可得线性方程组

$$\iint_{e}N_iN_j\frac{\partial h_i}{\partial t}\mathrm{d}\Omega^{(e)}-\iint_{e}N_iq_{xi}\frac{\partial N_j}{\partial x}\mathrm{d}\Omega^{(e)}-\iint_{e}N_iq_{yi}\frac{\partial N_j}{\partial y}\mathrm{d}\Omega^{(e)}-\iint_{e}N_iq_e\,\mathrm{d}\Omega^{(e)}+\iint_{e}q_0N_i\,\mathrm{d}S_2^e=0$$

则线性方程组可记为

$$A_{ij}^{(e)}\frac{\partial h_i}{\partial t}-B_{1ij}^{(e)}q_{xi}-B_{2ij}^{(e)}q_{yi}=-Q_{0i}+Q_{ei} \tag{8-3-35}$$

式中：$A_{ij}^{(e)}=\iint_{e}N_iN_j\,\mathrm{d}\Omega^{(e)}$；$B_{1ij}^{(e)}=\iint_{e}N_i\frac{\partial N_j}{\partial x}\mathrm{d}\Omega^{(e)}$；

$B_{2ij}^{(e)}=\iint_{e}N_i\frac{\partial N_j}{\partial y}\mathrm{d}\Omega^{(e)}$；$Q_{0i}=\iint_{e}q_0N_i\,\mathrm{d}S_2^e$；$Q_{ei}=\iint_{\Omega^e}q_eN_i\,\mathrm{d}\Omega^e$。

将有限元单元方程叠加，即可得整体方程：

$$A_{ij}\frac{\partial h_i}{\partial t}-B_{1ij}q_{xi}-B_{2ij}q_{yi}=-Q_{0i}+Q_e \tag{8-3-36}$$

式中各矩阵为相应的单元矩阵叠加而成。

2. 坡面径流和坡体渗流整体求解有限元模型

整体求解有限元模型的构建可大致分为三步，分别为计算网格的统一、径流方程组系数矩阵计算、渗流和径流方程求解变量的统一，分述如下。

1）计算网格的统一

坡体非饱和渗流计算网格为三维网格，坡面流为二维网格。整体求解模型将渗流网格中降雨入渗边界作为径流计算网格。例如本节中，渗流网格为八节点六面体单元，一些有降雨入渗边界的单元的其中一面（入渗边界的那面）的四个节点可构成坡面流的四节点四边形网格。

因此，只需对渗流区域划分网格，径流网格为渗流网格的一部分；渗流、径流网格节点统一编号，单元单独编号。有限单元法最终形成的线性方程组是以节点处场变量为未知数，两个计算网格的节点统一编号，可为消去入渗率进而整体求解两个方程组提供基础。

为叙述方便，将径流区域记为 S_3，设雨水渗入坡体的强度为 I，则坡面流中的下渗强度也为 I。且只考虑径流区域的边界，坡面径流和非饱和渗流方程的有限元格式可重写如下。

$$A_{ij}^{(e)}\frac{\partial h_i}{\partial t}-B_{1ij}^{(e)}q_{xi}-B_{2ij}^{(e)}q_{yi}=Q_e=\iint_{S_3}N_i(q-I)\mathrm{d}S_3 \tag{8-3-37}$$

$$[D]^e\{\phi\}^e+[S]^e\left\{\frac{\partial\phi^e}{\partial t}\right\}=\iint_{S_3}N_iI\mathrm{d}S_3 \tag{8-3-38}$$

式中，其他符号同前；$\{F'\}^e$ 为除降雨边界外其他流量边界形成的等效节点流量向量。坡面节点处水深应满足式(8-3-37)；而坡面节点处的总水头应满足式(8-3-38)。

2）径流方程组系数矩阵计算

式(8-3-37)、式(8-3-38)所采用的直角坐标系不同。如图 8.3.5 所示，渗流方程的坐标系要求 Z 轴竖直向上，OXY 为水平面。而坡面流方程 Z' 向为垂直坡面方向（一般取向上为正）。在计算式(8-3-37)与式(8-3-38)中各项系数时，必须在各自的坐标系下进行。

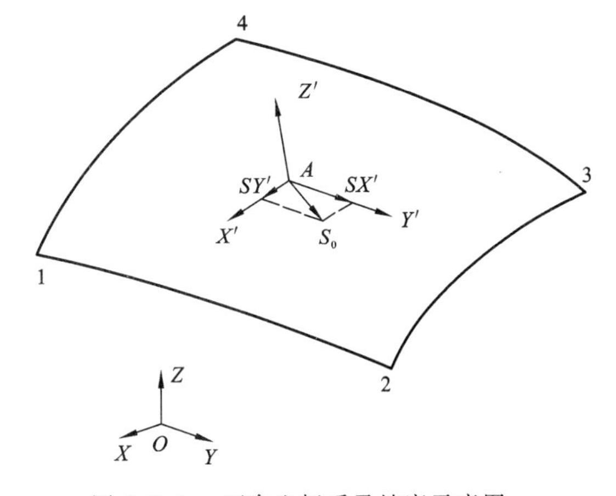

图 8.3.5　两套坐标系及坡度示意图

如图 8.3.5 所示，用 XYZ 表示坡体渗流方程所用坐标系（下称整体坐标系），坐标用 (x,y,z) 表示；$X'Y'Z'$ 表示坡面径流所用坐标系（下称局部坐标系），坐标用 (x',y',z') 表示。

下面给出局部坐标轴向量的规定。图 8.3.5 中，取某一坡面单元，节点局部编号 1、2、3、4，由这些节点构成的面为曲面。则曲面上任一点 A 的坐标可以表示为

$$x=\sum_{i=1}^{node}N_ix_i,\ y=\sum_{i=1}^{node}N_iy_i,\ z=\sum_{i=1}^{node}N_iz_i \tag{8-3-39}$$

式中：x_i，y_i，z_i 为节点坐标；$node$ 为节点个数；$N_i=N_i(\xi,\eta)$ 为二维形函数。

局部坐标的 Z' 轴为坡面外法线方向，X'，Y' 轴可以选任意方向，但必须保证三轴正交，且构成右手坐标系。记 X' 轴方向向量为 (l_1,m_1,n_1)，Y' 轴为 (l_2,m_2,n_2)，Z' 轴为 (l_3,m_3,n_3)。它们均为单位向量。

在式(8-3-37)中，矩阵 A 的元素可按下式计算

$$A_{ij}=\iint N_iN_jA\,\mathrm{d}\xi\mathrm{d}\eta \tag{8-3-40}$$

式中：$A=\sqrt{\left(\frac{\partial x}{\partial\xi}\frac{\partial y}{\partial\eta}-\frac{\partial x}{\partial\eta}\frac{\partial y}{\partial\xi}\right)^2+\left(\frac{\partial y}{\partial\xi}\frac{\partial z}{\partial\eta}-\frac{\partial y}{\partial\eta}\frac{\partial z}{\partial\xi}\right)^2+\left(\frac{\partial z}{\partial\xi}\frac{\partial x}{\partial\eta}-\frac{\partial z}{\partial\eta}\frac{\partial x}{\partial\xi}\right)^2}$；$N$ 为二维形函

数；ξ,η 为形函数自变量。

式(8-3-40) 需计算$\frac{\partial x}{\partial \xi},\frac{\partial y}{\partial \xi},\frac{\partial z}{\partial \xi},\frac{\partial x}{\partial \eta},\frac{\partial y}{\partial \eta},\frac{\partial z}{\partial \eta}$，可借助下式

$$T=\begin{bmatrix}\frac{\partial x}{\partial \xi} & \frac{\partial y}{\partial \xi} & \frac{\partial z}{\partial \xi}\\ \frac{\partial x}{\partial \eta} & \frac{\partial y}{\partial \eta} & \frac{\partial z}{\partial \eta}\end{bmatrix}=\begin{bmatrix}\sum \frac{\partial N_i}{\partial \xi}x_i & \sum \frac{\partial N_i}{\partial \xi}y_i & \sum \frac{\partial N_i}{\partial \xi}z_i\\ \sum \frac{\partial N_i}{\partial \eta}x_i & \sum \frac{\partial N_i}{\partial \eta}y_i & \sum \frac{\partial N_i}{\partial \eta}z_i\end{bmatrix}$$

按上式计算的好处在于不需对坡面单元进行坐标转换，可直接用整体坐标计算。对向量 Q_e 也可类似处理。

矩阵 B_1 的元素可按下式计算

$$B_{1ij}=\iint N_i\frac{\partial N_j}{\partial x'}A\,\mathrm{d}\xi\mathrm{d}\eta \tag{8-3-41}$$

而局部坐标与整体坐标的关系为

$$\begin{Bmatrix}x'\\y'\\z'\end{Bmatrix}=\begin{bmatrix}l_1,m_1,n_1\\l_2,m_2,n_2\\l_3,m_3,n_3\end{bmatrix}\begin{Bmatrix}x\\y\\z\end{Bmatrix}\quad\begin{Bmatrix}x\\y\\z\end{Bmatrix}=\begin{bmatrix}l_1,l_2,l_3\\m_1,m_2,m_3\\n_1,n_2,n_3\end{bmatrix}\begin{Bmatrix}x'\\y'\\z'\end{Bmatrix}$$

而

$$\frac{\partial N_j}{\partial x'}=\frac{\partial N_j}{\partial x}\frac{\partial x}{\partial x'}+\frac{\partial N_j}{\partial y}\frac{\partial y}{\partial x'}+\frac{\partial N_j}{\partial z}\frac{\partial z}{\partial x'}$$

可进一步化为

$$\frac{\partial N_j}{\partial x'}=\frac{\partial N_j}{\partial x}l_1+\frac{\partial N_j}{\partial y}m_1+\frac{\partial N_j}{\partial z}n_1 \tag{8-3-42}$$

又

$$\begin{Bmatrix}\frac{\partial N_j}{\partial \xi}\\ \frac{\partial N_j}{\partial \eta}\end{Bmatrix}=\begin{bmatrix}\frac{\partial x}{\partial \xi} & \frac{\partial y}{\partial \xi} & \frac{\partial z}{\partial \xi}\\ \frac{\partial x}{\partial \eta} & \frac{\partial y}{\partial \eta} & \frac{\partial z}{\partial \eta}\end{bmatrix}\begin{Bmatrix}\frac{\partial N_j}{\partial x}\\ \frac{\partial N_j}{\partial y}\\ \frac{\partial N_j}{\partial z}\end{Bmatrix}=T\left\{\frac{\partial N_j}{\partial x},\frac{\partial N_j}{\partial y},\frac{\partial N_j}{\partial z}\right\}^{\mathrm{T}} \tag{8-3-43}$$

由式(8-3-43) 可知，等式左边向量已知，而 T 也可求，但是$\left\{\frac{\partial N_j}{\partial x},\frac{\partial N_j}{\partial y},\frac{\partial N_j}{\partial z}\right\}^{\mathrm{T}}$的解不唯一，因此只要找到一组适合式(8-3-43) 的解即可代入式(8-3-42)。可令$\frac{\partial N_j}{\partial z}=0$，则

$$\begin{Bmatrix}\frac{\partial N_j}{\partial \xi}\\ \frac{\partial N_j}{\partial \eta}\end{Bmatrix}=\begin{bmatrix}\frac{\partial x}{\partial \xi} & \frac{\partial y}{\partial \xi}\\ \frac{\partial x}{\partial \eta} & \frac{\partial y}{\partial \eta}\end{bmatrix}\begin{Bmatrix}\frac{\partial N_j}{\partial x}\\ \frac{\partial N_j}{\partial y}\end{Bmatrix}=[J]\begin{Bmatrix}\frac{\partial N_j}{\partial x}\\ \frac{\partial N_j}{\partial y}\end{Bmatrix}$$

所以

$$\begin{Bmatrix}\frac{\partial N_j}{\partial x}\\ \frac{\partial N_j}{\partial y}\end{Bmatrix}=[J]^{-1}\begin{Bmatrix}\frac{\partial N_j}{\partial \xi}\\ \frac{\partial N_j}{\partial \eta}\end{Bmatrix} \tag{8-3-44}$$

将式(8-3-44) 与$\frac{\partial N_j}{\partial z}=0$ 代入式(8-3-42)，可得

$$\frac{\partial N_j}{\partial x'} = \frac{\partial N_j}{\partial \xi}\frac{\partial \xi}{\partial x}l_1 + \frac{\partial N_j}{\partial \xi}\frac{\partial \xi}{\partial y}m_1 \tag{8-3-45}$$

利用式(8-3-45) 即可计算式(8-3-41)。同理可以计算矩阵 B_2。通过本节的方法计算 B_1、B_2，只需确定局部坐标轴在整体坐标中的向量即可，而不需进行坐标转换。

3) 渗流和径流方程求解变量的统一

如果能将式(8-3-37) 和式(8-3-38) 中的求解变量统一为节点的总水头，则两式相加可消去坡面边界条件，且能保证坡面节点处的水深与总水头分别满足各自方程。式(8-3-37) 中待求变量有 $h, q_{x'}, q_{y'}$，而式(8-3-38) 中待求变量为 ϕ，必须通过数学变换，将这几个变量转换为一个。

由式(8-2-17) 可知，$q_{x'}, q_{y'}$ 可由 h 表示，但必须先确定坡度 S_0 与 $S_{x'}, S_{y'}$ 的大小和方向。

设点 A 的局部坐标轴 X' 轴方向向量为(l_1, m_1, n_1)，Y' 轴为(l_2, m_2, n_2)，Z' 轴为(l_3, m_3, n_3)。以 $S_0, S_{x'}, S_{y'}$ 分别表示点 A 的坡度及其在 X', Y' 轴的分量。

重力加速度的方向以向量形式表示为$(0, 0, -1)$，其垂直于 $O'X'Y'$ 的分量大小为 n_3，方向为 $-(l_3, m_3, n_3)$，平行于 $O'X'Y'$ 的分量(坡度 S_0) 大小为 $\sqrt{1-n_3^2}$，其方向的确定如下：

设坡度 S_0 的方向向量为(l, m, n)，则该向量垂直于向量(l_3, m_3, n_3)，同时还与向量$(0, 0, -1)$ 和向量(l_3, m_3, n_3) 共面。向量$(0, 0, -1)$ 和向量(l_3, m_3, n_3) 所在平面的法向量为$(-m_3, l_3, 0)$，因此有下式成立

$$\begin{cases} ll_3 + mm_3 + nn_3 = 0 \\ lm_3 - ml_3 = 0 \end{cases}$$

故坡度 S_0 的方向向量可确定为：$(l_3 n_3, m_3 n_3, -l_3^2 - m_3^2)$。

根据 S_0 的大小和方向向量、X' 轴的方向向量(l_1, m_1, n_1)、Y' 轴的方向向量(l_2, m_2, n_2) 即可确定 $S_{x'}, S_{y'}$ 与 S_0 的方向余弦：

$$\cos(S_0, X') = \frac{l_1 l_3 n_3 + m_1 m_3 n_3 - n_1(l_3^2 + m_3^2)}{\sqrt{(l_1^2 + m_1^2 + n_1^2)[l_3^2 n_3^2 + m_3^2 n_3^2 + (l_3^2 + m_3^2)^2]}}$$

$$\cos(S_0, Y') = \frac{l_2 l_3 n_3 + m_2 m_3 n_3 - n_2(l_3^2 + m_3^2)}{\sqrt{(l_2^2 + m_2^2 + n_2^2)[l_3^2 n_3^2 + m_3^2 n_3^2 + (l_3^2 + m_3^2)^2]}}$$

故　　$$S_{x'} = \cos(S_0, X')\sqrt{1-n_3^2}; \quad S_{y'} = \cos(S_0, Y')\sqrt{1-n_3^2}$$

如果 $\cos(S_0, X')$ 小于 0，则 $S_{x'}$ 的方向与 X' 轴的方向相反；$\cos(S_0, Y')$ 小于 0，则 $S_{y'}$ 的方向与 Y' 轴的方向相反。

在求得 $S_0, S_{x'}, S_{y'}$ 后，式(8-3-37) 的求解变量可统一为 h。下面给出将变量 h 转换为变量 ϕ 的方法。如图 8.3.6 所示，设 h 为坡面上点 $A(x_0, y_0, z_0)$ 处的水深，H 为竖直方向的水深，A 点的水位 $\phi = H + z_0$。设一方向与 Z 轴$(0, 0, 1)$ 相同的向量 H'，其在 Z' 轴(l_3, m_3, n_3) 上的投影大小为 h，故 H' 的大小应为 $H' = h/n_3$。由于坡面流水深相对于坡长很浅，因此可以近似认为 $H = H'$。故 A 点的水位可写为 $\phi = h/n_3 + z_0$。

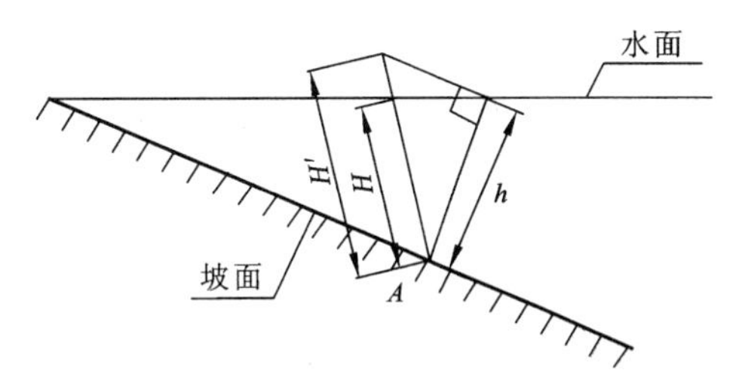

图 8.3.6　水深水位关系示意图

已知 $q_x = \dfrac{1}{n}h^{\frac{5}{3}}\dfrac{S_{x'}^{\frac{1}{2}}}{[1 + (S_{y'}/S_{x'})^2]^{\frac{1}{4}}}$，可改写为

$$q_x = \frac{1}{n}h^{\frac{5}{3}}\frac{S_{x'}}{(S_{x'}^2 + S_{y'}^2)^{\frac{1}{4}}}\frac{\phi}{(z + h/n_3)}$$

令 $k_{qx}=\dfrac{1}{n}h^{\frac{5}{3}}\dfrac{S_{x'}}{(S_{x'}^2+S_{y'}^2)^{\frac{1}{4}}*(z+h/n_3)}$，则$q_x=k_{qx}*\phi$

同理令 $k_{qy}=\dfrac{1}{n}h^{\frac{5}{3}}\dfrac{S_{y'}}{(S_{x'}^2+S_{y'}^2)^{\frac{1}{4}}*(z+h/n_3)}$，则 $q_y=k_{qy}*\phi$

由上式可知

$$[q_x]=\begin{Bmatrix}q_{x1}\\q_{x2}\\\vdots\\q_{xn}\end{Bmatrix}=\begin{Bmatrix}k_{qx1}\phi_1\\k_{qx2}\phi_2\\\vdots\\k_{qxn}\phi_n\end{Bmatrix}=\begin{bmatrix}k_{qx1}&0&&0\\0&k_{qx2}&\cdots&0\\\vdots&\vdots&&\vdots\\0&0&\cdots&k_{qxn}\end{bmatrix}\begin{Bmatrix}\phi_1\\\phi_2\\\vdots\\\phi_n\end{Bmatrix}\tag{8-3-46}$$

式中：n为坡面流单元节点数。

同理有

$$[q_y]=\begin{Bmatrix}q_{y1}\\q_{y2}\\\vdots\\q_{yn}\end{Bmatrix}=\begin{Bmatrix}k_{qy1}\phi_1\\k_{qy2}\phi_2\\\vdots\\k_{qyn}\phi_n\end{Bmatrix}=\begin{bmatrix}k_{qy1}&0&\cdots&0\\0&k_{qy2}&\cdots&0\\\vdots&\vdots&&\vdots\\0&0&\cdots&k_{qyn}\end{bmatrix}\begin{Bmatrix}\phi_1\\\phi_2\\\vdots\\\phi_n\end{Bmatrix}\tag{8-3-47}$$

又由于

$$\left\{\frac{\partial h}{\partial t}\right\}=\begin{Bmatrix}\dfrac{\partial h_1}{\partial t}\\\dfrac{\partial h_2}{\partial t}\\\vdots\\\dfrac{\partial h_n}{\partial t}\end{Bmatrix}=\begin{Bmatrix}\dfrac{\partial(z_1+h_1/n_3)}{\partial t}n_{31}\\\dfrac{\partial(z_2+h_2/n_3)}{\partial t}n_{32}\\\vdots\\\dfrac{\partial(z_n+h_3/n_3)}{\partial t}n_{3n}\end{Bmatrix}=\begin{Bmatrix}\dfrac{\partial\phi_1}{\partial t}n_{31}\\\dfrac{\partial\phi_2}{\partial t}n_{32}\\\vdots\\\dfrac{\partial\phi_n}{\partial t}n_{3n}\end{Bmatrix}=\left\{\frac{\partial\phi}{\partial t}\right\}n_3\tag{8-3-48}$$

式中：$n_3=\{n_{31},n_{32},\cdots,n_{3n}\}$。

将式(8-3-46)～式(8-3-48)代入式(8-3-37)

$$A_{ij}^{(e)}n_3\frac{\partial\phi_i}{\partial t}-B_{1ij}^{(e)}\lambda_x\phi_i-B_{2ij}^{(e)}\lambda_y\phi_i=-Q_{0i}+\iint_{S_3}N_i(q-I)\mathrm{d}S_3\tag{8-3-49}$$

式中：
$$\lambda_x=\begin{bmatrix}k_{qx1}&0&\cdots&0\\0&k_{qx2}&\cdots&0\\\vdots&\vdots&&\vdots\\0&0&\cdots&k_{qxn}\end{bmatrix},\lambda_y=\begin{bmatrix}k_{qy1}&0&\cdots&0\\0&k_{qy2}&\cdots&0\\\vdots&\vdots&&\vdots\\0&0&\cdots&k_{qyn}\end{bmatrix}$$

式(8-3-49)中的变量已经转换为ϕ，将式(8-3-38)和式(8-3-49)两式相加可得

$$(S+An_3)\frac{\partial\phi}{\partial t}+(D-B_1^*-B_2^*)\phi=\{F'\}-Q_{0i}+\iint_{S_3}N_iI\,\mathrm{d}S_3+\iint_{S_3}N_i(q-I)\mathrm{d}S_3\tag{8-3-50}$$

记$M=S+An_3$；$N=D-B_1^*-B_2^*$，其中B_1^*为单元矩阵$B_1^e\lambda_x$叠加而成，B_2^*为单元矩阵$B_2^e\lambda_y$叠加而成，若在合成B_1^*，B_2^*时，相关节点压力水头小于0，则不做计算。

令
$$R=\{F'\}-Q_{0i}+\iint_{S_3}N_iI\,\mathrm{d}S_3+\iint_{S_3}N_i(q-I)\mathrm{d}S_3$$

则R可进一步化简为

$$R=\{F'\}-Q_{0i}+\iint_{S_3}N_iq\,\mathrm{d}S_3$$

则式(8-3-50) 可重写为

$$M\frac{\partial \phi}{\partial t}+N\phi=R \tag{8-3-51}$$

式(8-3-51) 即为有限元耦合模型，式中符号含义同前。由于式中包括了对时间的偏导，故还应对时间进行差分，以便将方程完全转化为关于 ϕ 的线性方程。鉴于中心差分法和向后差分法都具有无条件稳定的特性，其具体表达形式分别为

(1) 中心差分形式

$$\left([N]+\frac{2[M]}{\Delta t}\right)\{\phi\}_{t+\Delta t}=\left(\frac{2[M]}{\Delta t}-[N]\right)\{\phi\}_t+2\{R\} \tag{8-3-52}$$

(2) 向后差分形式

$$\left([N]+\frac{[M]}{\Delta t}\right)\{\phi\}_{t+\Delta t}=\frac{[M]}{\Delta t}\{\phi\}_t+\{R\} \tag{8-3-53}$$

3. 数值算例

本节以一土柱为模型，应用所建整体求解模型，模拟下列三种情况，初步验证耦合模型的正确性：

(1) 积水入渗：为固定水深的积水入渗情况，也称灌溉模型。

(2) 降雨入渗：为雨强较小的情况，此时降雨全部渗入土体，也称降雨模型。

(3) 降雨积水入渗：为雨强较大的情况，此时降雨不能完全渗入坡体，会形成积水，也称积水模型。

1) 计算模型及材料参数

计算模型为 Skaggs 等[70] 于 1970 年提出的求非饱和土水力传导系数函数 $K(h)$ 试验中的土柱。试验中所有土压力饱和函数在用常水头法测得饱和水力传导性的同时用标准压力盒测得。如图 8.3.7 所示，土柱长为 61 cm、截面为 8.75 cm×8.75 cm。假定土体均质各向同性，饱和时渗透系数为 0.000 722 cm/s。

取土柱底部平面为 xoy 平面，竖直向上为 z 轴，计算网格如图 8.3.8 所示，网格共分 14 层，从顶部到底部每层厚度见表 8.3.1。

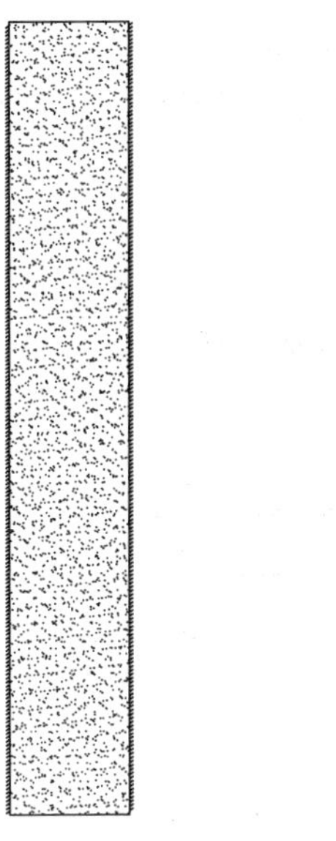

图 8.3.7　土柱模型

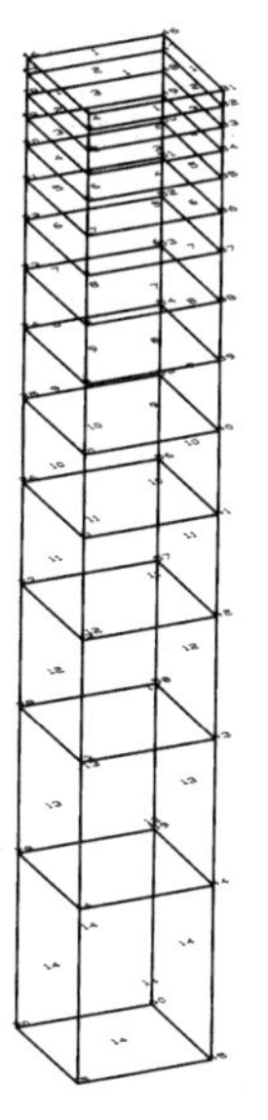

图 8.3.8　有限单元网格图

表 8.3.1　网格每层厚度

序号	1	2	3	4	5	6	7	8	9	10	11	12	13	14
厚度(cm)	1.0	1.2	1.44	1.7	2.1	2.48	2.99	3.58	4.3	5.16	6.19	7.43	8.90	11

本计算所用土水特征曲线如图 8.3.9 所示,离散数据见表 8.3.2,渗透性函数曲线如图 8.3.9所示,离散数据见表 8.3.3。

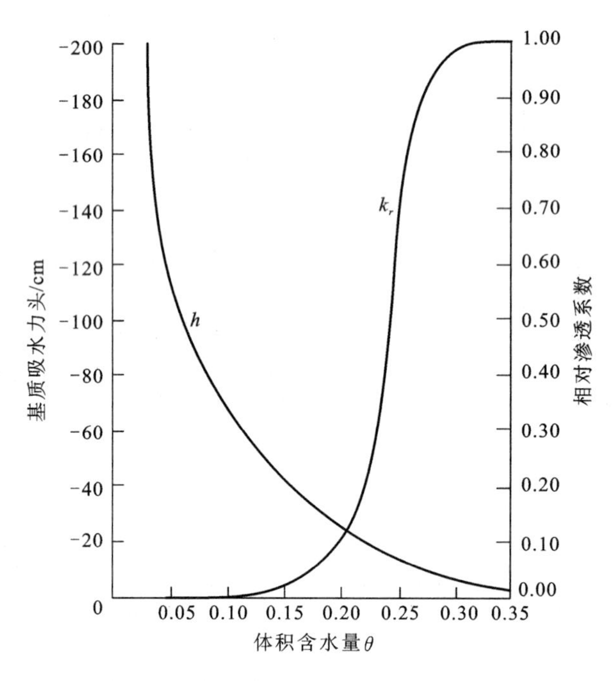

图 8.3.9　土水特性曲线及渗透性函数

表 8.3.2　土水特征曲线离散数据

θ	0.028	0.062	0.085	0.116	0.178	0.265	0.306	0.35
h(cm)	200.0	100.0	80.0	60.0	40.0	20.0	10.0	0.0

表 8.3.3　渗透性函数曲线离散数据

θ	0.028	0.050	0.10	0.15	0.175	0.20	0.225
k_r	0.001	0.007 5	0.015	0.03	0.05	0.082	0.25
θ	0.25	0.275	0.287 5	0.30	0.306	0.175	0.35
k_r	0.55	0.886	0.963	0.992	0.01	0.997	1.0

2) 积水入渗模拟

土柱初始体积含水率为 0.045,四周及底部为不透水边界,顶部为固定水头边界,水深为 0.75 cm,入渗时间 500 min。计算结果分析如下:

（1）湿润锋与含水率。

湿润锋进展图如图 8.3.10 所示。

由图 8.3.10 可知，湿润锋面进展速度在初始阶段较快，随后逐渐减小，约 10 min 后基本保持稳定。与实测数据基本吻合，表明耦合模型在模拟积水入渗时，湿润锋面进展模拟是正确的。

含水率沿深度随时间变化曲线如图 8.3.11 所示。由图可知，湿润锋面是很明显的，其深度随时间推移而不断增加，并且在初始时刻深度进展快，随后减慢。饱和区深度较小，且随时间增加得较慢。介于饱和区和湿润锋之间的过渡区和传导区分布区域较大，且随湿润锋的下移而不断加大。这与 Coleman 和 Bodman 的研究结果是完全一致的。

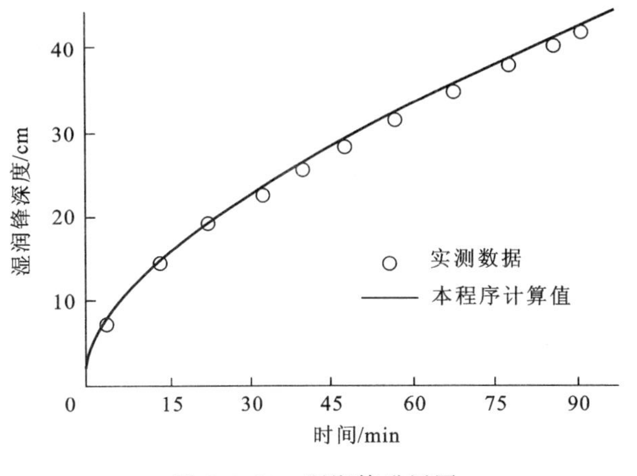

图 8.3.10　湿润锋进展图

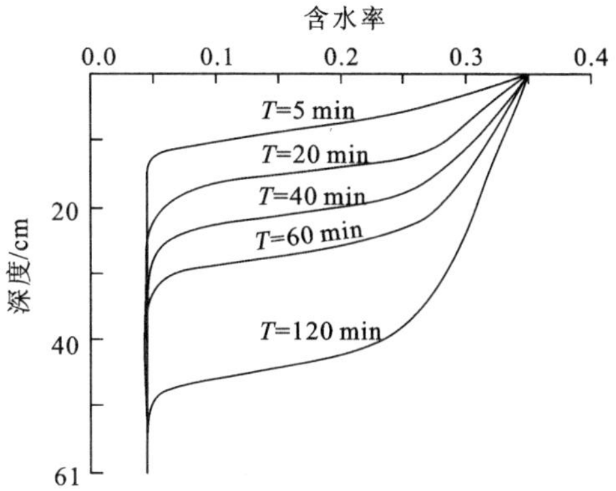

图 8.3.11　含水率沿深度随时间变化曲线

（2）入渗率与入渗总量。

入渗率、入渗总量与时间关系曲线分别如图 8.3.12 与图 8.3.13 所示。

由图 8.3.12 和图 8.3.13 可知，在有积水的情况下，积水入渗速度在初始阶段较快，随后逐渐减小，并逐渐趋于稳定，计算曲线与实测曲线基本一致。此外，由图 8.3.13 可知，入渗量在开始增加较快，随后增大的速度基本恒定，整个土柱约在 250 min 完全饱和，入渗量不再增加。

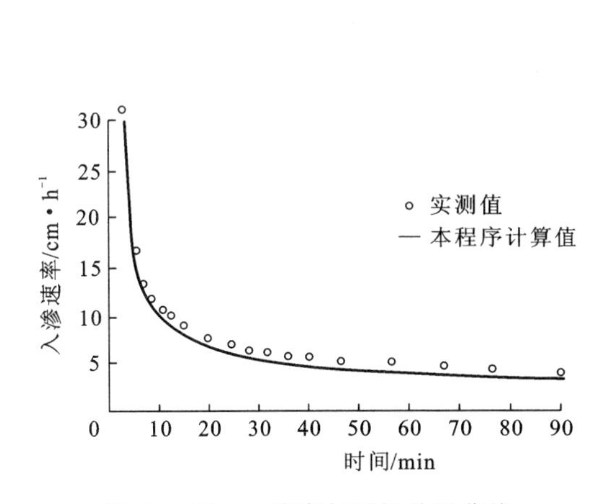

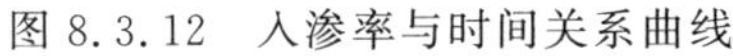

图 8.3.12　入渗率与时间关系曲线

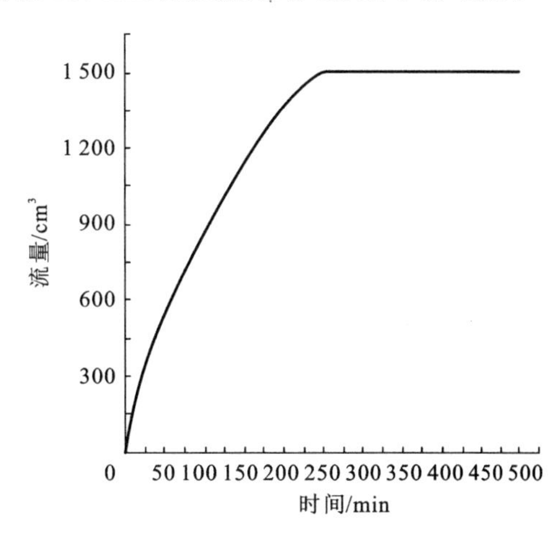

图 8.3.13　入渗总量与时间关系曲线

（3）水量守恒验证。

水量守恒的验证是简单的。由计算而得的入渗总量为 1 502 cm^3；实际上，渗入土柱的总水量应为土柱体积和土体饱和含水率与初时含水率之差的乘积，即 61×8.75×8.75×(0.35－0.045)＝1 425 cm³。二者相差 77 cm³，误差为 5.3%。由上述可知，在计算中基本满足水量守恒。

3）降雨入渗模拟

土柱初始体积含水率为 0.045，四周及底部为不透水边界，顶部为降雨边界，雨强为 I＝0.000 278 cm/s(相当于每小时 10 mm)，连续降雨 500 min。在该情况下，由于雨强小，雨水全部渗入土柱，顶部未形成积水。计算结果分析如下：

(1) 含水率。

含水率沿深度随时间变化曲线如图 8.3.14 所示。

由图可知，湿润锋面是明显的，其深度随时间推移而不断增加。同时由于雨强较小，土柱顶部未出现积水，即未达到饱和含水率。

(2) 入渗量。

入渗总量与时间关系曲线如图 8.3.15 所示。由图可知，入渗总量与时间成基本线性关系(图中虚线为直线)，斜率即为入渗速率，由图可知为 1.316 cm³/min；而降雨总量与时间关系曲线也为直线，斜率为单位时间降在土柱顶部的雨量：8.75×8.75×0.000 278×60＝1.278 (cm³/min)，二者相差 0.038，误差为 2.88%。

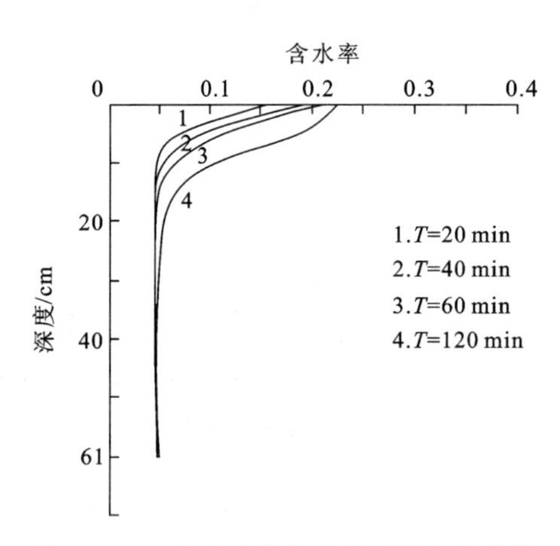

图 8.3.14　含水率沿深度随时间变化曲线

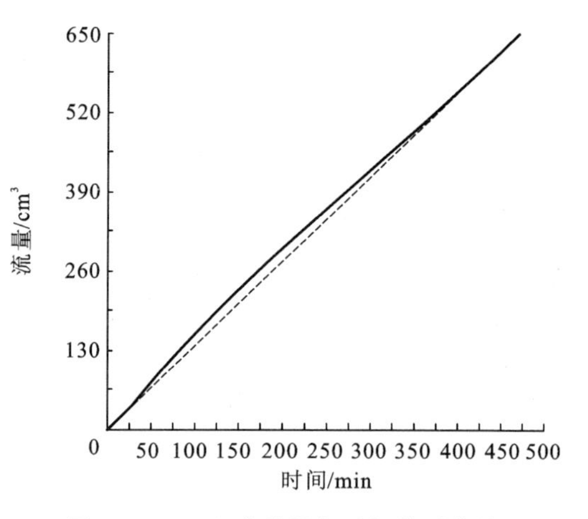

图 8.3.15　入渗总量与时间关系曲线

(3) 水量守恒验证。

由计算而得的入渗总量为 658 cm³；实际上，渗入土柱的总水量应为 500 min 内的降雨总量，即 30 000×8.75×8.75×0.000 278＝639 (cm³)。二者相差 19 cm³，误差为 2.88%。由上述可知，在计算中，基本满足水量守恒。

4）降雨积水入渗模拟

土柱初始体积含水率为 0.045，四周及底部为不透水边界，顶部为降雨边界。现模拟在雨强为 I＝0.001 39 cm/s(相当于每小时 50 mm)，连续降雨 600 min。计算结果表明，在开始阶段，表面基质吸力不断下降，而且下降速度较快，后逐渐减慢。在 6 000 s(100 min)时，顶部出现积水。在 16 362 s(272.7 min)时，土柱充满水。计算结果分析如下：

(1) 含水率。

含水率沿深度随时间变化曲线如图 8.3.16 所示。

由图 8.3.16 可知，降雨初期，地表含水率迅速增大，随后缓步增大；随着降雨的进行，湿润锋下移。饱和区较小；而介于饱和区与湿润锋之间的过渡区和传导区分布区域较大，且随湿润锋的下移而不断增加。

(2) 入渗率与入渗总量。

入渗速度与时间关系曲线如图 8.3.17 所示。

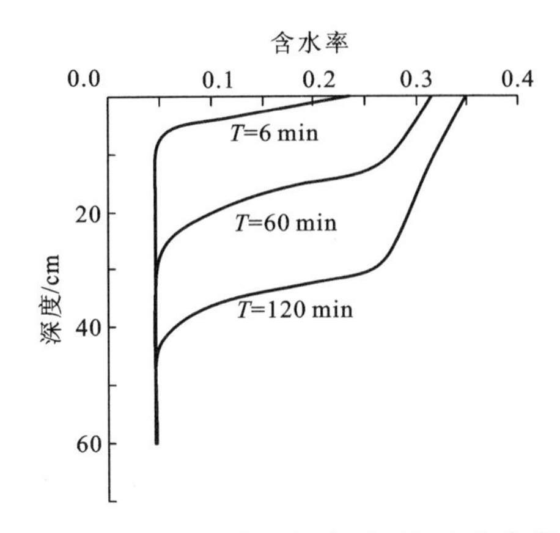

图 8.3.16　含水率沿深度随时间变化曲线

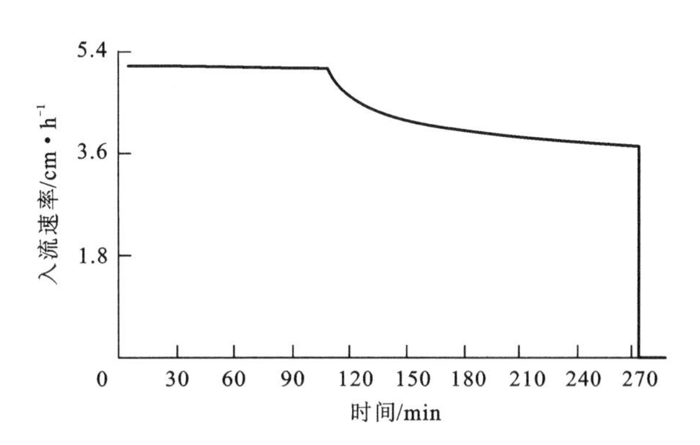

图 8.3.17　入渗速度与时间关系曲线

由图 8.3.17 可知，降雨积水入渗时，入渗速率分为两个阶段。在未产生积水之前，降雨初期，入渗速度为稳定值 $f=5$ cm/h，而降雨强度为 $R=5.004$ cm/h，二者几乎相等；产生积水后，入渗速率逐步降低，开始降得较快，后较慢，直至土柱饱和，雨水无法入渗为止。这与入渗理论是相当吻合的。

入渗总量与时间关系曲线如图 8.3.18 中曲线 2 所示。

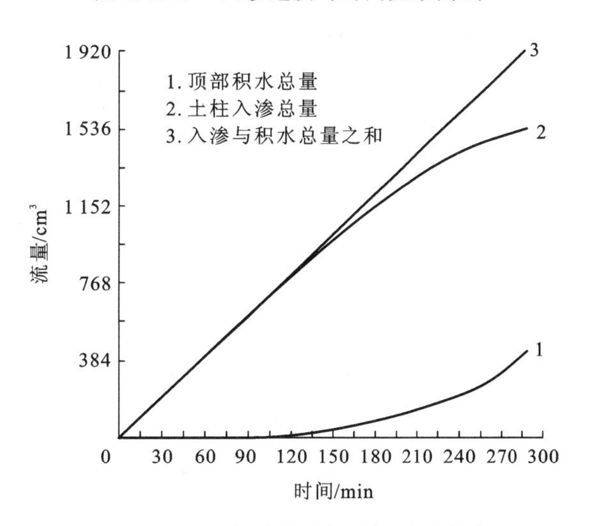

图 8.3.18　各总流量与时间关系曲线

(3) 水量守恒验证。

图 8.3.18 中绘制的曲线 1、2、3 分别为顶部积水总量、土柱入渗总量、入渗与积水总量之和随时间变化曲线。可以看出，曲线 3 基本为直线，斜率为 6.42 cm^3/min；由于雨强恒定，降雨总量是时间的线性函数，函数图形也是过原点的直线，斜率为单位时间降在土柱顶部的雨量，即 $8.75\times8.75\times0.00139\times60=6.39$ cm^3/min。两者相差 0.03，误差为 0.46%。

8.4　地表排水沟排水数值模拟及分析

排水沟是常见的滑坡治理措施之一，几乎每个滑坡的治理都用到，但是对其排水数值模拟和排水效果的研究却非常少见。1994 年，刘德富[71]从坡面产流及降雨入渗的一般规律出发，对滑坡地表排水在不同的产流阶段以及不同条件下的效果进行了探讨，指出地表排水主要是通过改变降雨入渗的初始边界条件来达到减小入渗量、治理滑坡的目的；地表排水布置的关键是抓住地质条件的不均匀性；地表排水的效果主要体现在坡面形成稳定径流前；当降雨时间逐渐增长时，初始条件对降雨入渗的影响会减小，当降雨强度及历时足够大时，坡面会形成稳定径流，排水沟对入渗边界条件的改变所引起的入渗差别不大。同时还指出，地表排水效果的定量评价是一个复杂问题，必须处理好“三水”（地表水、土壤水、地下水）的转换问题。本节在上节所建整体求解模型的基础上，加入排水沟模型，开展简单边坡排水沟排水效果数值模拟，探讨设置排水沟的原则。

8.4.1 排水沟排水数值模型

对坡面径流而言，排水沟的作用实质上是切断径流区域间的水力联系，在数学方程上则表现为改变坡面径流的边界条件。为研究方便，假定不论有多少来水，排水沟均能将其排走。如图 8.4.1 所示，设坡面径流由 AB 边流向 GH 边。区域 1 由 $ABDC$ 构成，区域 2 由 $CDFE$ 构成，区域 3 由 $EFHG$ 构成。如果不设置排水沟，则三个区域为一个整体，坡面径流将在这个整体区域流动。在耦合模型中，这个整体区域的径流边界条件为：AB 为定水头边界，压力水头为 0；$ACEG$、$BDFH$ 为流量边界，流量为 0。如果在区域 2 设置排水沟（为显示需要，画的较大），则坡面径流将在区域 1、3 内流动，在耦合模型中，径流的边界条件应该按区域 1、3 分别给出。区域 1 为：AB 为定水头边界，压力水头为 0；AC、BD 为流量边界，流量为 0。区域 3 为：EF 为定水头边界，压力水头为 0；EG、FH 为流量边界，流量为 0。

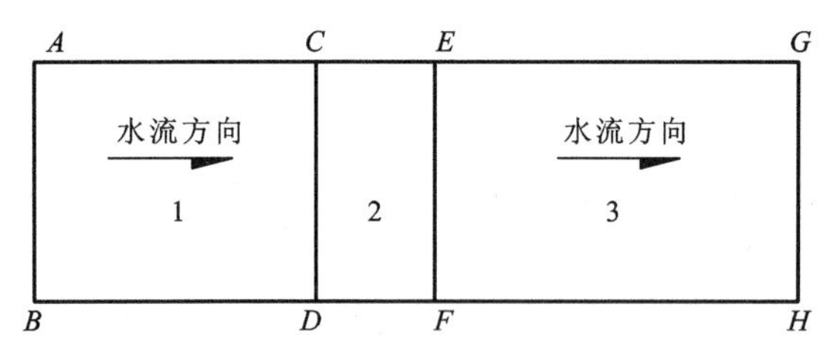

图 8.4.1 排水沟示意图

从流量角度来看，当不排水时，区域 1、3 之间有流量联系，具体为，区域 1 的水从 CD 流经区域 2 到 EF，最后流入区域 3。而设置排水沟后，区域 1 的水流入区域 2 后，不流入区域 3。

为方便阅读，坡面径流的控制方程重列如下：

$$\begin{cases}\dfrac{\partial h}{\partial t}+\dfrac{\partial q_x}{\partial x}+\dfrac{\partial q_y}{\partial y}=q_e & \text{（连续方程）}\\ q_x=\dfrac{1}{n}h^{\frac{5}{3}}\dfrac{S_x^{\frac{1}{2}}}{[1+(S_y/S_x)^2]^{\frac{1}{4}}} & \text{（动量方程）}\\ q_y=\dfrac{1}{n}h^{\frac{5}{3}}\dfrac{S_y^{\frac{1}{2}}}{[1+(S_x/S_y)^2]^{\frac{1}{4}}} & \text{（动量方程）}\end{cases} \tag{8-4-1}$$

式中：q_x，q_y 分别为 x，y 方向的单宽流量；h 为水深；q_e 为垂直净降雨强度；S_x，S_y 分别为 x，y 方向的坡度分量；n 为坡面粗糙系数。

由上式可知，如果 S_x，S_y 为 0，则相应的流量也为 0，即当不存在坡度时，水不流动。因此，可以通过调整参数 S_x，S_y 来达到切断区域间的水力联系的目的。具体可按如下操作：

(1) 按区域将 1、2、3 划分单元，记区域 2 的单元为排水单元；

(2) 在计算时，凡是排水单元不论其坡度 S_x，S_y 是否为 0，均修改为 0；

(3) 引入区域 1、3 的边界条件。

上述的排水模型是通过调整排水单元的坡度 S_x，S_y 来达到切断排水单元上下区域 1、3 间的流量联系；再由区域 3 的边界条件 EF 的压力水头为 0，来达到由 EF 流入区域 3 的流量为 0 的目的。由有限单元法的特点可知，区域 1 中与排水单元的公共节点水深会稍大些，这是因为在计算等效节点流量时排水单元对其有贡献，但这恰好可以在一定程度上考虑排水单元自身所排走的水量。当然这样做存在一定的误差，但是由于排水沟的尺寸相对整个边坡而言，一般均很小，因此可以满足工程计算精度；而且该模型具有易于理解、程序设计易于实现的优点。

8.4.2　地表排水沟排水数值模拟

本节以简单边坡为例，模拟并对比在降雨条件下设置与不设置排水沟时入渗产流的不同。假定所讨论的边坡坡面上没有裂隙、坑挖等情况。先给出 4 种典型形态边坡，分别如图 8.4.2～图 8.4.5 所示。

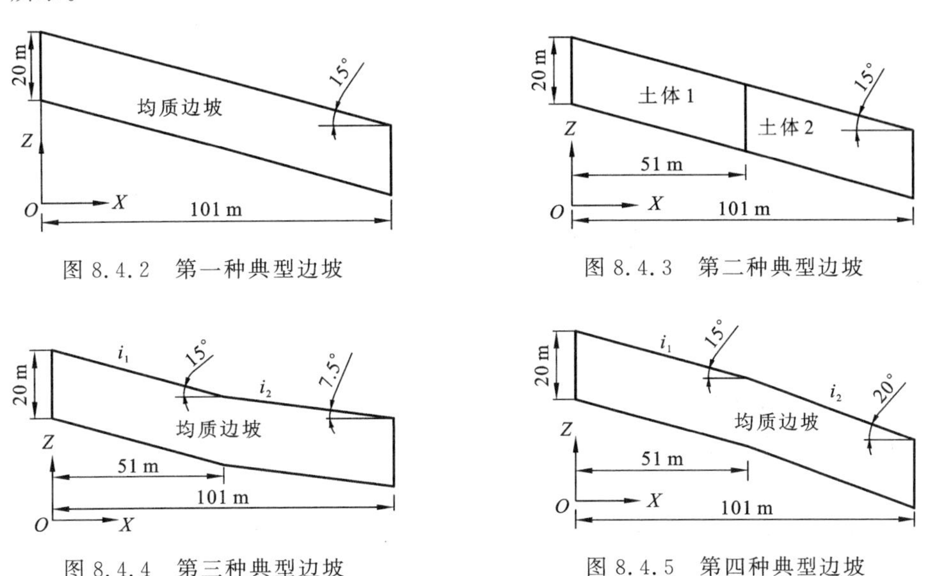

图 8.4.2　第一种典型边坡　　图 8.4.3　第二种典型边坡

图 8.4.4　第三种典型边坡　　图 8.4.5　第四种典型边坡

其中第一种为均质、坡度相同的边坡，水平长 101 m，竖直高 20 m，宽 10 m，坡角 15°，在建立有限元模型时，取坐标系如图 8.4.2 所示，y 轴垂直纸面向内，图 8.4.3～图 8.4.5 中坐标系同此。第二种边坡尺寸、坡角同第一种，但在水平坐标小于 51 的区域，渗透系数为 K_1，另外一部分为 K_2，如图 8.4.3 所示。第三种边坡尺寸同第一种，坡体均质，在 $x=51$ m 处，坡度发生变化，$i_1>i_2$，具体如图 8.4.4。第四种边坡尺寸同第一种，坡体均质，在 $x=51$ m 处，坡度发生变化，$i_1<i_2$，具体如图 8.4.5。

根据这 4 种典型边坡，给出 5 组计算情况，每组分为排水与不排水两种情况，具体见表 8.4.1。

表 8.4.1　典型计算情况一览表

编号	坡体特征	排水沟设置
第一组	均质、同坡度	$X=50$ m 处设置，宽 1 m
第二组	$K_1>K_2$，同坡度	渗透性变化处设置，$X=50$ m，宽 1 m
第三组	$K_1<K_2$，同坡度	渗透性变化处设置，$X=50$ m，宽 1 m
第四组	均质，$i_1>i_2$	坡度变化处设置，$X=50$ m，宽 1 m
第五组	均质，$i_1<i_2$	坡度变化处设置，$X=50$ m，宽 1 m

注：在这里，均质主要指渗透性相同。

1. 计算条件

以上 5 组情况，边界条件为：对渗流而言，四周及底部为不透水边界，坡面为降雨边界。对坡面流而言，坡面顶部为水头边界，其压力水头保持为 0；其余侧边入流流量为 0。

以上 5 组情况，初始渗流场按下述方法确定：整个坡体取相同体积含水率 0.2，经长时间计算，渗流场改变不大后，作为初始渗流场。坡面初始无径流。

降雨强度为 $R=0.001\,668$ m/min，持续 3 000 min。坡面糙率为 0.035。

定义两组土体材料如表 8.4.2 所示。其中土水特征曲线采用 V-G 模型描述，模型参数的取值见表 8.4.2。

表 8.4.2 材料分类

材料编号	饱和渗透系数	土水特征曲线参数		
		a(kPa)	n	m
1	6.9×10^{-4}	31	1.607	0.439
2	6.9×10^{-6}	109	0.728	0.556

对于第一、四、五组，土体均为材料 1。对于第二组，土体 1 为材料 1，土体 2 为材料 2。对于第三组，土体 1 为材料 2，土体 2 为材料 1。

2. 结果及分析

排水数值模拟结果表明，对坡面上没有裂隙、坑挖等缺陷的边坡而言，经历相同的降雨历时，在均质坡体中部、渗透性有差异处、坡度有差异处设置与不设置排水沟时入渗与产流过程的不同主要有：

（1）对于均质边坡而言，坡面设与不设排水沟，对坡体渗流场、入渗量与入渗过程基本无影响；设置排水沟后，受其影响，在排水沟下游径流水深明显减小。

主要原因是：对径流场而言，排水沟改变了坡面径流的边界条件，因此径流水深出现较大差异。对渗流场而言，在坡面产流前，坡面入渗边界条件只是在有排水沟的地方才发生变化，而排水沟尺寸相对坡体可以忽略不计，因此可以近似认为入渗的边界条件没有改变，所有降雨均入渗，入渗量与入渗过程取决于降雨过程，因此坡表有无排水沟是相同的；坡面产流后，坡面上某处径流水深相对该处的总水头通常很小，设与不设排水沟总水头差异也很小，因此影响入渗速率的主要是渗透系数，而渗透系数与土体的饱和度有关。在较大雨强下（雨强相对渗透系数较大），坡面各处产流时间基本同时，而产流后，坡表饱和，入渗速率几乎相同，因此入渗量入渗过程相同。

（2）在渗透性由大变小处设置排水沟，对坡体渗流场、入渗量与入渗过程基本无影响；设置排水沟后，受其影响，在排水沟下游径流水深明显减小。

主要原因是：由于右侧坡体渗透性小，坡表先产流，但产流形成的径流从坡脚流出，未改变左侧坡体渗流径流边界条件，故对整个坡体渗流场、入渗量、入渗过程改变不大。

（3）左侧坡体渗透性较小，坡体产流所需时间很短，从而产流形成的径流影响右侧坡体，使右侧坡体产流提前，入渗量增大，并且雨强相对右侧坡体渗透性较小而相对左侧坡体渗透性较大时更为明显。

(4) 对在坡度变化处设置排水沟的情况，由于对坡面产流时间影响较大的是坡体渗透性，而坡度影响较小，因此这种情况与均质边坡上设置排水沟所得结论基本相同。

下面给出第三组条件下的部分计算结果。初始渗流场如图 8.4.6 所示。

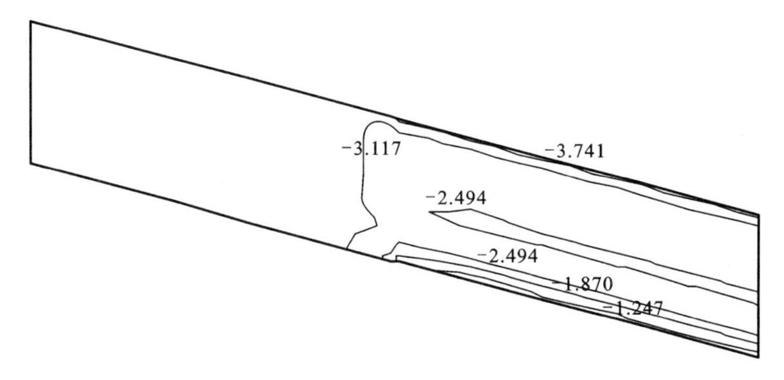

图 8.4.6　坡体初始孔隙压力水头分布图

下面从坡体渗流场分布、入渗产流量对比分析坡体设与不设排水沟的差异。

(1) 坡体水头等值线。

12 h、32 h、50 h 时刻，不排水、排水情况下坡体孔隙水压力等值线如图 8.4.7～图 8.4.9 所示。由图可知，由于排水沟左侧坡体渗透性较小，因此雨水下渗较慢，左侧坡体基质吸力降低明显较右侧坡体慢。在 16 h、32 h 时刻，设与不设排水沟时的孔隙水压力分布大致相同，但在 50 h(长时间降雨)时刻，设置排水沟时坡体地下水位线及坡体右侧底部压力水头低于不设排水沟的。说明这种情况下，设置排水沟对防止雨水入渗具有一定作用，但不明显。

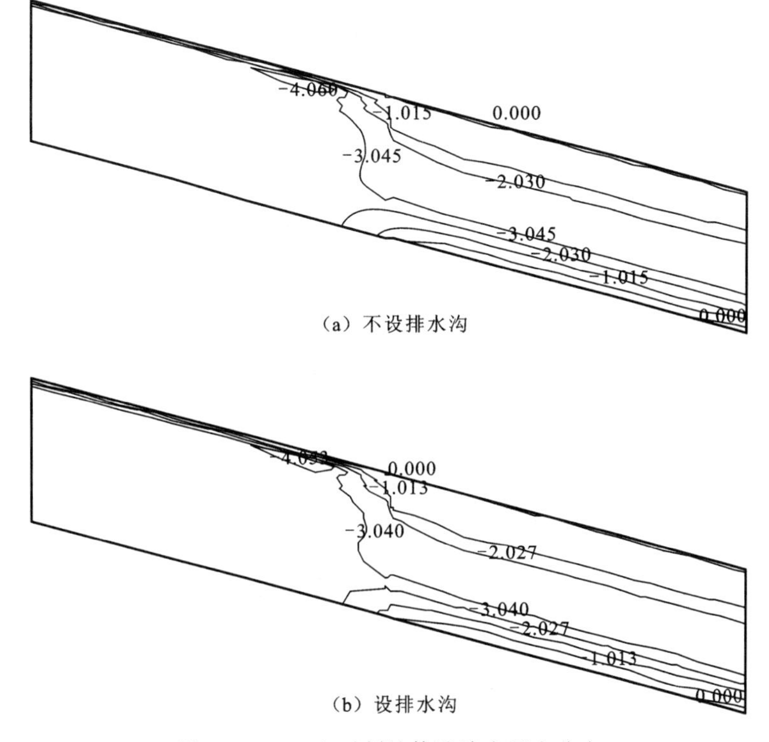

(a) 不设排水沟

(b) 设排水沟

图 8.4.7　16 h 时刻坡体孔隙水压力分布

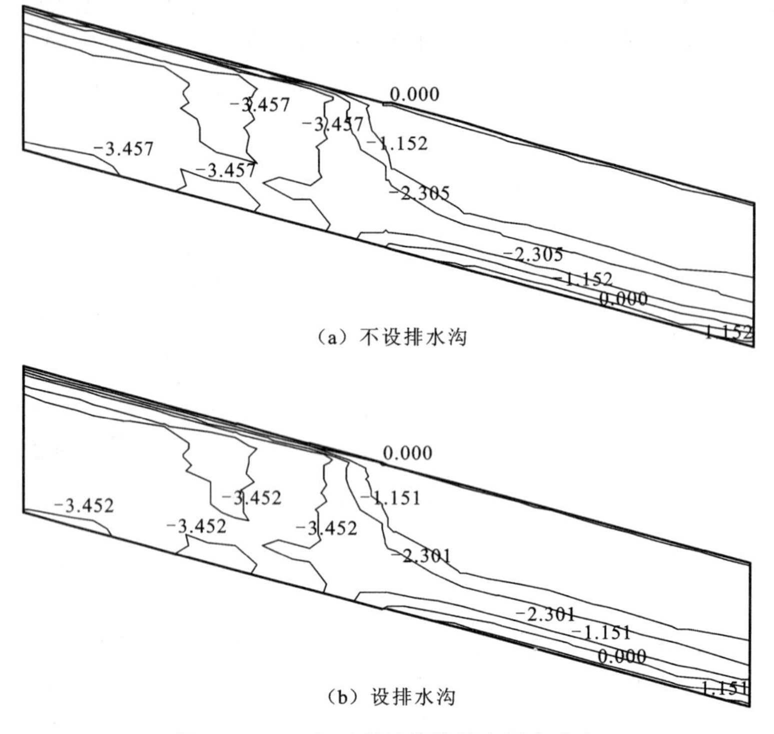

(a) 不设排水沟

(b) 设排水沟

图 8.4.8　32 h 时刻坡体孔隙水压力分布

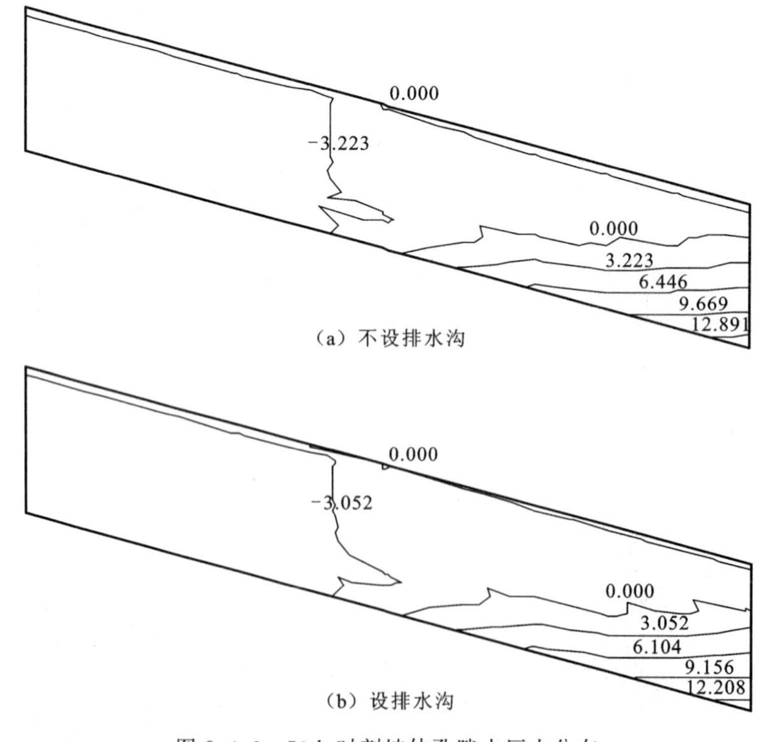

(a) 不设排水沟

(b) 设排水沟

图 8.4.9　50 h 时刻坡体孔隙水压力分布

(2) 各种水量关系。

在不排水时，将降雨过程中坡体入渗总量、坡脚流出总水量、二者之和与时间关系曲线绘制于图 8.4.10；在排水时，将降雨过程中坡体入渗总量、坡脚流出总水量、排水总量、三者之和与时间关系曲线绘制于图 8.4.11。由图可知，在该情况下排水沟对入渗量与入渗过程有一定的影响。

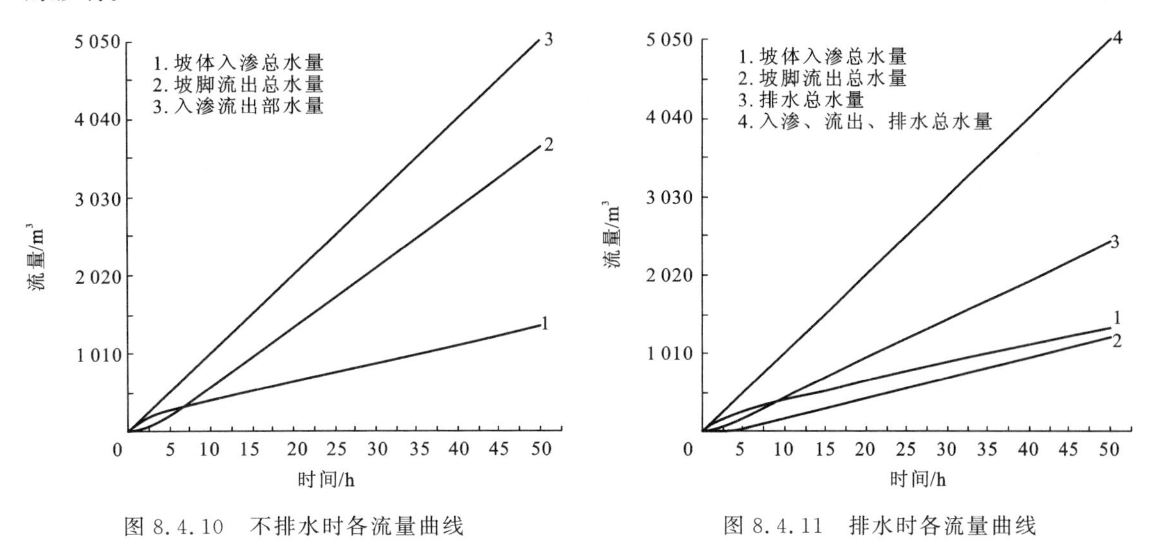

图 8.4.10　不排水时各流量曲线　　　图 8.4.11　排水时各流量曲线

为考查在相对渗透系数而言较小的雨强下，设与不设排水沟的区别，其他计算条件不变，将雨强改为 0.000 834 m/min。下面仍从坡体渗流场分布、入渗产流量对比分析坡体设与不设排水沟的差异。

(3) 坡体水头等值线。

限于篇幅，只绘制 50 h 时刻，不排水、排水情况下坡体孔隙水压力等值线，如图 8.4.12 所示。

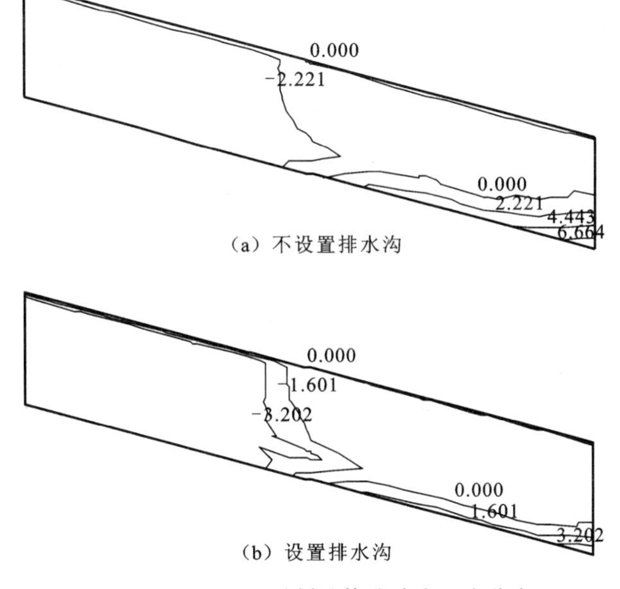

图 8.4.12　50 h 时刻坡体孔隙水压力分布

在 50 h 时刻，设置排水沟时坡体地下水位线明显低于不设排水沟的。说明这种情况下，设置排水沟对防止雨水入渗具有较大作用。

(4) 各种水量关系。

在不排水时，将降雨过程中坡体入渗总量、坡脚流出总水量、二者之和与时间关系曲线绘制于图 8.4.13；在排水时，将降雨过程中坡体入渗总量、坡脚流出总水量、排水总量、三者之和与时间关系曲线绘制于图 8.4.14。根据计算结果，排水沟对入渗量与入渗过程有影响，设排水沟时入渗量为 1 220 m^3，不设排水沟时入渗量为 1 362 m^3，减少了 163 m^3。

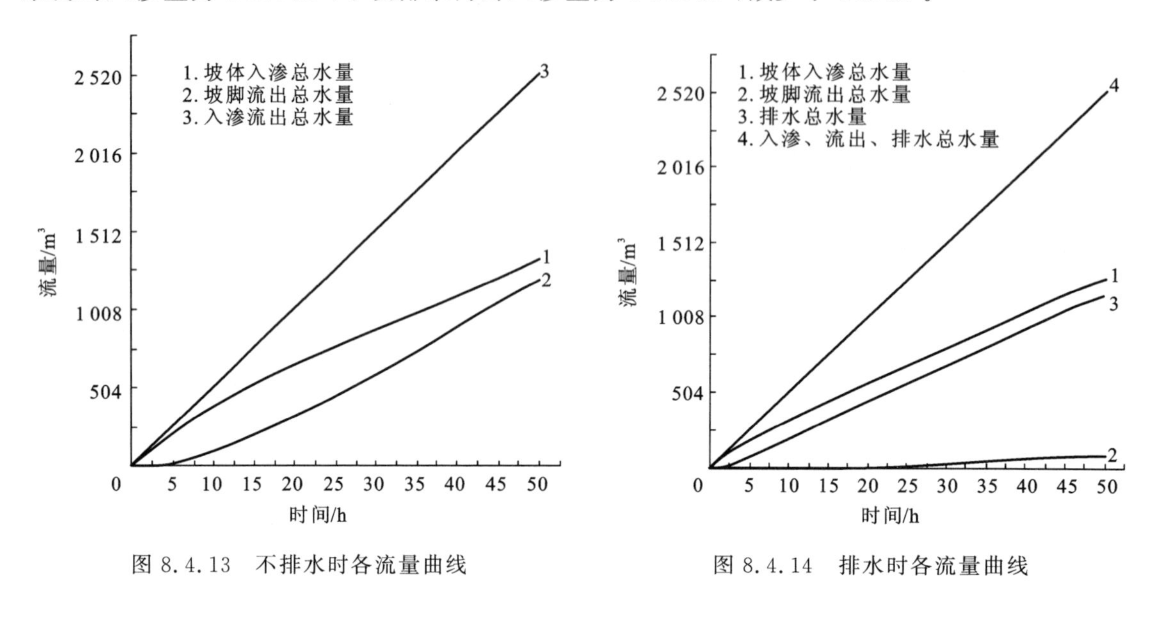

图 8.4.13　不排水时各流量曲线　　　　图 8.4.14　排水时各流量曲线

8.5 讨　论

坡体渗流与坡面径流整体求解有限元模型以非饱和渗流、坡面径流控制方程为基础，以有限元法为依托，通过联立求解坡面径流与非饱和渗流的有限元方程，建立了降雨入渗与坡面径流耦合模型，并编制了计算程序。耦合模型可以避开入渗模型，大大减少人为假定；也无须对二者间的流量交换进行迭代，提高了计算效率和精度；以土柱为对象，模拟了积水入渗、降雨入渗与降雨积水入渗三种情况下，土柱中水分运移规律，部分结果与试验对比，验证了降雨入渗与坡面径流耦合模型的正确性。

在整体求解模型的基础上，实现排水沟排水的数值模拟；模拟和对比了 5 种典型边坡在设置与不设置排水沟情况下入渗和产流的不同，结果表明，对于坡面上没有裂隙、坑挖等缺陷的边坡，排水沟应设置在渗透性较大的坡段前，才有可能有效地截断上游径流，减小入渗量。

参 考 文 献

[1] 张培文. 降雨条件下饱和-非饱和土径流渗流耦合数值模拟研究[D]. 大连：大连理工大学，2002.

[2] 孙广忠. 中国典型滑坡[M]. 北京：科学出版社，1998.

[3] 黄玲娟，林孝松. 滑坡与降雨研究[J]. 湘潭师范学院学报（自然科学版），2002，24(4)：55-62.

[4] 童富果.降雨条件下坡面径流与饱和-非饱和渗流耦合计算模型研究[D].宜昌:三峡大学,2004.
[5] Richards L A. Capillary conduction of liquids in porous mediums[J]. Physics,1931,1:318-333.
[6] Rubin J. Theoretical analysis of two-dimensional transient flow of water in unsaturated and partly unsaturated soils[J]. Soil Science Society of America Journal,1968,32(5):607-615.
[7] Freeze R A. Three-dimensional transient saturated-unsaturated flow in ground water basin[J]. Water Resources Research,1971,7:929-941.
[8] Remson I, Hornberger G M, Molz F J. Numerical methods in subsurface hydrology [M]. Wiley-Interscience,1971.
[9] Neuman S P. Galerkin approach to saturated-unsaturaed flow in porous media. Finite elements in fluids[J]. Vol. 1. viscous flow and hydrodynamical,1974:201-217.
[10] Neuman S P. Saturated-unsaturated seepage by finite elements[J]. Jorenal of the Hydraulics Division, 1973,99(12):2233-2250.
[11] 赤井浩一,大西有三,西垣诚.有限要素法饱和-不饱和的浸透流解析[J].土木学会论文报告集,1977, 264:87-96.
[12] Lam L,Fredlund D G,Barbour S L. Transient seepage model for saturated-unsaturated soil systems: a geotechnical engineering approach[J]. Geotechnique,1987 24:565-580.
[13] 黄俊,苏向明,汪炜平.土坝饱和-非饱和渗流数值分析方法研究[J].岩土工程学报,1990,12(5):30-39.
[14] Lim T T,Rahardjo H,Chang M F,et al. Effect of rainfall on metrics suctions in a residual soil slope[J]. Canadian Geotechnical Journal,1996,33:618-628.
[15] 张家发.三维饱和非饱和稳定非稳定渗流场的有限元模拟[J].长江科学院院报,1997.9:35-38.
[16] 陈虹,陈彤.堤坝饱和-非饱和渗流数值模拟[J].水动力学研究与进展,1997,12(3):356-364.
[17] 朱伟,山村和野.雨水・洪水渗透时河堤的稳定性[J].岩土工程学报,1999,21(4):414-419.
[18] 吴梦喜,高莲士.饱和-非饱和非稳定渗流数值分析[J].水利学报,1999,12:38-42.
[19] 陈善雄,陈守义.考虑降雨的非饱和土边坡稳定性的分析方法[J].岩土力学,2001,22(4):447-450.
[20] Fredlund D G,Morgenstern N R,Widger A. Shear stength of unsaturated soils[J]. Canadian Geotechnical Journal,1978,15:313-321.
[21] Forsyth P A. Comparison of the single-phase and two-phase numerical model formulation for saturated-unsaturated groundwater flow[J]. Computer Methods in Applied Mechanics & Engineening. 1988,69: 243-259.
[22] 邵龙潭,王助贫,关立军,等.非饱和土中水流入渗和气体排出过程的求解[J].水科学进展.2000,11(1): 8-13.
[23] Lighthill M J,Whitham G B. On kinematic waves. I:Flood move-ment in long rivers[J]. Proceedings of the Royal Society of London,1955,A229:281-316.
[24] Woolhiser D A,Liggett J A. Unsteady,one-dimensional flow over a plane -The rising hydrograph[J]. Water Resources Research,1967,3(3):753-771.
[25] Singh V P,Woolhiser D A. A nonlinear kinematic wave model for watershed surface runoff[J]. Hydrol, 1976,31:221-243.
[26] Moore I D,Kinnell P I A. Kinematic overland flow--generalization of Rose's approximate solution,part II [J]. Hydrol,1987,92:351-362.
[27] Montgomery D R,. Foufoula-Georgiou E,Channel network source representation using digital elevation models[J]. Water Resources Research,1993,29:3925-3934.

[28] Orlandini S. On the spatial variation of resistance to flow in upland channel networks[J]. Water Resources Research,2002,38:15-1-15-14.

[29] Chanson H. The hydraulics of open channel flow: an Introduction, basic principles, sediment motion, hyraulic modelling,desigh of hudraulics structures[J]. Journal of Hydraulic Engineering,2004,122(9): 246-247.

[30] Hunter N M,Horritt M S,Bates P D,et al. An adaptive time step solution for raster-based storage cell modelling of floodplain inundation[J]. Advances in Water Resources,2005,28(9):975-991.

[31] 王百田,王斌瑞.黄土坡面地表处理与产流过程研究[J].水土保持学报,1994,8(2) :18-24.

[32] 沈冰,王文焰,沈晋.短历时降雨强度对黄土坡地径流形成影响的实验研究[J].水利学报,1995,3:21-27.

[33] 张书函,康绍忠,蔡焕杰.天然降雨条件下坡地水量转化的动力学模式及其应用[J].水利学报,1998,(4):55-62.

[34] 刘贤赵,康绍忠.黄土区坡地降雨入渗产流过程中的滞后效应[J].水科学进展,2001,12(1):56-60.

[35] 沈冰,沈晋.坡地降雨漫流的有限元模拟[J].水利水电技术,1988,4:1-6.

[36] 文康.地表径流过程的数学模拟[M].北京:水力电力出版社,1991.

[37] 杨建英,赵廷宁,孙保平,等.运动波理论及其在黄土坡面径流过程模拟中的应用[J].北京林业大学学报,1993.1,15(1):1-11.

[38] 黄兴法.坡面降雨径流的一种数值模拟方法[J].中国农业大学学报,1997,2(2):45-50.

[39] 戚隆溪,黄兴法.坡面降雨径流和土壤侵蚀的数值模拟[J].力学学报,1997,29(3):343-348.

[40] Austin N R,Prendergast J B. Use of kinematic wave theory to model [J]. Irrigation Science,1997,18(1): 1-10.

[41] 李占斌,鲁克新.透水坡面降雨径流过程的运动波近似解析解[J].水利学报,2003.6,6:8-13.

[42] 田东方,李学斌,王正中.运动波方程的特征有限元数值模拟[J].水力发电,2016,42(7): 103-106.

[43] 霍利.侵蚀与环境[M].余新晓译.北京:中国环境出版社,1987.

[44] 吴长文,陈法扬.坡面土壤侵蚀及其模型研究综述[J].南昌水专学报,1994.13(2):1-11.

[45] 赵鸿雁,刘向东,吴钦孝.枯枝落叶层阻延径流速度的研究[J].西北水保所集刊,1991,12:64-70.

[46] Smith R E, Parlange J R. A parameter efficient hydrology infiltration model[J]. Water Resouces Research,1987,14(3):533-538.

[47] Ali O A,Ben C Y. Mathematical model of shallow water over porous media[J]. Journal of the hydraulic division,1981:479-494.

[48] 雷志栋,杨诗秀,谢森传.土壤水动力学[M].北京:清华大学出版社,1988.

[49] 张家发.三维饱和非饱和稳定非稳定渗流场的有限元模拟[J].长江科学院院报,1997(3):35-38.

[50] 陈力,刘清泉,李家春.坡面降雨入渗产流规律的数值模拟[J].泥沙研究,2001,4:60-67.

[51] 陈善雄,陈守义.考虑降雨的非饱和土边坡稳定性的分析方法[J].岩土力学,2001,22(4):447-450.

[52] 吴宏伟,陈守义,庞宇威.雨水入渗对非饱和土边坡稳定性影响的参数研究[J].岩土力学,1999,20(1): 1-14.

[53] 谭新,陈善雄,杨明.降雨条件下土坡饱和-非饱和渗流分析[J].岩土力学,2003,24(3):381-384.

[54] 张培文,刘德富,黄达海,等.饱和-非饱和非稳定渗流数值模拟[J].岩土力学,2003,24(6):927-930.

[55] 张培文,刘德富,郑宏,等.降雨条件下坡面径流和入渗耦合的数值模拟[J].岩土力学,2004,25(1): 109-113.

[56] 荣冠,张伟,周创兵.降雨入渗条件下边坡岩体饱和非饱和渗流计算[J].岩土力学,2005,26(10): 1545-1550.

[57] 朱岳明,龚道勇,罗平平.三维饱和-非饱和降雨入渗渗流场分析[J].水利学报,2003,12:66-76.

[58] 童富果,田斌,刘德富.改进的斜坡降雨入渗与坡面径流耦合算法研究[J].岩土力学,2008,29(4):1035-1040.

[59] Tian D F,Liu D F. A new integrated surface and subsurface flows model and its verification[J]. Appl Math Model,35(2011):3574-3586.

[60] Tian D F,Zheng H,Liu D F. A 2D integrated FEM model for surface water - groundwater flow of slopes under rainfall condition[J]. Landslides,2016:1-17.

[61] Kostiakov A N. On the dynamics of the coeffient of water percolation in soilsand on the necessity of studying it froma dynamic point of view for purposes of amelioration[J]. Soil Science,1932,97(1):17-21.

[62] Horton R E. An approach towards a physical interpretation of infiltration capacity[J]. Soil Science Society of America Proeeedings,1941,5(c):399-17.

[63] Holtan H N. A concept for infiltration estimates in water shed engineering[J]. Aiche Journal,1961,150(1):41-51.

[64] Green W H,Ampt G A. Studies in soil physics:I. The flow of air and water through soils[J]. Agric. Sci,4(1911) 1-24.

[65] 田东方.降雨入渗与坡面径流三维有限元耦合模型研究及工程应用[D].武汉:武汉大学,2009.

[66] Mein R G,Larson C L. Modeling infiltration during a steady rain[J]. Water Resoures Research,1973,9(2):384-394.

[67] Shu T C. Infiltration during an unsteady rain[J]. Water Resources Research,1978,14(3): 461-466.

[68] Smith R E,Parlange J R. A Parameter efficient hydrology infiltration model[J]. Water Resources Research,1987,14(3):533-538.

[69] 郝振纯.黄土地区降雨入渗模型初探[J].水科学进展,1994,5(3):186-192.

[70] Skaggs R W,Monke E J,Huggins L F (1970) An approximate method for determining the hydraulic conductivity function of an unsaturated soils[J]. Technology Report No. 11,Water Resource Research Center,Purdue University,Lafayette.

[71] 刘德富,罗先启.滑坡地表排水布置及效果初探[J].葛洲坝水电工程学院学报,1994,16(2):24-31.

第9章　基于非饱和土理论的滑坡稳定性数值模拟方法

大多数水库岸周的边坡土体常年处于非饱和状态，国内外大量实例和研究表明，水是滑坡发生过程中最活跃、最积极的因素，降雨和水库蓄水是滑坡失稳的主要诱发因素。在降雨入渗及库水位变动的情况下，由于滑坡体内的地下水渗流场不断发生变化，滑坡土体经常在饱和与非饱和状态之间转化，水的渗流以及土体的强度特性和变形规律不仅涉及土的饱和状态，也涉及土的非饱和状态。因此，采用经典土力学理论难以揭示滑坡土体的特性。

基于非饱和土理论的滑坡稳定性模拟方法目前主要涉及非饱和土的持水性能（渗透性能）、非饱和土的强度特性、非饱和土的本构关系、稳定性分析方法等多个方面，其中非饱和土的持水性能主要影响滑坡土体的渗透特性和坡体渗流场分布，已在前述第3章和第6章进行了细致研究。

本章主要研究思路是基于前述的渗流场分布，采用非饱和土弹塑性本构模型，分析不同渗流条件下滑坡体的应力场和位移场分布规律；基于非饱和土的强度特性，采用特定的稳定性分析方法，对降雨和库水位变动条件下的滑坡稳定性演变过程进行数值模拟。

9.1　非饱和土的普遍弹塑性模型的本构方程

弹塑性本构模型是根据弹性理论、塑性理论等发展建立起来的。弹塑性理论将总应变分为弹性应变和塑性应变两部分，其中弹性应变可由广义Hooke定律计算，塑性应变一般用塑性增量理论计算。由于岩土材料的塑性变形具有不可恢复性，在本质上是一个与加载历史有关的过程，一般条件下，其应力应变关系用增量形式描述比较合理。

9.1.1　非饱和土的弹性本构模型

使用适当的应力状态变量，非饱和土的本构关系可由饱和土的本构方程引申得到。若假定土是各向同性、线弹性的材料，则可提出由应力状态变量$(\sigma-u_a)$和(u_a-u_w)表示的本构关系。则土结构在x,y,z方向上与法向应变有关的本构关系表示如下

$$\begin{cases}\varepsilon_x=\dfrac{\sigma_x-u_a}{E}-\dfrac{\mu}{E}(\sigma_y+\sigma_z-2u_a)+\dfrac{u_a-u_w}{H}\\ \varepsilon_y=\dfrac{\sigma_y-u_a}{E}-\dfrac{\mu}{E}(\sigma_x+\sigma_z-2u_a)+\dfrac{u_a-u_w}{H}\\ \varepsilon_z=\dfrac{\sigma_z-u_a}{E}-\dfrac{\mu}{E}(\sigma_y+\sigma_x-2u_a)+\dfrac{u_a-u_w}{H}\end{cases} \tag{9-1-1a}$$

式中：E,H分别对应于应力和基质吸力(u_a-u_w)的弹性模量；μ为泊松比。

与剪切变形有关的本构方程为

$$\begin{cases} \gamma_{xy} = \dfrac{\tau_{xy}}{G} \\ \gamma_{yz} = \dfrac{\tau_{yz}}{G} \\ \gamma_{xz} = \dfrac{\tau_{zx}}{G} \end{cases} \tag{9-1-1b}$$

式中：G 为剪切模量。

应用塑性增量理论计算塑性应变一般需要材料的屈服面与后继屈服面、流动法则、硬化规律和加卸载准则等四个基本组成部分。下面对弹塑性增量理论的以上四个基本组成部分简要阐述。

9.1.2　非饱和土的屈服条件和破坏条件

物体受到荷载作用后，随着荷载增大，由弹性状态过渡到塑性状态，而物体某点开始产生塑性应变时，应力或应变所必须满足的条件叫屈服条件。屈服条件仅仅只是应力分量或应变分量的函数，通常写成：$F(\sigma_{ij})=0$。

屈服面是初次屈服的应力点连起来构成的一个空间曲面。对于理想弹塑性材料，应力点不可能跑到屈服面以外；对于硬化材料，其不同之处就是，材料达到初始屈服面后，其屈服面是随应力状态不断变化的，也即应力和应变同时增大，得到新的屈服条件 $\Phi(\sigma_{ij}, H)=0$，Φ 称为加载函数，H 是表征由于塑性变形引起物质结构变化的参量，称为硬化参量。

材料进入无限塑性时称为破坏，理想弹塑性的初始屈服面就是破坏面，即 $F=\Phi$；而硬化材料经过屈服硬化阶段才达到破坏，屈服面逐渐发展直至达到破坏为止，一般假定破坏面与屈服面形状相似，但大小不等，亦即屈服条件与破坏条件相似，只是常数项数值不同。

对于非饱和土，当受到荷载时，同样会发生初始屈服和后继屈服直至破坏，由于吸力的变化也会导致土体的屈服和破坏，因此非饱和土的加载函数中多了一个吸力项，可描述为

$$\Phi(\sigma_{ij}, s, H)=0$$

岩土力学涉及的屈服破坏条件很多，但实际工程中，应用最广和时间最长的屈服准则是 Mohr-Coulomb 准则和 Drucker-Prager 准则。若考虑吸力对抵抗岩土体屈服和破坏的贡献，则在非饱和状态下，两种准则可分别表示为：

引申的非饱和土 Mohr-Coulomb 屈服准则

$$\frac{1}{3}I_1\sin\varphi+\left(\cos\theta_\sigma-\frac{1}{\sqrt{3}}\sin\theta_\sigma\sin\varphi\right)\sqrt{J_2}-(c+s\tan\varphi^b)\cos\varphi=0 \tag{9-1-2a}$$

引申的非饱和土 Drucker-Prager 屈服准则

$$\frac{\sin\varphi}{\sqrt{3}\sqrt{3+\sin^2\varphi}}I_1+\sqrt{J_2}-\frac{\sqrt{3}(c+s\tan\varphi^b)\cos\varphi}{\sqrt{3+\sin^2\varphi}}=0 \tag{9-1-2b}$$

式中：I_1 和 J_2 分别为应力张量的第一不变量和应力偏量的第二不变量；θ_σ 为洛德角，$-30°\leqslant\theta_\sigma\leqslant30°$，反映受力状态的形式，即主应力分量之间的比例关系；c，φ 为岩土的黏聚力和内摩擦角；φ^b 为土体强度随吸力 s 变化而形成的直线的倾角。

9.1.3 非饱和土的流动法则

由塑性位势理论知：屈服面具有外凸性，且塑性应变增量方向与塑性势的梯度方向或塑性势面的外法线方向一致，即将与塑性势面正交，上述正交性表示为

$$d\varepsilon_{ij}^{p}=d\lambda\frac{\partial Q}{\partial\sigma_{ij}} \tag{9-1-3}$$

式中：$d\varepsilon_{ij}^{p}$为塑性应变增量；$d\lambda$为一非负的标量塑性因子，表征塑性应变增量的大小。

对于服从德鲁克公式的材料，如果假设塑性势函数就是屈服函数，即$Q=F$，由此所得的塑性应力应变关系称为与加载条件相关联的流动法则。由于屈服面与塑性应变增量正交，亦称正交流动法则。

对于非饱和土，通常认为存在两个屈服方程，即应力加载屈服和吸力增大屈服。非饱和土应力加载屈服方程中含有吸力项，$f_1=f_1(\sigma_{ij},s)$，其流动法则为

$$d\varepsilon_{ij}^{p}=d\lambda\left(\frac{\partial f_1}{\partial p}\frac{\partial p}{\partial\sigma_{ij}}+\frac{\partial f_1}{\partial q}\frac{\partial q}{\partial\sigma_{ij}}+\frac{\partial f_1}{\partial\theta_\sigma}\frac{\partial\theta_\sigma}{\partial\sigma_{ij}}\right) \tag{9-1-4a}$$

式中：$(\sigma_{ij})^{T}=(\sigma_x,\sigma_y,\sigma_z,\tau_{xy},\tau_{yz},\tau_{xz})$。

再根据p，q与σ_{ij}的关系，上式写为

$$d\varepsilon_{ij}^{p}=d\lambda\left(\frac{1}{3}\frac{\partial f_1}{\partial p}+\frac{\sqrt{3}}{2\sqrt{J_2}}s_{ij}\frac{\partial f_1}{\partial q}+\frac{\partial f_1}{\partial\theta_\sigma}\frac{\partial\theta_\sigma}{\partial\sigma_{ij}}\right) \tag{9-1-4b}$$

式中：s_{ij}为应力偏量，即$s_{ij}=\sigma_{ij}-\delta_{ij}p$。

吸力屈服方程为$f_2(s)=0$，吸力只导致体积变形，不引起剪切变形，相应塑性体积变形表示为$d\varepsilon_{vs}^{p}$。

则非饱和土的流动法则可表示为

$$\begin{cases}d\varepsilon_{vp}^{p}=d\lambda\dfrac{\partial f_1}{\partial p}\\ d\bar{\gamma}^{p}=d\lambda\left[\left(\dfrac{\partial f_1}{\partial q}\right)^2+\left(\dfrac{1}{q}\dfrac{\partial f_1}{\theta_\sigma}\right)^2\right]^{\frac{1}{2}}\\ d\varepsilon_{vs}^{p}=\dfrac{\dfrac{\partial f_2}{\partial s}ds}{\dfrac{\partial f_2}{\partial s_0}\dfrac{\partial s_0}{\partial\varepsilon_v^{p}}}\end{cases} \tag{9-1-5}$$

上式说明流动法则可以分解为体积流动法则和剪切流动法则。式中：$d\varepsilon_{vp}^{p}$为净应力引起的塑性体积变形增量；$d\bar{\gamma}^{p}$为剪切应变增量；θ_σ为洛德角。

9.1.4 硬化定律

早期的研究认为岩土材料开始屈服后就产生塑性流动，变形无限制地发展，以至破坏。这是一种理想弹塑性状态，不存在硬化，在加载状态时，理想弹塑性材料屈服面的形状、大小和位置都是固定的。

事实上，有些砂土或黏土以及固结黏土等均属于硬化材料，在加载过程中，随着加载应力及加载路径的变化，加载面在应力空间中的位置、大小和形状发生变化，用来规定材料进入塑性变形后的后继屈服面在应力空间中变化的规律称为硬化规律。

对于非饱和土，当土体受到荷载时，同样会发生初始屈服和后继屈服直至破坏，材料也服从相应的流动法则，当服从相关联流动法则时，满足 $Q=f=\Phi$。但确定其硬化规律时，需考虑吸力对土体硬化的影响。

从广义上讲，硬化定律是确定某一给定应力增量下会引起多大塑性应变的一条准则，也是如何确定塑性因子 $\mathrm{d}\lambda$ 的一条准则，而 $\mathrm{d}\lambda$ 与硬化参量的函数有关，即

$$\mathrm{d}\lambda=h\cdot\left(\frac{\partial\Phi}{\partial\sigma_{ij}}\mathrm{d}\sigma_{ij}+\frac{\partial\Phi}{\partial s}\mathrm{d}s\right)=\frac{1}{A}\left(\frac{\partial\Phi}{\partial\sigma_{ij}}\mathrm{d}\sigma_{ij}+\frac{\partial\Phi}{\partial s}\mathrm{d}s\right) \tag{9-1-6}$$

式中：h 和 A 都是应力、吸力及硬化参量的函数，是正的标量函数，但与当前的 $\mathrm{d}\sigma$ 和 $\mathrm{d}s$ 无关。只要知道了 h 或 A，就可以将其代入流动法则建立 $\mathrm{d}\sigma_{ij}$ 和 $\mathrm{d}\varepsilon_{ij}^{p}$ 的增量本构关系，因此关键问题就是如何求得硬化函数。

考虑非饱和土为等向硬化材料，其加载函数为 $\Phi(\sigma_{ij},s,H)=0$，由于加载 $\mathrm{d}\sigma_{ij}$ 后，应力点仍保持在扩大后的加载面上，则有：

$$\mathrm{d}\Phi=\frac{\partial\Phi}{\partial\sigma_{ij}}\mathrm{d}\sigma_{ij}+\frac{\partial\Phi}{\partial s}\mathrm{d}s+\frac{\partial\Phi}{\partial H}\mathrm{d}H=0 \tag{9-1-7}$$

上式称为相容性条件，对 H 微分，并将式(9-1-4a)表示的 $\mathrm{d}\varepsilon_{ij}^{p}$ 代入其微分式，得：

$$\mathrm{d}H=\frac{\partial H}{\partial\varepsilon_{ij}^{p}}\mathrm{d}\varepsilon_{ij}^{p}=\frac{\partial H}{\partial\varepsilon_{ij}^{p}}\mathrm{d}\lambda\frac{\partial Q}{\partial\sigma_{ij}} \tag{9-1-8a}$$

再将式(9-1-6)的塑性因子表达式代入式(9-1-8a)，得

$$\mathrm{d}H=\frac{\partial H}{\partial\varepsilon_{ij}^{p}}\frac{1}{A}\left(\frac{\partial\Phi}{\partial\sigma_{kl}}\mathrm{d}\sigma_{kl}+\frac{\partial\Phi}{\partial s}\mathrm{d}s\right)\frac{\partial Q}{\partial\sigma_{ij}} \tag{9-1-8b}$$

将式(9-1-8)代回式(9-1-7)并消去相同项得

$$1+\frac{1}{A}\frac{\partial\Phi}{\partial H}\frac{\partial H}{\partial\varepsilon_{ij}^{p}}\frac{\partial Q}{\partial\sigma_{ij}}=0 \tag{9-1-9}$$

即有：

$$A=-\frac{\partial\Phi}{\partial H}\frac{\partial H}{\partial\varepsilon_{ij}^{p}}\frac{\partial Q}{\partial\sigma_{ij}} \tag{9-1-10}$$

塑性势函数 Q 对应力求 σ_{ij} 导数得

$$\frac{\partial Q}{\partial\sigma_{ij}}=\frac{\partial Q}{\partial I_1}\frac{\partial I_1}{\partial\sigma_{ij}}+\frac{\partial Q}{\partial\sqrt{J_2}}\frac{\partial\sqrt{J_2}}{\partial\sigma_{ij}}+\frac{\partial Q}{\partial\theta_\sigma}\frac{\partial\theta_\sigma}{\partial\sigma_{ij}} \tag{9-1-11}$$

若不考虑屈服函数中吸力 s 对硬化参量 H 的影响，即认为非饱和状态下，$\dfrac{\partial\Phi}{\partial H}$ 在吸力一定时保持不变，则可根据上述类似的推导方法，得到非饱和土的硬化模量 A 为

$$A=\frac{\partial\Phi}{\partial H}\frac{\partial H}{\partial\varepsilon_{ij}}\frac{\partial\Phi}{\partial\sigma_{ij}}=-\frac{\partial\Phi}{\partial H}\frac{\partial H}{\partial\varepsilon_{ij}}\left(\frac{\partial Q}{\partial I_1}\frac{\partial I_1}{\partial\sigma_{ij}}+\frac{\partial Q}{\partial\sqrt{J_2}}\frac{\partial\sqrt{J_2}}{\partial\sigma_{ij}}+\frac{\partial Q}{\partial\theta_\sigma}\frac{\partial\theta_\sigma}{\partial\sigma_{ij}}\right) \tag{9-1-12}$$

在此基础上，只需要假设不同的硬化参量 H，就可以形成不同的硬化定律。岩土塑性力学中，一般分别采用等向硬化假设，选择塑性体积应变 ε_v^p、塑性主应变 ε_i^p、塑性剪应变 $\overline{\gamma}_q^p$ 等作硬化参量，再根据式(9-1-10)或式(9-1-12)得出不同的硬化模量 A。

(1) ε_v^p 硬化定律：

$$H=H(\varepsilon_v^p)=\varepsilon_v^p$$

$$A=-\frac{\partial\Phi}{\partial\varepsilon_v^p}\frac{\partial\varepsilon_v^p}{\partial\varepsilon_{ij}^p}\frac{\partial Q}{\partial\sigma_{ij}}=-\frac{\partial\Phi}{\partial\varepsilon_v^p}\delta_{ij}\frac{\partial Q}{\partial\sigma_{ij}}=-\frac{\partial\Phi}{\partial\varepsilon_v^p}\frac{\partial Q}{\partial p} \tag{9-1-13}$$

式中：$\{\delta\}^{T}=[1,1,1,0,0,0]$

(2) ε_i^p 硬化定律：

$$H=H(\varepsilon_i^p)=\varepsilon_i^p$$

$$A=-\frac{\partial\Phi}{\partial\varepsilon_v^p}\frac{\partial\varepsilon_v^p}{\partial\varepsilon_{ij}^p}\frac{\partial Q}{\partial\sigma_{ij}}=-\frac{\partial\Phi}{\partial\varepsilon_i^p}\frac{\partial Q}{\partial\sigma_i} \tag{9-1-14}$$

(3) $\bar{\gamma}_q^p$ 硬化定律：

$$H=H(\bar{\gamma}_q^p)=\bar{\gamma}_q^p$$

$$A=-\frac{\partial\Phi}{\partial\varepsilon_v^p}\frac{\partial\varepsilon_v^p}{\partial\varepsilon_{ij}^p}\frac{\partial Q}{\partial\sigma_{ij}}=-\frac{\partial\Phi}{\partial\bar{\gamma}_q^p}\frac{\partial Q}{\partial q} \tag{9-1-15}$$

由此可见，对于岩土材料，当采用单屈服面模型时，选用不同硬化参量，得到不同形式的加载面，因而合理选用硬化定律十分重要。

9.1.5 加卸载准则

根据试验结果可知，当弹塑性材料达到屈服后，加载和卸载情况下的应力应变曲线规律是不一样的，只有应力增量满足塑性准则时，才会产生塑性应变增量，而卸载时只有弹性变形恢复，而塑性变形保持不变。所以卸载状况是区别非线性弹性和弹塑性体的一个重要标志。

对于硬化材料，所有的应力点只可能位于屈服函数面之内或之上，即屈服函数满足：$\Phi<0$ 或 $\Phi=0$。当发生塑性变形时，为确保应力状态不离开屈服面，需要满足由公式(9-1-7)描述的弹塑性理论的一致性条件。此时进一步的荷载变化有三种可能：

(1) 如果应力点的 $d\sigma_{ij}$ 是卸载过程，说明应力点内移，$d\Phi<0$，在卸载过程中，硬化参量不变，根据一致性条件可知：$\frac{\partial\Phi}{\partial\sigma_{ij}}d\sigma_{ij}<0$，这就是卸载准则，此时，应力退回到当前屈服面的内侧。

(2) 如果应力变化 $d\sigma_{ij}$ 使得应力点移动，但仍保持在原屈服面上，$d\Phi=0$，称为中性变载过程，此时硬化参量不变，则有$\frac{\partial\Phi}{\partial\sigma_{ij}}d\sigma_{ij}=0$，此即中性变载准则。

(3) 当应力点的 $d\sigma_{ij}$ 为加载，硬化参量随应力发生变化，使应力点从一个塑性状态到达相应的另一个塑性状态，则有$\frac{\partial\Phi}{\partial\sigma_{ij}}d\sigma_{ij}>0$，这就是加载准则。此时塑性应变发生变化，但应力点仍然保持在屈服面上。

由此可见，硬化材料在塑性状态下加载、中性变载和卸载时，表现出不同的变化规律，所以给出加卸载准则对建立弹塑性增量本构理论具有重要意义。

9.1.6 非饱和土的普遍弹塑性本构方程推导

1. 普遍适用的弹塑性本构方程

当岩土材料进入塑性受力阶段，施加应力 $d\sigma$ 后将产生相应的应变增量 $d\varepsilon$，包括弹性和塑性应变，由于

$$d\boldsymbol{\sigma}=\boldsymbol{D}_e d\boldsymbol{\varepsilon}^e=\boldsymbol{D}_e(d\varepsilon-d\varepsilon^p)=(\boldsymbol{D}_e-\boldsymbol{D}_p)d\boldsymbol{\varepsilon}=\boldsymbol{D}_{ep}d\boldsymbol{\varepsilon} \tag{9-1-16}$$

式中：$\boldsymbol{D}_{ep}$ 为非饱和土的弹塑性矩阵，表示应力增量 $d\boldsymbol{\sigma}$ 与应变增量 $d\varepsilon$ 之比；$\boldsymbol{D}_e$ 为非饱和土的

弹性本构矩阵，$\boldsymbol{D}_p$ 为非饱和土的塑性矩阵，如式(9-1-1a)和(9-1-1b)所示。

将塑性应变 $\mathrm{d}\boldsymbol{\varepsilon}_{ij}^p$ 代入式(9-1-16)得：

$$\mathrm{d}\sigma_{ij}=[\boldsymbol{D}_e](\mathrm{d}\boldsymbol{\varepsilon}_{ij}-\mathrm{d}\boldsymbol{\varepsilon}_{ij}^p)=[\boldsymbol{D}_e]\cdot\left[(\mathrm{d}\boldsymbol{\varepsilon}_{ij}-\mathrm{d}\lambda(\frac{\partial Q}{\partial\boldsymbol{\sigma}_{ij}}+\frac{\partial Q}{\partial s})\right] \tag{9-1-17}$$

将式(9-1-7)的相容条件写为

$$\mathrm{d}\Phi=\frac{\partial\Phi}{\partial\boldsymbol{\sigma}_{ij}}\mathrm{d}\boldsymbol{\sigma}_{ij}+\frac{\partial\Phi}{\partial s}\mathrm{d}s+\frac{\partial\Phi}{\partial H}\frac{\partial H}{\partial\boldsymbol{\varepsilon}_{ij}^p}\mathrm{d}\boldsymbol{\varepsilon}_{ij}^p=0 \tag{9-1-18}$$

将式(9-1-17)及 $A\mathrm{d}\lambda=-\left(\frac{\partial\Phi}{\partial s}\mathrm{d}s+\frac{\partial\Phi}{\partial H}\frac{\partial H}{\partial\varepsilon_{ij}^p}\mathrm{d}\varepsilon_{ij}^p\right)$代入式(9-1-16)，并写成矩阵形式得

$$\left\{\frac{\partial\Phi}{\partial\boldsymbol{\sigma}}\right\}^{\mathrm{T}}[\boldsymbol{D}_e]\{\mathrm{d}\boldsymbol{\varepsilon}\}-\left\{\frac{\partial\Phi}{\partial\sigma}\right\}^{\mathrm{T}}[\boldsymbol{D}_e]\mathrm{d}\lambda\left\{\frac{\partial Q}{\partial\boldsymbol{\sigma}}\right\}-A\mathrm{d}\lambda=0 \tag{9-1-19a}$$

则

$$\mathrm{d}\lambda=\frac{\left\{\frac{\partial\Phi}{\partial\sigma}\right\}^{\mathrm{T}}[\boldsymbol{D}_e]\{\mathrm{d}\boldsymbol{\varepsilon}\}}{A+\left\{\frac{\partial\Phi}{\partial\boldsymbol{\sigma}}\right\}^{\mathrm{T}}[\boldsymbol{D}_e]\left\{\frac{\partial Q}{\partial\boldsymbol{\sigma}}\right\}} \tag{9-1-19b}$$

这就是等向硬化时的 $\mathrm{d}\lambda$ 的一般表达式。A 为硬化模量，当 $A=0$ 时，就表示材料服从理想弹塑性模型时的 $\mathrm{d}\lambda$ 表达式。

将式(9-1-19b)回代入式(9-1-17)，即得到等向硬化材料的弹塑性本构关系矩阵

$$\{\mathrm{d}\boldsymbol{\sigma}\}=\left[[\boldsymbol{D}_e]-\frac{\left\{\frac{\partial\Phi}{\partial\sigma}\right\}^{\mathrm{T}}[\boldsymbol{D}_e][\boldsymbol{D}_e]\left\{\frac{\partial Q}{\partial\boldsymbol{\sigma}}\right\}}{A+\left\{\frac{\partial\Phi}{\partial\boldsymbol{\sigma}}\right\}^{\mathrm{T}}[\boldsymbol{D}_e]\left\{\frac{\partial Q}{\partial\boldsymbol{\sigma}}\right\}}\right]\{\mathrm{d}\boldsymbol{\varepsilon}\}=[\boldsymbol{D}_{ep}]\{\mathrm{d}\varepsilon\} \tag{9-1-20}$$

根据上式可知，弹塑性矩阵$[\boldsymbol{D}_{ep}]$与弹性常数 E，ν 或 K，G，加载函数 Φ 和塑性势函数 Q、硬化模量 A 以及应力水平都有关系。上式描述的应力应变关系，不仅适用于等向硬化材料，也适用于理想弹塑性材料($A=0$)，如图 9.1.1 所示。

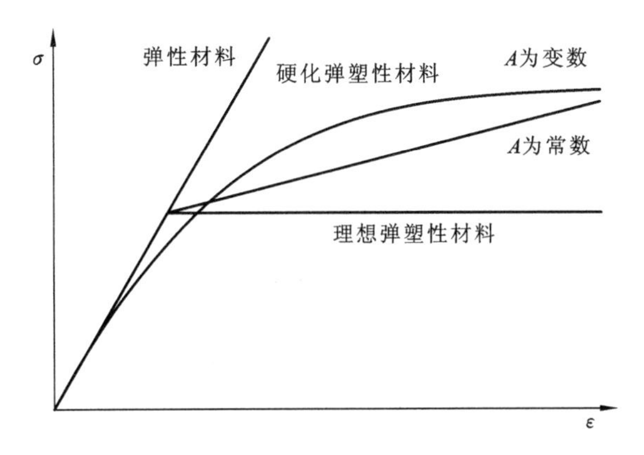

图 9.1.1　不同模型的应力应变关系

由于非饱和土的加载函数增加了吸力项，表示为 $Q=\Phi(\sigma_{ij},H,s)=0$。式(9-1-20)中的非饱和土的本构关系矩阵中，$\frac{\partial\Phi}{\partial\boldsymbol{\sigma}}$和$\frac{\partial Q}{\partial\boldsymbol{\sigma}}$与吸力有关，但其矩阵形式与饱和土仍然相同。

硬化模量 A 可由硬化材料的单向应力一塑性应变曲线的局部斜率求得

$$A=\frac{E_T}{1-E_E/E}=\frac{EE_T}{E-E_T} \tag{9-1-21}$$

式中：E 表示材料弹性模量；E_T 表示材料屈服后应力应变曲线的切向模量。

2. 基于常用屈服函数的非饱和土本构方程

根据前述的弹塑性矩阵确定方法，结合岩土工程中常用的屈服准则，可分别求得各准则在非饱和状态下的增量本构关系。

因为屈服函数对应力的偏导可表示为

$$\frac{\partial F}{\partial \sigma_{ij}}=\frac{\partial F}{\partial I_1}\frac{\partial I_1}{\partial \sigma_{ij}}+\frac{\partial F}{\partial \sqrt{J_2}}\frac{\partial \sqrt{J_2}}{\partial \sigma_{ij}}+\frac{\partial F}{\partial \theta_\sigma}\frac{\partial \theta_\sigma}{\partial \sigma_{ij}}=C_1\frac{\partial I_1}{\partial \sigma_{ij}}+C_2\frac{\partial \sqrt{J_2}}{\partial \sigma_{ij}}+C_3\frac{\partial \theta_\sigma}{\partial \sigma_{ij}} \tag{9-1-22}$$

式中：　$C_1=\frac{\partial F}{\partial I_1}$，$C_2=\frac{\partial F}{\partial \sqrt{J_2}}$，$C_3=\frac{\partial F}{\partial \theta_\sigma}$

$$\frac{\partial I_1}{\partial \sigma_{ij}}=(1,1,1,0,0,0)$$

$$\frac{\partial \sqrt{J_2}}{\partial \sigma_{ij}}=\frac{1}{\partial \sqrt{J_2}}(\sigma_x,\sigma_y,\sigma_z,2\tau_{xy},2\tau_{yz},2\tau_{xz})$$

$$\frac{\partial J_3}{\partial \sigma_{ij}}=\frac{1}{\partial \sqrt{J_2}}\left(\sigma_x\sigma_y-\tau_{xy}^2+\frac{J_2}{3},\sigma_y\sigma_z-\tau_{yz}^2+\frac{J_2}{3},\sigma_x\sigma_z-\tau_{xz}^2+\frac{J_2}{3},\right.$$
$$\left.2\tau_{yz}\tau_{xz}-\sigma_z\tau_{xy},\ 2\tau_{xz}\tau_{xy}-\sigma_x\tau_{yz},\ 2\tau_{xy}\tau_{yz}-\sigma_y\tau_{xz}\right)$$

对于任何类型的非饱和土屈服准则，应力不变量对应力的偏导数是不变的，只需确定常量 C_1，C_2，C_3，即可确定屈服函数对应力的偏导。

对于引申的非饱和土 Mohr-Coulomb 屈服准则，有：

$$C_1=\frac{1}{3}\sin\varphi,\quad C_2=\cos\theta_\sigma(1+\tan\theta_\sigma\sin\varphi),\quad C_3=\frac{\sqrt{3}\sin\theta_\sigma}{2J_2\cos(3\theta_\sigma)}$$

需要注意的是，Mohr-Coulomb 屈服准则与洛德角有关。当 $\theta_\sigma=\pm\frac{\pi}{6}$ 时，屈服函数对应力求导不能唯一确定出来，会遇到数值计算上的困难。因此，对于 $\theta=\pm\frac{\pi}{6}$ 的奇异点，当 $\theta=\pm\frac{\pi}{6}$ 时：$C_1=\frac{1}{3}\cdot I_1\sin\varphi$，$C_2=\frac{1}{2}\left(\sqrt{3}\mp\frac{\sin\varphi}{\sqrt{3}}\right)$，$C_3=0$。

对于引申的非饱和土 Drucker-Prager 屈服准则，有

$$C_1=\frac{\sin\varphi}{\sqrt{3}\sqrt{3+\sin^2\varphi}},\quad C_2=1,\quad C_3=0$$

数值计算时，只需将 C_1，C_2，C_3 代入式(9-1-22)中，即可得到 $\frac{\partial \Phi}{\partial \sigma_{ij}}$，据此由式(9-1-20)即可确定非饱和土的弹塑性增量矩阵。

9.2　非饱和土 Barcelona 弹塑性模型的本构方程

如前第 7 章的介绍，非饱和土的 Barcelona 模型是近几十年来最具有代表性的非饱和土

弹塑性模型，是从饱和土的修正剑桥模型(Cam 模型)上发展过来的，其屈服函数和硬化规律的形式与修正剑桥模型基本相同。基于该模型的空间屈服面、硬化规律和相关联流动法则，可确定非饱和土 Barcelona 模型的弹塑性增量刚度矩阵。

9.2.1　非饱和土 Barcelona 模型的本构方程

非饱和土的 Barcelona 模型在相关联流动法则下，其椭圆屈服面方程为

$$q^2 - M^2(p+p_s)(p_0-p)=0 \tag{9-2-1a}$$

式中：p_0 为非饱和土在某级吸力下的屈服净平均压力；p_s 为某吸力下临界状态线在 p 轴的截距。

改变屈服方程的形式为

$$\frac{q^2}{M^2}+[p^2+(p_s-p_0)p-p_s p_0]=0 \tag{9-2-1b}$$

类似于修正剑桥模型的假设(4)，也可以假设非饱和土在一条椭圆屈服曲线上塑性体积应变 ε_v^p 为常数。当吸力为某定值时，一条椭圆屈服曲线对应着一个 p_0 值，这实际上也就可以假设其硬化函数 $H=p_0=H(\varepsilon_{vp}^p)$。其中 p_0 由 LC 屈服方程确定。

先对模型的 LC 屈服曲线 $\frac{p_0}{p^c}=\left(\frac{p_0^*}{p^c}\right)^{\frac{\lambda(0)-\kappa}{\lambda(s)-\kappa}}$ 方程两边求对数，得到

$$\ln p_0 - \ln p^c = \frac{\lambda(0)-\kappa}{\lambda(s)-\kappa}(\ln p_0^* - \ln p^c) \tag{9-2-2}$$

又因为净应力 p 引起的塑性体应变为 $\mathrm{d}\varepsilon_{vp}^p=\frac{\lambda(0)-\kappa}{1+e_0}\frac{\mathrm{d}p_0^*}{p_0^*}$，积分后得到硬化定律：

$$\ln p_0^* - \ln p^c = \frac{1+e_0}{\lambda(0)-\kappa}\varepsilon_{vp}^p \tag{9-2-3}$$

式中：ε_{vp}^p 表示净应力 p 引起的塑性体积应变；p^c 为 $\varepsilon_{vp}^p=0$ 时的参考应力；$\lambda(s)$ 为非饱和土的压缩系数。

将式(9-2-3)代入式(9-2-2)，得：

$$\ln p_0 - \ln p^c = \frac{1+e_0}{\lambda(s)-\kappa}\varepsilon_{vp}^p \tag{9-2-4a}$$

对数变指数，即

$$p_0 = p^c \exp\left[\frac{1+e_0}{\lambda(s)-\kappa}\varepsilon_{vp}^p\right] \tag{9-2-4b}$$

上式(9-2-4b)就是 ε_{vp}^p 硬化规律的硬化函数表示式。对上式微分后可得

$$\frac{\mathrm{d}H}{\mathrm{d}\varepsilon_{vp}^p}=\frac{\mathrm{d}p_0}{\mathrm{d}\varepsilon_{vp}^p}=p^c\frac{1+e_0}{\lambda(s)-\kappa}\cdot\exp\left[\frac{1+e_0}{\lambda(s)-\kappa}\varepsilon_{vp}^p\right]=\frac{1+e_0}{\lambda(s)-\kappa}p_0 \tag{9-2-5}$$

同样取净应力引起塑性体积变形 ε_{vp}^p 为硬化规律，则可得非饱和土 Barcelona 模型的硬化模量 A 为：

$$\begin{aligned}A &= (-1)\frac{\partial\Phi}{\partial H}\frac{\partial H}{\partial\varepsilon_{vp}^p}\frac{\partial\Phi}{\partial p}=(-1)\frac{\partial\Phi}{\partial p_0}\frac{\partial p_0}{\partial\varepsilon_{vp}^p}\frac{\partial\Phi}{\partial p}\\ &=(p+p_s)\left(\frac{1+e_0}{\lambda(s)-\kappa}p_0\right)(2p+p_s-p_0)\end{aligned} \tag{9-2-6}$$

由上式可知，非饱和土 Barcelona 模型的硬化模量分别考虑了净应力的和吸力的影响；且随着吸力的增大，$\lambda(s)$随之减小，且 p_s 逐渐增大，硬化模量 A 则相应增大，说明吸力变化导致土体的硬化特性发生变化。因此，该模型比传统理想弹塑性扩展而来的非饱和土模型更符合岩土材料的硬化特性。

再根据$\frac{\partial\Phi}{\partial\sigma}=\frac{\partial\Phi}{\partial p}\frac{\partial p}{\partial\sigma}+\frac{\partial\Phi}{\partial q}\frac{\partial q}{\partial\sigma}$，可得：

$$\frac{\partial\Phi}{\partial\sigma_x}=\frac{(2p+p_s-p_0)}{3}+\frac{3(\sigma_x-p)}{M^2}\bigg|_{x,y,z} \tag{9-2-7a}$$

$$\frac{\partial\Phi}{\partial\tau_{xy}}=\frac{6\tau_{xy}}{M^2}\bigg|_{x,y,z} \tag{9-2-7b}$$

两式均对 x、y、z 轮流置换。

当吸力 $s=0$ 时，由式(9-2-4b)得：$p_0=p^c\cdot\exp\left[\frac{1+e_0}{\lambda(0)-\kappa}\varepsilon_{vp}^p\right]=p_0^*$，且偏导数写为：$\frac{\mathrm{d}p_0}{\mathrm{d}\varepsilon_{vp}^p}=\frac{1+e_0}{\lambda(0)-\kappa}p_0$；当 p_s 为零时，式(9-2-6)硬化模量 A 和式(9-2-7)的偏导数回归到与饱和土剑桥模型相对应。

综上，可得到的非饱和土弹塑性本构关系方程：$\mathrm{d}\boldsymbol{\sigma}=[\boldsymbol{D}_{ep}]\{\mathrm{d}\boldsymbol{\varepsilon}\}$，弹塑性矩阵的形式与饱和土相同；不同的是，对于非饱和土，由于屈服函数 Φ 中含有吸力 s 一项，硬化模量 A 和偏导数$\frac{\partial\Phi}{\partial\sigma}$均发生了变化。

同时，吸力增量 $\mathrm{d}s$ 本身也会引起土体的应变增量，将其分为弹性和塑性两部分，表示成应力在各方向的分量为

$$\mathrm{d}\varepsilon_s^e=(\mathrm{d}\varepsilon_{sx}^e,\mathrm{d}\varepsilon_{sy}^e,\mathrm{d}\varepsilon_{sz}^e,0,0,0)^{\mathrm{T}} \tag{9-2-8a}$$

$$\mathrm{d}\varepsilon_s^p=(\mathrm{d}\varepsilon_{sx}^p,\mathrm{d}\varepsilon_{sy}^p,\mathrm{d}\varepsilon_{sz}^p,0,0,0)^{\mathrm{T}} \tag{9-2-8b}$$

而且，对于整个土体来讲，吸力是内力，在单元各方向上的作用力是相等的，即

$$\mathrm{d}\varepsilon_{sx}^e=\mathrm{d}\varepsilon_{sy}^e=\mathrm{d}\varepsilon_{sz}^e=\frac{1}{3}\frac{\kappa_s}{1+es+p_{\mathrm{at}}}\mathrm{d}s \tag{9-2-9a}$$

$$\mathrm{d}\varepsilon_{sx}^p=\mathrm{d}\varepsilon_{sy}^p=\mathrm{d}\varepsilon_{sz}^p=\frac{1}{3}\frac{\lambda_s-\kappa_s}{1+e}\frac{\mathrm{d}s}{s+p_{\mathrm{at}}} \tag{9-2-9b}$$

式中：λ，κ，λ_s，κ_s 均是 Barcelona 模型的试验参数；p_{at}为大气压力。

9.2.2 非饱和土本构关系的验证

应用上述的弹塑性本构方程，编制非饱和土弹塑性矩阵计算程序，对非饱和土的三轴剪切试验过程进行数值模拟，并与试验结果相对比，对本构方程与刚度矩阵进行验证。

实际的三轴试验中，在吸力 $s=50$ kPa、净围压 $p'=100$ kPa 的条件下，保持 s 和 p'固定为常数，并控制剪切速度对试样进行三轴压缩试验，测定剪应力轴向应变的关系，试验结果如第 7 章图 7.2.23 所示。

结合上述试验过程，进行数值模拟：给定节点的初始应力条件为 $s=50$ kPa，$\sigma_a'=\sigma_r'=\sigma_3'=100$ kPa，然后给定总迭代步数及每步变形增量 $\Delta\varepsilon_a$，结合各迭代步的初应力及模型参数，确定非饱和土的弹塑性刚度矩阵，计算轴向应力和径向应力的相应变化。三轴试验中的刚度矩阵

如下式，数值模拟与试验结果对比如图 9.2.1 所示：

$$\begin{Bmatrix} \Delta\sigma_a \\ \Delta\sigma_r \\ \Delta\sigma_r \\ 0 \\ 0 \\ 0 \end{Bmatrix} = \begin{bmatrix} d_{11} & d_{12} & d_{13} & 0 & 0 & 0 \\ d_{21} & d_{22} & d_{23} & 0 & 0 & 0 \\ d_{31} & d_{32} & d_{33} & 0 & 0 & 0 \\ 0 & 0 & 0 & d_{44} & 0 & 0 \\ 0 & 0 & 0 & 0 & d_{55} & 0 \\ 0 & 0 & 0 & 0 & 0 & d_{66} \end{bmatrix} \begin{Bmatrix} \Delta\varepsilon_a \\ \Delta\varepsilon_r \\ \Delta\varepsilon_r \\ 0 \\ 0 \\ 0 \end{Bmatrix}$$

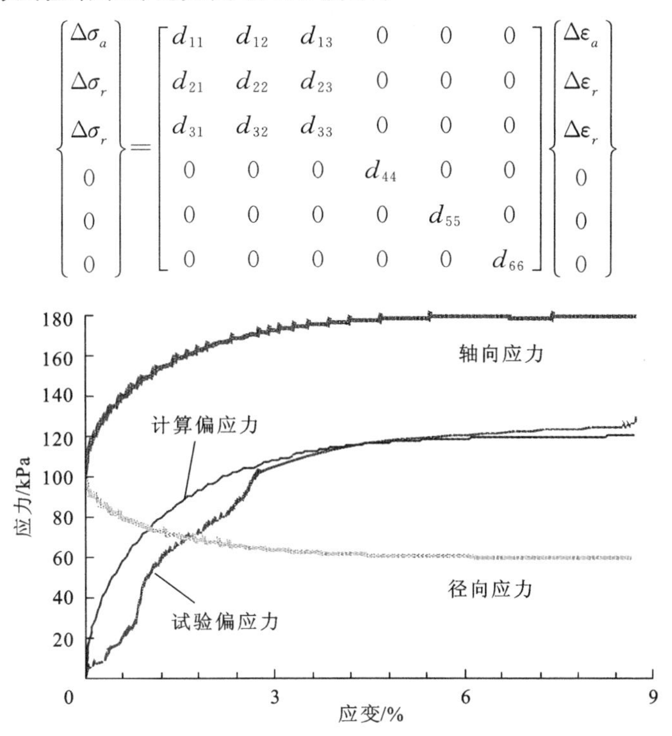

图 9.2.1　s=50 kPa，p'=100 kPa 时的应力应变关系曲线

采用相同的数值方法，对比列出修正 Cam 模型（s=0 kPa，p'=100 kPa）及 Barcelona 模型（s=50 kPa，p'=100 kPa）计算得到的三种不同应力（包括轴向应力 σ_a、径向应力 σ_r 和偏应力 $q=\sigma_a-\sigma_r$）的应力应变关系曲线，如图 9.2.2 所示，结果表明：在给定相同变形增量的条件下，由于考虑了吸力作用，Barcelona 模型计算的最大偏应力值有所增大，能够反映吸力对土体的硬化作用。

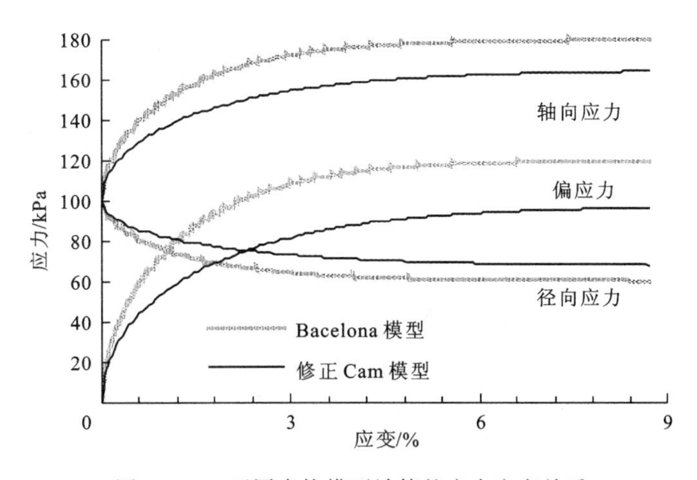

图 9.2.2　不同本构模型计算的应力应变关系

9.3 基于非饱和土弹塑性模型的有限元模拟程序

9.3.1 程序组成

程序为八结点等参单元三维有限元计算程序。程序大体分为三部分，即数据准备部分、计算部分、后处理部分。其具体功能分别介绍如下。

1. 数据准备部分

(1) 输入控制参数，包括单元结点个数、材料种类数、解法类型、屈服准则、荷载级数、收敛精度判据等。

(2) 输入单元组成信息、材料参数和模型参数、结点坐标以及结点孔隙水压力、边界约束信息。

2. 计算部分

(1) 建立三维边坡的八节点有限元模型，每个结点有 3 个自由度，每个单元有 24 个自由度。

(2) 考虑的荷载主要有重力和孔隙水压力或渗透力。地下水位以下为正孔隙水压力，土体使用浮容重；水位线以上土体使用天然容重，土体的负孔隙水压力考虑为吸力的作用。在重力场作用下，分析应力和吸力对非饱和土的硬化作用，以及吸力自身引起的变形。

(3) 应力应变关系采用非饱和土 Barcelona 弹塑性模型或其他硬化弹塑性模型。

3. 后处理部分

(1) 显示计算网格图、结点位移及主应力矢量图、网格变形动画及塑性区分布图。

(2) 显示位移等值线、各方向的应力等值线、剪应力等值线以及第三和第一主应力等值线。

(3) 可调节图形和数字的显示比例、改变等值线划分间距和输出条数。

(4) 以上图形文件均为 DXF 格式文件，可在 AutoCAD，3DMax 等通用图形软件上显示并编辑。

9.3.2 程序主体结构及计算原理

由于弹塑性本构关系通常是采用应力增量和应变增量的形式来表达的，因此其求解方法也通常采用增量法与初应力法或切线刚度法相结合的方法，求解过程中，对于进入屈服状态的单元，应采用非饱和土的弹塑性本构关系矩阵$\{\boldsymbol{D}_{ep}\}$代替弹性本构关系$\{\boldsymbol{D}\}$，由此得到基于非饱和土弹塑性模型的数值模拟方法。建立有限元程序结构，如图 9.3.1 所示。

本程序联合采用增量法与初应力法，求解弹塑性本构问题。其要点是荷载采用增量法加载，且各级荷载下用初应力法进行迭代求解，使其收敛于该级荷载下的真实应力增量$\{\Delta\sigma\}_i$和位移增量$\{\Delta u\}_i$。各级荷载下的节点总位移和总应力必须由增量累加求得，即

$$\{\sigma\}_i=\{\sigma\}_{i-1}+\{\Delta\sigma\}_i,\quad \{u\}_i=\{u\}_{i-1}+\{\Delta u\}_i$$

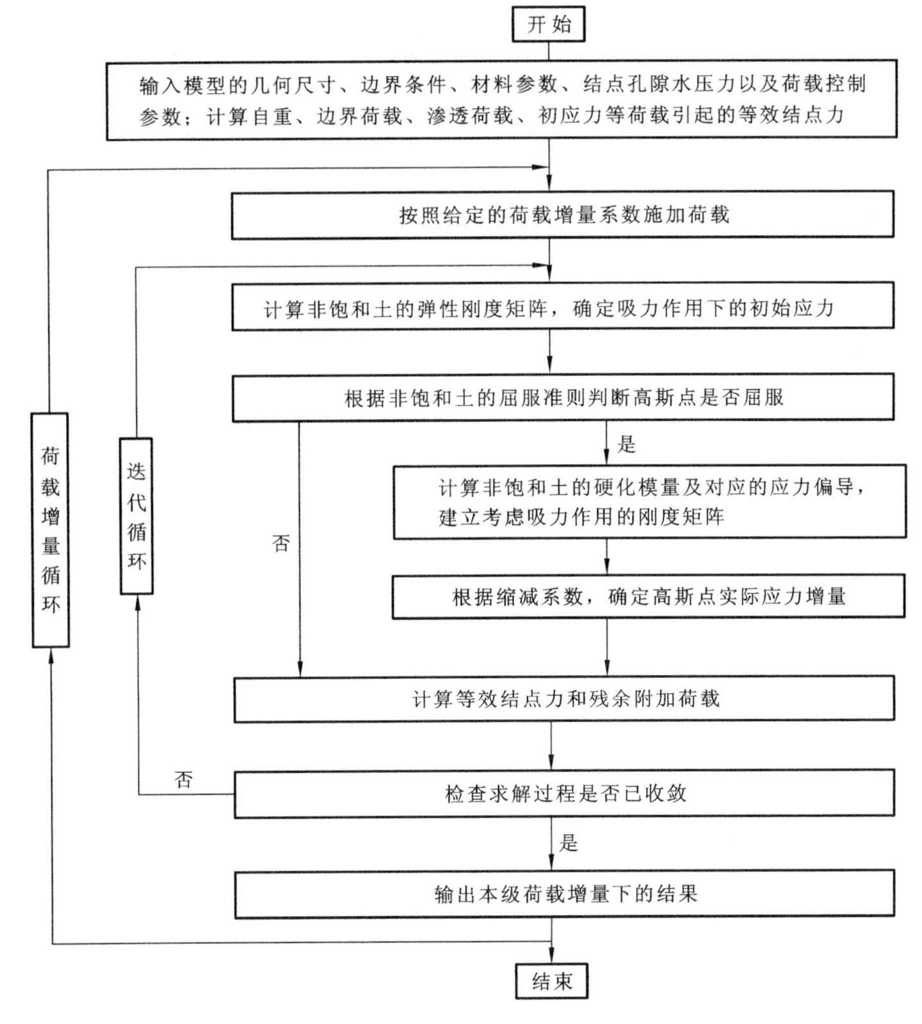

图 9.3.1 基于非饱和土弹塑性模型的有限元模拟程序结构

其中，研究的重点在于应用非饱和土屈服准则和硬化模量，确定高斯点实际应力增量和残余应力，由于程序处理细节很多，在框图中难以细列，故结构框图主要示意性地表现程序迭代计算过程。

程序中荷载增量迭代过程的具体实施步骤如下：

(1) 对每一级荷载或每次迭代的附加荷载，首先按线弹性分析计算单元的应力增量 $\{\Delta\sigma_i\}_j$ 和应变增量 $\{\Delta\varepsilon_i\}_j$，其中，$i$ 表示荷载增量次数，j 表示迭代次数。

(2) 通过累加求得各高斯点当前的应力值：$\{\sigma_i\}_j=\{\sigma_i\}_{j-1}+\{\Delta\sigma_i\}_j$，并按相应的非饱和土屈服准则 $f(\sigma_{ij},H,s)=0$ 来判别各高斯点是否屈服，屈服准则中要考虑吸力的影响。对于满足屈服条件的高斯点，认为该点已进入塑性状态，需要根据其应力水平和吸力状态计算非饱和土的硬化模量 A 和偏导数 $\dfrac{\partial\Phi}{\partial\sigma}$，调整刚度矩阵，并修正其满足屈服准则的应力增量为 $\{\Delta\sigma_i'\}_j=\{\boldsymbol{D}_{ep}\}\{\Delta\varepsilon_i\}_j$，剩余部分的应力作为下一步迭代的初应力 $\{\Delta\sigma_0\}_j=\{\Delta\sigma_i\}_j-\{\Delta\sigma_i'\}_j$。

(3) 在本次增量及本次迭代后，屈服高斯点的实际总应力可按下式调整为：

$$\{\sigma_i'\}_j=\{\sigma_i\}_{j-1}+\{\Delta\sigma'_i\}_j=\{\sigma_i\}_j-\{\Delta\sigma_0\}_j$$

(4) 对于各高斯点，根据前述的残余应力$\{\Delta\sigma_0\}_j$，计算本步迭代的等效残余附加荷载$\Delta R_0=\int_\Omega [B]^{\mathrm{T}}\{\Delta\sigma_0\}\mathrm{d}\Omega$，并按结点累加求得系统总体的残余附加荷载$\{\Delta R\}_j$。

(5) 在残余附加荷载的作用下重复(1)～(4)步的计算，直到所有单元都收敛到给定的精度。迭代收敛精度可由前后两次迭代的应力相对误差来控制，即

$$\left|\frac{\{\sigma_i\}_j-\{\sigma_i\}_{j-1}}{\{\sigma_i\}_j}\right|\leqslant \mathrm{Toler}$$

(6) 在增量求解时可能遇到部分单元在本次荷载增量之前处于弹性范围($f<0$)，在本次荷载增量之时进入塑性范围($f>0$)。这种过渡状态的单元，屈服点的应力对应于两次荷载增量之间的某一值。

(7) 再施加下一级荷载，至全部荷载增量计算完为止。每级荷载下的迭代精度可以不相同，即 Toler 可以是不同值。

以上采用的初应力法一般总是收敛的，但在应力水平较高，塑性单元数目较多时，收敛比较缓慢，求解时间甚长。此外，荷载增量的大小对收敛速度也有很大影响，一般不宜过大，也不宜采用等步长，而应随着应力水平变化而变化，应力较高时，步长取小一些收敛效果就更显著。

本程序不同于通常使用的饱和土弹塑性程序，主要区别在于不但考虑了土体的硬化模量随应力状态而改变的特性，而且增加了模拟非饱和土的强度特性的屈服准则，从而反映出了非饱和土的硬化模量受应力水平和吸力状态的双重影响。

9.4　非饱和土边坡稳定性分析方法

运用非饱和土的理论和方法分析边坡的稳定性，与传统饱和土理论存在较多不同之处，最重要的前提是需先确定地下水位线以上土体的吸力分布(或称负孔隙水压力分布)，并根据吸力分布，按照前述的基于非饱和土本构模型提出的数值模拟方法，确定非饱和土边坡的应力和变形分布，最后采用一定的计算方法，确定边坡的稳定系数。下面的论述将从二维扩展到三维。

9.4.1　基于有限元的二维边坡稳定性分析方法

边坡稳定性分析方法种类繁多，随着计算机和有限元分析方法的产生与发展，采用理论体系更为严密的应力应变分析方法，分析边坡的变形和稳定性，已在越来越多的研究中被采用和发展。

目前，基于有限元理论评判边坡稳定性的方法中，通常采用的评判指标有以下几种：①采用某个部位的位移；②有限元迭代求解过程的不收敛；③根据塑性区的范围及其连通状态确定潜在滑动面及其相应的稳定系数，以此评价边坡的稳定性。其中方法③能够更好地反映边坡失稳的发生和发展过程，且稳定系数与传统的刚体极限平衡方法更具对比性，得到最为广泛的应用。该方法在应用中主要分为两种：一种是通过有限元计算确定滑面上的应力分布，并与极限平衡原理相结合，计算边坡稳定系数，称为改进的有限元极限分析法；另一种是强度折减法，将有限元应力分析与材料强度折减相结合，将边坡临近失稳的强度折减系数确定为稳定系数。

1. 改进的有限元极限分析法

该方法以有限元法应力分析为基础，直接从传统的极限平衡方法演变而来，物理意义明确，滑动面的应力分布更加接近实际。对于滑面未知的边坡，也可以按照可能的潜在滑动面上的应力分布，应用不同的优化方法确定最危险滑动面。运用该方法确定边坡稳定系数，主要有以下三种方法：

1）基于应力水平的稳定系数

在已知边坡的滑动面时，首先以滑动面所包含的岩土体为研究对象，在滑面上任取一点 i 来研究，从平面有限元计算的 Gauss 点应力结果中，通过插值技术求出该点的三个应力 σ_x，σ_y，τ_{xy}。对这种插值技术的要求之一是插得的应力点不得位于屈服面之外，在本书中采用下列插值方法来求点 P 的应力 σ_{ij}[1]：

$$\sigma_{ij}=\frac{\sum_{k=1}^{n_g} w_k\sigma_{ij}^k}{\sum_{k=1}^{n_g} w_k} \tag{9-4-1}$$

式中：n_g 为包含任意点 i 的单元内的 Gauss 点的数目；σ_{ij}^k 为第 k 个 Gauss 点的应力；w_k 为权系数，取为

$$w_k=\begin{cases} r_k^{-2},\ r_k\neq 0 \\ \infty,\ r_k=0 \end{cases} \tag{9-4-2}$$

r_k 为点 i 到第 k 个 Gauss 点的距离。显然，式(9-4-1) 是 σ_{ij}^k 的一个凸组合，由屈服面的凸性可知由式(9-4-1) 得到的应力点必位于屈服面内。

然后由平面中该点的三个应力分量求得主应力 σ_1 和 σ_3，公式如下

$$\begin{cases} \sigma_1=\dfrac{1}{2}(\sigma_x+\sigma_y)+\dfrac{1}{2}\sqrt{(\sigma_x-\sigma_y)^2+4\tau_{xy}^2} \\ \sigma_3=\dfrac{1}{2}(\sigma_x+\sigma_y)-\dfrac{1}{2}\sqrt{(\sigma_x-\sigma_y)^2+4\tau_{xy}^2} \end{cases} \tag{9-4-3a}$$

而岩土材料破坏时的第一主应力可表示为：

$$\sigma_{1f}=\sigma_3\tan^2\left(45^\circ+\frac{\varphi}{2}\right)+2c\tan\left(45^\circ+\frac{\varphi}{2}\right) \tag{9-4-3b}$$

岩土体的应力水平 S 表示当前应力圆半径与破坏应力圆半径之比，反映了强度的发挥程度，可表示为

$$S=\frac{\sigma_1-\sigma_3}{\sigma_{1f}-\sigma_3} \tag{9-4-4}$$

式中：c，φ 为该点所在单元材料的凝聚力和内摩擦角；$\sigma_{1f}-\sigma_3$ 为该点破坏应力圆对应的应力圆直径。

对于滑动面未知的边坡，可确定所有结点或 Gauss 点的应力水平，绘制出应力水平等值线。当应力水平接近或大于 1 时，认为岩土体剪切破坏，反之安全，绝对值为 1 的等值线可认为是最危险滑动面。

在整个滑面线上任意取若干个离散目标点，对所有目标点进行加权处理。如图 9.4.1 所示，滑面上任意点 i 的相邻点为 $i-1$ 和 $i+1$，取三点之间弧长之和的一半为该点 i 的权函数，则滑动面的整体稳定系数可用下式确定

$$F_s = \frac{\sum L_i}{\sum \left[\frac{(\sigma_1 - \sigma_3)}{(\sigma_{1f} - \sigma_3)}\right]_i L_i} \tag{9-4-5}$$

式中：L_i 为滑带单元上目标点的权重长度。

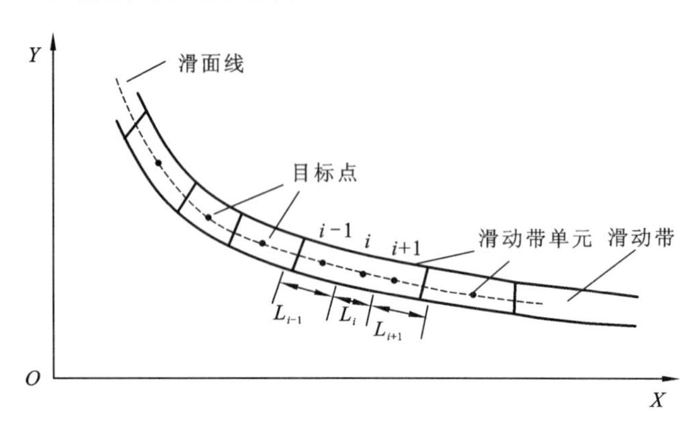

图 9.4.1　滑面线上任意目标点的权函数示意图

2）基于强度的稳定系数

根据上述 1）中同样的方法，由平面有限元分析确定高斯点应力，并插值求出任意点的 3 个应力分量，推求出该点处沿滑动面方向的切向应力 τ_N 和垂直滑面的法向应力 σ_N，公式如下

$$\sigma_N = \frac{1}{2}(\sigma_x + \sigma_y) - \frac{1}{2}(\sigma_x - \sigma_y)\cos(2\alpha) - \tau_{xy}\sin(2\alpha) \tag{9-4-6}$$

$$\tau_N = \frac{1}{2}(\sigma_x - \sigma_y)\sin(2\alpha) - \tau_{xy}\cos(2\alpha) \tag{9-4-7}$$

式中：α 为滑面切线与水平面 x 方向的夹角。

根据 Mohr-Coulomb 准则和 Bishop(1952) 重新定义的滑坡稳定系数概念，即确定该点 i 处的稳定系数 F_s 等于该条块底部的抗剪强度 τ_f 与土体的实际剪应力 τ_N 之比，可以得

$$F_s = \frac{\tau_f}{\tau_N} = \frac{c + \sigma_N \tan\varphi}{\tau_N} \tag{9-4-8}$$

式中：c，φ 为该点所在单元材料的凝聚力和内摩擦角。

在整个滑动面上任意取若干个离散点，对所有离散点进行加权处理。由图 9.4.1 相同的方法求得该点 i 的权函数，对抗剪强度和剪应力加权求和再相比，得整个滑面的稳定系数为

$$F_s = \frac{\sum (\tau_f)_i L_i}{\sum (\tau_N)_i L_i} = \frac{\sum [c_i + (\sigma_N)_i \tan\varphi_i] L_i}{\sum (\tau_N)_i L_i} \tag{9-4-9}$$

或者对各点稳定系数加权得

$$F_s = \frac{\sum (F_s)_i L_i}{\sum L_i} = \frac{\sum \left[\frac{c_i + (\sigma_N)_i \tan\varphi_i}{(\tau_N)_i}\right] L_i}{\sum L_i} \tag{9-4-10}$$

式(9-4-9)和式(9-4-10)均为常规有限元法求解边坡抗滑稳定系数的公式。

3) 基于应力水平加权强度的稳定系数

若将基于抗剪强度的稳定系数定义与基于应力水平的稳定系数定义综合起来，形成了基于“强度应力水平”的综合稳定系数定义，如下式

$$F_s = \frac{\sum (\tau_f)_i L_i}{\sum \left[\frac{\sigma_1 - \sigma_3}{(\sigma_1 - \sigma_3)_f}\right]_i (\tau_f)_i L_i} \tag{9-4-11}$$

2. 基于强度折减概念的稳定系数

抗剪强度折减系数定义为：在外荷载保持不变的情况下，边坡内岩土体所发挥的最大抗剪强度与外荷载在边坡内所产生的实际剪应力之比。外荷载所产生的实际剪应力应与抵御外荷载所发挥的最低抗剪强度即按照实际强度指标折减后所确定的、实际中得以发挥的抗剪强度相等。

有限元折减系数法的基本原理是将土体参数 c，φ 值同时除以一个折减系数 F_s，得到一组新的 c'，φ' 值，然后作为新的材料参数代入有限元进行试算，当计算不收敛时，认为土体达到临界状态，发生剪切破坏。由此所确定的稳定系数可以认为是强度储备系数。

在基于强度折减概念的弹塑性有限元数值分析中，对于研究区域内某一点，根据 Mohr-Coulomb 破坏准则和 Bishop 稳定系数的一般定义，假定在某个剪切面上岩土体中正应力与剪应力分别为 σ 和 τ，则该点的抗剪强度可表示为

$$\tau_f = c + \sigma\tan\varphi \tag{9-4-12}$$

由稳定系数定义 $F_s = \frac{\tau_f}{\tau}$，则该点岩土体中的实际剪应力为

$$\tau = \frac{\tau_f}{F_s} = c_e + \sigma\tan\varphi_e \tag{9-4-13}$$

式中：$c_e = \frac{c}{F_s}$，$\varphi_e = \arctan\left(\frac{\tan\varphi}{F_s}\right)$分别为折减后材料的内摩擦角和黏聚力。

从这个意义上 F_s 可以看作强度折减系数，而从式(9-4-8)～式(9-4-10)也可以认为 F_s 为强度储备系数，或者实际强度发挥程度系数。

3. 两种方法的对比分析

改进的有限元极限分析法和有限元强度折减法，都是基于有限单元理论，可采用复杂的本构模型，确定沿着某一潜在滑面的边坡稳定系数；但在两种方法应用过程中，稳定系数的意义、边坡的受力状态和提供的应力应变信息均有所不同。

改进的极限分析法给定的稳定系数是基于材料的抗剪强度与实际应力对比或应力状态的水平而确定的。有限元强度折减法稳定系数的物理意义是边坡岩土材料(主要是指给定滑动面的岩土体)的强度储备。

改进的极限分析法的分析对象是实际受力状态的边坡，可确定坡体的实际应力分布，因此该方法能够考虑应力历史对其稳定性的影响。同时，该方法还可以利用有限元分析的优点，考

虑工程施工、雨水入渗和地下水位变化等外界因素，对边坡的应力场、渗流场乃至整体稳定性的影响，也可用于研究局部变形或边坡表层土体的稳定性。而有限元强度折减法分析的主要对象是处于极限平衡状态的边坡，由于极限状态是一个假想的应力状态，所以不能考虑应力历史的作用，也很难准确分析其他外界因素对边坡稳定性的影响。

改进的极限分析法提供的是边坡实际的应力和变形信息，可以为现场工作人员判断边坡稳定性提供理论指导。而有限元强度折减法给出的是极限状态下边坡的应力分布、变形特征及塑性区发展情况等信息，能够用于判断可能的最危险滑面的位置，但工作量巨大。

进一步的研究还指出：有限元强度折减法在降低材料强度参数时，必须保证摩擦角 φ 与泊松比 μ 的关系始终满足不等式 $\sin\varphi \geqslant 1-2\mu$，否则可能导致计算结果失真[2]。

因此，在实际应用中，改进的极限分析法比有限元强度折减法占有优势，特别是在地质条件和水文条件较复杂时，分析雨水、库水及其他外在因素对边坡稳定性影响，更适合采用改进的有限元极限分析法。

9.4.2　三维边坡稳定性分析方法

进行边坡的空间稳定性评价，首先需要通过三维有限元分析，确定边坡的三维空间应力分布特征，再将改进的极限分析法和有限元强度折减法，从二维方法延伸至三维，即可确定沿空间滑动面的稳定系数。

而事实上，基于有限元的三维边坡稳定性分析方法，在实际应用中尚有许多值得探讨和研究的地方。

在二维分析扩展到三维分析的过程中，有限元模型的单元自由度从平面分析的 8 个增加到空间分析的 24 个，每个节点的应力分量由 3 个增加到 6 个，且空间有限元模型自身的单元和节点数目，比平面模型的要增加数十倍甚至上百倍，因此空间有限元分析的收敛速度比平面分析慢很多，且迭代收敛精度也会有所减小。

强度折减法需要根据收敛特征，判断土体是否达到临界状态和发生剪切破坏，这必定会受到收敛速度和收敛精度的影响。因此，本书不建议采用有限元强度折减法计算三维边坡的稳定系数。

鉴于此，本章后续的论述中主要采用改进的有限元极限分析法，确定沿空间滑面的稳定系数，根据对滑面位置的认识，可分为两种情况，即滑面位置已知时和存在多条潜在滑面时。

1. 滑面位置已知时的稳定系数

在已知潜在滑面的某单元中心位置取一点 i，点 i 处于该八节点单元内。根据三维有限元分析得到的该单元的八个 Gauss 点的应力，通过与二维相同的插值技术求出该点 i 的应力 σ_x，σ_y，σ_z，τ_{xy}，τ_{yz}，τ_{zx}。

1）基于应力水平的空间滑面稳定系数

根据这 6 个应力分量求得该点 i 的 3 个主应力 σ_1，σ_2，σ_3，公式如下式

$$\begin{Bmatrix} \sigma_1 \\ \sigma_2 \\ \sigma_3 \end{Bmatrix} = \frac{2}{\sqrt{3}} \sqrt{J_2} \begin{Bmatrix} \sin\left(\theta_\sigma + \frac{2}{3}\pi\right) \\ \sin\theta_\sigma \\ \sin\left(\theta_\sigma - \frac{2}{3}\pi\right) \end{Bmatrix} + \frac{I_1}{3} \begin{Bmatrix} 1 \\ 1 \\ 1 \end{Bmatrix} \tag{9-4-14}$$

式中：σ_1，σ_2，σ_3 为第一、第二、第三主应力，满足 $\sigma_1 > \sigma_2 > \sigma_3$；$I_1$ 和 J_2 分别为应力张量的第一不变量和应力偏量的第二不变量；θ_σ 为洛德角，$-30° \leqslant \theta_\sigma \leqslant 30°$，表示为：

$$\theta_\sigma = \frac{1}{3}\arcsin\left(-\frac{3\sqrt{3}}{2}\frac{J_3}{(\sqrt{J_2})^3}\right)$$

再结合式(9-4-4)，确定该点 i 的应力水平 S。在整个空间滑动面上任意取若干个离散点，对所有离散点进行加权处理。如图 9.4.2 所示。

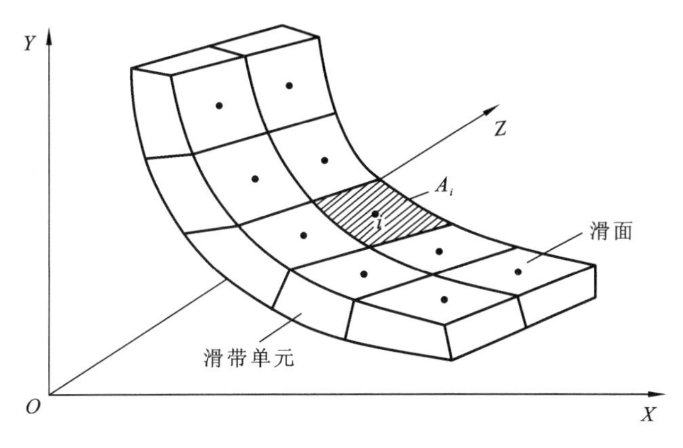

图 9.4.2　空间滑面中心点的权函数示意图

确定单元中心点 i 的应力水平后，根据其加权面积，确定整个滑面的稳定系数，公式如下

$$F_s = \frac{\sum A_i}{\sum \left[\frac{\sigma_1 - \sigma_3}{\sigma_{1f} - \sigma_3}\right]_i A_i} \tag{9-4-15}$$

式中：A_i 为滑面单元中心点的权重。

2）基于强度的空间滑面稳定系数

可根据式(9-4-9)，结合图 9.4.2 的示意图，将权函数由 L_i 改为 A_i，然后加权计算确定。如下式

$$F_s = \frac{\sum (\tau_f)_i A_i}{\sum (\tau_N)_i A_i} = \frac{\sum [c_i + (\sigma_N)_i \tan\varphi_i] A_i}{\sum (\tau_N)_i A_i} \tag{9-4-16}$$

式中：σ_N 为滑面上各点处的法向应力；τ_N 为该点沿滑动方向的剪应力。

3）基于应力水平加权强度的稳定系数

如下式

$$F_s = \frac{\sum (\tau_f)_i A_i}{\sum \left[\frac{\sigma_1 - \sigma_3}{(\sigma_1 - \sigma_3)_f}\right]_i (\tau_f)_i A_i} \tag{9-4-17}$$

需要注意的是，三维滑坡的滑面形状实际上应该是球形面或三维空间曲面，滑面各点的法向应力和切应力，需要结合此处在 3 个方向上的倾角，进行应力旋转来确定，而且根据滑面应力分布和方向，确定滑坡发生的主滑动方向具有一定的难度。

因此，与抗剪强度有关的这两种稳定系数确定方法，只有当滑坡潜在滑面的形状在沿边坡宽度方向是直线时，可将该方向作为 Z 轴方向，假定 Z 轴方向与滑坡的滑动方向相垂直，从而确定滑面的法向应力和剪应力。基于抗剪强度的计算公式通常只能用于“准三维”滑面的稳定性分析，在真正的三维问题中应用时，存在一定的难度和缺陷。

2. 滑面位置自定义时的边坡稳定系数

事实上，实际工程中并非所有边坡的潜在滑面位置均是已知的，大多数情况下，会存在多个可能的潜在滑面，需要分别计算分析或通过数值搜索方法来确定最危险滑面的位置。比如应力水平方法中，可采用插值技术确定节点或 Gauss 点的应力水平值，绘制边坡的应力水平等值线，从而确定可能的最危险滑动面。

在这种情况下，建模时无法继续保证滑面位置与边坡网格单元相重合，也不可能根据潜在滑面的位置不同而不断改变网格，因此需要将滑面与单元的相交面单独取出来，另外划分网格，形成一系列空间曲面单元，取各单元的中心点为目标点，通过对坡体单元的应力插值，确定滑面上目标点处的应力分布，具体的插值方法与前述的式(9-4-1)和式(9-4-2)相同，这就是目前比较先进的多重网格法。如图 9.4.3 所示，各目标点的权函数为该单元的面积，结合式(9-4-15)，按照基于应力水平的方法，确定该可能滑面的稳定系数。

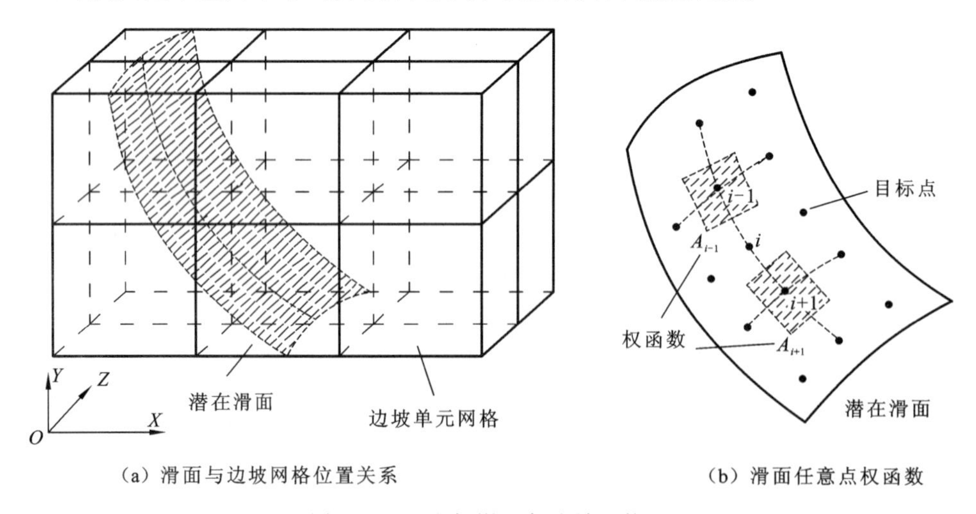

(a) 滑面与边坡网格位置关系　　(b) 滑面任意点权函数

图 9.4.3　空间滑面与边坡网格图

9.4.3　三维非饱和土边坡稳定性分析方法

上述的边坡稳定计算方法中，无论改进的极限分析法还是强度折减法，都是基于土体强度理论建立的。目前，在实际工程应用中得到广泛认可的饱和土的抗剪强度理论，仍是以 Mohr-Coulomb 强度准则表示的：

$$\tau = c' + \sigma' \tan\varphi' = c' + (\sigma - u_w)\tan\varphi' \tag{9-4-18}$$

对于非饱和土边坡，土体的力学性质与饱和土有所不同，首先需基于非饱和土本构模型分析吸力的存在对其应力和应变的分布规律的影响。确定非饱和土边坡的应力分布后，在各种稳定系数定义中，也必须考虑吸力对其强度的贡献。

Fredlund 将 Mohr-Coulomb 准则推广到三维应力空间，建立了基于双应力状态变量的非饱和土的抗剪强度表达式为

$$\tau=c'+(\sigma-u_a)\tan\varphi'+(u_a-u_w)\tan\varphi^b \tag{9-4-19}$$

非饱和土的凝聚力可表达为

$$c'_s=c'+(u_a-u_w)\tan\varphi^b=c'+s\cdot\tan\varphi^b \tag{9-4-20}$$

则非饱和土强度公式可表达为

$$\tau=c'_s+(\sigma-u_a)\tan\varphi' \tag{9-4-21}$$

式(9-4-21)与式(9-4-18)的形式完全相同，法向应力均为有效应力，只是凝聚力 c' 被 c'_s 代替了，可认为吸力的影响只对土体的凝聚力有贡献，而不改变其内摩擦角。通过这种方法，可将吸力的吸附强度嵌入到上述的稳定系数求解中，以反映非饱和土体的强度特性，并与上一节的非饱和土本构模型相适应。

9.5　非饱和土边坡三维稳定性分析算例

根据前述基于非饱和土本构模型的有限元模拟方法，确定坡体的应力分布，然后结合稳定系数的确定方法，对简单的标准边坡问题进行分析，证明三维稳定分析方法的合理性和实用性。

9.5.1　算例 I

1. 计算模型、材料参数及吸力分布

如图 9.5.1 所示，是澳大利亚 ACADS 考核题 1(a)的三维延伸模型网格图。材料为均质土体，尺寸如图所示，单位为 m，边坡斜率为 1:2，坡角为 26.6°[3]。模型采用 8 节点等参单元，共 812 个节点，564 个单元。原点位置如图 9.5.1 所示，以水平的顺坡向为 X 轴正方向，以铅直向上为 Y 轴正方向，由右手法则确定 Z 轴正方向。

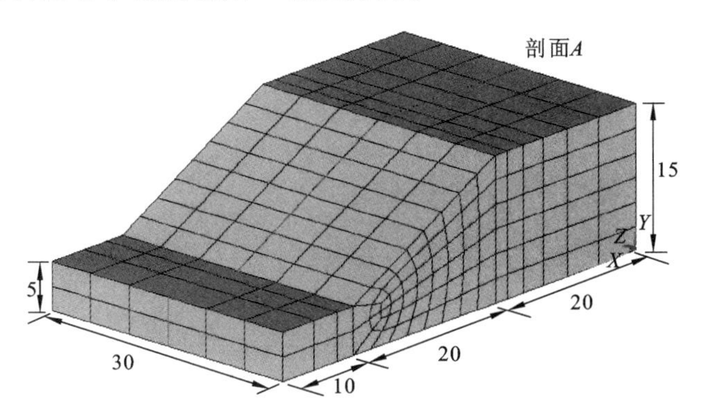

图 9.5.1　三维边坡网格图

计算区域为：$X\in[0,50]$，$Y\in[0,15]$，$Z\in[0,30]$。模型底面 $Y=0$ 平面为固定约束，四个侧面为法向约束，其他各表面为自由面。

整个边坡土体为各向同性的均质材料，材料参数见表 9.5.1，本构关系采用非饱和土的 Barcelona 模型，模型参数见第 7 章。

表 9.5.1　材料力学参数表

参数	弹性模量/kPa	泊松比	饱和容重/(kN·m^{-3})	天然容重/(kN·m^{-3})	凝聚力/kPa	内摩擦角/(°)	φ^b/(°)
数值	10 000	0.25	20	18	3.0	19.6	15

主要计算荷载包括材料自重、孔隙水压力(正值考虑为渗透力作用，负值考虑为基质吸力作用)。因此，首先需要确定地下水位线及孔隙水压力分布。

孔隙水压分布同周围环境(如水分入渗、表层覆盖)等有密切关系，根据三维饱和-非饱和渗流有限元数值模拟，得出某时刻算例边坡的孔隙水压力沿深度的分布如图 9.5.2 所示。

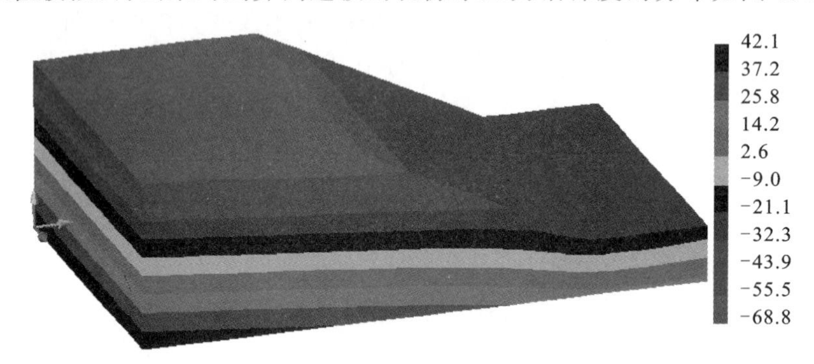

图 9.5.2　边坡孔隙水压力分布等值线

2. 吸力对边坡应力及变形的影响

采用前述基于非饱和土 Barcelona 弹塑性模型的数值分析方法，结合坡体的孔隙水压力分布，计算三维非饱和土边坡的应力应变分布规律，如图 9.5.3 和图 9.5.4 所示。对比两图可知，两种模型计算的坡体底部有效应力基本相同，但地下水位以上坡体的有效应力分布存在不同；在相同的自重和渗透荷载作用下，非饱和土模型计算的坡体 X、Y 方向最大位移，比不考虑吸力作用时有所减小，减小幅度超过 10%，见表 9.5.2。主要是由于吸力的存在使非饱和土的屈服应力 p_0 和硬化模量 A 有所增大。

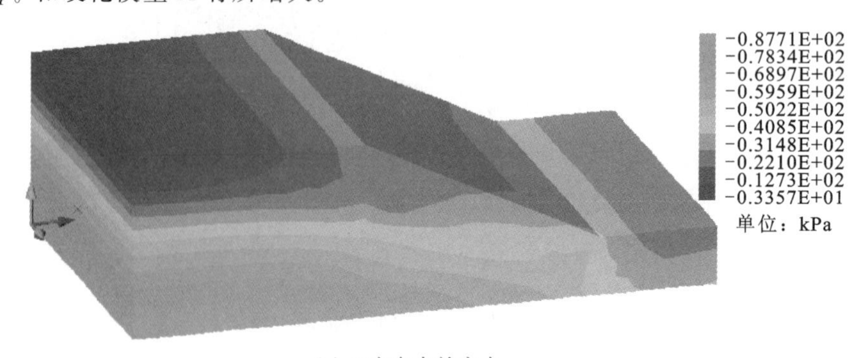

(a) X方向有效应力

图 9.5.3　考虑吸力时主要云图

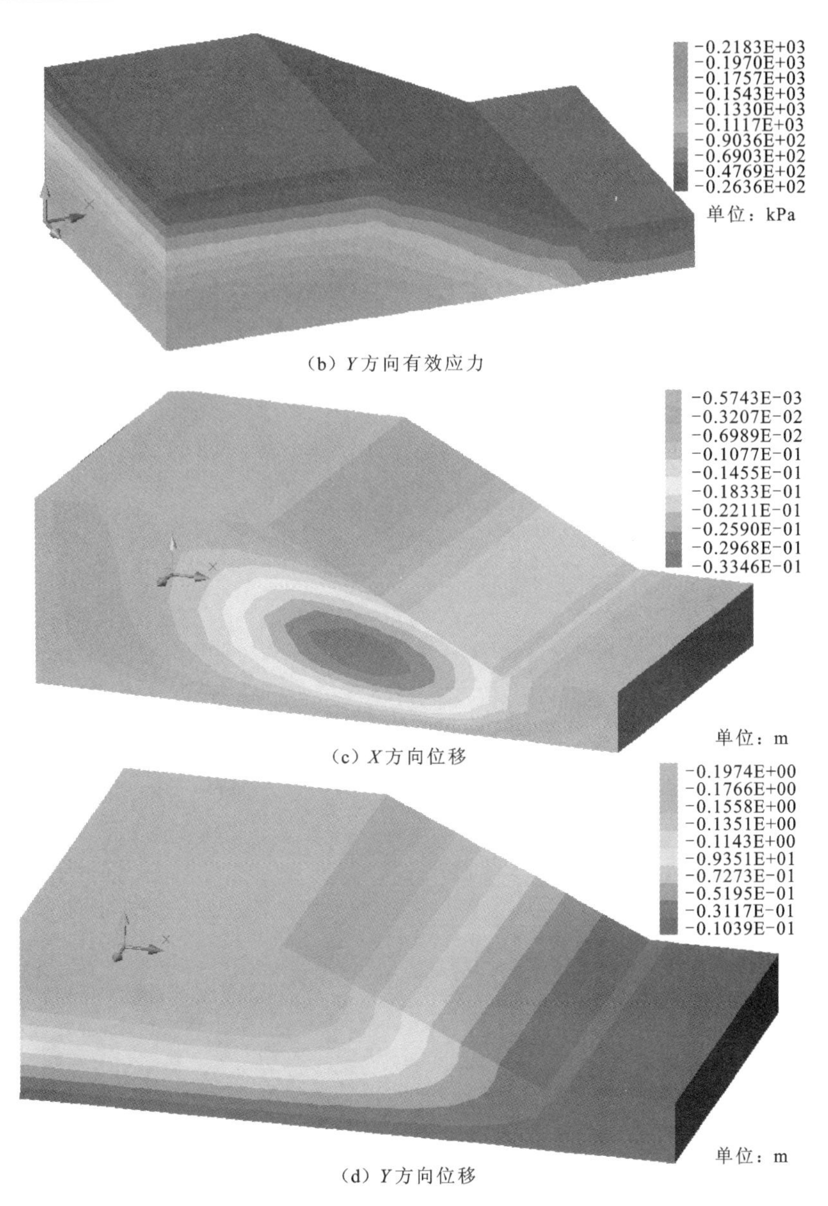

(b) *Y* 方向有效应力

(c) *X* 方向位移

(d) *Y* 方向位移

图 9.5.3　考虑吸力时主要云图(续)

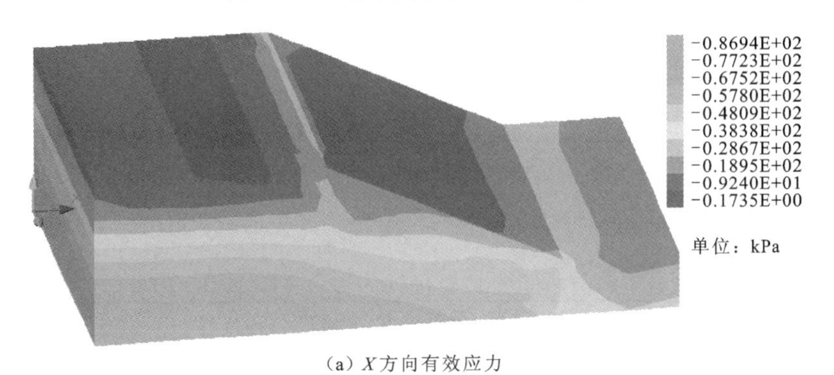

(a) *X* 方向有效应力

图 9.5.4　不考虑吸力时主要云图

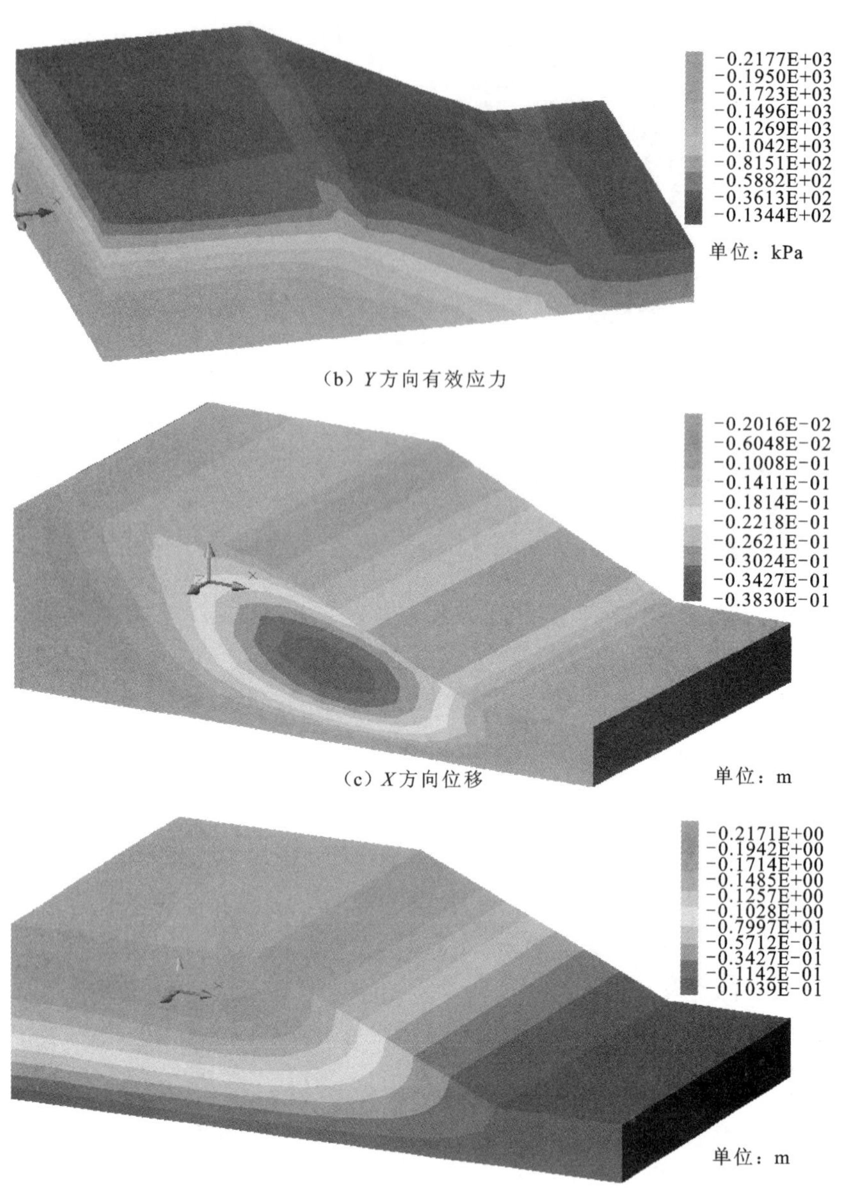

(b) Y方向有效应力

(c) X方向位移

(d) Y方向位移

图 9.5.4 不考虑吸力时主要云图(续)

表 9.5.2 三维边坡的应力和位移变化范围

模型	X 方向有效应力/kPa	Y 方向有效应力/kPa	X 位移/mm	Y 位移/mm
修正剑桥模型	−86.9～−0.2	−217.7～−13.4	2.0～38.3	−217.1～−11.4
非饱和土 Barcelona 模型	−87.7～−3.4	−218.3～−26.4	−0.6～33.5	−197.4～−10.4

注：压应力为负值；X 位移正值表示顺坡向。

3. 吸力对边坡稳定性的影响

根据三维边坡的应力分布，结合基于有限元的三维边坡稳定性分析方法，分析研究考虑吸力作用对边坡稳定的影响。

如图9.5.5所示，在三维边坡模型中任意假定可能的边坡潜在滑面，并对该滑面单独划分网格，确定滑面单元的节点坐标和单元面积，按照基于应力水平的方法确定滑面的稳定系数。

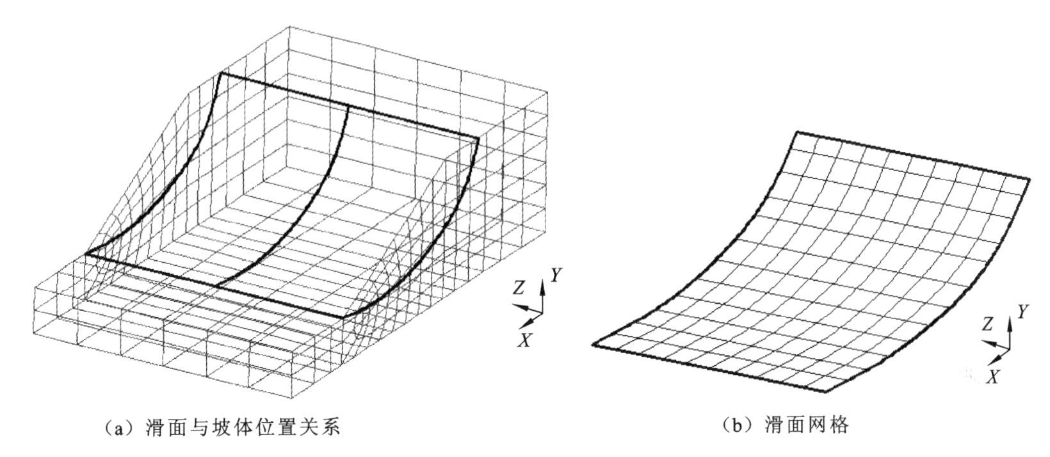

(a) 滑面与坡体位置关系　　(b) 滑面网格

图9.5.5　潜在滑面信息

研究中，将吸力的贡献划分两部分考虑：一是对边坡应力分布的改变，可从非饱和土的Bacelona模型与修正剑桥模型的不同应力结果中反映，如图9.5.3和图9.5.4所示；二是吸力对非饱和土的抗剪强度的贡献，可根据式(9.4.18)和式(9.4.21)进行对比计算。见表9.5.3，考虑吸力的各部分贡献，得到三维边坡潜在滑面的稳定系数。

表9.5.3　边坡潜在滑面的稳定系数

考虑因素	不考虑吸力作用	只考虑吸力对应力的改变	只考虑吸力对强度的改变	同时考虑吸力对应力和强度的改变
稳定系数	1.074 86	1.081 69	1.406 03	1.432 97

由表9.5.3可知：①不考虑吸力作用时，稳定系数与考题裁判答案1.0基本吻合；②考虑吸力作用时，坡体稳定系数比不考虑时有所增大，是由于吸力对非饱和土体的硬化作用改变其应力状态，从而提高坡体的整体稳定系数；③吸力对抗剪强度的贡献，使稳定系数的相应增幅更大；④同时考虑吸力对应力状态和抗剪强度的改变，才更加符合吸力的实际作用规律，此时，坡体稳定系数增幅达到最大。

9.5.2　算例II

1. 计算模型、材料参数及吸力分布

图9.5.6是澳大利亚ACADS考核题3(b)的三维延伸模型网格图，图中*ABCD*连线为指定滑裂面的位置示意图。模型中存在一水平软弱夹层，厚0.5 m，地下水位位于夹层底部。模型尺寸如图所示，单位为m，边坡斜率为1∶2，坡角为26.6°。模型采用8节点等参单元，共

1 645个节点，1 206 个单元。以水平的逆坡向为 X 轴正方向，以铅直向上为 Y 轴正方向，由右手法则确定 Z 轴正方向。

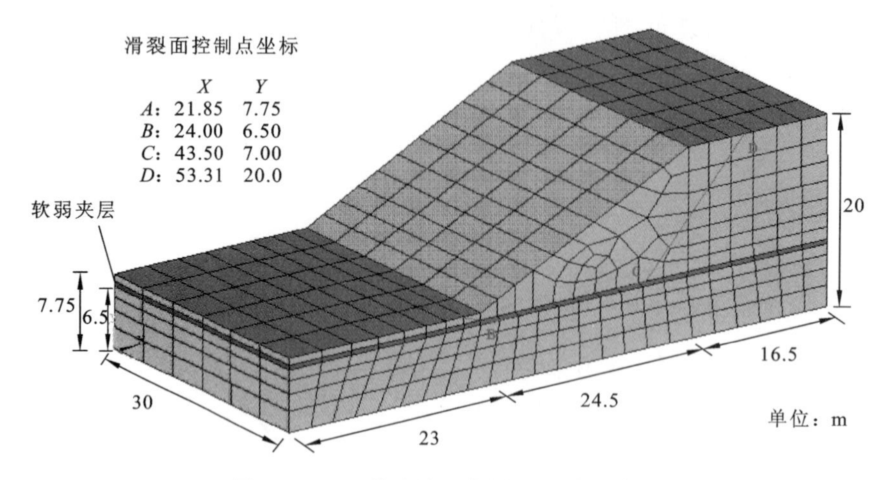

图 9.5.6 三维边坡网格图及滑裂面位置

根据边坡的三维饱和-非饱和渗流有限元数值模拟，得出某时刻边坡的孔隙水压力沿深度的分布如图 9.5.7 所示。

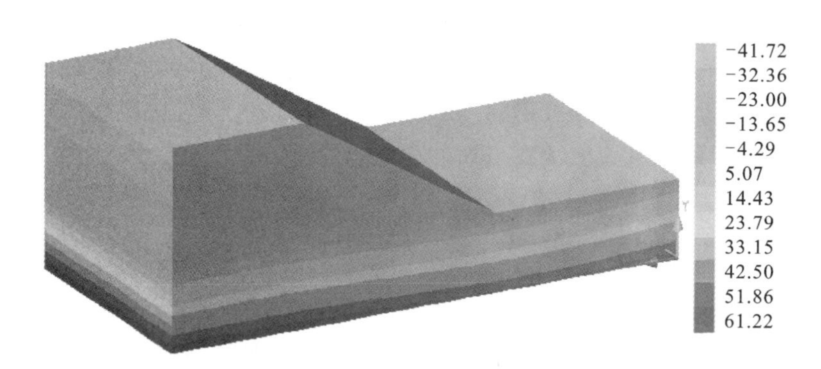

图 9.5.7 边坡孔隙水压力分布等值线

计算区域为：$X\in[0,64]$，$Y\in[0,20]$，$Z\in[0,30]$。模型底面 $Y=20$ 平面为固定约束，四个侧面为法向约束，其他各表面为自由面。

整个边坡土体由两种材料组成，材料参数见表 9.5.4，本构关系均采用非饱和土的 Barcelona 模型，模型参数见第 7 章。

表 9.5.4 材料力学参数

参数	弹性模量/kPa	泊松比	饱和容重/(kN·m^{-3})	天然容重/(kN·m^{-3})	凝聚力/kPa	内摩擦角/(°)	φ^b/(°)
坡体	60 000	0.25	20	18.84	28.5	20	10
软弱夹层	2 000	0.25	20	18.84	0	10	10

2. 吸力对边坡应力及变形的影响

结合孔隙水压分布，计算三维非饱和土边坡的应力应变分布规律，见表9.5.5。

表 9.5.5　三维边坡的应力和位移变化范围

模型	X有效应力/kPa	Y向有效应力/kPa	X向位移/mm	Y向位移/mm
修正剑桥模型	−112.1～2.4	−284.4～−4.0	−30～−1.6	−130～−6.8
非饱和土 Barcelona 模型	−113.4～−3.1	−287.0～−14.1	−23.8～2.1	−113.9～−6

注：压应力为负值；X位移负值表示顺坡向。

对比两种模型的计算结果可知，算例II中吸力对应力和位移的影响规律，与算例I基本相同。但由于材料性质的不同，X方向的最大位移出现在软弱夹层上。

3. 吸力对边坡稳定性的影响

如图9.5.8所示，根据三维边坡模型中指定滑裂面的位置，对该滑面单独划分网格，确定滑面单元的节点坐标和单元面积，计算坡体沿滑面的稳定系数。

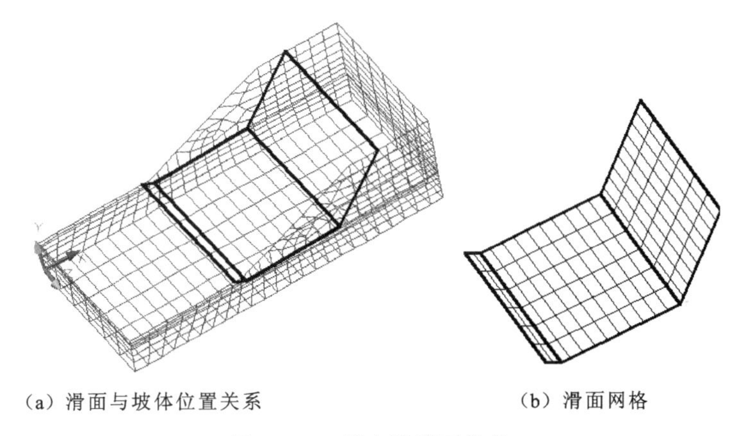

(a) 滑面与坡体位置关系　　(b) 滑面网格

图 9.5.8　指定滑裂面信息

见表9.5.6，分别列出了三维边坡在考虑吸力不同贡献时的稳定系数，与算例I有着基本相同的变化规律，且不考虑吸力作用的结果在考题统计答案的范围内。

表 9.5.6　边坡指定滑面的稳定系数

考虑因素	基于非饱和土抗剪强度方法	考题答案统计结果*		
		指标	ALL(29)	JANBU(10)
不考虑吸力作用	1.379 2	均值	1.292	1.252
只考虑吸力对应力的改变	1.436 8	标准差	0.064	0.060
只考虑吸力对强度的改变	1.474 4	最小值	1.197	1.197
考虑吸力对应力和强度的改变	1.539 8	最大值	1.450	1.333

注：提交问卷答案的总数为29组，其中采用JANBU法的有10组。

9.5.3　三维稳定性分析方法与二维方法的对比

在边坡工程的实际应用中，常认为坡体长度尺寸远大于剖面尺寸，将三维问题简化为平面应变问题。但众多研究表明，二维分析确定的稳定系数偏于保守，即三维分析的稳定系数系数大于最危险滑面上的二维计算结果。本节通过理论分析和有限元计算来验证两种方法的区别。

1. 理论上对比分析

以适合岩土材料的修正 Cambridge 模型为例，分析三维分析方法与二维的差异。该模型的屈服方程表示为：

$$f(p,q,H)=p^2-p_0p+\left(\frac{q}{M}\right)^2=0 \tag{9-5-1}$$

式中：净平均应力 $p=(\sigma_x+\sigma_y+\sigma_z)/3$，$q$ 为偏应力，表示为：

$$q=\sqrt{3J_2}=\sqrt{3}\sqrt{\frac{1}{6}[(\sigma_x-\sigma_y)^2+(\sigma_y-\sigma_z)^2+(\sigma_z-\sigma_x)^2]+6(\tau_{xy}^2+\tau_{yz}^2+\tau_{zx}^2)}$$

对于平面应变问题，$\varepsilon_z^e=\varepsilon_z^p=0$，即平面法向方向的弹性应变和塑性应变都为零，在大多数实际情况下，这本身是不成立的。再从应力状态的角度分析，平面应变的应力状态是三维应力状态的一个特例，即 $\tau_{yz}=0,\tau_{zx}=0,\sigma_z=(\sigma_x+\sigma_y)\nu$，此时由上式计算的平均应力 p 和偏应力 q 都与三维状态有很大不同。因此，三维和二维分析时的屈服方程也就不再相同。

另一方面，在稳定性分析中用到的材料参数 c、φ 以及临界状态线斜率 M 一般都是通过三轴试验确定的，将试验数据直接用于二维分析，对计算结果必定产生影响。研究表明，二维平面应变下的土体强度是高于三轴试验条件的，将三轴试验的强度参数用于二维分析，会低估了土体稳定的稳定系数[4]。

2. 计算结果对比

针对算例 I 的标准边坡，建立二维分析模型，如图 9.5.9 所示，同时在图 9.5.1 的基础上，设置不同的三维模型厚度 w，研究 w/H 对稳定系数的影响。并对滑坡侧面采用不同的约束形式，分析其对稳定性的影响。

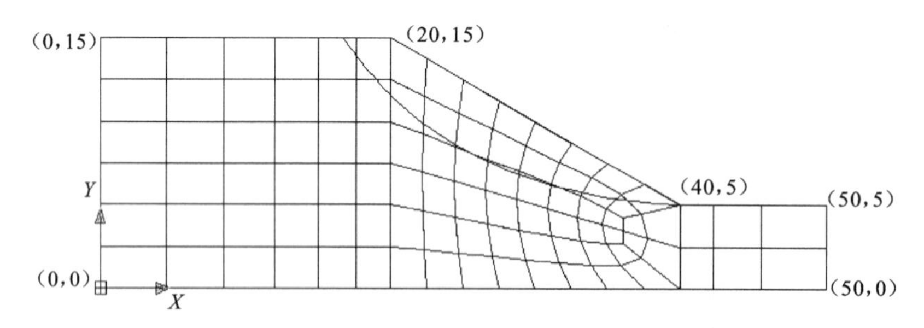

图 9.5.9 算例边坡的二维网格

采用前述相同的本构模型和稳定系数计算方法，假设坡体内孔隙水压均为零，采用表 9.5.1的材料参数，分析稳定系数随各因素的变化。见表 9.5.7。

表 9.5.7 不同计算模型下的稳定系数

模型	二维	三维	三维	三维	三维
侧面边界条件	—	法向约束	固定端约束	固定端约束	固定端约束
厚高比 w/H	—	2	2	5	10
稳定系数	1.062 35	1.074 86	1.237 763	1.102 795	1.080 521

根据表9.5.7的计算结果，可得出如下结论：

(1) 三维模型侧边界法向约束与二维模型的受力状态基本接近，安全系数也基本吻合。

(2) 三维分析中，对比$w/H=2$时的两组结果，说明侧面约束条件对稳定系数的影响较大，当侧面只有法向约束时，稳定系数与平面计算比较接近，说明侧面上的剪应力对稳定系数影响很大。

(3) 当侧面边界固定约束时，随着w/H的增大，三维稳定系数逐渐减小，对于本算例，当$w/H=10$时，稳定系数接近于二维结果，这说明采用平面应变计算坡体稳定系数时，需要满足"长度方向的尺寸要远大于断面结构尺寸"的条件，否则会低估坡体的稳定性。

9.6 影响非饱和土边坡稳定性的主要因素

众所周知，降雨和库水位变化是边坡失稳的主要诱发因素，但相同的外界条件下，并不是所有边坡都会失稳；而且，即使对于同一个边坡，并不是每次水分入渗都会导致其失稳。因此，研究非饱和土边坡变形和失稳的机理，必须深入分析影响其稳定性的主要因素。

本节主要从外因和内因两个方面分析影响非饱和土边坡稳定性的主要因素。外因方面，主要研究外在环境变化(降雨或库水位升降等)导致地下水位线坡度和位置发生变化以及水位线以上土体的吸力分布发生变化时，边坡稳定系数的变化规律；内因方面，主要探讨滑面的深度、渗透系数、土体强度参数等因素，对边坡稳定系数的影响。其中，土体的渗透系数，作为影响边坡稳定的一个重要内在因素，相关的研究已经取得了丰硕的成果。渗透系数的改变，主要通过影响坡体吸力分布和地下水位线的位置，最终影响坡体稳定性。

沿用上节的算例I，采用相同的模型和材料参数，根据饱和-非饱和渗流计算，研究降雨强度、历时和土体渗透系数对坡体渗流场分布规律的影响，并以此为基础，确定渗流场、地下水位线的位置以及滑面深度、土体强度参数等因素的变化对边坡稳定性的影响。

由于不同雨强、历时、渗透系数等因素都直接影响坡体孔压分布，但通过等值线并不能很好地反映各因素的影响规律。本书研究中，类似设置探针的方式，在考核题1(a)坡体内中间剖面上设置了6个不同深度的观察点，如图9.6.1所示，研究各点孔压随降雨历时的变化。各点的坐标见表9.6.1。

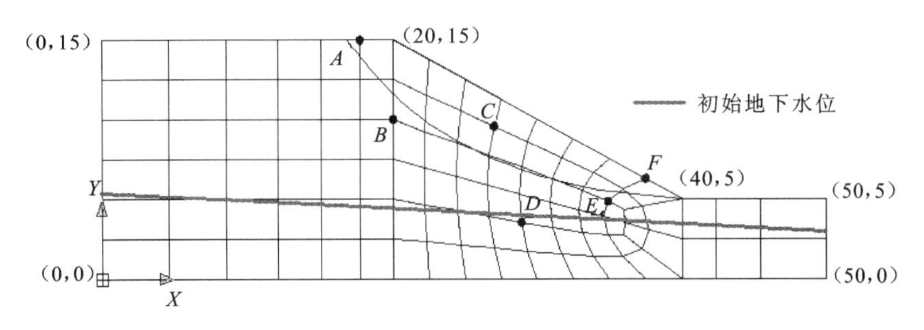

图9.6.1 观察点在剖面A网格中的位置

表 9.6.1　观察点位置坐标

观察点	A	B	C	D	E	F
X(m)	17.71	20	27.04	28.921	34.909	37.5
Y(m)	15	10	9.567	3.515	4.829	6.25

9.6.1　吸力分布对非饱和土边坡稳定性的影响

1. 降雨强度对坡体渗流场的影响

为反映降雨强度对坡体渗流场的影响，对均质边坡设计了两种不同降雨强度，分别为 0.01 m/h和 0.001 m/h，土体饱和渗透系数为 0.0417 m/h(1 m/d)，非饱和土的渗透系数结合其土水特征曲线确定。

在相同的初始孔压分布条件下，研究不同雨强作用下雨水入渗对坡体渗流场及整体稳定性的影响规律。

在雨强分别为 0.01 m/h 和 0.001 m/h 降雨作用下，连续 5 h 的降雨过程中，坡内各观察点的孔隙水压随时间的变化过程如图 9.6.2 所示。

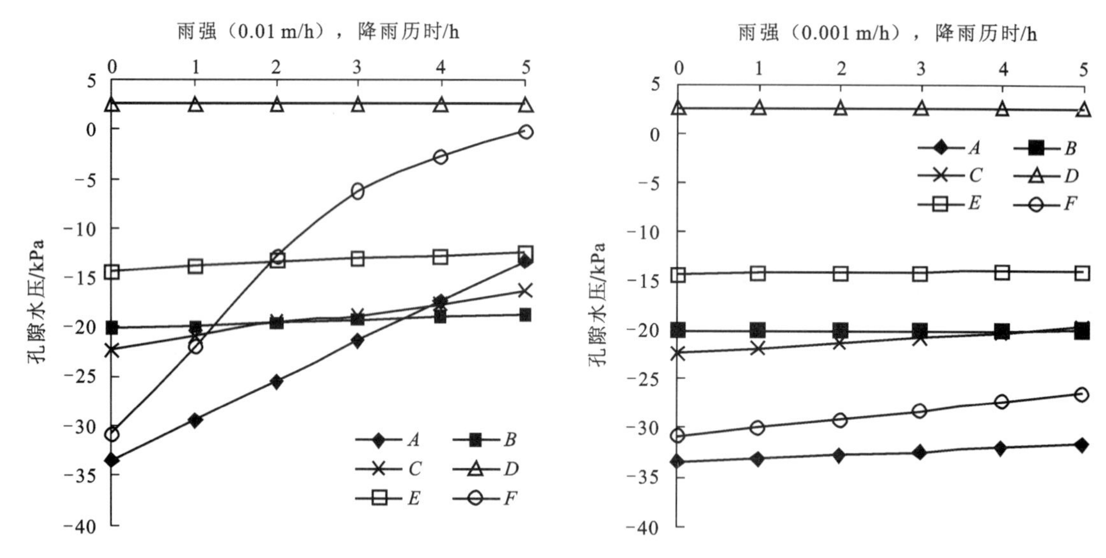

图 9.6.2　不同降雨强度作用下观察点孔隙水压力变化规律

由图 9.6.2 可知，A，F 两点的孔压变化较大，说明两种降雨强度在降雨历时 5 h 后仅增大了坡体表层土体的含水率，雨强较大时，表层吸力减小更明显；D 点孔压保持不变，表明地下水位线并没有受到影响；B，C，E 孔压也有变化，且大雨强时变化略大，说明其雨水入渗更深一些。

2. 土体渗透系数对坡体渗流场的影响

为反映渗透系数对坡体渗流场的影响，保持降雨强度为 0.01 m/h，对均质边坡设计了两种不同的饱和渗透系数，分别为 0.041 7 m/h(0.01 m/d)、0.002 08 m/h(0.05 m/d)，非饱和土的渗透系数结合其土水特征曲线确定。

在相同的初始孔压分布条件下，连续 5 h 的降雨过程中，不同土质的坡体内各观察点的孔隙水压随时间的变化过程如图 9.6.3 所示。

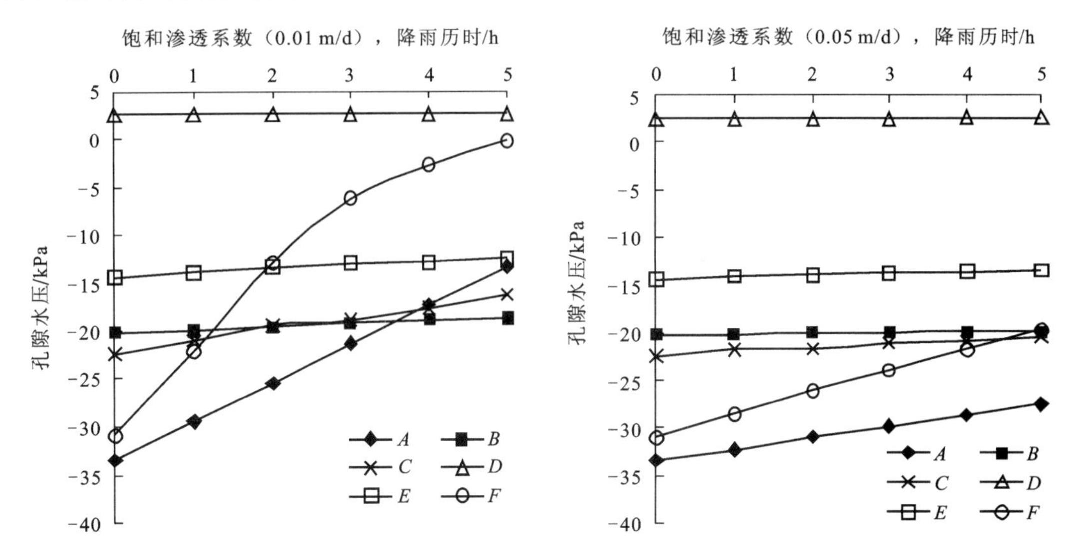

图 9.6.3　不同渗透系数土体内各观察点孔隙水压力变化规律

由图 9.6.3 可知，A，F 两点的孔压变化较大，说明降雨首先改变了坡体表层土体的含水率，且渗透系数越大，变化越明显；B，D 点孔压保持不变，C，E 点孔压略有增大，说明雨水渗入深度较浅，对地下水位影响较小。

3. 渗流场对非饱和土边坡稳定性的影响

不同降雨强度和渗透系数影响坡体渗流场与孔压分布，必将改变边坡的整体稳定性。如图 9.6.4 所示为不同条件下沿潜在滑面的稳定系数随降雨的变化规律。

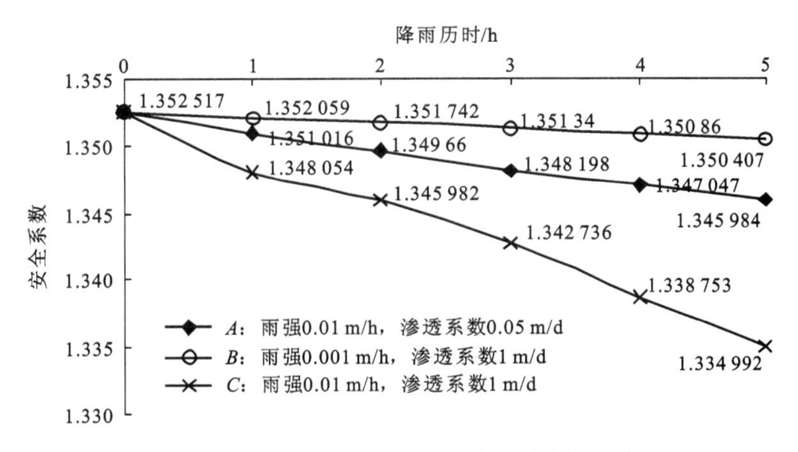

图 9.6.4　不同条件下边坡稳定系数变化规律

由图 9.6.4 可知，坡体稳定性随着雨水入渗逐渐降低，且雨强增大或者渗透系数增大，入渗量越多时，稳定系数变化越明显，这说明雨水入渗改变了非饱和区的负孔隙水压分布，直接影响土体的强度和坡体稳定性；另一方面，当条件 $C\to B$，雨强降低 10 倍时，稳定系数即大幅升高，而 $C\to A$，渗透系数降低 20 倍时，稳定系数的升幅相对略小，说明该条件下降雨强度比渗透系数对坡体稳定性影响占有更高的比重。

9.6.2　地下水位线位置对非饱和土边坡稳定性的影响

增大降雨强度和坡体渗透系数，并保持持续降雨，使雨水入渗能够抬升坡体地下水位线的位置，从而确定地下水位线位置对非饱和土边坡稳定性的影响。

如图 9.6.5 所示，为考核题 1(a)边坡在初始时刻、降雨 12 h 和降雨 24 h 时刻的地下水线位置，随着雨水的入渗，水位线不断升高。水位线以上坡体的吸力逐渐减小，各观察点的孔隙水压力变化如图 9.6.6 所示。

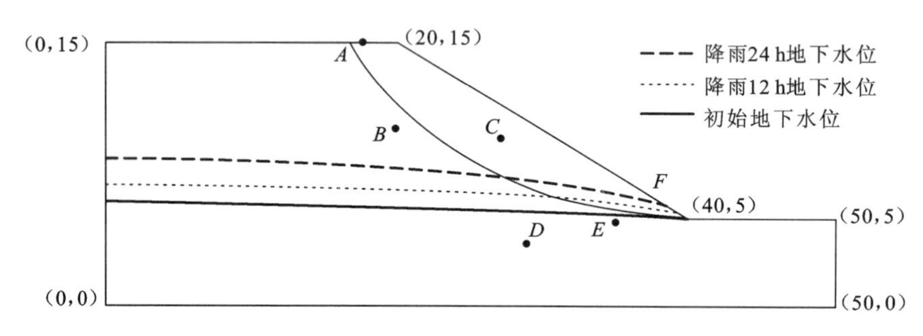

图 9.6.5　不同降雨时刻地下水位线位置

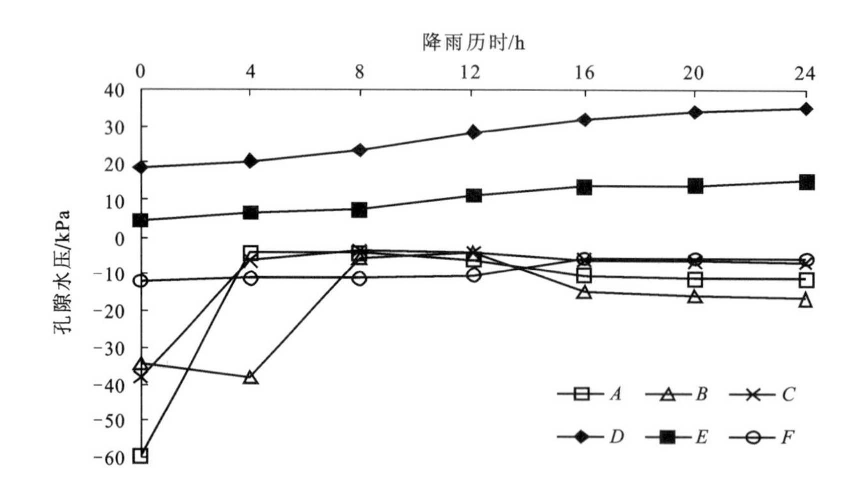

图 9.6.6　各观察点孔隙水压力随降雨的变化规律

由图 9.6.6 可知，在降雨初始发生的 4 h，A，C 两点的吸力值即快速减小，B 点的吸力值略有增大，D，E 两点位于水位以下，孔压略有升高，主要是雨水入渗深度还没有到达而水分逐渐下移；在降雨历时 12 h 后，A，B，C 三点的吸力均有不同程度地增大，主要是表层土体趋于饱和后，渗透系数增大导致向下渗流加快，使得土体含水量保持稳定，D，E，F 三点的孔压也在此时增幅最大。

根据各降雨时刻的渗流场，计算非饱和土边坡的稳定系数随降雨历时的变化规律如图 9.6.7所示。由图 9.6.7 可知，稳定系数随着降雨入渗的增大逐渐降低，且降雨开始的前 4 h，稳定系数减幅最大，主要是降雨首先改变了浅层土体的负孔隙水压力分布，使得水位以上潜在滑面周边土体的吸力均在 10 kPa 以内，继而改变土体的应力状态和抗剪强度，坡体的整体安全性骤降；另一方面，吸力的存在，使得坡体稳定系数与不考虑吸力作用时的坡体稳定系数1.074 86相比，仍然略大。

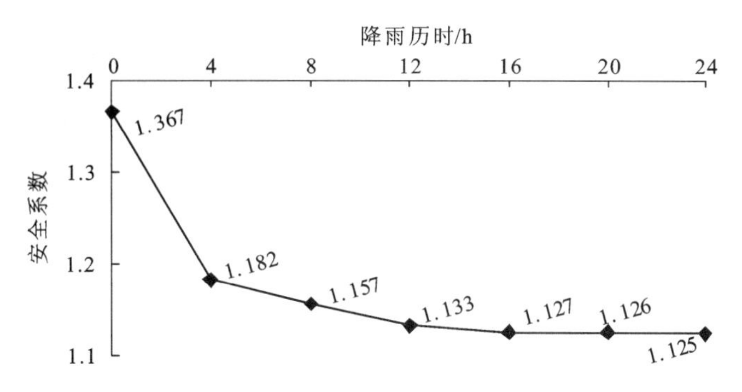

图 9.6.7　边坡稳定系数随降雨的变化规律

9.6.3　滑面位置对非饱和土边坡稳定性的影响

如图 9.6.8 所示，在前述的潜在滑面 A 的基础上，确定另外两条可能的滑面位置，其中 B 滑面最浅最陡，C 滑面最深最缓，相关信息见表 9.6.2。

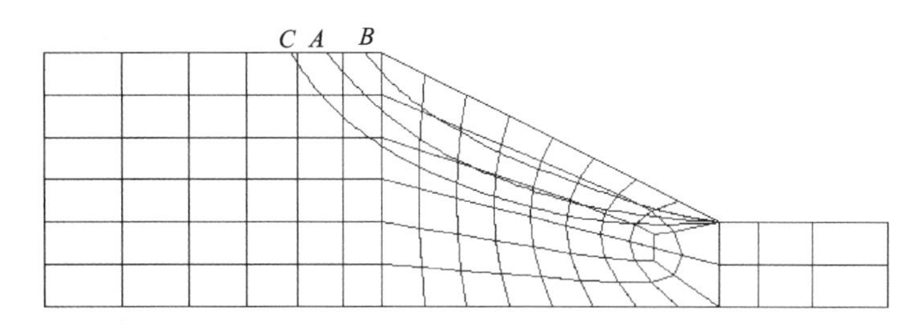

图 9.6.8　边坡各潜在滑动面的位置

表 9.6.2　三条潜在滑面的信息表

滑面	滑面长度/m	滑体面积/m²	厚度/m		倾角/(°)		
			最大厚度	平均厚度	最大倾角	最小倾角	平均倾角
A	26.13	63.65	3.34	2.44	52	5	23.30
B	23.68	34.65	1.93	1.46	50	11	25.49
C	28.6	93.98	4.6	3.29	56	-2	21.53

结合不同降雨时刻的不同孔压分布，确定坡体沿各滑面的稳定安全系数变化，如图 9.6.9 所示。

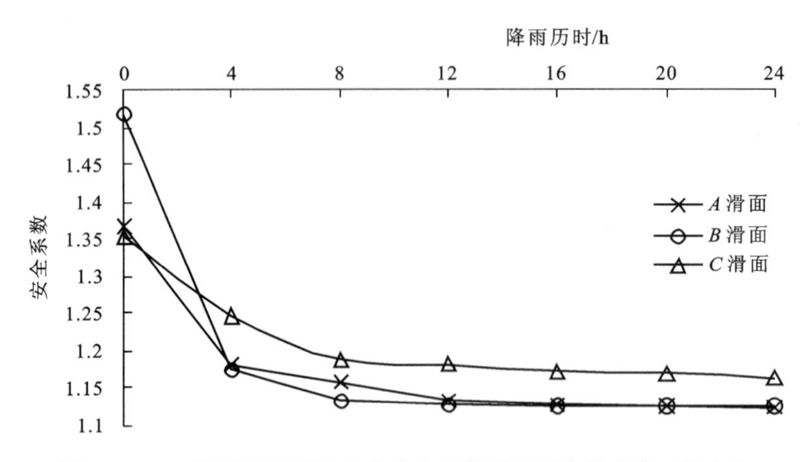

图 9.6.9　不同潜在滑面的稳定安全系数随地下水位升高时的变化

由图 9.6.9 可知：①在初始地下水位下，滑面位置越浅，稳定系数越大，主要是滑面 B 离地下水位远，周边土体的吸力值较大；②随着雨水入渗，土体吸力值迅速降低，稳定系数均降低，且沿浅层滑面 B 的降幅最大，沿 C 滑面的稳定系数相对降幅最小，说明浅层滑面的稳定系数受吸力变化的影响最大；③随着雨水的不断入渗，在降雨后期，沿各滑面的稳定系数基本保持不变，主要是滑面前缘抗滑段的土体已趋于饱和，强度不再发生变化。

9.6.4　强度参数对非饱和土边坡稳定性的影响

根据上述初始时刻的孔压分布，研究土体的强度参数改变对边坡稳定系数的影响。主要强度参数包括黏聚力 c、摩擦角 φ、吸力摩擦角 φ^b，各给定 3 个数值，为 3 个影响因素的 3 个变化水平，根据正交试验方法，设定 9 组试验，计算各试验条件下稳定系数及各因素的极差，见表 9.6.3和表 9.6.4。

表 9.6.3　边坡稳定系数影响参数的正交试验结果

因素	黏聚力 c /kPa	摩擦角 φ /(°)	吸力摩擦角 φ^b/(°)	试验结果		
				A	B	C
试验 1	1.5	10	10	0.715 444	0.819 721 3	0.692 461
试验 2	1.5	20	20	1.399 796	1.590 601	1.363 084
试验 3	1.5	30	30	2.178 011	2.467 263	2.125 688
试验 4	3	10	20	0.993 903	1.243 601	0.898 703
试验 5	3	20	30	1.706 523	2.059 544	1.589 072
试验 6	3	30	10	1.809 919	1.860 384	1.880 302
试验 7	4.5	10	30	1.300 63	1.712 545	1.124 691
试验 8	4.5	20	10	1.338 43	1.452 715	1.343 686
试验 9	4.5	30	20	2.088 378	2.284 565	2.084 565

表 9.6.4　不同潜在滑面的影响参数极差

滑面	黏聚力 c/kPa	摩擦角 φ/(°)	吸力摩擦角 φ^b/(°)
A	0.145	1.022	0.440
B	0.191	0.945	0.702
C	0.124	1.125	0.308

由表 9.6.4 可知：①材料参数对坡体稳定系数的影响力度，从大到小依次为 φ,φ^b 和 c，主要是由于非饱和土体抗剪强度($\tau=c'+(\sigma-u_a)\tan\varphi'+(u_a-u_w)\tan\varphi^b$)主要随正应力和吸力发生变化；②根据三条滑面的各影响参数的极差对比，表明滑面越浅，φ^b 的影响越显著，主要是由于初始吸力与正应力的差距较小；③由于正应力随坡体深度增大，而吸力逐渐减小，φ 对稳定系数的影响逐渐增大，φ^b 的影响相应减小。

本节研究的对象是标准的“准三维”边坡，而事实上，非饱和土边坡稳定系数的影响因素是复杂多变的，除了受到坡体(特别是滑面)的力学参数、应力状态、土体吸力分布，以及地下水位埋藏深度的影响外，还与滑坡自身构造如潜在滑动面的形态、坡度、连通状况以及前缘阻滑段的土体厚度等有关，因此对非饱和土边坡稳定性影响因素的研究有待进一步深入。

9.7　三维非饱和土滑坡稳定性分析的工程实例

为探明水库型滑坡在库水位升降作用下的变形破坏机理，应用基于非饱和土的数值方法，对三峡库区典型库岸边坡——泄滩滑坡在库水位升降作用下的变形及稳定性进行数值模拟分析。

9.7.1　泄滩滑坡概况

1. 滑坡形态特征及规模

泄滩滑坡位于湖北省秭归县境内长江左岸，上游距巴东县城关 32 km，下游距三峡工程大坝坝址 36 km。其交通位置如图 9.7.1 所示。

滑坡区基本上为河谷开阔、山势低缓、阶地发育的宽缓“V”字形河谷地貌，横向呈凹形，两侧第一斜坡平均坡度一般 20°～30°，较陡者可达 35°～40°。滑坡前缘(舌部)呈弯月形向长江突出，地形平缓；后缘以陡缓坡交汇处为界，圈椅状特征明显，后缘壁以上坡度大于 40°；滑坡两侧边界基本以两侧小山脊坡脚处为界线。滑坡体总面积约 20.8 万 m^2，总规模约 624 万 m^3。滑坡纵长 800 m，前缘横宽 440 m，中部宽 240 m，后部宽 180 m，平均宽 260 m，厚 15～42 m，平均厚 30 m。如图 9.7.2 所示(后附彩图 6)。

2. 滑坡体结构特征

滑坡由滑体、滑带、滑床三部分组成。滑坡滑体主要由松散堆积物及中后部山体崩积物组成，一般为碎块石土，成分复杂。从地质纵剖面图上看，滑带厚度 2～3 m，中后部略陡，平均坡度一般 22°～30°；滑带前缘为台阶状，缓段坡度为 5°～9°，陡段坡度为 15°～20°。滑带物质以

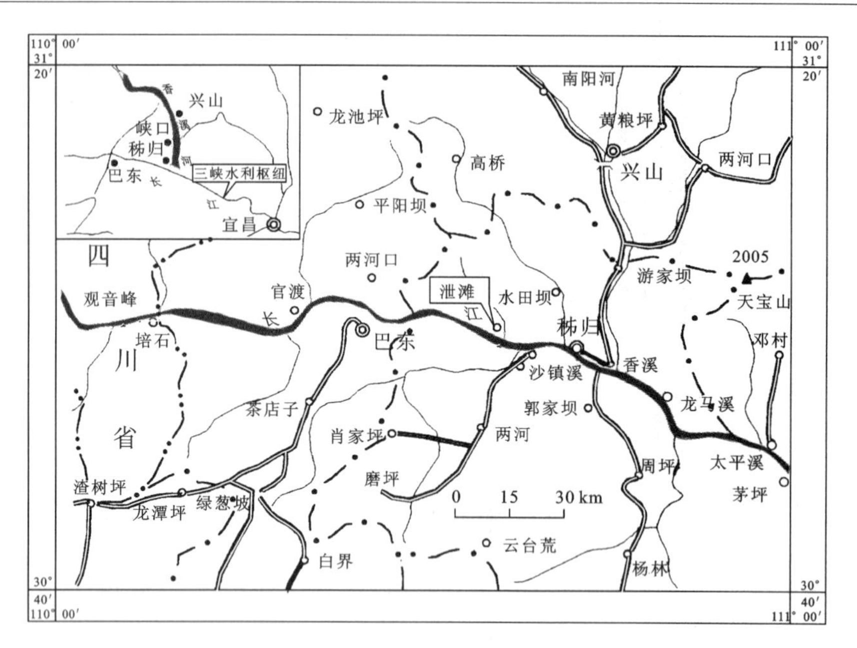

图 9.7.1　泄滩滑坡交通位置图

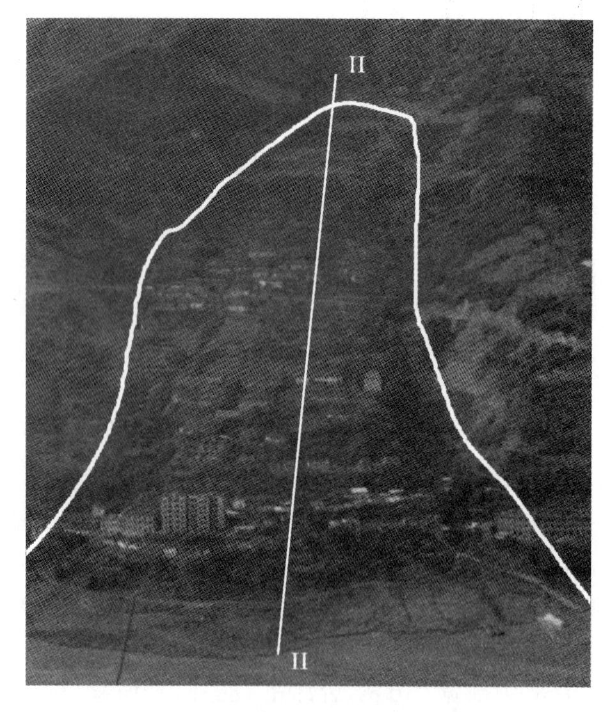

图 9.7.2　湖北省秭归县泄滩滑坡全貌

碎石土为主，岩芯断面上可见滑痕。滑坡基岩完整性较好，层面清晰，倾角 20°～30°。

如图 9.7.3 所示为泄滩滑坡 II－II 纵剖面图，根据钻孔、平硐及浅层地震资料，滑坡在汪家湾平台一带、乡中学平台外侧及以下斜坡一带的滑体厚度较大，最厚处大于 42 m，滑坡前缘、舌部、乡中学平台内侧及滑坡后部滑坡厚度较薄，一般小于 22 m，乡中学平台中部滑床基岩呈台阶状。

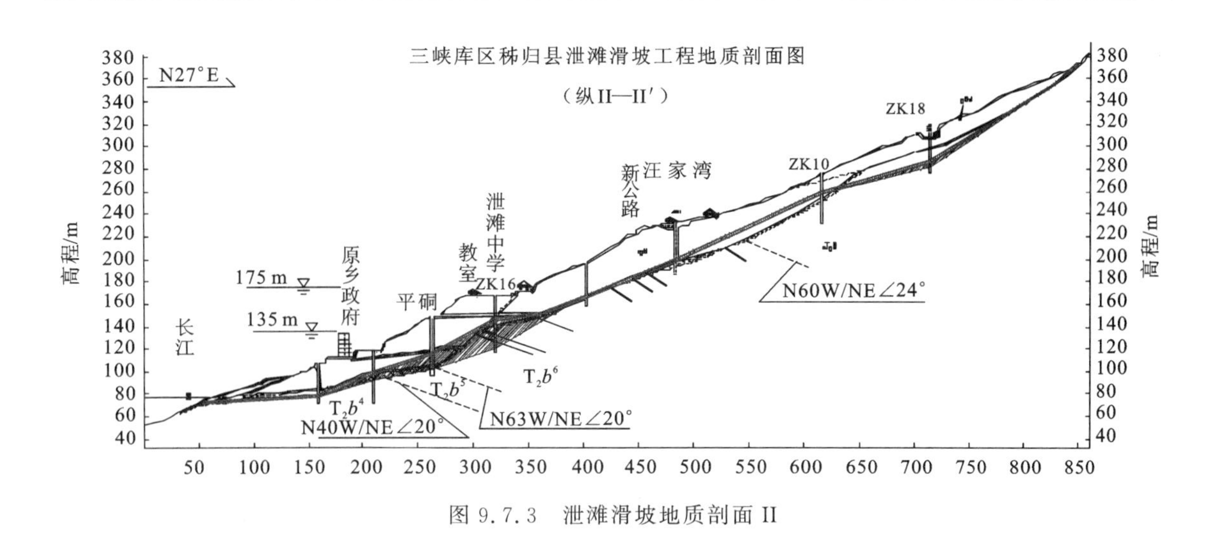

图 9.7.3　泄滩滑坡地质剖面 II

9.7.2　滑坡三维计算模型

根据上述有关泄滩滑坡区形态特征和滑坡地质结构特征的叙述，结合湖北省地质灾害防治工程勘查设计院提供的泄滩滑坡区地形图和地质剖面图，建立滑坡的三维模型，以顺河方向为 X 轴正方向，竖直向上为 Y 轴正方向，以垂直河流且顺坡向为 Z 轴正方向，如图 9.7.4 所示为滑坡三维网格及原点位置。

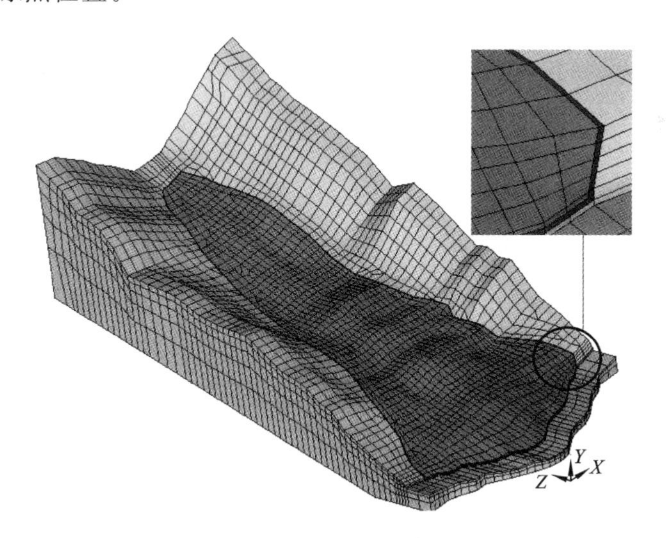

图 9.7.4　泄滩滑坡三维网格图

模型采用八节点六面体单元（极少数为六节点五面体单元）。研究计算范围为：$X\in[-275,275]$，$Y\in[52,554]$，$Z\in[-890,3]$。模型底面为固定边界面，四个侧面为法向约束，其他各表面为自由面。

根据泄滩滑坡的地质结构特性，模型简化为三个材料区：滑体、滑带和滑床（基岩），如图 9.7.5所示。受参数限制，本构关系采用非饱和土莫尔库仑模型，各材料力学参数见表 9.7.1。

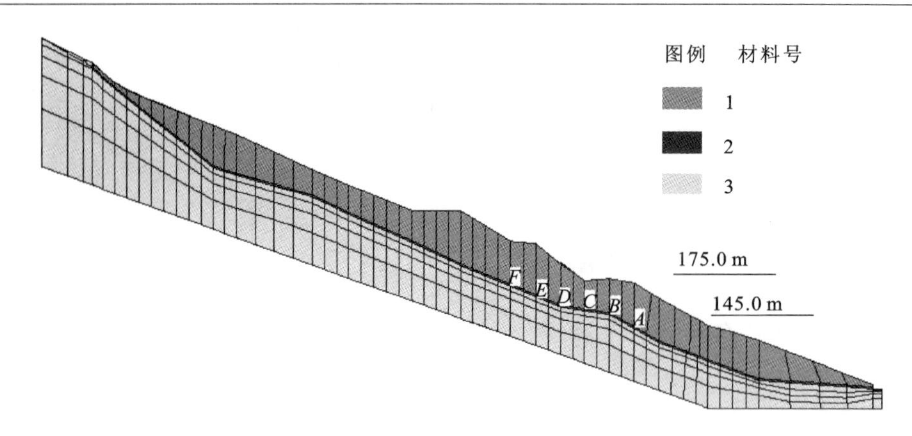

图 9.7.5　泄滩滑坡模型材料分区

表 9.7.1　材料力学参数

材料区	弹性模量 /kPa	泊松比	饱和容重 /(kN·m^{-3})	天然容重 /(kN·m^{-3})	凝聚力 /kPa	内摩擦角 /(°)	吸力摩擦角 φ^b/(°)
滑体	15×10^3	0.35	22.5	20.7	23.0	25.0	17.0
滑带	10×10^3	0.35	21.5	20.8	15.2	15.0	12.0
滑床	800×10^3	0.25	23.5	23.5	500.0	38.0	—

9.7.3　库水位波动条件下的孔压分布规律

1. 渗流分析条件及参数

根据三峡水库水位调度资料，水库水位在 9 月底至次年 5 月底为变化期，水位在 145～175 m 波动，如图 9.7.6 所示。一年的基本调度规律为：每年 5 月初至 9 月为汛期，库水位保持 145 m；9 月底至 11 月初，水位从 145 m 大幅上升至 175 m；然后持续 175 m 至次年 1 月上旬；1 月至 5 月初为供水期，水位逐步缓慢降落至 145 m。

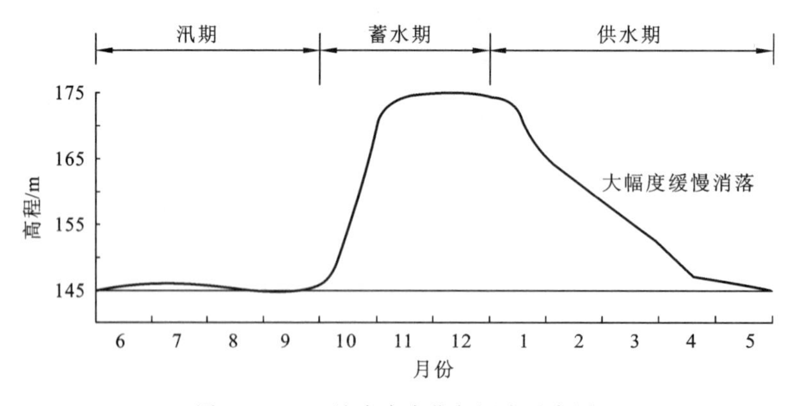

图 9.7.6　三峡水库水位年调度示意图

本次研究主要考虑库水位升降对滑坡体稳定性的影响规律，结合水位调度规律，渗流计算从 9 月开始计时，在此之前库水位已经保持 145 m 约 150 d，可以假定滑坡地下水位线已趋于稳定，随后的 40 d 库水位陡升 30 m，并保持 175 m 水位约 60 d，然后缓慢消落至 145 m，历时 110 d。

三种材料的饱和渗透参数、初始含水率及饱和含水率见表9.7.2。

表9.7.2 材料的渗透性质

材料	饱和渗透系数 k_s/m·d^{-1}			初始含水率/%	饱和含水率/%
	X方向	Y方向	Z方向		
滑体	1.03	1.03	1.03	12.8	25
滑带	0.155	0.155	0.155	11.4	27
滑床	0.000 004 5	0.000 004 5	0.000 004 5	0.6	2.0

根据材料土水特征曲线(体积含水率 θ—负压水头 h)和体积含水率—相对渗透系数关系曲线(θ-k_r),并结合饱和渗透系数,得到非饱和土的渗透系数。由于缺乏试验资料,滑体和滑带土的关系曲线由工程类比法确定,分别见表9.7.3和表9.7.4。因不考虑基岩的非饱和特性,所以不需要 θ-h 和 θ-k_r 曲线。

表9.7.3 滑体的 θ-h 和 θ-k_r 曲线

θ/%	11.4	11.8	13.1	15.4	16.6	18.0	19.3	21.1	25.0
h/m	75	55	33	15	8	4	2	1	0
θ/%	12.8	14.4	15.8	17.8	20.1	22.1	23.4	24.3	25.0
k_r	0.001	0.125	0.25	0.37	0.50	0.60	0.75	0.87	1.0

表9.7.4 滑带土的 θ-h 和 θ-k_r 曲线

θ/%	11.0	11.8	12.1	15.4	17.2	19.8	22.0	23.9	27.0
h/m	80	50	30	15	8	4	2	1	0
θ/%	11.0	12.1	14.8	17.5	20.7	23.5	25.2	26.2	27.0
k_r	0.002	0.12	0.23	0.39	0.48	0.56	0.79	0.91	1.0

2. 渗流分析结果

按照水库水位调度示意图,可设置4个关键时刻来描述水位变化时段:初始时刻(0时刻)水位145 m,40 d时刻水位升至175 m,100 d时刻水位自175 m开始消落,210 d时刻水位下降至145 m。

初始时刻,滑坡的地下水位稳定,滑体、滑带和基岩内的地下水位线基本持平,坡体孔隙水压力分布的表面云图如图9.7.7所示。由图9.7.7可知,滑体表面的最大负孔隙水压在−95 m左右,前缘最大静水压力在90 m左右。II-II纵剖面的孔隙水压等值线如图9.7.8(a)所示。

随着库水位的变化,坡体的渗流场不断改变,孔隙水压分布也随之改变,如图9.7.8(b)、(c)、(d)分别表示计算时刻为40 d,100 d和210 d时II-II纵剖面的孔隙水压等值线。由图9.7.8可知:①滑坡体内的地下水位随着库水位的升降而升降;②当水位升至175 m时,相同高程处的土体并未完全饱和,而当库水降落至145 m时,相同高程处土体的孔压仍大于零,说明地下水位的变化滞后于库水的变化;③由于基岩的透水性很差,所以库水升降过程中,基岩中的孔压分布线变化甚微。

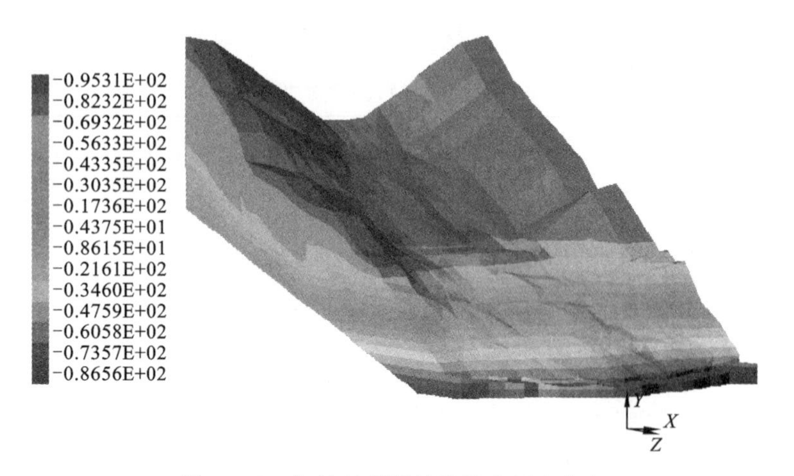

图 9.7.7　初始时刻滑坡孔隙水压力分布

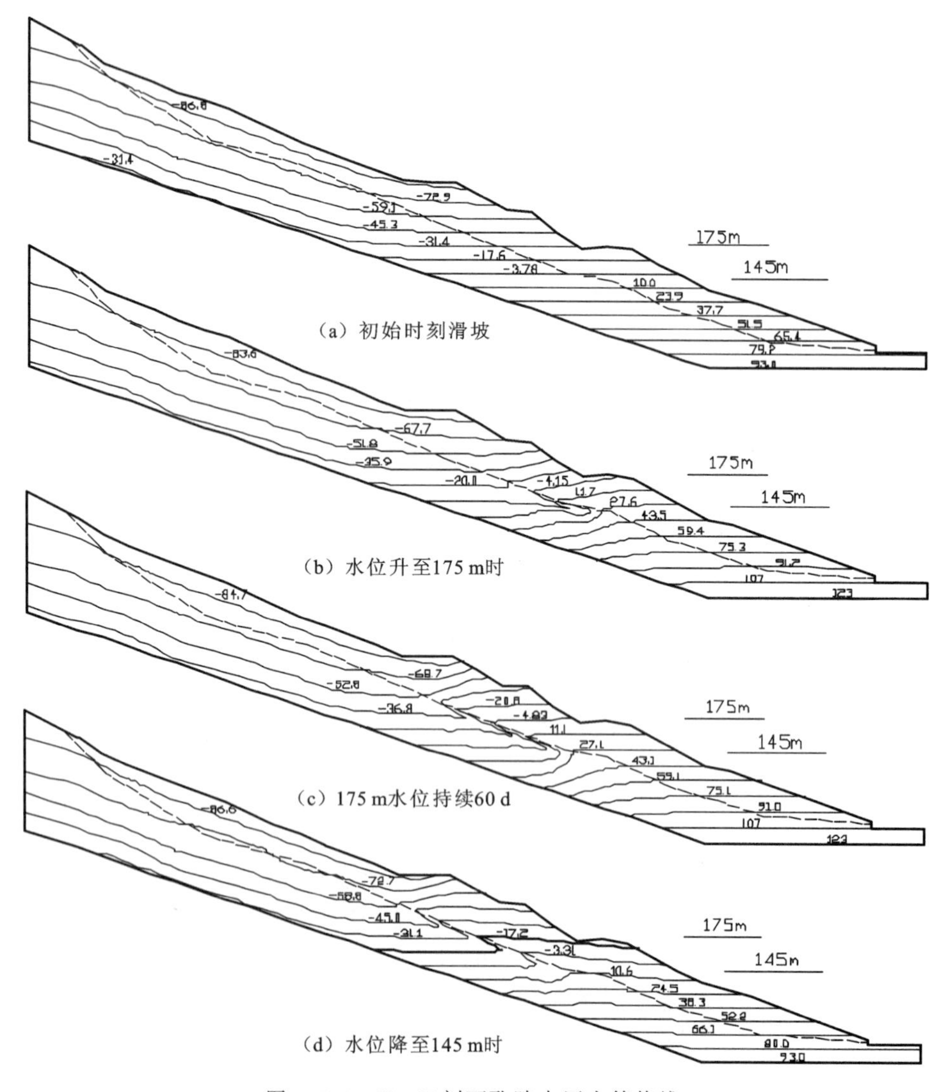

(a) 初始时刻滑坡

(b) 水位升至175 m时

(c) 175 m水位持续60 d

(d) 水位降至145 m时

图 9.7.8　II—II 剖面孔隙水压力等值线

在整体孔隙水压力分布的基础上，为进一步弄清库水位升降对处于一定深度的滑带土体的影响，于II－II剖面的滑带与滑体连接面上设置6个观察点 $A\sim F$，位置如图9.7.5所示，高程分别为131.3 m，145.1 m，148.7 m，152.3 m，162.35 m，172.4 m。各点的孔压随库水升降的变化规律如图9.7.9所示：

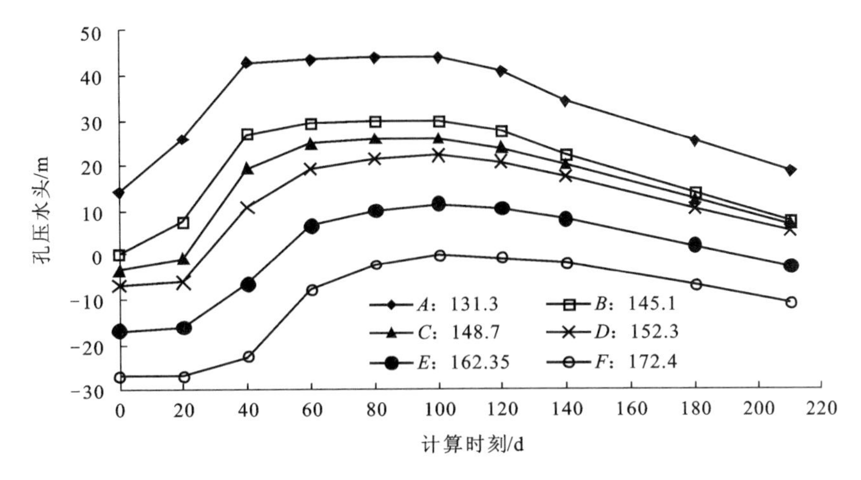

图9.7.9　观察点孔隙水压力随库水位调度的变化规律

由图9.7.9可知：①各观察点的孔压与库水位的变化规律基本一致，均是先上升后基本持平再下降；②在水位由145 m升至175 m时，各点的孔压的增量小于30 m，而在水位降至145 m时，各点的孔压均没有降回到初始计算时刻，说明土体内孔隙水压力的变化具有一定的滞后性；③A 点在145 m水位以下，最大孔压变化近30 m，对库水位变化反应最敏感，F 点孔压在库水位持续175 m时才开始显著变化。

9.7.4　三维滑坡稳定性随库水位升降的变化规律

随着库水位的升降，在145～175 m的消落影响带内，滑坡土体的孔隙水压力在正负之间波动，土体的强度也随着吸力的不同而不同，计算时的土体容重也会在浮容重和湿容重之间变化，且渗流方向先向坡内后向坡外，因此坡体的位移和整体稳定性必然受到不同因素的影响。

1. 位移变化规律

如图9.7.10所示为坡体在初始时刻三个方向的表面位移云图，是土体在自重作用和库水浮托作用下的总位移。

随着库水位的升降，坡体的位移也在不断发生改变，如图9.7.11和图9.7.12所示，分别为不同计算时刻滑坡II－II剖面的 Y 方向(竖直向)和 Z 方向(滑动方向)总位移等值线图。

由图9.7.11可知，不同时刻不同库水位条件下，滑坡的整体位移分布规律基本一致，变形范围主要局限在坡体中前部，但消落影响带的位移分布及最大值略有不同，均随着库水位的调度，出现总位移先增大后减小的现象。

在4个关键时刻点，坡体表面 Y 方向最大位移分别为－1.564 m，－1.579 m，－1.643 m，－1.615 m，负号表示方向向下，最大位移增量为0.079 m；坡体表面 Z 方向最大位移分别为1.295 m，1.301 m，1.428 m，1.421 m，方向指向坡外，最大位移增量为0.133 m。

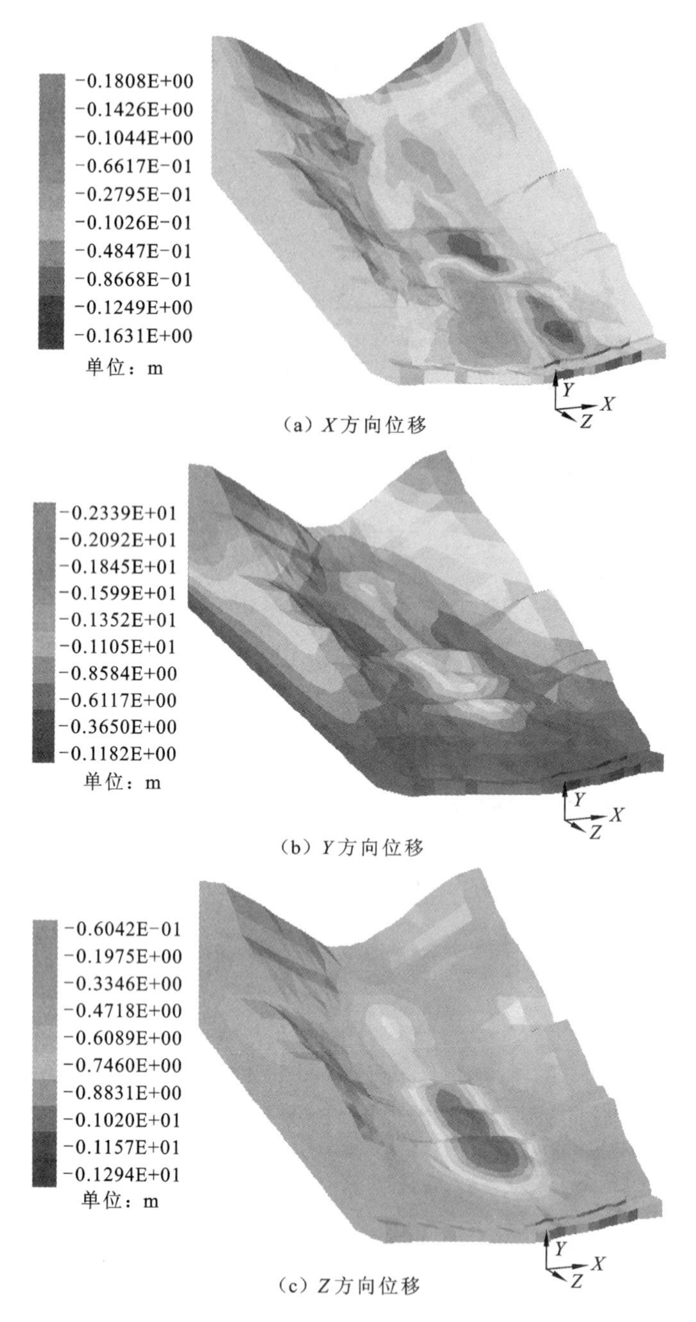

(a) X方向位移

(b) Y方向位移

(c) Z方向位移

图 9.7.10　初始时刻表面位移云图

为了解库水位变化对滑带的位移的影响，II－II 剖面上已设置了 6 个观察点 A～F，高程分别为 131.3 m，145.1 m，148.7 m，152.3 m，162.35 m，172.4 m。各观察点的 Y 方向和 Z 方向位移随库水位升降时的变化规律如图 9.7.13 和图 9.7.14 所示。

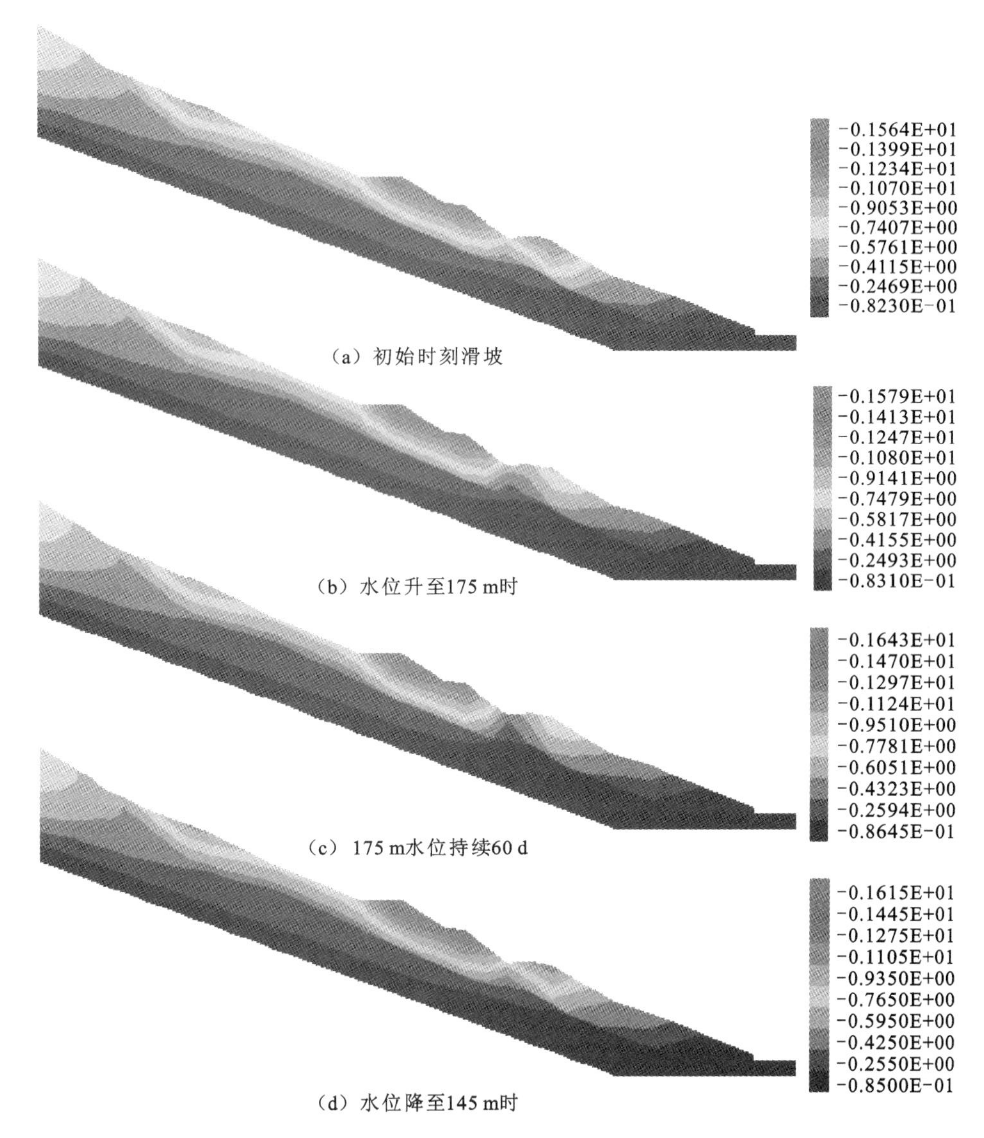

(a) 初始时刻滑坡

(b) 水位升至175 m时

(c) 175 m水位持续60 d

(d) 水位降至145 m时

图 9.7.11　II—II 剖面 Y 方向位移云图

由图 9.7.13 和图 9.7.14 可知：①$A \sim D$ 4 点的 Y 向位移随着库水位的升高和回落而先减小后持平再增大，主要是由于库水浮托力的作用，E 点和 F 点的 Y 向位移受库水位升降影响较小；②A 点和 B 点的 Z 向位移随库水位先减小后持平再增大，主要是由于两点一直处于饱和状态，受库水的渗透力作用是先向坡内后向坡外的，而 $C \sim F$ 4 点的 Z 向位移表现相反的规律，即先增大后持平再减小，其主要原因是土体的吸力随库水入渗而丧失或减小，造成非饱和土的强度降低，变形增大，吸力降低的影响比库水向内渗透作用的效果更明显；③经过库水的一次调度循环，各点的位移均比初始时刻有不同程度的增大；④滑带的相对位移与坡体表面的相对位移基本相同，说明滑坡的变形主要是由滑带的剪切变形引起的。

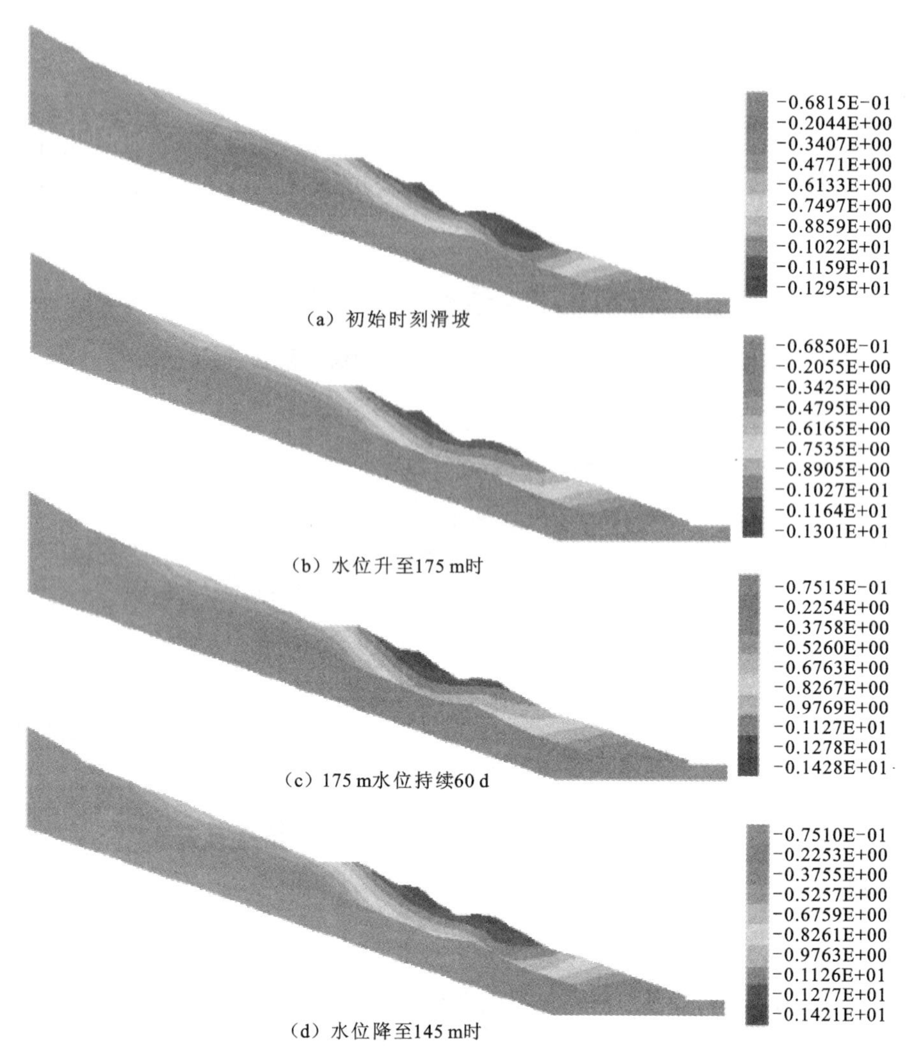

图 9.7.12 II-II剖面 Z 方向位移云图

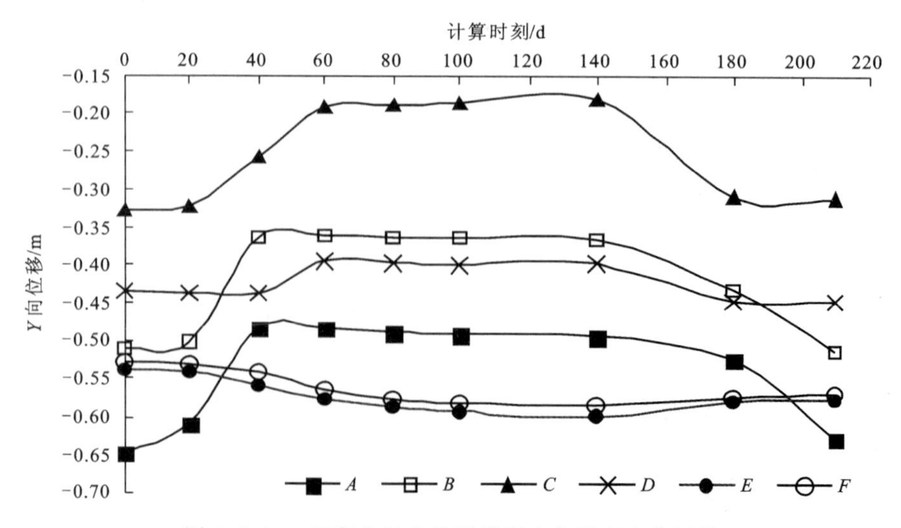

图 9.7.13 观察点 Y 向位移随库水位调度变化规律

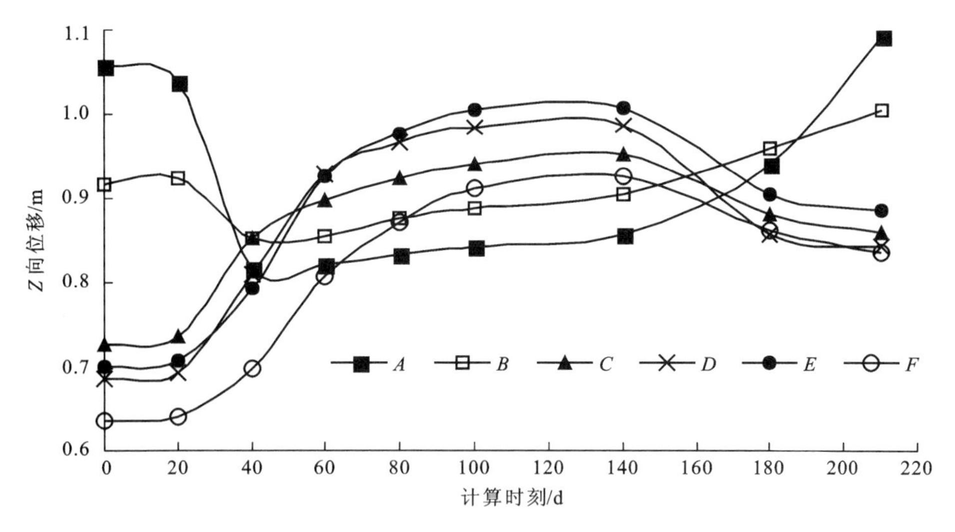

图 9.7.14　观察点 Z 向位移随库水位调度变化规律

2. 滑坡稳定性变化规律

根据基于非饱和土的三维数值模拟，得到各单元的高斯点应力，确定滑面单元的平均应力及应力水平，结合滑面单元面积，采用前节所述的基于应力水平的方法，加权得滑坡整体稳定系数。

坡体稳定系数随库水位升降的变化规律，如图 9.7.15 所示。由图 9.7.15 可知：①在库水位均匀上升时段，稳定系数逐渐降低，且降低速率先缓后陡；②库水位持续 175 m 时段，稳定系数依然逐渐降低，但速率逐渐变缓，对照图 7.3.7 的孔压变化线可知，该时段库水不断入渗，土体孔压仍在不断增大；③稳定系数在库水消落初期达到最低，此时滑带土体的饱和状态没来得及改变，但外界水位降低，造成坡体的水分向外渗透，对坡体稳定性最不利；④随着库水继续回落，滑带土体的孔压逐渐减小，滑坡的稳定系数也逐渐增大，但仍比初始时刻的稳定系数大幅减小；⑤对比基于非饱和土理论的二维研究结果，表明三维方法的稳定系数比二维结果略大；⑥当不考虑土体的吸力作用时，安全系数约为 1.002 055，趋于临界滑动状态。

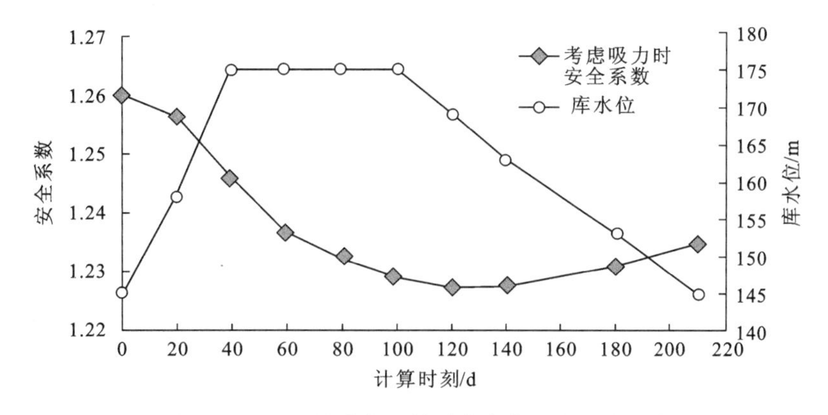

图 9.7.15　滑坡稳定系数随库水位调度变化规律

参考文献

[1] 郑宏,刘德富,罗先启.基于变形分析的边坡潜在滑面的确定[J].岩石力学与工程学报,2004,23(5):709-716.

[2] 郑宏,李春光,李焯芬,等.求解安全系数的有限元法[J].岩土工程学报,2002,24(5):626-628.

[3] 陈祖煜.土质边坡稳定分析——原理方法程序[M].北京:中国水利水电出版社,2003.

[4] 吴春秋.非线性有限单元法在土体稳定分析中的理论及应用研究[D].武汉:武汉大学,2004.

第10章　三峡库区重大涉水滑坡稳定性评价及空间预测

本章阐述水库涉水滑坡稳定性评价及复活工况预测的基本方法，对三峡库区319个重大涉水滑坡进行了稳定性计算和复活工况预测，借助ArcGIS、谷歌地球等平台和技术建立三峡库区重大涉水滑坡空间数据库系统，实现滑坡空间信息的查询定位、统计分析、三维展示及不同工况条件下滑坡空间预测评价图编制(1∶5万)。

10.1　滑坡稳定性评价与复活工况预测

10.1.1　单体滑坡稳定性评价与复活工况预测基本方法

采用第8章和第9章建立的考虑库水位变动与降雨作用的滑坡渗流及稳定性数值方法，通过数值模拟计算单体滑坡在各种不同库水位变动与降雨工况下的稳定性，并通过对各种工况进行比较，针对不同滑坡类型对滑坡最危险工况及复活工况进行预测。

关于“滑坡复活”的概念，目前还没有统一的界定，本书把“滑坡复活”界定为滑坡稳定系数小于或等于1；滑坡复活工况是指满足滑坡稳定系数小于等于1的工况条件，即导致滑坡破坏的外界环境条件临界值，如库水位临界工况、降雨临界工况或库水位与降雨组合临界工况等。关于滑坡复活判据这里是指滑坡复活工况，即满足滑坡稳定系数小于或等于1的工况条件。

下面介绍利用数值模拟方法开展在库水位变动与降雨耦合作用下滑坡稳定性评价及复活工况预测的基本步骤。

1. 模型构建

根据滑坡体典型地质剖面，采用ANSYS软件建立滑坡体的物理几何模型；然后采用手动和自动相结合的剖分方法对几何模型进行网格划分，建立数值计算网格模型；最后，按照实际渗流特点及荷载作用方式，确定计算模型的初始条件、边界条件及荷载条件。水库滑坡实际荷载就是滑体自重叠加库水及降雨作用，在库水位升降及降雨作用下的滑体渗流属于非饱和非稳定渗流过程，渗流初始条件指滑体内地下水位及地下水位以上含水率分布，根据库水位计算确定，渗流边界条件指滑体边界的渗流条件，滑坡前、后缘按照定水头边界处理，无降雨时滑坡表面按自由边界处理，有降雨时按照流量边界处理。

2. 工况确定

计算工况包括库水位升降过程、升降速率以及降雨过程。这里库水位变动工况按实际库水调度情况进行概化处理，降雨工况根据实际降雨资料统计确定其降雨过程。

1) 库水位变动工况确定

三峡水库建成后，汛期(6 月中旬至 9 月底)水库限制水位为 145 m，以便洪水来临时拦蓄洪水。若遇上 5 年一遇洪水，坝前水位达到 147.2 m，20 年、50 年和 100 年一遇洪水坝前水位分别为 157.5 m、166.7 m 和 175.0 m。洪峰过后，水库水位又迅速降低到防洪限制水位 145 m 左右，以备可能再次发生洪水。9 月开始蓄水，10 月中旬至次年 4 月底水库限制水位为175 m，5 月至 6 月中旬水位降低至 145 m。每年三峡水库坝前水位在 145 m～175 m～145 m 之间周期性变动，水库水位变幅为 30 m，一般情况下 5 月初至 5 月底，坝前水位从 175 m 降至 155 m，每天下降不大于 1 m，平均为 0.67m/d；6 月 1～10 日，坝前水位从 155 m 降至 145 m，平均 1.0 m/d。汛期遇百年一遇、千年一遇洪水，坝前水位上升速率为 3～4 m/d，千年一遇洪水控制坝前水位不高于 175 m(百年一遇控制坝前水位不高于 166.7 m，20 年一遇坝前水位为 157.5 m)，大水后坝前水位下降速率不大于 3 m/d。按照上述水库调度情况将三峡水库正常运行库水位变动过程概化如图 10.1.1 所示。

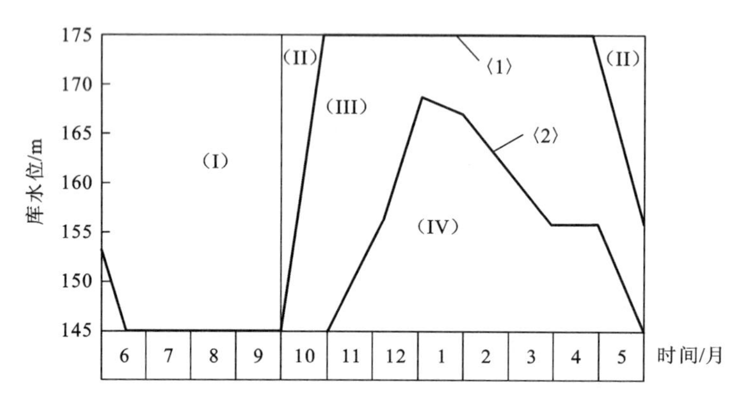

图 10.1.1　三峡工程正常运行库水位变动过程概化图

库水位变动过程可分为 5 个阶段：

(1) 9 月 1 日至 11 月 15 日，从 145 m 水位以 0.4 m/d 的速率历经 75 d 上升到 175 m 水位；

(2) 11 月 15 日至次年 4 月 10 日，水位稳定在 175 m 持续 148 d；

(3) 4 月 11 日至 5 月 21 日，从 175 m 水位以 0.3 m/d 的速率历经 40 d 降落到 162 m 水位；

(4) 5 月 21 日至 6 月 5 日，从 162 m 水位以 1.2 m/d 的速率历经 15 d 降落到 145 m 水位；

(5) 6 月 15 日至 8 月 31 日，水位稳定在 145 m 持续 87 d。

将以上库水位变动过程概化为 4 种典型工况：

(1) 145 m 库水位工况，历时 87 d；

(2) 145 m 升至 175 m 工况，升速 0.4 m/d，历时 75 d；

(3) 175 m 工况，历时 148 d；

(4) 175 m 降至 145 m 工况，分为两个时间段：第一时间段降速为 0.3 m/d，历时 40 d，第二时间段降速为 1.2 m/d，历时 15 d。

全年库水变动有 4 个关键节点，分别是第 1 天，第 75 天，第 223 天，第 278 天。如图 10.1.2 所示。

2) 降雨工况确定

降雨是一种自然现象，在每个地点每年每月都不相同，因此降雨属于随机现象，需要采用

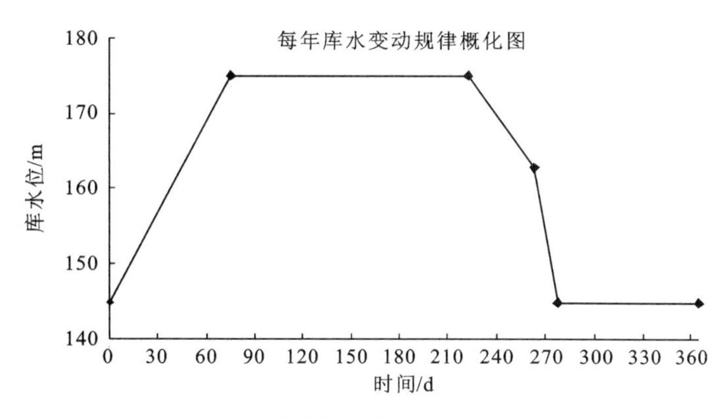

图 10.1.2　数值模拟库水变动工况概化图

数理统计方法，借助长期的观测资料探索降雨变化规律，以概率分布曲线表示，由此估算出不同频率下可能出现的降雨量。我国 SL44—93《水利水电工程计算规范》规定[1]：频率分布曲线的线型一般采用皮尔逊 III 型，针对特殊情况，经分析论证后才能采用其他线型。皮尔逊 III 型曲线是一条一端有限一端无限的不对称单峰曲线，数学上称为伽马分布，其概率密度函数为：

$$f(x)=\frac{\beta^{\alpha}}{\Gamma(\alpha)}(x-\alpha_0)^{\alpha-1}\mathrm{e}^{-\beta(x-\alpha_0)}$$

式中：$\Gamma(\alpha)$ 为 α 的伽马函数；α、β、α_0 分别为皮尔逊 III 型分布的形状、尺度和位置参数。

$$\alpha=\frac{4}{C^2},\quad \beta=\frac{2}{\bar{x}C_{\mathrm{v}}C_{\mathrm{s}}},\quad \alpha_0=\bar{x}\left(1-\frac{2C_{\mathrm{y}}}{C_{\mathrm{s}}}\right)$$

式中：$\bar{x}$，C_{v} 和 C_{s} 分别为均值、变差系数、偏态系数。

水文频率曲线线型确定后，为了确定出概率分布函数，则需要通过有限的样本观测资料去估计总体分布线型的特征参数，如皮尔逊 III 型分布的均值 $\bar{x}$、变差系数 C_{v} 和偏态系数 C_{s}。由样本估计总体参数的方法很多，如矩法、极大似然法、概率权重法以及优化适线法。我国工程水文计算中通常采用适线法，而其他方法估计的参数，一般作为适线法的初始值。这里采用常用的优化适线法来拟合皮尔逊 III 型分布的频率曲线参数，采用 Matlab 工具编制计算程序，拟合最优的降雨频率曲线，从降雨频率曲线中可读取频率 P 所对应的降雨强度值。

本次计算降雨工况分别采用 10 年，20 年，50 年，100 年一遇的降雨强度，即降雨频率 P 分别为 0.1，0.05，0.02，0.01 对应的降雨强度。这里收集到了湖北巴东、秭归两个县近 30 年的降雨资料，按照上述计算方法获得了两个县的不同降雨周期对应的降雨强度，见表 10.1.1。

表 10.1.1　三峡库区秭归、兴山县不同降雨周期对应的降雨强度值

区县名称 / 降雨历时	恩施州巴东县					宜昌市秭归县				
	正常	10 年	20 年	50 年	100 年	正常	10 年	20 年	50 年	100 年
连续 1 d	46.281	131.240	155.300	186.880	210.640	31.390	125.560	142.870	164.510	180.240
连续 2 d	23.656	76.439	87.202	100.810	110.780	13.304	75.989	84.807	95.493	103.070
连续 3 d	18.168	55.239	62.632	71.954	78.774	11.769	53.171	59.065	66.217	71.295
连续 4 d	13.845	46.233	54.376	64.913	72.766	7.653	43.679	48.669	54.704	58.978
连续 5 d	7.173	41.177	49.253	59.638	67.343	3.920	36.971	42.293	48.845	53.551

3）库水位变动工况与降雨工况组合

将 4 种库水位变动工况与 4 种降雨工况进行组合，可得到 16 种典型工况，见表 10.1.2。分别按照这 16 种典型工况进行滑坡稳定性计算和复活工况的预测。

表 10.1.2　数值模拟采用的 16 种工况

库水位变动工况	降雨工况			
	10 年一遇	20 年一遇	50 年一遇	百年一遇
145 m 上升至 175 m 过程	工况 1	工况 2	工况 3	工况 4
175 m 持续不变过程	工况 5	工况 6	工况 7	工况 8
175 m 下降至 145 m 过程	工况 9	工况 10	工况 11	工况 12
145 m 持续不变过程	工况 13	工况 14	工况 15	工况 16

3. 计算参数确定

计算参数包括渗流计算参数及稳定性计算参数。渗流计算涉及非饱和非稳定流过程，因此计算参数包括饱和渗透系数、土水特征曲线及非饱和渗透性函数；滑坡稳定性计算参数主要包括抗剪强度参数 c，φ 值及容重 γ。参数的选取主要采用经验类比及反演方法综合确定，第 3 章、第 4 章的试验成果可作为土水特征曲线及非饱和土渗透性函数参数选取的参考依据。

4. 计算结果处理

通过计算可得到一年时间段内滑坡渗流场的连续变化过程及与之对应的滑坡稳定系数变化过程。根据研究需要主要对 16 种工况下滑坡稳定系数进行整理，绘制 16 种工况下滑坡稳定系数随时间变化曲线。

5. 滑坡稳定性评价及复活工况预测

根据 16 种工况下滑坡稳定系数随时间变化曲线，分析影响滑坡稳定系数的主要工况及其影响规律。将每种工况下滑坡最小稳定系数作为判断该工况下滑坡稳定状态的依据；通过比较各种工况下滑坡最小稳定系数，确定滑坡的最不利工况，并根据最不利工况预测滑坡是否复活。若最不利工况下滑坡稳定系数大于 1，则预测该工况下滑坡不会复活，若最不利工况下滑坡稳定系数小于等于 1，则预测该工况下滑坡会复活。

10.1.2　典型滑坡稳定性评价与复活工况预测

根据前面第 3 章的结论，针对动水压力型、浮托减重型两种典型滑坡类型，采用上述方法和步骤分别进行滑坡稳定性计算评价及复活工况预测，并分析不同类型滑坡的稳定性变化规律及其复活判据，即复活工况。

1. 树坪滑坡稳定性评价与复活工况预测

1）计算模型及参数

滑坡地质模型见第 3.1.1 节的图 3.1.2。滑坡计算模型如图 10.1.3 所示。计算参数值见表 10.1.3。

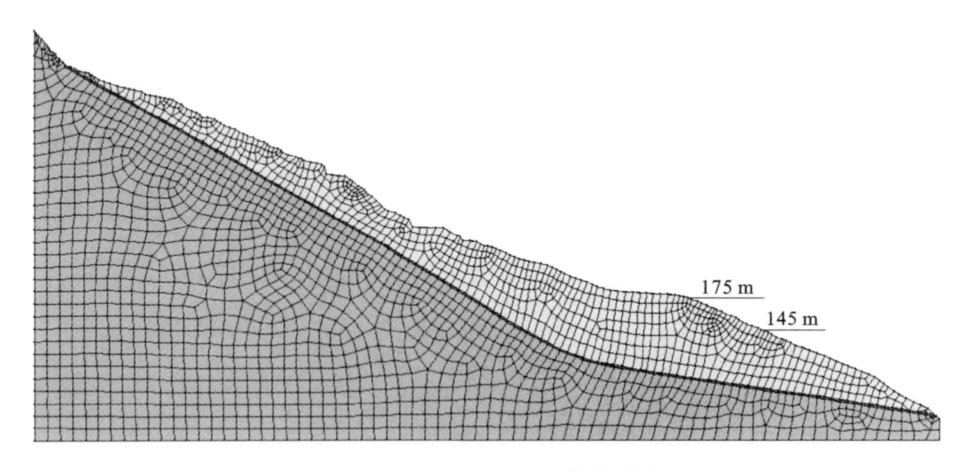

图 10.1.3　树坪滑坡计算模型图

表 10.1.3　树坪滑坡计算参数

部位	容重/(kN·m^{-3})	黏聚力 c/kPa	摩擦角 φ/(°)	渗透系数/(m·d^{-1})	φ^b/(°)
滑体	18.0	13	33	30	10
滑带	17.0	18	16	0.05	5
滑床	25.8	3 080	41.5	0.005	—

2) 计算工况及计算结果

4 种库水位工况：

(1) 145 m 库水位工况，历时 87 d；

(2) 145 m 升至 175 m 工况，升速 0.4 m/d，历时 75 d；

(3) 175 m 工况，历时 148 d；

(4) 175 m 降至 145 m 工况，分为两个时间段：第一时间段降速为 0.3 m/d，历时 40 d；第二时间段降速为 1.2 m/d，历时 15 d。

4 种降雨工况：10 年一遇、20 年一遇、50 年一遇、百年一遇雨强连续降雨 3 d，分别为 53.171 mm、59.065 mm、66.217 mm、71.295 mm。

4 种库水位工况叠加 4 种降雨工况以及无降雨工况，见表 10.1.4。表 10.1.5 为各工况下计算得到的树坪滑坡最小稳定系数。

表 10.1.4　树坪滑坡渗流及稳定性计算工况一览表

库水位变动工况	降雨工况				
	仅库水位，无降雨	10 年一遇	20 年一遇	50 年一遇	百年一遇
145 m 上升至 175 m 过程	工况 10	工况 11	工况 12	工况 13	工况 14
175 m 保持不变过程	工况 20	工况 21	工况 22	工况 23	工况 24
175 m 下降至 145 m 过程	工况 30	工况 31	工况 32	工况 33	工况 34
145 m 保持不变过程	工况 40	工况 41	工况 42	工况 43	工况 44

表 10.1.5 各工况条件下计算得到的滑坡最小稳定系数

库水位变动工况	降雨工况				
	无降雨	10 年一遇	20 年一遇	50 年一遇	百年一遇
145 m 上升至 175 m 过程	工况 10	工况 11	工况 12	工况 13	工况 14
	1.131	1.126	1.125	1.124	1.122
175 m 保持不变过程	工况 20	工况 21	工况 22	工况 23	工况 24
	1.096	1.09	1.089	1.088	1.087
175 m 下降至 145 m 过程	工况 30	工况 31	工况 32	工况 33	工况 34
	0.994	0.989	0.987	0.986	0.985
145 m 保持不变过程	工况 40	工况 41	工况 42	工况 43	工况 44
	1.007	1.001	1	0.999	0.998

3）滑坡稳定性综合评价及复活工况预测

分析对比表 10.1.5 计算结果可得出以下结论：

(1) 在降雨条件相同的条件下，在库水位变动 4 种工况中，按滑坡稳定系数高低顺序依次是：库水位上升过程、库水位在 175 m 水位保持不变、库水位在 145 m 水位保持不变、库水位下降过程，其中库水位上升过程对滑坡稳定最有利，库水位下降过程对滑坡稳定最不利。

(2) 在库水位工况相同的条件下，叠加降雨工况会使滑坡稳定系数有所减小，降雨强度越大稳定系数降低越多，但总体影响不大。4 种降雨工况与无降雨工况相比，稳定系数降低了 0.005～0.009。

(3) 在数值计算的所有工况中，库水位下降工况及 145 m 保持不变并叠加 50 年一遇以上的暴雨工况滑坡稳定系数小于 1，在这两种工况下树坪滑坡会复活。因此，预测树坪滑坡复活判据为：库水位从 175 m 下降到 145 m 的工况条件以及库水位保持 145 m 不变再叠加 50 年一遇以上的暴雨工况条件。

2. 木鱼包滑坡稳定性评价与复活工况预测

1）计算模型及参数

滑坡地质模型见第 3.1.2 节图 3.1.6。滑坡计算模型如图 10.1.4 所示。计算参数见表 10.1.6。

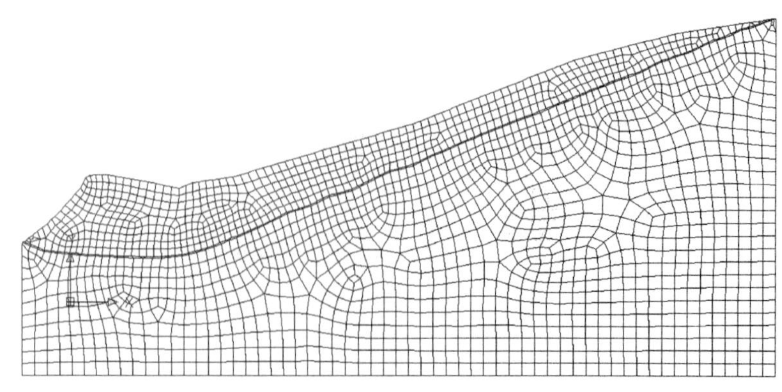

图 10.1.4 木鱼包滑坡计算模型

表 10.1.6　木鱼包滑坡计算参数

部位	容重 /(kN·m⁻³)	黏聚力 c/kPa	摩擦角 φ/(°)	弹模 E/MPa	泊松比 μ	渗透系数 /(m·d⁻¹)	φ^b /(°)
滑体	18	13	32	20.8	0.18	30	10
滑带	17	18	13	18.5	0.32	0.05	5
滑床	25.8	3 000	41.3	6.3×10^4	0.24	0.005	—

2) 计算工况及结果

与树坪滑坡计算工况相同。表 10.1.7 为各工况条件下计算得到的木鱼包滑坡最小稳定系数。

表 10.1.7　各工况条件下计算得到的滑坡最小稳定系数

库水位变动工况	降雨工况				
	不叠加降雨	10 年一遇 125.56 mm/d	20 年一遇 142.87 mm/d	50 年一遇 164.51 mm/d	百年一遇 180.24 mm/d
145 m 上升至 175 m 过程	1.123	1.121	1.121	1.120	1.119
175 m 持续不变过程	1.047	1.045	1.045	1.044	1.044
175 m 下降至 145 m 过程	1.069	1.068	1.068	1.068	1.068
145 m 持续不变过程	1.096	1.094	1.094	1.094	1.094

3) 滑坡稳定性综合评价及复活工况预测

分析对比表 10.1.7 计算结果可得出以下结论：

(1) 在降雨条件相同的条件下，在库水位变动 4 种工况中，按滑坡稳定系数高低顺序依次是：库水位上升过程、库水位在 145 m 水位保持不变、库水位在 175 m 水位保持不变、库水位下降过程，其中库水位上升过程对滑坡稳定最有利，库水位在 175 m 保持不变工况对滑坡稳定最不利。

(2) 在库水位工况相同的条件下，叠加降雨工况会使滑坡稳定系数有所减小，降雨强度越大稳定系数降低越多，但总体影响不大。4 种降雨工况与无降雨工况相比，稳定系数降低了 0.005～0.009。

(3) 在数值计算的所有工况中，滑坡稳定系数均大于 1。因此，预测木鱼包滑坡在现有计算工况条件下不会复活。

10.2　三峡库区重大涉水滑坡动态空间预测系统

构建三峡库区重大涉水滑坡动态空间预测系统的目的是实现对库区重大涉水滑坡灾害的实时有效管理，为制定科学有效的防灾减灾措施提供依据，这首先要依赖于从技术手段上能够快速有效地管理这些多源、异构、海量的滑坡灾害数据信息。20 世纪 90 年代以来，由于地理信息系统(GIS)强大的空间数据管理和空间分析功能非常适合解决地质灾害领域中诸如滑坡编录建库、空间预测、风险评价等许多问题，因此 GIS 在滑坡灾害中得到了广泛应用[2]。随着信息技术的飞速发展，以 GIS 为平台和核心技术建立滑坡等地质灾害数据库及空间信息系统已被业内共识并取得了较好的效果[3-6]，已成为有效开展防灾减灾、科学研究及指导工程实践等的重要基础性工作。在我国,从2000年开始,通过全国性的县市地质灾害调查与评价、区域性的地质灾害专项调查等项目[7-8],不仅建立起了海量地质灾害空间数据库系统,而且提出了更完善、更广泛、更通用的标准规范,从而在很大程度上促进了我国地质灾害空间数据库系统的建设[9-12]。然而随着应用深入,基于绝大多数地质灾害发生于具有三维空间特征的地质环境这一实际[13,14],建立具有三维特征的滑坡灾害空间数据库及信息系统成为新的现实需求[15-17]。虽然三维GIS和"3S"集成、数字地球等技术得到了飞速发展,但要真正建立地质灾害三维GIS,却仍然面临着多源异构数据有效集成更新、海量空间数据有效存储和展示、三维场景模型建立等挑战,也暴露出了专业GIS在基础数据获取和更新、数据集成灵活性、信息展示等方面的一些缺陷。Google Earth作为一款虚拟三维数字地球软件,除了提供免费的全球立体三维遥感影像数据外,还支持用户交互和数据共享,通过它可以标注已知地域上的滑坡灾害并方便地集成各类滑坡灾害信息,形象、直观、生动且管理效率得以进一步提高。Google Earth弥补了专业GIS在地质灾害信息管理方面的一些缺陷,为解决滑坡灾害空间数据管理瓶颈提供了很好的技术平台和方法[18]。

三峡库区重大涉水滑坡相关资料庞杂、信息海量、数据类型及格式多样,采用以ArcGIS空间数据管理为核心、结合SQL Server关系型数据库及PDF文档管理的信息管理方式,建立起三峡库区重大涉水滑坡空间数据库,实现了库区基础地理、基础地质、滑坡灾害空间及属性数据、相关文档资料等信息的集中管理;同时借助ArcGIS、谷歌地球等平台和技术建立了三峡库区重大复活型滑坡空间数据库系统,实现了滑坡空间信息的查询定位、统计分析、三维展示等基本功能,最终实现了不同工况条件下1∶5万滑坡空间预测评价图的编制。

10.2.1　系统建设目标

三峡库区重大涉水滑坡动态空间预测系统需要实现以下目标:

(1) 建立三峡库区重大复活型滑坡空间数据库,实现滑坡信息的集中管理;

(2) 构建三峡库区重大复活型滑坡动态空间预测系统,实现滑坡空间数据的快速查询定位、滑坡基本信息及预测评价信息的集中展示、1∶5万库区水库复活型滑坡动态空间预测评价图等专题图件的编制和展示等主要功能。

为达到建设目标,重点完成以下任务:

(1) 三峡库区重大复活型滑坡空间数据库的建设。利用GIS及空间数据库技术实现滑坡灾害点、三峡库区背景(包括行政区划、水系、等高线、降雨分布、地质图等)空间数据的存储和管理;利用RDBMS(关系型数据库管理系统)技术实现滑坡基本属性信息的二维表格管理;采用PDF文件集中管理方式实现滑坡相关文档资料(包括滑坡图件、基本概况、勘察报告、地质模型报告、稳定性计算报告等)的集中存储管理。

(2) 三峡库区水库蓄水后重大复活型滑坡空间数据库系统功能开发。基于建立的三峡库区滑坡空间数据库,利用GIS、数字地球等二次开发技术建立相对独立的软件系统,开发相应功能,实现系统建设目标。

10.2.2　空间数据库建设

1. 建设方案

由于滑坡信息涉及的数据类型多样、存储格式不同,考虑到资料情况并结合项目具体需求，提出以 GIS 空间数据管理为核心、结合关系型数据库技术和文档管理的数据管理方案，具体为：

(1) 采用 ArcGIS 平台和空间数据库技术，在统一坐标系的情况下，集中管理滑坡灾害点、行政区划、水系、等高线、降雨分布、地质图等空间数据。

(2) 采用关系型数据库 SQL Server 2005 实现滑坡基本属性信息等的二维表格管理。

(3) 将滑坡对应的文档多媒体信息(主要包括各类电子卡片表格、报告、全貌及变形照片、平剖面图片等)制作成独立的 PDF 文档并集中存储到文件夹进行管理。

以上三类数据信息通过统一命名的关键字段(滑坡中文名称[统一编号])实现链接。

2. 具体实现

1) GIS 空间数据库

(1) 重大复活型涉水滑坡数据。

根据统计，三峡库区重大复活型涉水滑坡(前缘高程≤175 m 且体积≥100 万 m^3)共计 319 个。由于资料情况参差不齐，数据库建立过程中重点对该 319 个滑坡的基本信息进行了系统整理、甄别，同时与空间数据库里的原有滑坡点进行了比对，以保证滑坡基本信息的真实可靠。

(2) 基础空间背景数据。

以上述 319 个滑坡空间点数据为主，叠加由注记、水系线、水系面、1∶5万等高线、乡镇、区县境界、库区多年降雨量分布图组成的地理背景数据，以及由 1∶20 万地质图线、1∶20 万地质图面构成的地质背景数据，就构成了三峡库区重大复活型涉水滑坡空间数据库，如图 10.2.1 所示。

通过 ArcGIS 放大、缩小、漫游等功能，可以查看不同详细级别的相关信息，如地质图、等高线等，如图 10.2.2 所示。另外，对于滑坡灾害点图层建立“滑坡编号”列作为关键字段，以实现同滑坡基本属性表及 PDF 文档的连接。

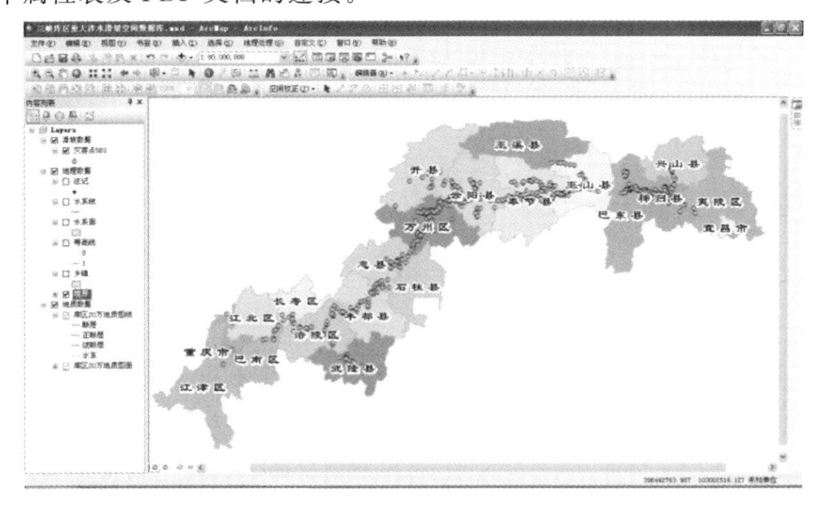

图 10.2.1　三峡库区重大涉水滑坡空间数据库

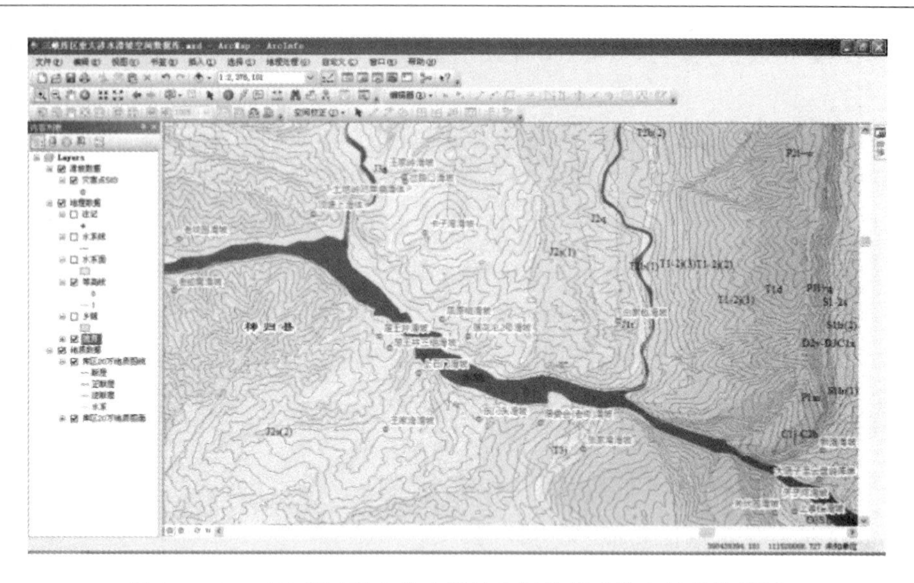

图 10.2.2　三峡库区重大涉水滑坡空间数据库放大显示效果图

2）SQL Server 2005 滑坡属性数据库

虽然 GIS 空间数据库中的滑坡空间点附带了一些基本属性信息，但这些信息存在着不全面、有错误等问题，因此根据所有滑坡已有相关资料（如各类报告等），重新建立了滑坡基本属性数据库，共输入各滑坡点包括滑坡编号、滑坡名称、所涉水系等在内的共 36 项属性，以二维表格形式存储于 SQL Server 2005 数据库中，如图 10.2.3 所示，其中以“滑坡编号”作为关键字段，以实现和 GIS 空间数据库及 PDF 文档的连接。

Microsoft SQL Server Management Studio

dbo.basicInfo

滑坡编号	滑坡名称	灾害类型	滑坡类型	省市	区县名	乡镇名	村名	所涉水系	岸别
[illegible]	白岩土滑	滑坡	NULL	湖北	巴东	官渡口镇	东瀼	下溪沟	右岸
bd002	宝塔土质斜坡	不稳定斜坡	土质	湖北	巴东	东瀼口镇	绿竹筏村	宝塔河	左岸
bd003	曹家坪滑坡	滑坡	土质	湖北	巴东	沿渡河镇	野马洞村	龙船河	左岸
bd004	樟树河岩滑	滑坡	岩质	湖北	巴东	东瀼口镇	旧县坪	长江	左岸
bd005	董家沟土滑	滑坡	土质	湖北	巴东	东瀼口镇	雷家坪村	长江	左岸
bd006	李坡子滑坡(1)	滑坡	NULL	湖北	巴东	沿渡河镇	罗坪	罗溪坝河	右岸
bd007	临江岩滑	滑坡	岩质	湖北	巴东	东瀼口镇	绿竹筏村	长江	左岸
bd008	大坪东土滑	滑坡	NULL	湖北	巴东	平阳坝镇	龙船河	龙船河左岸 支流	右岸
bd009	大坪土滑	滑坡	岩质	湖北	巴东	东瀼口镇	绿竹筏	红溪响沟	右岸
bd010	大石板土质斜坡	不稳定斜坡	土质	湖北	巴东	东瀼口镇	东瀼口村	长江	左岸
bd011	东坡岩滑	滑坡	土质	湖北	巴东	官渡口镇	东坡村	下溪沟	左岸
bd012	杜公祠滑坡	滑坡	土质	湖北	巴东	官渡口镇	西瀼口村	龙船河	右岸
bd013	夫子洞崩塌	崩塌	NULL	湖北	巴东	官渡口镇	夫子洞	长江	左岸
bd014	檀梁子土质斜坡	滑坡	土质	湖北	巴东	东瀼口镇	绿竹筏村	长江	左岸
bd015	花落树包土滑	滑坡	混合型	湖北	巴东	东瀼口镇	黄腊石村	长江	左岸
bd016	黄腊石滑坡体	滑坡	混合型	湖北	巴东	东瀼口镇	黄腊石村	长江	左岸
bd017	铺子沟岩滑	滑坡	混合型	湖北	巴东	沿渡河镇	野马洞村	龙船河	左岸
bd018	焦家湾土滑(1)	滑坡	混合型	湖北	巴东	东瀼口镇	焦家湾村	长江	左岸
bd019	焦家湾土滑(2)	滑坡	混合型	湖北	巴东	东瀼口镇	焦家湾村	长江	右岸
bd020	焦家湾土滑(3)	滑坡	混合型	湖北	巴东	东瀼口镇	焦家湾村	长江	左岸
bd021	旧县坪土滑	滑坡	土质	湖北	巴东	东瀼口镇	旧县坪村	长江	左岸
bd022	旧县坪土滑(1)	滑坡	NULL	湖北	巴东	东瀼口镇	旧县坪	长江	左岸
bd023	孔儒土质斜坡	不稳定斜坡	土质	湖北	巴东	沿渡河镇	孔儒村	红砂河	左岸
bd024	雷家坪滑坡	滑坡	岩质	湖北	巴东	东瀼口镇	东瀼口	长江	左岸
bd025	李家湾滑坡	滑坡	土质	湖北	巴东	东瀼口镇	雷家坪村	长江	左岸
bd026	罗坪土滑(3)	滑坡	土质	湖北	巴东	沿渡河镇	罗坪村	龙船河	右岸
bd027	彭家屋场滑坡	滑坡	土质	湖北	巴东	东瀼口镇	宋家梁子	东瀼口河	右岸

1 / 583

图 10.2.3　三峡库区重大涉水滑坡基本属性数据库

另外，根据滑坡的相关属性，进行了包括“各区县滑坡个数统计”“滑坡前缘高程分布统计”“滑坡资料情况统计”等 10 项统计，同时在 SQL Server 2005 数据库中建立不同表格存储这些统计结果。

3) PDF 文档管理

对 319 个滑坡制作成一一对应的 PDF 文档并集中存储到文件夹进行管理，如图 10.2.4 所示。滑坡 PDF 文件用“滑坡中文名称[滑坡编号]”统一命名，以实现同 GIS 空间数据库及滑坡基本属性表的连接。

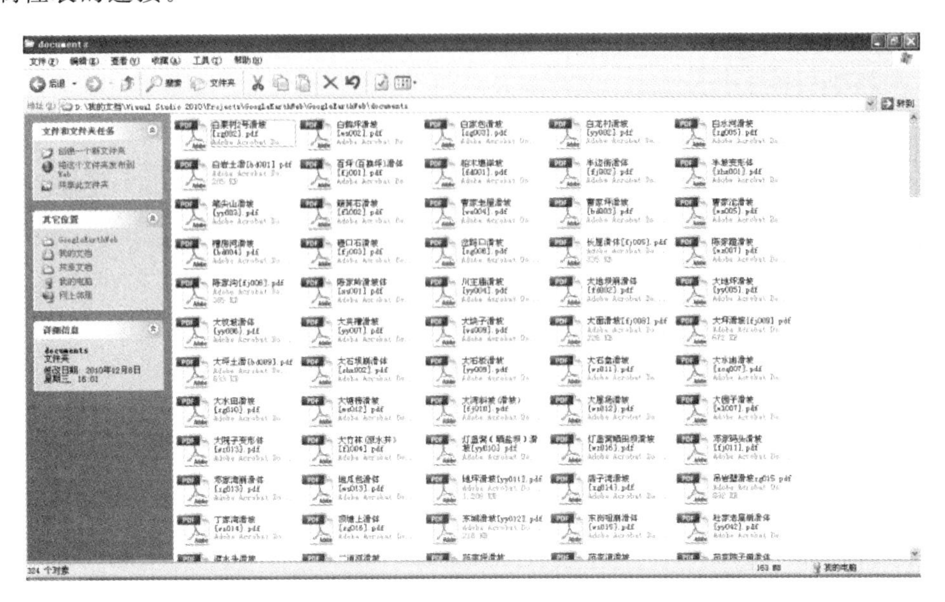

图 10.2.4　三峡库区重大复活型滑坡 PDF 文档资料

4) 滑坡信息链接

同一个滑坡具有三部分信息，即 GIS 空间点位信息、基本属性表格信息以及 PDF 文档资料信息，三者通过“滑坡中文名称[滑坡统一编号]”的关键字段进行链接，以实现系统对滑坡信息的统一管理，如图 10.2.5 所示。

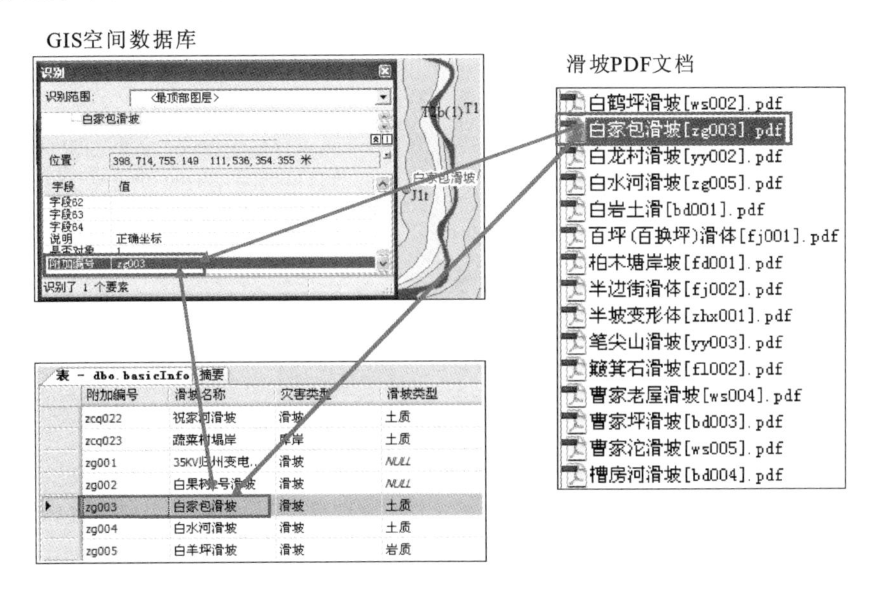

图 10.2.5　滑坡不同类型数据之间通过关键字段链接示意图

10.2.3 系统建设

根据系统建设目标，滑坡空间数据库系统功能除了要实现基本的滑坡信息查询定位外，核心功能是支持1∶5万三峡库区重大涉水滑坡空间预测评价图以及一系列相应专题图的制作和展示，另外还需要实现对各单体滑坡的稳定性计算评价、对失稳工况和复活工况等重要成果进行合理展示，同时为更好地把握319个滑坡及其相关资料状况，还实现了一些统计图功能。总体来说，滑坡空间数据库系统主要功能如图10.2.6所示，以下分别具体描述：

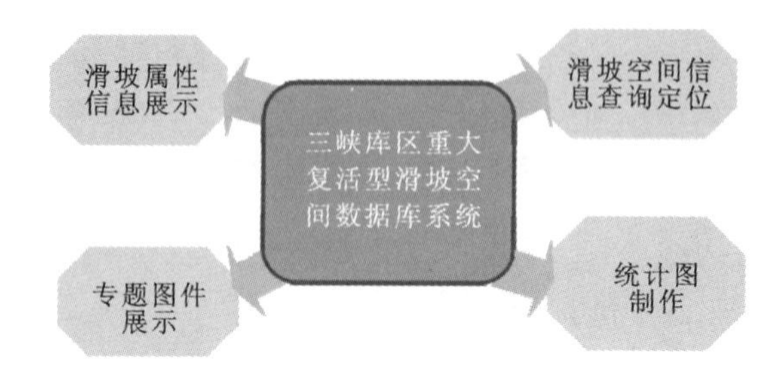

图10.2.6　滑坡GIS系统主要功能组成示意图

1. 技术方案

考虑到功能需求以及演示效果，除了利用ArcGIS平台外，还采用了Google Earth数字地球平台，基于Google Earth API开发网络B/S(Browser/Server，浏览器/服务器)架构的三峡库区重大复活型滑坡空间数据库系统。这样既能充分利用Google Earth自身提供的免费遥感、三维地形等数据，又能将基于ArcGIS平台的滑坡点等空间数据通过格式转换轻松叠加到Google Earth平台上，从而实现专业GIS应用，并获得较好的用户体验和满足功能需求。采用以上技术方案实现的三峡库区滑坡GIS系统架构如图10.2.7所示。

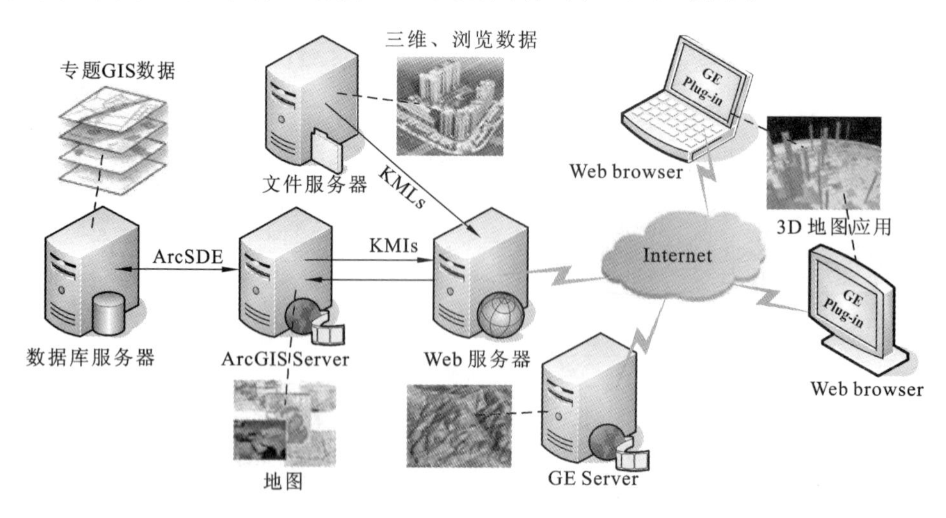

图10.2.7　基于Google Earth及ArcGIS的滑坡空间数据库系统架构图

2. 功能实现

1) 滑坡等专业GIS数据加载

打开系统主页面时，系统将自动在GE平台上加载滑坡点及边界、基础地理、基础地质等GIS空间数据，如图10.2.8(a)所示。考虑到系统性能以及用户体验，所有专业GIS数据并非在主界面加载时就全部显示，而是采用了随着用户视野的推进放大而逐步显示细节数据。图10.2.8(b)就显示了当地图视野放大到县、乡一级行政范围时，系统自动开始显示滑坡灾害点数据的情形。

(a)

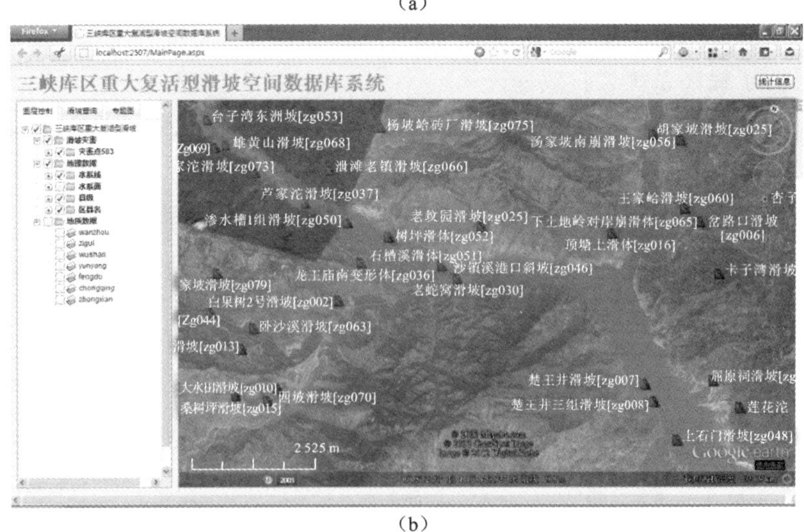

(b)

图 10.2.8 重大涉水滑坡空间数据库系统主页面

在系统主页面中，页面左侧“图层控制”栏中将显示已加载的专业GIS图层信息，通过控制各图层前部的选择框，可以显示/隐藏对应图层数据。同时，通过点击各个图层或图层中的具体空间要素(如滑坡点)，右侧图形窗口将自动快速放大并定位到相应的图层或空间要素。

另外，由于本系统自动将滑坡点等专业 GIS 数据加载到 Google Earth 提供的遥感及三维地形数据之上，因此系统可以充分利用 Google Earth 的显示速度和效果，实现滑坡等数据的三维浏览，从而大大提升用户体验和直观形象感受。图 10.2.9 展示了库区滑坡的三维地形显示效果。

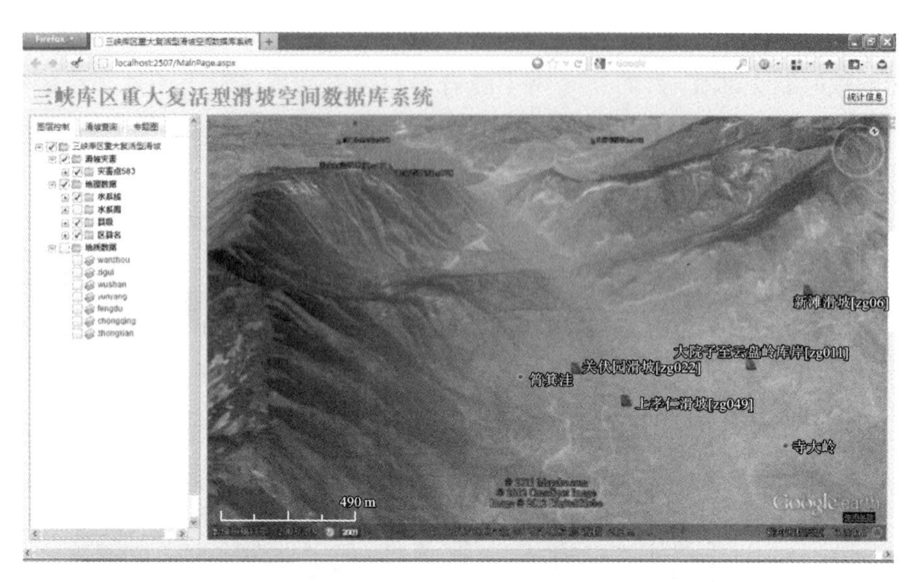

图 10.2.9　重大涉水滑坡三维地形显示界面

另外，作为库区滑坡研究的重要基础数据，地质图信息也能通过图层控制加载显示到正确的地理空间位置。为保证数据加载和显示效率，系统主页面首次打开时并不显示地质图，如有需要，点击选中对应图幅地质图即可在地图窗口中加载，如图 10.2.10 所示，地质图采用了图片格式，主要是为了提高系统运行效率。

图 10.2.10　加载地质图后的系统主界面

2）滑坡空间定位及信息查询

进行特定滑坡的快速定位及查看该滑坡对应的详细信息是系统的基本需求，用户可以通过系统主页面左侧“滑坡查询”控制栏中使用该功能。

具体方法是：用户在“查找”框中输入滑坡名称（部分或者全部均可）后，点击“查找”按钮，系统将在查询框下部列出所有查询到的相关滑坡；再点击希望查看的具体滑坡记录，右侧图形窗口将自动飞往该滑坡位置，如图 10.2.11 所示。

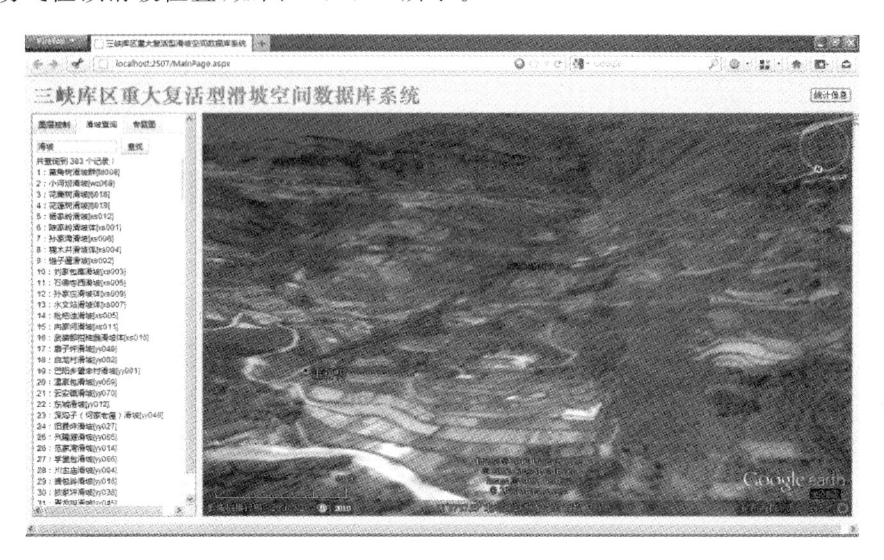

图 10.2.11　滑坡查询及空间定位界面

如果想进一步查看该滑坡的具体属性信息，包括基本特征信息、稳定性计算结果、稳定性综合评价、复活工况等信息，只需在右侧三维图形窗口中单击该滑坡点标注或名称即可弹出一个独立的属性框，该属性框分页分类显示了具体滑坡的相关信息，如图 10.2.12 所示，这些信息主要调用了存储在系统后台 SQL Server 2005 数据库中的关系型表格数据。

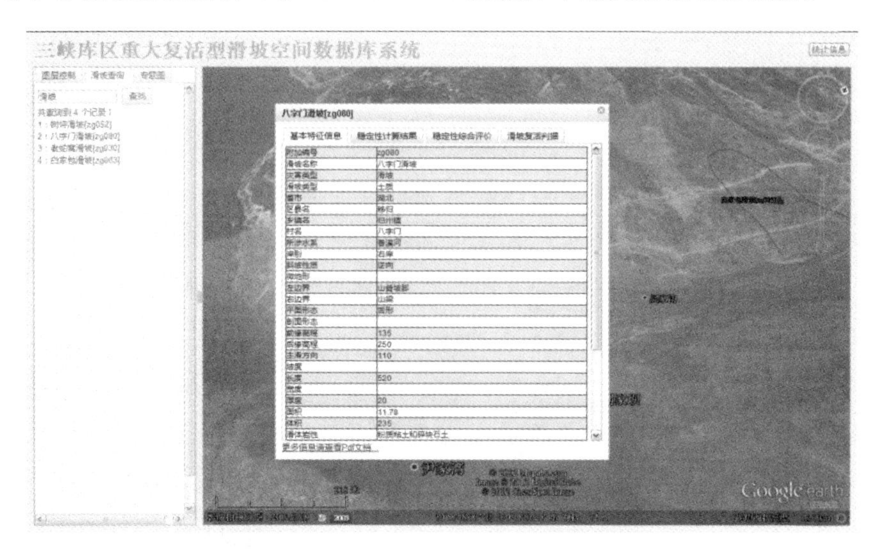

图 10.2.12　滑坡详细属性信息查看界面

针对每个具体滑坡的属性信息，可以分为4类并按4个页面显示。

（1）基本特征信息：主要包括滑坡编号、名称、位置、边界、前后缘高程、长、宽、面积、体积、岩性等有关具体滑坡的基本地质、工程特性等。以二维表格的方式呈现，如图10.2.13所示。

八字门滑坡[zg080]

基本特征信息　稳定性计算结果　稳定性综合评价　滑坡复活判据

附加编号	zg080
滑坡名称	八字门滑坡
灾害类型	滑坡
滑坡类型	土质
省市	湖北
区县名	秭归
乡镇名	归州镇
村名	八字门
所涉水系	香溪河
岸别	右岸
斜坡性质	逆向
微地形	
左边界	山脊坡脚
右边界	山梁
平面形态	舌形
剖面形态	
前缘高程	135
后缘高程	250
主滑方向	110
坡度	
长度	520
宽度	
厚度	20
面积	11.78
体积	235
滑体岩性	粉质黏土和碎块石土

更多信息请查看Pdf文档...

图10.2.13　滑坡基本特征信息展示框

（2）稳定性计算结果：根据项目所确定的16种工况条件，分别显示各工况下的稳定性计算结果。同样以二维表格的方式呈现，如图10.2.14所示。

八字门滑坡[zg080]

基本特征信息　稳定性计算结果　稳定性综合评价　滑坡复活判据

工况1: 145米升至175米水位叠加10年一遇降雨	1.184 [基本稳定]
工况2: 145米升至175米水位叠加20年一遇降雨	1.183 [基本稳定]
工况3: 145米升至175米水位叠加50年一遇降雨	1.181 [基本稳定]
工况4: 145米升至175米水位叠加百年一遇降雨	1.179 [基本稳定]
工况5: 175米水位叠加10年一遇降雨	1.095 [基本稳定]
工况6: 175米水位叠加20年一遇降雨	1.094 [基本稳定]
工况7: 175米水位叠加50年一遇降雨	1.093 [基本稳定]
工况8: 175米水位叠加百年一遇降雨	1.093 [基本稳定]
工况9: 175米降至145米水位叠加10年一遇降雨	0.923 [不稳定]
工况10: 175米降至145米水位叠加20年一遇降雨	0.921 [不稳定]
工况11: 175米降至145米水位叠加50年一遇降雨	0.92 [不稳定]
工况12: 175米降至145米水位叠加百年一遇降雨	0.919 [不稳定]
工况13: 145米水位叠加10年一遇降雨	0.949 [不稳定]
工况14: 145米水位叠加20年一遇降雨	0.948 [不稳定]
工况15: 145米水位叠加50年一遇降雨	0.946 [不稳定]
工况16: 145米水位叠加百年一遇降雨	0.945 [不稳定]

图10.2.14　滑坡稳定性计算结果展示框

(3) 稳定性综合评价：集中展现单体滑坡稳定性评价结果，主要包括 4 项内容：滑坡稳定性地质宏观初判、基于复活机理的滑坡分类、各库水位工况下滑坡稳定性、最危险库水变动工况。如图 10.2.15 所示。

(4) 滑坡复活工况：集中展现每个单体滑坡的复活工况信息，主要包括“失稳工况”及“复活阈值工况”，如图 10.2.16 所示。

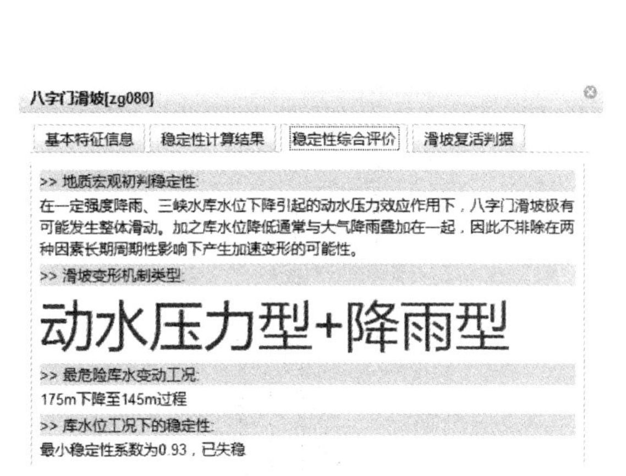

图 10.2.15　滑坡稳定性综合评价展示框

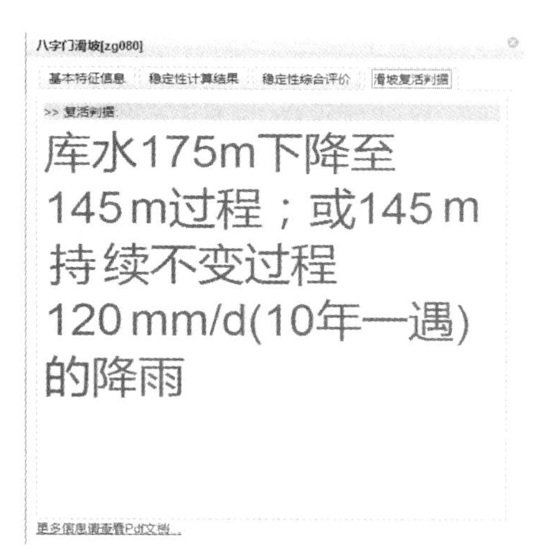

图 10.2.16　滑坡复活工况信息展示框

对每个滑坡，通过弹出上述包含 4 个页面的属性信息框，使用户能够快速了解各滑坡的基本特征及稳定性评价等信息，但如果用户期望进一步更详细地掌握每个滑坡的地质特征、专业监测、稳定计算模型、过程以及结论等，则可以通过点击属性信息框底端的“更多信息请参看 Pdf 文档…”链接，系统将会自动在新页面打开对应滑坡的 PDF 文档，如图 10.2.17 所示，该文档详细介绍了滑坡的各类信息。

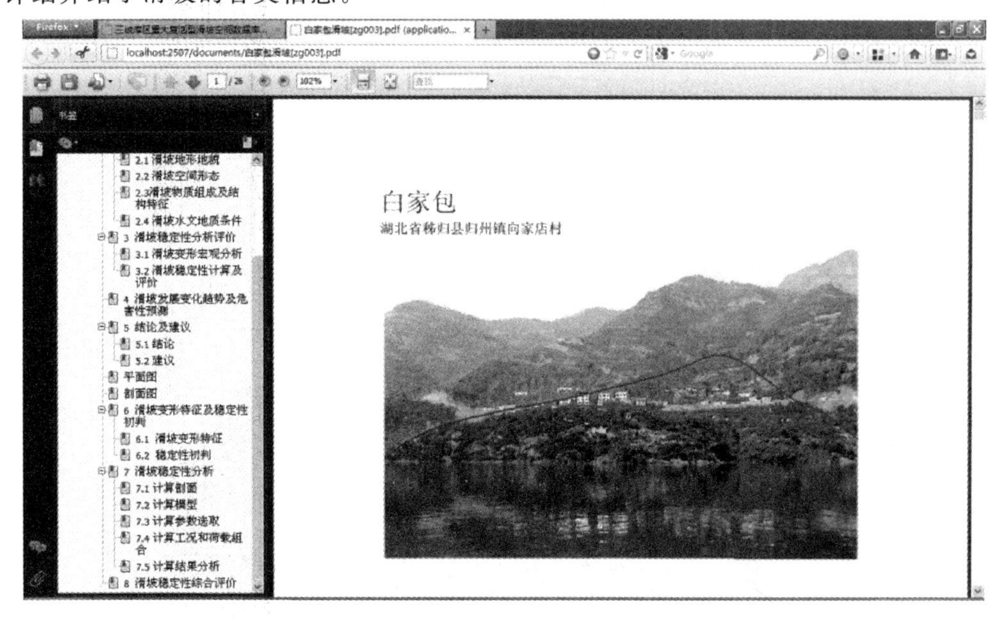

图 10.2.17　系统打开滑坡 PDF 文档界面

可见，本系统以滑坡空间信息为载体，通过滑坡编号关键字段连接，可以直接加载滑坡基本属性表格信息，并可以进一步链接打开滑坡对应的 PDF 文档，从而实现了滑坡空间信息及非空间属性信息(表格、文档、图片等)的集中统一管理和展示。

3）统计图展示

为更好地把握 319 个滑坡及其相关资料状况，系统还实现了统计图功能。具体方法是点击系统主页面上部标题栏的右侧“统计信息”按钮，系统将弹出“统计图”窗口，如图 10.2.18 所示。

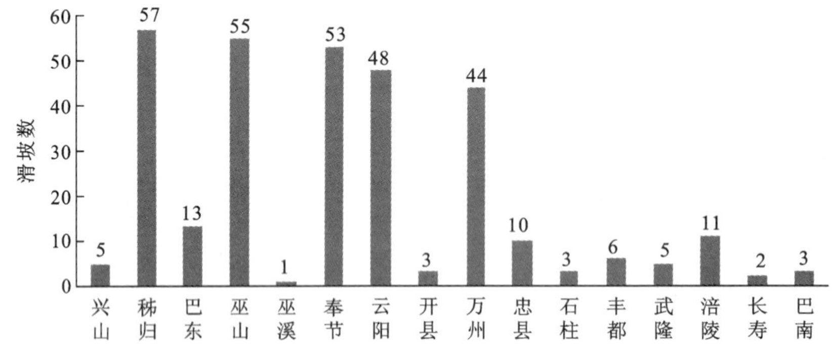

图 10.2.18　系统统计图功能界面

4）专题图件展示

专题图的制作和展示是三峡库区重大复活型滑坡空间数据库的重要功能。专题图的制作原理是采用不同的符号和颜色来区分表示不同滑坡在具体属性(例如不同工况)下的具体特征。

用户可以通过系统主页面左侧“专题图”控制栏中使用该功能。系统已经预先定制好“滑坡分类图”和“预测评价图”两类专题图。点击选中对应的专题图复选框，则系统将自动在地图上加载该专题图；点击取消选中复选框，则关闭该专题图的显示。“滑坡分类图”又分为“按灾害类型分布图”(图 10.2.19)、“按物质组成分布图”(图 10.2.20)及“按复活机理分布图”(图 10.2.21)等。

图 10.2.19　按灾害类型分类的滑坡分布专题图

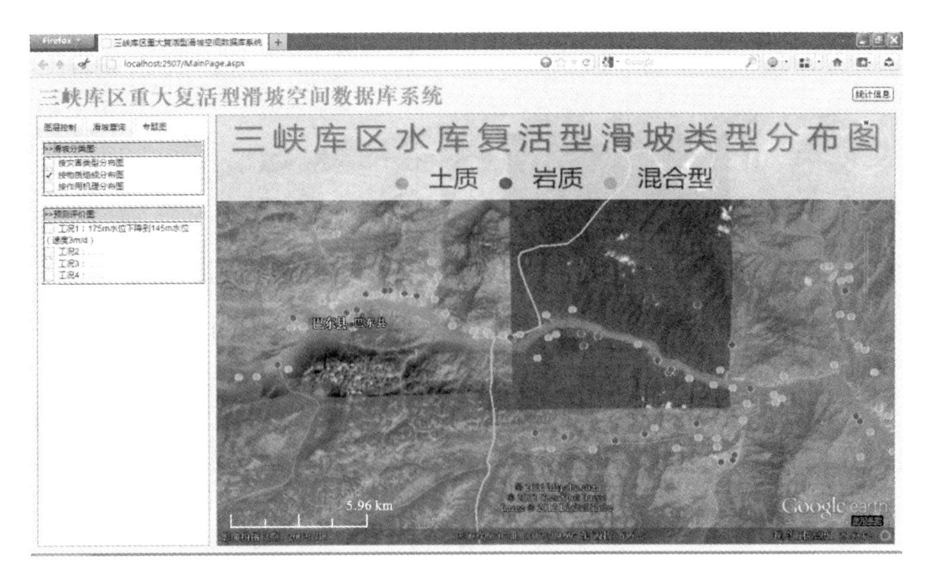

图 10.2.20　按物质组成分类的滑坡分布专题图

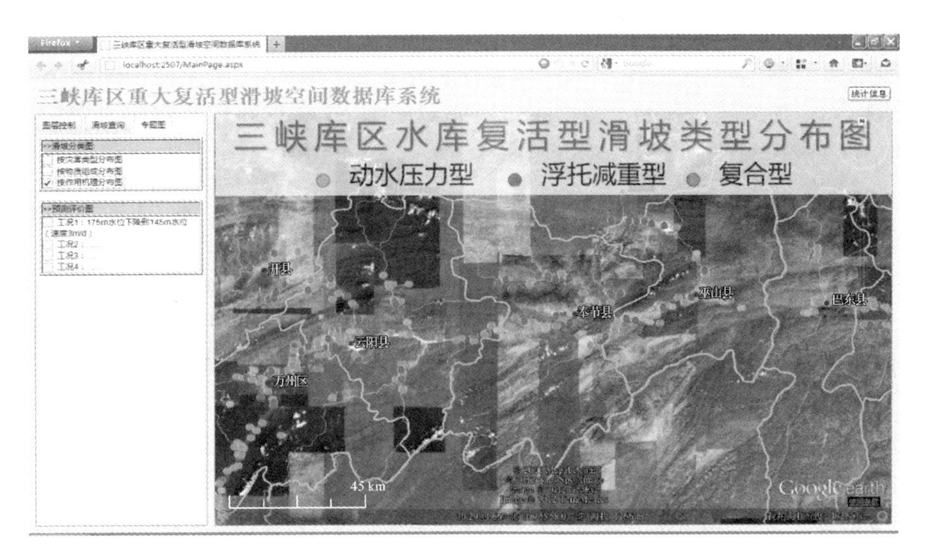

图 10.2.21　按复活机理分类的滑坡分布专题图

10.2.4　空间预测评价图编制

按照 10.1.1 所述的方法分别对三峡库区所有重大涉水滑坡开展稳定性评价和复活工况预测，16 种工况下滑坡稳定性统计结果，见附图 7。

在稳定性评价和复活工况预测结果基础上，采用基于 ArcGIS 的专题地图制作功能，制作了形象直观、信息量丰富的 1∶5万三峡库区重大涉水滑坡空间预测评价图，如后附彩图 10.2.23 所示。

为保证预测评价图的输出质量，其制作特征包括：

(1) 由于库区范围较大，因此采用分区域分幅输出，对于范围较大区县一般输出为一幅，对于范围较小区县可以合并输出为一幅，最后将这些大小统一的图件制作成预测图集。

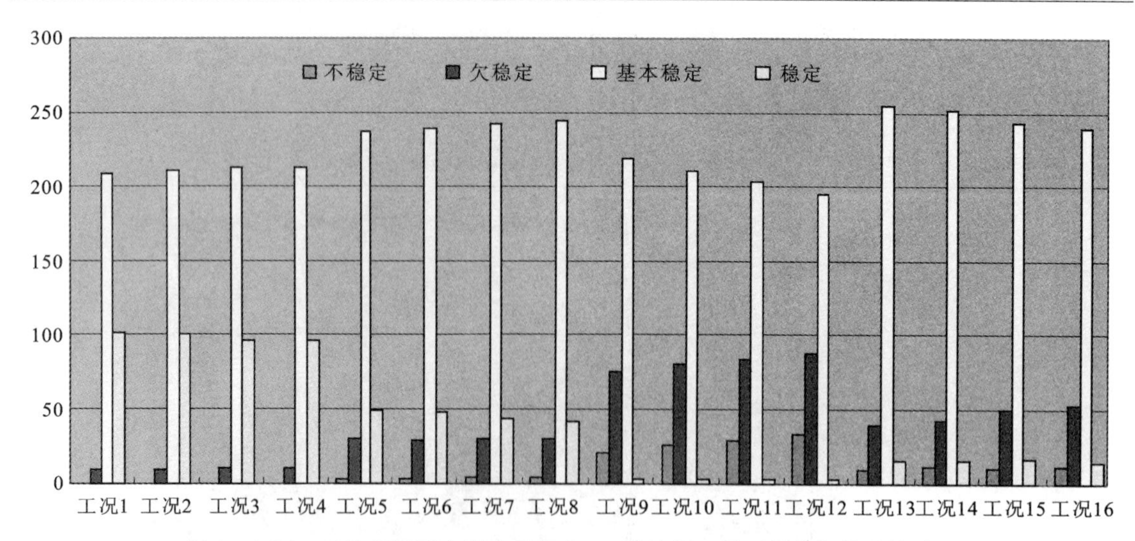

图 10.2.22　三峡库区重大涉水滑坡在 16 种计算工况下的稳定状况统计图

(2) 每一幅专题图内容除了图名、图例、比例尺、指北针外，还包括用不同颜色表示的滑坡稳定性评价结果，分为“稳定”“基本稳定”“欠稳定”“不稳定”4 个级别，以及稳定性评价统计柱状体等。

(3) 预测了 16 种滑坡稳定性计算工况，因此对应有 16 套空间预测图集，图件均采用达到印刷质量的 PDF 格式制作。

参考文献

[1] 中华人民共和国水利部. SL44—2006 水利水电工程计算规范[S]. 北京：中国水利水电出版社，2006.

[2] 戴福初，李军. 地理信息系统在滑坡灾害研究中的应用[J]. 地质科技情报，2000，19(1)：91-96.

[3] 蒋文伟，刘彤，温国胜，等. 城市观赏树种桂花的光合特性初步研究[J]. 浙江林业科技，2003，23(5)：18-21.

[4] 柯世省. 桂花光合特性的光温响应[J]. 生命科学研究，2007，11(2)：110-115.

[5] 柯世省，魏菊萍，陈贤田，等. 桂花夏季光合特性及其与环境因子的关系[J]. 北方园艺，2007(10)：119-122.

[6] 上海统计局. 上海市统计年鉴 2009[M]. 北京：中国统计出版社，2009.

[7] 中国地质环境监测院. 全国 700 个县(市)地质灾害调查综合研究与信息系统建设[J]. 水文地质工程地质，2008，35(5)：1-2.

[8] 刘传正，杨冰. 三峡库区地质灾害调查评价与监测预警新思维[J]. 工程地质学报，2001，9(2)：121-126.

[9] 赵洲，侯恩科，王建智，等. 县域滑坡灾害风险管理信息系统研发与应用：以陕西省宁强县为例[J]. 工程地质学报，2012，20(2)：170-182.

[10] 吴树仁，董诚，石菊松，等. 地质灾害信息系统研究——以重庆市丰都县为例[J]. 第四纪研究，2003，23(6)：683-691.

[11] 王卫东，刘武成. 基于 GIS 的公路地质灾害信息管理与决策支持系统[J]. 中南工业大学学报(自然科学版)，2003，34(3)：302-305.

[12] 黄健，巨能攀，何朝阳，等. 基于 WebGIS 的汶川地震次生地质灾害信息管理系统[J]. 山地学报，2012，30(3)：355-360.

[13] 李魁星，李铁锋，潘懋. 三维地理信息系统及其在地质灾害研究中的应用前景[J]. 地质论评，2000，46(增 1)：195-199.

[14] 谭德宝,张煜,孙家柄.滑坡区域的真三维数字仿真[J].长江科学院院报,2005,22(6):67-70.

[15] 李邵军,冯夏庭,杨成祥,等.基于三维地理信息的滑坡监测及变形预测智能分析[J].岩石力学与工程学报,2004,23(21):3673-3678.

[16] 王威,王水林,汤华,等.基于三维 GIS 的滑坡灾害监测预警系统及应用[J].岩土力学,2009,30(11):3379-3385.

[17] 张坤,邹峥嵘.基于 VRMap 的惠州市地质灾害信息三维可视化管理系统[J].测绘科学,2009,34(3):200-202.

[18] 熊伟,王彦辉,于澎涛.树木水分利用效率研究综述[J].生态学杂志,2005,24(4):417-421.

附　　图

附图 1　树坪滑坡全貌

附图 2　木鱼包滑坡全貌(镜头方向 190°)

附图 3　生基包滑坡全貌(镜头方向 185°)

附图 4　白家包滑坡全貌(镜头方向 240°)

附图 5　黄泥巴磴坎滑坡全貌(镜头方向 80°)

附图 6　湖北省秭归县泄滩滑坡全貌

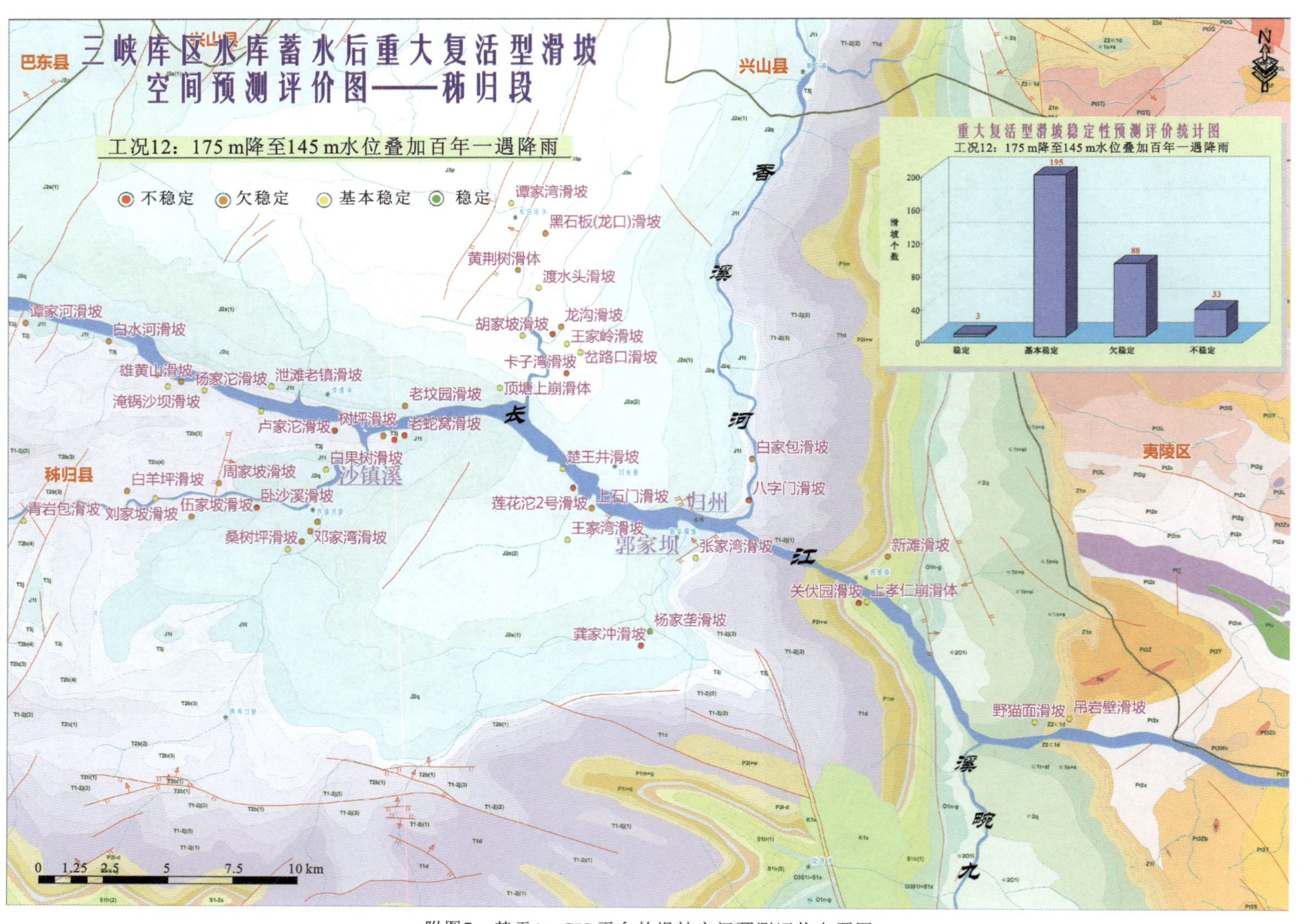

附图7 基于ArcGIS平台的滑坡空间预测评价专题图